品创意
版式视觉设计
— 灵 感 分 享 —

庄跃辉　庄　正　庄舒敏　舒妙飞◎编著

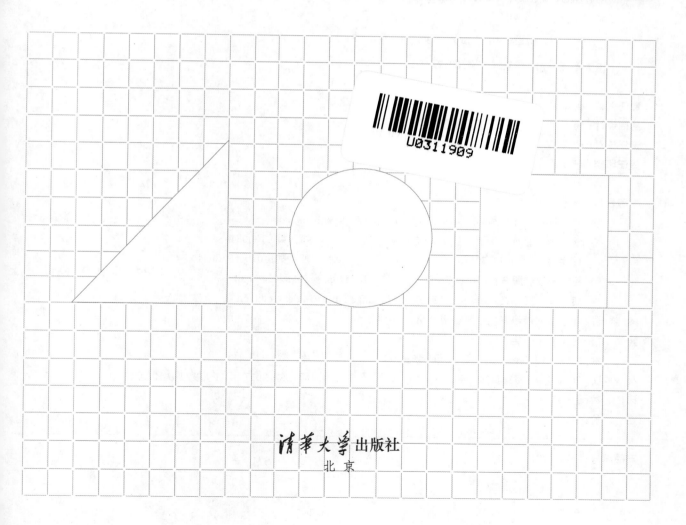

U0311909

清華大學出版社
北 京

内 容 简 介

这是一本系统研究报纸版式设计的先河之作。本书充分将平面设计理论融入报纸的版式设计之中,通过对近2000份不同报纸版式案例的逐一分析点评,系统讲述了点、线、面等设计要素的特点,进而延伸到形、色、体、动势等视觉研究,突出报纸版面的色彩、结构、布局与创新设计,重视标题与版面配称的创新效果,强调细节处理与技巧应用,画龙点睛、深入浅出,既有助于读者阅读和理解内容,又能给读者以赏心悦目的艺术享受。

本书作为检验平面设计图文效果标准的速查手册,同时也可作为高等院校艺术设计相关专业的辅助用书,是报纸版式视觉艺术设计领域专业设计人员和平面设计人员的良师益友。

图书在版编目(CIP)数据

品创意·版式视觉设计灵感分享 / 庄跃辉等编著.—北京:清华大学出版社,2017
ISBN 978-7-302-47633-7

Ⅰ.①品… Ⅱ.①庄… Ⅲ.①版式—设计 Ⅳ.①TS881

中国版本图书馆CIP数据核字(2017)第154317号

责任编辑:杨如林
封面设计:杨玉兰
责任校对:胡伟民
责任印制:李红英

出版发行:清华大学出版社
  网　　址: http://www.tup.com.cn, http://www.wqbook.com
  地　　址: 北京清华大学学研大厦A座 **邮　编:** 100084
  社 总 机: 010-62770175 **邮　购:** 010-62786544
  投稿与读者服务: 010-62776969, c-service@tup.tsinghua.edu.cn
  质 量 反 馈: 010-62772015, zhiliang@tup.tsinghua.edu.cn

印 装 者: 北京亿浓世纪彩色印刷有限公司
经　　销: 全国新华书店
开　　本: 210mm×285mm **印　张:** 19 **字　数:** 930千字
版　　次: 2017年11月第1版 **印　次:** 2017年11月第1次印刷
印　　数: 1~3500
定　　价: 99.00元

产品编号:051825-01

序　一

●蔡　雯

　　有同行专家引荐庄跃辉先生主编的这部版式设计专著给我,并且介绍说作者并非专业出身,只因进入报刊排版印刷行业几十年,热爱此行进而收集了大量的版面资料,精心钻研,终成专家,不但出书、讲课,还创办了中国报刊设计网。对此,我着实颇感惊奇,欣然允诺拜读书稿并作此序。

　　版式设计工作中的视觉创新一直是新闻传播界的重要议题。从 20 世纪 90 年代中期开始,各地的新闻学刊就不断以版面变革为热门话题进行了相关的报道和研讨。版式设计的视觉创新也是我国新闻业务改革最早获得的成果之一,因为相对于新闻内容和新闻体制改革,属于形式范畴的版面变革风险要小得多,政策上也宽松得多,加上电子排版技术和彩色印刷技术在 20 世纪的最后十年迅速普及,这一领域取得的成果引人瞩目,这本书中所展示的数千个版面实例即是证明。

　　今天,面对新媒体的挑战,报业集团都在探索以媒体融合来实现战略转型的道路。在这样一个特殊的时期,研究版式设计不仅对办好报纸非常重要,还对报社发挥自己在新闻生产领域中的资源优势,实现品牌拓展具有深远的意义。在媒体融合的视野下讨论版式设计,需要超越过去的层面,不应该只将其作为形式范畴的变革来看待,因为在传播手段与表现形式方面,网络传播的丰富性、便利性、趣味性远非平面媒体所能比。因此,报纸在视觉设计方面的突破,最值得我们关注的其实不是设计艺术本身,而是通过设计实现媒体功能的扩展和品质的提升。最值得我们研究的是报纸版面变革的内在规律性,特别是从版面变革中发现报纸这种传统媒体的核心竞争力所在,这样才能够为报社从单一的纸媒生产模式向全媒体化的内容及产品生产模式转变提供更有价值的借鉴,帮助报社超越传统的"办报"思路,开拓新的发展空间。

　　报纸版式设计在新的媒体格局中,应该站到一个新的起点上,超越仅仅追求美观、新颖、时尚以及带给读者愉悦感这些报业内部相互竞争的指标,而为报社在全媒体化的竞争中重新认识和确立自己的社会角色、扩大社会影响力真正发挥作用。我认为,版面的视觉创新应该树立两个新的目标:一是以合理的设计使报纸在信息冗余时代承担起"信息管家"的角色;二是以巧妙的设计强化大众媒体在众声喧哗中的议题设置与舆论引导能力。版面编辑对一切版面元素和设计技巧的运用,都应该是在此目标之下的理性作为,而非为设计而设计,为创新而创新。

　　为何要以"信息管家"的角色定义报纸和看待版式？因为互联网的诞生使人们获取新闻信息的渠道骤然剧增,各种传统的大众媒体和与日俱增的新型媒体,时时刻刻在生产和传播着各种各样的新闻与资讯,信息大量冗余而时间紧迫,是这个时代人们普遍的感受。比如,门户网站的海量内容令人兴奋更令人感觉迷茫;搜索引擎一度带给人们希望,但大家最终发现通过关键词"拉取"出来的内容其实是杂乱无章而且相互重复的,进一步地梳理和鉴别依然需要大量的时间;博客、微博让大家能够建立个人的信息站点,通过自己设定的"圈子"来进行信息交流,但事实也证明,这个"圈子"带给我们的信息依然有大量的冗余和重复,虽然它拓展了新闻的来源渠道,但依然不能算是一个理想的"信息管家"。虽然我们可以继续期待技术带给我们新的惊喜,然而,至少在今天,"信息管家"这个角色还是要由专业团队创办的大众媒体来扮演。

　　相比网络媒体,报纸版面容量有限,新闻传播时效性差。但这种劣势恰恰可以转化为优势。比如,在有限的版面容量中,如果提供给读者的内容是最合乎他们需要的,并且有一个价值排序合理而且美观新颖的展示,那就能够以少胜多,帮助读者以最低的时间成本获取最多的有用信息;再如,在时效相对滞后的情况下,如果对新闻有更深入的挖掘,并且能够充分、独到而精美地展示大家最感兴趣的细节,那就可以后发制人,让读者在接触了其他媒体之后依然愿意看报,因为报纸的版面能够让读者感受到网络和手机没能给予他们的感觉。

做"信息管家",对于谋求向全媒体转型的报社来说也是一种可持续发展的战略选择,这个理念赋予新闻编辑部以新的角色定位。在多种媒体融合的新闻编辑部中,记者、编辑的主要职能已经不只是采集新闻,更重要的是对浩如烟海的新闻和信息进行筛选和重新组合,使这些杂乱的信息呈现出相互的联系和深刻意义,并使其转化为知识。新闻从业者的工作也因此在某种意义上成为知识生产与管理工作。

当然,"信息管家"的职责首先在于能够提供丰富的、权威的、贴心的内容,但不可忽略的是,内容的传播离不开版面的视觉设计。与其他媒体终端相比,报纸版面面积最大,能够将多种版面元素综合运用于一个平面上,而且因为平面媒体的容量有限,必须精编,因此,文字、图片、色彩、线条、留白等等共同构成了新闻的全部编码。编辑的视觉设计水平越高,版面元素之间的内在联系就会越强,对主题的表现也越有整体性和艺术性。如果把报纸的内容移植到新媒体上,除了那些能完整保留版面全貌的数字报纸,其他形态都有可能因为页面限制或者介质差异而不能保存所有的版面元素,这样,新闻的意义很可能就会丢失一部分,传播效果大打折扣。即便是数字报纸,也会因为电脑显示屏的限制,无法给读者以纸质版面的整体感受和阅读快感。我在编辑课上就发现学生们在阅读数字报纸时并不能把握报纸版面的奥妙,他们甚至无法分辨大报、小报、瘦报等的版面差异,更难以理解报型和版心大小对于新闻设计的影响。

充当"信息管家"的报纸,在版面的视觉设计方面应该遵循这样一些原则:

第一,对新闻信息进行比以往更严格的挑选和更细致的梳理,根据读者的需求和品味确定稿件的地位及其相互之间的联系。版面设计应以稿件的有序排列与最佳组合来帮助读者加快阅读速度、降低时间成本、增强浏览乐趣。

第二,突出对读者最有价值的内容。在新媒体时代,报纸的优劣已经不在于稿件的数量有多少,而在于内容质量有多高。因此,要用最充分的版面空间展示最值得关注的内容,重要新闻做深做透,做细做精,做出独家的视角和风格。报纸的优势不再是办"信息超市",而是办特色精品店。版面寸土寸金,好钢必须用在刀刃上。

第三,版面元素的运用更加需要创造性,要力争使新闻内容与表现形式有机地结合为一体。报纸编辑对版面语言的灵活运用作为新闻生产的一个核心环节,实际上是使视觉设计与思想和内容在某种情况下画上了等号。优秀的视觉设计不仅能够更好地表现思想和内容,实际上它本身也是思想和内容的一部分。

为何要以巧妙的设计强化大众媒体在众声喧哗中的议题设置与舆论引导能力?因为媒体技术的发展让每个人都能随时随地通过微博、网络社区等发布新闻、发表意见,传统媒体开始被边缘化,有些甚至被网络和自媒体牵着鼻子走,逐渐丧失了自身价值和社会影响力。而事实上,越是人人都有麦克风,越是需要有能够登高望远、引领舆论的责任媒体。因为通过各种社会化媒体自由发布的信息往往是真假混杂的、碎片化的,各种意见表达也主要是从表达者本人的立场、角度和利益出发的,包括政务微博这样的机构媒体,也同样是站在本单位的立场上说话的。那么,谁在众说纷纭中调查内幕、揭示真相?谁在社会矛盾和利益冲突中主持公正、仗义执言?社会发展到今天,其实依然需要甚至更加需要能够代表公众利益的大众媒体来继续担当"社会守望者"这个重要角色,通过客观、公正、平衡的报道维护社会正义,并促成社会各方的沟通和共识。

这样的责任媒体还是需要由专业化的媒体组织来承办。而比较之下，有着最悠久的新闻传播历史的报纸具有其他媒体组织所不具备的一些优势，如新闻人才资源优势、信息资源优势和媒体品牌资源优势等。在报业转型的新时期，报社应该充分利用自己的资源优势来担当这样的社会责任。而要做到这一点，也对版面编辑的视觉设计水平提出了更高的要求。

众所周知，报纸版面是新闻内容整体编排布局的产物。整体性和结构性是版面编辑区别于单稿编辑的地方，也是版面设计应该强调的主旨。但是，我国报纸版面设计有强调版面"美化"的传统，所有的版面元素过去都被看作是"美化版面"的工具和手段，甚至连新闻图片在早期也只被看作是装饰版面的工具。这些传统观念至今还在影响着我国报纸版面的设计，今天我们在不少报纸上仍然能看到为了搭配文字稿件而采用的与新闻内容毫无关系的图片，以及对表现新闻主题毫无作用且妨碍阅读的彩色底衬。更严重的是，有些版面设计盲目追求感观刺激，对版面元素使用失当，表现形式与新闻内容极不相称，比如将新闻价值和技术质量都不高的照片处理得过大，将不重要的新闻标题做得比报纸名称还大，造成了哗众取宠的"泡沫版面"。这样的版面设计根本不可能使报纸成为重要议程的设置者，也不可能产生引导舆论的效果，有时甚至起了副作用。

所以，版面编辑的视觉设计不能为形式而形式，而要立足于版面整体来赋予报纸解读新闻内容、启示读者思考的效力。对于有价值的新闻，编辑要以恰当的设计技术与表现方法揭示其深层的意义和影响，不仅要对新闻的相关要素进行形象化解释，还要对与新闻相关的知识进行形象化传播，让读者在最节省时间成本的情况下，获得最丰富的信息。优秀的版式设计能够很好地展现事实，还能以视觉设计表达编辑部对同类事实要素的比较、研究和价值判断，实际上表现出版面编辑对内容的意义建构。所以有西方学者认为："媒体的设计反映了一种看世界的方法""版面设计的标准已经从传统的新闻范畴转向了各种方法的综合运用"。

值得注意的是，优秀的版面设计是编辑策划的产物，而且往往是由多位记者、编辑合作完成的，如负责文字撰写的记者、负责数据统计的记者、负责制图的编辑和一位协助制图的编辑等。而视觉传播力的源头无疑是编辑的思想和创意。

今天，新技术与新媒体改变了新闻传播的机制和格局，公众的力量在新闻传播活动中得到突显，这为编辑更好地开发和利用社会资源创造了条件。版面视觉设计不仅需要编辑自己的智慧，还需要充分开发社会资源的潜在能量，积极有效地整合各方面的资源。而以视觉创新为重点的报纸改版，最值得思考的也正是如何通过视觉设计使大众媒体的功能重新得到确立，这将对报社在全媒体转型中保持核心竞争力具有重要启示。

基于上述思考，我认为这本书将版式设计的基本原理和操作技巧以图文并茂的形式加以梳理并讲述出来，非常通俗、生动、简洁明了，对于版式编辑及初学者、版面设计爱好者来说是有启示意义的。虽然有些地方的表述严谨性以及相佐证版面的代表性还有进一步完善的空间，但编著者为此所花费的心血和精力确实令人感动和尊敬。

2014 年 11 月于北京市世纪城晴雪园

(作者为中国人民大学新闻学院教授、博士生导师)

序 二

在融合中分享视觉灵感

胡线勤

在一次全国报业融合发展高峰论坛上，结识了庄跃辉，第一印象他是一个憨厚老实的南方人，当他把主编的《品创意·版式视觉设计灵感分享》书稿送来要我写序时，我才进一步认识到，庄跃辉同志对传媒颇有研究，对版式设计情有独钟。翻着厚厚的书稿，作为一名从事报业多年的老新闻工作者，激动之余，谈不上为其大作写序，只能写点粗浅的学习体会，以示对编者劳动成果的敬重，与读者分享感受的荣幸。

媒体融合发展由相加到相融，过渡到合而为一，是大趋势。媒体传播内容为主是不变的法则，而版式的制作则是内容具体表现形式之一，其版式如何变化，涵盖着新闻学、社会学、哲学、政治经济学、美学等诸多科学领域，可以肯定，版式的设计制作在新闻传播中起着至关重要的作用，是新闻要素有序传达的主观彰显。难能可贵的是，编者花费大量人力物力，搜集整理海量报刊杂志版面，去粗取精，筛选了 2000 份不同报纸版式进行科学点评，根据视觉心理学、人体工程学、系统论等原理，科学分析论述，总结梳理出普遍和特殊设计制作规律，让人耳目一新。

传统报刊受互联网、移动媒体的冲击，其传播表现形式亟待创新发展。当今时代，媒介传播形式多样化、快捷化，使新闻信息严重过剩，而受众的阅读力有限，正规媒体大量的信息输入并非能提高受众的新闻观感。版式设计是为了与读者交流，为了传达信息。通过版式设计获取读者的注意力，也是吸引读者注意的第一道防线，从传播角度来看，版式设计的好坏直接影响读者的阅读兴趣、阅读质量和传播效果。具有新闻专业素养的媒体人，深入采编、精心制作的新闻信息更具阅读价值，提升了报刊的品牌形象和营销效果。比如，书中多次列举交通事故中警方应急处理的报道，媒体邀请专家学者对此事进行客观分析，从不同角度、不同维度深层探讨现象背后的原因，为读者带来的并非表面的陈述而是深刻的思考。从新闻时效性方面，报纸在传播速度上不及网络媒体，但新闻内容上的深度，角度上的多样，再配以丰富多彩的版式设计，就可以为读者打造一份"视觉盛宴"。毫无疑问，版式设计成为报刊应对市场竞争的重要一环。

本书编者着重围绕报刊版式基本构成和形式美两方面，重点阐述版式设计原理，说明版式设计者要充分利用点、线、面三个元素的组合变换，通过点的空间排列，线的粗细曲直变化，面的虚实与面积对比，以及点线面的综合处理，构建报刊、书籍版面的视觉形象，达到最佳传播效果。本书以 2000 余份报纸版式为案例，说理充分、逻辑清晰、图文并茂。比如讲解线的魅力时，从线条对于人的直观感受入手，分析在使用过程中需要考虑的因素以及线的张力所在。该书涉及的理论知识均有相应真实范例加以展示，不仅加深了读者对于编者专业功底的认可，更能从中学习知识，便于在今后工作中灵活运用。编者在书中呈现版式设计原理时深入浅出，从定义到种类再到效果，事无巨细，将读者过去遇到的、现在面临的和将来也许会碰到的情况都有所涵盖，不失有先见之明。

传媒版式设计万变不离其宗。本文重点编写报纸平面媒体设计技巧，其设计理念、主题表达、视觉构图、色彩搭配等与新媒体制作基本一致，对网站、两微一端、H5 等媒体人也有一定的参考价值。最后真诚感谢庄跃辉等编者对中国报业版式设计、研究所做出的突出贡献。

2017 年 6 月 23 日于北京

(作者系中国报业杂志社社长兼总编辑、中国报业协会副秘书长)

前　言

在当今全媒体时代，人们获取信息的渠道、方式等都发生了深刻变化，信息的来源也打破了时空的局限。纸质媒体作为一种传统传播媒介，该如何去积极应对这些变化？

一个重要的方面，是要力求版面设计的创新求变，起到让读者眼前一亮的效果，从而产生阅读的兴趣。这就要求在版面设计上做到四个"精"：创意精到，设计精心，布局精细，呈现精彩。

报纸编排从传统语言艺术进入到视觉艺术时代，其供人们摄受的美感绝不会是单一枯燥的。文字是人脑对自然与社会带有感情色彩的反映，其不仅具有表达意义、传递信息的功能，还具有形式要素的功能。文字本身就是非常基本的图形元素，而依照版式结构的不同，它们群化后的视觉效果也大不一样。再者，文字的不同字体与字号、字与字之间的大小、行间距等，与传达报纸内容的主旨要求息息相关。而图形则能配以文字来更好地反映主题，给人一定的视觉美感，更具形象性和艺术性的享受。

《品创意·版式视觉设计灵感分享》一书通过对视觉元素、形式美法则的深入研究，在版式设计中把握好视觉元素、图形和文字的编排，能产生自由灵活、融会贯通、前后呼应的效果，体现了富有文化意蕴和强烈的视觉享受的整体美。

本书采用基础知识+示例分析的方法，全面讲解了版式编排过程中不同原理的应用方法，分析报刊宣传媒介在版式中的应用技巧。书中采用示例去丰富读者的鉴赏阅历，拓展读者对版式的设计思维，以期锻炼读者考虑问题的角度、分析与设计的能力，更好地将书中的知识灵活地运用于实际工作中，使设计思维更加具有开放性。本书以约2000份独具匠心的报纸版式为例，系统地讲述了版面构成的方法和技巧，深入地阐述了点、线、面的精髓和奥秘，并在各实例版式中融入了编者对版式艺术的深刻思考，具有很强的实践性和指导性。本书可以帮助初涉版面设计的读者较快掌握专业版面设计技能，同时也能有效提升专业版面设计者的设计构版境界。本书若能帮助报纸编排和编辑设计工作者有效解决版面难题，激发更多的设计灵感，那么我们将倍感欣慰并深感荣幸。

本书由庄跃辉、庄正、庄舒敏、舒妙飞撰写文稿，参加本书编写工作的还有陈萍、刁玉全、郁爱定、舒林、韩红萍等共同作者。此外，舒妙飞还对本书正文排版和设计作了研究。为进一步传播版式视觉艺术设计的知识，本书作者同时创办了中国报刊设计网（网址为 www.cnbksj.com）。为回馈广大读者的厚爱，附送按目录顺序编排的书中所有图片，可通过扫描微信二维码查看。凡购买本书的读者均可免费获得中国报刊设计网提供的三年增值服务。

编　者

2017年9月16日

目 录

第 1 章　版式设计基础

第 2 章　版式设计的基本类型

第 3 章　　版式设计中的"点"

第 4 章　版式设计中的"线"

第 5 章　版式设计中的"面"

第 6 章　版式设计的视觉流程

第 7 章　版式设计的图片编排

第 8 章　版式设计的色彩搭配

第 9 章　版式设计的形式美

第 10 章　新闻版式设计

第1章 版式设计基础

　　所谓版式,是指报纸版面在平面的展开和调度。报纸版式是报纸版面的结构或样式。版式设计是现代艺术设计的重要组成部分,也是视觉传达的重要手段。它是将文字、插图、照片、图形、标志等视觉元素给予有机的整理与配置,对其作整体的安排与布局,将理性思维个性化地展示出来,使之具有最大诉求效果的构成技术。

版式设计是现代设计艺术的重要组成部分,是视觉传达的重要手段。表面上看,它是一种关于编排的技术,而实际上,它不仅是一种技能,更是技术与艺术的高度统一。版式设计可以说是现代视觉设计工作者所必备的基本功之一。

示例:《东莞时报》报纸版式不再靠版式设计者自己的意念来设计,而要考虑读者的感受。读者被突出到一个至关重要的地位,成为版式变革的风向标。辛亥革命百年纪念特刊,这个版面按照主从关系的顺序,以放大的主体形象作为视觉中心,表达主题思想;以浅黄色的底纹映衬鲜红的旗帜和火热的场景图片,与正文一起,使版面语言颇有寓意。

1.1 了解版式设计

版式设计是按照视觉表达内容的需要和审美的规律,结合各种平面设计的具体特点,运用视觉要素,将文字、图形及其他视觉造型元素加以组合、编排,表现特定思想的一种视觉传达的设计方法。

示例:《江干报》 这一版式把"吸引"功能放在首要位置。与其他大众报纸相比,其特点是该版面中的图片采用组合方式,简单直观。这个版面突出宣传图片场景,有着自己的重点内容和辅助内容;用版面语言向读者展示编辑的重点指向,实现引导读者阅读的目的。该版面有个性、有特点,强化了对读者的视觉感染力。

1.1.1 版式设计

报纸版式是各类稿件在报纸上编排布局的整体产物,是读者首先接触到的对象。所谓版式设计,就是在版面有限的平面"面积"内,根据主题内容要求,运用所掌握的美学知识,进行版面的"点、线、面"分割,运用"黑、白、灰"的视觉关系,以及底子或背景色彩的"明度、彩度、纯度",文字大小、色彩、深浅等的调整,设计出美观实用的版面。

示例:《深圳晚报》 在这一版面上对有限的视觉元素进行了有机的排列组合。该版面以组合照片为视线进行编排设计,并运用造型要素,如文字字体、图像、线条、色块等进行了编排,艺术地表达出新年新人,佳节佳偶永结同心这一主题,使读者能够直观地感受到设计者所要传递的意思。这一版面将理性思维个性化地表现出来,具有个人风格和艺术特点,在传达信息的同时,也产生了视觉上的美感。

1.1.1.1 版式设计的目的

知道版面中要说什么(传达什么)之后,就需要发挥设计师"讲故事"的能力了。怎么说,才能吸引读者的注意,让读者乐于接受并且有效记忆,这也就是版式设计的目的。如果有版式设计理论作为基础,并且能够大致地指出版式编排方向与原理,那么设计师的整个设计工作就会容易许多。从版式设计理论知识出发,即便是对设计进行简单调整,也能得到意想不到的效果。

示例:《河北青年报》为了使版面设计更好地为版面内容服务,寻求合乎情理的版面视觉语言显得非常重要,也是达到最佳诉求的体现。构思立意是设计的第一步,设计主题明确后,版面构图布局和表现形式等便成为版面设计艺术的核心,这也是一个艰难的创作过程。怎样才能达到意新、形美、变化中求统一,并具有审美情趣,主要取决于设计者的文化涵养。在信息空前繁荣的今天,获取受众的注意力成为报纸最重要的目标,也是报纸版式设计最重要的功能。福岛核电站缘何爆炸?制图就能告诉你。立体制图让整个版面更有视觉冲击力,不仅丰富了版面,也传递了更为丰富的信息,让外行也能看出门道来。

1.1.1.2 版式设计的基本构图

版式设计的基本构图元素包括色彩、文字、图像、网格等,在编排过程中,须加以灵活应用。绘制草图等素描样张是版式设计的一个秘诀,把握以空间为基础来美化平面分割比例的设计非常有效。

示例:《京华时报》2009年10月1日国庆特刊该期由《正报》《今日点兵》和《阅兵全景图》组成。其封面摈弃了通常思维模式下的大红底色、天安门、国旗及士兵等元素,因为任何一个元素都无法表达主题祖国万岁! 因此,该版面以无声胜有声,仅用《京华时报》报头、"祖国万岁""60"等文字组合,配合大量的留白,突出了主标题"祖国万岁",让读者耳目一新。前言以祖国万岁这声发自每个中国人肺腑的呐喊,调动读者的情感。版面整体设计简洁、大气、空灵。

1.1.1.3 为什么要进行版式设计

版式设计是为了与读者进行交流,目的是传达信息。如果信息能够被准确地传达给读者,设计者就可以期待读者有相应的反应。换言之,设计者要通过版式设计来获取读者的明显反应,这意味着版式设计要能够使读者动心。

设计者要想办法让自己的报纸从众多报纸中"跳"出来。只有读者将视线锁定在这份报纸上,才有可能阅读其内容。因此,打造报纸版式的吸引力成为报纸版式设计的重中之重。

示例:《东莞时报》辛亥革命百年纪念特刊该版面以棕色大标题"先驱"、黑白历史照片等组合而成,忆辛亥革命的先驱者。版面文字放左,照片放右,主次分明、条理清晰,主题思想明确。在版式设计上运用左右对称的编排手法,突出革命先驱者的光辉形象。

1.1.2 版式设计的作用

版式设计的作用是使混乱的内容呈现出秩序。如果排版富于秩序感,阅读就会变得轻松,而且还会产生一定的视觉美感。最重要的是一种对读者的照顾:方便任何人阅读的东西,对任何读者而言都包含了一种照顾的情感。出于替读者考虑,设计上一般不使用超过3种字体。

示例:《京华时报》 该版面以全民狂欢为新闻主题,红色的大照片放在版面上方,彰显大气,大照片下配以三张不同动势的小照片,图片大小搭配,有节奏感。版面的装饰要素是由文字、图形、色彩等通过点、线、面的组合与排列构成的,并采用夸张、比喻、象征的手法来体现视觉效果,既美化了版面,又提高了传达信息的能力。装饰是运用审美特征构造出来的,通过对文字、标题、图片等的合理处理与调配,可使版面具有秩序美、条理美,从而获得更完美的视觉效果。

1.1.2.1 视觉传达的一种重要形式

文章再好,图片再美,也需要版式设计师把它们整合在一起。版式设计不是特别重要,但一份好的报纸,最重要的是让读者看得清楚、明白,版式设计做得不好的话,很容易被挑刺,而好的报纸版式设计则不容易挑出毛病,大家欣然接受,并了解其中的图片和文字信息,这就够了。这也是版式设计师的作用。

示例:《齐鲁晚报》新闻 青荣城铁通车特别报道 版式设计是视觉传达的一种重要形式,也是视觉传达设计的公共语言。该版式设计将文字、图形根据特定内容的需要恰当地组织在版面上,同时它又不仅仅是一种单纯的编排技巧,而是通过设计的视觉化与形象化,决定给读者的基本感受和影响。读者凭着第一印象,决定要不要进一步接受这一设计提供的视觉信息。

1.1.2.2 完美的视觉传达依赖版式设计

完美的视觉传达依赖巧妙的版式设计。信息传达是版式生命力的象征,同时,版式传达信息的广泛性和艺术表现力的多样性,为人们构建新的思想和文化观念提供了广阔的空间,成为了解时代和沟通信息的重要界面。只有认真研究版式设计,才能更有效地服务于视觉传达的目的。

示例:《齐鲁晚报》新闻 车险将能"私人订制" 如果这一版面对读者是有吸引力的,他会集中其全部注意力去欣赏,而视觉传达设计师赋予设计形象的种种视觉信息则会在这个过程中源源不断地被读者接受。由此可见,现代视觉传达作为一种版式设计语言,首要关注的就是版式。

1.1.2.3 技术与艺术结合

设计是主观和客观因素共同作用的结果,是在自由和不自由之间进行的。设计者不能超越自身已有经验和所处环境提供的客观条件的限制,优秀设计者正是在掌握客观规律基础上得到了完全的自由。一种想象和创造的自由技术主要表现为客观因素,艺术创意主要表现为主观因素。

示例:《深圳晚报》头版 食品谣言大批判 设计是科技与艺术的结合,是商业社会的产物,在商业社会中需要艺术设计与创作理想的平衡,需要客观与克制,需要借作者之口替委托人说话。设计与美术不同,因为设计既要符合审美的需要,又要具有实用性,替人设想,以人为本。设计是一种需要而不仅仅是装饰、装潢。设计没有完成的概念。设计需要精益求精,不断完善,需要挑战自我,向自己宣战。设计的关键之处在于发现,这只有通过不断地深入感受和体验才能做到。打动别人对于设计师来说是一个挑战。设计要让人感动,足够的细节本身就能感动人,图形创意本身能打动人,色彩品位能打动人,材料质地能打动人……这需要把设计的多种元素进行有机地艺术化地组合来完成。此外,设计师更应该明白严谨的态度自身更能引起人们心灵的震动。

1.1.3 版式设计的三个基本原则

版式设计是版面的重要设计部分,设计师需要使版面内容布局合理,脉络分明,既方便阅读,又能给人以美感。达到这种效果需要从版式设计的以下三个基本要求考虑。

直观:打开报纸的瞬间,读者能够明白其中的版面想要传达的信息。0.3秒决定胜负,即在看到版面的0.3秒内能否抓住主题,若什么都没抓到,则说明设计不行。

易读:作为主体的文字图片,在版面上均有各自的位置,在每一种版式设计处理上都有不同的含意。但是,无论是前与后、主与次、分与合的安排,还是大与小、轻与重、黑与白的分布,所有的版式设计手法在原则上都是平等的。版式设计手法的运用是为了加强版面的易读性,为了使读者能有"选择",有"区别",有"秩序"地阅读,例如类目的分割、篇章的安排、目录的编排、页码的安置、内容的提示等。

美观:设计如果没有美的视觉效果,就不能产生视觉冲击力,不能博得读者的好感。美的视觉效果是通过对配色或留白空间的处理以及对照片等内容的布局获得的。版式设计的一个禁忌是,在工作之初首先考虑的是美观或外观漂亮,而不是传达信息。

示例:《京华时报》 设计除了在视觉上给人一种美的享受外,更重要的是向广大的读者转达一个信息,一种理念。因此在设计中,不单要注重视觉上的美观,更应该考虑信息的传达。《走好》这一版面设计沿用了上一天的封面色彩元素:红、黑、白。版面设计用强对比形成视觉冲击,大面积的留白代表了全国一片静寂。

1.1.3.1 直观

版式设计的直观原则主要表现在版面结构的设计上。版面结构是指一种能够让读者清楚、容易地理解版面所传达信息的东西，一种将不同介质上的不同元素巧妙排列的方式。要建立一个优秀的版面结构，设计师必须仔细观察身边的"结构"：翻翻杂志、书本、宣传单等，尝试了解图形是如何构成的。为了增强观察的效果，设计师必须在大脑中将想要表达的元素和环境构建成一张图。这将在设计中起到辅助作用。创意是平面设计的第一要素，没有好的创意，就没有好的版面。创意时要考虑读者、传播媒体、文化背景三个条件。

示例：《新京报》"十二五"规划纲要草案解读特刊 该版面以幸福为主题，选取了个人、家庭、社区、村庄、企业和城市作为样本，呈现了2011—2015年中国的幸福蓝图和愿景。特刊采用了插图和照片相结合的形式，很好地体现了"幸福"这个主题。

1.1.3.2 易读

易读就是要解决图形、色彩和文字三者之间的空间关系，做到新颖、合理和统一。字号大小一致，不要太小，装饰过度，字间距和行距太密集，都不便于阅读。一个视觉设计的生存底线，应该看它是否具有感动他人的能力，是否能顺利地传送出背后的信息。事实上它更像处理人际关系，依靠魅力来征服对方。平面设计者所担任的往往是多重角色，为客户代言，因为客户需要通过设计作品去打动他人。平面设计是一种与特定目的有着密切联系的艺术。

示例：《新京报》该版面用简洁文字和图形把信息传达给读者，让读者通过照片了解专题报道。该版面用特殊的照片和棕色栏目来处理志愿者在京哈高速截下运狗车，经15小时谈判，两机构出资10万元将狗救下这一专题。记者全程跟踪报道，通过图片和文字对细节的描写，为读者还原了整个事件。整个版面结构清晰，图片细节丰富。它用图片编排、视觉艺术和版面技术来使版面设计达到预期效果。

1.1.3.3 美观

版面结构规划中最主要，也是最重要的部分就是"对齐"和"平衡"。设计者必须很清楚文字、颜色和图片的分量，否则版面结构完成后会看起来很不平衡。版式设计的美观性是指版面中的各种设计元素要彼此呼应、意脉相通、和谐一致。正确运用版式设计的艺术规律，可使版面达到形式与内容、局部与整体的完美一致。生动、有序、和谐的版面，能给人一种阅读上的愉悦感。

示例：《新京报》 将一些基本图形按照一定的创意在版面上再现图案的过程，就是通过点、线、面与色彩的运用来传达语义。该版面中众多大小不一的彩色立体球代表中企500强，其中脱颖而出的前10强均在醒目的企业标识上注明了营收数据。整个版面色彩鲜亮明丽，内容直观易懂。

1.2 版式设计的功能与构成要素

版式的构成要素大体上分成两类，一类是图片（包括照片），另一类是文字。了解这两种要素及其使用方法和处理方法很重要。如果不了解要素，即便能够模仿别人的版式，也无法做出能够打动人心的设计。版式设计是按照美的视觉效果，力学的原理，对构成要素进行编排和组合，它是以理性和逻辑推理来创造形象、研究形象与形象之间的排列的方法，是理性与感性相结合的产物。

示例：《绍兴晚报》2014年除夕头版 该版面为新年特刊设计，为了抓住读者的视线使用了大幅的照片。照片是该版式设计中最重要的元素，它们在抓住读者视线的同时也塑造了版面的整体效果。此处格外具有心理影响效果的是边框线，它也属于要素的一部分。大标题、大照片、亮色彩，能让读者在经过报摊三步之远、五秒以内，就决定是否掏钱购买。

1.2.1 导读功能

报纸版面中的导读设计，可以让读者通过导读迅速了解到哪些新闻是重要的，其中哪些内容是自己感兴趣的，以便在短时间内获得有效信息，极大地增加了信息的易读性。版式设计的基本要求是让读者能够顺畅地进行阅读，否则他们就会感受到一种压抑。

示例：《苏州日报》实现新闻导读功能的版式设计方法有很多，简洁的模块式结构、稳定的静态式版面、适当的留白、宽松的栏距、大图片、大标题、导读文字等，无一不在使读者感受到阅读的方便和轻松。

1.2.1.1 希望能顺畅地阅读

版式设计并不是单凭感觉就能设计好的，个性化的版式设计有时可能会造成阅读上的不便。版式设计并不是单纯追求个性的工作，而是设法让看到的人或读到的人能够顺畅阅读的一门学问。这也就是说，版式设计师需要站在读者的角度来考虑问题。有时读者会因为排字的问题而不愿阅读，也会因为字难于辨认，如小字、繁体字等而感到不满。

示例：《苏州日报》 这是一个组合版，各版的内容都针对一个独立的行政区域。在沧浪区的"沧浪"版上，版面的中心大图是一个特大的、展开的屏风，但屏风的隔板上却没有镶嵌图案，而是一篇篇文章。屏风的周围，有苏州沧浪区特有的风景，其中最显眼的，是苏州迄今保持最完整的古代水城盘门。在这些风景图片的周围，同样穿插着一篇篇文字报道。屏风和盘门，是苏州人耳熟能详的文物与景观，它已和苏州人的精神与生活方式联系在一起了。阅读这一版的内容，视觉上的认同感会在苏州读者心目中由衷地强化，进而喜爱这张报纸。为了让读者能够顺畅地阅读，版面以连版及扇形造型，将大标题放在上面，这些都与版面的"工整"问题直接相关。通过对版面元素的合理编排，从而保证了阅读的流畅，同时也产生一种美感，使读者在阅读过程中充满轻松、美好的感觉。

1.2.1.2　希望能有效率地阅读

传播信息是报纸最本质的属性。现代报纸除了所刊登的内容，版式本身也具有传播信息的功能。版式的视觉化、板块化、导读等特征，最终目的是为了强化内容对读者的影响，让读者更好地接受报纸的信息。如果阅读太费精力，查找方式颇为复杂，文字图表过于晦涩难懂，读者就会产生厌弃的情绪。

示例：《苏州日报》该版面的设计，是为了让读者首先了解哪些新闻是重要的，哪些内容是自己感兴趣的。在短时间内获得有效信息，可极大地增加信息的易读性。为受众提供更多有效、适用的信息，尽可能多、尽可能完整地告诉读者发生了什么，满足读者对新闻和信息方面的需求，这也是报纸版式设计最基本的功能。

示例：《苏州日报》该版面将要表达的新闻内容视觉化。视觉化的是新闻本身，也是表达的思想本身，但最终还是思想在闪光，而不是思想的外延。报纸的装帧、工艺不是印刷品中最好的，但是它有一种爆发力，会在出现重大选题的时候、出现重大新闻的时候，偶尔露出峥嵘。报纸与读者是水乳相融的，是帮助读者达到目的的最有效方式。

1.2.1.3　希望能够受到某种刺激地阅读

在看到某个版式或版面时，读者总是希望能够感受到其中的某种美感。在很多情况下，美的视觉效果比较容易为读者带来阅读方面的刺激。版式设计应以尊重读者阅读习惯，深化"视觉冲击力"为出发点，不断地求新求变求异。

1.2.2　导向功能

版面上的导向设计，让读者可以通过导向了解哪些新闻是重要的，哪些内容是自己感兴趣的，在短时间内获得有效信息，极大地增加了信息的易读性。报纸最常用的设计原理基于平衡、对比、比例和统一这几个方面。为了能更好地处理好内容与形式、政治与技术的关系，使版面既能发挥正确的导向功能，又能为读者喜闻乐见，设计时必须注意一些基本要求。

示例：《苏州日报》该版式是极具视觉冲击力的，版式设计使报纸版面凸现出更多的灵活性、丰富性、创新性、个性化等特点。版式已突破传统意义上单纯的"形式观"，具有了更多的新功能。不断对这些功能进行开发和拓展，必将对报纸自身的发展起到重要作用。

示例：《京华时报》版式设计能传达出设计者高雅的审美趣味，版面的通透、开朗、跳跃、清新，能在视觉上给读者造成轻快、愉悦的视觉刺激。要达到平衡，设计的顺序也很重要。版面设计师应把主要的表现要素——无论是图片、文字，还是二者兼有——放在版面视觉中心偏左的位置(在版面中心偏上处)。以这个位置作为焦点，可以平衡版面的其余部分。这一内版，版头用印章作为设计元素，版头下方大量留白，体现出古典美；整个版面整齐划一，通过图片和文字将读者引向目标。

1.2.1.4　希望从信息中有所收获地阅读

读者希望看到的信息对自己来说是全新的，这一点理所当然；希望阅读之后能够有所收获，这种心态也非常重要。因此，在版式设计时要好好考虑读者的这些诉求。

如果所搜寻的内容很难找到，或是不容易理解，读者马上就会把视线转向别处，当然，也有少数人会在上述情况下仍然把内容看完。但是，报刊设计师必须根据大多数人的阅读习惯来进行版式设计。这可以说是设计师服务于读者的使命。

索引或搜索是帮助读者达到目的的最有效方式，如果这些方式也变得很复杂，那么人们就必然会选择放弃了。

1.2.2.1　鲜明主题的诱导力

版式设计的最终目的是使版面产生清晰的条理性，用悦目的结构来更好地突出主题，鲜明主题的诱导力，以达到最佳诉求效果。版式设计是传播信息的桥梁，所追求的完善形式必须符合主题的思想。把形式与内容合理地统一起来，强化整体的布局和秩序，才能体现版式设计中独特的社会和艺术价值，才能解决设计应该说什么，对谁说和怎样说的问题。

示例:《成都晚报》 在版式构成要素中,格外具有心理影响效果的就是线。线也属于设计中常用的重要元素。该版面用大标题配箭头与圆点图形的方法,强调编排的协调性原则,也就是强化了编排要素在版面中的结构以及色彩上的关联性问题。在版面上,以标题、图片、报花、线条等为"重"和"黑",文字和空白为"轻"和"白"。设计版面时,要注意上下左右轻重平衡,黑白均匀。版面如果偏轻或偏重,就会失去总体平衡感,叫读者看了不舒服。

1.2.2.2 版式设计的标题导向

版式设计有如下几种方式:

1.突出主体。在主体形象四周增加空白区域,能使被强调的主体更加突出。

2.利用视觉流程原理,使主体成为视觉中心,以此鲜明地表达主题思想。

3.强调整体编排设计。对设计方案中的多种版面元素进行整体考虑,以便于主体形象或主题思想的展现。

示例:《合肥晚报》辛亥革命百年纪念特刊 该版面用对比的形式营造版面视觉兴趣。标题以红底白字突出主体,四周增加空白区域,底部以放大的照片传达多种信息,来展现主体形象和主题思想。

1.2.2.3 布局空间的导向

通过对版面基础理论知识全面、系统的学习,有利于培养版式设计工作者的版面设计审美能力,为日后的工作打好基础。有效调配版面的空间布局,可以广泛地调动读者的激情与感受,使读者在接受版面信息的同时,得到娱乐、消遣和艺术性感染。对于版面空间而言,不同字体字号、字的大小对比、行间距等的选择,与要传达的内容主旨息息相关;图形则需配以文字才能更好地反映主题,同时给人一定的视觉美感,更具形象性和艺术性。

示例:《山东商报》此版面主题是关于2012年高考的报道。题头用铅笔图片象征高考,主标题是放大的"6月7日8日"和其谐音"录取吧"字样,既生动形象,又传达了对高考学子的美好祝愿。版面下方是一个微博发言栏的图形,呼应了主题"爱心微作文"。整个版面结构紧凑,是一款不错的版式。

1.2.2.4 选题的导向

若是牡丹,万花园里独争妍固然是精彩的,但为冬梅,一剪寒梅独自开也同样精彩。人亦是如此,只要尽己所能,只要对自己所为之事充满爱,浓妆或是淡抹,总是各有各的精彩。精彩可以是惊天动地,也可以是润物无声。例如,在苏州文化的浸淫与熏陶下,传媒无法脱卸地域文化的印痕,因此从文化的视角解读苏州的传媒,便是抓住了当地的特点。

示例:《苏州日报》 任何艺术都是来源于生活,回报于生活的。这个充满乡土气息的版面,目的是要让国内的许多读者了解苏州吴中,还原其劳作景象。该版面分成三块,展现不同的主题,展现其各自的精彩。该版面在面与点的设计上形成完美融合,造就了选题的精彩与经典,也让读者眼前一亮。

1.2.3 标志功能

稿件的主次,是报纸基本倾向的重要体现。主次不清,就会模糊甚至歪曲报纸的态度。因此,设计版面首先要做到主次分明。所谓主次分明,就是稿件的重要程度与版面的地位高低相一致。标志功能是指版面安排显示出的外观感受,用以突出报纸的特色。版式的根本功能就是积极主动地为充分表现内容服务,使内容能最大限度地影响读者。

示例:《市场星报》辛亥革命百年纪念特刊 此版面为以大图片、大标题为特色的报纸版面。标题色彩选淡黄色,意逢怀旧,丰富的版面色彩对比够使读者的大脑受到刺激从而感到兴奋,故而做到了信息的有感传达。在媒体版面日新月异的变革中,网页、杂志、报纸、海报等都有互通互鉴之处。

1.2.3.1 如何把握整体设计

为取得统一,报纸要在设计的各版面中都贯彻设计主题。在一份风格统一的报纸上,所有设计要素都有关系。各版导读、标题、插图说明、专栏评论都要文体一致;每一期上,导读和专栏的位置都要一样。统一也意味着将个别报道或相关要素放在一起,如能用单元方式来设计,会有更大的视觉冲击力。也就是说,排消息或要素相关的多篇报道时,要使它们像被一个虚构的矩形框围在一起,以令读者产生一种统一和有内在凝聚力的感觉。现在大部分报纸都用单元形式组织,版面编辑把版面的每一个要素都视为一个单元——无论是一张长的、竖式图片,还是一篇横的、矩形报道——来营造出易于阅读的简单、清晰的设计。

示例:《重庆时报》 该版面反映的是我国著名羽毛球运动员告别羽坛这一主题,采用羽毛球羽毛落地的艺术手法来象征"于洋:再见,羽毛球",可谓既形象又贴切,而且富有艺术感。

1.2.3.2　思维观念影响视觉表现

就形式而言,要做到"三个分明",即:题与文分明,头与尾分明,文与文分明。这是美化版面的最基本、最起码的要求。如果版面看上去糊里糊涂一片,分不清哪是标题,哪是正文;哪是开头,哪是结尾;哪是属于这篇稿件的内容,哪是属于那篇稿件的内容,则这样的版面不仅谈不上美观,甚至在阅读上都成问题。每一次艺术运动思潮都会对平面设计的风格产生深刻的影响,因此平面设计的思想观念与风格不是孤立的,它与建筑、绘画、文学、音乐、诗歌、服装等领域在艺术思想精神上完全一致。每一次艺术运动都起源于建筑、绘画,然后影响到其他领域,因此我们在研究版式艺术的同时,应该以宏观的观点来看待艺术发展的关系。

好的版式设计能更快、更准确地传递信息,帮助信息交流。版式设计可以采用各种不同的版面编排形式以体现其功能性。

示例:《山东商报》封面 头版 该版面将图片与文字合理地进行了编排与设计,用绳子拉轮胎意属召回。这样的设计使版面层次清晰、主题突出,达到了传达信息的目的。

1.2.3.3　空间的平衡与紧张感

已取得的平衡可以很容易地打破,以产生紧张感,有紧张感的部分会产生视觉冲击力。从视觉心理学的角度来看,形状或颜色都具有某种视觉重量,视觉上的平衡正是基于这种重量感而提出的。所谓视觉性的重量就是指视觉上的轻重感觉,这种感觉很接近于物理上的重量。当版面中一方偏重时,支点就要向这一方靠近,版式设计中的支点就会放在重新平衡的中间线上。平衡感不等于完全对称,在平衡后的一侧加入一个图形后,对称结构即会被打破,从而产生了动感,形成紧张感。

示例:《京华时报》该版将参加阅兵式的 56 个方队逐一进行了详细地介绍,具有很强的服务性,便于读者看电视时,"读懂"令人震撼的阅兵盛典。特刊封面以独特的构思和角度进行定位,设计中充满了艺术魅力,完美地展现了古老文化与现代军事盛典的对比之美,让人们感受到阅兵式充满神秘色彩的同时,也增加了阅读的激情。

1.2.4　版式设计三大视觉要素

版式设计三大视觉要素是文字、图形和色彩。

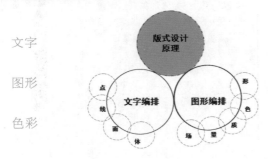

1.2.4.1　文字

编排文字的基本原则是方便阅读。字面的效果要考虑整体的易读性(间距、行距、段距、换行、行宽度等)。

文字的跳跃感:字号大小相同时,虽富于统一感却缺少变化,读者看了容易犯困。正文与标题字号的比例关系并不是越大越好。有时候色彩的强烈对比也能带来不同的感觉。

适合的行字数:每行一般放 26 个字是最理想的,超过 30 个字,读者看着就会觉得辛苦了。竖向排列中,一行最多可以放 41 个字左右。

排字与行距:行距必须大于字距(方块字),英文字松散间隔时(1 个单词中字母间的距离不一致),需要从外观的角度将其间隔调整一致(主要是用单词做 VI、Logo 等设计时)。反之,紧凑的间隔需要扩大字间距。

示例:《方正印务报》方正要闻"以精致要精彩"该版面头条新闻标题通栏排,显得大气,做到了主题鲜明突出,一目了然,达到了版面构成的最终目标。读者在享受到形式美的同时,接受了作者想要传达的信息。

1.2.4.2　图形

图形可更加具体地表现形象、营造气氛。

尺寸的效果:特写时放大人物脸部或其他部位尺寸,全身像则采用较小的尺寸比较合适。

图形的裁切:首先确定好要传达的意向,空间感受以及视觉心理学也都必须考虑。人物正面面对文字,比较关注接下来将要发生什么事;文字放到背后,希望读者关注人物的过去;如果上部和下部裁掉,让人感受到当下所面临的现实,同时,人物与读者的距离似乎也更接近。

方形版式与去除边框:说白了就是抠图,抠出主体。

处理留白:留白所在的位置不同,产生的视觉心理感觉也会不同。当主体物置于页面右侧时,会构成一种对未来的表现;而置于左侧时,则会构成一种对过去的表现;置于左上方时,显得沉重、压抑;置于右上方时,就会形成一种对未来的表现。

示例:《北京晚报》2014 除夕报纸头版特刊 通过裁切图片使版面看起来更开阔:保留图片中的点(灯笼),填充整个图片在版面中为其分配的面积(去除白边、黑边等不需要的元素)。如果将安排在版面上部的图片放大并切掉其白边,就能增强视觉冲击力。小尺寸的照片用角版的形式处理。

1.2.4.3 色彩

色调的统一：如果将色调统一起来，那么配色的效果就能够被比较明确地传达给读者，并能够使版面产生一种井然有序的美感。由同色系色彩构成的统一，就是将性质相同的颜色集中起来进行配色。例如，用红色、橘红色、橙色、黄色进行配色，就能够产生统一感，其色彩的组群属性(效果)就会出现。由灰色构成的色调统一是指，当使用一种或两种有彩色时，如果需要将这些色彩的效果鲜明地呈现出来，就可以令其与灰色进行搭配。这样既可以避免颜色效果过于华丽，又可以避免其过于单调。

基础色：构成版面基本效果的颜色，主要是指版面背景。确定主要使用的颜色之后与之搭配，其主要的颜色也被称为基调色。配色时首先要明确的是基础色，因为基础色是控制版面整体效果的颜色。例如，以蓝色为基础色，那么就能产生建立在放松、理性、未来等效果基础上的蓝色效应。

示例：《每日商报》 2014 马年吉祥"马上有福 马到成功" 该版为春节特刊，主导配色为红色，将色彩、形式、质感等要素统一了起来。以红色为主导的版面中，色彩的效果会鲜明地呈现出来。

1.3 版面构成的四大原则

主题(思想)性与单一性、趣味性与独创性、整体性与协调性、艺术性与装饰性，是版面构成的四大原则。

示例：《燕赵都市报》元旦报纸头版2013"城市回声"让读者在享受视觉美的同时，接受作者想要传达的信息。

1.3.1 主题性与单一性

版式设计本身不是目的，而是为了更好地传播客户信息的手段。设计师易自我陶醉于个人风格以及与主题不相符的字体和图形中，这往往是造成设计平庸和失败的主要原因。一个成功的版面构成，首先必须明确客户的目的，并深入地去了解、观察、研究与设计有关的方方面面。简要的咨询是设计的良好开端。版面离不开内容，更要体现内容的主题思想，来增强读者的注目力与理解力。只有做到主题鲜明突出，一目了然，才能达到版面构成的最终目标。主题鲜明突出，是设计思想的最佳体现。

示例：《今日早报》一版要闻"回家的感觉真好" 版面中用红框来强调，这是视觉传达的重要手段，可帮助读者捋清阅读思路，体现出条理性。版面上设计元素的运用、结构框架的设定、个人风格的发挥等一切手段，都是为了鲜明地突出内容、烘托主体，使主体层次清晰、一目了然，没有丝毫视觉污染与干扰，在传达信息的同时，也产生感官上的美感。

1.3.1.1 主题鲜明突出

版式设计的最终目的是使版面产生清晰的条理性，用悦目的组织来更好地突出主题，达到最佳诉求效果；按照主从关系的顺序，使放大的主体形象位于视觉中心，以表达主题思想；在主体形象四周增加空白量，使被强调的主体形象更加鲜明突出。版面离不开内容，更要体现内容的主题思想，来增强读者的注目力与理解力。主题鲜明突出，是设计思想的最佳体现。

示例：《扬子晚报》 在有限的篇幅内与读者接触，这就要求版面表现必须单纯、简洁。版面的单纯化，既包括诉求内容的规划与提炼，又涉及版面形式的构成技巧。只有做到主题鲜明突出，一目了然，才能达到版面构成的最终目标。此版面中，稚气的脸、天真的笑，108张孩子的小嘴送上一句奶声奶气的"老师你好"，大照片套小照片的版式造型营造出爱心洋溢的氛围。

1.3.1.2 构图主题鲜明突出

如何使你的版面主题鲜明，突出主体是一个很重要的手段。版式设计是造型艺术，既要造型，就要使主题鲜明，而要想主题鲜明，有时就需要使主体突出。有一个强指向性的主体，或一个相对比较突出的主体或主体群，版面才能表达得鲜明生动。这需要营造有型的事物，将布局和构图按照主从关系的顺序，放大主体形象，形成视觉中心，以表达主题思想。将文案中的多种信息作整体编排设计，有助于主体形象的建立。

示例：《扬子晚报》 这一版式左右对称，上部是由主题绿色盆栽装点的新春趣味点。在主体形象右边增加空白量，使被强调的主体形象更加鲜明突出。该版式设计具有时代感，让形式为内容服务。版面的设计不是为了装饰，而是为了解释；不是为了引起轰动，而是为了让读者感到亲切；不是只看同事的反应，而是更要注重读者的反应。

1.3.1.3　凸显版面的视觉亮点

作为视觉信息交流的载体，版面设计也越来越强调其科学性、艺术性和文化性，为人们营造新的思想和文化观念提供了广阔天地，已成为人们理解时代和认同社会的重要界面。

面对声画时代和读图时代的到来，具有时代感的版式设计师，必然会审视什么是平面媒体最主要的视觉元素，想方设法凸现报纸版面的视觉亮点，千方百计增强报纸版面的阅读感染力，让读者舒适地阅读。

示例：《扬子晚报》　该版面将动车头与铁路线路侧面图片组织安排入布局，并对这个侧面最有特点的部位进行表现。一个有生动形象的事物，把它在这方面的特点表现出来，就达到了造型的目的。将主体安排在版面的中心位置，这种布局方法主要运用在具有左右、上下几何对称的主体上，以凸现其作为版面视觉亮点的地位。

1.3.1.4　突出个性化特征的原则

独创性原则实质上是突出个性化特征的原则。鲜明的个性，是版式设计的创意灵魂。试想，一个版面多是单一化与概念化的大同小异的设计，人云亦云，人们对它的记忆能维持多久？更谈不上在同类设计中出奇制胜了。

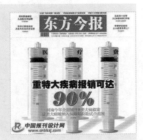

示例：《东方今报》超大的红色数字突出强调重特大疾病的报销比例，引人注目。三个并排的注射器上标有"医疗费"字样，图片与内容完美契合。设计者要敢于思考，敢于别出心裁，敢于独树一帜，在版式设计中多一点个性而少一些共性，多一点独创性而少一点一般性，才能肩负赢得读者的青睐。

1.3.2　趣味性与独创性

版面构成中的趣味性，主要是指形式美的情境。这是一种活泼的版面视觉语言。如果版面本无多少精彩内容，就要靠制造趣味取胜，这也是在构思中调动了艺术手段所起的作用。版面充满趣味性，可使传媒信息如虎添翼，起到画龙点睛的作用，从而更吸引人、打动人。趣味性可采用寓言、幽默和抒情等表现手法来获得。

示例：《南方都市报》　该版面本无多少精彩的内容，要靠制造趣味性取胜。一个被咬掉一口的苹果，多达七个零的六千万美金阿拉伯数字，形成了强烈的视觉冲击力，生动、形象地暗示了苹果最终与深圳唯冠达成调解协议的代价，又间接地表达了媒体立场。这里采用了寓意、幽默的表现手法。

1.3.2.1　独创性原则实质上是突出个性化

独创性实质上是突出个性化特征。鲜明的个性是版式设计的创意灵魂。

示例：《南方都市报》　2012 年 7 月 21 日，北京遭遇 61 年来最大暴雨，目前因灾遇难者已 37 人。该版面用沉重的底色、静谧的蜡烛，真切地表达着人们的哀思，愿逝者安息、生者坚强。整个版面突出了具有独创精神的个性化设计。

1.3.2.2　个性亦即风格

个性亦即风格。我们在众多的报纸面孔中，不用看报头，一眼就知道报纸的名字，便是报纸独特的个性使然。

示例：《经济观察报》　该报是一份全彩色印刷、设计精美的经济类周报，以中国社会拥有财富、拥有权力、拥有思想、拥有未来的实力阶层为读者对象。作为国内领先的经济媒体，《经济观察报》一直致力于推进中国与世界的融合，为中国社会主流阶层提供更丰富的信息服务与前瞻的思想见识。《经济观察报》是中国新生的学术、商业和舆论领袖交流与对话的平台，旨在共同探讨世界的改变与中国的未来。

1.3.2.3　版式设计中的趣味性

趣味性可采用寓意、幽默和抒情等表现手法来实现。鲜明的个性是版式设计创意的灵魂。现代高科技的发展，信息社会的到来，电子媒体传递的多样性，对版面编排设计也提出了更多的要求。

示例：《重庆时报》　该版面以一幅巨大的大框眼镜占据版面中心，眼镜透射出来的视力表却模糊不清，形象地说明了大框眼镜会加深近视的现象，构图有趣生动。

1.3.2.4　严肃的话题在版式上童趣化

主题鲜明的版面布局和表现形式等渐成为版式设计的艺术核心，那么怎样才能达到有创意、形式美，既变化又统一？需要具有什么情趣？这取决于设计者自身的文化内涵和不断的学习。

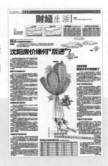

示例：《辽沈晚报》财经版　该版面用欲上升的气球指代房价，而用几只拉住气球的手指代表阻止房价上升的因素。丰富的想象力将原本严肃的话题在版面上趣味化。

1.3.3　整体性与协调性

版面构成是传播信息的桥梁，所追求的完美形式必须符合主题的思想内容，这是版面构成的根基。只讲表现形式而忽略内容，或只求内容而缺乏艺术表现的版面设计都是不成功的。只有把形式与内容合理地统一起来，强化整体布局，才能取得版面构成独特的社会价值和艺术价值，才能解决设计应该说什么，对谁说和怎么说的问题。

示例:《深圳晚报》晚报头版 2013,年味渐浓当图片和文字少时,需以周密的组织和定位来获得版面的秩序。即使运用"散"的结构,也需是设计中特意地追求。通过版面图文间的整体组合与协调编排,使得版面具有秩序美,调理清晰,即可获得良好的传播效果。要强布局的整体性。整体性即将版面各种编排要素在编排结构及色彩上作整体设计。

1.3.3.1 强化整体布局

强化整体布局,即将版面的各种编排要素在编排结构及色彩上作整体设计。加强整体的结构组织和方向视觉秩序,例如水平结构、垂直结构、斜向结构、曲线结构等;加强文案的集合性,将文案中的多种信息合成块状,使版面具有条理性。加强整体性可获得更好的视觉效果。

凸显报纸版面的视觉亮点。报纸的版式设计,要以信息受体——读者为本。报纸的版式设计落点在于以文字信息来传播的媒体特征上。与"文字信息传播"嫁接和"亲密接触"是版式设计的造型特征,组织和构造"信息量密集的文字信息传播"是版式设计的实用所在,也是版式设计的难点和功力所在。

示例:《扬子晚报》 版式设计重要的是版式上新颖的创意和个性化的表现。能够同时强化形式和内容的互动关系,便有全新的视觉效果。版式设计的创意不完全等同于平面设计中作品主题思想的创意,它既相对独立,又必须服务于其主题思想创意。该版面以爱如阳光为主题版式来设计,用关爱手把手的图形突出主题思想,并强化整体布局,将版面的各种编排要素在编排结构及色彩上做了整体设计,调动各类视觉元素进行形式上的组合排列,使之更加生动、更具有艺术感染力。

1.3.3.2 整体结构组织和方向视觉秩序

版式设计是一种关于编排的学问,指在有限的版面空间里,将文字、图形、颜色等元素,根据特定的内容,运用艺术手段,按照一定的视觉秩序进行组合排列,使之成为可读性强而且新颖的信息载体。它是一种具有个人风格和艺术特色的视觉传达方式,是制造和建立有序版面的理想方式。

示例:《深圳晚报》搜城事 "2013 年新春贺辞" 该版面设计加强了整体的结构组织和方向的视觉秩序。在该版面的图片中用了长景垂直结构。从版面的集合性出发,设计者将版面中的多种信息合成、分解、梳理,考虑整体布局,构思出与整个版面相吻合的设计方案。版面中的各种编排要素在编排结构及色彩上做了整体设计。

1.3.3.3 优化版面的整体性

从宣传本身内容的信息出发,将版面中的多种信息组合成块状,形成"面"与"面"的结构,可使版面更加有条理。

示例:《重庆时报》 该版面设计标新立异地将汹涌的洪水置于报头上方,占据整个版面的 1/4,形成庞大的视觉冲击力,同时洪水浑黄的色调和整个版面搭配得也十分和谐。

1.3.3.4 版面的协调性原则

强调版面的协调性原则,也就是强化版面各种编排要素在版面中的结构以及色彩上的关联性。通过对版面中的文、图间的整体组合与协调性的编排,可使版面具有秩序美、条理美,从而获得更好的视觉效果。

示例:《东方今报》 该版面新闻是日中新闻社社长韩晓清向保钓人士和团体致歉,承认将保钓行动归为"害国"行动是错误的。《东方今报》版面,强调版面的协调性,强化版面各种编排要素在版面中的结构以及色彩上的关联性。通过对版面中文、图间的整体组合与协调性的编排,使得版面具有秩序美、条理美,从而获得更好的视觉效果。一切尽在不言中。

1.3.3.5 版面构图是组织安排布局

对版面的设计进行组织、安排和布局,取决于设计的角度、视点和范围等。角度视点主要取决于观看事物时设计者与版面之间在三维空间上的位置关系,这是观察事物和版面的最基本的形式,也是抢占有利的地形。视点角度方向确定了,再确定选取事物的哪一部分,突出事物的哪一方面。就像在画布上作画一样,不论设计者选择哪个侧面,都要选择这个侧面最有特点的部位来表现。把这个事物在这个方向上的特点表现出来,就达到了造型的目的。任何事物都有所谓的前后左右的方向描述,至少在观察者的位置上或者从约定俗成的角度看会有这样的方向描述。比如,我们把面部朝向作为正面,就会有正面、侧面、后面、上面、下面等;细分下去就会有前侧、右前侧、左后侧、右后侧等;动作有俯视、仰视,还有前俯、后俯前仰、后仰等。

示例:《苏州日报》 该版面主题是神九飞奔"天宫"。全图型构图是应用较多的版式之一,全图型构图的效果是图片占据整个版面,不留空,不制造玄想,充分利用整个版面来传达信息,在图片的适当位置直接嵌入标题及说明文字等。视觉注意一般有两种形式:主动注意和被动注意。被动注意是人们尚无主观意识,没有内在的生理和心理需求,只在外界刺激下产生的。该版面属于被动注意。主题占用了足够的面积。版面中,主要信息的面积要大于次要信息的面积,要予以适度的对比,把握对比的度,避免过激。简练的形式易被感知,切忌画蛇添足。新颖的构图易引起人们的注意,切忌墨守成规。

艺术性主要是对版面的构思立意、审美情趣、思想境界、艺术修养、技术知识的全面结合。版面构成是对设计者的思想境界、艺术修养、技术知识的全面检验。

为使版面更有效地服务于内容，寻求合乎情理与风格的编排视觉语言，达到最佳诉求，构思立意是动手前必不可少的思维活动；版面构图布局和表现形式则成为编排设计艺术的核心。这些是一个不断修正、不断调整的创作过程。其中的装饰性由文字、图形、色彩通过点、线、面的不同组合与排列构成，并运用审美特征构造出来的。

示例:《德州晚报》 艺术性是最基础的本源特性，如果没有了艺术性，艺术也就不能被叫作艺术了。装饰性与艺术的产生、发展和传播异步同趋。艺术的装饰性与艺术性是一种共存的关系。此版面为辛亥革命百年纪念特刊，以黑白色浮雕图像做底纹，以烧焦旧纸效果的方框图版来设计，使整体色调反差很大，形成鲜明的视觉张力。把这样的艺术版面通过一定的空间让其美的价值呈现出来，这个时候装饰性和艺术性就同时发挥作用了，同时与这个空间呈现出共存的关系。当艺术通过这些新的表现形式来传达和展现的时候，人们更多的是关注于艺术本身表现出来的艺术性和思想性，并试图进入艺术家的思维去理解和鉴赏。

1.3.4.1 不同的装饰形式

版面的装饰是由文字、图形、色彩等通过点、线、面的组合与排列构成的，并可采用夸张、比喻、象征等手法来体现视觉效果，这样既美化了版面，又提高了传达信息的能力。装饰效果是运用审美特征构造出来的。不同类型的版面信息，有不同的装饰形式，它不仅起着排除其他，突出版面信息的作用，而且还能使读者从中获得美的享受。

示例:《北京晚报》 该版面设计紧扣主题，大大的停车标识"P"的中间以大众新车停放车场替代。其周围是一群各种姿势的人们，他们的姿态表达了目前遭遇的停车难的窘境。艺术是打动人的根本。随着艺术的艺术属性被认可后，艺术的装饰性才由于人们的审美、展示、存放空间的生活活动被呈现出来。

1.3.4.2 装饰由审美特征所构造

版面的装饰是运用审美特征构造出来的，是采用夸张、比喻、象征的手法来表现的视觉效果。装饰既美化了版面，又提高了传达信息的能力。

在人类追求美的过程中，装饰代表着人们对美好生活的向往，同时传达出一种积极的生活态度。人们有意识地发掘各种不同艺术样式的装饰特性，体现出对装饰的特殊执着。

示例:《华西都市报》装饰性语言从历史的长河中不断地吸收营养物质。装饰性语言使版面的传统艺术本质接受和整合了更多的创新元素，紧跟时代潮流，表现出更多的变化、更独特的风格和更多的自我个性。此版面传达的信息为：异地高考条件像三座大山压在家长、学生、城市之上，三方共同顶起桌椅。虽看似压力山大，但问题总算在一定程度上得到了解决。该版探讨版面中装饰语言的运用规律，阐述版面中装饰语言别具一格的审美特色。

1.3.4.3 版面的装饰艺术

版面的装饰是指边、线条、底纹、留白、字体、字号等通过美术手段在版面上的应用。它结合了宣传内容，体现出一定的视觉效果，既美化了版面，又提高了传达信息的能力。设计是为了更好的实现客户目的的视觉手段。怎样才能实现版式设计的艺术性？怎样才能达到形美，既有意新、变化又有统一，并具有审美情趣的目的？这取决于设计师的文化修养与内涵。

示例:只有从装饰艺术创作的思维空间方面思考，了解装饰艺术思维的原本观念和民族性、区域性特点，装饰艺术思维的现代时空观念与多向性及其外延与内涵的意义，装饰艺术的制约性与语言的多样性等，才能把握当代装饰艺术创作思维的品质。此辛亥革命百年纪念特刊版面中，大标题美术字体艺术地加以应用，与旧照片巧妙搭配。回忆辛亥革命历史，展现历史变革，既美化了版面，又提升了信息传达的功效。主题明确后，版面色图布局和表现形式等便成为版面设计艺术的核心。

1.3.4.4 赋予版面以立体的景深

版式设计是为了满足信息传播的需要，对信息传播的载体进行艺术加工，使其鲜明、生动、高效地实现信息传达功能的一种艺术设计，具有极高的美学价值和经济实用性。

示例:《青年时报》纪念辛亥革命一百周年 这个版面用鲜红夺人的旗帜凸显时代的壮烈；背景图片上灰色的乌云使版面产生了立体的景深；中间有一道曙光冲破云霄，给人以希望，也暗合了版面的主题"百年荣光"。

1.3.4.5 版面装饰形式的多样化

版式设计可以采用各种不同的版面编排形式以体现其功能性，也就是版式设计的功能性表现。它可以调整版面的协调性，使杂乱的文字与图形变得有规律，体现出版面统一、协调的视觉效果。这样会使信息在阅读时产生明确的节奏感并使版面具有美感，同时达到了传达信息的目的。

示例:《中山日报》版面离不开内容,更要体现内容的主题思想,以增强读者的注目力与理解力。辛亥革命百年纪念特刊,版面上方的"100"展示出辛亥革命100周年的视觉美感,主题鲜明突出,一目了然,达到版面构成的目标,是设计思想的最佳体现。中部的"亚洲卷"回忆了革命轨迹,讲述回忆革命"大后方",是版面主题信息的浓缩处理,内容的精炼表达,且建立于新颖独特的艺术构思上。因此,版面的单纯化,既包括诉求内容的规划与提炼,又涉及版面形式的构成技巧。

1.3.4.6 艺术表现形式的运用

版式设计应该是"视觉美感"的创作,一方面要努力吸收世界上优秀的版式设计理念与风格,另一方面也要竭力寻找一种将我国本土文化的艺术表现形式运用于当代版式设计之中的方法。

示例:《青年时报》纪念乔布斯逝世 这个版面的创新之处在于,运用苹果公司的iPad作为背景图片,衬于文字之下,用iPhone等苹果公司的品牌产品拼画出了乔布斯自信和蔼的头像;整体黑白灰的色调显得庄重肃穆;抓住和强调主题本身与众不同的特征,并把它鲜明地表现出来。将这些特征置于版面的主要视觉部位或加以烘托处理,使可使读者在接触版面的瞬间即很快感受到,对其产生注意和发生视觉兴趣。这一新闻是众多媒体的关注重点。

1.4 版面语言

版面语言是一种形式语言,是实际存在的内容的形式,与内容紧密的联系着。内容决定着版式形式,决定着版式语言的情状和态势;反过来,内容也同样受制于版式语言。内容和形式是互相促进、互相补充、互相依存、互相统一的关系。一个好的版式设计能更快、更准地传递信息,帮助信息交流,达到信息传达的目的。版式设计的功能主要体现在对版面元素的编排上。文字的编排能够保证阅读的流畅,并且通过编排产生一定的美感,使读者在阅读的过程中充满轻松、美好的感觉。

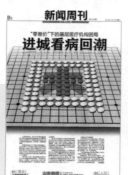

示例:《山东商报》 该版面主体图片是一个很大的围棋棋盘。盘面上摆出了一个象征医疗的白底红十字图案,但是它在棋盘上的投影却是一个"困"字,象征实行药品零售价位基层医疗机构遭遇的困难。

1.4.1 版面空间

空间的形状,也叫"版面"空间的量度,即图形发挥作用的舞台,是设计时需要经过仔细考虑的。版面空间的大小与放置于其中的图形的比例关系,将会改变图形的感知效果。把一个较小的图形放在一个较大的版面中,它存在的效果会受到比较大的限制,而把一个

较大的图形放于一个同样的版面中则具有不同的效果,后者更具有视觉冲击力。版面空间是一个版面所能提供的、用以表现编排思想和内容的空间,是传播信息的桥梁,其所追求的完美形式必须符合主题的思想内容,这是版面构成的根基。

示例:《沈阳晚报》2014 除夕报纸头版 特刊强调单纯、简洁,它不是单调、简单,而是信息的浓缩处理、内容的精炼表达,需建立于新颖独特的艺术构思之上。因此,版面的单纯化,既包括诉求内容的规划与提炼,又涉及版面形式的构成技巧。

1.4.1.1 避免产生诱眠效果

文字排布过于紧密,字间距、行间距太小,字体大小近似,色调、亮度、饱和度近似,照片(包括合成图片)排布混乱,不清楚到底要表现什么,照片本身无趣等都会产生诱眠效果。

示例:《姑苏晚报》头版 2.14 甜蜜蜜元宵节报刊版式设计为白色底色时,必须特别考虑留白空间的安排,要充分利用白色本身所包含的诞生和洁净等心理性的效果。在白色上搭配其他较浅的色调,看上去会显得比较有气质。

1.4.1.2 控制设计的技法——"简约"

报纸版式设计是现代设计中独具特点的一种造型行为。现今报纸的版式设计突破了传统观念,出现了许多令人欣喜的版式。例如按照主从关系的顺序,使放大的主体形象成为视觉中心,以此表达主题思想。

"简约"版面上尽量避免使用复杂的花线、变化的字体、可有可无的底纹,使整个版式看起来"眉清目秀"。

示例:《扬子晚报》 该版式以"简约"为设计原则,标题不使用底纹等装饰手段;文与文之间不用线条分割,而以空白代替;在版面上强调留白的作用,使版式显得舒朗、素净、秀雅,追求符合当代读者简约、平和的审美习惯。这股简约之风,既是受国际主流报纸版式风格的影响,也是对一些色彩驳杂、文字密排的"浓眉大眼"版式的反驳。

1.4.2 编排手段

编排手段是安排版面所采用的物质手段,是版面语言的一种基本形式。版面编排手段包括字符、图像、线条和色彩的应用。

示例:《都市时报》该版面用极具时代感的一幅漫画向读者传递着信息。主题被放在红色的旗帜里，而国家出台的一系列具体的管理办法用加粗的黑体字来体现，简单明了地让读者看到具体的条目。

1.4.2.1 构思新颖，主题鲜明突出

主题思想是版面内容的集中体现，它是贯穿从构思到完成版面的全过程，更是内容与形式的统一。简化绝不是简单化，而是精化，即对各种事物进行最准确、最迅速地分析、判断和取舍，把画幅中不需要的那些因素排除在构图之外，尽量使主体从周围环境中突出出来。

示例:该版面突出了"和谐中华、多彩贵州"这一主题。马术与黄果树，鲜明地突出了"各民族共同团结奋斗、共同繁荣发展"的主题，遵循了"平等、团结、拼搏、奋进"的宗旨。主题突出、特色鲜明、整体和谐，充分将民族传统文化、贵州特色文化与现代表现手法有机结合，富有时代特色、地方特色、民族特色的艺术表现力和感染力。版面构思新颖，风格独特，制作精美，其表现手法、表现元素等具有新意。

1.4.2.2 重要的主体成为视觉中心

如何使版式主题鲜明、主体突出是版式设计的一个很重要的问题。版式设计是造型艺术，而造型就要使主题鲜明。要想主题鲜明，有时就要突出主体，有一个相对比较突出的主体或主体群，版面才能显得鲜明、生动。造型营造有型的事物，这种营造就是布局和构图。

示例:《新快报》要闻 闯红灯扣 6 分 在该版式的设计中，将所涉及的各种视觉元素，如正文的布局、图片的位置、标题效果等按照一定的风格样式进行编排规划，使重要的主体部分成为视觉中心。

1.4.2.3 多种信息组合成块状

版面设计是艺术构思与编排技术相结合的工作，是艺术与技术的统一体。将文案中的多种信息作整体编排设计，有助于主体形象的建立。

示例:《成都晚报》版面设计是按照视觉表达内容的需要和审美的规律，结合平面设计的具体特点来运用视觉要素，将文字、图形及其他视觉形象元素加以组合编排，进行表现的一种视觉传达的设计方法。加强文案的集合性，将文案中的多种信息组合成块状，可使版面具有条理性。

1.4.2.4 突出主体，侧重于图形元素的创作

这种设计强调整体编排设计，将方案中的多种信息作为整体加以运用，以便于主体形象或主题思想的展现。在主体形象四周增加空白区域，可使被强调的主体更加突出。突出主体的设计侧重于图形元素的创作。

示例:《三湘都市报》以"十次海试"为依据对航母编队进行大胆猜想，用立体俯视图对"辽宁舰"加以展示。在主体形象四周增加空白量，使被强调的主体形象更加鲜明突出。主体四周则是对"辽宁舰"设计数据及装备的介绍。版面大气，直观易读。

1.4.3 版面布局结构

版式既是报纸新闻的有效载体，同时也是报纸的"广告"和"包装"，它刺激着读者的阅读欲望。每一张报纸的版面都是由文字、图片、色彩以及留白等要素构成。版式就是报纸版面构成的组织和结构。编排设计取决于信息交流是否成功，整体形态是否体现设计的风格，样式是否独特且具有新的意味。当然，处理好边缘与信息传递是每一位平面设计师一生所面临的难题。我们必须明白，要想做出精彩的视觉效果，你的设计作品就不能作为文字的附属品而存在，它应该在传达信息的过程中起到不可替代的作用。正如一台演讲会，演讲人为了有效地控制会场，不仅需要注意声调、重音、口音和语速，同时也要保证音量的适中和适时的表情，因为它同样能改变词语的意义和给听众的感受。

示例:《扬子晚报》 漂亮的编排设计会令读者眼前一亮，起到刺激和吸引受众的作用，成功的设计编排能够增强或优化文字所要传达的信息，并提供一个良好的视觉环境，使信息更有效地传递给读者，就像优秀的演讲者通过自己的表情、语调和语速，控制着会场的气氛，调控着听众的情绪，使他的观点更容易被传播、被接受。该版面以小蜜蜂口花的图片组织和设计。侧重点凸显版式设计和色彩运用有助于形成报纸的风格。版面结构最大程度地展现图片和文字信息。

1.4.3.1 版式设计的基本步骤

版式设计一般分为四个基本步骤

第一步：确定主题（需要传达的信息）。

第二步：寻找、收集用于表达信息的素材——含文字、图形图像。文字表达信息最直接、有效，应该简洁、贴切。应该根据具体需要确定视觉元素的数量和色彩（黑白或彩色，如为彩色还需要确定其色系）。

第三步：确定版面视觉元素的布局（类型）。

第四步：使用图形图像处理软件进行制作。

示例：《扬子晚报》 该版面以竹叶包粽的形式，展示悠悠端午香的视觉亮点。清晰的条理性，吸引读者注意力；易解，形式符合主题思想；加强版面的集合性，将版面语言与标题有机组合，增强了版面文字的条理性和清晰的导读性。

1.4.3.2 如何让技巧与审美起作用

版式设计在组合版面语言符号的不同元素时，必须考虑到围绕文字传播展开的主体性。迄今为止，无论从现代报纸的信息量还是信息值上分析，仍然没有改变报纸是以"文字信息传播"的基本形态。

版式设计的本意是让技巧与审美同时起作用。一个成功的版式应该是不同元素以一种适合观看的方式组合在一起。因此，对文字报道稿件的质量要求越来越高，文稿篇幅越来越短，而所包含的信息量却越来越大。信息密集型文稿在新的版式中所占的比重越来越大，也越来越受到读者青睐。

示例：《北京晨报》 形象是感情传达的载体，附加于艺术的形象更能释放感情。感情可以触发美，美也可以触发感情，最美的一定也是最动人的。可以更好地在版面的世界里找寻属于自己的版面语言，并发现自己独特的表达方式。但无论路径如何，设计者的终极目标都是将不完美的现实做完美化的"书写"，这就是版面的美学所在。此版面以"节"字细说长假，信息量大，且体现出一定的艺术价值。

1.4.3.3 梳理文字脉络，明朗结构关系

版式设计的功能主要是通过梳理文字脉络，使其呈现出清晰明朗的结构关系，把阅读的便利性、舒适性最大限度地发挥出来，使读者在阅读过程中既能轻松地获取知识，又得到美的享受。

学习版式设计的目的是，在注重创新的同时，研究和探索编排的表现手段与行事风格，使设计得以淋漓尽致地发挥，从而避免设计过程的盲目性，让读者通过对版面的阅读产生美的遐想与共鸣。

示例：《苏州日报》 在该版面中，图片具有平衡、丰富空间层次，烘托及深化主题的作用；通过梳理文字脉络，使其呈现出清晰明朗的结构关系。在编排中，将主题形象（标题文字）放大，次要形象缩小，建立了良好的主次、空间层次关系，以增强版面的节奏感。

1.4.3.4 初学者应尽可能少用设计元素

对初学者来说，设计版式比较保险的做法是使用尽可能少的设计元素。考虑如果只用一种元素可将设计进行到何种程度，然后再慢慢地、谨慎地添加其他元素，并且要保证这些元素不会掩盖设计本身。千万不要为了使用某种元素而去使用它。任何时候都需要权衡这种元素对整个设计的贡献是否值得将其引入你的设计。

示例：《苏州日报》 该版面除图片"春雪妆城"外，没有引入其他设计视觉元素，仅利用形式感法则与图文的视觉情感表达到定位传达的目的。与简洁明快的标题新闻设计形成对比关系，以获得强烈的视觉效果。

1.5 报纸版式设计基础

版式设计作为报纸信息传播中的重要一环，其设计水平的高低，直接关系到其信息是否能有效地被传播。在报纸版面设计过程中，根据内容、目标功能系统的要求，将文字、图片、图表、饰边、色块等视觉元素，按设计创意的要求进行选择和加工，并运用造型要素及形式原理，组合配置在版面上。也就是说要寻求艺术手段来正确地表现版面信息，这是一种直觉性、创造性的活动。

示例：《姑苏晚报》 该版面以"绿色浪漫"为主题，各部位、各视觉元素与骑自行车结婚之间寻求相互协调的因素，在对比的同时寻求调和。图形、文字或色彩等视觉要素，在组织上合乎规律时所给予视觉和心理上的节奏感觉，即是韵律。

1.5.1 了解报纸

报纸属于新闻传媒类。与报纸同属新闻传媒的还有广播、电视和网络新闻等媒介。无论将报纸放在哪一类别的大众媒介中考察，都会发现有着与之相异的个性，这种个性对于报纸设计至关重要。版面设计没有最好的，只有最合适的，传播力是评介它的核心标准。要想获得完整、有效的传播，势必要求设计具有准确的定位、独到的创意与个性的表达。

设计的关键之处在于发现，这只有通过不断地深入感受和体验才能做到。而严谨的态度自身更能引起人们心灵的振动。

示例：《苏州日报》 该版面为春节特刊设计，"蛇舞新春"的报名放在上方，并把多种设计元素进行了有机地、艺术化地组合。设计"蛇舞新春"让人感动：足够的细节本身就能感动人，图形创意本身能感动人，色彩品位能感动人，材料质地能感动人……很有特色。

1.5.1.1 信息的不灭性

信息不像物体和能量。物质是不灭的,能量也是不灭的,其形式可以转化,但信息的不灭性同它们不一样。一个杯子被打碎了,构成杯子的陶瓷原子、分子没有变,但它已不是一个杯子了。又如能量,我们可以把电能变成热能,但变成热能后电能已经没有了。信息的不灭性是指一条信息产生后,其载体可以变换,可以被毁掉(如一本书、一张光盘),但信息本身并没有被消灭。信息的不灭性是其一个很大的特点。

示例:《城市早8点》城事·视觉 信息的3个特点是时效性、准确性、简练性。该版面运用信息的不灭性原理来设计,以图片与文字组合的形式传达"闹元宵好白相的地方真个多"这个主题。内容、图片准确,再现事实做到了真实可信,不编造不虚夸,语言简练明了,有重点,有概括性及信息无限复制性。

1.5.1.2 信息的时效性

信息的价值有很强烈的时效性。一条信息在某一时刻价值非常高,但过了这一时刻,可能一点价值也没有。例如金融信息,在需要的时候,会非常有价值,但过了这一时刻,这一信息就会毫无价值。又如战争时的信息,敌方的信息在某一时刻有非常重要的价值,可以决定战争或战役的胜负,但过了这一时刻,这一信息就变得毫无用处。所以说,有相当一部分信息具有非常强的时效性。

示例:《钱江晚报》 春节是中国民间最隆重最富有特色的传统节日,是我国民间最隆重、最热闹的一个古老节日,又叫阴历年,俗称"过年"。现如今人民生活水平在不断提高,想吃啥吃啥,想穿啥买啥,讲究的是绿色……该版以"东西南北中,年终各不同,春节的今晚你家吃点啥"等为主题,用图片真实显示内容,用文字加以说明,同时具有点缀效果,表明丰收后过大年的场景:除夕之夜,家人团圆,守岁围炉,温情四溢。

1.5.1.3 报纸具有定期连续出版物的特点

报纸的信息容量受制于报纸的版面数量。版面越多的报纸能够容纳的信息越多,但任何报纸的容量都是有限的。报纸是出版周期最短的定期连续出版物。报纸的基本特点是内容新、涉及面广、读者最多,是影响面比较广的文献信息源。及时性是报纸区别于书刊最主要的特征,又称新闻性和时间性。从某种意义上讲,快就是报纸的价值所在。当天的国内外政治、经济、社会情况在当天或次日的报纸上就能有所反映,有的新闻时差仅几个小时。内容丰富是报纸的第二个特征,它能及时捕捉社会经济活动的瞬息万变,并按轻重缓急迅速公布于众,成为社会经济运行的"晴雨表"和指示器。报纸的第三个特征是能体现信息传播的连续性和完整性,即对事物能从发展到结果都作跟踪报道。

人们从报纸上可以得知即将发生的事(预测)、正在发生的事(报道)、最后结束时的反馈信息(综述)以及发生的事意味着什么(分析、评论)。这种对动态信息的掌握是图书所不及的。报纸不仅发布消息,还可通过分析性文章对复杂的市场现象进行阐述,从历史渊源、

因果关系、矛盾演变、影响作用、发展趋势来启发思维、拓宽思路,不仅介绍"是什么",还回答"为什么",减少人们在接受信息过程中的不确定性。

示例:《姑苏晚报》 在中国式的消费观念中,"面子"思想一直根深蒂固,在餐饮方面尤其突出。每当需要宴请朋友、客人时,我们往往会大点一番,一桌子各式各样的菜,看起来确实有面子,可是,我们却只顾着喝酒、聊天,对餐桌上的美味菜肴无暇顾及,常常是一餐过后,剩菜十之八九,而顾客往往因为"面子"思想作祟,不爱打包,这些剩菜只有倒掉。该版面公益活动的主题是:倡议市民在饭店就餐后,打包剩饭,"光盘"离开,形成人人节约粮食的好风气。"有一种节约叫光盘,有一种公益叫光盘,有一种习惯叫光盘!"网友自发发起不剩饭菜、晒吃光后餐具的"光盘行动",厉行节约,反对浪费,拒绝浪费,从你我做起,从今天做起,加入"光盘族",对浪费说"不"!

1.5.1.4 报纸的读者对象

报纸的编辑方针不仅要确定目标读者的总体范围,还要进一步规定读者群中的主体是哪类人,次要的读者又是哪类人。

示例:《北京青年报》 该报是北京地区最受欢迎的都市类报纸。该报的读者总体上说是青年,但从结构上看,又是由不同年龄、不同职业、不同地区、不同性别的年轻人组成的一个群体。版面主体采用骨骼型结构,建立起贯穿整版的视觉效果。

1.5.1.5 报纸的水准

报纸的水准指报纸的思想水平、文化水平和专业技术水平所能达到的高度,通过报纸传播内容的深度、广度以及语言文字、版面设计、制版印刷等多方面因素综合表现。报纸的水准是根据报纸的性质、办报宗旨和读者对象确定的。如面向知识分子阶层的综合性报纸,一般都要对思想水平、文化水平和专业技术水平确定较高的标准,报道应该达到一定的广度和深度。

示例:《扬州时报》头版 金蛇贺岁,年味正浓。该报是扬州地区第一份都市生活服务类日报,内容通俗,版面时尚。它以的特色内容服务于读者,提供完全的本地生活资讯。《扬州时报》专题新闻追求深度挖掘,独家视角;实用资讯搜集生活细节,提供贴身服务;专刊副刊细分市场空间,贴近百姓需求。

1.5.2 报纸的类型

报纸的数量、种类众多,可以按照不同的特性划分为不同的类型。

示例:《人民日报》 该报为中国第一大报,是中国最具权威性、最有影响力的全国性报纸。内容及时准确、鲜明生动地宣传党中央精神和中国政府最新政策、决定,报道国内外大事,反映最广大人民群众的意愿和要求。作为中共中央机关报,《人民日报》承担着每天向全国和世界传播与介绍中国共产党和中国政府的方针、政策及主张的重任,其中人民日报的重要言论(尤其社论和评论员文章等),已成为人民日报的一面旗帜,被认为直接传达着党中央、国务院的声音,而倍受海内外读者关注及外国政府和外国机构的高度重视。

1.5.2.1　按照发行数量与覆盖区域分

按照发行和覆盖区域的不同,报纸可以分为全国性报纸和地方性报纸。全国性报纸面向全国发行,主要刊登全国读者普遍关心的内容,一般发行量较大;地方性报纸主要面向一个城市或者地区发行,主要刊登与本地社会生活密切相关的内容,发行量一般比较小。

示例:《苏州日报》 该报是苏州地区最大的、综合实力最强的日报之一,已有多年发展历史。苏州日报电子版栏目众多,深受广大人民喜爱。苏州日报资金雄厚,技术一流,是国内日报中的典范。苏州日报立足苏州,面向全省、发行全国,先后在苏州地区广泛建立记者站,同时在外地设立办事处,现有职工数百人。现代报纸版面设计讲究科学的功能化设计,它是报纸个性化、人性化、时尚化的基础。报纸一版的封面及导读功能的强化、栏目设置的相对固定化、厚报的按类分叠、具体版面的粗分块细修饰等,这也被业内人士称为报纸杂志化现象。

1.5.2.2　按照出版时间分

按照出版时间的不同,报纸可以分为早报、日报、晚报、周末版报纸。早报一般是城市地方性报纸,主要面向本市市民发行,在早晨出版,主要刊登前一天发生的新闻和与当地市民生活密切相关的内容。

影响力比较大的晚报在全国都有订阅和零售。晚报一般在下午出版,刊登当天新闻和与当地市民生活关系密切的内容,以家庭读者为主。日报一般在上午发行,有地方性日报,也有全国性日报。地方性日报一般是当地的主要报纸。日报主要刊登前一天的新闻。各种报纸都可以特别编辑周末版,在周末发行,内容比较轻松活泼,更具可读性,阅读率一般比较高。

示例:《钱江晚报》 该报主要面向当地市民发行。是浙江省唯一的省级晚报,创刊于 1987 年,隶属于浙江日报报业集团,以创办"21 世纪城市主流报纸"为目标,是浙江省发行量最大、广告收入最多、影响力最大的都市类报纸,同时也是杭州市发行量最大的报纸。《钱江晚报》拥有全省最多的印点,已开辟杭州、萧山、宁波、温州、金华、台州、嘉兴、衢州、绍兴等 9 个印刷基地,确保杭嘉湖平原、甬绍平原、温州、台州、金华等国内最发达地区的主要城镇当日投递、当日阅读。灵活的设计容易抓住读者眼球,该报道版面的设计通过灵活新颖的方式给读者留下了一个深刻的第一印象,让他们过目不忘,进而产生阅读兴趣。

1.5.2.3　按照内容分

按照内容的不同,报纸可以分为时政类报纸、经济类报纸、生活服务类报纸、体育类报纸、行业类报纸等。时政类报纸以时政新闻为主,兼及经济、文化、社会生活等内容,内容丰富,读者广泛。生活类报纸主要刊登生活服务性内容,关注家居、饮食、服装、时尚、娱乐等各种生活话题,内容轻松活泼,具有很强的生活指导性。随着生活水平的提高和人们日益关注生活质量,生活服务类报纸有逐渐增加的趋势。体育类报纸以体育新闻、体育赛事安排和体育比赛结果的点评等内容为主,往往拥有众多非常忠实的读者。行业类报纸主要刊登某一行业的新闻、动态、政策等方面的内容,读者一般为行业内人士,读者关注度高,读者群相对稳定。经济类报纸主要以工商界人士为读者对象,刊登经济新闻、探讨经济问题。综合性经济报纸内容涉及经济生活的方方面面,专业型经济报纸则注重金融、证券、投资、企业经营管理等各个方面。

示例:《经济观察报》 该报具有经济观察网冷静理智的报道风格,并糅合最新的网络技术,拥有专业的采编力量以及独家的新闻报道,提供及时、便捷、专业的信息服务。版面采用模块排版、横竖到底的版式,一块块有规则的文章区域,统一的标题字体,加宽栏间距等等,都符合国际潮流及网络时代人们的阅读习惯,体现了现代人简洁为美的审美情趣,更重要的是它符合现代生活的快节奏,能使读者方便地找到并接受自己需要的信息。

1.5.2.4　按照出版周期分

按照出版周期的不同,报纸可以分为日刊报纸、周二刊报纸、周三刊报纸、周四刊报纸等。

示例:《城市信报》该报是大众报业集团旗下的生活类报纸,在日照、聊城、东营、济宁、泰安等地均有发行。该版面设计个性化的设计,是突出版面风格品位、吸引受众的主要手段。打破前人的设计传统,在排版设计中多一点个性而少一些共性,多一点独创性而少一点一般性,突出个性、品位和理念,才能赢得消费者的青睐。

1.5.3 传播特性和受众特性

报纸是视觉媒介,通过印刷在平面纸张上的文字、图片、色彩等版面设计元素传递信息。提供视觉信息供人阅读,是报纸媒介最大的特点,也是与其他媒介相区别的最明显的特征,其他特点都是以这一特点为基础的。

示例:《扬子晚报》 正因为新闻与人们生活关系密切,大家都要天天看报。报纸的读者数量远远超出它的发行量,有人估计至少是在报纸发行量的两倍以上。读者广泛、稳定,广告宣传的覆盖率高,流传迅速,反应及时等,能给人留下明确、深刻的印象。版面以适量的图片还原信息,用图片来讲故事,解说信息,让读者轻松形象地获得信息;以厚题薄文、长题短文、适度留白、色彩清淡等现代设计方式方便读者检索,给读者提供明快清新的视觉空间,让读者在轻松的环境下完成阅读。

1.5.3.1 报纸的保存性强

报纸的保存性强,信息固定持久,可以保留和重复阅读,广泛传阅,所以报纸是解释型媒介,适合传达深度信息。报纸读者的选择性强,阅读的顺序、时间、地点、快慢、详略都由读者自己决定。读者接收信息时处于主动地位。报纸的读者地区性强并且相对集中。报纸发行区域固定、发行量稳定,可以确保信息的预期到达率。

示例:《厦门晚报》 一种报纸媒介的发行,总是在一个相对固定的区域内进行的,因此受众也呈现出很强的地区性和相对集中的状态。报纸出版定时,因此很容易使读报成为大众生活规律的一部分。报纸最主要的优势之一是其高度的市场覆盖率和渗透能力。在大部分地区,70%的家庭订阅日报,在受教育程度较高的家庭中订报率可以达到80%。报纸媒体的优势是:图文并茂,保存时间长,传阅率、翻阅率高,因此受众广泛。

1.5.3.2 受众处于专注接收状态

由于报刊诉诸受众的视觉,受众不可能在阅读的同时进行其他活动,所以处于一种较为从容专注的接受状态。每一份报刊都有相对固定的订阅者和购买者,并且由于报刊的定位相对稳定,对某一方面的信息关心度较高的受众会长期、反复地选择同一家报,所以其受众群体相对稳定。报纸借助文字传播,要求读者必须有文化,这限制了读者的范围。

示例:《姑苏晚报》 媒介是人体的延伸。报刊的出现延伸了人眼的功能,广播的出现延伸了人耳的作用,电视的出现让眼和耳的功能同时舒展,实现了受众与媒体由线到面的接触跃升,电视媒体的主导地位油然而生,形成稳定的受众群。报纸的版面设计者不能就版式论版式,应开阔界限,触类旁通,关注流行时尚的相关艺术,增强自己的艺术修养和对时尚的敏感度、对设计规律的理解能力和把握能力,令报纸的版式紧跟时代步伐。

1.5.4 报纸设计工作的特点

相对于报纸及其新闻传播活动而言,报纸编辑是"总设计"与"总指挥":①报纸编辑是报纸编辑方针的制定者,是报纸整体形象的设计师;②报纸编辑是新闻报道活动的策划者和组织者;③报纸编辑是记者从事采访写作的指挥者和参谋;报纸编辑相对于新闻传播活动而言是"集大成者"和"总把关人"。

对于新闻素材的"再认识"和"再创作"主要体现在:①对新闻素材的重新选择和组合;②对表现形式的再创造。

示例:《苏州日报》读苏州·过年 "苏式新春"引游客纷至沓来 报纸以文字语言符号为主来传递新闻信息,在揭示事物本质、评析事理方面具有先天优势,因此,报纸的内容相对于其他新闻媒介可以更具深度。在该版式的设计上采用了简短的文章块,精美生动的图片,适度的留白,简洁的版式结构,时尚类杂志的排版风格,让读者在图文并茂、清新悦目、轻松舒适的状态下,享受并接受报纸所要传达的信息内容。

1.5.4.1 报纸设计工作的内容及流程

报纸设计工作指报纸编辑在报纸生产过程中所进行的一系列工作。报纸编辑工作的内容包括策划、编稿和组版三部分。策划指报纸的整体设计和新闻报道的策划与组织;编稿指分析与选择稿件、修改稿件和制作标题;组版指配置版面的内容和设计报纸版面。

1.按管辖范围和责任大小划分具有的类型:总编辑、编辑部主任、版面主编、编辑、校对。

2.新闻编辑工作按业务程序划分,类型有:日班编辑、夜班编辑、内务编辑。

3.新闻编辑工作按编辑内容的专业划分有:政治编辑、文教编辑、经济编辑等。

报纸设计工作是报纸生产中最重要的部分之一,由多道工序组成。各工序安排的程序就是报纸设计工作流程。

示例:《半岛都市报》现代报纸的服务功能主要表现在新闻信息的三贴近上,即贴近生活、贴近群众、贴近实际。只有服务广大读者,报纸才能有广阔的读者市场,该报在图片运用、版面设计方面简洁大方,相当的现代。现代都市生活要求简洁清新的版面风格,以方便人们的阅读。它们将设计理念、图片运用和视觉的结构按照经营媒体的理念进行整合,而且坚持正确导向的调控贯穿于市场整合过程中,使报纸的新闻信息资源优势转变为报纸的读者市场产品优势,真正提高报纸综合实力和竞争能力。

1.5.4.2 报纸由视觉性符号构造

报纸作为一种平面载体,它的外在形象是由视觉性符号构造出来的,而且视觉性非语言符号比文字语言符号更能起到作用。

示例：《苏州日报》苏式年味这一版面将版面构成要素——文字、图形、线条、色块等根据特定的内容需要，运用造型要素及形式原理，成功地组合排列到一起。红灯笼图片充斥画面，体现了传统文化，给人以强烈的震撼。在有限的版面空间里，此设计让读者在最短的时间内注意到，并有效的传递了信息。

1.5.5　报纸设计思想

报纸设计指报纸编辑根据报纸的外部环境与内部条件，在确定报纸编辑方针的前提下，对报纸的规模、结构和形象进行整体设计。构成报纸生存环境的因素很多，有政治、经济、人口、法律、文化、技术等等。这些因素共同对报纸的发展产生影响，并且在不同的时期各因素影响力的大小及影响方式不同。报纸的设计工作一般是在报纸最初创办时或者报纸改版时运作。这项工作的成败，首先取决于报纸编辑有没有良好的设计思想。

示例：《钱江晚报》把平面设计中的编排功能——美学吸引、信息传递割裂开来，潜心探索图形与文字表现可能性的宽度与张力，将它的风格表现与趣味营造放在一个更为突出与重要的位置，孤立地从形式美感的角度探寻它的表现多样性和可能性。春节七天乐，再见，龙年，这一设计运用原始状态的图形、文字（标题、正文）与空白的经营和安排，寻找出编排设计形式内在的感染力和吸引力。该版面编排设计比传统的更注重人情味、亲切感及流畅性，使设计师与读者之间的距离更近。

1.5.5.1　报纸设计的知识结构

合理的知识结构，就是既有精深的专门知识，又有广博的知识面，具有事业发展实际需要的最合理、最优化的知识体系。设计师应建立起合理的知识结构，培养科学的思维方式，提高自己的实用技能。知识结构是指一个人经过专门学习培训后所拥有的知识体系的构成情况与结合方式。基础知识：主要指文史哲知识。百科知识：包罗万象的知识。专业知识：新闻传播学理论知识与业务知识；报道领域所具备的专业知识。报纸是一定社会环境与历史条件下的文化产品，报纸的生存环境决定了报纸生存状态。

示例：《钱江晚报》该版面既有可读、可视的内容，又有较高的思想性、艺术性，是思想、新闻内容与艺术美完整的结合体。知识结构与其他事物一样，是一个有机的整体。组成整体的各部分之间，相互依赖、相互联系、相互作用、相互制约。一个有特征的版面是由各个有特征的版区、有特征的标题和有特征的照片，科学地、艺术地组合而成的。该版面运用这样一些方法设计美化版面：画龙点睛——精心制作标题；引人注目——慧眼巧选图片；嗅觉敏锐——选文突出"两新"。

1.5.5.2　报纸设计的能力结构

报纸设计专业人员除了要具备适宜于多种活动要求的一般能力，如观察力、记忆力、抽象概括能力等，还因其工作特点，要培养以下几方面的能力。

1.信息能力：要具有主动地、积极地接受信息和处理信息的能力。这些信息主要包括社会信息、行业信息、来自读者的信息和媒介内部的信息。

2.鉴别能力：要具有迅速、准确地判断新闻事实的报道价值的能力。

3.创造能力：要具有突破传统思维、创新编辑业务的能力。

4.组织能力：要具有报道和组织新闻人才的能力。

5.写作能力：要具有撰写、修改稿件的文字运用能力。

6.现代化技术与工具的运用能力：要具有使用与出报有关的现代通信手段、语言工具和交通工具的能力。

示例：《生活新报》审美能力是决定版面档次的重要因素，从稿件的编辑到版面的编辑，都体现着编辑的审美意识和审美趣味，这对于提升版面的内容品质具有关键性的意义。如何让自己的脚步跟上时代的节拍，跟上读者的阅读变化，不断更新知识，使自己始终能很好地与时代融合是每一位编辑要练的硬功夫。理解的能力主要体现在制作标题、修改正文、设计版式等方面。首先，在标题的制作上，编辑应具有理解美的能力，恰当的在标题中张扬一种气势，变语势平缓为激扬，增加标题语言的动感，这样既能生动明快地传达出新闻内容的主体理性信息，又能使标题传达一种精神，增添一种活力和风采，在激发受众视听美感的过程中透视丰富的潜在美感信息。其次，编辑在正文的修改中、在自由自觉的创造性过程中实现自我价值，真正地理解美，让文章"短""精""美"，加大信息量，增强文章的吸引力和感染力。

1.5.5.3　报纸的整体规模和内部结构

报纸的整体规模主要由报纸的版面总量构成，如日均出多少版面，每周版面总量有多少等；报纸的内部结构是指报纸全部版面的分工与组合形态，如报纸由多少块新闻版、专版专刊、副刊、广告版面组成，以及各组成部分在空间上排列的顺序、出版时间的安排等。报纸设计是沟通传播、风格化和通过文字和图像解决问题的艺术。由于有知识技能的重叠，因此也是视觉传播或传播设计。

示例:《浙江日报》政治纵深版 梦想在路上 你在我心中 该版在版面上方应用了报纸版面要素,运用版面空间为版面内容服务,拱桥式的造型,意境清晰,配上下部的路和中部的纸飞机,强化了新闻信息的服务功能,传达了报纸的文化、媒介情感,把握住重点环节。

1.5.6 报纸的编辑方针

报纸编辑方针是根据办报方针对报纸编辑工作做出的决策,它规定了报纸的读者对象、传播内容、报纸水平和风格特色,是报纸编辑工作必须遵循的准则。它的主要内容包括四个方面:报纸的读者对象;新闻传播的内容;报纸的水准;报纸的风格特色。

示例:《千山晚报》2014 除夕报纸头版 该版特刊首先考虑读者的视觉感受,在版面设计上体现人性化,用短的时间和更高的效率,去述说过年的事实,所用文字考究,尤其是标题。读者是否关注新闻内容,标题能否吸引到读者的第一关注度和好奇心,均非常重要。其次,因是节日版,故用中国传统色彩(红和渐变黄底),配上喜庆元素与右下角的印章元素,体现出了传播内容、报纸水平和风格特色。

1.5.6.1 报纸的读者对象

编辑方针是根据办报对报纸的内容和形式所做的总体设计,是编辑工作所应遵循的基本准则。编辑方针规定了报纸的读者对象、传播内容、报纸水准与风格特色。读者是报纸编辑工作最终的服务对象,而且读者正逐渐成为现代传播活动的参与者。报纸的读者对象是根据报纸的性质、办报宗旨以及报业市场竞争的需要确定的。报纸的设计要针对具体的读者对象来操作,因此编辑方针首先要规定报纸的目标读者。目标读者是报纸编辑希望其能够成为报纸受众的人群。

示例:《大庆晚报》春节策划 晚报属于面向市场和大众的都市类报纸,一般属于党报的子报,以城市市民为主要读者对象。该版以向全市人民表达美好新春祝福为主题,选用大红灯笼高高挂的图片,注重节日的社会新闻和文化报道。除报道当天国内外重大新闻外,还大量采集、发布发生在市民身边的新闻;及时发表群众的意见、要求;深入市民家庭,密切联系群众。

1.5.6.2 新闻传播的内容

报纸传播的内容指的是报纸新闻传播的总的报道面有多大,具体说来,包括报道对象的分布有多广、报道的领域有多宽、报道的区域有多大等。报纸新闻传播的内容是由报纸的性质、办报宗旨和读者对象的需要决定的。编辑方针对报纸传播内容的规定,将直接指导报纸总体规模和内部结构的设计,报纸版面的分工、栏目的设置都与此有关。

示例:《方正印务报》 此版面的风格首先体现在它自觉承载了版式的文化内涵。大家知道,报纸的视觉设计需要符号,将点、线、面用于我们的版面策划与版式设计,给报纸的版面带来了视觉美;与时代风尚合拍,也能迎合一部分读者的心理需求。版面有自己的视觉个性,二级不同字体标题形成特定风格。该版的"探路企业媒体 融合发展之路"标题,恰好点出版面的这一主题,而这也是现代版式特色的发展主题。

1.5.6.3 报纸的水准

报纸的水准指报纸的思想水平、文化水平和专业技术水平所能达到的高度,具体通过报纸传播内容的深度、广度以及语言文字、版面设计、制版印刷等多方面因素综合来表现。报纸的水准也是根据报纸的性质、办报宗旨和读者对象确定的。编辑方针中对报纸水准的规定也将具体指导报纸的设计。

示例:《苏州日报》 该版面在内涵上虽有后现代主义倾向,但是它的艺术形式却依旧要归入现代主义潮流,主要体现在版式设计的简约风格上。艺术创作与设计中的简约风格,是追随现代主义艺术而出现的时代产物。

1.5.6.4 报纸的风格特色

任何报纸都要根据自己的生存环境和自身所具有的条件确定办报方针。办报方针对报纸的性质、办报宗旨和新闻传播的立场、原则这些根本性的问题做出了明确规定,是指导报社一切工作的基本纲领。而新闻编辑方针则结合报纸的特性,将办报方针落实到具体的编辑工作中,进一步规定编辑工作中的传播对象、工作目标和操作水平。

示例:《苏州日报》 打开《苏州日报》阅读,读者的第一印象可能就是版面舒展,疏密有致,赏心悦目,信息量很大,而文字却不拥挤。在以文字传递信息的报纸上,文字的位置并不重要,它们常与图片、线条、色块、图标等融为一体,形成报纸版面风格的一个结构元素,这是因为"留白"在版面策划中发挥了作用。在中国画创作中,画面上没有物体的部分称作留白;而在报纸版面中,没有文字的地方也可以称其为留白。

1.5.7 报纸的设计方法

谈到版面设计,先要掌握报纸编辑学中的一个概念:强势。它指的是版面具有的吸引读者注意的特性。报纸不同的版面或某一版面的不同区域,对读者的吸引力是不同的,也就是说,它们的强势不同。

报纸编辑方针对报纸风格特色的规定,为报纸设计指明了努力方向。设计是设计者个人或设计团体有目的的进行有别于艺术的一种基于商业环境的艺术性的创造活动。设计是一种工作或职业,是一种具有美感、实用与纪念功能的造型活动。

报纸设计的内容包括整体规模设计、内部结构设计和外部形象设计几个方面。报纸的整体规模主要由报纸的版面总量构成,如日均出版多少版面,每周版面总量有多少等;报纸的内部结构是指报纸全部版面的分工与组合形态,如报纸由多少块新闻版、专版专刊、副刊、广告版面组成,以及各组成部分在空间上排列的顺序、出版时间的安排等;报纸外部形象则主要由报纸的报头、版式、色彩等视觉性元素组合而成。

示例:《华西都市报》 报纸设计是将报纸的编辑方针具体落实为操作方案的一种创造性的工作。该版为 2014 除夕纸头版,是通过点、线、面元素在版面空间中组合而成的。通过对版面空间进行分割,置入不同的元素,对元素之间的关系在比例、位置、方向、浓淡等方面进行调整、协调,从而形成个性化、符号化、艺术化的版式,体现个性、时尚、意境与情感等多种内涵,起到了吸引读者、表现主题、启迪思维、展示创意的作用,并将商业、技术与艺术结合,连接起作者与读者的思想,引导了读者的阅读欣赏行为。

1.5.7.1 定位

设计预备阶段,指从产生策划意图、着手准备,到方案设计之前的一段时间。这一阶段的主要任务是调查传媒市场与报社内部情况,细分读者与广告市场,寻找报纸的发展空间,根据设计要求和表现内容,推出主题,同时进行风格定位。

示例:《新京报》年度畅销书香榜 图书产品的"票房价值" 设计时根据设计要求,运用艺术创作手段,经过精心思考,将有关材料进行创造性的组合,设计主题。而构思最终形成的意象则取决于设计者的经验、艺术修养、审美趣味、创造力等个性的因素。定位需根据设计要求和表现内容,推出主题,同时进行风格定位。

1.5.7.2 想象

指确定报纸的编辑方针,以之为基础拟订报纸设计方案并优选方案的这一过程。方案设计阶段是报纸设计的核心阶段。

①确定目标读者、制定编辑方针。确定目标读者要注意两点:读者群体的变化和目标读者的分解。

②拟订与优选报纸设计方案。要注意几方面工作:鉴别、筛选;创意、设计;协调、完善;比较、优选。

示例:《东莞时报》 根据内容和主题,发动经验,进行联想与想象,增大与主题相关意象的容量。新闻版式设计的基本元素为文本和图形,要在有限版面中最优化地传达信息,影响受众。美学特征是其重要因素,即通过结构、色彩、光影、虚拟空间与想象空间等要素的编排指引,使小区域蕴藏深内涵,承载时代与社会倡导的主流意识与情绪。该新闻版式设计注重艺术与技术的统一,强调创意、个性化并融入情感。时尚化版式设计正由平面向立体拓展,将形与意有机融合,综合运用,分类合并,为版式设计提供新方向和新视角。

1.5.7.3 选取

选取是指将报纸设计方案投入运行,以验证其可行性,最终修正确认的阶段。要注意的事项:慎重选择试刊的内容;慎重选择试刊的时间;适当把握试行方案的次数;广泛征集各方面意见,修正和确定设计方案。

示例:《南湖晚报》 从联想到的多个意象中选定一个或多个较为成熟的意象。新闻版式设计的本意就是让技巧与审美同时起作用,该版式将不同元素用一种适合观看的方式组合在一起。版式设计在组合版面语言符号的不同元素时,不能不考虑到围绕文字传播展开的主体。在读图时代,版式设计力图让图片成为独立的话语载体成为一种趋势。

1.5.7.4 推敲

无论是报纸的整体规模、内部结构还是外部形象,都是根据报纸的编辑方针确定的。报纸规模与内部结构的设计不仅要进行一种定性的考虑,而且要进行精确的定量安排。在许多报社,这种设计最终是以"版面运行图"表现出来并具体付诸实施的。报纸的总体设计要充分考虑读者对象的阅读需求,以争取更高的阅读率和更好的传播效果。

根据受众的审美趣味和理解能力,确定设计风格,推敲意象表达方式(构图、色彩、肌理等)。

在对报纸进行了整体规模与内部结构的总设计之后,要进一步对报纸的每一个组成部分进行设计,也就是设计报纸的每个版组、版组中的每个版,以及版中的各个专栏。

示例:《钱江晚报》在设计中基本元素相当于作品的构件,每一个元素都要有传递和加强传递信息的目的。每动用一种元素,都会从整体需要出发去考虑。在该版面中,构成元素春节七天乐,"妞妞的问候:新年好"的选择和搭配具有感情,能让人产生联想,能让人感到冷暖,很好地调动了视觉元素。

1.5.7.5　加减

意象表现与文案相加时,会形成整体的设计风貌。必要时可对意象表现进行舍弃处理,以保证设计的整体感、视觉冲击力与美观度。

外部信息,即构成报纸生存环境并与报纸发展直接有关的信息。具体包括读者信息、报纸控制者的信息、报纸竞争者的信息和报纸相关产业信息。

示例:《时代周报》　该版面设计选用"中国丹霞风景区之一贵州赤水红石雕塑"作为主题图,图片中游人部分被刻意处理成留白,无形给读者留下更多想象空间。版面设计的处理与报道始终相呼应,其形式服务于内容,同时亦增加了视觉冲击力。

1.5.7.6　调整

在策划运作前期,首先要建立收集信息的网络和机制,要主动出击获取尽可能全面、准确、有效的信息。比较常用的方法有:外出走访调查、读者抽样调查、召开座谈会、公开征集意见与建议、内部个别交谈、文献研究等。获得信息之后,还要对各类信息加以归类、处理,以分析媒介市场,发现报纸发展的空间。"调整"即在设计制作过程中,根据实际情况随时进行调整。调整是在美观性原则的指导下,添加、删减造型元素,变化各部分大小与比例关系,最终达到预期效果的过程。调整过程贯穿于制作的始终。

示例:《时代周报》　图片破局的分割形式与文章内容巧妙融合,视觉结构突破常规而又完美统一。图片中人物凝重的表情和戏剧化的场景所营造的视觉效果抢人眼球,强烈地吸引读者,将他们带入文章中、剧情中。

1.5.8　报纸的局部设计

报纸的局部设计是要确定各个单元及其中各版的读者定位和编辑思想;确定各版名称、报道范围和重点;确定版中主要专栏的名称、内容、篇幅、体裁、风格等;确定广告在各版所占的篇幅和位置,以及广告的类型;确定各个版的版式特点和风格特色。

示例:《钱江晚报》春节七天乐　通过使用多种不同的方法去创造和组合文字、符号及图像,产生视觉心理并传达信息。利用字体编排、视觉艺术和版面技术可以使版面设计达到预期的效果。

1.5.8.1　设计的操作过程

报纸的局部设计是整体设计的一部分,要注意局部风格与报纸整体定位相一致,各个版的风格设计既要相互协调,共同构成报纸整体风格,又要根据各自的定位和内容特点有所差异,表现出个性。报纸策划往往与报社传播机制策划紧密联系在一起。

示例:《钱江晚报》　报纸策划就是报纸设计方案,这一方案往往作为报社内部文件发至有关采编人员。方案的内容包括三大方面:阐述报纸编辑方针,阐述报纸的整体规模和内部结构,阐述报纸各个版组、版与专栏的设计。该版以传统美学去表现的设计方式,会被受众欣赏、阅读并记住。

1.5.8.2　局部版面设计的核心——传播力

现代商业社会,消费者购买的意愿相当程度上依赖于自身对品牌的感觉。所谓感觉是人们通过视、听、触、味、嗅五种官能,对外部环境输入的各种信息(例如商品广告信息等)进行选择、组织和整理,最终形成对商品品牌的整体认知。视传作为感知的首要元素,要促成消费者的购买意愿,关键在于客户商品的信息是否能准确地传达给目标消费者。从这一层面讲,版面设计没有最好的,只有最合适的,传播力是评价它的核心标准。要获得完整、有效的传播,势必要求设计具有准确的定位,独到的创意与个性的表达。

示例:《重庆商报》　新闻版式设计过程分为构思、构图、制作、修饰等阶段,具体为:图文素材采集;绘制多个版式方案草图;选择与内容相匹配的风格;进行电脑编排;装饰元素的修饰与设置;印刷、组装等。此版式在有限的设计区域内进行解构与重构,与文字、图像交融,达成大小适宜、疏密有致,静中有动、动中含静,视觉的、触感的、认知的、想象的、审美的多层次立体效果。独到的创意与个性的表达,体现出版面设计的核心——传播力。

1.6　报纸版式设计的风格

人们常说,现代人都非常忙碌,因此观看事物的方式也是急急忙忙的。这一点在网页等媒介中表现得非常明显。读者总是迅速地切换页面,寻找最感兴趣、最有意思的内容。

对于纸质媒体报纸而言,一份报纸不可能让大家都喜欢,会因人的职业、文化等而异,好与不好,绝对不是评价报纸的唯一标准,尤其对于市场化的报纸来说,只能说适合的才是好的。

怎样才算是适合的呢?

首先必须明白,要让读者知道拿到的是一份什么类型的报纸,也就是报纸的品牌定位。报纸的类型有:党报(也叫机关报)、晚报、都市报、经济类报、企业报等。谁最有可能看这些报纸? 这就是报纸的读者定位。读者群体有:政府官员和公务员、市民(中老年为主)、市民(中青年为主),企业和财经人士等。

1.6.1 报纸风格特色的设定

报纸的风格特色指报纸的整体结构、传播内容、传播方式和版面形象等所综合表现出的格调和特点。报纸的风格特色是由报纸的性质、办报宗旨和读者对象决定的。

示例:《扬州日报》2013 新年特刊 元旦报纸头版《扬州日报》将典型发掘、典型报道、典型引领作为重要举措:抓凡人善举报道,弘扬社会主义核心价值观;抓重大典型报道,引领社会舆论,塑造道德"标杆";抓经济典型报道,助推区域经济转型升级,形成发展合力。

1.6.1.1 《人民日报》的版式风格

"庄重、准确、朴实、大方,特别是在处理重大新闻上,有一种不易模仿的独特的大气",可用来描述《人民日报》的版面气质。

示例:《人民日报》经过了六十余载的实践,经历了几次改版之后,形成了它独有的庄严、凝重的风格,《人民日报》作为中共中央机关报,强调以权威性、指导性、理论性为主要特色。这种特色具体表现为重要言论多、对全国各行各业有指导意义的新闻多、报道稳健而有深度、版面庄重大方等。

1.6.1.2 《南方日报》的版式风格

《南方日报》版式以视线流畅为出发点,加强了文字与图片的排列设计,并将美学中的视觉传达规律引入到了版面设计中。厚题薄文,题、文一律横排,充分体现了"简明快捷"的视觉传达原则。

示例:《南方日报》在头版的位置,以绿色大字点出降息带给民众的震惊性,黄色向下的箭头说明连续降息的大趋势,并在箭头内以表格形式将最新利率告知读者。整个版面设计生动、信息量大。版面上的标题简洁、统一、大气,符合美学原理并方便阅读。

1.6.1.3 《苏州日报》的版式风格

《苏州日报》的版面设计曾获三个中国新闻奖,其视觉形态在中国党报中独树一帜。这一成绩的获得,与其版面布局的以虚胜实、以少胜多,标题引入的以简胜繁、雅俗共赏,色彩构成的以淡胜浓、以简胜杂,行文安排的以块胜条、以方胜曲等因素密切相关。《苏州日报》以简约的版面风格,衬托出党报视觉形态的时尚性,蕴含着深厚的文化内涵,体现出独特的视觉特征,其中的规律值得我们探讨,对中国党报的形态改革也具有借鉴意义。

示例:《苏州日报》受苏州这个具有独特地方特色和人文气质的城市的滋润,显得与众不同,它地方特色浓郁,这是别的报纸美编力量再如何强大都做不到的。苏州调查,"广场舞,十年红遍苏城",图片置于版面中心,色彩具有强烈的视觉冲击力,并具有情绪性暗示。将色彩引入报纸版面,可以增强报纸版面的表现力,也能丰富版面的处理手法。

1.6.1.4 《广州日报》的版式风格

在厚报时代,人们习惯于把报纸的头版叫作"封面"。在品牌的意义上,报纸的头版可以看作主要的品牌标识,它是品牌符号象征中的视觉形象部分。《广州日报》将网站首页和杂志封面的排版元素融入报纸封面,推出"导读与索引"版,其独特的"差异化"品牌标识颠覆了传统并引领了新的报纸封面模式。

示例:《广州日报》 导读+图片,凸显品牌标识的差异化和服务性。品牌标识就是报纸的报头和各版的版式。品牌符号象征还包括比喻和品牌传统,如《广州日报》的 LOGO 版式风格代表着《广州日报》的周到服务,让受众联想到节假日和特殊事件发生后推出的各类特刊,以及平时每一天对新闻事件准确、及时、细致、出色的报道和关乎市民生活的政策的精准解读。

1.6.2 "浓眉大眼"的版式

社会进步的同时,生活节奏也在加快,人们在纷繁的信息面前不可能长久地注视,版面编排的目的就是为了在最短的时间内吸引读者的注意力,并有效地传递信息。"浓眉大眼"的版式以粗黑线分割版面、黑白相间,招贴式的照片处理,活泼多样的标题形式,目前已使多数读者适应了这种新颖而又大胆的版面风格。

示例:《北京青年报》要闻 这种版式是"新派"版式的一种主流版式。"所谓新派,实际上主要是承袭了港报风格",其特点是:"在编排方法上,常常采用大标题,长题短文,厚题薄文,曲直线交错,色彩对比强烈,自然形成一种浓浓的氛围,直逼读者的视野。"一般认为,"新派"报纸的代表是"京派"的《中华工商时报》《北京青年报》和《新闻出版报》等。今天看来,最能体现"新派"版式风格的,当属《北京青年报》。

1.6.2.1　大标题与大图片

厚题薄文，做大标题、用大图片，营造版面上的强势，以求在三步五秒内就抓住读者眼球。图片的运用增加了版面的丰富性和表现力。

示例：《重庆时报》浪漫天梯没有尽头头版以大幅图片贯穿整版，配以抒情诗句，适当的留白恰到好处。整个版面清新、干净，完美的故事让大家又相信爱情了，给人以强烈的视觉冲击。报纸风格生动活泼、富有朝气，受到读者的喜爱。

1.6.2.2　《北京青年报》的版式风格

《北京青年报》除了内容生动新颖、深刻外，更重要的是报纸版式非同一般，形成了人们一看报就知是《北京青年报》的独特风格。一是大力渲染头版和头条，只要需要，可"不择手段"，随心所欲。标题横竖错落，显得非常潇洒自如。为形象起见，将这种流行版式称为"浓眉大眼版式"。

示例：《北京青年报》将技术设计与艺术设计相辅相成地融合在一起，该版式的特点是以粗线分割、黑白相间（黑底反白）、招贴式的照片处理等排编手段，使报纸版面呈现出黑脸膛（色调重）、粗眉毛（大标题）、大眼睛（大照片）、轮廓分明（粗线分割和围框）的风格。版式的技术设计，就是研究读者阅读的视觉规律，研究的是版式设计的科学性——阅读时视线流动的客观规律。

1.6.3　传统版式和现代版式的类型

我国报纸的传统编排强调厚文薄题、穿插套拼、横竖相间、错落有致。版面的功能主要在于"美化"。尤其是南方报纸，版面犹如"苏州园林"，曲径通幽，灵活多变，上下匀称，浓淡相宜。而现代报纸版面功能不仅仅是美化，它已成为报纸增强竞争力、争取读者的一种手段。版面追求强烈的"视觉冲击力"，于是，厚题薄文、模块版式、大照片、大底纹、色彩鲜活且反差强烈成了流行趋势。

示例：《北京青年报》版面语言是一种潜在的语言，版面的作用不应当仅仅是潜在的，它以更直接的视觉形象出现在读者面前，应当让版面直接说话。该版式以版式设计中的空间秩序说话。"空间"对于版式设计而言，是指一个平面的、空白的、未经印刷的纸面空间，就像建筑中的空间一样，是一种"无"的形态。正如法国平面设计家保罗·热纳所说，新版式设计艺术从抽象艺术中借鉴了艺术化的空间结构，这种空间结构犹如"建筑艺术"的一个内容，在适用于空白纸面时尽管形式有别，但价值等同。因此，纸面不仅仅是文字的背景和载体，还是一种需要认真对待的艺术化空间结构。

1.6.3.1　《京华时报》的版式风格

追求最出色的新闻，是《京华时报》高举的旗帜。《京华时报》的出现，宣告副刊化日报时代的终结。版式风格与国际接轨的《京华时报》版面设计以便于阅读为最高原则，简单明快，一目了然。全面导入CI整体深化理念，视觉效果独树一帜，极大地提升和强化了新闻图片在报纸中的价值和地位，大量具有视觉冲击力的新闻图片令读者耳目一新。小报报型，大报风范，大俗大雅，紧贴市场，双面彩印4开报型符合现代都市读者节奏紧张、空间狭窄的阅读特性；内容取舍以读者的需求为最终标准，以市场导向为根本诉求；形式不拘一格，内容大俗大雅。目标读者以都市白领为主，兼顾所有京城市民，凡有阅读能力者皆是潜在读者。

示例：《京华时报》该报是北京最有影响力的早报之一。此版面红色报头颇为喜庆，尤其是腾讯微博在世贸天阶天幕跨年上天祝福2011的照片，和元旦的节日喜庆气氛很搭配。可是下半版的广告，就很有些"穿越"了："2001年新年快乐"。

1.6.3.2　《南方都市报》的版式风格

《南方都市报》是南方报业集团的子品牌，是中国报业异军突起的一匹黑马。南都以其富有冲击力的版面设计、厚实的内容以及开放和大胆直言的特点吸引了大批的青年读者，"办中国最好的报纸"是南都的企业目标。今天的南都已经发展成为中国报业发行量第七、广东地区发行量第二，在广东地区乃至整个华南地区最具影响力、竞争力又最具争议性的媒体。

在视觉设计方面，南都敢于大胆抛弃传统的操作方式，借鉴国外现代报纸版面模块化设计的理念，开辟了新一代报纸版面设计的新天地，成为中国大陆现代报纸模块化编排设计理念的倡导者和先行者。模块、特刊、留白、分叠、厚报等报纸设计概念，通过视觉实践得以系统呈现，并成为众多报纸效仿学习的标板。

示例：《南方都市报》在版式风格上，各种版面元素的运用增加了视觉表现力，总版数和彩版数量极大增加，横冲直撞的排版方式突破了传统版式诸多禁忌，浓眉大眼的风格强调版面视觉冲击力。大标题、大图片的运用使整个版面主次关系清楚明了，重点突出，等于帮读者把重要新闻从版面中提取了出来。

1.6.3.3 《华西都市报》的版式风格

新型晚报有三大新思维：

一是突出实用性，变指导性为辅实用性为主。它们突出报道与市民衣食住行、日常生活密切相关的内容。有些东西根本不是新闻，如哪里气出了毛病，电又如何，但对市民来说很实用，有实用价值。于是让新闻价值让位于实用价值。同时，这类新型晚报的实用性还表现在，努力去解决市民生活中遇到的困难和问题。如1991年底，杭州大雪之后，全市三分之一的居民家庭自来水管冻裂，自来水公司抢修力量有限，《钱江晚报》就发起组织义务抢修突击队倡议，结果仅用了3天时间就全部修好。

二是经济报道，变从生产者的角度出发为从消费者的角度出发，变计划经济报道为市场经济报道。计划经济报道往往是从上级领导部门指导工作出发，报道生产领域的情况，老百姓不关心；而新型晚报则从消费者的角度出发，报道流通领域的信息，指导消费。

三是变"党报的补充""茶余饭后"等观念，为满足市民对政治、经济、文化、社会等各方面信息的需要。它不仅报道与市民生活相关的实用性信息，而且全方位、立体化地报道广大读者共同关注的各类新闻，报道读者需要的政治、经济、文化、科技、教育、卫生、法制等信息。

示例：《华西都市报》 该版面打破常规，另辟蹊径，充分发挥导读的集纳功能。当天的新闻不够好，严格来说，没有一条适合做封面头条，故通过时间线索，对四条国内热点新闻的追踪报道——《上海特大火灾26人获刑》《故宫宋瓷损坏事件追责》《温州动车事故签订赔偿协议》《味千拉面老总身家缩水》进行整合。时钟元素的加入突出了"火灾260天之后""微博爆料故宫事件3天之后""温州动车事故发10天之后""味千拉面调查10天之后"等时间脉络；泛黄的牛皮纸寓意过往的事情还未结束。文字在视觉上的整合和设计使之成为封面的视觉中心，放大了聚合效应。

1.6.3.4 《羊城晚报》的版式风格

《羊城晚报》自1957年10月1日面世起，就一直以其鲜明独特、新鲜活泼的风格吸引着广大读者。除去"文革"期间停刊的蹉跎岁月，无论是创办之初按照"移风易俗、指导生活"寓共产主义教育于谈天说地"的宗旨开拓办报新路，还是1980年复刊后遵循"反映生活、干预生活、引导生活、丰富生活"的方针重振报业雄风，《羊城晚报》都做到了贴近时代，贴近读者，贴近生活。它采编精良，作风严谨，为普通百姓所喜闻乐见。

示例：《羊城晚报》的版式风格，其刚性的时事内容排版是国内版式最流畅，最大气雍容的版面，一个字"强"。 头版，在传统式的报眼位置上放置重要的新闻，版面的视觉流程简洁而流畅，使读者面对这个版面的时候，一眼就可以看出什么是重点。视线的大图片－标题－导读标题引导过程，符合视觉流程。

1.6.3.5 《城市晚报》的版式风格

《城市晚报》在充分发挥传统媒体长期积累下来的内容生产优势、品牌优势和公信力优势的基础上，创新传播形式和渠道，结合新媒体的特点，打造了包括平面媒体、互联网媒体、微博、微信及手机移动客户端在内的多种传播阵营，初步探索了一条新媒体融合传播之路，提升了主流都市媒体的舆论引导能力和影响力。2013年，《城市晚报》与时俱进地创新报道理念、报道方式和传播载体，对报纸的栏目、版式、内容进行了全面调整。这次改版《城市晚报》的重点是细化新闻属性分类，对版面做精准化定位，对版面构成进行模块化开发；积极发挥新媒体作用，将互动体现于日常性的采编细节及版面建设之中；常规报道精短化、集约化，重头报道精品化、专版专题深度化，从而有效扩大了都市媒体主旋律的传播效率和效果。改变报纸原有架构，对版块做精准化定位和模块化开发，常规报道精短化、集约化，专题、重头报道精品化、深度化，满足了不同层次读者的阅读需求。改版后的《城市晚报》按照读者阅读习惯，采取模块化的方式，从功能上对整张报纸进行了有效、合理的划分。

示例：《城市晚报》垂直长方形线框标题导读，从整体上看，规则有序，从局部看，更便于读者阅读，避免了各个组成部分间的相互干扰。从整个版面设计来看，两把交叉的红色羽毛球拍上演着丹芳大婚的甜蜜画面，彩色羽毛球呈现了林丹遇到的种种"刁难"，标题戏称羽坛一哥惧内，色彩明丽丰富，幸福溢于言表。

1.6.4 "杂志化"的版式

"杂志化"式版式，目前被广泛应用于报纸头版和专刊封面，其基本模式为"导读＋图片＋广告"，尤其突出图片的地位，其特点是色彩绚丽、明快、抢眼，面孔诱人，改变了原来报纸版面以文字信息为主的设计理念。

示例：《东方今报》要闻 "报纸杂志化"在版面上的一个重要反映，就是一些报纸的头版设计得越来越像杂志的封面。一些报纸（不只是娱乐类的报纸）为了吸引读者购买，纷纷在封面刊登大幅影视明星、粉领丽人的头像，配以煽情的大标题，使报纸头版呈现出"杂志封面"的倾向。

1.6.4.1 借鉴杂志封面的表现手法

进入21世纪，纯粹的"杂志化"版式已不多见，更多的是报纸版面借鉴杂志封面的表现手法，以增强版面的视觉冲击力。

示例:《贵州都市报》简单明了、直接切入主题、充满创新意识的设计,在过量的信息中跳入受众的眼睛,产生吸引力与冲击力。该版面以一杯茶和一把打开的折扇为背景图,填充起整个版面。折扇上画有一年四季十二个月的刻度标识,而在喷洒农药的夏秋季节的月份上用红字标出,同时配以一个喷洒农药的喷头,既生动形象,也呼应了主题。

1.6.4.2 以照片为主体的版式

在演讲会上,演讲人为了有效地控制会场,不仅需要注意声调、重音、口音和语速,同时也要保证音量的适中和表情的适时,因为它们同样能改变词的意义和给人的感受。同样,一个漂亮的版式设计会令读者眼前一亮,起到刺激、吸引受众的作用。成功的设计编排能够增强或优化文字所要传达的信息,并提供一个良好的视觉环境,使信息最有效地传递给读者,就像优秀的演讲者通过自己的表情、语调和语速,完全控制着会场的气氛,调控着受众的情绪,使他的观点更容易地被传播,被接受。

示例:《东方今报》版式设计疏朗大气,极具视觉冲击力。在头版以富有视觉冲击力的大幅图片,以轻松形象的图片,或以直观明了的新闻制图,让最重要、最精彩、最有趣的资讯在头版亮相,这种头版杂志封面化的设计,既方便阅读,又推介了重点资讯,激发了读者的购买欲。该版面以党旗为背景,配以七位常委头像,这种以照片为主体的版式,显得别具一格,形象更加生动鲜明。

1.6.4.3 以图片为主的导读方式

为了在一个相对单纯和独立的条件下,研究编排设计的边缘性和其内在语言的一般规律,把平面设计中的编排功能——美学吸引与信息传递割裂开来,潜心探索图形与文字表现可能性的宽度与张力,将它的风格表现与趣味营造放在一个更为突出与重要的位置,孤立地从形式美的角度探寻它的表现多样性和可能性,运用最原始状态的图形、文字(标题、正文)与空白的经营和安排,寻找出编排设计形式内在的感染力和吸引力。

示例:《齐鲁晚报》这个头版的图片不是由一张主打图片构成,而是上下左右都有图。再仔细看,原来《齐鲁晚报》的这个头版采用了以图片为主的导读方式,对当天报纸的主打新闻进行导读,使新闻热点一目了然。

1.6.4.4 导读集纳化

厚报时代,导读的地位一举上升。如今,报纸导读就像书的目录一样不可或缺,它把报纸每一版的重大新闻都集纳在了头版这个小小的窗口中,使读者一目了然,迎合了人们的快节奏生活与阅读需求。头版中最右边一栏的一系列小标题,就起到了导读的作用。

示例:《潇湘晨报》 该版面以白皮书的造型登载我钓鱼岛基线图交存联合国的消息。白底黑字对比强烈,表明我方的严肃态度和重视程度,版式简洁,冲击力强。

1.6.4.5 "导读+图片+广告"版式设计

此类版式设计,我们看到的基本上只有"导读 + 图片 + 广告",这也可以归于"杂志化"版式之列,但在一定程度上,这种版式改变了原来报纸头版以文字信息为主的设计理念。

示例:《大河报》头版 "莫言空前 莫言绝后" 该版面引起巨大争议,以莫言名字作文章,以示中国作家在诺奖上继往开来之意,应该说用心巧妙,然而这种语句毕竟带有严重歧义,即使有副标题解释说明,仍不免让人心生疑窦。这种版式究竟效果如何,值得商榷。

1.6.4.6 创意加时尚

做专业需要一定量的保证,就像画素描和色彩一样,一定数量的作业累积,是对版式设计敏锐的感悟力、深入的表现力和自如的控制力的保障。版式设计是一个经验累积的过程,是一个追逐时尚的过程,设计者往往需要通过一系列的平面编排练习,达到上述的要求。

示例:《东方早报》 一个工程开工的消息上封面,即使是迪士尼,正常情况下仅就视觉呈现而言都是波澜不惊的。但《东方早报》的这个封面,做得令人惊艳。摄影记者的创意再加上美编手绘的轮廓图,颇有韵味。

1.6.5 "太阳稿"的版式

把大幅主体图片，或大块主体稿件置于版心位置，其他次要稿件和图片则居于版面周围，用于衬托主体图片和稿件。一般称这种版面稿件为"太阳稿"。

示例：《今日金东》要闻 热烈祝贺《今日金东》创刊 100 期暨电子报正式开通 该版面是以"太阳稿"为明显标志的版式。它的出现，符合当今读者"一期报纸起码要有一条好新闻"的要求。同时，从版面编排来看，一篇四五千字的大稿子，似乎也只有放到中间这个位置，才显得符合美学要求。

1.6.5.1 处理重点与非重点稿的关系

为了处理好重点与非重点稿的关系，往往在版面的中央分割出一块矩形版位，用于刊登本版的主打稿件，其余的稿件则围绕其在四周编排，形成"众星拱月"之势。

示例：《苏州日报》要闻 以一幅度大照片"空中绝技"置于版心位置，从无序的自然来稿中择立意及质量筛选进行，并进一步把无序的稿件通过编辑的意图、加工、组合，确立一个命题，量体裁衣，更深层次地张扬版面的个性与灵魂。

1.6.5.2 以编排手段增强版式强势

以"太阳稿"为明显标志的版式，称之为"太阳稿"版式。就是强迫阅读，追求强度的"视觉冲击力"，和版面设计上追求所谓的"轰炸"般的感官刺激。版面视觉设计力求新颖大胆，在吸收国外报纸设计理念的基础上，更注重"中国文化"的融合表达。

示例：《今日金东》要闻 江东低丘缓坡试点稳步推进，版式设计者利用编排手段增强强势，改变原有弱势版位的地位，具有一定的积极意义。

1.6.6 "眉清目秀"版式

这是与"浓眉大眼"版式相对立的一种时尚版式。顾名思义，这种版式以"简约"为设计原则，故意少用或不用电脑编排所提供的技术手段：标题不使用铺底纹、反白等装饰手段；文与文之间不用线条分割，而以空白代之；在版面上强调空白的作用等。这种版式显得舒朗、素净、秀雅、透气，符合当代白领读者追求"简约""平和"的审美习惯。相对于一些色彩驳杂、图片夸张、文字密排得"针插不进、水泼不进"的"浓眉大眼"版式，这种"眉清目秀"的版式，是一种技术和审美的回归。

示例：《经济观察报》 该报是一份全彩色印刷、设计精美的经济类周报。《经济观察报》的特色在于充分表现新兴的、行动能力强的价值观和生活态度，即理性和建设性、有选择的信息、独到视角的专栏、富有冲击力的图片和制作讲究的整体设计。

1.6.6.1 《经济观察报》的版式风格

以橙色为标志的《经济观察报》自诞生以来，因其独特的报道理念和版式风格一直受到坊间和学界的颂扬和赞美，不管从哪方面来说，作为一个突破中国财经类报纸新闻操作传统模式的"先行者"，《经济观察报》所取得的成绩的确是有目共睹的。它采用"模块式"版式，真正地、科学地关注市场和读者的阅读需求，从版式到报型，全面借鉴甚至模仿国际大报。版式与报纸品牌的关系逐步明晰。

示例：《经济观察报》该报采用"模块式"版式，这种版式有一个好处，表现在报纸的编辑过程中，那就是在抽调稿件的时候非常方便。该报以中国社会拥有财富、拥有权力、拥有思想、拥有未来的实力阶层为读者对象。作为国内领先的经济媒体，一直致力于推进中国与世界的融合，为中国社会主流阶层提供更丰富的信息服务与前瞻的思想见识。是中国新生的学术、商业和舆论领袖交流与对话的平台，旨在共同探讨世界的改变与中国的未来。其特色在于侧重于技术分析，理性思考；黄版纸的使用更能刺激人的阅读感；富有冲击力的图片以及制作讲究的整体设计。

1.6.6.2 《21 世界经济报道》的版式风格

《21 世纪经济报道》是南方报业集团下属中国最大的商业报纸媒体，是中国商业报纸的领导者。它致力于服务最优秀的人群，是在世界经济界最受关注的中国经济类周报，是全国三大经济类报纸之一。它以分析国际形势、透视中国经济、观察行业动态、引导良性发展为目的，即时有效地反映世界经济格局及变化，跟踪报道中国企业界的动态与发展。

示例：《21 世界经济报道》 横列式的元素和模块的加入，富于变化，也增强了模块间的体量对比。现代的版面编排设计比传统的更注重人情味、亲和力及流畅性，拉近了设计师与读者之间的距离。

1.6.6.3 《中华工商时报》的版式风格

《中华工商时报》以实用性和深度性为特色，用主要版面向受众传递权威、理性和独到的要闻聚焦、产经信息、财经资讯，以及经济发展趋势预测、政策解读、市场分析、焦点热点问题评议、公共事件、突发新闻深度追踪报道等。打假扶优，维护工商企业的合法权益和社会公正，推动民营经济持续健康稳定的发展。同时浓墨重彩地展现民营经济及其代表人士的风采和各级工商联组织、行业商会的工作成就。

示例：《中华工商时报》当都市的现代人在下班后拖着疲惫的身躯、挤上熙熙攘攘的地铁或者公共汽车，拿出一张报纸消遣的时候，他可能已忍受不了像所谓"新派"报纸那种大图片和眼花缭乱的色彩的狂轰乱炸，而是希望有一张素净如水、简约舒朗的报纸展现在面前。

1.6.6.4 《南方周末》的版式风格

《南方周末》报是中共广东省委机关报《南方日报》的周末版。作为党报周末版，以"反映社会，服务改革，贴近生活，激浊扬清"为特色，以"关注民生，彰显爱心，维护正义，坚守良知"为己责，将思想性、知识性和趣味性熔于一炉，寓思想教育于谈天说地之中。既讲报纸的政治属性，也讲报纸的文化属性和信息属性，特别重视把良好的思想内容同完美的版面艺术形式结合起来，报纸的文章中到处都体现了价值观念，语言颇具特色，无矫揉造作之风，平实之中见深刻，读来沁人心脾。

示例：《南方周末》大气与华丽相融合，灵魂与艺术相共鸣，在精神的镣铐上跳着心灵之舞，游刃有余，层次分明，上能搞定领导的审美视角，下能吃准读者的口味，贴近国际化报业的版式精髓，尤其是娱乐版，绝对是全国翘楚的水准，"强"就一个字，不用多言。该报颇具不断创新的气息和行为，改版灵活中有坚持。文章的作者多半是国内颇具思想性、前沿性的高级作者以及新兴的、受国外教育影响的"精英"。新闻以独家为主，时评以纵深见长，副刊则佳作迭现，很值得一读！

1.6.6.5 《新华每日电讯》的版式风格

《新华每日电讯》是国家最高新闻采集发布机构新华社主办，选编新华社各线路各报刊各新媒体精品稿件、荟萃全国其他媒体精品稿件，刊发原创评论和副刊的中央级新锐主流大报。《新华每日电讯》平日8个版，但版版内容实在，是高含金量的薄报，是"厚报时代的薄报精英"。

示例：《新华每日电讯》头版已摆脱无新闻价值的工作性报道唱主角的累赘，使"三贴近"新闻占据了主要位置，倾心打造抓人心灵的深度报道。"新华视点"专栏几乎天天相见；"每日焦点"每周5个版；"草地周刊""新华视界"每周各一期，每期各4个版。区别于传统大报的新锐大报，无工作性报道、文告性报道之累，以大量新鲜事实和犀利的舆论监督报道见长。虽非机关报，但机关离不了。见解独特，理性建设性兼备的评论版，周一到周五每天1个版，汇集评论名家，紧跟热点，及时评论，为读者提供思想交锋的平台，深度剖析、解读当前焦点、难点。内容是基于新华社大量原创的深度调研报道。

1.6.7 《新民晚报》的版式风格

《新民晚报》是上海地区的综合性报纸，以"宣传政策，传播知识，移风易俗，丰富生活"为编辑方针，着眼于"飞入寻常百姓家"。在内容上，以报道上海和长江三角洲地区新闻为主，特别以社会新闻、国际新闻、体育文化新闻报道见长，还有雅俗共赏的夜光杯副刊和其他一些特色专刊。力求可亲性、可近性、可信性、可读性。该报属于晚报类，风格比党报活泼。版面活泼多变，用色大胆，配合"群众喜闻乐见"的报道内容，对僵化呆板、千报一面的版式格局有一定突破。

示例：《新民晚报》 标题字体为大标宋体和黑体；报纸标志口号"飞入寻常百姓家"添加在报头。该报曾被誉为是"小桥流水""曲径通幽"的"海派"版式的典范。在版面中，每篇文章都穿插咬合，从视觉的表现和接受上来讲，这种版式不符合"抛开型阅读"，但近年版式也向模块化发展。标题和正文采用新字体，优化调整正文行距和栏间距，使版面更加疏朗；形成报纸整体用色体系，力求彩色版面清新亮丽，黑白版面层次分明。新版式采取A叠B叠分叠方式。

1.6.8 其他类版式

流行版式之所以会流行，是因为它们与传统版式相比，更加符合读者的阅读习惯，体现了报纸版面的时代特色。但是，在前所论述的"浓眉大眼"版式、"眉清目秀"版式、"杂志化"版式以及"太阳稿"版式等流行版式中，也存在着内容与形式脱节、片面追求冲击力、设计理念唯美化和漠视新闻价值等突出问题。

示例：《潇湘晨报》 在差异化竞争的现在，插图版面常常有着令人耳目一新的效果。不管是广告客户还是受众都对精美的版面有所偏爱，特刊封面风格使版面效果更加明快而优雅。这与报纸的定位是一致的，也在探索更多的版式语言风格和使用范围。

1.6.8.1 整体表现的版式

报纸版面融合了新闻学、哲学、美学、受众心理学等众多学科知识，同时还蕴含着"讲政治"的大局意识和舆论导向的功能，因此，版面的设计、版式的形成，并不是随意为之的，而应该是报纸编辑方针的体现和内容编排布局的整体表现。然而在流行版式中，过分注重包装形式、内容与形式脱节几乎成为一种通病。在一些流行版式中，题文不统一以及过分的"大题小文"，成为报纸吸引读者的一种手段，然而却是一种看来有效，却十分有限的手段，因为题文不符是留不住读者的。

示例:《天府早报》 版面是由正文、标题、图片、分栏、留白等元素组成的,是报纸编排布局的整体表现形式,它反映了报纸的个性。标题是版面元素的第一阅读要素,是扮演信息内容的"橱窗"角色,因此标题的制作非常重要。标题从哪个角度切入、着重于哪个新闻点等,都影响着新闻内容阅读率的高低,影响着报纸对读者的吸引力。

示例:《重庆时报》 该版面设计者巧妙地运用了"好声音"的胜利之手标志,让它丢掉话筒大把捞金,反映出"好声音"的火爆现状;加之媒体的真心喊贵,幽默风趣,恰到好处。

1.6.8.5 多图片的版式

有学者认为:"一块版面上的重点不宜过多。除头条外,重点最多不应超过两个,因为所谓重点是与非重点相比较而存在的,重点过多也就无所谓重点了。"一些流行版式人为大造强势的做法,使版面上全是"重点",令人无所适从。

1.6.8.2 抽象的版式

报纸最主要的功能是传播信息,而一些流行版式使用大标题、大图片的直接结果,就是挤掉了文字的版面容量,从而弱化了报纸传播信息的功能。

示例:《潇湘晨报》该版面的设计者用抽象的线条勾画版面,运用剪影的手法刻画图中人物,背景图片隐含扑朔迷离等概念。版面下部配以黑色背景的文字,并加入特刊的导读,使此版面显得清晰干净。

示例:《吴江读本》美丽属于韵律,韵律被现代排版设计所吸收。节奏是按照一定的条理、秩序、重复连续地排列,形成一种律动形式。它有等距离的连续,也有渐变、大小、长短、明暗、形状、高低等的排列构成。在节奏中注入美的因素和情感——个性化,就有了韵律。韵律就好比是音乐中的旋律,不但有节奏,更有情调,它能增强版面的感染力,增强艺术的表现力。

1.6.8.3 图形为主体的版式

报纸版面能生动地反映报纸内容,因此被认为是报纸发言的一种手段。好的版面应当对各类稿件的内容作出恰切的评价,然后赋予其恰切的形式。正如"办好报纸,关键靠内容,靠好稿,其次才是形式,是版面。"而当前的一些流行版式,削足适履,"让内容适应形式,这是一种形而上学,会使报纸的质量下降"。

示例:《重庆时报》版面设计是根据特定主题将文字、图片(图形)及色彩等视觉传达要素进行有组织、有目的的组合排列的设计。该版面以巨大的红绿灯为版面主体,灯下小客车飞驰而过,红灯亮而6分现。设计直观生动,精准地传递了新闻信息。

1.6.8.4 造型形式的版式

网络时代越来越快的生活节奏,以及变得越来越厚的报纸,使现代人的阅读习惯发生很大的改变。即过去从左至右、从上至下的仔细阅读的习惯,改为一目十行的"扫视"。这样,就为人为增强强势提供了一个理由:一些新派报纸纷纷调动编排手段,制造强势,引导读者的视线。

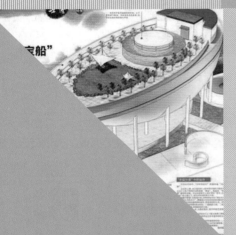

第2章 版式设计的基本类型

版式设计是现代设计艺术的重要组成部分，是视觉传达的重要手段。表面上看，它是一种关于编排的学问，实际上，它不仅是一种技能，更是技术与艺术的高度统一。版式设计是现代设计家必须具备的艺术修养和技术知识。版式设计的构图版式类型多样，在进行版式设计时，通常需要运用不同的版面形式来传递信息。本章总结介绍一些常用的版式，供大家参考。

版式设计的种类很多，设计者可根据信息传递的实际需求，采用不同的版式设计。在版式设计中，设计者须遵循一定的设计原则，首要的就是应符合每张报纸自身的不同定位；其次应注重视觉上的美观大方。本章将总结介绍13种常用版式类型，供大家参考。

示例：《今日金东》要闻 金东打出浙商回归"组合拳" 该版面的图片和文字在编排上按照骨骼比例进行编排配置，即利用骨骼线（相当于整个版面的框架），根据不同的骨骼结构进行元素的编排组合。这样不仅能够有效地提高效率，而且给人以严谨、和谐、理性的美。骨骼经过相互混合后的版式，既理性、富有条理，又活泼而有弹性。

2.1 骨骼型版式设计

版式设计对于平面设计而言是一门联系紧密又相对独立的设计艺术，它研究平面设计的视觉语言和艺术风格，是现代设计艺术的重要组成部分。设计师在版面上对有限的视觉元素进行合理的排列组合，将理性思维个性化地表现出来的活动即是版式设计。版式设计的设计原理和理论贯穿于每一个视觉设计的始终。骨骼型版式设计是一种极具理性的设计方式。常见的类型有：横向通栏、双栏、三栏、四栏和竖向通栏、双栏、三栏、四栏，以注重和谐、理性、条理等为设计特点。

示例：《苏州日报》 该版面编排格式采用竖向分栏骨骼型版式，整体按照骨骼比例进行编排配置，使信息元素的呈现更加有条不紊，版面的内容更显丰富，层次更显清晰。该报以内容、读者对象和可提供的技术手段作为依据，使版式和装帧和谐一致，版面安排更合理，脉络更分明，既方便阅读，又能给人以美的享受！

2.1.1 标准骨骼型版式

版式设计的构图样式类型较多，通常需要运用不同的版式形式来传递信息。版式设计是通过元素的组合简化版面的内容，建立鲜明的秩序感觉。根据内容设定有秩序感的骨骼，经过图、文相互混合编排后的版式，版面的内容相对丰富，层次也颇清晰。

示例：《水电工人报》该报采用骨骼型版式，右侧采用直列式版式，左侧采用横列式版式，突出了主导模块；标题字号采用阶梯式，简洁大方，对比度大；图片的添加丰富了版面，且冲击力强。视觉上强调横向时，往往有开张大气的感觉。

2.1.2 横向骨骼版式

横向骨骼版式稳重大方，左右平衡的排版使版面富有秩序感，自上而下的顺序也更符合人们认识事物的心理顺序和思维活动的逻辑顺序，能够产生良好的阅读效果。

示例：《苏州日报》该版面采用横向骨骼版式。左侧用小篇幅作"直列式"导读，而右侧则采用大篇幅的"横列式"图片、文字，有意突出了这些图文在版面中的主导地位，对比十分强烈。整个版面条理清晰，简洁流畅，有效地增强了对读者的吸引力。

2.1.3 横向右视觉骨骼版式

骨骼型是一种规范的理性的分割方法。常见的骨骼有竖向通栏、双栏、三栏、四栏和横向通栏、双栏、三栏和四栏等，一般以竖向分栏为多。在图片和文字的编排上则严格按照骨骼比例进行编排配置，给人以严谨、和谐、理性的美。骨骼经过相互混合后的版式，既理性又有条理。给人以严谨、和谐、理性的美。骨骼经过相互混合后的版式，既理性又有条理，活泼而具弹性。

示例：《万向报》该版面采用横向骨骼视觉的版式，左横列式，右直列式，有意突出了横图或横列的文章在版面中的主导地位，对比十分强烈，且使读者阅读流畅，呈现出条理清晰的版式效果。

2.1.4 严谨的骨骼版式

骨骼型版式是一种规范的、理性的版面分割方法。一般以竖向分栏为多。在图片和文字的编排上则严格按照骨骼比例进行编排配置。经过图文相互混合编排后的版式，既富理性、有条理，又活泼而具弹性。

示例：《湖南日报》 该头版版式按照骨骼的一定区域进行编排，以文字为主，图片四周环绕着文字，对有效地整合版面中的信息元素有着积极的促进作用，使整个版面看起来更加充实，是一个设计得十分成功的、严谨的骨骼版面。

2.1.5 竖向骨骼版式

竖向骨骼版式具有秩序感、空间感和拉伸感，在一定程度上保持着版面的整体性和均衡性。

示例：《中山日报》春节消费特刊 该版面采用竖向"直列式"骨骼版式设计，左侧为导读和报头，简洁流畅；右侧配铜号图片和醒目的标题，使得整版主次关系清晰明了、重点突出，从而方便了读者的阅读。

2.1.6 和谐的骨骼型版式

和谐的骨骼型版式具有一种和谐美。由于骨骼型版式容易给人呆板、机械的感觉，故设计者需要有意识地做些变化处理。比如恰到好处地在文字间加入图片元素，可使整个版面更具理性又不失活泼，也使版面呈现出和谐美。

示例:《新京报》娱乐专栏　该版式中巧妙地插入图片、竖向文字和心形装饰,使内容的表达更协调一致,相映成趣。版面构成主次分明,具有强烈的视觉冲击力。

2.1.7　高位置图片的骨骼型版式

高位置图片骨骼型版式,从字面上就能理解其意思,即需要将图片编排于版式的上半部分。在整个骨骼框架中占据上方的位置,能有效地成为版面的视觉焦点,主要是利用图片和标题来吸引读者的注意,比较符合常规的阅读流程。

示例:《万向报》该版面采用高位置图片骨骼型版式设计,将放大的图片置于版面的左上角,一方面以一种特殊的角度引起读者的注意,另一方面放大了的图片又极强地增加了版面的丰富性和表现力。此外,通过版块的整体组合,在阅读时能够更为清晰流畅,也为版面增添了动感和韵律。

2.1.8　条理型骨骼型版式

条理型骨骼版式具有秩序性,给人以严谨、有条理的感觉,非常方便阅读。

示例:《萧山一院报》该版面将竖列式与横列式骨骼版式搭配在一起,虽然版面的文字信息量比较大,但通过有序、条理地骨骼分栏,使得图文排列不仅秩序井然,保持了视线上的统一流畅,而且还极其清晰醒目,方便了读者的阅读。

2.2　满版型版式设计

版面以图像充满,主要以图像为诉求,视觉传达直观而激烈。文字的配置压置在上下、左右或中部的图像上。满版型版式设计给人以大方、伸展的感觉,是商品广告常用的方式。

示例:《今日黄岩》该版面的设计匠心独具,版式设计着重于以图像来传达直观而强烈的视觉效果,而文字则占据少量版面,给人以舒展、大方,甚至于张扬的感觉,鲜明地显示出极其独特的"请节约每一滴水"这一作品的视觉魅力。

2.2.1　满版型构图中的文字

满版型是指将图片元素填满整个版面的构图效果。这既是对某些新闻题材进行强势处理的一种手段,也是商品广告常用的一种版面设计形式,主旨在于以突出的图片形式扩大读者的关注度,达到宣传的目的。

示例:《都市快报》这一版面中主要图片的排列位置已被确立,因此便通过改变文字的摆放位置来改变版式的布局与结构,并根据文字排列方式来打造不同版面氛围。这种以大图片占据版面中心的满版型排版方式,视觉冲击强烈,又给读者留下了无尽的思考和回味。

2.2.1.1　文字上下排列

所谓文字上下排列,是指在满版型构图中,将文字摆放在图片的上方或下方,以使版面产生不一样的视觉效果。

示例:《姑苏晚报》将文字摆放在图片上方,带给读者以视觉的积极感;而将文字摆放在图片下方,就会使版面产生下沉的视觉效果。利用满版型的构图版式,易为读者提供具有冲击力的视觉信息。

2.2.1.2　文字右排列

在满版型的版式结构中,将文字信息编排在版面的左侧或右侧,可以打造出风格迥异的版式效果。

示例:《姑苏晚报》当将文字信息摆放在图的右侧时,版面就会呈现出一种自然的布局样式。

2.2.1.3　文字左排列

满版型版式设计具有传播速度快、视觉表现强烈的宣传效果,是版式设计中最主要的表现形式之一。

示例:《姑苏晚报》当将文字摆放在图的左侧时,就会营造出相对舒适、自然的视觉空间,以迎合读者的阅读习惯,从而给读者留下深刻的印象。

2.2.1.4 文字中心排列

这种版式是将文字信息摆放在版面的中央,可以达到引起读者注意的目的。

示例:《城市商报·城市早8点》 该版面结合满版型图片的内容信息,利用图文并茂的表述方式,有效地加深读者对版面的认知深度,并提高版面传达主题信息的效力。

2.2.1.5 文字组合排列

满版型文字的组合排列是将文字的上下、左右排列以组合的形式编排到版面中,以丰富版式的布局样式,从而带给读者一种富有表现力的视觉印象。

示例:《姑苏晚报》 该版面设计者将字号不同的标题与内容文字分别摆放在版面的不同区域,从而构成主次分明的效果。需要注意的是,文字编排的样式不能过于复杂,否则就会影响图片的表现力。

2.2.2 舒展的满版型版式

舒展的满版型版式主要着重于图片的形式感,是通过对图片的创新处理和新颖的构图形式,使版面赏心悦目。该版式视觉冲击力很强,灵性跃然纸上。

示例:《齐鲁晚报》 这一版内容乍一看以为主要是在宣传当代人学雷锋的故事,但仔细观看会发现原来还有个雷锋帽折纸教程,下边竟然还有折纸的手法介绍,似乎在寓意向雷锋学习须从动手做起。丰富的版面内容与生动的编排形式完美组合,有效地吸引了读者的眼球。

2.2.3 和谐的满版型版式

和谐的满版型版式以大型图片充满版面,视觉传达非常直观而强烈。文字配置可压缩安置在版面的上、下、左、右或中部,使版面中的图文浑然一体,和谐一致。

示例:《浙江日报》头版要闻 该版面以张扬的大图片来显示"祖国,祝福您!"的中心思想,形成了强烈的视觉冲击,有效地彰显了版面的丰富内涵,也鲜明地突出了版面主题。

2.2.4 直观的满版型版式

直观的满版型版式是将图片充满整个版面,在视觉上更为张扬,个性表现更加突出。根据版面的需要,直观的满版型设计将文字编排在版面的边缘或中心点上,寥寥数字十分简洁,也可仅作点缀。

示例:《今日安报》 该版面用电影胶卷盘作为配图,整版仅辅以报头和"回眸"两字的标题。整个版式设计层次清晰,信息传达明了,大方直观,层次分明,个性十足。

2.2.5 丰富的满版型版式

丰富的满版型版式是通过对多张图片的再处理,组合成新的事物形象,来传达相关信息。这种版式形式较为新颖,能较好地吸引读者的关注。

示例:《解放军报》纪念雷锋特刊 版面中,各张图片经过剪裁和拼接后形成了新的组合,从而产生了远、中、近的空间层次,并构建了良好的主次强弱的空间关系,增强了版面的节奏感和明快度。这种对图片进行分割后又拼接的方法,打破了常规的版面结构,活跃了版面的气氛,在视觉上容易吸引到读者的关注。

2.2.6 大方的满版型版式

大方的满版型版式具有一目了然的特点。虽然图片、文字各得其所,各就各位,一个在上,一个在下,但却为表达同一个主题而协同配合,体现出大气磅礴的气势,是重大主题、专题、特刊常用的一种排版形式。

示例:《扬州晚报》"学雷锋纪念日"特刊 该版面采用上下分割的满版型版式,上下的图片和文字大小比例相当,分量也都不轻,但整个版面不仅不乏味,反而显得落落大方和大气凛然,整体给人以强烈的视觉冲击。

2.2.7 务实的满版型版式

务实的满版型版式是将具有鲜明主题特色的图片直接铺满全版,利用图片形象、直接、感染力强的作用,传递信息能量,表达主题思想。此种版式表达很直观,视觉冲击力很强,充分体现了新时代的务实性。

示例:《城市早8点》 该版面以一张地铁运行时车厢内乘客的不同形象作为整版的构成元素。画面布局合理,主题鲜明、表现直接,产生的视觉效果十分强烈,能让读者感觉到现代生活中的既潮流又现实的内涵。

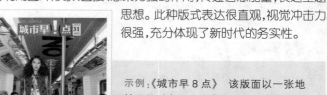

2.2.8 新潮的满版型版式

新潮的满版型版式是将图片与文字作艺术性地编排,图片可作不规则地放置,而文字则围绕图片进行纵横或长短不一地排列,由此产生一种不守规则却又颇为时髦的新潮版式。

示例:《姑苏晚报》"第一时尚"周刊 资讯·健身版 该版面采取了极为艺术的编排方法。版面人物颇具现代感,发型、肌肤、着装、姿态、色彩等一切元素无不透着时代感。而围绕这些元素,文字的编排也有着鲜明的特色,或高或低,长短不一,随意性强,完全不循规矩。然而,就是这样的一种排版风格,却使版面营造出意想不到的氛围,现代、新潮,完全符合晚、周报刊自身的定位。

2.2.9 鲜艳的满版型版式

鲜艳的满版型版式主要是以大标题、大图片为主要元素的版式设计。整版主题极其鲜明,图片精美,文字简洁,图片和文字的色彩和谐而艳丽,形成了极强的视觉冲击力。

示例:《姑苏晚报》非常星期天头版 该版面用满版的大苏州夜景图片,配合"大城苏州"标题,形成强烈的视觉冲击。图片色彩艳丽,标题在背景色的衬托下醒目鲜明,有效地表现了新闻主题,稳居头条新闻的强势地位。

2.2.10 值得玩味的满版型版式

值得玩味的满版型版式显露出俏皮、灵动、兴奋的特点,是户外运动、旅游观光、团队拓展等专刊常用的版式。该版式不仅图片、文字内容本身带有"玩"的特色,而且从版式上也体现出"玩味"的意境。

示例:《东莞时报》 "国庆户外运动时尚手册"版 该版面图片、文字所展示的内容皆为到户外"去撒欢",而其围绕主题设计的版式,也以其与众不同的形式,有效地吸引着读者,激发起读者加入其中的强烈愿望。

2.2.11 庆典特刊的满版型版式

庆典特刊的满版型版式具有喜庆、欢乐、祥和的特点,主要是将经平面设计后形成的背景图片作为主要元素进行版式设计。在设计背景图片时,可将与主题相关的数张图片作为设计的主要元素,合成后组成一张具有一定寓意的新图片。在版式设计时又将有关于庆典的诗歌、诗词或祝贺语等文字,压在合成的背景图片的适合位置,以烘托和进一步提升庆典的喜庆气氛。

示例:《虞医报》此为上虞市医院院庆专门编出的特刊。为体现医院悠久的历史,设计的整个版面充满古朴的中国风元素,以山水国画点缀红梅,意指岁月如诗、岁月无痕。版面以淡黄底色配红色标题文字,显得庄重并喜气;按照中国传统自右向左竖排文字,并将医院门诊大楼图片辉映在山水之间,整个版面尽显视觉美感,把院庆特刊想要表达的情绪表现得喜悦和淋漓尽致。

2.2.12 迎春的满版型版式

迎春的满版型版式具有中国传统节日的强烈特色,花灯、爆竹、雪花等图片以及过大年、迎新春等文字,都是此版式不可或缺的主要元素。这类版式的设计一般有着浓重的色彩感,以体现节日的喜庆气氛;而文字相对简洁,有时只需一句祝福语即可,简单明了又不失迎新的气氛。

示例:《姑苏晚报》春节特刊 该版面以一张雪花飞舞的图片为主要元素,配以大红花灯和大红色标题,浓浓地传递着张灯结彩过大年的节日氛围。同时仅以一句祝福语,简单明了地表达了报社同仁对读者的节日问候。版式清新而喜庆,版面语言一目了然。

2.3 分割型版式设计

将一个完整的版面通过切割的方式分成几个不同区域,以构成分割型构图的样式,从而增添版式布局的规范性。利用不同的分割方式可以打造出风格迥异的版式效果。常规的分割方式有3种,分别是等形分割和比例分割、自由分割。

示例:《姑苏晚报》该版面将图片与文字以一一对应的形式分割排列。分割是版式设计中最为重要的编排手法之一,版式以图片为主,充分展示上下分割型版式的鲜明特色,能有效强化读者的印象。

2.3.1 用分割型构图合理划分版面

当版面的左右两部分形成强弱对比时,则会造成视觉心理的不平衡。这虽仅仅是视觉习惯上的问题,但也不如上下分割的视觉流程自然。不过,倘若将分割线作虚化处理,或用文字进行左右重复或穿插,左右图文则会变得自然和谐。

示例:《新京报》这一版面刊登意大利超级杯观战手册:黄色的背景,炽烈的火焰,火热的激情,两个斗士手拿沾有鲜血的盾牌和斧头,相向奔跑,相互咆哮,象征一场真正的英雄之战一触即发。

2.3.2 等形分割型版式

所谓等形分割，是指分割后的版块在大小与外形上完全相当。

示例：《姑苏晚报》通过色彩分割方式将版面划分为大小完全一样的色彩版块区域，利用严谨的布局结构，使版面呈现出非常干净、整齐的视觉效果，同时留给读者积极的印象。

2.3.3 左右对称分割型版式

把整个版面分为左右两个部分，在左部或右部配置图片信息文字，另一半则配置文案。配置有图片的部分理性而有生机，而配置文案部分则理性而静止。左右部分配置的图片可以是一幅或多幅。

示例：《重庆晚报》该版面将用线条分割版面，以粉红底色为背景，图片信息文字的组合，将缴钱与领钱的元素紧密且整齐地排列在左右两侧，形成了秩序美。虚实空间的结合也是非常和谐的、传达的信息准确。

2.3.4 比例与数列分割型版式

左右分割型版式是指设计者将版面有意识地分割成左右两块。这种版式常见于书籍的装帧、样本等，实际上是将对页形态移植于报纸的版面设计。利用左右分割的版式结构，使图形与文字间形成强弱对比关系，以提升版面的活跃感，从而打造出极具个人特色的版式效果。

示例：《京华时报》文·聚焦区 该版面规划为标准的左右四列版式，分别以姜文和章子怡领奖时的图片左右对称排列，中间配以文字版块，给人以对称的感觉。背景色配以较庄重的蓝紫色，符合中国电影协会表彰大会的主题风格。

2.3.5 自由分割型版式

比例分割是指将版面按照有规律的方式进行切割，切割所得的版块在外形或大小上存在一定的比例关系。这类分割手法可以使版面结构在布局上充满秩序感与条理性，同时带给读者以强烈的视觉空间感，并对版面留下深刻的印象。

示例：《金华晚报》 这一期的头版是比例与数列分割的典型设计。利用比例关系完成的构图通常都具有秩序、明朗的特性，给人清新的感觉。分割具有一定的法则，如黄金分割法、数列等。

2.3.6 强弱对比倾斜分割型版式

分割是版式设计中的一种表现手法，分割可以调整版面的灵活性，对版面进行一些取舍再拼贴，形成另一种风格的版式。倾斜式分割具有分割版面和限定空间的作用，给人以坚定、直观的视觉感受。这种版式把整个版面分割为左右两个部分，分别在左或右半部配置文章。当形成强弱对比时，会造成视觉心理的不平衡。

示例：《姑苏晚报》尚·潮人 该版面采用左右倾斜式分割，将版面分割为左右两块，分别配置文字和图片，形成强弱对比，造成视觉心理的不平衡。可通过调整图片和文案所占的面积，来调节对比的强弱。以独到的想象抓住一点或一个局部加以集中描写或延伸放大，以充分地表达主题思想。这种艺术处理以一点观全面，以小见大，从不全到全的表现手法，给设计者带来了很大的灵活性和无限的表现力，为读者提供了广阔的想象空间，获得生动的情趣和丰富的联想。

2.4 纵向分割型版式设计

所谓纵向分割，是指以版面中的垂直线为基准，利用该线条将版面分割成两半。纵向分割的版面通常会出现两种情况，一种是左文右图，使文字与图形都得到了较好的表现，从而提高了版面的可读性；另一种是左图右文，从视觉流程上讲该类布局方式以展现图形元素为主。

示例：《东莞时报》该版面运用纵向分割留白技巧把版面比较整齐地分割成垂直的两个基准版面，即左文右图。这种分割结构会使人产生先读文字再看图片的视觉流程。尽量减少穿插交错和破栏的方法，以形成一块块便于阅读的独立版块。左文右图自然和谐，既可帮助读者梳理信息，又可提高阅读速度。这种版面给人以逼真的现实感，使读者对版面产生一种亲切感和信任感。

2.4.1 垂直中轴型版式

版面以中轴线为轴心，将图形做垂直方向排列，文字以上下或左右方式配置。这种垂直排列的版面给人以稳定、安静、平和与含蓄之感。设计时抓住主题本身与众不同的特征，并把它鲜明地表现出来，将这些特征加以烘托处理，使读者在接触言辞版面的瞬间即很快感受到，对其产生注意和发生视觉兴趣，达到刺激购买欲望的促销目的。

示例：《北京晚报》这一垂直中轴型版式设计的可取之处在于版面氛围的营造。文字标题与图片的结合很好地诠释了版面中神秘、温馨的主题，并给人以视觉的冲击，直观地表达出主题思想。

2.4.2 大方的中轴型版式

垂直排列的中轴型版面,搭配文字后,将图形作垂直方向排列,展现出醒目而大方的设计形象,直观地表达出主题思想,给人以稳定、安静、和平与含蓄之感。

示例:《东方卫报》 该版面以手扶自动电梯作为视觉中心,将事故案例分析沿扶梯左右两侧排列,清晰得一目了然。黄色禁行标志令人警醒:提醒商家对商场手扶电梯必需自检,以保证乘客的安全。

2.4.3 怀旧的中轴型版式

用版面的中轴位置,来加强版面在视觉传达上的肯定感,例如以旧时怀表形图案作为主体元素,给整个版面以鲜明的视觉冲击力。此类版面没有鲜艳的色彩,却显得大气而优雅,给人安静的印象。

示例:《山东商报》 该版面采用怀表图案设计,版式的整体配色运用了古色古香的古铜色,为版面定下怀旧基调。以怀表为原型的设计也突出了怀旧主题,一半为怀表,一半配以文字说明。怀表的形状为整个版面的中心,也是视觉中心,从中透露出一股浓浓的怀旧风,就像是 20 世纪老上海的感觉,很好的为主题烘托了氛围。文字与怀表融为一体,整个版面看上去更为统一、和谐,能迅速捕捉到读者的注意力。

2.4.4 中轴对称型版式

以中轴线为中心形成对称版面。通过中轴型版式来组成简洁大方的版面。

示例:《长株潭报》该版面以中轴线为中心,采用左右对称的排列方式,将象征性的图像放在版面最醒目的中心位置,具有很强的视觉冲击力。版面设计者巧妙地使用比喻的手法,将"治安联防队"比作京剧演员的脸谱,一方面象征着人们对它的刻板印象,同时它的"红与黑"色彩,又象征性地表达出"治安联防队"人性化和严厉的两面。人性化管理追求的境界是"不战而屈人",以理服人,以情动人。

2.4.5 中轴吸引型版式

版面将宣传性很强的图片和文字作为主体放置在版面中轴处,向读者直观地传达信息,使整个版面具有很强的吸引力。

示例:《东方卫报》头版 该版面以罗伯斯用手绊住刘翔的图片作为背景,垂直放于版面中心作为版面的主要元素,搭配以合适的文字,便有了醒目且大方的版面。将"绊手"的瞬间用圆圈标注,给人以醒目之感,并用更加醒目的"手不可以乱摸"这种诙谐的语言方式表明立场。红色字体与运动服颜色一致,整体感颇强。

2.4.6 明确主题的中轴型版式

图片与内容置于整个版面中轴线,给人以强烈的空间视觉冲击效果,所表达的主题思想也随之变得明确。

示例:《今日婺城》新年特刊 该版面以金华市婺城区全貌图片作背景,将版面中的文字信息作整体编排设计,有助于主体形象的建立。在主体形象四周增加空白量,使被强调的主体形象更加鲜明突出。图像背景与文字部分大小、主次得当地穿插组合,构成最佳的版面视觉效果。标题红色"浓眼",在蓝天白云的背景下,文字边留空,使人产生强烈的空间感。以此产生的对比,既醒目又含蓄地衬托出主题内容。

2.4.7 用中轴型版式表现动感

打破中轴型的沉闷感,可使版面看起来更具动感。不同颜色的线条可组成动感的背景,而对称的版面更能抓住读者的眼球。

示例:《东莞时报》美周刊·时尚秀 该版面的主要元素于中轴处相对排列。彩色线条形成的对比产生了强烈的透视效果,营造出巨大的空间感;干净简单的背景使版面看起来具有一种拉伸之感,给人以"动"的印象。

2.4.8 用中轴型版式表现喜庆氛围

喜庆中轴型版式设计,通过图片与文字的有机组合和色彩的巧妙运用,在整个版面上营造出强烈的喜庆氛围。

示例:《姑苏晚报》头版 该版面以"幸福相伴20 年"为主题,将红色大灯笼作为设计元素,文字以流苏的形式出现,为姑苏晚报二十周年活动的开启营造颇为热烈的喜庆场面。

2.5 对称型版式设计

在平面构成中,将版面中的视觉元素以中轴线(或其他参考轴线)为轴心,进行上下、左右或对角对齐,从而形成对称构图形式。

对称型构图是版式设计中常见的构图形式,该类别构图的特点在于,它能使版面表现出和谐、庄严、统一的视觉效果。

示例:《姑苏晚报》该版面为"讲文明树新风"公益广告,善曲高奏的根本在于行动。没有行动再多的善念仍是虚幻,再多的善曲只是空弹,只有行动才能让善意成真,让善念化为事实。爱因斯坦曾经说过:"人只有献身于社会,才能找出那短暂而有风险的生命的意义。"人生真不必计较付出了多少,因为人生不是算术题,很多时候,一加一的总和经常超过二。该版面经过艺术设计,利用标题确定兴趣,体现文化、艺术等方面密切的关系。版面下部分采用对称形式,给人以一种圆满、匀称的美感。

2.5.1 垂直对称型版式

在报纸、杂志或书籍等的平面设计中,由于版面中经常充斥着大量的视觉信息,为了打造出统一的版式结构,通常会采用文字对齐的编排方式。利用规整的版式布局,可以提升读者对版面信息的信赖感,从而提高版面传达信息的能力。

示例:《钱江晚报》这一版面的主图具有鲜明的特色,通过垂直对称中轴型版式来组成简洁大方的版面。以中轴线为中心形成左右对称版面,用两扇敞开的大门表达三种"开门"的内涵,耐人寻味,且有很强的视觉冲击力。

2.5.2 对角构图版式

对角式构图是指版式中的主要元素分别位于版面的左上角与右下角,或者右上角与左下角;主要视线处于角与角之间,具有不稳定感,视觉冲击力较强,形成了在变化中相互呼应的视觉效果。

示例:《扬子晚报》生命周刊 该版面中男女的形象各有差异,心理表现也不相同。设计者利用对角式构图来丰富版面的内容,增加细节。这种构图版式是以版面中的某一条线为中轴线,把主体安排在轴线两边对称的位置上。对角式构图的图片色调和谐统一,成双成对,趣味性很强。

2.5.2.1 右上角与左下角对称版式

对角对称有绝对对称和相对对称之分,以避免过于严谨。对角一般以左右对称居多。也可以采用无序的编排方式来打破对角型构图在排列形式上的规整感,从而留给读者一种极具个性的印象。

示例:《苏州日报》该版面用蛇的报眉表示蛇年开始。"看中国·观天下"的图片名为"陨石袭俄,砸伤千余人"。版面左侧的人与右上的蛇图片呈对角式构图丰富了版面的内容,增加细节,注意迎合阅读者的心意,提高了版面传达信息的能力。

2.5.2.2 用对角型版面展现个性风采

对角型构图排列的版面,以版面中的某个点或某条线为基准,将视觉要素分别放置在该参照点或线的两端,形成对角对称的排列形式。

示例:《城市商报》作文界"叛逆"的老妈 该版面利用规整的对角型排列样式,以版面中间文字栏线为基准,打造出严谨的对角型版式结构。值得注意的是,进行对角对称排列的元素可以是单独的文字、图形,也可以是图文的组合。

2.5.2.3 文字或图形对角型构图

即将版面中的文字或图形进行对角型排列,以提升该元素的视觉形象,并从形式上将两者串联在一起,使两部分内容都得到强调。通过该构图方式可以提高文字或图形的表现力,并使版面主题得到有效推广。

示例:《华商晨报》世博会版面采用了水墨作为引体,版面清爽,内容不错,将文字与图形以组合的方式进行对角型排列,不仅能打造出版式结构的趣味感,还能增加读者对版面的感知兴趣。

2.5.3 水平对称型版式

在版式设计中,将视觉要素以水平中心线为轴,将版面元素进行水平对称式排列,使视觉要素集中在一起。匀称的版式设计,更容易让人感觉到品味与风格。

示例:《姑苏晚报》影像实录 大家来拍 该版面的主题为"东南风送来各色云图"。将版面中的各色云图以水平方向进行对称式排列,中间三张图小,上下图大,在加强图形组合间的和谐感之余,提升了这些影像图片在版面中的表现力。

2.6 曲线型版式设计

曲线型版式设计具有一定的趣味性,让人的视线随着版面上元素的自由走向产生变化。在平面构成中,曲线是一种在结构上极不稳定的形式,将曲线与版面构图结合在一起,可以增添编排结构的变化性与韵律感。

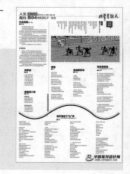

示例:《姑苏晚报》诗会 该版面采用曲线型版式设计,将图、文进行曲线型编排,产生了一定的节奏和韵律感。同时以丰富的版面内部结构,带给读者视觉上的冲击。

2.6.1 不规则的曲线型版式

不规则的曲线是指在编排方式上没有任何限制与要求，完全是随机性的排列轨迹。

示例：《姑苏晚报》风尚·潮人版　该版面应用曲线设计，一条曲线的道路上面安排了多幅图片，并配以"圆梦趁年轻"的大标题，象征前进的道路虽非一帆风顺，但年轻人要披荆斩棘，勇往直前。整个版面设计得比较符合当代青年潮人的风尚。

通过不规则曲线构图样式可唤起读者对版面的感知兴趣，从而进一步推广了主题信息。该类编排结构在布局上具有强烈的灵活性，对于读者来讲，它有新奇感。因此，版面用不同颜色产生微妙对比，会显得生机盎然；文字搭配成平面的图形，会使版面形式充满了趣味性，优化了整个版面的视觉效果，使人印象深刻。

示例：《生活新报》　该版面采用灰白色调，曲线型版式设计。而立之年的80后好似陀螺，沿着生活的曲线走过30个春秋，是旋转着站立还是静止着倒下？灰白色调表现轻度压抑，象征成长和焦虑。纤细的线条，视觉上虽然有一种柔美的感觉，但又似乎对"三十而立"划出了一个"问"号。

2.6.2 优雅的曲线型版式

直线和曲线在版面上给人的视觉效果是不一样的。直线一般代表男性化，刚硬而有力；曲线一般用来表现女性的柔美。灵动的曲线和单纯的色调，为版面营造出一种优雅恬静的艺术氛围；文字按照箭头的路径呈曲线状排列，粗细的变化增加了细节。

示例：《北京晚报》　该版面的设计新鲜独特，形式和主题紧密契合，编辑人员运用设计手段最大限度地诠释了北京城市建设的特点，让读者在没接触文字之前就已经领略了主题的意境。曲线型版式的设计，具有一定的趣味性，让读者的视线随着版面上曲线元素的走向产生变化。

2.6.3 韵律曲线型版式

将图片由大到小，由外到内有规律地编排形成内在的结构，这种编排方式使多幅图片形成有机的整体，并且主次明确，中心突出。在实际运用中要注意图片之间内在的联系，以免引起视觉上的混乱。将图片或文字在版面结构上做曲线编排，以产生节奏感和韵律感。

示例：《潇湘晨报》头版　该版面设计运用曲线的表现力，将同在一个版面中的图形或文字沿曲线形轨迹编排，在排列结构上产生一定的节奏和韵律，更好地表达情感。

2.6.4 规则的曲线型版式

所谓规则曲线，是指平面设计中常见的几种几何图形，例如圆、椭圆等都属于规则的曲线。

示例：《华商晨报》　该版面主题为世博会，采用了椭圆水墨作为引体，版面清爽。文字与图形以规则化的曲线轨迹进行排列，通过环状的编排布局来增添版面的圆润感，从而带给读者以亲和力。

2.7　倾斜型版式设计

倾斜型构图的编排版式主要分为两种，一种是版面中所有元素做整体的倾斜排列，另一种是版面中部分元素做倾斜排列。

示例：《青年时报》　该报的这一"风尚"版面，将版面中的主体文字与图像做斜向排列，右下多幅图片也作倾斜式的编排，造成较为强烈的动感。版式清新活泼，能让读者产生一种"炫动我心"的感受。

2.7.1 局部倾斜型版式

局部倾斜型版面将主体或多幅图像进行倾斜编排，形成版面强烈的动感，以引人注目。

示例：《姑苏晚报》明星秀场专版　该版式设计将标题做成倾斜形式，缤纷的色彩充满动感，人物照片角度倾斜及半身设计使版面透露出青春的气息，也使静态的平面图片产生"动"的感觉。

2.7.2 动感倾斜型版式

倾斜的排列方式给人以不稳定的视觉感受，表现出力量与重心的不确定性。

示例：《今日安报》"豫北新闻"特刊　该版面的元素打破固有的平衡感，以新颖的排列形式展现出来，为版面增加了新的形象，也更加吸引读者的目光。

2.7.3 多图倾斜型版式

随着样式的改变，倾斜构图所带来的视觉效果也是会改变的。由线条组成的斜线版面主体形象或多幅图版作倾斜编排，会造成版面强烈的动势和不稳定的波动因素，在视觉上产生飞跃、冲刺的感受。

示例:《城市早8点》时尚 "白衬衫不只是知性"的版式设计,倾斜的粗线色彩明度很强,占据了整个版面的中间位置,显示出其重要性,对空间表现力的影响很大,斜向视觉流程能使读者产生深刻的记忆。

2.7.4 主体倾斜型版式

在版面的主要部位用一幅或多幅图片作倾斜编排,形成版面主体形象强烈的动感和不稳定感。由于倾斜的主体物占据了整个版面,所以也会显示出其重要性。

示例:《京华时报》该版面使用了斜向的图片元素,使整个版面增加了版面层次,同时使版面看起来统一、完整。手表上的方形空窗和窗内红色暂停符号警示空窗期的到来。纸质毛边、灰色阴影及呈阶梯分布的小标题巧妙地斜分版面,强化了层次感,为版面增添了视觉冲击力。

2.7.5 整体倾斜型版式

在版式设计中,将版面中所有的视觉元素,以统一的倾斜角度进行排列,利用版面整体的倾斜效果,产生一种重心不稳定的视觉效果,将带给读者以视觉冲击力。

示例:《东莞时报》世博会特刊 该特刊取名为"锦绣世界",通过倾斜型的构图方式打破常规的构图格局,同时使版面产生了活力。

2.7.5.1 用倾斜的图片吸引视线

以倾斜的图片及文字作为整个版面的主体。这种设计形式可使版面极具动感与韵律,能很好地吸引人们的视线。

示例:《东方早报》 该版面为世博会的场馆展示,倾斜的版式使平静的版面生机盎然,形成独特的魅力以吸引读者的眼球。

2.7.5.2 用倾斜型构图表现动感

版面中的部分视觉元素做倾斜式的排列。通过这种编排手法,使版面中斜向与非斜向排列的元素在编排方式上形成鲜明的对比效果。

示例:《新文化报》 将版面中的图片做倾斜排列,风格比较清新,并利用了编排上的差异感,使版面表现出一种强烈的视觉动感。

2.8 三角形版式设计

三角形版面是版式设计中很常见的版式之一,一般都是用景物或线条构成三角形的视觉中心。三角形构成版式无疑可以增加重要感和稳重感。在圆形、四方形、三角形等基本形态中,正三角形(金字塔形)是最具安全稳定感的形态,而圆形和倒三角形则给人以动感和不稳定感。

示例:《贵州都市报》 "海岩剧"的这一版式以黑、红为主色,配以突出的剪影人物。版面左侧海岩大幅照片和右侧几张电视剧照相互呼应,在黑红色调的三角形的烘托下,突出冷峻而残酷的现实,和主题"爱情需要一根筋"相契合。

2.8.1 正三角形版式

正三角形自古以来都是稳定的象征。在版面设计中,正三角形的版式设计给人更稳定、更安全,更值得信赖的感觉。当将版面中的元素排列成该构图样式时,形成的上尖下宽的版式结构会给人一种十分稳固、踏实的视觉心理感受。在版式设计中的三角形版式可以分为正三角形和倒三角形两种。

示例:《精功报》"精功·人文"专版 该版面就是一个地道的正三角形版式设计。设计人员运用"线"来创意组合设计,以粗线条构成三角形;在版面中心放置党徽,意在突显本版的主题思想,并以"走进韶山,缅怀伟人""精功科技迎'七一',党员活动多"等标题展现本版主题。版面主次分明,极具视觉冲击力。

2.8.2 直三角形版式

三角形构图又称金字塔形构图,在众多几何图形中,三角形是唯一在结构与样式上都最具有稳定性的图形。基于人们对几何图形的了解与认识,将其融入版式的编排设计中,从而可以打造出稳定感十足的版式结构。

示例：《城市早8点》"院线"版 今日影讯 该版面应用动感直三角形版式，即侧三角形构成一种均衡版式，既安定又具动感。版式中间放置醒目的标题，将有限的视觉元素进行有机地排列组合，理性化的表现个性思维，把美的感受和设计观点传达给读者，更重要的是广泛调动了读者的阅读激情，引发读者阅读的欲望。而纵深感和动感的表现正是引发读者阅读的主要因素。

2.8.3 倒三角形版式

三角形构图版式用于中央集中式构图，三角形的横边往往位于版面下方，将重量集中在版面下方的三角形有利于在视觉上产生稳定感。而倒三角形构成的逆向构图，其稳定感更加强烈，可塑造静态图像的稳定效果，同时增加版面的构图特色。

示例：《长江商报》该版面采用倒三角形构图。它与之前讲到的正三角形构图在排列形式上恰好相反，它的编排结构主要呈现为上宽下尖。这一版式设计用三角形构图强化视觉效果，解密奥运开幕式张艺谋及"铁三角"的台前幕后，直接以三角形轮廓分明的"铁三角"头像占据版面焦点，以黑底反白的人像搭配的手法，使主题突出明确，从而产生视觉焦点。视觉元素向版面中心做聚拢运动，有助于主题内容的表达。

2.8.4 斜三角形版式

在版面中将图片作倾斜放置或将版面斜面分割，形成富有立体感的倾斜式三角形版式，使版面更为生动活泼。

示例：《姑苏晚报》"自游"版 在该版面的主要位置安排呈倾斜三角形状的游人爬山图片。这种上宽下窄的倾斜三角形设计，有效增强了游人上山时版面的立体感，巧妙地显示出"秋日爬山采桔去"的秋游主题。

2.9 横向分割型版式设计

所谓横向切割，是指在水平方向上将版面分割成上下两个部分，并将文字与图形填充到指定的区域中。横向分割会将版面划分成两种情况，一种是上图下文的形式。根据人的阅读习惯，在接触到该类版式结构时，会产生先看图形后看文字的视觉流程，利用直观的图形内容使读者对版面产生兴趣，同时进一步提升了文字信息的表述能力。

横向分割的另一种情况是上文下图。由于上文下图的分割形式使得文字信息得到了突出表现，因此设计者通常会将标语或概括性

的语句摆放在上方，通过简洁明了的文字信息，打造出具有生气的版式效果。该类版式构图通常被运用到杂志封面、海报宣传等的平面设计中。

横向分割型版式把整个版面分为不同的部分，一部分配置图片，另一部分则配置文章或新闻。配图片的部分感性而有活力，配文章的部分则理性而静止。配置的图片可以是一幅，也可以是多幅，使版面形成强弱对比，产生视觉流程的自然感。

示例：《三湘都市报》"都市·公共"版 该版面分割为两个部分，上半部以文字为主，带有底色的申请流程使得版面产生跳跃感。版式设计是传播信息的桥梁，所追求的完美形式必须符合主题的思想内容，这是版式设计的根基。下半部分的图片清晰，留白得当，强化版面各种编排元素在版面中的结构以及色彩上的关联性。通过版面的文、图间的整体组合与协调性的编排，可使版面具有秩序美、条理美，从而获得更好的视觉效果。

2.9.1 巧妙的上下分割型版式

上下分割型版式是版面设计中常用的形式，版面分为上下两部分，一部分为图片，另一部为文字。这种形式的版面效果安静、平稳，但略嫌呆板，可在实际运用中加入一些使之活泼的细节。

示例：《三湘都市报》"楼市周刊"把整个版面分为上下两个部分，在上半部配置了图片，下半部配置了文字。两大人物用版画水印形式镶嵌在红蓝对比的冷暖色块里，面对城市倒影，形单影只的个人显得有些孤寂，巧妙地表达出"我是谁"这个标题。

2.9.2 嵌入式图文上下分割型版式

这种版式比较独特，将文字部分巧妙地嵌入图片，形成一个完整的构图。图片部分为整体版面添加了活力，文字部分则使版面更加和谐，视觉流程更加自然。

示例：《青年时报》读书周刊 此为关于2011年杭州民营书店的专刊。版面采用上文下图和文嵌入图的分割结构。版面中部用不规则标题将两部分分开，上部图片的素描式效果与下方图片结合得非常巧妙。

2.9.3　用横向分割型版式表现严正立场

分割型版式把整个版面分为不同的部分，一部分配置图片，另一部分则配置文字。图片和文字两者有机地结合，可使版面看起来感性而有活力。

示例：《东莞时报》这一表明我国对钓鱼岛严正立场的版面，用大标题鲜明地宣示主权不可侵。在钓鱼岛的图片旁配以我国领海基线声明，暗示日本的购岛闹剧实为白日做梦。领海基线的名词解释为本版的小亮点。

2.9.4　用色彩分割型版式

用色彩分割版面的上下部分，使版面既独立又不失整体性。整个版面富有立体感，而且鲜明、靓丽。

示例：《扬子晚报》声色周刊"卢凯彤抱拥音乐"整个版面用色彩分割为上下两部分，大方而靓丽，能让读者留下较深的印象。版面中简洁的文字更便于读者加深对整个版面的理解。

2.9.5　用图片倾斜分割型版式

整个版面也可以作倾斜式上下分割，在上半部或下半部配置图片（可以是单幅或多幅），另一半则配置文字。图片部分感性而有活力，文字部分则理性而静止，具有鲜明的对比。

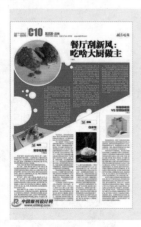

示例：《姑苏晚报》"资讯·品味"版"餐厅刮新风：吃啥大厨做主"整个版面作了有斜度的上下分割，图片虽不多，但上下部色彩对比感很强，使整个版式看起来感觉比较舒畅。

2.9.6　用上下分割型版式报道突发事件

采用上下分割型版式的设计较多，这类设计把整个版面分为不同的上下部分，使版面形成强弱对比，主次分明，产生自然的视觉流程。

示例：《京华时代》"目击"版　该版内容是对一则突发事件的报道。整个版面通过事故现场内外和远近结合的不同场景，比较全面地展示了事件的全过程。亮点在于标题上面三张消防队和读者提供的照片，虽然清晰度有限，但是直击新闻现场，这是读者最想看到的。

2.9.7　用上下分割型版式表现生动与幽默

在版面设计中，既进行上下或左右对称式分割，又使版面达到完美的和谐统一，则能给人高品质的感觉。这是版面设计的一种技巧。在上下的版面中用均衡的方法来传达出所宣传的信息，可使版面更具可视性。

示例：《东莞时报》"娱体新闻"版该版面以一个分为两半的足球来表达内容主题，同时从上到下把版面分为资料、报道和图片三个部分，类别分明。主要内容被局限在两半足球之内，版面表现形式生动幽默。

2.9.8　用构图表现上下分割型版式

分割是版式设计中一种重要的表现手法，它可以调整版面的灵活性，对版面元素进行一些取舍后再拼贴，从而形成另一种风格的版式。

示例：《山东商报》眼界周刊　该版面上那泛黄的底色、红色的安全帽，以及隐约可见的农民工的身影，都贴合着主题"农民工"这一将要退隐的词汇。以此版面拼贴的图片来表达主题，可谓十分生动形象。

2.9.9　用构图暗示上下分割型版式

在版面上采用分割再拼凑的方法，形成一种打破常规的暗示式版面结构，在视觉上吸引人们的注意。这种版式既有抢眼的视觉冲击力，又有十分活跃的版面效果。

示例:《生活新报》 该版面的设计可谓独具匠心:村官眼下正在山村,身后则是繁华的城市。扎根农村还是回到城市?是去是留?这正是村官们面临的选择。那朵浮云之上的乌纱帽,则暗示着村官的难留,大学生村官出路在何方?

示例:《城市早8点》"二维码"版该版面的设计因打破常规而具创意:上下分割后各加边框,把"赏兰"和"美食"两个不同的生活主题融合在一起,整个版面图文并茂,十分清秀。

2.9.10 用对比色表现上下分割型版式

整个版面分为上下两个部分,由图片和文字组成色调对比性很强的效果,使版面整体看起来感性而有活力。

2.10 并置式版式设计

并置式版式是将指版面上大小相同或不同的图片作并列式的安排,也可以作相互呼应的排列,使整个版面有效地增强节奏感。

示例:《河北青年报》"文娱关注"版 该版面内容专门报道了关于旭日阳刚和汪峰的争议,因为各自的立场不同,很难评说谁对谁错。这一版面上下结构的处理可让新闻更直白;斜线的处理和标题框的处理有了一种禁言的味道在里面。这就是版面设计者技法的巧妙之处。

示例:《杭州日报》品周刊 这一关于名表的版面设计,就体现了"并置"的要求,将大小相同或不同的图片按版面位置并列排列。并置构成的版面具有比较、解说的意味,能给整个版面以秩序、安静、调和与节奏感。

2.9.11 自由型上下分割版式

自由型上下分割版式设计是指在版面结构中采用无规律、随意的编排构成,使版面产生活泼、轻快的感觉。自由型版式设计打破常规,在版式排列上追求自由的编排形式,没有网格的约束,使创意能得到更好的表现,以体现风格化的设计。在编排的过程中要注意把握版面的协调性。

2.10.1 解说并置式版式

并置构成的版面有比较、说明解说的意味,给原本比较复杂喧器的版面以次序、安静、调和与节奏的感觉。

示例:《天府早报》 该版面以拆分的胶囊为主体图片,图中散落的金钱标识物暗喻问题胶囊背后的利益所在。大标题"神秘"和"胶囊"字样特意放大,以增强视觉冲击感。下方的小标题左右分列,排布合理。这是一个相当不错的自由型头版版面的设计。

示例:《长江商报》 这一版式设计,将反映奥运主题的图片做大小相同而位置不同的重复并置排列,在视觉上具有抢眼的视觉冲击力,吸引人们的注意。

2.9.12 创意式上下分割型版式

作为一种版面设计中常用的形式,分割的办法和形式较多,又各具特色。创意式的上下分割型版式,看似上下分割比较均衡,也不是一半是图片、一半是文字,但关键是上和下两部分的图片、标题及文字的排列要富有创意,而且要符合读者的读序要求,整体版面大方、美观。

2.10.2 并置式意象组合

所谓的并置式意象组合,指的是两个以上(含两个)意象以并列的方式有机组合在一起,它们之间没有时空的限定和关系的承接,作者的思想情感作为连结它们的主要纽带。

示例:《重庆晚报》围绕"让重庆成为共建共享的幸福家园"这一主题,将内容不同的图片做大小相同而位置不同的重复排列。该版面这种用三幅"花"的图片并置构成的版面具有比较、解说的意味,从中体现了丰富的内涵。

2.11 严谨四角型版式设计 ▌▌

四角型版面是指在版面四角以及连接四角的对角线结构上编排图形的版式。这种结构的版面,摆放的对象可以是文字,也可以是图形,而其他元素则放置在版面的中央,此时所构成的版式格局就是四角形构图。

示例:《钱江晚报》"竞技·追光"版该版面的设计符合人们阅读报纸的习惯规律。人的眼睛在获取信息的时候,眼睛的注意力会自觉或不自觉地在版面四个角的某个角停留,继而又往下一个角移动。设计者将图形放入版面的四角,通过文字的方向形成视觉流程,图与文的紧密结合增加了版面的感染力。实际上,四角型版式具有一种反主流、反传统、否定性的形式特征。

2.11.1 四角型版式设计

在版面结构布局上,四边与中心是非常重要的。四边是指版心边界的4个点,把4条边连接起来的斜线即为对角线,交叉点就是中心点。

示例:《新文化报》 该版面内容为对上海世博会中国馆的介绍。版面口用四角形构图的表现方式,在4个角上分别安排结构解释图,在版面中间采用立体形式展示中国馆剖面结构。整个版面视觉效果明显,突出了版面中的主题信息。

2.11.2 用四角形构图表现规整的版面效果

在编排的时候,通过四边和中心结构可以使版面具有多样的视觉效果。中心点能使版面产生横、竖居中的平衡效果。

示例:《新文化报》 该版面内容为对上海世博会中国馆的介绍。利用四角形构图方式,将读者的视线集中在版面的中心;在版面4个角或其他部分,补充说明中心结构分解内容。该类构图方式的特点是,排列结构十分严谨,版式整体布局也显得格外规范有度,给人以严谨、规范的感觉。四角形构图体现实用且规整的版面效果,以突出版面中的主题信息。

2.12 定位式版式设计 ▌▌

定位式版面设计是指以版面中的主体元素为中心进行定位,其他的元素都围绕着这个中心对其进行补充、说明和扩展,力求深化和突出主题。这样设计的重点在于能够使读者非常明确版面所要传达的主要信息,达到成功宣传的目的。

示例:《新快报》这一版面运用大幅惠特尼·休斯顿生前的照片作为主题,在照片的选择上特别挑选了她行礼的画面,寓意这既是她歌唱生涯的谢幕,也是她人生的谢幕。右侧栏里则传递了各界人士对其逝世的叹息。

2.13 重心型版式设计 ▌▌

重心型版式产生视觉焦点,使重心更加突出。

示例:《中山日报》"玩雪"特刊 该版面在设计上直接以独立而轮廓分明的形象占据版面中心,重心突出,是一种比较经典版式设计。

2.13.1 向心重心型版式

向心重心型版式设计的主要特点是将版面的视觉元素同时向版面中心聚拢,以达到视觉冲击的强烈效果。

示例:《重庆晚报》 该版面采用的是向心重心型版式设计,专门将可能没在意而一不留神会影响生活的四件事,以简单的图形和文字相结合的形式,将主题十分鲜明地表露出来,提醒人们注意。整个版面视觉效果强烈。

2.13.2 离心重心型版式

离心重心型版式设计的主要特点是将版面的视觉元素分别向版面的外围扩散,犹如石子投入水中,形成一圈圈外扩的波纹。它正好与向心重心型版式相反,但却达到了同样的视觉冲击效果。

示例:《广州日报》这一版面用一个虚拟的地球为背景,注出印尼地震的中心,并配以地震波的效果,让读者一目了然;左下角注明历史上重大的地震回顾资料作为相关背景介绍;标题用不同的颜色突出"震"和"吓"两个字,以展现主题。这是一个不错的头版版式设计。

第3章　版式设计中的"点"

　　"点"是视觉构成的基本元素,是版面设计中最重要的构成元素,又是最重要的表现手段。任何版面设计最终都能抽象成为点线面的组合关系。"点"的效果并不是由自身大小决定的,而是取决于与其他元素的比例。圆点是最理想的点,但版式设计中的"点"应是包括所有细小的图形、文字,以及任何能够用"点"来形容的元素。本章将通过对点的探讨和研究,以期丰富视觉元素设计的艺术内涵,形成视觉元素设计独特的语言、时代风貌和文化底蕴,逐步树立独立的设计艺术品格。

3.1 认识构图的基本要素——"点"

"点"在设计中的应用是十分广泛的,因此,学习"点"具有十分重要的意义。要想更好地学习版面构图,必须从构图的基本要素点、线、面学起。在这一章中,首先为大家讲解点的相关知识。"点"是最简洁的形状,是造型的原生因素。几何学概念所谈的"点",仅表示位置,它没有大小、面积的表示。

对于"点",我们可以把它看作一切形态的开始,它是一种具有空间位置的视觉单位,并具有矢量化的特性。"点"不具备方向性,人们常常利用它的这一特性表现中立或跨空间的定义。我们在日常生活中,很少注意到"点"的真实性与"点"的几何学定义之间的差别。生活中的"点"确实是能看能摸的实体,通常具有一定的面积,这时"点"也就具有面的成分。

示例:《厦门晚报》当版面中只有一个点时,人们的视线就集中在这个点上,点使得版面具有紧张性,从而也加强了对点的关注度。因此,该版面将点置于版面空间中,具有张力作用。提高了读者对人物形象的关注度,同时增加了版面的空间感,使版面显得更加充实。

3.1.1 什么是"点"

"点"是相对较小的元素,它与面的概念是相互比较而形成的。同样是一个圆,但"点"不仅仅指圆点,如果布满整个版面,它就是面了,如果在一幅设计中可以多处出现,就可以理解为点。

示例:《城市商报》版式设计和版面内容的水乳交融,往往会迸发出出人意料甚至令人惊叹的效果和力量。以图读苏州"园林四季 最美在初冬"版面为例,"点"最重要的功能就是表明位置和进行视线聚集,版面中六边形就可以将其视为"点"。

3.1.1.1 "点"的性质

点可以有各种各样的形状,有不同的面积,但在平面设计理论中,它的位置关系重于面积关系,甚至很多时候,设计者并不关心点的面积大小。两个以上的点可以有不同的对应关系,如并列、上下重叠、大小不同对比等,各有各的视觉感受。"点"在设计中无处不在,在有限的版面中,它能起到点缀版面的作用。

示例:《城市商报》第一视点 "走近大山深处的留守儿童" 在该版面中,大山深处与大片绿树形成了强烈的对比,花朵相对于绿树便有了"点"的性质。

3.1.1.2 "点"的位置关系重于面积关系

版式设计中的"点"富于变化,不同的构成方式、大小、数量等都能形成不同的视觉效果。由于各自的位置不同,与周围环境的对比关系不同,分别呈现出了"点"和面的不同性质。

示例:《苏州日报》 该版面中,苏州出土南宋梅子青瓷炉同样是一"点",但梅子青瓷炉与周围环境的对比减少,"点"的性质消失,形成了面的性质。可见,"点"是根据它所处的具体位置与周围环境的对比关系来决定的。由此看来,"点"的位置关系重于面积关系,有时候甚至可以忽略"点"的面积关系。

3.1.1.3 "点"有各种各样的形状

"点"有各种各样的形状,有规则的和非规则的。越小的"点","点"的感觉愈强,但显得柔弱;"点"逐渐增大时,则趋向于面,这时"点"起着重要的作用。点或以几何形式出现,或以具象形式出现,但无论作为细小特征的"点",还是趋向于面的点,应尽可能采用单纯简洁、强韧有力的形式。

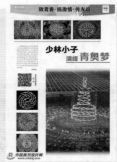

示例:《城市商报》两个以上的"点",可以有不同的对应关系,如并列、上下重叠、大小不同对比等,各有各的视觉感受。该版面运用"点"的视觉效果处理形象、符号的关系,使其组成有说服力的艺术整体。版面构图从整个局面出发,寻梦的灯光划过天际,青春的流火点燃激情。中国梦、世界梦、青春梦,在古都金陵点燃的青奥圣火中绚烂绽放,使整个版面要表达的意图协调统一。

3.1.2 "点"的概念

在平面构成中,点只是一个相对概念,它是在比较中存在,通过比较而显现的。几何学中的点,只有位置而无面积和外形。平面构成元素中的点,既有位置也具有面的属性以及外形轮廓。在日常生活中,我们将那些体积非常小或者离我们非常远的事物称之为"点"。更多的线上的点可以形成点线。在进行平面设计时,"点"的概念是相对的,比如,在版面中以单独姿态呈现的视觉元素,也能在形式上给人以"点"的印象。

示例:《城市早8点》这一版面设计者通过"点"来构造视觉效果。在版面中间的春字以单独的"点"姿态(组合的形式)呈现,并以此使该元素得以突出,应用了"点"的扩散与聚集功能。

3.1.2.1 几何学中的"点"

几何学中的"点"是指只有位置而无面积的几何图形,是最小的单位。任何一门艺术都有它自身的语言,例如造型艺术语言的构成,其形态元素主要是点、线、面、体、色彩及肌理等。运用点基本构成要素,使视觉美感和内容上的逻辑统一起来,形成一个具有视觉魅力的、组织严密的"织体",这个过程就是版式设计给予平面完整生命的过程,它使原来物质的东西变成具有精神的东西。

示例：《姑苏晚报》 版式设计是将视觉元素有机结合在一起的视觉表现。点、线、面作为版式设计的基本构成元素，往往是相互穿插运用而共存于版面中，又各自扮演着自己角色。在版面中只有一个点时，人们的视线就集中在这个点上，该点便具有紧张性，从而也加强了读者对点的关注度。因此，点在版面的空间中，具有张力作用。

示例：《城市商报》 该版式设计将数量众多的图疏密有致地进行排列，每个形态都形成了等大的视觉效果，从而每个形态都表现出了"点"的性质。

3.1.2.2 "点"与面的区别

点一个相对于面来说较小的概念，是零次元的最小空间单位。点无一定的大小和形状，只要与周围其他造型要素共同比较时具有凝聚视觉的作用，都可称作点。点的判断完全取决于它所存在空间的相互关系上面，越小的形状越能给人点的感觉，点的面积变大就成了面。是一个造型概念。无数个点组成线条，无数条线组成一个面。 点、线、面在三维空间里必须都存在才有视觉冲击。

3.1.3 版面中被视作点的因素

"点"是视觉中相对细小而集中的形，是可以忽视外观形象的形体的概括。它是一种被视为"很小"的心理量。心理量与物理量的量感不同，它无法度量，只是由外界刺激所产生的一种心理效应。心理量基于人在客观环境中积累的视觉经验，包括大小、轻重、远近、明暗等。在版面上哪些形体可以被视为"点"一般应考虑以下几个因素：面积因素、形状因素和数量因素。

示例：《姑苏晚报》 在该版式设计中，通过对版面中的"点"元素进行特定的编排处理，让大小不同的"点"错落有致地排列，具有很强的节奏感，可以形成具有多样性变化的"点"面效果。点只有处在特定的环境中才会给人带来特定的情感，进而表现出多样的生命力。

示例：《苏州日报》 版式设计首先要符合自身的版面定位。该版的主题是落叶醉城，设计师运用视觉心理规律，对点的面积、形状进行了设计，更有效、更合理地表现与传达了主题信息。版面美观大方，便于阅读。版面构图上口用点、线、面的组合，能帮助设计师更好地协调版面中的各种关系，使版面效果更加精彩。

3.1.2.3 改变"点"的位置

通过改变"点"的位置和大小的变化显示出图案的立体感。例如，规定每一列点按 S 形排列，并令点的面积经过由小变大，由大变小，再由小变大的变化（各列的变化规律相同）。于是立体感便在这种曲线走势及相应的大小变化中显示出来。

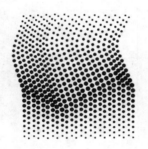

3.1.3.1 面积因素

当某图形的面积与背景或周围景物相比，小得十分悬殊以至可以忽略外形时，该图形便可视为"点"。

示例：《姑苏晚报》 该版式以聚集的方法来构图，通过"点"的面化处理，将版面中的视觉要素聚集在一起，从而打造出紧密、局促的版式结构。

3.1.2.4 变形的图案

示例：这是对一个变形的黑白棋盘方格进行变化而生成的图案。其变化的规律是，从四角开始，先从水平方向向垂直中轴线逐渐进行水平压扁，然后对第二行和倒数第二行进行同样操作，同时对这两行方格进行纵向压扁，如此类推直至水平中轴线处汇合。此时图案在视觉上呈现变形效果。

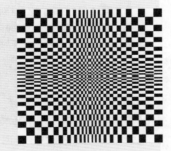

3.1.3.2 形状因素

现实中的点是各式各样的，有圆点、椭圆点、方点、长方点、三角点、锯齿点、梯形点等等。点是视觉中心，也是力的中心。

示例：《姑苏晚报》 按照人的视觉习惯，"点"应该呈圆形。该版面中放置两个面积相等的图形：花瓣形和圆形。按照习惯，将圆形视为"点"，而将花瓣仍看作是花瓣图形。

3.1.2.5 用图形成等大的视觉效果

通过扩大"点"元素在面积上的对比，可以打造出具有韵律感的版式空间；或者对"点"元素进行有规律的缩放处理，从而使版面在特定方向上带给读者一种视觉上的延伸感。

3.1.3.3 数量因素

三个以上不在同一条线上的点可以形成面,设计者可以运用点面这种特性来进行设计。点面具有"面"的优势,更多的是面的特征,但同时也有"点"的美感,因此看起来有种特别的美。

示例:《苏州日报》 数量的增多转移了视线的关注"点",这时每个图形的形态被抽象化,被视为集群中的一个小单元(即一个点)。图形数量增多,使人忽视形态而关注集群。

3.1.4 点在版面中的呈现艺术

当版面上有一个点时,人们的视线就集中在这个点上。"点"虽小,但在版面中的作用不亚于面和线。变异的"点"具有注目性,可用作强调内容中的重点。

示例:《姑苏晚报》 该版面利用"点"的吸引作用的不同,增强了版面的节奏感,从而使版面有了主次之分。利用"点"的吸引作用,读者会首先注意到面积大的主体物,然后注意到小的标题。

3.1.4.1 点的注目性呈现艺术

静止版面艺术,主要体现在"形"和"色"两个方面:"形"——构图艺术(平面构成);"色"——色彩艺术(色彩构成)。构图艺术重点研究"形"和"色"的基本元素及其构图的一些艺术规律。在版面上,要将"点"的注目性呈现出来。

示例:《姑苏晚报》 当版面上有一个"点"时,无论这个"点"的大小如何以及位于版面上的哪个位置,它都会让视线集中在它上面,成为注视中心。版面上背景越素雅、纯净,"点"的这种注目性就越加显著。

3.1.4.2 点会引起注目

当众多的"点"散乱地或者规则地分布在版面上时,其中某一个(或者有限几个)"点"出现(颜色、明暗或形态上的)变异,则这一个(或几个)"点"将会引起注目。

示例:《姑苏晚报》车市车讯 热门豪华车差价对比 该版面对强调的部位加以变色或"闪亮"处理,以增强该"点"的视觉冲击力,从而起到"电子教鞭"的效果,成为视觉中心。

当版面中只有一个"点"时,人们的视线就集中在这个"点"上,使"点"具有紧张性,从而也加强了对"点"的关注度。

示例:《姑苏晚报》头版 38.6℃ 气温创新高 "点"的不同组合与排列会给人带来不同的感受。在该版面中,"点"位于版面空间,具有张力作用,并成为本版面的主体。

3.1.5.1 点与点之间的吸引作用

两个同样大的点,并各自有它的位置时,它的张力作用就表现在连接这两个点的视线上,视觉心理上会产生连续的效果。"点"的张力作用运用到设计中,可以取得很好的视觉效果。例如,采用了极小的人物形象,使人物形象具有了"点"的性质,利用"点"的张力作用,不仅提高了读者对人物形象的关注度,同时还增加了版面的空间感,使版面显得更加充实。

示例:《城市早8点》 当空间中出现等大的"点"时,由于"点"与"点"之间的吸引作用,"点"与"点"之间便在心理上产生了连接的效果,起到点缀、平衡、填补空间、活跃版面氛围的作用。

3.1.5.2 大小不同时的"点"

当两点的大小不同时,大的点首先引起人们的注意,但视线会逐渐地从大的点移向小的点,最后集中到小的点上,越小的点积聚力越强。设计者应从艺术角度认识构成版面的一些基本元素,并掌握这些元素构成版面的一些艺术规律。在学习过程中,要注意对人的视觉经验和心理效应进行较深入地研究。

示例:《潇湘晨报》 人们从事物本质去认识客观世界,进而达到观念和思维方式的更新。在该版面中,人们会首先注意到大的"点",然后才会注意到小的"点"。注意力会首先集中到优势的一方,然后再向劣势的一方转移。

3.1.5.3 "点"的基本特性是聚集

"点"的基本特性是聚集。任何一个点都可以成为视觉的中心。由于艺术设计中运用的点是纯粹形态,它的大小和形状的变化直接影响到点的构成变化。

示例:《姑苏晚报》 点线拥有线的优势,又有点的特征,是用得较多的设计方式。群集的"点"可构成丰富多彩的图案,使版面呈现出许多出人意料的艺术效果。

实点是真实的、独立存在的，边缘线清晰且内部充实；虚点是视觉映像点，依赖周边环境而存在。

示例：《钱江晚报》"人物"专版 "学雷锋"特别报道 将平面设计的视觉元素进行排列组合时，视觉焦点无疑是首当其冲的第一角色。换句话说，它是视觉浏览中的第一落点，是版面信息提供的核心，应具有较强的视觉张力及视觉冲击力。由于雷锋头像是视觉映像点形式，它是视觉中心，给读者带来不同的心理感受。把握好点的排列形式，能创作出更优秀的版式。

主体区域上的变化规律与背景相同，只是变化的方向正相反。如此安排不仅使主体的轮廓显露出来，而且立体感很强。

示例：《姑苏晚报》这是一幅构思巧妙、制作精细的作品。首先将版面分割成主体和背景两个区域，在这两个区域中，点的形态和分布密度均相同，但在"点"的大小变化上，二者正好相反。

3.2 "点"的种类

点作为版式构成中的最小单位，在表现时没有严格的限定，不仅局限于用一个小圆点来表示，也可以是一个文字、一个符号或是一个图形。通过对点元素聚散的排列与组合，可表现出不同视觉感受的版面效果。版式艺术作为一种传达某种信息的载体，具有艺术性和文化性，已深入到人们的精神生活，是一切视觉传达艺术的重要基础，体现了当代社会的文化传统、审美观念、精神风貌。版式设计就是在有限的版面空间里，运用点、线条、文字、图形、色彩、图片等视觉元素，采用美学原理，把有计划的目的写在版面上。群集的"点"生成的图案，也和线条一样，可以构成虚面。

示例：《姑苏晚报》 改变"点"的大小、形态和密度分布，可以产生意想不到的艺术效果。"点"的群集在版面上呈现出艺术效果。利用点、线、面视觉元素可以对人们视角、心理和情感产生影响。设计者利用平面构成的设计原理将这三种基本元素在有限的版面中进行合理安排，给读者一种愉悦的心理感受，从而更好地表达内容。

所谓单"点"，是指版面中只存在一个"点"元素，该元素往往被视为版面的主体物。在版式设计中，人们通常将版面中的主体物视为"点"元素，设计者可以利用主体物摆放位置的不同，使版面呈现出不同的视觉印象。单一的"点"具有集中凝固视线的效用，容易形成视觉中心。视线将集中在这个"点"上，并且具有紧张性。

示例：《新疆日报》 该版面顶部图片压题，中部以单一的点起到集中、凝固视线的效用，形成视觉中心。单个的点在版面中的位置不同会产生不同的心理感受。居中会有平静、集中感。"点"最重要的功能就是表明位置和进行聚集，一个点在平面上，与其他元素相比，更容易吸引人的视线。各元素间相依相存，互相作用。组合出各种各样的形态，构成一个个千变万化的全新版面。

3.2.1.1 单纯点的灵活排列

形象是指能引起人的思想或感情活动的具体形态或姿态。设计中使用形象作为激发人们思想感情、传递信息的一种视觉语言。它是一切视觉艺术不可缺少的组成部分。当版式的结构利用一些特殊的编排手法来突出版面中唯一的主体物时，便形成单点表现形式。

示例：《城市商报》 娱乐看台 商报类版式，在实际的设计过程中，可以运用物象间的对比关系来突出点元素，例如从配色关系上、物象面积上加以区分等。

3.2.1.2 "点"的艺术魅力

"点"在几何学中只表明位置，并不具备面积和方向，而在平面构成中，"点"作为造型要素之一，却具有不可忽视的重要作用。"点"的艺术魅力就在于表现美，设计师就是传播美的使者，帮助发现美、表现美、创造美、细细地品味生活。在人类远古时期的手工制品表面装饰纹样中，"点"就已被大量应用。

示例：《国际旅游岛商报》首版，我的期盼 设计师运用"点"的多种变异和排列组合，再现着"点"的令人惊叹的艺术魅力。"点"作为版面的构成要素，在版面中既能达意，丰富版面内涵，又能点睛传神，凸显被衬物的神采风韵，起到强化、突出艺术形象的作用。

3.2.1.3 "点"是力的中心

为了突出或强调某一视觉效果而将人们的视线最终凝固在点上，是极为常用的设计理念之一。点，《辞海》的解释是：细小的痕迹。在几何学上，点只有位置，而在形态学中，点还具有大小、形状、色彩、肌理等造型元素。在自然界，海边的沙石是点，落在玻璃窗上的雨滴是点，夜幕中满天星星是点，空气中的尘埃也是点。

示例：《成都晚报》 该版式中将"点"作为力的中心的创意设计很值得借鉴。从视觉特性来看，点是力的中心，具有极强的向心力，是版面中吸引人们视线的关键所在。

3.2.1.4 中间点的性质

点的中间点设计以"视觉"作为沟通和表现的方式，透过多种方式来创造和结合符号、图片和文字，借此作出用来传达想法或讯息的视觉表现。将点分布在版面中心，以突出主体使视觉对称整体形成稳定的感觉，将视线集中在中间这是比较常规的版式。

示例：《北京晚报》 由于周围事物偏大，加强了中间点的性质，使人们的关注度更易集中到中间图形上，突出了的主题。

3.2.2 多"点"

对于两个点，在原有单点的基础上，它们之间还存在着一种视觉张力，这种视觉张力会引导视线移动，形成视觉流程。依据三维空间的视觉习惯，依据大小、近远的顺序，从大到小、从实到虚，视线在两点间移动。面对具有相等力度的两点时，人们的视线就会反复于两点之间，同时出现线的感觉。两个圆点相连，就可以具有方向性。当版面中等大几个点与底的黑白对比不一时，对比强的点吸引力更强。点是构成视觉空间的基本元素。

示例：《今日永嘉》写真，图片忆毕业照 由人组成的点为设计元素，利用数量较多的人，很好地将人们的视线锁定在版面上，给人鲜明的设计感，具体而生动地展现了点构成的视觉空间。版面语言以给文字和图像附加信息来增加版面的信息含量，扩大信息有效传播的广度和深度。

3.2.2.1 多"点"间视觉作用力

多点间存在着更加丰富的视觉作用力。首先，先不考虑多点之间的大小，如果版面上出现了三个点，视觉流程就会引导人们在三个点中发现暗含的联系，于是版面上就会出现一个隐约可见的面。当版面上的点越多时，这个暗含的面的轮廓就越清晰。当空间中的三个点在三个方向平均散开时，点的视觉作用就表现为一个三角形，这是一种视觉心理反映。

示例：《城市早8点》旅游 "新春快来宁波游 五彩年味此处有" 在版面构成中，点与点形成了整体的关系，其排列都与整体的空间相结合，于是，点的视觉趋向线与面，这是点的理性化构成方式。在版面中的点，由于大小、形态、位置的不同，所产生的视觉效果和心理作用也不同。多点会创造出生动感，大小各异这种感觉就更加突出了。

3.2.2.2 多"点"利于形成动感和立体感

当版面出现两个或两个以上点时，如果这些点的大小不等，则视线将会按照从大到小的顺序移动，十分有利于形成动感和立体感。

示例：《姑苏晚报》 如果版面中的点大小相等或接近，则能吸引视线在它们之间往返移动，十分有利于进行对比。读者的视线将在二者之间往返转移，使阅读在对比过程中深入下去。点并排放置便于对比。

3.2.2.3 多"点"的表现形式

多点可以设计出特别复杂的表现形式，利用点的大小来表现线，会形成强烈的方向感。将点叠加，就会产生条纹般的纹理。叠加整齐的、并列的细点，会由于少许的错开而形成空间性的叠纹。这种具有空间性的叠纹，经过设计者的构成安排，将使视线移动，造成具有动感和光感的变化。

示例：《市场星报》这个版面把今年年末将要上映的电影海报巧妙地置于电影胶片中，既对将要上映的电影做了巧妙的梳理，同时也蕴含一种潜在地较量的火药味，在保持吸引力的同时还能使版面具有动感。

3.2.2.4 "点"的线化排列

当版面中出现多个点元素时，可以根据主题需求来决定集中或分散的编排方式。在版式设计中，将多个点元素以聚集的方式排列在一起，可以形成密集型的编排样式，并利用充满紧凑与局促感的版式结构，在视觉上带给读者一种膨胀或拥挤感。

示例:《城市早8点》"聚焦"版 "三八节男人应该如何过?" 连续的点会产生有节奏、韵律的美感。无论是单纯的点排列、点的线化处理还是点的面化处理,它们都不会单独地出现在版式设计中,而是以相互组合的方式呈现在人们眼前,通过组合的表现方式可使版式结构变得多元化。

3.2.2.5 "点"是视觉传达艺术的设计

版式中,可利用密集型的点来表现。密集型的点就是数量众多的点,以聚集或分散的方法构成完整的版面形式。密集的点在编排时需要注意疏密有致,通过众多点的数量、色彩、大小和位置的变化,构成灵活散布的构图形式,并有效地将版面中其他元素组织起来,让视点更集中,达到吸引视线的目的。点有一种生动感,可使人产生联想,其价值在于把载体的功能特点,通过一定的方式转换成视觉信息,使之更直观地面对读者。

示例:《晶报》头版 "深圳网民797万" 巧妙地编排将点用人偶排成"@"。以众多点元素有规律地排列组合,是视觉传达艺术设计的一种。密集型的排列方式可体现出均衡的视觉感,并带给人以层次、节奏的心理感受。点是构成视觉空间的基本元素,也是版式设计上的主要视觉语言,具有集中视点、吸引视线的功能。表现出强烈的视觉感染力。

3.2.2.6 单纯的"点"排列

把由大到小的点按一定的轨迹、方向进行变化,使之产生一种优美的韵律感。依点的大小、间隔的疏密作渐变排列的点,给人以方向感和空间感。不同大小、疏密的混合排列,可使之成为一种散点式的构成形式。

示例:《雄风报》 孩子们的图片组成版面中的"点"。依线排列的点,给人以"线"的感觉。依据一定的规律,做大小或分组重复排列的点,给人以节奏感;依大小序列作渐变排列的点,给人以韵律感。

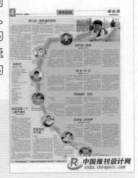

3.2.2.7 缩小图形形象更引人注意

在通常情况下,设计者会选择两种在形式上具有对比性或共存性的表现来进行组合。如点的面化处理能巩固版面的凝聚力,而单独的点元素则能带来视觉上的专注感。将这两种在视觉上具有互斥效果的编排方式结合起来,可以增添版式结构的多元化效果,从而给读者留下深刻的印象。

示例:《城市早8点》 该版面采用分散的点来编排。点的大小、主次搭配,让分散的点元素在版式中起到平衡、强调、跳跃等作用,从而准确地表述版式情感及内涵,让版式设计精彩动人。通过缩小其他图形,使原有图形的形象更加明确,引人注意,对周围的元素具有很强的组织能力。

3.2.3 分散的"点"

即点的分散型排列形式,将点元素以散点形式排列到版面各部位,形成散布、灵活的视觉感受。在进行点的分散式排列时,要注意保持点元素间的关联性,否则,过于散乱的版式结构将会直接影响主题传达的准确性。

示例:《浙江蓝天报》"专题·先进"版 该版为蓝天人风采专版,以先进人物风口形象为"点",来呈现出不同的视觉特征。相对于周围的空间,点的面积越小就越具有点的特性,随着其面积的增大,点的感觉也将会减弱。如我们在高空中俯视街道上的行人,他们便有"点"的感觉,而当我们回到地面,这种"点"的感觉也就消失了。

3.2.3.1 张弛有度的"点"

分散型的点是指在设计中运用剪切、分解等基本手法,破坏整体图形对象,形成众多零散的点。这种排列方式的特点是点的整体性强,且变化丰富,分布无规律,可使版面呈现张弛有度的节奏感。分散的点构建成新的版面效果,会使版面更加吸引读者视线。当版面中的几个点大小不一时,大的点吸引力更强。

示例:《华商报》 该版面将点元素分散排列到版面中,形成张弛有度、灵活的视觉效果。版面通过一个硕大的"?"形文字区来作为主要视觉创意符号,版面分布简约而有力,简洁而不简单。如果说普通版面是一所完整而能满足使用的房子的话,那么这个版面的出发点就是要像世博建筑一样把实用性和艺术性融洽结合起来。

3.2.3.2 "点"产生优美的韵律感

把由大到小的点按一定的轨迹、方向进行变化,将产生一种优美的韵律感。

示例:《金华晚报》头版 "卫计委:H7N9仍处于散发状态" 该版面将大小一致的点按一定的方向进行有规律的排列,给人的视觉留下一种由点的移动而产生线化的印象,形成一种优美的韵律感。要使版式设计这门艺术更好地发挥它应有的作用,归根到底是要处理好点、线、面在版式设计中的关系。

3.2.3.3 等间距的"点"产生动感

秩序美也是一种韵律美。它蕴含在大小相同、间隔相等、横平竖直的严格模式中。点、线、面是构成版面空间的基本元素,"点"能使得版面产生不同的心理效应;点等间距且有变化,将产生动感与节奏感。

示例:《今日金东》"美丽乡村"专版 "小桥流水,挥墨淡描新农村" 该版面将点在同方向上进行渐变,产生纵深的空间感。用点之间的组合关系,找出美丽的排列方式,以丰富版面的层次,完美地呈现版面的视觉效果,使得该版面更加精彩动人。

3.2.3.4 运用自然散点的构图

如果说整齐划一的构图如同节奏感很强的打击乐,那么散点构图就是旋律优美的丝竹乐。散点构图活泼多变,散而不乱,变化有序。点的不同形态呈现了多样的视觉特征,大小不一的点排列也容易形成空间感。点的不同形态组合会带来不同的视觉体验,传达不一样的心理效应和情感。

示例:《大庆晚报》"春节策划新春愿望 平安过年实用宝典"和"春节回家 欢欢喜喜"版面采用"点"的创意组合进行设计,将点等距离编排,构成一定的面积,形的感觉非常强烈。点在有限的版面中起到了点缀版面的作用。由点组成的版面给人一种强烈的凝聚感,多个点聚集在一起的时候,无形中就形成了这种力量感。

3.2.3.5 "点"是构成视觉空间的基本元素

点、线、面是构成视觉空间的基本元素,也是排版设计的主要语言。排版设计实际上就是如何经营好点、线、面的问题。不管版面的内容与形式如何复杂,但最终可以简化到点、线、面上来。

示例:《姑苏晚报》 世上万物都可简化为点、线、面。该版面以多点形态在版面中进行排列,将点看作是图形、文字或者任何能够使用点来形容的元素。在版面中,没有规定点必须放在哪个地方,因此可以通过点赋予版面千变万化的效果。掌握点的构成方法可帮助设计者更好地协调版面中的各种关系。点、线、面相互依存,相互作用,便可组合出各种各样的形态,构建成一个个千变万化的版面。

3.2.4 重叠的"点"

点的重叠,能体现出一种图形的感受,形式感极强。在平面上一个形状叠在另一个形状之上,会有前后、上下的空间感。

示例:《苏州日报》"娱乐圈"版 通过多点排列以形成重叠的版面形态,来刺激读者的视觉神经,特定的排列模式使人们从联想中得出结论,并主动将版面中的视觉元素联系在一起。

3.2.4.1 "点"能产生微妙的动态视觉

想要设计,首先要有正确、客观的观察方法,以便发现问题、整体分析和梳理脉络、展开想象。因此,突破一点的观察方式,建立宏观的、全面的观察方法是一切设计活动的关键。我们创造的是全新的设计形象,而绝不是对客观对象的简单复制,所以必须遵循客观规律去观察世界,并按照心理学的规律总结出创作的内在思想,在此基础上利用形态构成要素去创造设计的表象。点还具有显性与隐性的特征。隐性点存在于两线的相交处、线的顶端或末端等处。

示例:《金华晚报》 新年特刊 元旦报纸 "2013,儿童梦想" 人的思维是一个较为复杂的系统,它是对外界信息加工创作的过程,思维集中了对以往知识经验的积累和对想象力与创造力的捕捉。以往的知识与经验可以提供创新的基础,而想象力与创造力可以将事物不断向前推动。将大小一致的点进行部分重合,将产生微妙的动态视觉。

3.2.4.2 华丽组合型版式的"点"

将编排样式以组合的形式投入到版式设计中,使不同编排类型的特色被综合到一起使用,从而打造出具有华丽视觉效果的组合型版式结构。

示例:《今日婺城》文化 该版式设计中,编排设计以组合的形式出现。为了打造出理想的版式结构,应根据主题要求以合理的方式去选择编排的组合形式,并在创作的思维过程中,始终体验着一种特殊的情感美感。该版面在右上角人像边加入粗边框并进行重叠,以其特有的视觉形态和构成方式带给人们一种特殊的视觉美感。其形态的抽象性特征和产生不同视觉引导作用的构成形式,组成严谨而赋有节奏律动之感的版面,营造出一种秩序之美,理性之美,抽象之美。

3.2.5 组合的"点"

设计者通过观察、体验等感受"点"的存在意义,并初步了解"点"在艺术造型中的作用,学习用"点"的组合表现方法进行造型,提高观察能力和基本的造型意识。"点"是所有形状的基础。所有的物体都是由无数的点组成的,就像数码图像的像素一样,也像组成这个世界的原子一样。

示例:任何一个版面都可以用最小的元素点来表示。"点"是相对的,在一定视觉范围内它是"点",而在稍微变化的视觉范围内它可能就变成了"线"或"面"。点也有各种不同的大小、形状和浓淡,千万不能认为"点"就是圆圆的形状或很标准的形状。到底多大面积才算是"点"呢?这就需要配合版面的大小及周围的要素来比较决定了,因为"点"没有绝对的大小或形状。所以,当我们需要突出或者隐藏版面中的某个形象时,可以视其为一个"点",按"点"对人们视觉的影响特点合理地安排它。图为14岁杨君韬《我心中的美好家园》(招贴画)作品,1999《我心中的美好家园》,获全国少儿绘画大赛金奖。

3.2.5.1 "点"的面化组合

选择规则形状作为标准"点"进行组合。将大小一致的点按一定的方向进行有规律地排列,将给人的视觉留下一种由点的移动产生线化的印象。

示例:《海宁市中医院》院庆特刊"微笑服务 从心开始" 在版面构成中,不断重复使用相同的基本形或线,它们的形状、大小、方向都是相同的。重复将使设计产生安定、整齐、规律的统一之感。多点会创造生动感,而大小各异就使主体更加突出了。

3.2.5.2 不规则点

任意形状的"点"。如果两种规则点共同出现在一个版面中,它们就互相视对方为"不规则点"。可以先随机寻找两至三种不规则(或规则)形状,然后再根据协调的需要创造自己喜欢的不规则形状共同进行组合。点的不同大小、疏密的混合排列,使之成为一种散点式的构成形式。如果版面中的两点为不同大小时,读者的注意力首先会集中在优势的一方,然后再向劣势的方向转移。

示例:《今日婺城》"小记者"版 把大小不同的点有规律地做垂直方向排列,将产生一种线的动势和前后空间层次。点的组织有疏密、大小、轻重、虚实的变化。不同的点具有不同的装饰效果。

3.2.5.3 "点"构成不同深度的空间感

大小不同的点可以构成不同深度的空间感,构成不同的视觉感受,一般大的先引起注意,然后再到小的。可以任意选择多种形态的"点"进行组合。把点以大小不同的形式进行既密集又分散的、有目的的排列,可产生点的面化效果。由于点与点之间存在着张力,点的靠近会形成线的感觉,人们平时画虚线就会产生这种感觉。

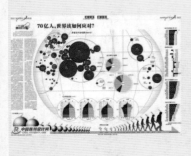

示例:《新京报》 该版面为对世界人口到了70亿对人类是个挑战作了报道。该报道通过对各种数据的全面解析,科学而客观地展示了关于人口的详细信息。通版的版面运用了多点构图手法,突破常规设计,层次清晰而不杂乱;大小不同的"点"错落有致地排列,具有很强的空间感。

3.2.5.4 处在边缘位置的"点"

点位于版面边缘时就会打破版面的静态平衡关系,容易形成紧张感,形成动势。因此以能够形成紧张感和动势为目标来选择"点"进行版面安排。

示例:《城市早8点》天气"雾霾锁苏城 你的肺还好吗" 该版面在进行"点"的面化处理时,加强点元素在形态与结构上的变化程度,大大加强了版面的空间感与层次感。

3.3 了解"点"的形态

点在多数时候被认为是小的,并且还是圆的,实际上这是一种错觉。现实中的点是各种各样的,整体分为规则点和不规则点两类。规则点是指严谨有序的圆点、方点、三角点;不规则的点是指那些自由随意的点。自然界中的任何形态,只要缩小到一定程度,都能够产生不同形态的点。

示例:《金华晚报》新年特刊2013"言传不如身教,爱在延续" 当版面中等大的几"点"进行黑白对比时,对比强的"点"吸引力更强。在使用面积较大的形态时,如果要保证它具有"点"的性质,最好使它接近圆形。

3.3.1 "点"的形态能引起高度注意

在平面构成中,单独的"点"形态能引起人们的高度注意,而组合式的"点"形态则能带给人们更加丰富的感官体验。"点"的组合形态有很多,比如将大小不一的"点"以密集的形式进行排列,可以使版面呈现出视觉张力;或者将多个"点"元素朝统一的方向进行排列,可以在版面中形成强烈的视觉牵引力等。

示例:《姑苏晚报》"苏湘渝系列持枪抢劫杀人案告破" 该版面突出了晚报类"点"元素在版面中的运用。"点"本身什么意象也不能表示,但是众多的点,甚至无数的点按一定的规则组合起来,就能表达其作为图像能够表达的含义。也就是说,这个世界上本没有可以独立存在的能表达意象的图像,只有当一些"点"和一个完整的组合规律共同作用时,才可以形成丑陋或者美妙的图像,通过感官给我们以各种各样的印象。

3.3.2 自然形态中的"点"

自然界中的任何形态,只要缩小到一定程度,都能够产生不同形态的点。"点"并不只以单独的形态出现。物象与物象在进行交错或叠加排列的过程中,交叉的部分也可以视为一种点的形态,比如棋盘上的交叉"点"。这种存在于交叉处的"点"称为隐性的"点"。

示例:《城市商报》新蕾周刊 "点"在版式设计中有聚集的作用,即使是排列杂乱的版式结构,物象间交叉形成的"点"也能有效地引起读者的注意。自然形态中处处可见"点"的存在,例如孩童衣服在图片中形成的红"点"、镶嵌的宝石、夜空中闪闪的小星、大海中远去的小舟等,都可视为"点"。

示例:《城市早8点》 简约版面是因为这样会使版面富有极强的吸引力,这种吸引力来自于对版面视觉元素的优化——简化处理。简化,并不是说把稿件一股脑地堆放上去不做任何设计、修饰,而是要将信息归类,检索重点,要根据文本的构成和功能,在设计版面时,在栏形、色彩、图片等各种版面元素的配置上,充分考虑到视线的流畅、节奏的明快、韵律的和谐。这种看似简单的版面却有着丰富的科学内涵和艺术内蕴。

3.3.3 "点"是视觉中心

"点"是视觉中心,也是力的中心。当版面中有一个"点"时,人们的视线就集中在这个"点"上。单独的"点"本身没有上下左右的连续性和指向性,但是它有求心的作用,能够产生积聚力的视觉效果。我们平时戴的纪念章和校徽就能产生此效果。

示例:《城市商报》"视野"版 "新学期,拿什么送给你?" "点"的感觉是相对的,它是由形状、方向、大小、位置等形式构成的,这种聚散的排列与组合,带给人们不同的心理感受。当版面上有一个点的时候,人们的视线就集中在这个点上。它有点睛的作用。能够产生积聚视线的效果。

3.3.4 "点"的不同形态及其组合

在同一平面上,"点"的不同形态及其组合,能给人以不同的视觉心理感受。单独的"点"具有求心性和强烈的注目性。单个的"点"在版面中的位置不同产生的心理感受也不同:居中会有平静、集中感;偏上时会有不稳定感,形成自上而下的视觉流程;位置偏下时,版面会产生安定的感觉,但容易被人们忽略。位于版面三分之二偏上的位置时,最易吸引人们的注意力。

示例:《新京报》该版面不同大小、疏密的点的混合排列,使之成为一种散点式的构成设计。众多大小不一的彩色立体球代表中企500强,其中脱颖而出的前10强均在醒目的企业标识上注明了营收数据,色彩鲜亮明丽,内容直观易懂。将视线集中在中间,这是比较常规的版式设计方法。

3.3.5 "点"的不同形态的视觉特征

造型世界的各种形态都是由造型的各种语言构成的,设计的视觉语言就是将观念转化成明确而生动的视觉形象。引用了心理学和语言学、美学等学科的相关研究理论,结合现当代设计的代表作品进行分析和研究,将大小一致的点按一定的方向进行有规律地排列,会给人的视觉留下一种由点的移动而产生线化的感觉。

3.4 从"点"元素中获取灵感

"点"的表现形式取决于设计对象的需求,只有满足主题需要的编排设计才是有意义的。如果版面中有两个同样大的"点",并各自有它的位置时,它的张力作用就表现在连接这两个"点"的视线上,视觉心理上会产生连续的效果。

示例:《新昌人医报》医院动态 两个大小相同并相隔一定距离的"点",给人以张力感,终止感。当视线反复于二"点"之间时,给人以"线"的感觉。当看到两个大小不同并相隔一定距离的"点",人们的视线会首先集中于大"点",然后移向并集中于小"点"。"点"越小凝聚力越强。

3.4.1 "点"在三个方向平均散开时

当空间中的三个"点"在三个方向上平均散开时,"点"的视觉作用就表现为一个三角形。这是一种视觉心理反应。

示例:《精功报》精功·人文版 在现实生活中,点的形态包括体积小而分散的事物,三点以上的点就可以称为多点。多点之间存在着更加丰富的视觉作用力。"点"的缩小起着强调和引起注意的作用,而点的放大则有面的感觉。注重点形象的强调和表现将给人以情感上和心理上的量感。

3.4.2 当两"点"的大小不同时

就大小而言,越小的"点"作为"点"的感觉越强烈。

示例:《北京晚报》 当两"点"的大小不同时,大的"点"首先引起人们的注意,但视线会逐渐地从大的点移向小的"点",最后集中到小的"点"上。越小的"点"积聚力越强。

3.4.3 "点"有一种跳跃感

"点"有一种跳跃感,使人产生对球体的联想。同样的"点"因大小变化而使空间形式呈现出变化。让"点"沿着一定的方向作自由排列的构成形式,具有流动抒情、韵律、愉快的感觉,是种视觉传达与视觉文脉。

示例:《雄风报》该版主题为回忆父亲。版面上部将两个同样大小的点,置于不同的位置,形成的张力作用就表现在连接这两个点的视线上,即在视觉心理上产生连续的效果。当两点大小不同时,大的点首先引起人们的注意,但是视线会逐渐从大的点移向小的点,最后集中到小的点上。越小的点积聚力越强。当空间中有三个点并在三个方向上平均散开的时候,点的视觉作用就表现为一个三角形,这是一种视觉心理反应。另外,点有一种跳跃感,使人产生对球体的联想;还能创造一种节奏感,就好比音乐中的节拍、鼓点。在设计的时候要统筹兼顾,充分利用回忆与视觉传达的变化关系,来获得完美的视觉效果。

3.4.4 "点"有一种生动感

"点"有一种生动感。在平面构成中,"点"是组成版面的最基本的设计要素,同时也是版式中最小的单位。在进行版式设计时,可以根据不同的主题要求来编排版面中的"点"元素,以此打造具有针对性的版式效果。

示例:《东莞时报》娱体新闻 该版面以墨绿色为背景,用漫画作为主要的表达形式。版面的亮点在于用一个小女巫的漫画形象传递了国人对国足同伊拉克队比赛的矛盾心理,既较好地传递了国人的愿望,又不禁使人会心一笑。版面的中心将这场比赛的形势和策略做了简要地分析,让受众对这场比赛加以了解。版面中间用半个足球托起的大圆点,成了这一版面的亮点。

3.4.5 "点"有一种节奏感

"点"能造成一种节奏感,类似音乐中的节拍、锣鼓的鼓点,可以看到,"点"也更具有无穷尽的艺术表现力和感染力。设计者应重视"点"这个最基本的造型要素,借以激发灵感,记录下自己艺术思维活动中那闪光的理念世界。

示例:《姑苏晚报》图释新闻 "这几年苏州大医院都忙着搬家" 该版面以由大到小的"点"按一定的轨迹、方向进行变化排列,来产生一种优美的韵律感。点产生一种跳跃感,形成的听诊器形状使人产生对医院的联想。此版面图释新闻创造出的这种节奏感,就好比音乐中的节拍、鼓点,具有艺术感染力和表现力。

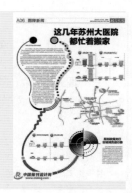

3.5 "点"的基本表现

点作为版面中的基本元素,具有凝固视线的作用,单一的点容易造成视觉的集中,吸引视线并起到强调的作用;而变化丰富的多点组合会造成视线的往返跳跃,可加强视觉张力的表现,从而在视觉上产生线或者面的效果。

版面中的"点"元素以不同的形式进行排列,利用"点"与空间的相互作用,可使版面呈现出相应的视觉张力。此外,"点"元素的数量与排列方式也能对版式结构与版面氛围造成影响。当版面中有等大的几点时,其中在版面视觉中心位置外的点,视觉吸引力更强。

示例:《东莞时报》娱乐·视历 当版面中有左右对称的两个等大的点时,视线在两点之间来回移动,会在心理上产生吸引和连接的作用,对读者产生视觉冲击力。该版面将两个人像作为点来编排版面,以打造具有针对性的版面效果。

3.5.1 "点"的线化

点的线化是由点的张力作用表现出来的。在版面上,两个相邻的点会在心理上产生一种连接两点的线;多个点在不同方向上分散排列时,会通过视线的自然连接,在视觉上产生多边图形或者是灵活的曲线形态。在点的排列中,点的线化给版式带来了平衡和变化感,展现出灵动的版面效果。当今是信息时代,如何在信息纷扰的氛围下,通过图形、文字、色彩三者有创意地进行设计和传递信息,对公众进行消费指导和文化感悟,是人们最为关注的事情,也是设计师的责任。作为设计师,应该本着"以人为本"的原则,以公众的接受心理为界线,应用点与点之间存在着张力,点的靠近会形成线的感觉等原理来进行设计创作。

示例:《深圳晚报》 利用点元素能产生视觉焦点。设计师可对点元素进行有秩序的组合,将信息最有效地传达给读者,以期达到最佳的信息传播效果和经济效益。点的线化效果不仅能在排列结构上将视觉要素连接在一起,而且能使版面产生强烈的吸引力。

3.5.1.1 线化的点赋予版面抽象性

当版面中出现两个或以上的连续性点元素,若点按一定的方向进行有规律地排列时,人们就会在潜意识中将它们用线连接起来,从而在心理上形成点的线化表现,给人留下一种由点的移动继而产生线化的感觉,使版面产生强烈的视觉张力。

示例:《成都晚报》 该版面将多个点元素按照轨迹排列,以形成单向的视觉牵引力。由于形态、大小和位置的差别,点会产生完全不同的视觉效果,并引起不同的心理感受。这也是现在比较流行的一种"点"主题,该类版面有很强的主观能动性,可营造出主体突出、环境透视感强烈的版面。这类作品也具有很强的形式感。

3.5.1.2 点的线化视觉张力

将版面中的点元素沿着直线或弧线的轨迹进行排列,便可构成点的线化形态。由于该类表现方式被给予了线的表现特征,所以在视觉上具有一定的引导性与方向性。

示例:《扬子晚报》该版面以曲线型编排方式,使版面的布局结构充满秩序感,赋予版面以强烈的视觉张力,给读者留下独特的视觉印象。

3.5.2 "点"的面化

点的面化可以是足够大的点本身形成的一个面;也可以是通过多数点密集排列形成一个平面,即视觉上形成的一个虚面,这种虚面增加了版面的层次,同时丰富了点在版式设计中的作用。把点以大小不同的形式,既密集又分散地进行有目的的排列,会产生点的面化感觉。

示例:《姑苏晚报》 在点的线化基础上,让点向四周连续排列时,可产生面的感觉。点的面化可以是由点组合出的一个规则的几何形或某个自然形态,加强象形的表现力,能够更直观地传达版面信息。点间距离越近时,面的特性就越显著。点由密集变分散,飘舞在空中,则给人以动感的梦幻般的感觉。

3.5.2.1 "点"的面化运用

实点是真实的、独立存在的边缘线清晰且内部充实,虚点是视觉映像点,依赖周边环境而生存。点的面化运用到平面设计当中,能方便从整体上去把握版面的结构。这种由点形成的虚面,可以给版面增加一个层次,同时也丰富了点在平面设计中的作用。

示例:《乐清日报》"人物"专版 "学雷锋"特别报道 该版面采用平面设计的点视觉元素进行排列组合。"点"以文字编排成一个雷锋头像的图案,有利于信息的直观表达,成为视觉焦点。换句话说,它是视觉浏览中的第一落点,是版面信息的核心,具有较强的视觉张力及视觉冲击力。让形象变得更加丰富和具体,正是点的面化的充分体现,也使得该图成为版面的视觉中心。

3.5.2.2 "点"的线化排列

当版面中有三个散开作三个方向的点时,点的视觉效果就表现为一个三角形,这是一种视觉心理反应。如果空白空间运用巧妙,就会成为设计中最突出、最令人瞩目的部分。空白空间成为一种实实在在的形状,实的和虚的空间就错综复杂地盘结在一起。

示例:《山东商报》"省城暂未开闯黄灯罚单" 该版面用红绿灯图作主题图,当版面中有三点在三个方向上平均散开时,视线连成三角形,点形成面。当将中间黄点下移,则更加突出了本版主题,增强了版面的整体感。

3.5.2.3 三个以上相隔的"点"

空间中的三点在三个方向上平均散开时,其张力作用表现为一个三角形。三个以上并相隔一定距离的点,会使人们的视线来回于各点之间,而产生"面"的感觉。点的个数越多,点与点之间的距离越短,"面"的感觉愈强。

示例:《苏州日报》"尚品生活"专版 "春日花开烂漫女装" 为突出主题,该版面中间摆放美女图片,左上右中摆放身着时尚服装的美女,左下右上以圆圈内加文字说明整体组合成点面化版面,使版面在视觉点被聚集,达到主题面化视觉效果。

3.5.3 "点"的对比

点与点间距离相等的排列方式,是形成维度空间规律和秩序化的方式之一,具有数学美和很强的逻辑性,其构成效果平静、安详。

示例:《北京晚报》该版面运用点与点间距离相等的方式排列,当点各自占有不同的位置时,其张力作用就表现在连接这两点的线间,在视觉心理上产生吸引和连接的作用。

3.5.3.1 等距离排列的"点"

点的构成是基础设计,点的应用是将点的设计应用于各种实用的造型艺术之中。加强点的集合性,将点等距离排列成点的组合,加强整体性均可获得更加良好的视觉效果。点主题借助图形、图片来增强文字说服力,提高阅读兴趣,增强版面文字的条理性和清晰的导读性。

示例:《城市早8点》该版面中点与点间距离采取了相等的排列方式,产生动感。在渐进排列的点之间进一步增加点的大小差别时,则更加强调了渐进、递进性,并增加版面的动感。点大小在感觉上的最大限度,取决于版面内容之间的相对关系。

3.5.3.2 以"点"的对比强调差异性

对比是对差异性的强调。对比的因素存在于相同或相异的性质之间。也就是在相对的两要素互相比较之下,产生大小、明暗、黑白、强弱、粗细、疏密、高低、远近、动静、轻重等对比。

示例:《城市商报》 设计是有目的的策划,平面设计是利用视觉元素(文字、图片等)来传播设想和计划,并通过视觉元素向目标客户传达信息"身体梦工厂"版的"肉肉别再迷恋我"设计,对比的最基本要素显示了主从关系和统一中有变化的效果。

3.5.4 "点"元素的和谐统一

编排设计意义上的点是可视的。点可以是一个形,也可以是一块色彩,一张小小的照片或图像。点可以任何一种形态呈现,在各种编排中,字也是一个点。

示例:《今日医院》该版面将形式与内容和谐统一起来,形式服务于内容,内容又为目的的服务。形式与内容的统一是设计的基本原则。设计者应将丰富的意义和多样的形式组织在一个统一的结构里;令形式语言符合版面的内容、体现内容的丰富含义;合理地运用对比与调和、对称与平衡、节奏与韵律以及留白等手段,通过空间、文字、图形之间的相互关系建立整体的均衡状态,产生和谐的美。点、线、面是视觉语言中的基本元素,用点、线、面的互相穿插、互相衬托、互相补充构成最佳的版面效果。巧妙地将点、线、面运用于平面设计中,可使主体更加鲜明,版面更加活跃。

3.5.5 相同大小的"点"给人不同感受

相同的点由于受到夹角的影响,会产生大小不同的感觉。

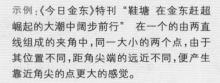

示例:《今日金东》特刊 "鞋塘 在金东赶超崛起的大潮中阔步前行" 在一个由两直线组成的夹角中,同一大小的两个点,由于其位置不同,距角尖端的远近不同,便产生靠近角尖的点更大的感觉。

3.6 "点"的性质和作用

点是力的中心,具有张力作用。当单个的点在版面中不同的位置时,给人的视觉感觉是不同的:居中会有平静、集中感;偏上时会有不稳定感,形成自上而下的视觉流程;位置偏下时,版面会产生安定的感觉,但容易被人们忽略。位于版面三分之二偏上的位置时,最易吸引人们的观察力和注意力。平面构成主要是点、线、面的运用,处于版面视觉中心的点,吸引力最强。当版面中的几个点大小不一时,大的点吸引力更强。当版面中等大的几点与底的黑白对比不一时,对比强的点吸引力更强。

示例:《山东商报》该版面以新交规首日"你'恐黄'了吗"为主题,配以红绿灯形态的点图形,这种聚散的排列与组合,带给人们不同的心理感应。黄色点成为画龙点睛之"点",和其他视觉设计要素相比,点形成版面的中心,起着平衡版面轻重、填补空间、点缀和活跃版面气氛的作用。点的组合成为一种肌理或其他要素,来衬托版面主体。

3.6.1 "点"与面的区分

艺术是仰赖形象思维的,它依据的是人的视觉经验和心理反应。点、线、面构成版面,但如果把点无限地放大,就会成为一个面。在人的视觉中,感受到的都是客观物体的表面,从构图的角度看,不过是一些形形色色的平面或曲面。人眼中的线和点均不失为面的特殊形态:线是以长度为主要特征的面,点是忽略外观形象的形体。

示例:《城市早8点》"旅游"版"缤纷夏日 乐享太湖" 该版面通过两个点视觉元素和线连接组合的面化处理,增强了版面的空间感与层次感,同时使版面在表现结构上变得多样化,在视觉上给人留下极为深刻的印象。点的基本特征是细小,给人以小巧玲珑之感,令使视觉凝聚力得到提升。

3.6.1.1 差点构成

在设计中,将视点导入视觉中心的设计,如今已屡见不鲜。为了追求新颖的版式,更特意追求将视点导向左、右、上、下等位置,这已成为今天常见的版式表现形式。差点构成指大小、形状不同的点的构成方式。

示例:《山东商报》利用点在面积上的大小区别,以赋予此版面张弛有度的表现样式。用大小不同的小心形点包围大心汶川,"我们的爱从未止歇",很好地将全国人民的心用点来表示,将人们的视线锁定在版面中心,给人鲜明印象。当版面中有大的点时吸引力更强。

3.6.1.2 网点构成

点在设计中的应用并不少见,尤其是报刊版面设计中。点可以是非常小的面积。点是以人的有效视觉范围为准来区分的,点的形成与环境有着密切的关系,这一环境不但指版面环境,还与读者的有效观察环境有关。网点构成指点作不同排列和多种次序变化,产生明暗调子的构成方式。

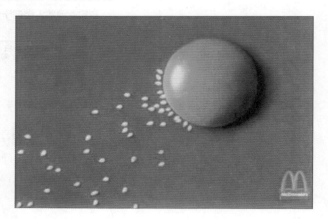

示例:版面中的点由于大小、形态、位置的不同,所产生的视觉效果也不同。点不仅有其位置,并且相对地具有面的属性。该例利用点元素在大小上的对比关系,来使物体的视觉形象变得更加丰满与立体。

3.6.1.3 参照物对"点"的影响

当点与周围环境发生了变化,点也会出现增强或丧失的情况。对于一架飞翔在晴空中的飞机,从视觉角度来说,它首先要进入我们的有效视觉范围,作为一个点在视野中逐渐清晰以后,我们才能正确地评价它的其他性质。

示例:《城市商报》头版 点的基本属性是注目性,点能形成视觉中心,也是力的中心。也就是说当版面有一个点时,人们的视线就集中在这点上。因为单独的点本身没有上、下、左、右的连续性,所以能够产生成为视觉中心的效果。

3.6.2 "点"构成的基本形态元素

由于单个的点在版面中具有刺激性而产生视觉的吸引力,从而具有争取位置,避免被他形同化的性质。单个点是视觉中心,也是力的中心。平面设计的好坏除了灵感之外,更重要的是否准确地将诉求点表达出来,是否符合商业的需要。

示例:《深圳晚报》晚报头版,GDP减档求质。该版面利用点的显著特点具有定位性与凝聚性,最大魅力在于形成趣味中心与吸引视觉移动,进而制造心理张力引发潜在意念。由"视觉"调动"触觉"并使二维的设计传达出"立体的表情",在设计中对于引发心理的亲和与情感的共鸣有重要作用。

3.6.2.1 "点"视觉吸引力强

单点有着很强的视觉吸引力。在一个相对稳定的平面环境中,单点的位置暗示出多种心理内应力。在版面与单独的点之间存在一种心理内应"力"。它不是想象出来的,而是由眼睛感知到的,并且这种"力"遵循着一种特定的规律。

示例:《杭州师范大学报》该版面用蓝色块来吸引注意力。色块就是放大了的点,所起的作用就如同在一个平静的湖面上投入小石子一样,在视觉上给人留下极为深刻的印象。蓝色的点配上红色标题,使版面表现出了张弛有度的视觉效果。

3.6.2.2 "点"的聚焦性

从设计角度来说,填满空间不是设计师要做的,运用空间才是设计师该做的。当试图以纯粹的大量信息来打动读者时,读者只会被过多的信息淹没而不知所措,他们做出的反应反而是回避。

当点与周围环境对比发生变化时,点的性质也会随之改变,呈现出不稳定的特点。

示例：在该版式设计中，利用单个点的聚焦作用，有效地引起读者的注意，从而有效突出主题。

3.6.2.3 "点"大吸引力强

在平面构成中，点的概念是相对的，它在对比中存在，通过比较来显示。作为视觉传达的基本视觉元素点、线、面、体，在视觉传达设计中的应用手法和创作风格多种多样，要使它们更充分、更贴切地服务于设计的主题和内容，就必须在设计的视觉元素上进行挖掘和提炼。

示例：《红山晚报》2015除夕报纸头版 除夕特刊　该版面应用点在同一版中形象的对比来设计，在小的框架里显得大，在大的框架里就显得小。由此，点的概念是由相互比较的相对关系决定的，其骨骼构成对称、均衡、节奏、和谐等美的法则，使整个版面给人以强烈、鲜明的视觉感受。

3.6.3　点的群集性组合，显露时代风格

在平面构成中，点是相对小而集中的形。点的感觉是相对的。点既有形状，也有大小和方向，是设计中最活跃、最小、最基本的元素，常常被设计师用在设计中。将多个点元素按照固定的轨迹进行排列，便可在版面中形成单向的视觉牵引力。根据排列方向的不同，版面所呈现的视觉氛围也不同。

示例：《山东商报》　该版面把ST鲁股画成一个伤痕累累的鸡蛋，在标着"退新新政"的弓箭的围攻之下只好换上了一个钢盔。用这种生动形象的比喻来表现鲁股的艰难境遇，所依靠的就是版式设计中的各种视觉构成元素。

3.6.3.1 点的集聚

由于点缺乏一定的方向性，多个点的集聚也可以产生一定量的版面重力的改变，所以在设计中，可以通过距离与点的面积的相互调整来达到版面效果的平衡。点在图案设计中起着重要作用，点可以构成纹样中的线，也可以组成纹样的面。用点可以再现图案的明暗、深浅和层次，效果细腻、精美。如果点大小相同，视线会集中于大的点，但如果将大点分成碎块的话，视线则会集中在小的点上。

示例：《大庆晚报》春节策划"新春愿望，平安过年实用宝典"　该版面将大小一致的点按一定的方向进行有规律地排列，给人的视觉留下一种由点的移动而产生线化的感觉。

3.6.3.2 "点"赋予版面灵性

当版面中出现两个或两个以上的点元素时，可以利用相邻点之间的张力作用，使读者在潜意识中将它们连接在一起，从而在视觉上打造出点的线化效果。点的线化效果不仅能在排列结构上将视觉要素连接在一起，还能使版面产生强烈的吸引力，给读者留下独特的视觉印象。

怎样才能一下子吸引住读者的眼球呢？办法之一是要让版面具有明显的对比效果。简单地说，如果要表现的主体色彩比较明亮，那么背景最好暗一些；反之亦然。这样会使版面拉出空间感并突出主体。

示例：《钱江晚报》"人文·新闻"版在该版面设计中，利用线连接上端的三幅图片，并将文字分割后再组合为整体，线犹如一根细细的荷茎，撑起上端的荷叶。

3.6.3.3 "点"的群化组合

图形是人类重要的视觉符号语言，具有创造性地表达人的情感、观念和思想的功能。但是这种语言也需要在组织结构上拥有丰富的语法和修辞关系，才能够通过图形符号的创造性组合来实现超越符号的沟通和交流。图形元素之间无限组合的可能性也体现了图形语言巨大的表现力和创造空间。平面构成的造型方法就是以最简单的元素来加工和重构事物的形象，在不断的抽象、分解、重构的过程中，引发创意思维和创意空间。在等间隔构成的版面上，把某一个或某一组单元的圆点，变换为其他形状中的某一种或某几种，这种手法被称为类似群化组合。

示例：《山东商报》"九种驾驶陋习扣分没商量"　"群化组合"是造型艺术中的一种表现手法。在心理学的范畴内，群化法则是一种重要的视知觉原理，是格式塔心理学研究的重要内容。该版面采用了类似群化组合的设计，其特点在于统一之中孕育着变化。这种形的重新组合与排列，有助于拓宽设计思路，创造出新的、更加引人注目的图形。

3.6.3.4 面化的"点"在版面上的构成

点的连续产生线的感觉,点的集合产生面的感觉,点的大小产生深浅的感觉。当版面中等大的几个点与底的黑白对比不一致时,对比强的点吸引力更强。

示例:《恩泽视窗》专版"榜样的力量"每一种设计都有其独特的风格体现。设计者会努力使版式看上去更加精彩,追求新颖独特的个性表现来吸引读者。在版式设计中存在着两种形式的设计风格,即感性设计和理性设计,根据不同的内容,要求设计师找出与内容相吻合的设计风格。比如,有的追求无规则的空间,有的追求幽默、风趣的表现形式,有的简洁大方、活泼热情,有的严谨规则、富有哲理,有的装饰味很浓,追求浪漫等格调。每位设计师都会根据设计内容的不同而采用不同的设计风格。

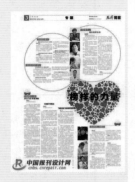

3.6.4 "点"的性格

人们自然而然地将那些体积较小的事物视为点。值得一提的是,在偌大的空间中,这些点元素在视觉上也具有很强的吸引力。在进行平面创作时,常将主体物以点的形态摆放在版面中,利用点在视觉上的注目性来提升主题信息的传播效力。例如圆点有饱满、充实之感,方点坚实、规整、稳定,水滴形点有下落、重量、方向感,多边形点尖锐、紧张、闪动,不规则点有自由、随意感等。

示例:《重庆晚报》 该版面基于平面构成中的"点"元素进行设计,加圈线的点构成版面视觉中心,也是力的中心,这利用了点具有引导视线的功能。在圆圈点内组合照片给人以有梦就去圆的意象,点在集合时给人以面的感觉,点的大小产生深度感,点内的美女起着强调和引起注意作用,注重形象的强调和表现给人以情感上和心理上的量感。

3.6.4.1 点的无形状性

点是版面构图中的一个重要的基本要素,是一切形态的基础。点的无形状性是指点可以有各种各样的形状。

示例:《吴江读本》利用点的各自的位置不同,与周围环境的对比关系,呈现出了点和面的不同性质。可见,点是根据它所处的具体位置与周围环境的对比关系来决定的。远距离的俯视角度使人物形象具有了点的性质,整个版面令人印象深刻。

3.6.4.2 "点"的感情色彩

在现代平面设计当中,"点"的感情色彩往往是一种先声夺人的传达要素,较之图形、文案及其他表现语言更具视觉冲击力。点的形状本身就带有一些感情色彩,设计者可以利用点的形状及特点赋予它一定的心理感应,并在版式设计中进行合理利用。

示例:《姑苏晚报》在版面设计、内容构成方面大量留白,新颖的标题总是能够吸引受众的眼球。通过运用感情与色彩来表达自我的内心世界,其创作出的纯粹的色彩表现形式,以色彩感情实现了对色彩感觉和色彩理性的超越。《温州商报》常常较为出彩,原因之一是设计简明了,视觉感强,有些都市报或商报则广告繁杂让人眼花缭乱。

3.6.4.3 用"点"表达情感

在版面空间中,一方面"点"具有很强的向心性,能形成视觉的焦点和版面的中心,显示其积极的一面;另一方面"点"也能使版面空间呈现出涣散、杂乱的状态,显示出其消极性。这也是点在具体运用时值得注意的问题。

示例:《金华日报》 点、线、面三者的综合运用,不能等同,要以其中一种元素为主,其他为辅,否则元素太多,容易凌乱,统一感也就越难把握。歌的元素要靠设计者自己去想象了,简单点就是加上钢琴黑白键,用线面表示,而用点表现音符。"赢家·生活"专版,"2013如你所愿"设计把点以大小不同的形式,既密集、又分散地进行有目的的排列,产生面化的感觉。

3.6.4.4 用"点"表现"跳跃"感

有些报道内容是很活泼的,这时,增加一些可爱的小点会活跃整个版面的气氛。就像是联欢会上的彩带和气球一样,虽然无关紧要,也不能对联欢会的节目表演起什么烘托作用,但是它带动起观众的情感,用"跳跃"的情绪观看同样的节目,会达到更为强烈的娱乐效果。

示例:《半岛晨报》该版面是有关瘦肉精的报道,版面既鲜明突出,又幽默诙谐。版面的中心被一头肥胖的猪所占据,并将"吸毒"状的肥猪拟人化,以充分表明"食用半斤含药猪肝即致中毒"的主题,来烘托人们对"瘦肉精"危害人类健康的反感情绪。

3.6.5 有序的"点"的构成

版式设计是视觉传达的重要手段,是设计者必备的基本功之一。版式设计通过图形和文字向人们表达信息,把原稿的体裁、结构、层次、图、字等作艺术的合理处理,让读者在享受美的同时,接受作者想要传达的信息。版式设计的最终目的是使版面形成清晰的条理性,突出主题,达到最佳诉求效果。有序的点的构成,这里主要指点的形状与面积、位置或方向等诸因素,以规律化的形式排列构成,或是相同的点的重复,或是点有序的渐变等。

示例:《重庆晚报》 该设计包含了文化与元素两方面,同时对文化内涵有了一番追求与探索。该版应用平面构成及其元素,将点、线、面、体等抽象形态,转化为丰富多彩的视觉形象,进而突出公交车免费换乘这一主题。以有序的"点"的构成点线示意,点中间的文字说明,表述简洁明确,激发了设计的灵感,启迪构思,使艺术更加理性化、有序化、科学化。所以,平面构成在现代社会中的力量不可小视。

3.6.5.1 丰富而有序的"点"构成

点往往通过疏与密的排列而形成空间中图形的表现需要,同时,丰富而有序的点构成,也会产生层次细腻的空间感,形成三次元。

示例:《今日金东》特刊 该版面应用点的大小变化产生空间感。点的规律排列能产生方向感,点是线和面的变化基础,点还可以形成自由聚散的变化。单个点会吸引并停留视线,产生强调作用;多个点会使视点往返跳跃,分散其力量。本版面主题传达准确,通过点元素的排列来体现了版面结构的秩序性。

3.6.5.2 "点"在构成中的特性与表现

单个的点在版面中位置的不同会产生不同的心理感受。居中会有平静、集中感,可以占据全部视觉空间;位置偏上时,有下落、不稳定感,形成自上而下的视觉流程;位置偏下时,版面会产生比较安定的感觉,但也容易被人们忽略。

示例:《西江都市报》2015,除夕报纸头版该版面在位于版面左上的位置设计一枝梅花,吸引人们的观察力和注意力,形成版面的稳定感。看到梅花在寒冬中开放,就好像闻到一股幽香,这种醉人的情境,将读者的欲望激发得淋漓尽致,整个设计使读者陶醉在新春快乐的海洋中。

3.6.5.3 自由的"点"的构成

自由设计"点"的目的在于能够更自由地以极佳的视觉效果吸引读者的注意力,引导阅读视线,让读者在阅读的过程中快速有效地获取信息,同时得到一种视觉上的艺术享受。

示例:《姑苏晚报》"旅游·周游"版 该版面左上角以自由的"点"的构成艺术创作形式存在,在视觉艺术中带有诱导性的提示,从而增强视觉艺术思维的效果。以此表现空间中的局部,能发挥其长处,作为图形层次的装饰。

3.7 "点"的错视

因为眼睛构造的原因,有时候人看东西会产生错觉,我们将其称为视错觉。自古以来人们就知道视错觉的存在,并努力尝试对其进行修正或利用。在不同的环境下会产生错误的视觉现象,它们相互依存,相互作用,组合出各种各样的形态,构建成一个个千变万化的全新版面。

示例:《华商报》大多数媒体都是以自上而下的视觉引导为基础来进行版式设计的。在报纸中,最重要的新闻都放在版面的最上端。关于盘点陕西口灞2010中超赛季的版面,色彩统一而干净,通过穿越梦境的陀螺来整合版面文字,信息丰富而有序。

3.7.1 远近错觉

人类的视觉形式伴随着生活方式的改变,也在发生转变。在一个有序和错乱并存的视觉世界里,在多变的形式关系中,人们的眼球已经不满足于单独的视觉图形传达。较为简单的、规律的秩序组合形式很容易为视觉所把握。同样的点在不同背景的衬托下会产生面积大小不同的视觉变化。视错觉的应用是一个非常重要的部分。

示例:《姑苏晚报》 该版面顶部图片利用物体近大远小以及由于空气透视有近实远虚一类的错觉。但是人们并不会因为远处的物体看似小,就误认为实体也小,这与人们以往的经验有着密切的关系。同样的人在不同背景的衬托下会产生面积大小不同的人的视觉变化。利用这种特性进行的设计创作,可以刺激人们的视觉感知,有利于平面信息的传播。

3.7.1.1 周围空间对比所产生的错觉

　　周边背景大的点小，周边背景小的点大。同样大小的两点，由于空间对比关系的作用，紧贴外框的点，较离外框远的点感觉大，而且具有面的感觉。

示例：《钱江晚报》"图视绘"版　该版面这一设计的原理是利用周围空间对比所产生的错觉。对比是一种趋向于对立冲突的艺术美中最突出的表现手法。它把版面中所描绘的事物的性质和特点放在鲜明的对照和直接对比中来表现，借彼显此，互比互衬，从对比所呈现的差别中，达到集中、简洁、曲折变化的表现。对比手法的运用，不仅使主题加强了表现力度，而且饱含情趣，扩大了版面的感染力，能使貌似平凡的版面含有丰富的意味，展示主题不同的层次和深度。

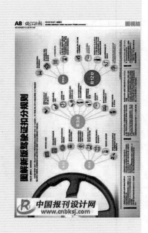

3.7.1.2 "点"的交错与重叠

　　设计图像总是追求新颖和独特，这种独特和新颖就是设计存在的价值，尤其对流行性很强的图像信息传达更显得重要。长期以来，设计图像以艺术为中心和以构成原理为手段，取得了一定成果。设计图像要把握图像的交流功能和图像设计的原则，注重主观与客观、内容与形式的统一和结合，而准确地定位、设计合适的图像是信息准确传达的原则。按重复构成法设计的版面有时显得呆板、平淡，缺乏趣味性变化，因此，在版面中可安排一些交错与重叠，打破版面呆板、平淡的格局。

示例：《海宁市中医院院报》院庆特刊　人的眼睛在获取信息的时候，视线会自觉或不自觉地在版面四角的某个角处停留，继而又往下一个角移动。建院60周年院庆特刊的设计者将展现海宁市中医院历史沿革的

照片放入版面的四角，通过文字的方向形成视觉流程，符合人们阅读报纸的习惯规律。传承篇中四个椭圆的结合，呈现出灵动的气氛。图与文的紧密结合增加了版面的感染力，展现了海宁市中医院60年来传承创新的发展历程。

3.7.2 亮度错视

　　明亮有前进和膨胀的感觉，因此，在黑底上的白点，较同等大小而在白底上的黑点感觉更大。白点有扩张感，黑点有收缩感。橘黄色的点要比蓝色的点感觉大。按照这一原理，我们可以理解为什么环卫工人的衣服要设计成橘黄色，这是为了以最醒目的形式提醒路上的司机，注意环卫工人的安全。同样，在设计中也可以用明亮的色彩，突出商标或主题文字；使用较暗或较冷的色彩，适当减弱次要部分的文字或图形。

示例：《吴江读本》"这个月去同里看油菜花吧"　该版面设计应用了亮度错觉，将图像转化为有意义的点元素，从而使人们更好地感知这个世界。点的错觉即是一种心里引导，可使版面整体的层次得到增强。

3.7.3 图底反转错觉

　　图底反转错觉提醒设计者在进行图形创作时，不要只考虑"正形"，对用来衬托它的"负形"也应加以关注。通过合理地开发和利用图形的"负空间"，充分调动起版面的每一个因素，使作品达到"以少胜多"的境界，这是一种在有限的形式内做无限创意的有效手段。图形设计本身是视觉传达设计中的一种形式，运用于我们生活的方方面面，以一种特殊而富有特色的形式传递信息，最终以视觉形象"说话"，它作为一种语言，已经成为人们交流活动中不可缺少的工具。"点"在白色背景上有扩张感，同样大小的点，由于周围点的大小不同，会使中间两个相同的点产生大小不同的感觉。

示例：《国际旅游岛商报》首版"过年了"　中国民间剪纸作为传统民间艺术的一种，在民俗活动中占有很重要的地位。民间剪纸是劳动人民为了满足自身精神生活的需要而创造的，它生存于劳动者深厚的生活土壤中，不受功利思想和价值观念的制约，体现了人类艺术最基本的审美观念和精神品质，具有鲜明的艺术特色和生活情趣。该版面充满张力的视觉中心、明确清晰的视

觉导向以及均衡合理的空间分布设计，使读者在一个秩序化了的视觉元素的组构中，完成美的视觉历程，留下美的视觉印象。

3.7.4 两个同相点的错觉

　　图像视觉传达设计的信息载体是设计图像。不同的传播形式有不同的信息载体，如听觉传播的信息载体是声音，视觉传播信息的载体是设计图像。视觉传达设计师以设计通过视觉途径表达自身和客户的意图。"点"在黑色背景上产生凝聚感，同样大小的点，由于周围点大小的不同，会使中间两个点产生大小不同的错觉。

示例：《钱江晚报》全民阅读周刊同一大小的两点，由于空间对比关系的作用，紧贴外框之点，较离外框远之大点感觉大，而且具有面的感觉。其主要原理是周围空间对比产生的错觉。

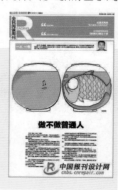

3.8 "点"在版面上的位置

点、线、面是构成视觉空间的基本元素,也是排版设计上的主要语言。排版设计实际上就是如何经营好点、线、面。不管版面的内容与形式如何复杂,但最终可以简化到点、线、面上来。当点偏左或偏右,会产生向心移动的趋势,但过于边置就会也产生离心之动感。在设计中,将视点导入视觉中心的设计,如今已屡见不鲜。为了追求新颖的版式,更特意追求将视点导向左、右、上、下等位置,这已成为今天常见的版式表现形式。

另外,准确运用视点的设计来完美地表述情感(即内涵),使设计作品更加精彩动人,这正是版式设计追求的更高境界。

示例:《天府早报》 2015除夕报纸头版,过年报纸版面 版式设计中点的空间形式是引导视觉流程的重要条件,它具有独特的艺术价值。巧妙地运用"负空间",可以创造出富有深层含义的视觉语言,注重并善于利用版式设计的负空间,是设计艺术技巧的展现机缘。这种聚散的排列与组合,带给人们不同的心理感应。点可以成为画龙点睛之"点",和其他视觉设计要素相比,形成版面的中心,也可以和其他形态组合,起着平衡版面轻重,填补一定的空间,点缀和活跃版面气氛的作用;还可以组合起来,成为一种肌理或其他要素,衬托版面主体。

3.8.1 "点"导向在上

当点偏左或偏右,会产生向心移动的趋势,但过于边置就会产生离心之动感。在设计中,将视点导向上方是今天常见的版式表现形式之一。

示例:《苏州日报》读苏州·资讯 "9月房源井喷,优惠骤减" 该版面将单个点放在版面的左上方位置,以在排列形式上迎合读者的阅读习惯,使他们的浏览过程更为顺畅,并在心理上给读者留下积极的印象。

3.8.2 "点"导向在下

设计中会用到各种各样的元素,但所有元素概括起来不外乎点线面三种,这三种元素的相互结合与相互转换就构成了世界上最好的设计。当将点元素做向下边置时,会产生下沉的心理感受。

示例:《今日椒江新闻周刊》特稿 "让爱带走冬季的寒冷" 该版面将点元素放在版面左下方,使点物象产生向下的视觉牵引力,以突出它在版面中的重要地位。点沿着直线方向作下移排列,形成一种远近变化,融合本版主题意境。

3.8.3 "点"偏左或偏右

点的编排和结构表现了作者的情绪。一件艺术作品,包括版面装帧设计的整个过程,读者都能从版面中读出情感来。当点偏左或偏右,会产生向心移动趋势,但过于边置也产生离心之动感。

示例:《华西都市报》2015,除夕报纸头版 过年报纸版面 该版式设计点的编排位置偏左,体现了设计者空间布局的意图。眼睛好比音槌,心灵仿佛是绷满弦的钢琴,艺术家就是弹琴的手,他有目的地弹奏各个琴键来使人的精神产生各种波澜和反响。

3.8.4 "点"导向斜向向下

版面对于单点的视觉作用力是受版面两条对角线以及由垂直中心轴与水平中心轴相交而成的十字的影响的。不论单点处于哪一个位置上,那些构成这个隐蔽结构的所有要素所具有的力,都会同时作用于它。

示例:《青年时报》2015,除夕报纸头版 过年报纸版面 该版面引导读者通过视觉刺激和视觉秩序,引入更深层面的意象空间,从阅读的行为中,唤起读者获得超自然的想象力,使设计师在未来的实践中能够更好地掌控和把握版式设计中的空间变化。鞭炮图形放在版面的右下方吸引读者,形成了丰富而多变的视觉影响力。

3.8.5 "点"导向在中心

当点居于版面中间的时候就会让人产生平静、集中的视觉感受。对于这种规律我们可以通过一些现象来发现它的存在。

示例:《晶报》"人文周刊"头版 当点居于版面几何中心时,上下左右空间对称,视觉张力均等,周围空间就会相应地变得空旷。通过这种排列方式,可为读者的视线提供充足的流动空间,并使读者的神经适当放松。运用视点的设计来完美地表述情感,是版式设计追求的更高境界。

3.8.5.1 "点"居中会有平静、集中感

版面设计就是"在文字、图形等创意的基础上，选择和创造最佳组合和表现形式的视觉传达语言。"它是一切视觉传达设计的舞台，在这个舞台上，无论是文字还是图形都可以被提炼成为形式要素：点、线、面。将主体物摆放在版面的中央，点居于视觉中心时，有视觉心理的平衡与舒适感，使物体的视觉形象得到进一步塑造。

示例：《苏州日报》"追梦又一年" 该版面有意识地从抽象角度运用点、线、面构成来组织版式，形成强烈的视觉形式感和设计感。当我们试图删掉那些无关紧要的细节、抽象概括设计时，便会发现理念会更加清晰，除此之外，当视线行走在点、线、面之间，我们能感受到点、线、面独特的趣味性和美的视觉享受。单个的点在版面中的中心位置时，会产生平静、集中的心理感受。从而进一步使读者发自内心地感受到欢快与愉悦。

3.8.5.2 "点"导向中心位置

视觉传达设计作为一种植根并繁荣于现代经济社会的设计艺术形态、其自身兼具艺术性与商业性。设计者应站在时间和空间的多维角度、把视觉传达设计作为一种艺术形态和信息传播手段，对其艺术特性进行深入地分析和研究。与其他视觉设计要素相比，点可以形成版面的中心，也可以和其他形态组合，起着平衡版面轻重、填补一定的空间、点缀和活跃版面气氛的作用。

示例：《今日金东》该版面根据设计的传达性、审美性、适应性、时代性原则，进行了创意与发挥，从具象表现、抽象表现、文字表现、综合表现等各种思路中筛选、深化表现技法，为突出本版主题人物将其图像放在版面中心，带给读者以顺遂，通畅的阅读感受。

3.8.5.3 改变视线中心的"点"

表现版面语言的主要手段和技巧是版面上各类元素的和谐搭配。在编排的过程中，必须做到所要传递的信息逻辑关系一致、主次分明、表现合理。

示例：《金华日报》 当"点"集中于版面的右侧时，往往会改变视线的正常流程。版面设计主要表现为视觉传达。要想在视觉上引人注目，在版式上就要有新的突破，展现个性化设计。

3.8.5.4 设计中心的突显

同样是由于点的方向性的缺乏，在以点为主的平面设计中容易出现设计中心模糊的问题。因此，在此类设计中，应该格外注意设计中心的突出。设计者可以采取增大点的面积、增加设计中心点的密集量、削弱周围环境中点的数量等手段来达到突出设计中心的目的。

示例：《北京晚报》 该版面应用平面调和与对比，使两者相互具有共性。对比与调和是相辅相成的。在版面构成中，设计者通过使用单点的排列方式，来强调该图片在版面中的重要性。局部版面图片采用对比方式来表现。图形使设计更为精炼、直观及含蓄，以其强有力的视觉吸引方式对读者进行引导，实现信息传播的最终目的。

3.8.6 "点"的三分法视觉效果

所谓三分法原则，就是根据"黄金分割"的原理进行构图，也就是指把版面横分为三份，每一份的中心都可以放置主体形态。这种构图适宜多形态平行焦点的主体，可以表现大空间、小对象，也可以反向选择。这种版面构图表现鲜明，构图简练。

示例：《姑苏晚报》"资讯·健身"专版 使用三分法是表现强大视觉效果的最受欢迎的构图方式之一，也是版面设计最常用的一种技巧。想象版面被分割为 3×3 的网格状，并将主体放置于这些网线的交汇点。正确的版面设计结合上述技巧，通常可以设计出不错的版式。版式设计即在版面上将有限的视觉元素进行有机的排列组合，将理性思维个性化地表现出来，是一种具有个人风格和艺术特色的视觉传达方式，更是一门艺术。

3.8.6.1 "点"位于画面三分之二偏上的位置

"点"位于版面三分之二偏上的位置时，最易吸引人们的和注意力，此时便可凭借创造性的加工将设计中所要表达的文化理念以更加生动、形象和富有感染力的方式传递给受众。

示例：《苏州日报》"娱乐圈"版 "黄金分割"是广泛存在于艺术设计界的一种表现手法，简单地说黄金分割就是将版面主体放在位于版面大约三分之一处，让人觉得版面和谐，充满美感。"黄金分割法"又称"三分法则"，"三分法则"就是将整个版面在横、竖方向各用两条直线分割成等份的三部分，将版面主体放置在任意一条直线或直线的交点上，这样比较符合人类的视觉习惯。将版面主体放在 4 个交叉点时，版面立刻就活了起来。

3.8.6.2 "点"高低不同的组合

版式设计中的"点"本质就是最简单的形。一片叶子、一滴水、一个影子等表现形式。点是在物质世界中最基本的元素，就如康定斯基所说，点可以在人的视觉及心理上产生点的感觉。版式设计中的点依附线、面而存在，只有当它与周围的构成要素进行对比时，才知这个形象是否可称之为点。在黑与白的交错下，同样大小的点使空间形式呈现出多样的变化。

示例：《姑苏晚报》"风尚·型男"版 该版面是一个晚报类"点"的版式，大小各异的点作高低不同或相同的组合，会有跳跃动荡、欢快的感觉，并构成具有空间感的视觉效果。

3.9 "点"在设计中的应用

在平面设计中，对点线面的运用，既要体现各自的独立性，又要体现三者之间的协调关系。可以说，掌握了点线面的合理利用，就掌握了平面设计的基石，也掌握了设计的精髓。

示例：《今日永嘉》专题 "一场新居民的欢乐盛会" 该版面中，将"点"做了合理地安排处理，真正起到了引起读者注意的作用，充分把平面构成的点构成原理应用到艺术设计中。"点"的运用牢牢地抓住了读者的第一注意力。"点"占据封面中的第一视觉位置，给人以强烈的冲击力和表现力，能够抓住读者的视线，吸引读者的注意。

3.9.1 强调整齐，形成秩序美

"点"的外形并不局限于圆形一种，也可以是正方形、三角形、矩形及不规则形等等。但其面积的大小，要限制在呈现"点"的视觉效应的范围之内。

示例：《宏大报》企业报作为新闻战线一支新崛起的生力军，与传统的新闻传媒一样，在如今人们观念更新、视野开阔的新形势下，也需要向自己的职工读者提供一种时尚美观、视觉鲜明、和谐协调的版面语言。该版面由点、线、面等元素组成。在艺术创作中讲求处理好各元素之间的关系，把握形式美感，综合各方面的审美判断能力。该企业报版面设计中，通过"点"元素的创意组合和文与图、线的合理搭配，展现了企业报版面鲜明的视觉效果。

3.9.1.1 "点"的节奏与韵律

秩序美也是一种韵律美，它蕴含在大小相同、间隔相等、横平竖直的严格模式中。整齐划一极易陷入板带，然而背水一战，也可能会产生极具个性的优秀作品。

示例：《城市早8点》"城事·美食"版 "稻草鸭领衔 特色苏帮菜" 该版面通过视觉艺术中的线条、色彩、形体、方向等因素有规律地运动变化，引起人的心理感受变化。它有等距离的连续，也有渐变、大小、明暗、长短、形状、高低等的排列构成。节奏与韵律是来自音乐的概念。节奏是按照一定的条理秩序重复连续地排列，形成的一种律动形式。

3.9.1.2 "点"节奏的感染力

相对来说，节奏是单调的重复，韵律是富于变化的节奏，是节奏中注入个性化的变异形成的丰富而有趣味的反复与交替，它能增强版面的感染力，开阔艺术的表现力。

示例：《潇湘晨报》 该版面以渔船出海作业为主体图片。广袤的海面上万船齐发磅礴向前，给人以雄浑大气之感，也宣示着捕鱼和保钓同在。

3.9.1.3 "点"能产生节奏感

"点"具有无穷尽的艺术表现力和感染力。点还能造成一种节奏感，类似于音乐中的节拍、锣鼓的鼓点。

示例：《国际旅游岛商报》 首版 "天公不作美 换花有情调 细雨薄雾中 快乐闹元宵" 该版面将相同性质的视觉元素刻意地排列到一起，以使读者在潜意识中用"点"线段来连接它们，从而形成隐性的"点"化效果，表现出一种节奏感。

3.9.2 运用自然散点的构图

点元素的构成表现中，自由点是最灵活的构成形式。将点元素自由、随意地放置到版面中，灵活的组合会让版面显得活泼生动。在设计中还可用自由的点平衡版面各部分，起到协调版面的作用，从而强调主题。如果说整齐划一如同节奏感很强的打击乐，那么散点构成就是旋律优美的丝竹曲。散点构成活泼多变，散而不乱，变化有序。

示例：自由排列优势在于能很好地让版面产生律动，给人以活泼动感的视觉效果，所以一般多用在表现速度、欢快的主题。版面中的一个"声"字为标题，众多碎点众星捧月似地衬在它的周围，它们既填补了剩余的空白，也突出了标题的主体地位。

3.9.2.1 "点"的变化

变化是一种智慧、想象的表现，强调种种因素中的差异性，通常采用对比的手段，造成视觉上的跳跃，同时也能强调个性。统一是一种手段，目的是达成和谐。最能使版面达到统一的方法是保持版面的构成要素少一些，而组合的形式却要丰富些。统一的手法可借助均衡、调和、秩序等形式法则实现。

变化与统一是形式美的总法则，是对立统一规律在版面构成上的应用。两者的完美结合，是版面构成最根本的要求，也是艺术表现力的因素之一。不论采用何种视觉形象语言来表述，散点构成的关键都在于构图的均衡，这样才能引起读者审美感受的共识。

3.9.2.2 "点"有利于构思明确的主题

"点"的群集会在版面上呈现一定的艺术效果。设计者要多用点之间的不同的组合关系，来找出一些产生美感的排列方式。

在版式设计中，点作为活跃元素可以居于版面的任何位置。位置不同的"点"会带给人们不同的视觉感受，同时也会影响版面的整体效果。因此，必须将"点"运用得恰到好处。

示例：《温州都市报》"点"的感觉是相对的，它是由形状、方向、大小、位置等形式构成的。这种聚散的排列与组合，带给人们不同的心理感应。示例这种纯文字版式，就是一个非常简洁而富有创意的素面版式。该版面用一个点来吸引人的视线，使其成为视线的集中处和交点。

3.9.3 "点"元素与版式设计

版式设计是现代设计艺术的重要组成部分，也是读者与信息传达的视觉桥梁。版式设计就是版面编排的样式。在版面上将有限的点视觉元素进行有机的排列组合，可将理性思维个性化地表现出来。版式设计是具有艺术特色及个人风格的视觉传达方式，它的原则就在于图与文的结合方面。将图片和文字作为分割的两部分，则显得很生涩，使整个版面缺少设计感。

示例：《姑苏晚报》该版面传达的内容是2014年巴西世界杯比赛。在此版面中，将图与文结合得比较紧密，两种元素都既可以作为点，同时也可以转化为一个面，两者的点线面相互穿插使用。

3.9.3.1 整体与局部变化相结合

评价一个好的版面的关键在于，总体风格一致的同时又有不同的变化，既统一又不呆板。整个版面作为一个整体的面的基调是一致的，但在细节上的变化更显出版面编排的特色和水平。

示例：《姑苏晚报》该版面在留白方式上打破了通常的做法，文字基本上都是顶着排的，因为图放在中间，文字顶着排显得整个面更加紧凑，而且这种结构使得整个面显得较为修长。整个版面的图片颜色都是经过处理的，与基调十分和谐。

3.9.3.2 文字转化为点与图形的结合

文字也是可以以点线面各种不同的形态出现，例如整个排得很满的字块就组成了一个平面。

示例：《姑苏晚报》风尚·姿本"晒后修复 每日必修" 这样的版面单独放置文字会显得单调，而在版面中将它与图形结合起来使用，在大块的文字的后面加上了一幅图的轮廓，且图的大小超过了字块，使得整个版面显得大气而不局促。

3.9.3.3 图形与文字结合形成整体

在版面上图形与文字是独立的形象元素，而将它们的形象结合起来，可在版面中形成一个整体。

示例：《成都晚报》要闻"300余件作品来蓉参选" 该版面用颜色条组成一个色块将白色突出来，将黄色线条图形分离组合，在整体上加深读者对这种图形的印象，同时也将它作为一个标识来处理。

3.9.3.4 整体选择和编辑素材的颜色

设计版面很重要的一项工作是对插图的选取。在选取插图时，每幅图片的色调都可能是不同的，甚至有的是冷调、有的是暖调。为了使更小的点元素能与整个版面融为一体，可对颜色进行处理。

示例：《姑苏晚报》 该版面内容传达的是2014年巴西世界杯比赛。该设计既显示出图的不同而又与整体的色彩保持一致，而其他文字颜色的选取上所用的是黑色，可使得素材的颜色与基调一致。所有的颜色组合显示出一种宁静而又灵动的感觉。

第4章 版式设计中的"线"

　　点移动的轨迹成为线。线在版式编排构成中的形态很复杂,有形态明确的实线、虚线,也有空间的视觉流动线。然而,人们对线的概念,往往仅停留于版面中形态明确的线,而对空间的视觉流动线却往往会忽略。实际上,人们在阅读版面的过程中,视线是随各元素的运动流程而移动的。对这一流程人人都有体会,只是人们不习惯于注意自己构筑在视觉心理上的这条既虚又实的"线",因而容易忽略或视而不见。实质上,这条空间的视觉流动线,对于每一位版面设计人员来说,都具有相当重要的意义。

4.1 构图基本要素之"线"

通过上一章的学习,学习了"点"的相关知识。在这一章中,将讲解另一个重要的构图基本要素——线的相关知识。

示例:《城市商报》对于版式设计来讲,线元素是必不可少的创作元素。根据主题的需求,设计师为此版面选择线框与红色底进行设计,它拥有多变的、过年喜庆的表现形态,利用了线条的表现方法和特点,在版面中展现出其独特的意义。呈现出的视觉效果是一条有生命力的线,也是凝结了思想感情的符号。

4.1.1 什么是线

极薄的平面互相接触时,其接触的地方便会成为线。线也可以说是点的连续和延长,有直线、曲线、折线、粗线、细线等形式。从平面构成来讲,它既有长度,也有一定的宽度和厚度,它在设计中是不可缺少的元素。线比点更能表现出自然界的特征,自然界的面和立体,都由线来表现。线是一切面的边缘和面与面的交界,并且是有长度的。

示例:《苏州日报》城市精神版面的主图中,蓝天形成的面与海形成的面的相接处,就形成了一条线。线条是客观事物存在的一种外在形式,它制约着物体的表面形状,每一个存在着的物体都有自己的外沿轮廓形状。该版面应用的线条组合方法,按照内容主题分类,从内容角度选用词语来表达信息资源中论述的主题概念。用来表达信息内容的词语称为主题词。按内容主题分类是指以自然语言中的词语或规范化的词语作为揭示主题的标识,并以此标识来编排组织和分类的方法。

4.1.1.1 线是点运动形成的轨迹

线是由点的运动形成的,是点移动的轨迹。线作为表现最基本形态的语言,其视觉性质与几何学定义是相悖的。在版式设计中,点移动的轨迹就形成了线。每一种线都有它自己独特的个性和情感,将各种不同的线运用到版面设计中,会获得各种不同的效果。

不同形式的线决定版面形象的基本要素。

示例:《苏州日报》"苏州发布·旅游"版"苏州'精品一日游'今起面市" 该版面利用线条表现方法和特点进行创作。读者可感受线在版面中的独特意义及丰富的造型表现能力。此处用六角形处理的旅游图片具有点的性质,当排列成队列时,就具有了线的性质。

4.1.1.2 线具有位置和长度属性

线是具有位置和长度的,但线又必须使人们能够看到,所以线还得具有一定的宽度。

示例:《城市商报》旅游周刊"到昆山看海峡两岸彩灯斗艳" 该版面中,彩灯图片的边缘形成了一条线。艺术同样必须重视线条的提炼和运用,要善于利用角度、光线、镜头等自身特有的手段,把不同物体的、富有表现力的外沿轮廓加以突出和强调,使之清晰简洁,借以再现准确、鲜明、生动的视觉形象。

4.1.2 "线"的概念

概念如何形成?在视觉语言中的概念最初由现代抽象艺术理论的奠基人和实践者康定斯基提出。在几何学中,线只有长度没有宽度。在造型学中,线不但有曲直、粗细、面积及浓淡、流畅之分,还具有虚实、肌理、质感和性格。线也是相对的概念,太短为点,太宽为面。

示例:《城市早8点》"话题"版"黄金周难逃'黄金劫'" 在该版式中,线游离于点与形之间,具有位置、长度、宽度、方向、形状和性格。直线和曲线是决定版面形象的基本要素。每一种线都依它自己独特的个性与情感而存在着。将各种不同的线运用到版面设计中去,就会获得各种不同的效果。所以说,如果设计者能善于运用它,就等于拥有一个最得力的工具。

4.1.2.1 "线"的描述

线是点的延伸与扩展,它是点的运动轨迹。线带有明确的方向性。线有着鲜明的特质,主要表现在线的长度上,而长度是按照点的移动量来决定的;除了移动量之外,点的移动速度也支配着线的特质变化。线的长短、粗细也是相对而言的,当线的长度缩小到一定的比例,在环境的作用下,线的性质开始向点的性质方向衰减,而当线的宽度超过一定比例,线就又开始向面的性质方向转化。

示例:《东莞时报》报纸编辑对版面的认识和理解,不能仅仅停留在艺术式编排的技术层面上,还应该上升到媒介产品的定位与设计、媒介精神及企业文化的展示方面。该版面在设计中利用线的方向性指引读者的视线。线随着方向的不断改变呈现出丰富的视觉效果。版面既是一张报纸形象的集中表现,又在很大程度上向社会公众展示着报纸的风格和特色。

4.1.2.2 "线"空间的视觉流动线

从线性上讲,线具有整齐端正的几何线,还有徒手画的自由线。物象本身并不存在线,是面的转折形成了线。形是由线来界定的,也就是我们说的轮廓线,它是艺术家对物质的一种概括性的形式表现。

实际上,视线是随各元素的运动流程而移动的,只是人们不习惯于注意自己构筑在视觉心理上的这条既虚又实的"线",因而容易忽略或视而不见。

> 示例:《姑苏晚报》人文周刊　该版式就体现了"线"空间的视觉流动感,尽管这条空间的视觉流动线往往会被人忽略。

4.1.3　"线"的基本要素

线是拥有长度的几何元素。在几何学中,线的定义为任何点在移动时所产生的运动轨迹。线元素是组成平面设计的基本元素,并且在视觉上有方向性。点移动的方式将决定线的形态,如弯曲的移动方式会形成曲线,笔直的移动方式会形成直线等。在版式设计中,线被赋予了粗细、色彩、材质和虚实等造型能力,随后人们又为线加入了多种编排手段,以此来丰富线元素的表现力。

> 示例:《姑苏晚报》　点的移动产生线。当点在移动的过程中变化方向,就形成曲线;当点的移动方向间隔变换,则为折线。在该版面中,设计者运用曲线的组合形式,使版面表现出韵律感。

4.1.3.1 "线"的长短

顾名思义,长线就是指那些相比之下长度值偏大的一类线条。这类线条给人的视觉感受往往是洒脱与直率。短线是指版面中那些在长度值上偏小的一类线条。除此之外,设计者还要利用线条在外形上的修长感打造出具有延伸性的版式效果。

> 示例:《姑苏晚报》新年专版 "各国政要新年贺词"　该版面设计利用了线条在表现形态上长与短间错的形式。线条、色彩在特殊方式下组成形式或形式关系,唤起读者的审美感情,这种组合产生的美感形式,称之为有意味的形式。"线"具有分割、组合空间,点缀版面,直接构成线性图形,平衡版面,增强装饰性效果,抒发情感等多种作用。线是版面的经络网脉,它能对视觉产生分隔、伸延、指引和烘托的效果。往往使用细细的一根线,便能立即使版面清晰、精致,使部分得到强调,并增强了版面的"版式感",从而令版面层次分明,增强节奏感、韵律感。

4.1.4　"线"能表达美丽而独特的含义

在视觉设计上,线比点更能表现出自然界物象的特征来。线在外形造型上具有重要作用,封闭的线构成型,决定面的轮廓,自然界所含的面及立体都可以通过线来表现。通过线对轮廓的描述,人们可以清晰地了解这是物象的抽象形态。所以,线所具有的视觉性质是很重要的要素,具有很重要的地位。

> 示例:《东方今报》头版 "公安部回应 中国式审车"　在该版式中,"车"字轮廓内加相关信息的设计,使版式美丽而独特。用红色的"车"字轮廓"线",将线所能表达的意义最大程度地扩展,在有限的版面上表达无限的含义。

4.2　"线"的种类

根据形态、作用及性格,线概括起来分为两大类:直线系和曲线系。直线系中又分为垂直线、水平线、斜线,曲线系可分为几何曲线和自由曲线。这些不同的线代表不同的性格。不同种类的线会产生不同的性格特征。

> 示例:《北京晚报》头版 过大年,闹新春的报纸版面　该版面以双喜字组成,双喜中插有图片使视觉元素井然有序,丰富而统一,主题通过双喜字的构图、版式和色彩,传达给人。其实以轮廓线划分图与底之间的界限、描绘形象时,应用平面设计的规律,灵活运用,做出美妙的设计,营造出丰富的视觉效果来。

4.2.1　从形态分类

在平面构成中,线与点一样也具有一定的表现形态,如线的粗细、虚实和长度等。视觉元素(即基本形)的组合形式,是通过框架、骨骼以及空间、重心、虚实、有无等因素体现的,其中最主要的因素是骨骼,它是可见的,其他因素则有赖于感觉去体现。

> 示例:《苏州日报》我和我的城市这一年·宜居苏州 "'幸福快车'再提速"　该版面设计利用了线作为骨骼形态,线元素在空间中传递了情感信息,在此过程中体现出了设计者对线的表现规律的认识与把握。如空间、重心等因素,则有赖版面内容去体现。

4.2.1.1 直线

线在版面设计中有着广泛的运用，它是设计中一个重要的视觉造型元素。直线可以表现点与点之间最短的距离，给人直截了当和速度感，我们往往在表现运动和力量的设计中可以看到它的身影。在现代版面设计中，线的形式更多地表现为直线，包括平行线、折线、集中线、交叉线等。

示例：《温岭医院》专版"邵逸夫医院考察记" 该版面在标题两侧加了直线。使用线的关键是有方向地行进，所以在视觉审美现象的研究中，线具有视觉导引作用。

4.2.1.2 曲线

曲线包括几何曲线和自由曲线。也可分为开放的曲线（弧线、漩涡线、正弦曲线、波浪线、抛物线、双曲线、垂线等）与封闭的曲线（如圆、椭圆、心形等）。曲线的特性：丰满、感性、轻快、优雅、流动、柔和、跳跃和节奏感强。曲线还可分为圆和圆弧形态的几何曲线，圆规画出的曲线，用手工画出的自由曲线和用曲线规画出的曲线。几何曲线具有现代感和准确的节奏感。自由曲线具有柔和的自由感和变化的节奏感。

示例：《大同晚报》该版面将平面设计的几何曲线，按照一定的规则在平面上组合成心形图案。在二维空间范围内以轮廓线划分图与底之间的界限，描绘形象。该设计将元素排列成有含义的视像，在设计的视觉元素上进行了挖掘和提炼，并将之放于载体上，达到信息传达的作用，使之更充分、更贴切地服务于设计的主题和内容。

4.2.2 从形式分类

线条是一种存在于现实生活或者艺术作品中的视觉形态要素，是和形、体、色、光等视觉元素同时并存的。它给读者的感受最大，因为它们谐调：大到作品与周围环境的关系，小到作品自身形象局部中一点、一线间的相互呼应，都是那样的和谐，充分体现了人类尊重自然、对天人合一观念的推崇。线的构成形式：面化的线（等距地密集排列）；疏密变化的线（按不同距离排列）；透视空间的视觉效果为断；粗细变化的线，虚实空间的视觉效果为实；错觉化的线（将原来较为规范的线条排列作一些切换变化）；立体化的线；不规则的线。

示例：《青岛早报》2015，除夕报纸头版报纸新春特刊 该版面采用了中国传统文化的羊形式来设计。传统文化是对文化历史的积淀，在平面设计中，正确地运用传统文化内涵和形式，可引起读者的共鸣，提高平面设计的艺术亲和力和感染力。

线的编排构成分为：实线、虚线和空间视觉流动线。人们对线的概念一般都仅停留在版面中形态明确的线上，而对空间的视觉流动线则易忽略。

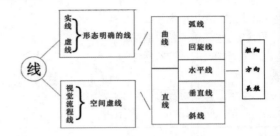

4.2.2.1 实线

实线带来积极、明确的感受。几何线带有一定的机械性，同时也带有数学的神秘感。直线的不同方向也会造成不同的视觉效果，这种心理效果的产生，往往与人们视觉经验中所形成的习惯分不开。

直线给人以单纯、明确、庄严的感觉，包括垂直线、水平线、斜线、锯齿线、折线等。

示例：《华商报》 该版面是关于南北中轴路禁止停车及限速的交通专版，版面干净清晰，制图简单而清晰、明快、条理，具有富于弹性的空间关系。该版面结构紧凑，信息组合易读，既具备高度的视觉传达功能，又有强烈的秩序感和时代感。

4.2.2.2 虚线

虚线由不相接的点组合而成，有消极、含糊的视觉感受。在版式设计中，虚线能给读者提供想象的空间，并以此激发他们的想象力，而实线则会带给读者以真实的视觉印象。

示例：《苏州日报》700 期·特刊 "致我们珍藏心底的记忆" 该版面的设计以"视觉"作为沟通和表现的方式，借助多种方式结合符号、图片和文字进行创造，传达思想或信息。设计中将线的形态进行了有效组合，从而形成虚实相生的版面效果，同时也使版式空间呈现出较佳的协调性。

4.2.2.3 隐藏的线

隐藏的线指心理虚构存在，通过形态间的间隙来暗示读者产生线的心理感受。这里的虚实可以理解为线条的无形与有形两种形态。在版面中，这类线条没有明确的视觉形态，它们往往存在于潜在的元素中，如地平线、具有规律性排列的点元素等。由于虚线没有直观的可视性，因而读者需要经过一定的观察与思考才能发现这些无形的线条。所谓实线，是指那些拥有实体形态的线条。

示例:《城市商报》时髦度"平民衬衫 深冬穿更有味" 该报纸版面以实线框形式在视觉上给人以强烈的真实感与存在感,并引导读者跟随线条的运动轨迹来完成对版面信息的浏览。在版面设计中,实线无论是规整的直线还是自由的曲线,都能使版面在综合表现上更具优势。虚线与实体线在概念上恰好相反,它是指版面中没有实际形态的一类线条,简单来讲,就是在视觉上没有给人带来明确印象的虚拟线条。由于虚拟线条不能给人带来直观的视觉印象,因此,读者在接触该类版面时,需要经过认真观察才能发现它们,如灰底色左边隐藏的线。

4.3 "线"的特性

设计是科技与艺术的结合,是商业社会的产物,在商业社会中需要艺术设计与创作理想的平衡,需要客观与克制,需要借作者之口替委托人说话。设计与美术不同,设计既要符合审美性又要具有实用性,替人设想、以人为本,设计是一种需要而不仅仅是装饰、装潢。构成艺术中的任何形态,都包括两个方面的性质:一是自身独立表现出来的性质,二是组合后所具有的性质。

示例:《城市商报》在该版面设计中,蜿蜒的曲线是设计中应用较为广泛的一种形式,它在自然王国里随处可见。在现代版面空间设计表达中,蜿蜒的曲线常常带有某种神秘感,因而受到大多数设计师的热捧。不同的曲线形态将对空间产生非常大的影响,蜿蜒曲线的自然身姿往往可以给空间带来戏剧性的效果。曲线以其自身多变的特性为空间带来柔美、优雅、轻松、虚幻、动态的视觉效果。因此,蜿蜒的曲线是版面造型设计中的理想选择,与自然能够取得最好的协调。

4.3.1 线的独立性

一条线以不变的距离绕着一个看不见的固定点进行运动即得到一个圆圈。注意:一个圆圈就是一条线,而不是一个点。最后形成的图形是在一个较大的正点的顶部出现一个白色的负点。

螺旋形线条看起来同时进行着向内和向外的运动,因而它具有一个单一点所具有的视觉力量。

(1)一条细小线条既没有中心,也没有块面,仅表达了线条的方向对周围空间的影响。

(2)打断线条(虚线)可以增进线条的表面活跃性,而又不会造成其运动和方向的改变。

(3)几根细小的线条排列在一起可形成肌理,这点与多个大小相同点密集排列所产生的效果相似。

(4)把线条分开,可引起读者对个别线条的注意,还可以引起读者对线条之间的间隔及可能有的任何变化的关注。

(5)一组线条里发生粗细变化,就和线条之间发生了间隔变化一样,使人对空间的深度产生错觉。线条间距离比较近,就会产生张力,从空间中突显出来,而那些相互离得较远的线条则显得凹陷下去。

(6)如果某些线条倾斜下来与其他线条相交,它们的空间深度将会凸现出来——如果它们的粗细也改变的话,那么凸现的情况会更明显。

(7)对比于粗线条,虽然细线条看起来要显得比较靠后,但是我们的大脑还有可能被说服为,相交的细线条是处于粗线条之前的位置上的。

(8)二条粗线条相互靠得很近:在它们中间就产生了第三条线,是负的线。这条负的白色线条的视觉效果相当于把一个正形置于一个纯黑色的元素上,即使这条负的线的两端都缩短到了空间之内。

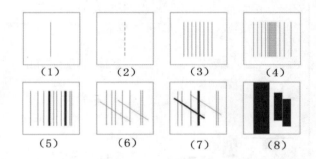

（1）　　　　（2）　　　　（3）　　　　（4）

（5）　　　　（6）　　　　（7）　　　　（8）

两条线相交产生角,而交点成为两条线往两个方向运动的出发点;多条线相交让人产生线条往不同方向运动的感觉。

一个很尖的角让人感到从一个方向到另一个方向进行的快速运动。

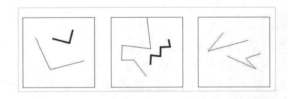

两端均超出版面的线条强化了它们在各自方向上的运动感,如果线的起点或终点处于版面内,它们的定向运动则从持续不断变为端点明确。结果线与其周围的空间或图形的张力将大大地增加,因为读者的眼睛可以看到线的起点和终点。

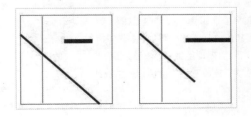

白色（负）的线与黑色（正）的线在前景（或背景）相交，可产生复杂的空间关系。

许多线排列在一起可产生韵律感。一组线条经等距排列后可产生一种均匀且呈静态的节奏；以不同间距排列则可产生一种动态的切分音的韵律，线条间的空间不同可影响到感知的韵律，还可能因此产生发展、次序、重复或规律等含义。

线条间隔的韵律变化可产生定向运动，变化得越复杂，以及线的粗细变化越大，则韵律和运动也就变得越复杂。

线在一个版面上可以打破空间，也可以连接空间。打破或连接这些空间，就发挥了线与其他图形在这个版面上的相关附加作用。

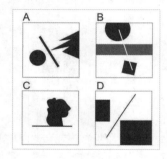

A.线对圆形起保护作用。

B. 白色的线条跨越障碍物把两个图形连接在一起。

C.线和图形构成对照，但又对它起到支撑作用。

D.线连接了两个空间。

4.3.2 粗直线

在平面设计中，主要是由图形或文字的组合形式来传递信息的，同时，设计者应该注意文化经验对视觉传达的影响，通过作品传递文化信息更好地安排图形、色彩、文字等视觉元素，提高这些要素对受众产生的视觉冲击效果，使作品更具视觉感染力，以达到传播信息的目的。

示例：《城市早8点》在该版设计，把当新年来临、张灯结彩、送旧迎新的主题图，通过视觉元素粗实线分隔，按照一定的规则在平面上组合成图案的描绘形象，表现迎新年之意。这样可使构成变化不杂乱，两者的表现更生动，不但使版面产生紧凑感，还能避免冷漠僵硬的情况产生。

4.3.2.1 直线类的"线"

直线之中又分垂直线、水平线、斜线。在视觉平面艺术中，线可以根据不同的设计需要进行分类，如从可描述性上来讲，线可以分成几何线和自由线；从情感表达来讲，可以分成积极线和消极线等等。

示例：《华商报》 该版面为普通要闻版面。文字编辑对信息内容进行分拆，制图编辑把文本信息"翻译"成视觉化的信息，美术编辑进行有机地组装，这样一个经过策划的版面就这样出现在读者的面前。

4.3.2.2 粗直线

线，无论是直线、折线还是曲线，都有着各自不同的性格，会因方向、形态、色彩的不同而产生不同的视觉心理感受，从而产生各种情感。粗线产生的心理效应是清晰、单纯，具有男性性格的刚性和直接固执感；细曲线给人以轻柔、优雅、婉转、流畅、舒适、和谐感，最易于表现动态，易构成调和的韵律感和浓郁的装饰趣味。深色系线的凝重、沉稳，灰色系线的柔和、素雅，浅色系线的明快、活泼，都会因不同的表现手法而产生不同的视觉心理感受。

示例：《东莞时报》 该版面是为2010南非世界杯·连版系列所做的设计，采用了纵横交织的粗直线表现。粗直线有强迫的意志，表示强调、禁止等意思，具有很强的表现力，同时给人厚重和粗笨的感觉。粗线的特性是厚重、锐利、粗犷，严密中有强烈的紧张感。

4.3.2.3 用交替的粗直线表现节奏感

粗线的定义与细线恰好相反，主要指在宽度值上相对较大的一类线条。在同一个版面中，相对于细线来讲，粗线拥有更鲜明的视觉形象，能带给读者以直观的印象。同样两条长的线，粗的给人近的感觉，而细的则有后退的感觉。

示例：《会稽山报》 在版式设计中，"线"条的不同粗细、方向、形态、色调等的变化都有助于减少简单重复的单调感，交替出现的重复所形成的节奏具有多样性。由于粗线能在版面中留下明显的视觉痕迹，设计者往往会利用这种线条来引导读者的视线，从而完成对版面有效信息的浏览。

4.3.2.4 用粗线条组合设计

如果文章大多比较短小，版面容量相对密集。粗线条就不能运用过多，否则会使整个版面显得较为僵硬。长线具有持续的连续性、速度性的运动感。

示例：《金华晚报》时尚周刊"'西服控'的爷们范"该版式设计上充满流畅的线条，动感、时尚、大气，的确是符合年轻人胃口的设计风格。组合分隔式设计用粗的黄色"线"，版面简洁，较有特色。

4.3.2.5 用粗"线"条分割与规划版面

线条是报纸版面设计中最主要的设计要素，从某种程度上讲，线条决定着版面的情调。处理线条时，要注意一个版上线条的关系，也应考虑版与版之间线条的呼应与协调，因为不管一张报纸有多少个版面，它总是一个整体。线条能帮助版面进行分割与规划，以打造出规范有度的版式结构。

示例：《城市早8点》该版面设计对图片、图像等视觉元素进行了合理地切割与剪裁，以完成对该类元素的艺术性改造。版面右边图片用全封闭框线框住，整个版面被划为大大小小的块状。这样一来，读者在阅读文章时，视野被文章框线约束，能有效防止目光散射，更好地集中精力阅读。

4.3.3 细直线

在同一条线里，从头至尾的粗细变化，会产生远近感。细直线，表现出秀气、锐敏和神经质的特点。细线的特性是纤细、锐利、微弱，有直线的紧张感。

示例：《合肥晚报》元旦报纸头版"2013我们的爱与梦想"该版面以线的排列表现爱与梦想，描绘的线条与背景环境之间的距离感和深度感，体现出悬浮的魔幻空间感。版面在视觉上给人无限交叉延伸的立体空间。线纤细流畅，有很强的心理暗示作用。整个版面显得简洁明快、鲜明醒目、轮廓分明，能把信息快速、便捷地传递给读者。

4.3.3.1 用细直线表现秀丽

采用细直线的表现方法，可以给人一种秀丽感，使得版面显得柔美、敏感和精致。

示例：《金华晚报》在该版面的设计中，采用了细直线加黄底色的表现方法，从适应读者阅读的角度去运用线条来设计版面，使版面给人一种秀丽感，同时又给人锐利的印象。

4.3.3.2 用直线表现静态感

在平面设计中，线条是构成版面的关键性要素，通过不同的表现形态可表达出风格迥异的版面情感。

示例：《苏州日报》"婚天喜地"版"喜结莲鲤"直线因为缺少节律的变化而具有静态意味，这正是运动节律存在的矛盾前提。该设计对线条运用得恰到好处，起到分割、联结和美化版面的作用，使得版面不仅不显单调，而且格外雅致，品位高，符合读书报的身份，适合读者的口味。静态品格和活泼的节律对艺术表现有同样的价值。

4.3.3.3 用线条表现巍峨气势

用垂直线条表现形象和图片场景，有助于烘托形象高大、雄伟、向上、挺拔的艺术效果。

示例：《卧龙报》专版 用垂直线条表现形象和图片场景，可使人感到青春活泼、健康向上、充满希望。这种设计也突出了会场人物的精神面貌和场景的巍峨气势。

4.3.4 锯齿状线

锯齿状线，给人一种焦虑、不安定的感觉。熟练地把握线条在版面上的运用，对于表达报纸的编辑思想、版面感情色彩和吸引一定的读者群有着不可估量的作用。

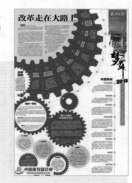

示例：《苏州日报》我和我的城市这一年·率先苏州"改革走在大路上"在该版面的设计中运用锯齿状线表达了改革的效果，突出了改革的经验。信息分类放在齿轮上呼应了走在大路上的主题，并用不同圆圈内的信息表达改革艰难但又一环扣一环只能向前走的意境。

平面设计是通过人们的视觉来理解的，实际上是将信息用图形化的语言来表达的艺术。锯齿状直线设计的本质是创新，构思是设计的灵魂，只有独特的设计构思才能给观者留下深刻的印象，引起共鸣。要强调简洁的构思。设计简洁、独特、富有个性，则视觉冲击力强。设计师将本土的传统文化与现代设计艺术相融合，可以充分发挥艺术的表现魅力。

示例：《国际旅游岛商报》首版"2013海南民生十记"线就是运动中的点，在此版面中成为视觉中心。对比关系是产生视觉刺激的基础，对比包括明暗对比、方向对比、大小对比、曲直对比等。此外，一条有声有色、感染力强的标题，三言两语便扣住了读者的心弦。标题的编排形式多样，标题各行左端平头或右端平头、引题主题副题留白适当、黑白错落有致等，均极富现代气息，易于吸引读者的视线。

4.3.5　无机线

无机线是用工具量出来的直线，带有机械化的感情性格，缺少人情味。

示例:《齐鲁晚报》　该版面运用无机线的表现方式，给人一种机械感和科技感。

4.3.6　线的组合

线的形态种类繁多，但最基本的是直线形态和曲线形态。在平面空间表现中，任何线形态都是以这两种线为基础扩展和引申出来的。

示例:《三峡都市报》2014 除夕报纸头版 特刊　在同一个版面中，相对于细线来讲，粗线拥有更鲜明的视觉形象，能带给读者以直观的印象。由于粗线能在版面中留下明显的视觉痕迹，设计者往往会利用这种线条来引导读者的视线来完成对版面有效信息的浏览。

4.3.6.1　规则的组合

在平面构成中，若用粗细相同的直线，按照数学中固定的数列来进行设计，则构成的图形在造型上比较容易得到统一，有秩序，但变化较少，显机械性，因而较为单调和缺少感情。

示例:《温岭医院》　线的粗细是经过一番对比得来的结果，它能在外形上给人以非常直观的感受，因此仅凭肉眼就能识别线条的粗细程度。在同一个版面中，将那些在宽度上相比较窄的一类线条称为细线，这类线条具有纤细的形态与柔软的质感，能在视觉上给人以细腻的印象。

4.3.6.2　不规则的组合

在平面设计中，将粗细不一的线条安排在同一个版面中，使粗线的豪放性与细线的细腻性在视觉形式上得到有机地融合，即可打造出极具张弛感的版式效果。除此之外，还可以通过调整粗、细线条在版面中所占的面积比例，使版面呈现出相应的节奏感与韵律感。

示例:《钱江晚报》由于新闻报道文字长短的不同，也使区分它的线产生了疏与密的变化。线条密集的地方（小块文章密集的地方）显得热闹、紧凑；线条较少的地方（排放大块文章的地方）显得宽松。粗线条与细线条交替变化出现，会使版面产生一种节奏感。线可以调整版面，达到统一版式的效果。

4.3.6.3　规则和不规则的组合

按照某种固定的形式进行线的组合，在组合图形中加以部分变化，使其产生不同的造型方式，这也就是规则和不规则的组合造型方式。

示例:《城市商报》　该版面利用线条分隔不同图形进行重新组合，总的基调是整体上的协调和局部中的对比，于统一之中又设计有灵动的变化，从而产生和谐的对比效果，形成总体的情调和感情特征。这样，整个版面既有视觉上的美感，又符合人们的欣赏需求。"跨年2014 入场啦"，对图形和文字进行有效的版式编排与组合，使构成变得丰富而有创意。

4.3.6.4　线组合的分割

以线为造型要素，先组合成整张的组合版面，再把整个版面用直线或是曲线作有规律或无规律地自由分割。有规律地分割常要用数列关系来推算，无规律地自由分割可根据作者的意愿来进行分割。线的分割有:平行线分割、直线分割、弧线分割、垂直与水平线分割与放射状分割等。

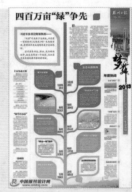

示例:《苏州日报》"四百万亩'绿'争先"　该版面利用"线"形态的变化，组合出"绿"争先信息，色彩以绿为主，内容体现个性，个性也表现为形式的独特性。这种内在的风致情调是通过报纸版面的外在形式表现出来的。不同的韵味运用不同的形式，显现出不同的风致，搭配合理，则意境丰富。风致即个性，有个性才能区别于其他，从而满足各阶层读者多方面的需求。

4.3.6.5　线的调和统一

不同形、不同质的元素，它们本身就有着强烈的区别，组合在一起时就会产生强烈的对比。组合的目的，是为了增强其视觉传达功能，赋予审美情感，诱导人们有兴趣的进行阅读，因此在组合方式上就需要顺应人们心理感受的顺序。

示例:《宁波晚报》"我们的祝福"　在视觉传达中要向读者传达意图和各种信息，就必须考虑整体诉求效果能给人以清晰的视觉印象。该版面设计利用了边框和版面中的剪纸图片，具有单纯简洁的美感，调整它们之间的关系和彼此之间的联系，便可由对比向和谐转化。

4.3.6.6 线的面化

直线或曲线作平行方向的扩展、延伸或辐射状排列的密集处理，可以形成面的感觉。密集程度越高则面的感觉越强。

示例：《今日早报》 该版面用直线、曲线、自由线组合成"2014"字样，富有灵活、优雅感，引发人们更加丰富的想象。自由曲线的美，主要表现在其自然的伸展，并形成面的感觉。再将这些由不同的线形成的面，经过适当地组合，借助大小、疏密、节奏等设计手法，便可形成优美的版面。

4.3.6.7 线动成面

线如果按照一定的规律进行等距离排列，就会形成色的空间，并产生出面的感觉。

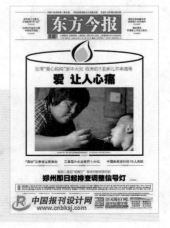

示例：《东方今报》头版 该版面内容为介绍兰考的"爱心妈妈"。线的应用，形成面的感觉，产生亮点。正是这些亮点与特色吸引了人气，凝聚了人心。

4.3.6.8 线的排列

规则排列的线显示了标志刻度般的精确和标准化。线如果以不同的距离间隔进行排列，或线有粗细变化，将会产生不同的肌理效果。

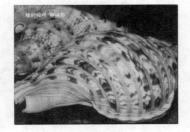

4.3.6.9 线的位置

随意陈列的线散乱，并由于线的交叉，产生了冲突。设计者应掌握线的构成语言，在版面中，仔细考虑线的方向、宽窄、疏密、节奏韵律与均衡关系等问题，通过对线的处理，体现线性格的多样化。

把线和版面的边缘相连，则版面充满坚定和力量感。把线按不同的距离进行平行排列，线距大的部分看起来空灵，而线距密的部分则表现出厚实感。这样的构成，可以体现出平面的纵深感，并能表现平面的明暗调子，是较为常见的透视空间表现技法。

示例：《城市早8点》该版面运用线的性格特点来表现思想，通过对视觉虚线内动力的灵活运用，把握抢红包的气氛，给"线"注入了活力，丰富了设计语言。

4.3.6.10 独立的线

即独立于版面中间，孤立、没有方向的线。在报纸的版面设计中，"线"主要用来构成版式中的骨架，而用粗线、细线、花边线构成的封闭线框，除了排除相邻内容之外，也能起到突出自身、提高视觉传达力度的效果。

示例：《海亮报》新春专版 该版面运用造型原理，对版面内的文字字体、图像图形、线条等元素，按照一定的要求进行编排，并用粗线艺术地表达出来，使读者直接感受到设计者要传达的思想。

4.3.7 线的形态

在构成设计中，线运动的方向不同也会给人留下不同的印象。左右方向流动的水平线，表现出流畅的形态和自然持续的空间；上下垂直的线给人以力学的自由落体感，它和积极的上升形成对照，可产生强烈的向下降落的印象；由左向右上升的斜线，给人以明快飞跃的运动感。设计者任何的发挥都应该是统一在一个和谐的主题之下。很多看起来不那么美的东西在和谐的前提下结合起来，往往就有了艺术的美感；反之，很多美丽的事物因为不合理的搭配反而丧失了美感。因此，报纸的版式设计应服从于报导的主题事实。

示例：《今日永嘉》交流读书心得副刊 该版式设计成一本摊开的书，将七个读书心得统一安排在一个主题之内，既突出了主题又美化了版面。

4.3.7.1 直线的形态

一般直线的感觉是明快、简洁、有力、通畅，有速度感和紧张感。线从来不以如实模仿和再现客观现象为目的，线不是摄影机，而是在客观的土地上进行理性耕耘结出的形式之果。培根说过，艺术等于人与自然相乘。线正是连接人和自然的天然纽带。

示例：《苏州日报》旅游版 "民俗童玩欢度金秋" 该版面中粗的垂直线代表信心，细的垂直线给人细弱、渺小的心理反映，用"线"的方式表现出了独特的功能和内涵。线丰富的表现内涵都是以符号的方式来传达的。

4.3.7.2 曲线的形态

线最善于表现动和静,直线表现静,曲线表现动,曲折线则有不安定的感觉。直线具有男性的特点,有力度、稳定,直线中的水平线平和、寂静,使人联想起风平浪静的水面,远方的地平线;而垂直线则使人联想到树、电线杆、建筑物的柱子,有一种崇高的感受。线在构成中起着非常重要的作用。

示例:《齐鲁晚报》曲线是几何线型的一种,也是常用的形态设计语言,释读时能产生简约性、多相性、亲柔性的特殊感受。该版面从形态设计语言的角度剖析了曲线的三重品格及其融合成的综合感知意象,阐释了作为形态语言的曲线在作用于人的情感时区别于其他线型的独特品格。用变形的 G 加箭头的表现形式说明 GDP 自由曲线自然的延伸,线则有一种速度感,自由而富有弹性。线有很强的心理暗示作用,也具有秩序、规整的美。

4.3.8 线的方向

线在平面设计中以其独特的情感与个性存在着,它是视觉传达时,运用最为频繁的一种元素。各种各样的线在设计中起着划分、界定版面的作用。作为设计中最为基本的元素,线比点和面更具有影响力。线在视觉上占有了比点更大的空间,线的延伸带来了各种不同的动势,它可以串联起各种不同的视觉元素,也可以使版面充满着动感。

示例:《重庆晚报》 该版面内容表现的主题是疯狂入市,应用了线这种单纯且又概括的构图元素,并赋予其情感因素,以表现主题,同时将这种情感因素传达给受众。这里的线还起到支撑版面和使版面具有稳定性的作用。线在平面设计中是运用最多并且具有高度表现力的基础元素。

4.3.8.1 水平方向

水平方向的线有平稳、宽广、安静的效果。水平线的特性是安定、左右延续、平静、稳重、广阔、无限。

设计以"视觉"作为沟通和表现的方式。设计者通过多种方式来创造或结合符号、图片和文字,借此做出用来传达想法或讯息的视觉表现作品。平面设计师可能会利用字体排印、视觉艺术、版面等方面的专业技巧,来达成创作计划的目的。平面设计通常可指设计时的过程,以及最后完成的作品。

4.3.8.2 垂直方向

垂直线是指线条在版面中沿竖直方向上进行延伸的线。在平面设计中,设计师会运用线的这种运动方式,来加强版面视觉传达设计上的肯定感。随着线条整体朝向的改变,垂直线在版面中的情感表达也会随之发生变化。垂直方向的线具有独立、坚定、向上的性格。

示例:《商报》 该版是企业类事件观察版。版面设计运用对称的垂直线与均衡的文字和图来设计,是简单而实的。该版面强调节奏感的存在,这是视觉设计借助音乐手法进行创作的一种方法。在音乐中表现节奏很容易,好的音乐,其节奏表现肯定是非常成功的。视觉设计运用人们对视觉的感受去联想音乐中的节奏,让人们感受到生气、喜悦和优美,从而打造出具有节奏感的版面效果。

4.3.8.3 倾斜方向

倾斜的线带来重心的偏移和不稳定的感觉。视觉流程的各层次可以相互交融、渗透、虚实相间,具有视觉上的延续性、运动性。设计时强调各元素之间理性的分析、选择和运用,注重版面的视线脉络,或一气呵成,或断续相间,或多重并置,整体趋向于一种旋律式的气韵。如单一结构、流动线的版面,视觉流程清晰简练,直奔主题,阅读一目了然;而平面视觉层次的多维设计,多视点、多反复的视觉流程,则显得复杂多变,阅读意味深长。

示例:《会稽山报》该版利用了斜线,在不安定感中表现出生动的视觉效果。用绿色底色强调线的方向,借助绿色底来强调版面信息,产生意味深长的阅读效果。

直线有整齐、干脆、严肃的性格,是男性化的特征,主要分为垂直线、水平线和斜线三种。直线具有简单明了、直率的性格,突出了一种力的美感。不同的直线有不同的性格特征。直线按形态的不同可分为粗直线、细直线、锯齿状直线和无机线四种。在设计中,运用不同的直线,可以表现出不同的性格特征。

示例:《北京晚报》 该版面设计重视标题价值。对于新闻而言,好的标题在版面上起着"点睛"的作用,它既是文章的眼睛,更是版面的"眼球",能快速吸引读者。标题作变形字体设计,整体构思明确,加上粗直线并在圆圈内以色彩标记标题,使得主题思想,清晰、简练、突出。设计者有着丰富的空间想象能力和自己的见解,这在方便读者阅读、简明阐释新闻方面,起着不可忽视的作用。

4.4.1 垂直线

垂直线明确、刚毅、沉着、有力度,富于生命力,有伸展的感觉。粗的垂直线是崇高、信心的表现;细的垂直线挺拔、秀气、富于理性;过细的垂直线有渺小、文弱、神经质的特征。用垂直图片加边线,给人刚直的印象,有升降感。在版式设计中,运用垂直线不仅能打造严肃的版式结构,同时还能增强版面在视觉表达上的肯定感。垂直线能传递信息,表情达意,更能激发大众的兴趣、提高关注度、提升艺术魅力,在版面艺术起到了举足轻重的作用。

示例:《姑苏晚报》文化新视野 该版面通过垂直线的特定编排方式,使垂直线条顺着版面向下延伸,利用垂直空间的视觉流动线,实现版式设计艺术的"视觉流程"引导,给读者带来一种沉稳踏实的心理感受。

示例:《苏州日报》"苏州发布·旅游"版 "观叶闻香识姑苏" 该版面巧用视觉元素,营造版面视觉冲击力,提升版面的艺术价值。

4.4.1.4 垂直线构图

线条本身有一种方向性,利用线条的方向性来构图,有极强的形式感。设计者可以充分地利用具有规律性的线条来衬托主体。

示例:《商报》 该版面作为企业类报纸版式,巧用"线"的创意组合设计,突显了商城的时尚。用最常用的垂直线构图,在视觉上会有很强的延伸性。

4.4.1.1 垂直"线"表现向上感

对于垂直线,通过视觉反映到人们头脑里,会使人联想到端庄稳定的形象,比如参天大树、摩天大楼。垂直方向的线令人产生向上、崇高的情绪。

示例:《华商报》此版面为介绍广州亚运会开幕消息的版面。设计者对这一重大事件的设计思路大胆创新,大图选择别致,大标题制作与版面相互融合,浑然一体。版面整体效果有气势、干净、新颖,给读者一种愉悦的心理感受,从而更好地表达了内容。

4.4.1.5 用平行线表现版式的整体感

同一平面内永不相交的两条直线称为平行线。平行这个概念在版式设计中的应用也十分广泛,一般是将大量直线以平行的形式进行排列。而少量的平行线组合则会突出版面在方向上的单一性,同时赋予版式以运动感。

示例:《苏州日报》"苏州发布·旅"版 为引导游客穿越古城时光,设计师用平行的垂直线形式进行排列,用线分割、把面作为稳定的格局,从而构成完整的版面,以营造出强烈的整体感。

4.4.1.2 线的寓意

线在视觉设计中有着重要的作用,它可以表现动与静、轻与重等感觉,可以表现对象不同的性质与特点,可以表现不同感情和特色。自然中凡是具有方向性延伸的现象,大都可理解为线的意象。

4.4.1.6 垂直线产生聚集视线效果

垂直直线或斜向直线的运用往往能产生聚集视线的效果。

示例:《宏大报》 该版式中运用了垂直直线来聚集视线。把线的特征运用到版面设计中,可使报纸版面显得更加完整和丰满,产生更好的视觉效果。

示例:《重庆晨报》该版面主题为鲤鱼跃龙门。如今高考成为所有家庭望子成龙的救命稻草,版面寓意明确。北大、清华,各种名校立在门头,那道红门,跃过去,学子们就会化身成为"龙",在视觉上给人留下极为深刻的印象,从而打造出具有寓意的版面效果。

4.4.2 水平线

4.4.1.3 垂直线能聚集视线

国旗的旗杆、高耸入云的建筑物、海面上的灯塔等,这些都具有垂直向上的特性,因而垂直线在艺术表现形式上具有重要意义。

水平线有稳定感,平和、舒展,呈静态。水平线让人们联想到远处平静的海面、一望无际的草原和地平线,是永恒的象征,令人产生开阔、平静、安定、永无止境的感觉。

示例:《新京报》摩登公社·时装版　该版面讲述了"副线"的起源和发展演变,通过不同年代的时装图片,串起了整个版面。形式美的法则包括对称均衡、调和对比、比例、节奏韵律和多样统一。该版面设计排列巧妙,布局合理,图片杂而不乱,细节处理得恰到好处。

4.4.2.1　用线表现空间上的深度和广度

水平的线条让人联想到宽广、平和的地平线,它在版面思维空间上的深度和广度,能给人以安定、静寂之感。

示例:《武汉壹周》　该报刊出版时值"五一"假期,版面背景图选择了一张海船上一家三口坐观海景的图片。摄影师只保留了人物坐姿的腿部,而把"海天一线"的风景作为视觉中心,可谓是别出心裁。标题正好将海平线一分为二,并将白的天、蓝的海作为标题的反衬色,使整体版面清新自然。

4.4.2.2　水平线的形态

水平线给人静止、安定的印象。水平直线沿着水平方向延伸,给人以无限、辽阔的视觉感受,并以此进而联想到地平线、海平面等事物。

示例:《姑苏晚报》"看晚报游浙江"版　该版面采用了一张有地平线的图片,以横排的标题压题,给人一种宁静和安详的感觉。凭借水平线在空间结构上的高稳定性,设计者营造出安宁、平静、稳重的视觉氛围,同时带给读者强烈的安全感。

4.4.3　斜线

斜线具有动势,有冲击、飞跃的方向感。向上倾斜的线有上扬的感觉,使人们联想到飞机的起飞、短跑运动员的起跑、滑冰运动员的姿态等,是力和速度的结合;向下倾斜的线则给人们消极的心理感受,如滑梯、斗牛的姿态等,是沉降的表现。在字体设计中,斜线的运用,突出了一种动感和力量感。斜线是指按照倾斜朝向进行延伸的一类直线。

示例:《温州晚报》　该版面斜线在视觉空间中具有强烈的失衡感,版面讲述了QQ诈骗漂洋过海,它使读者感到内心忐忑不安。与此同时,斜线在方位上呈现出向上或向下的运动感,带给人以饱满的视觉活力。斜线会给人一种飞跃、积极、不安定的感觉。

4.4.3.1　用斜线表现速度与动力

对于斜线,人们更多地感受到的是它的速度和力量趋于变化的不稳定感,如凌空而起的飞鸟。斜线具有动力、动荡和不安的感觉,富于现代意识和速度感。

示例:《晶报》2013新年特刊　该版面的主题是2013年十大猜想。用斜"线"产生的感情性格,都不是凭空想象出来的,而是由物体本身的性质与人们心理因素相互作用产生的。版面用斜虚线和箭头传达了"让我们一起向未来许个愿,2013我们更爱您"这样一个主题。

4.4.3.2　斜"线"引视觉流动

在版面空间中,线的种类很多,可以是实线,也可以是虚线,甚至是无形的视觉流动线。每一种线都有属于自己的性格特征,不同线的展示会给人们不同的视觉感受。

示例:《广州日报》　在该版式的设计中,用斜"线"形式引视觉流动,用圆形的设计图案,传达了机场建设费换个马甲继续征收这一主题,给人们留下很深的视觉印象。由右上向左下落的斜线,使人产生瞬间的飞快速度及动势,产生强烈的刺激感,给人们带来一种新鲜、有趣的视觉感受,且具有独特性。

4.4.3.3　简练的斜线勾框

报纸不仅是让读者品读文字,也是让读者品味意韵,从中获得心灵的愉悦,因此,内容排布上在巧思妙想,例如用斜线构框,力求满足读者的视觉和精神需求。文章与配图的意境讲求和谐,避免背道而驰。版面所登文章的主题和配图的色彩、意韵应相宜相谐。

示例:《国邦通信》　该版式是报纸副刊,情感的流泻绵长而深厚,发人深思,耐人寻味,衬托以宁静延展、富有层次的版面,形成意气的完整和统一。时间的河流可以承载思想的旅痕,冲刷人生的思考,体现是一种岁月流逝的结晶,精神提炼的汇聚,而生活的美好体验与记忆都是闪烁明丽的景致,曲折有致,引人入胜。文章与配图的编排富有韵律,避免杂乱无味。版面文章与配图有机组合,巧妙布局,彼此意境相承,构成版面的节奏美;简练的斜线勾框,适宜的标题字体,协调的文字底纹,更添一种独特之美。因而,整个版面设计格调清新,赏心悦目,具有一定的观赏性。

(国邦医药化工集团有限公司　徐俐)

曲线较直线更具动感，变化柔和、优美，取悦于视觉，是女性的特征，让人联想到女性姣好的身段、花瓶的边缘轮廓，是流动、活泼的性格反映。曲线是自由流动的线条，是点在空间中无规律、任意运动的轨迹。曲线可以分为几何曲线和自由曲线两种。

几何曲线是用圆规或其他工具绘制的，具有对称和秩序的美，是规整的美；自由曲线是徒手画的，有一种自然的延伸，自由而富弹性。

4.5.1　几何曲线

几何曲线指圆弧线、椭圆线、抛物线等。几何曲线的典型表现是圆周，是几何学限定的美，有序、合理地运用可取得良好的效果。几何曲线较直线更具温情，是动力和弹力的象征。它既具有直线的简明的性格，又具有曲线特有的柔软、运动的双重性格，但缺乏个性，是可以复制出来的曲线。所谓几何曲线，是指通过几何数学计算得来的一类曲线图形，这类曲线拥有严谨的内部结构及柔和的外部形态。常见的几何曲线有弧线、S 形线和 O 形线等。

示例：《姑苏晚报》"关注"版 "苏州易拉盖 告赢美国对手" 在该版面设计中，运用几何曲线使版面在柔美的基础上多了几分机械感。这类线条能给人以明显的约束感，并使读者感受到线条结构中的紧张与局促。它还能使版面整体呈现出饱满、有趣的视觉效果。

4.5.1.1　几何曲线表现韵律

在版式设计中，将版面中的视觉要素，如文字、图形等以几何曲线的形式进行排列，可在形式上赋予这些元素以韵律感。

示例：《恩泽视窗》 该版面以几何曲线表现韵律，以红心形象按照一定的比例，有规则地递增或递减，并有一些阶段性的变化，富有律动感。这种构成版面表现得生机勃勃，与标题榜样的力量合题，给人以活力和魅力，增强视觉刺激，提高人们的欣赏趣味，这样的编排方式使版面整体显得格外俏皮与活泼。

4.5.1.2　曲"线"的特征

几何曲线更具变化性，它的点的运动轨迹方向是随时改变的。但是几何曲线与自由曲线的运动方式又截然不同，几何曲线的运动方向是可以通过数学运算预测的，而自由曲线的运动方向却是不可预知的。几何曲线比直线较有温暖的感情性格。几何曲线具有一种速度感，或动力、弹力的感觉。曲线给人以丰富、柔软、流畅的感觉，具有女性特征。

示例：《长江商报》该版面以钓鱼岛为中心图，以经纬度为背景，标明我国领海基线，配以官方领海基线声明及每小时回应，一切均表明我方态度：我岛我海不容侵犯！

4.5.1.3　用几何曲线表现简单与动感

几何曲线同时具有直线的简单明快和曲线的柔软运动的双重性格。几何曲线的典型表现是圆，它有对称和秩序性的美。

示例：《城市早 8 点》"城事·民生"版 "探班创博会 亮点抢先看" 在设计中，运用圆形所具有的美的因素，有组织地加以变化，取得了较好的效果。用 3 个同心圆组成的图形，将图形沿着垂直和水平的两个轴线切开，然后进行错位排列所构成的新图形，其视觉效果，较原来的图形更加活泼而富于变化。

4.5.2　常见的几何曲线

常见的几何曲线还有扁圆形、卵圆形及涡螺曲线形等。在现代的设计领域中，对于传统的线型又有了新的认识，出现诸如分形几何学说。比如赖特利用分形几何中的涡螺曲线设计了著名的古根汉姆博物馆平面。几何线，是现在设计中经常被使用的，比如工业设计中的 NURBS 曲线、几

何线更加具备现代化工业要求。所以，对于严谨而富于变化的几何曲线的研究是我们将设计进一步提高的突破点。

4.5.2.1　用 S 型构图表现曲线的美感

S 字形构图动感效果强，既动且稳，可用于各种幅面的版面。如表现风光，远景俯拍效果最佳，也可表现山川、河流、地势等的起伏变化。

示例：《华海报》专版 企业类版 "安全月"活动掠影"线"优美的 S 字形构图，使该版面的优美得到了充分的体现，这首先体现在曲线的美感上。

4.5.2.2 功能化到艺术化

随着人们对文化与艺术的兴趣急剧高涨,展示活动和展示艺术已经渗透到人类生活的各个领域,以其直观、形象、系统、通俗易懂、生动有趣的艺术魅力,使人们在不知不觉之中感受到真善美在其中的潜移默化,接受当代潮涌般的各种信息。展示艺术作为视觉传达艺术,是一种最有效的信息传播形式,无论是国际博览会还是艺术陈列、经贸展示,都是以向公众传递信息或者诉求于公众、发挥宣传和教育功能为目的的。

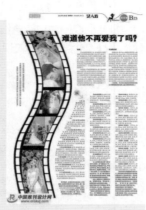

> 示例:《城市商报》婚嫁季"难道他不再爱我了吗?" 在版面空间中,S字形构图从版面的左下角向右上角延伸。这里一切艺术形式都是为版面艺术综合目标服务的,要根据特定内容进行组合排列,并运用造型要素及形式原理,把构思与计划以视觉形式表达出来。也就是说寻求艺术手段来表达版面信息是一种直觉性、创造性的运动,而不是单纯的技术手段。

4.5.3 单一型自由曲线

自由曲线是一种自由、富于个性、不易重复制作的曲线形式,其美感主要体现在自然的伸展,潇洒、随意、优美、有紧凑感。自由曲线是用圆规等工具表现不出来的曲线。自由曲线主要分为单一型和组合型两种。单一型自由曲线是指版面中只存在很少的曲线数量,通过减少线条的数量,可以大大提升单一曲线的视觉形象。

> 示例:该影像表现的是自由曲线,具有曲线的特征,富有自由、优雅的女性感。这些曲线在形态上没有固定的外形与结构,因而它的特征主要表现为具有强烈的随机性,可使版面展现出明朗、流畅的空间个性。

4.5.3.1 用曲线表现直观形象的版式

版式设计原理的目的就是传授专业的版式编排技巧,教给大家如何最大限度地活用版式元素本身拥有的意义和信息,获得最完善的版式编排设计。

> 示例:《三湘都市报》 该版面以直观形象曲线的"蛟龙探海"图令人眼前一亮:巧妙地设计出的"蛟龙"下潜的线路将版面分为两半,左侧是新闻报道,右侧是背景资料,类别分明,美观实用。

4.5.3.2 用曲线表现妩媚感

曲线,用来表达事物的美感,比如女性美,适当使用曲线可以破解版面的呆板严谨,版面上不可缺少的基本装饰。该设计元素与内涵巧妙融合,可以使版面表现出感性、妩媚的效果。

> 示例:《新昌人医报》天使家园 该版面将直线与曲线相结合成为复合的线条,标题用曲线来表现,突出了妩媚感,因而也更有装饰性。灰色粗线横画版面中心地带,用以区分上半版和下半版的不同。企业报之所以不用黑色粗线分割,是为了防止读者误认为横线下面的部分是广告。

4.5.4 组合型自由曲线

在版式构成中,还有一种是组合型自由曲线。既然是组合,那么版面中自然就会充斥着大量的曲线,并且沿着不同的轨迹延伸,从而在视觉上给人以凌乱、个性的印象。

> 示例:《重庆晚报》 该版面上的长曲线与短曲线的对比,除产生扩大与缩小的感觉之外,也产生远近感。根据文章内容的特点加以组合、搭配,形成节奏,这样,整个版面就会呈现出形式与内容各尽其用、浑然一体的感觉,新闻的传达效率也会因此而得到提高,从而达到传播的效果。

4.5.4.1 灵活的自由曲线

自由曲线是指不规则的线条,它很难用数学表达式来描述。自由曲线具备更加丰富的表现力,能给人们以更加丰富的想象。自由曲线富有灵活、优雅的女性感。自由曲线的美,主要表现在其自然的伸展,并具有圆润性及弹性。

> 示例:《东莞时报》"文化时间"版 该版面用各种形式的线元素体现。自由线有着不可预测的变化方向,在设计中既要充分发挥其美的特征,同时也要有效地组织它的结构与变化,防止产生混乱的视觉效果。用抽象非规则的自由曲线,最能表现随意自在的潇洒感觉。

4.5.4.2 版面上的曲线

利用空旷的背景可以削弱组合曲线在视觉上的冲击感。曲线更具有变化性,它的点的运动轨迹方向是随时改变的。

自由有节奏的曲线最能体现出情感的抒怀，而随手绘制的、不借助于工具仪器的辅助而完成的任意线则更富于感情上的变化。无规则和任意线在表现作者情感因素和体现主题内容方面有很强的表现力，是最具个性的线。

示例：《闰土报》"闰土·文化"版 "感动'时空三部曲'" 给同一特色内容的图片围上边、勾上线，那么这图片的关系就会显得更紧密、更有机，同时也与其他图片更能清晰地区分开来。读者在阅读它们时，自然就会把这些结合在一起的图片当成一个整体，看成是一个统一的、有机的、不同于其他图片的整体。图片、文字是版式设计中的重要构成部分，不但要达到精神沟通的目的，更需要在两者精神认同的基础上进行引导，创造新的视觉理念。

示例：《姑苏晚报》"图释新闻"版 "这几年苏州大医院都忙着搬家" 该版面的听诊器图案应用自由曲线完成，版面背景整洁，借助线条使图形更突出。将优美的形式与优秀的内容完美结合，才能构成生动、鲜活、逼真的形象，让人产生愉悦的审美享受。

4.5.4.3 自由线比几何线更接近生活

设计师的目标是设计出具有针对性、符合特定读者阅读心理的版式。要想达到此种境界，就要借助线的粗细、疏密来产生不同的形态与风格。这就要求设计师在设计安排平面设计元素的时候，做到心中有数，对自由线给予一定的限制，发挥它的优势同时又克服它的不利因素。

示例：《鲁中晨报》"晨报文体·文化"版 "好书相伴 成长路上不孤单" 自由曲线与几何线相比更加接近我们的生活，更具有人文特征，更便于承载人们的情感因素，是一个有秩序的进程，它提供有规律的格局和步调。报纸通过"线"和"条"建立起一定的节奏，读者就能够窥视或预见到它的连续性。所以在广告设计、招贴设计、标志设计中，自由线出现得较为频繁。

4.6 "线"的视觉特征

在造型学上两种不同概念的线同时存在，并发挥着不同的作用。直观的线明确地存在于造型形体表面处，是面与面的分界线，体与体的分割线；非直观的线存在于两个面的交接处，立体形的转折处、两种色彩交接处等。造型学上的线有积极的和消极的两种意义，积极的线是指独立存在的线，消极的线是指存在于面的边缘和体的棱边的线。线的构成方法有很多种，线是最基础的形态语言。与点和面比较，线有长度与速度、方向与转折、形态与节律等鲜明的视觉特征，并由此产生了理性的界定、理想的情感载体、多变的组织形式等丰富、独特的表现功能。

4.5.5 自由"线"的动感与张力

北京 2008 年奥运会的申办标志就是利用了自由线的动感与张力生动地描绘出"中国结"与"太极拳运动员"的形象。从对中国文化的理解上，这种设计不但具有现代设计要求的韵律感、形式感，而且把中国审美评价中的"形"与"神"、流动与变化、多样与统一完美地结合在一起。自由线多半是用手描出的线，由于使用工具的不同（如：笔、纸的不同，以及作者个性的不同），会产生种类繁多、不同性格的线，运用到设计中，可取得丰富的不同个性的效果。

示例：《姑苏晚报》"图释新闻"版 自然界中不存在线条。所谓线条，是指在不同色彩或色调的会合处，由人们通过想象在它们之间补充的那种线条。在传统的定义中，线条是点在载体表面移动产生的结果，一旦线条成型，它可以形成分界线，达到分割空间的作用。线条在纸张上的方向、长度、宽度等的变化可以形成运动的观感。通过对平行或交叉(用交叉的平行线画出阴影)的线条的应用，艺术家能够在纸面上模仿出结构的形状。实际上，在各种绘画方法中，线条既是最简单，也是最微妙和复杂的，线条单独使用就可以达到艺术家所期望的任意视觉效果。

4.5.5.1 用自由"线"表现版面深度与感染力

线的组织形式和方向配置也具有鲜明的情绪意味。例如单线的自在，组线的秩序；直线坦荡，曲线随和；硬性转折不安、强烈并略带神经质的敏感，柔性曲线优雅、轻柔而富有女性特征。

示例：《都市快报》快房快报 "新'国五条'出试卷 杭州楼市怎么答？" 结合对象特征和个人的艺术追求，选择情绪意味相统一的线形、节律和组织方式，能大大加强表现深度和感染力，提高版面的艺术价值。版面结构主线的直、曲、刚、柔配置对版面整体氛围能产生很大影响，这些都是经过大量艺术实践证明的。

4.6.1 "线"的视觉比较

将线与点、面的形态进行纯视觉现象的比较，线的视觉特征是非常突出的，例如线的位置，长度、厚度、宽度等，掌握线的构成特性会使创作思路更为开阔。线是形式的自由天地。线是造形艺术不可或缺的基础元素。

示例:《天府早报》 该版面精选文字标题设计,以中间线框框标题设计。在版面中使用分隔线时要考虑到全局,不能有视觉上的冲突,否则在版面上主次不分,很容易引起视觉顺序的混乱。要让文字发挥灵动的美感效应。

4.6.1.1 长度和速度是"线"的视觉特征

在版式设计中,可将风格迥异的线条类型,如垂直线、水平线和平行线等,以组合的方式投放到版面中,利用存在差异性的线条类型来调和版式结构。此外,还可以借用存在共性的线条类型来加强版式结构的冲击性。

示例:《诸暨中医院报》专版 在中医院中需要发掘国家、民族最本质也是最具象征性的元素,将其在视觉中有所体现。同时,具有中国古风韵味设计风格,使其与诸暨市中医院相结合,使医院具备黄色古典元素,也令中医底蕴更长远。

4.6.1.2 长度感是"线"的形态特征

严格界定点、线、面的视觉特征是困难的。三者各自的形态、身份有时是在相互对比中确定的,面积相似时界定的标准呈现一定的模糊性。同一形态在不同背景的前提下身份可能会转换,同一个点换到较小的面积上就可能成为面。好在点、线、面作为形态语言只作用于视觉心理,凭视觉确定其身份就已足够了。出现在同一视觉中的形态,点、线、面身份瞬间即可被视觉判定,且不可更改,点、线、面的形态个性是相对鲜明的。一条痕迹能被称为线,首先必须有较大的长宽差形成的长度感,并由此构成必然的两端。长度感和两端性构成了线最基础的形态特征。点占有位置,面占有宽度,线占有了长度。长度特征成为线最基础的视觉特征,它不仅使线有了长短的意义,而且为线的速度和方向等其他视觉特征的产生提供了关键性的条件。

示例:《姑苏晚报》该版面设计选择特定的线元素并以独特的方式对它们加以组合,视觉的设计通过一种空旷感来突出讯息。首先,图片的大小抓住了人们的注意力,疏朗的正文轻松宜人,文案中充满了文字拟空白,给人一种整洁、易读的感觉。线虽然使用了不同色彩搭配,但这些文字拟空白却使得各元素之间都能保持和谐与平衡。

4.6.1.3 "线"的速度感

明确的两端和长度特征形成了实际的距离。无论使用何种工具,一条手绘的线必然有清晰的行进过程,距离和行进过程,产生了线的时间内涵。线的操作具备了运行的物体、方向和时间等条件,于是形成了线的另一视觉特征——速度。这是点和面都不具有的。点的形态原则上排斥长度感,操作过程只有起笔和落笔的上下运动,没有行进过程。面的形态也没有明确的两端特征,操作虽有运动过程,但纵涂横抹多次,难以在完成的面上反映出确定的运动方向。点和面都缺少构成速度的必需条件,视觉形态很难产生明确的速度感。

示例:《姑苏晚报》新闻集装 "六中实现五连冠" 该版在中,图片上的足球线速度感极强,简洁流畅,酷劲十足,动感跃然眼前。

4.6.1.4 "线"的长度与速度

长度和速度是线最为基础的视觉特征,线的其他视觉特征与此有着密不可分的关系,对线的表现功能有关键性的影响。

示例:《钱江晚报》要闻 "带着粽子'神十'冲入云霄" 该版面通过对"视觉虚线"内动力的灵活运用,创造出主题鲜明,风格不同的版面。将主题思想的创意与编排技巧结合起来表现,与点、线、面、色彩等设计元素一起构成和谐而富有韵律的版面,将在编排技巧创意中发挥重要作用。设计师应自觉运用线的性格特点来表现平面的思想,通过对视觉虚线内动力的灵活运用,把握整体版面的气氛和风格,给"线"注入活力,丰富这项能打动人心的设计语言。

4.6.1.5 曲线与直线的结合

在平面构成中,可以将不同形态的线条编制在一起,利用线条在结构与形态上的反差来制造视觉冲突感,以给读者留下深刻的印象。最常见的一种组合就是曲线与直线有组合,由于它们在形态特征上存在明显的差异,所以这样的组合能有效地提升版面的表现力。

示例:《城市早8点》旅游 版面就像一张白纸,而线可以赋予白纸以价值和美感、灵动感。在现在的版面设计中,线具有较强的感情性格,直线表示静,曲线表示动。设计师在对版面设计的时候一般都是动静相结合的,这样创造出来的空间会给人一种生机感。直线型呈现安定的秩序感,在心理上具有简洁、安定、井然有序的感觉,具有简单明了、直率的性格,如正方形、矩形等。曲线型呈现有变化的几何曲线图形,比直线更柔软,较有温暖的感觉,有梳理性、秩序感,曲线有一种速度、动力、弹性的感觉,在心理上能产生一种自由流畅的感觉,使人体会出一种柔软、幽雅的情调。自由曲线更具有曲线的特征,富有自由、幽雅、弹性和想象力。

4.6.2 方向与转折

长度和两端的特征赋予了线明确的方向性质。无论何种线,只要被视觉感知,方向与长度便如同硬币的两面一样互为存在的条件,不可或缺。这是线独有的也是其赖以存在的根本。点和面因长度和宽度的对比弱化,缺少明确的长度感觉,自然使方向的意识趋于含混。平面上的线不仅在二维空间内上下左右的方向指示非常明晰,而且可以通过形态和组合表现深度空间的方向变化。方向使线具有了清晰的理性品格,使线在有目的的行为能力方面拉开了与点和面的距离。方向特征的另一重要意义在于:方向的改变产生了线的转折。只有方向没有转折的线都是僵硬的直线,转折形成了线的曲、直对比。

示例:《城市商报》 该版面以独特的方式,讲述了黄金周路堵问题,以线的方向与转折结果提示读者。不同的转折角度和转折方式使得线的动态极大丰富,设计师能够真正获得行动上的自由,完成结构所要表现的高难动作了。

4.6.2.1 "线"的形态变化

线有长度与速度、方向与转折、形态与节律等鲜明的视觉特征,并由此产生了理性的界定、理想的情感载体、多变的组织形式等丰富、独特的表现功能。方向和转折是线最本质的视觉特征之一。失却了方向感,线的品质是否纯粹将受到质疑;失却了转折能力,线的形态变化、组合方式、节奏韵律等视觉特征都将大打折扣。

示例:《绍兴二院报》学科技术 该版面运用方向和转折的线视觉特征,以线的形态变化、组合方式、节奏韵律等来设计版面。线是形式的自由天地,线是造形艺术不可或缺的基础元素。在与点和面的对比中,重新审视线的视觉特征及由此产生的表现功能和审美内涵,对于加深线的理性认识,增强潜意识,促进创作发展是大有裨益的。

4.6.2.2 "线"的方向与转折

现在,人们的生活无时无刻离不开网络,与此同时,视觉传达设计也面临着巨大的转折,网络成为了信息交流中新的传播媒介,视觉传达设计与新科技的结合成为设计发展的必然趋势。版面在视觉传达设计中具有重要的地位,已经成为视觉传达设计重要的分支,不管是传统的印刷设计还是现代的版面设计都涉及到版式设计,两种媒介的版式设计既有共通的地方,也有各自的特点。版面设计的审美规律已经成为平面设计的重要研究方向。

示例:《新昌人医报》综合报道 该版面运用绿色"线"的方向与转折来体现设计创意和视觉艺术性。使线的动态极大丰富,平面上的线不仅在二维空间内上下左右的方向指示非常明晰,而且可以通过形态和组合表现深度空间上的方向变化。

4.6.3 "线"的形态与节律

线的结构特征和操作方式决定了线的形态变化有点、面难以比拟的丰富性。严格地说,线的形态变化不是丰富而是无限。点和面的形态变化当然也很丰富,但由于缺少运行过程的时间内涵和足够的长度结构,所以不具备个体自身进行形态变化的时空条件,只是长于自身形态的肌理变化。形的变化则依赖个体之间的比较,如长点和圆点、规则面和不规则面等。

示例:《京华时报》 本版块题头部分使用了一个交接接力棒的图像,凸显了主题"接班季"的内容。背景图片用了城市楼层和一条弯曲的跑道,象征着房地产企业任重而道远。主体内容依托图像分出了层次,体现出上下对称的效果,显得整洁、美观。

4.6.3.1 "线"运动的节律变化

节律是指物体运动的节奏变化和规律。线是工具与材料相互摩擦产生的运动痕迹,有明确的长度和速度、方向和转折的视觉特征,形成了丰富的运动节律变化。

示例:《城市商报》 构成运动节律的关键条件是速度的调整和转折的变化。长短对比、曲直变化、融和急缓不同的转折、快慢有致的速度共同构成了线的有序运动,为线注入了活泼的精神。静态品格和活泼的节律对艺术表现有同样的价值。在视觉艺术中,设计者常常赋予线不同的宽度,以产生丰富的视觉效果。在设计中,当线超过一定宽度时会减弱线的概念,逐渐具有面的特征。当然,线的表达还与其他版面环境要素相关联,准确地说,线的相对性是针对整个版面来讲的。

4.6.3.2 形态和节律的视觉特征

点和面的运动节律是极其弱化的,因为两者缺少速度和转折的基础条件——长度和方向。形态和节律的视觉特征使线超越了工具和材料的物质范畴,具有了怎么估计也不过分的形式价值和情感传达能力。当这一特征被认识并被悉心研究和充分运用时,线作为绘画形态语言中最出色的情感载体的地位便不可动摇。

示例：《苏州日报》"苏州发布·旅游"版 在视觉艺术中，充盈着丰富的形式节律，其审美形式感中的节律，共同建构着形象性。对视觉形象形式节律的分析，可以包含形象中的基础要素、基本形态及其形式节律、视觉艺术及其形式节律，以及视觉艺术的关联分析。它们与视觉艺术创作心理、接受心理紧密联结，创作者把内在的生命节律转化为外在的形象节律的同时，受众也在把其生命节律溶解在形象节律中。

4.6.3.3 "线"的对比与节奏感

"线"的节奏是物质运动形态的属性。从严格的意义上讲，作为静态平面造型艺术的版面本身是没有时间性运动节奏的。版面中的"节奏"，和音乐中的"色彩"一样，都是姊妹艺术互相借用的、带有联想附会性的概念。音乐的声响运动有节奏，音乐欣赏者可以直接感知这种声响运动节奏而形成节奏感。

示例：《台医视窗》头版 这个版面图片的两侧加了线条，很好地解决了"节奏"这个问题。图片经过设计师的精心裁剪，以一个异形长条的形式呈现在版面上，在当日头版上形成了很抢眼的"视觉中心"。当然，支撑这个版面的前提是好的新闻摄影作品。

4.6.3.4 通过"线"建立起版面的节奏

节奏，是指一个均匀而有规律的进程。版式设计要涉及到版面的节奏问题。如何把握节奏是观察版式设计人员综合素质的一种体现。

示例：《城市快报 》在该版面设计中通过"线"建立起一定的节奏，能让读者预见它的连续性。正如好的音乐，交替出现有规律的节奏，听众就会感到愉快。

4.6.3.5 用重复的"线"表现版面的节奏

节奏最简单的形式，是某一短形要素的间隔重复出现。

示例：《春和报》在该版式设计中，通过苹果图形和一种线型的反复出现，形成一种会让读者感到愉悦的节奏。

4.6.3.6 用文字构成"线"的节奏

由文字构成的线，其中的文字按照规律从大小、方向上发生变化，令构成的线条有节奏地运动，呈现出韵律感，可使版面具有无限的想象空间。

示例：《国际旅游岛商报》2013海南十大畅想 该版式设计中，运用标题文字构成的"线"条的排列组合，创造出版面的节奏和韵律。"线"条的重复排列呈现视觉上的节奏，相似"线"条的变化和差异产生了韵律感。不同的"线"条形状，不同的排列疏密，给人以不同的视觉节奏感，有的明快，有的柔和，有的急剧，有的缓慢。应该强调，"线"条的运用一定要有利于主题的表达，要与内容紧密关联，不能脱离内容单纯追求线条的视效果觉美观。

4.6.3.7 "线"的节奏使版面具有无限想象空间

线可以构成各种装饰图案和各种形态。线在版面中起着分割版面空间的作用，在设计中发挥的作用也远大于点。版面在直线的分割下，可以产生清晰、条理的秩序。不同比例的空间分割使版面产生各空间的对比与节奏感，具有无限想象空间，最终实现和谐统一。

示例：《云天楼报》饮食文化 该版面很巧妙地在上部图片两侧加了线条，与中间的线条一起，将文字区域和图片区域区分开来，这样辣椒对人体六大好处的照片，便给读者留下一个直观的印象。

4.7 "线"的表现功能

不同物质的材质决定其应用方式和范围。线亦如此，它的视觉特征生发展出了独特的表现功能和内涵。培根说过，艺术等于人与自然相乘。线正是连接人和自然的天然纽带。

示例：《深圳晚报》该版面以木头年轮与椅子围巾作背景，配合标题六十而退，呈现出空间感。木头年轮线条在视觉空间上所产生的广度和深度，为设计提供了宽广的思维空间。线条的微妙变化显示出设计的含蓄和情感。

4.7.1 线的造型功能

众所周知，造型艺术属于视觉传达的范畴，其本质因素是形。版面所传达的一切信息无不以一定的形为存在方式。离开了形，造型艺术将不存在。探讨线在造型艺术中的表现功能，首先要研究其造型能力。线的视觉特征决定了其造型能力是非常出色的。

对于形态结构而言，色彩、肌理、光感等因素都是不起决定作用的表面现象。线的形态和视觉特征决定了界定和标示功能，这也正是线的强项，与形的本质有一种天然的亲和性。二维图形固定的外轮廓和三维图形可变的外轮廓以及内部的转折起伏，线都能从容地表现，且极简练明确。

示例：《苏州日报》竞技场 该版面主题为"33人遭终身禁足，申花甲A冠军被摘"，准确的外轮廓界定和外轮廓以内的转折及比例关系标示是表现形的关键。

4.7.2 构成形的状态和比例关系

形的本质因素是各组成部分间的构成状态和比例关系。形的外轮廓是形的内部实体和外部空间的分界线。线的形态和视觉特征决定了界定和标示功能正是线的强项，与形的本质有一种天然的亲和性。

示例：《苏州日报》 该版面用左右加框线构成线的形态变化，调整其中任何因素，都能使线形发生明显变化。所以，线的结构特征和操作方式决定了线的形态变化有点、面难以比拟的丰富性。

4.7.3 线的界定功能

在创作的造型能力和界定功能方面，线充分表现了理性、概括、高效、自由的能力，加之谦逊的品格，自然使界定和分割功能成为线的天职。无论选择何种表现语言，创作过程都离不开线的应用。

示例：《城市商报》 该版面中，线作为沟通和表现的方式，通过结合符号、图片和文字来传达信息。在与点和面的对比中重新审视线的视觉特征及由此产生的表现功能和审美内涵，对于加深线的理解，提高版面设计能力是大有裨益的。

4.7.4 线是理想的情感载体

线是理想的情感载体：庄重飘逸、如闻天乐的境界完全是由线构筑而成的。在版式上以线传情的经典版面不胜枚举，这些都轻松地证明线的情感传达能力是非常出色的。线的情感内涵主要得益于形态和节律的视觉特征，速度和组织方式也有不可低估的作用。

示例：《城市商报》 每一种线都有它自己独特的个性与情感。将不同的线运用到版面设计中，就会获得各种不同的效果。该版面中用线组成心形并用红色底色，均是作者情感和审美追求的印记，自然能唤起读者相应的心理体验，完成情感传达的任务。

4.7.4.1 线是形态和节律的"情感"载体

线的组织形式和方向配置也具有鲜明的情绪意味，例如单线的自在、组线的秩序；直线坦荡、曲线随和；硬性转折不安、强烈并略带神经质的敏感；柔性曲线优雅、轻柔而富有女性特征等。结合对象特征和个人的艺术追求，选择情绪意味相统一的线形、节律和组织方式，能大大加强表现的深度和感染力，提高版面的艺术价值。版面结构主线的直、曲、刚、柔配置对版面整体氛围能产生很大影响，这都是经过大量艺术实践所证明的。

示例：《苏州日报》新地产 "苏城楼市谁主浮沉 明星房产荣耀何归" 线的形态和节律的视觉特征使线超越了工具和材料的物质范畴，具有了怎么估计也不过分的形式价值和情感传达能力。当这一特征被认识并被悉心研究和充分运用时，线作为版面形态语言中最出色的情感载体地位便不可动摇了。

4.7.4.2 线的"情感"内涵得益于形态和节律

线的情绪品格并不消极从属于版面内容的表现要求，而是具有相对独立的审美价值。同一题材，线的风格不同，版面的形式意味也不同。这也是形成版面风格特征的重要因素之一。许多以线为主要形态语言的抽象作品更进一步证明，线的情绪品格和构成节奏完全可以使视觉心理得到满足，从而直接成为版面的主题和表现的目的。

示例：《姑苏晚报》关注婚博会 "婚博会推陈出新 令人心动"该版面左边的粉红底加边框线表现出的情感内涵，主要得益于形态和节律的视觉特征，速度和组织方式也有不可低估的作用。线的形态和节律变化无限丰富，这些变化与线的精神内涵关系极为密切。

4.7.4.3 线对形态外轮廓的感知

线如此丰富的精神内涵完全是人的生活阅历、情感经验和审美方式所赋予的。视觉心理反映的线的情感信息是因人而异的，但人的情感经验在广义上存在普遍的共同性，因而，不同线形传达的情感信息便有了一定的稳定性，成为相对稳定的情感符号。 视觉研究表明，把握一个形态的视觉信息主要来源于对其形态外轮廓的感知。外轮廓的状态往往反映形态的结构特征。

示例:《苏州日报》课内外 "月球是个'轻'世界"形的本质因素是各组成部分间的构成状态和比例关系。形的外轮廓是形的内部实体和外部空间的分界线。

4.7.4.4 "线"的情感传达能力

要想使得某种创造出来的符号(一件艺术品)能够激发出人们对美的感知,它就必须以情感的形式展现出来。也就是说,它必须使自己成为一个生命活动的投影或符号呈现出来,必须使自己成为一种与生命的基本形式相类似的逻辑形式。

示例:《都市快报》旅游 "西方情人节藏在新春 去家门口的酒店找浪漫" 境界完全是由线构筑的。该版面设计将实用与艺术结合起来进行创造,其"线"符号要素与符号构成体系都是通过情感的活动来实现的。在创造过程中设计师需要找到一种与自己内心情感相一致的表现形式,传达自己的内心感受。"线"情感的表现在于形态与要素之间的相互关系上展开,既调和又对比、既多样又统一,这是"线"设计情感表现的方法和原则。

4.7.4.5 用直线和曲线创意组合设计的"线"

直线和曲线在版面上给人的视觉效果是不一样的,直线一般表现男性化,刚硬而有力;曲线一般用来表现女性的柔美。因此,设计者在运用线条之前,应该对线的表现效果有一定的了解,才能更好地表达情感。

示例:《精功报》精功·人文 该版面设计口用绿色点线,它具有多面与变化性的表情,在版面中运用色彩展现设计师的内心感受与版面情感。它如同语言和文字一样,具有传达情感的功能展现不经意间的美丽。在现实生活中,人们对某些物体的线条结构积累了深刻的印象和感受,因此一看到某种类型的线条结构就会产生联想。分割线是非常丰富的,能激发起相应的感情色彩。

4.7.4.6 "线"表达情感

艺术家们在长期的艺术实践中对用线条表达感情的能力非常重视,艺术理论中对线条的表现力有这样的详述:水平线表现平稳,垂直线表现崇高,曲线表现优美,放射线表现奔放,斜线富有动感,圆形线条流动活泼,三角形线条稳定等。

示例:《东莞日报》头版 闲情 该版式设计用诗人的情感,以红心形曲线表现优美,而红心形曲线在生活中常被解构成是有生命的对象。"201314 爱你一生一世",整个版面富有动感。

4.7.4.7 运用"线"条表达情感

在设计中,线是造型要素中最基本的元素之一,也是设计师表达自身设计理念的基本语言。人们在观察物体时,总是要受到线条的驱使,并根据线条的不同形式,获得某些联想和某种感觉,进而引起情感上的反应。

示例:《城市商报》"爱长大" 通过对线条在设计造型中的运用,明确线在设计中存在的精神内涵和艺术价值,以提高现代设计的水平。直线和曲线在版面上给人的视觉效果是不一样的,选用能够更好地表达情感的方法。

4.7.4.8 "线"条是重要抒情手段

版面构成离不开艺术表现。自古典版面设计、网格式版面设计到现今的无序形式自由版面设计,设计师们无不在有限的版面上做着无限的文章。

示例:《国际旅游岛商报》 该版面在应用"线"造型的艺术中,以符号的方式来表现丰富的内涵,用对比区域形式,激发起相应的感情色彩,使读者能够很顺畅地进行阅读。用线条抒情的特点,是版面设计的重要手段。

4.7.4.9 运用多种方式表达真挚感情

在版式设计中,不同的线条类型会在情感表达上有所不同。在构图中,线条是一种手段,人们的视线往往会随着线条的方向而移动。任何一幅照片上都存在线条,没有线条也就不存在构图。版面上的线条有粗细、曲直、浓淡、虚实之分。不同的线条构成不同的图形,进而产生不同的表现力。

示例:《方正印务报》 该版面用粗实线将图和标题围在一起,并使版面中的标题、图、线得到统一。线条的运用增加了版面的空间感,更好地反映了设计的意图和情感,加强了版面的表现力和感染力。线决定版面形象,它有自己独特的个性与情感色彩,凸显了标题与图的紧密关系。

4.7.4.10 "线"的表情和暗示

线的形态语言在平面设计中被广泛运用，线从几何学概念中的分离，为线在平面设计中的应用提供了更加丰富的形态语言，线在空间、体积、时间和抽象意义上表现出许多特殊的语义。平面设计中应中合理利用线的形态设计语言，在实践中发掘线的新形态语言运用。通过不同比例的空间分割，可使版面产生各空间的对比与节奏感。例如粗细变化空间、虚实空间的视觉效果。

示例：《钱江晚报》 报纸的基本功能是传播信息。报纸要实现传播功能，只能是通过表现组版思想的版面语言，如线条形状的风格色彩、表情和暗示等来完成。该版面以清新优美的曲线设计显得与众不同。

4.7.5 多变的组织关系

线的组织关系指线与线之间的组合。清晰的长度、明确的方向和极少占有空间的形态特征，使线的组织功能极为发达。线的组织关系至少有三个组织因素：疏密、长短、方向，分别指表现区域内线条数量的多寡、长度节奏的变化、方向的转换和配置。每一种因素都有无数种变化的可能，加上线形和曲直的变化，线的组合形式是极为多样的。

示例：《苏州日报》湖畔主张 该版面应用多变的组织方式线（长度、方向和自如转折的特征）使线能够越过形体的表象，紧扣结构的实质，得心应手地进行理性的概括和形式化的总结。形体结构的转折往往是以线的方式展示的。

4.7.5.1 组合线的对比和节奏关系

组织的实质是形成了整体意义上的对比和节奏关系，一条单线如同孤立的音符，没有必要的衬托和对比，既不能充分显示自身品质，更难以构出旋律变化。不同的组织因素具有不同的视觉效应，就像不同的声部和乐器，在统一的指挥下，密切合作，构成层次丰富、多变而有序的视觉和声。这是线的组织所特有的视觉意义所在，任何处于非组织状态中的单线都不具有这样的能力。

4.7.5.2 组织关系形式风格

在以线为主要语汇的版面中，线的组织关系对形式风格、整体气氛、层次感觉有着显著的影响。疏密关系形成层次变化，单线和组线形成清晰的主次节奏，重复和组织能产生鲜明的秩序感，即把重复的手法发挥到了极致。

示例：《城市商报》春节狂想曲 该版式设计利用长短和方向的变化精妙微调，获得了庄严、有序又不失生动的视觉效果，堪称典范。乐曲穿插这种特殊的组织方式，能形成明确的前后关系，清晰和有深度的层次。这种组织手法在营造二维空间的版面时有一种从容自由的风范。

4.8 "线"的错视

视错觉也就是错视，是当人观察物体时，基于经验主义或不当的参照形成的错误的判断和感知。即，观察者在客观因素干扰下或者自身心理因素的支配下，对图形产生的与客观事实不相符错误的感觉。在日常生活中，视错觉的例子有很多。

示例：乍一看这张有线条的图片，以为是画在纸上的简笔画，但仔细去看，原来是立体雕塑。这个看起来像是简笔画的雕塑是荷兰艺术家 Jeroen Henneman 的杰作。他多才多艺，作品被称为"站起来的图纸"，那是因为看起来很简单的线条雕塑，不是用线条简单做成的立体雕塑，而真的是平面，只不过利用了绘画中的透视感直接将"平面图"再现出来，造成了一种"立体"的错视觉，看起来相当有趣。

4.8.1 尺度错视

指人根据深度线索和环境信息等视觉规则，对相同面积、长度、体积的物体得出不同于真实情况的现象。主要分为深度错觉和其他类，在深度错觉中，典型的例子就是著名的 Ponzo 错觉。

示例：尺度错视就是视觉对形的尺度判断与形的真实尺度不符的现象。尺度错视可以称作大小错视。

4.8.1.1 垂直方向错视

两条完全相同的直线，按水平方向和垂直方向分别放置，会觉得垂直方向的线比水平方向的线长，这是因为人们的眼睛观察物体时延水平方向扩展，而对垂直方向的认识不那么敏锐。

完全相同的两条直线因放置方向的不同产生长短不一的感觉

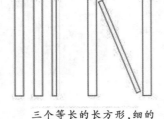

三个等长的长方形，细的一个显示得较长

垂直线给人的感觉比交叉的直线长

4.8.1.2 尺度错视

从感觉上，下图中的五边形的边长大于正四边形的边长，更大于正三角形的边长，但实际上是相等的。

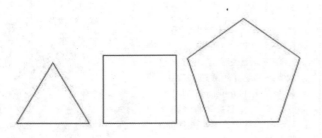

4.8.2 长度错视

长度相等的线段，由于所处环境或诱导因素不同，使视觉辨识产生错误，从而感觉它们并不相等。两条完全相同的直线，在周围环境的作用下会显示出不一样的感觉，是由于周围形体的各自特点产生强烈的对比，使相同长度的线条在其他形体或背景的比照下造成长短不一的错误知觉。灵活地运用线的错视可使画面获得意想不到的效果，但有时则要进行必要的调整，以避免错视产生的不良效果。下面列举了几种情况来说明线的长短错视。

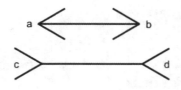

相等线不等错视

4.8.2.1 距离长短的错视

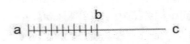

ab 等于 bc，但视觉上 ab 长于 bc

ab、cd、fe 三段相等，但感觉则不相等

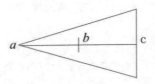

视觉上 bc 长于 ab，但实际相等

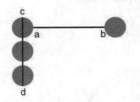

在视觉上 ab 比 cd 长，但实际相等

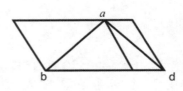

ab 等于 ad，但视觉上 ab 长于 ad

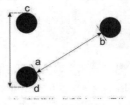

ab 与 cd 实际等长，但感觉上 ab 比 cd 要长

4.8.2.2 等长的两条直"线"效果

在艺术设计领域，很多设计版面充分地利用视错觉为设计服务，实现特殊的视觉效果。目前在平面设计、建筑设计、雕塑设计、绘画艺术等领域，视错觉都有广泛的应用，但是在景观设计领域，视错觉应用的案例却屈指可数。

示例：《商报》该版式设计利用版面等长的两条直线的引导作用，将读者的视线引导到版面中间淡黄的底色印迹上，从而完成了构图。版面等长的两条直线与中间淡黄底色印迹不但起到了线条透视作用，而且起到了引导作用。利用线条透视来处理使版面构图看起来有条理、有秩序。

4.8.2.3 表现变形的错视效果

在一个用直线组成的方形周围，加入曲线的因素，会使方形的直线产生变形的错视效果。

示例：《宏大报》在方框内曲线的影响下，方框直线会产生向外弯曲的感觉；相反方向的方框直线，则有稍向内弯曲的错觉。

4.8.2.4 直"线"的错觉

同等长度的两条直线，由于与周围造型元素产生对比，因而会发生错觉。对比越强，则错视效果越明显。

示例：一条斜向的直线，被两条平行的直线断开，其斜线会产生不在一条直线上的错觉。

4.8.3 形状和方向错觉

由于受斜线角度的影响，平行直线会给人以曲线的视错觉。

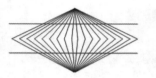 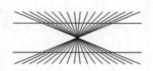

两条直线，因斜线角度的不同，给人以向内弯曲和向外弯曲两种不同的错觉

4.8.3.1 佐尔拉错觉

佐尔拉错觉是指一些平行线由于附加线段的影响而被看成是不平行的。

示例：《苏州日报》新地产　在该版面中，读者的视线会不自觉地跟随各元素的编排轨迹而移动，这种贯穿整个版面的视觉路径就是我们常说的视觉流程或视觉导向。

4.8.3.2 冯特错觉

冯特错觉是指两条平行线由于附加线段的影响，使其看上去中间变狭而两端加宽，直线好像是弯曲的。

示例：《苏州日报》关注"瑞光塔'患病'昨起大修"　该版面左侧下面文字区上下两条等长的水平直线，由于中间插入了斜线，且斜线与直线所成角度不同，便产生了弯曲的错觉效果。

4.8.3.3 爱因斯坦错觉

爱因斯坦错觉是指在许多环形曲线中，正方形的四边略显弯曲。

示例：《城市商报》第一视点"冬至夜吃啥？"　版面左上角扇形区域中，各行文字可视为平行直线，由于受弧线弧度的影响而产生错觉，使其呈现出曲线的感觉。

4.8.4 形态扭曲的错视

线的明度、角度、位置关系及其周围形态的影响都能造成错视现象的发生。因周围形态的影响，可使本是水平方向的平行线变得不平行。

直线由于斜线的交叉作用，视觉上会有扭曲的感觉，交叉的斜线越多，倾斜的角度越大，这种扭曲感越明显。因为斜线是一种方向性很强的线形，直线与数量众多的斜线配置，必然会受到斜线本身具有的方向性影响而产生弯曲的错误识别。

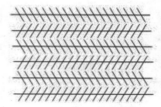

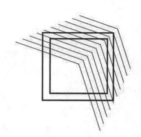 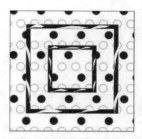

在斜向平行线的影响下，正方形显得扭曲。

背景的小圆点使正方形显示出扭曲感。

不同大小点的排列，显示空间中的扭曲感。

 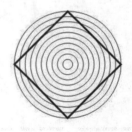

在放射线的影响下，圆形显得不圆。

同心的波纹线使正方形显得扭曲。

4.8.5 分断线的错视

不论直线还是曲线，如是和与它成锐角的直线交叉时，直线被分隔开的两端，会给人对不上的感觉。彼此都不位于对方的延长线上，也是直线与斜交叉作用产生的视觉效应。分断的次数越多，错位的感觉越强。

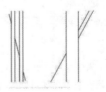

由于其他形态的介入，造成线段对不起来的视觉错视。

尖拱的顶端似乎合不起来的错视。

4.8.6 集中线的错视

汇集于一点的集中线具有透视效应。近大远小,这是透视规律的基本知识。这种经验对人们观察事物、界定其大小和关系起到引导作用。在平面空间中出现两个或多个相同的形体结构时,会由于透视感的集中线而影响正常的视觉识别。

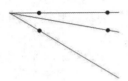

上图左侧两点间距离看起来大于右侧的两点,但实际相等。

4.8.7 "线"的错觉

"线"在任何艺术设计版面中都可以找到它的踪影,它是设计的基本元素之一。具体到空间环境设计中,线条与形态、明度、肌理、色彩并列为设计的基本元素。当然,"线"的存在状态,可以被分为空间中实体的"线"(如直线、自由流动的曲线等)与虚拟的"线"。虽然是虚拟的"线",它也是客观存在的,如人在空间中游览的动线、观察景物的视线、统揽空间景物组织的轴线等等。

示例:错视现象凭借其趣味性和特殊的视觉效果在平面设计中占有一席之地。平面设计师通过构思想象出各种各样有趣的视觉错觉的平面图形,并能在表现突出的主题的基础上更好地美化结构,产生吸引读者视线的效果。设计图形本身就是对各种运动关系的协调、策划,以达到视觉效果与传播功能的最佳组合。

4.8.7.1 "线"的视觉形式美

审美文化研究,是从探讨"美的生活"的角度介入审美现实,以现实生活的视角看待审美现象和美学问题的理论研究,已发展为学者关注现实、推进美学学科建设的新视角。线具有方向性、流动性、延续性,在三维空间中能产生空间深度和广度,而线性空间同样具有线的这种特性。

示例:《苏州日报》"文化之旅"特刊 灵活地运用线的错视可使版面获得意想不到的效果,但有时则要进行必要的调整,以避免错视所产生的不良后果。

4.8.7.2 错视在构成设计中的意义

错视在构成设计中的意义匪浅,在平面空间中,常常因为别的因素的作用,使两个形态完全相同的物体呈现出不一致的视觉感受。它是特定环境与人的特定心理相互作用的结果,致使主观感觉与客观现实出现偏差。

示例:《城市商报》"遇见爱"版"机会要争取,缘分靠把握" 利用视线移动的规律,通过设计的合理安排,引导读者的视线随着编排中各要素的有序组织,依次观看下去,这样就能使读者有一个清晰、迅速、流畅的信息接受过程。

4.9 "线"的构成

线的形态,是一种视觉形象的构成。它的研究对象主要是在平面设计中,包括如何创造形象,怎样处理形象与形象之间的联系,如何掌握美的形式规律,并按照美的形式法则,构成设计所需要的图形。

示例:该设计巧妙地利用了视觉图形来表现苏州的神秘和奇特。图形中窗格之间的穿插结合,都是不可能实现的矛盾的空间,蕴涵着苏州小巷以及园林的曲折婉转,达到要表现的苏州给人以精致而神秘的视觉效果。学习构成不是目的,而是达到目的的手段,是培养一种创造观念。"线"主要是用来造型,线是造型的手段,其目的是追求形象的生动性、准确性。

4.9.1 "线"的构成方法

线的构成方法有:

(1)集线成面。线如果大量、密集地使用,会形成面的感觉。线越密集,越粗,面的感觉就越强烈。

(2)线的有序构成。主要是指通过线性,长短、粗细、位置、方向、疏密、明暗调性等因素,以重复、渐变、发散等规律化的形式进行构成。

(3)线的无序构成。主要是指通过线性,长短、粗细、位置、方向、疏密、明暗调性等因素,以自由化、非规律化的形式构成,以追求丰富生动、灵活多变的视觉效果。

示例:《钱江晚报》"北京之夜 盛大联欢" 该版面应用"线"视觉形象构成,是以视觉语言的特性、构成规律以及审美原理为目的。它重在分析视觉语言的形态、空间、运动、比例等因素的变化和形式规律。"线"构成是为视觉语言的表达提供某种可循规律,为提高视觉形象表现力服务。

4.9.1.1 平面构成要素——"线"

　　五彩缤纷的版式设计形式的百花园中，面对一丛丛艺术版式的花朵，人们首先看到的一定是各种姿态的形象：生动感人的人物造型，气势雄伟的矿山工厂，艳丽多姿的奇花异草和壮美秀丽的大好河山等。那么，单纯从构图形式的角度，透过这些形象又能看到什么呢？是什么因素构成了这些完美的形象和巧妙的布局？是光，是影调，是线条，还是色彩？大家都有各自不同的讲法。

示例：《苏州日报》音乐节特刊　版式设计主要是由两大因素组成的，一个是线条，一个是影调。它们是一幅版式设计版面的"肌肉"和"骨架"。从形式的角度上看任何一幅照片，都会发现它们的画面都是由不同形状的线条和影调构成的。

4.9.1.2 "线"的平衡感

　　线的平衡构成是通过线的长度、宽度以及它在版面中所形成的空间对比来完成的。一般情况下，重心的部位越接近版面中心，其稳定感越好。要调整版面的力动关系，可延长线的长度，适当增加力臂的作用。如果重心的主线过于靠近边框，力臂线无法延长，虽然稳定感较强，但版面显得呆板。可用垂直水平直线构成，也可用倾斜线构成，或者用垂直、水平、倾斜与曲线或点相结合来构成。

示例：《姑苏晚报》头版　"过年很潮年味却变了"　该版面右侧下部加入红色直线构成再加入小图片，使版面丰富而有变化。直线具有挺拔、安定的感觉，而在设计中带有一定面的性质的小图片比线更具有量感，在版面中可形成线块的对比。

4.9.2 "线"的有序构成

　　秩序是表现美感的重要因素。在线构成中可用线的重复，也可以使其长度或间距采取有秩序的渐次变化，增强版面的韵律美。

示例：《苏州日报》　用线的不同长度与距离进行比较灵活的安排。在构成时除取得平衡效果外，还表现出线段长短的对比和线与线之间宽窄变化的对比；在整体外形上，注意线的长短交错所形成的对比变化，并在变化的同时，适当注意其秩序性，线群要有一定的重复。

4.9.2.1 用规律化的"线"表现视觉效果

　　有序的线的构成，这里主要指线在线性、长短、粗细、位置或方向等诸方面因素，以规律化的形式构成，或是相同线性的重复，亦可以是有序的长短渐变等等。线通过疏与密的排列可形成空间中的"灰面"，同时，有序的线通过渐变或方向的改变构成，会产生细腻的层次空间感，形成立体感。

示例：《都市时报》　红地毯传世婚礼第三季专版，用两个大的爱心圈住两代人的结婚照，在版面上不惜留白以突出特别的图片重点，令读者留下深刻的印象。

4.9.2.2 "线"的规律化位置

　　任何一门艺术都含有它自身的语言，而造型艺术语言的构成，其形态元素主要是：点、线、面、体、色彩及肌理等。线运用反复、交错的方法，把许多有规律的线组合在一起，给人协调感，好像用线条谱成"无声的交响乐"。

示例：《贵州都市报》2010 记忆年终专稿封面　该版面以手绘肖像排布于"忆"字线条内的方式来表现情感和忆的对象。平面和立体效果都可以通过线表达出来，线条的形式符号美感就存在于它自身丰富的变化之中。版面主题是回忆总结 2010 一年中的新闻人物。版式清晰简洁，凸显年终专稿的特色和基调。

4.9.3 线的无序自由构成

　　无序的表现、有序的控制，这是当代版面构成形式的趋向——理智与情感的多重链接，艺术与技术的完美结合，有序形式与无序表现的相互渗透。

示例：《苏州日报》苏州奋进的 5 年专刊　该版面以直线与曲线的结合形成复杂的轮廓，比简单的曲线更具有装饰性。线条形式美所表达的各种符号特征，从美学角度来看，它是符号化形式美的表达；而从符号学的角度，这种审美感受的表达又通过一定的形式而符号化，进而形成人们视觉感受上的视觉交流和不同审美感受的联结。有限版面的构成空间亦被无限地拓展。

4.9.3.1 用无序的"线"表现的视觉效果

无序的线的构成，这里主要指线在线性、长短、粗细、位置或方向等诸方面因素，以自由化、非规律化的形式排列构成，往往会呈现出丰富的、生动且多变的视觉效果。此构成有很大的随意性。要注意突出某一主体，减弱其他元素的视觉效果。要获得好的视觉效果，这种构成往往会牵扯到更加广泛的审美因素。

示例：《国际旅游岛商报》 该版面是通过线的随意性，如长短、粗细、位置、方向、疏密、明暗调性等因素，以自由化、非规律化的形式构成。线作为创作和传递信息的有效工具，其表现手法有着非常直接的实用价值。利用"线"这一视觉语言可创造属于自己的个性设计。利用线可以创造出丰富生动、灵活多变的视觉效果。

4.9.4 用"线"表现版面韵律感

韵律的表现是表达动态的构成方法之一，在同一要素周期性反复出现时，会形成运动感，这是人的一种心理活动。韵律的表现使版面充满生机，由有规律变化的形象或色群间以数比、等比处理排列，使之产生音乐的旋律感，称为韵律。

示例：《城市商报》"中国新闻"版 "无须蹭网 借光就行" 在该版面中，以最简洁的红色线引起受众的最大关注，从最基础的平面构成的语言中提取了答案，根据线的形态特征和性格特性进行创作，科学地达到了版面诉求的目的。节奏和韵律在同一图案中重复出现，产生动感。由于节奏和韵律会产生一定的秩序美，所以在设计中得到了广泛的应用。

4.9.4.1 生长的"线"

生长的线表现生命力和过程。就像藤条和枝条，线的延伸如同植物不断地在生长，带给我们生命的力量和动感。

示例：《苏州日报》青春丝语 该版面利用视觉导向设计促进读者阅读，实现版面信息的准确传递，保证版面与读者之间思维和情感的顺畅沟通。从人视觉生理特征及心理特征出发，在视觉导向现象形成原理的指导下，结合设计中的形式法则，创意地设计线的形态：用绿色植物生长的线表现生命力，给读者生命的力量和动感。

4.9.4.2 "线"的节奏变化

节律是指物体运动的节奏变化和规律。在平面设计中，不同的节奏表现形式提供了节奏变化的方式。造成"韵律感"和"节拍感"两种不同节奏呈现方式的两个因素是元素之间的排列构成方式和元素之间的运动方向性。节奏的具体表现方式形成不同的节奏变化，有次序、可衡量的节奏变化以某种递进式的呈现方式展开，最终构成完形的节奏关系。

示例：《苏州日报》蒲公英 早春 该版面把自然中的节奏以线的运动变化形式显示出来。这是一条有生命的线，神奇的线，寓奇险于沉实，藏变化于整齐。形成了丰富的运动节律变化。

4.9.5 "线"的情感表达

设计的主体是人，设计的目的是为人服务。人类群体是有情感的社会性群体，不论是人与人、人与物、人与自然都有情感的存在，并且产生情感的主体也是人。任何优秀设计作品都包含着设计师所要表达的情感。报纸的基本功能是传播信息，报纸要实现传播的功能，只能通过体现组版思想的版面语言。线在平面设计中以其独特的情感与个性存在着，它是视觉传达时运用最为频繁的一种元素。

示例：《三湘都市报》 食品安全一直是个读者重点关注的问题，该版面以食品组成的线延伸带来的动势，串联起各种不同的视觉元素，使版面充满着动感。采用整栏的制图让版面主题脱颖而出，更能激发读者阅读的兴趣。

4.9.5.1 积极的"线"

从情感角度来讲，积极的线主动地表现情绪的波动，控制版面的节奏，对于版面的其他因素起到引导作用，在平面设计中用来反映情绪积极的一面。积极的线有曲直、粗线、大小渐变等形式。

示例：《浙江蓝天报 》工作·感悟 "蓝天工作格言精选" 线是一种单纯且又概括的构图元素，可以赋予线各种感情因素，它可以表达设计者的内心，还可以传达给受众不同的思想和感情。线组合得好，就如一张蛛网，虽然线圈环绕，但丝丝入扣，让人意味深长。

4.9.5.2 积极的"线"自由自在

积极的线自由自在，无论有没有一个特定的目的都在不断地移动。一旦有哪条线描摹出了一个连贯一致的图形，它就变成了中性的线。如果再把这个图形涂上颜色，那么这条线就又变成了消极的线，因为此时已经由色彩充任了积极的因素。

示例："姜文不文、姜武不武""子弹飞"票房超6亿，此版式设计中让子弹从"6亿"字样中间飞出，突出了在岁末年初兄弟俩首次合作票房喜人的情感。由于设计者对线条夸张性地运用，从而使春节前的报纸版面更加喜庆、富有创意。

4.9.5.3 消极的"线"

从情感角度来讲，消极的线被动地表现情绪的波动，被版面的其他因素控制节奏，受到压抑和限制。消极的线往往由图面的挤压形成，在平面设计中用来反映情绪消极的一面，无论有彩色还是无彩色，都有自己的表情特征。每一种色相，当它的纯度和明度发生变化，或者处于不同的颜色搭配关系时，颜色的表情也就随之而发生变化。色彩的表情在更多的情况下是通过对比表达的，有时色彩的对比五彩斑斓、耀眼夺目，显得十分华丽；有时对比在纯度上含蓄、明度上稳重，又显得朴实无华。图形中不直接画线，而体现在线与线之间不相接，面与面的转折所显示出的线的存在。

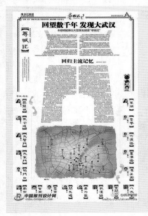

示例：《长江商报》整个版面设计得极具文化历史气息，简洁却不失大气。上方的文字新闻经过排版组成一个城楼的形状，城门打开，记忆的大门也就此开启。下方的俯视图上标记着此次寻访武汉的具体地点，并在边框位置上用充满动态的脚印带出寻城的路线，给人以整体感。

4.9.5.4 消极的"线"在版面中的形式

消极的"线"指图形中不直接画线，体现在线与线之间的不相接。

示例：《宏大报》 该版面以对比、反复、错视等表现手法，在视觉上引起读者强烈反应，给人以新颖、刺激的感受。版面中，面与面的转折处显示出消极的线的存在。

在进行版面分割时，既要考虑各元素彼此间支配的形状，又要注意空间所具有的内在联系。保证良好的视觉秩序感，这就要求被划分的空间有相应的主次关系、呼应关系和形式关系，以此来获得整体和谐的视觉空间。

示例：《贵州都市报》"嫦娥奔月"头版 用通栏大图作为主打，旁边有一张小图是火箭部分残骸落在贵州某地的照片。版式上简洁鲜明、主题突出。

4.10.1 简洁单纯的线

简洁单纯的线用于勾勒、概括造型。线的造型能力最强，用线是表现对象特征的最简洁、有效的办法。在版式设计中，根据目的的不同，线的表现法则主要有两种，其一是线的视觉张力，其二是线的情感展现。

示例：《天圣报》"综合聚焦"版 线条通过对主体、陪体和背景等细部的刻画，形成不同的质感、量感和空间感。

4.10.1.1 用线分割版面形成呼应关系

在进行版面分割时，既要考虑各元素彼此间支配的形状，又要注意空间所具有的内在联系，以保证良好的视觉秩序感。这就要求被划分的空间具有相应的主次关系、呼应关系和形式关系，以此来获得整体和谐的视觉空间。

示例：《城市商报》星闻 该版面具有一个总的设计基调，除了对文字的排列基本上有个统一的安排外，也从空间关系上达到统一基调的效果，即注意字体组合所产生的黑、白、灰明畅的版面视觉空间。它是视觉上的拓展，而不仅仅是视觉刺激的变化。

4.10.1.2 从艺术欣赏角度运用线

版面设计有别于其他形式的艺术表达，版面设计中除了要有一个创造者的自我视角外，还需要兼顾到欣赏和使用者的感知与接受程度。

示例：《金华日报》 "永康金报·西津桥" 版式设计中自我思维的表达需要站在欣赏和使用者的角度来衡量版式的好坏，而不是孤芳自赏。

4.10.1.3　用线表现简洁清爽的版面

在以线为主的平面设计中，设计者应该特别注意线的速度大小、力度强弱、方向变换对于人心理感受的影响。许多情感内涵都在于对整体版面力度的把握，不论是优雅圆润的线条还是强劲有速度感的线条，都要结合创作中心的要求，这样才可以得到令人满意的结果。

示例：《城市商报》星闻娱乐新闻　这样的版式设计给人一种神清气爽的感觉。简洁的线条，配色彩鲜明的图片，让整个版式充满生命力。

4.10.1.4　用线为版面留白

版式设计上除了看得见的实体对象之外，还有一些空白部分，它们是由单一色调的背景所组成的，形成实体对象之间的空隙。1.版面上留有一定的空白是突出主体的需要。要使主体醒目，具有视觉冲击力，就要在它的周围留有一定的空白，这是造型艺术的一种规律。因为，留白既能增加版面的节奏感，又能通过相对色彩空间来突出主体。2.版面上的空白有助于创造画面的意境。版面如果被实体对象塞得满满的，没有一点空白，就会给人一种压抑的感觉，而版面上空白留得恰当，会使人的视觉有回旋的余地，思路也有发生变化的可能。

示例：《温州都市报》都市副刊·文学角　人们常说："版留三分空，生气随之发。"空白留取得当，会使版面生动活泼，空灵俊秀。空白处，常常洋溢着作者的感情，观念的思绪，版面的境界也能得到升华。版面的空白不是孤立存在的，它总是实处的延伸。所谓空处不空，正是空白处与实处的互相映衬，才形成不同的联想和情调。

4.10.2　线的魅力

移动轨迹的线适合表现运动和流畅的感觉。只有快速、平滑的运动，才能产生流畅的线条，这种轨迹形成的线，多体现运动和速度的感觉。在进行版面分割时，即要考虑各元素彼此间支配的形状，又要注意空间所具有的内在联系。要保证良好的视觉秩序感，这就要求被划分的空间有相应的主次关系、呼应关系和形式关系，以此来获得整体和谐的视觉空间。

示例：《今日婺城》"浪漫七夕,情定婺城"特刊　该版面中，线不仅仅具有情感因素，还具有方向性、流动性、延续性和空间感。线条所产生的视觉空间上的深度和广度，也给读者以思维空间上的深度和广度。放射性的线条使版面视觉表现力更强烈，更具爆发力。

4.10.2.1　从读者的视角运用线

在进行版式设计时，通常应该考虑到的问题是，为谁设计。

示例：《东莞时报》　进行版式设计时，首先要考虑的是根据版面的报道主题从读者的视角需要来考虑问题。美周刊·资讯汇的版式设计就能满足读者的视觉要求。

4.10.2.2　用线"强势"处理

新闻照片往往是头版的亮点，具有新闻性、真实性、知识性、价值性、愉悦性和现场纪实性强特点。读者在阅读一块版面时，视线和视力往往光集中在版面的上半部和左侧；当版面编排分为四个区时，读者的视觉注意次序是上左→上右→下左→下右。这说明版面各区重要程度的差异客观存在。

示例：《方正印务报》　对于人们视觉心理和生理上重要程度的差异，设计版面时对某些新闻可以用"强势"来处理。所谓"强势"，是以吸引力较强的形式来吸引读者的注意和重视。对于平面媒体来说，也就是由线条、色彩、图片、字符等平面视觉符号形成醒目的对比度，对读者的视觉心理和生理产生吸引力。

4.10.2.3　用线条突出表现版面中心

人的视觉对中心点很敏感，对版面中心的认知也不例外。这里所探讨的就是版面中心点的设计和应用，很多设计师会将版面的重要信息元素放在其中，以突出重点。

示例：《山东商报》　整个版式设计干净之中透着对一位逝者的悼念和哀伤。用简单明了的苹果公司的LOGO作为主体，来表达对乔布斯辞世的缅怀。在LOGO下方20个黑体字概括了乔布斯身上的鲜明特点，以及奥巴马对其辞世的评价。

4.10.2.4　线条展示的价值与魅力

在版面设计中，无论文字、图形、空白内容多么复杂，最终都可以归纳到点、线、面上来。以点定位、以线分割、以面格局，便构成了完整的版面。在版面设计中，点线面还常常以纯粹形态出现，其本身不代表任何意义，而通过比较、互衬等来展示出它的价值与魅力。

示例:《苏州日报》"博客"版 该版面的设计运用简洁的线条符号,与版面中文字的色彩基调相协调,色彩作为整个版面设计的基调和背景,显示出设计者富有魅力的精巧构思。所谓色彩的象征力,正是通过不同颜色的使用和搭配使整个色调具有丰富的内涵和意义,而这个内涵和意义也是读者接受的一个重要信息。

4.10.2.5 "线"与空间的编排构成

在实际创作过程中,根据作用对象的不同,线的使用法则主要分为两种,一种是以版面的布局与规划为对象,另一种是以版面的视觉信息为作用目标,版面中的图形、图像,甚至是整个图片,都可以作为切割对象。线是点移动的轨迹。线在编排构成中的形态很复杂,有形态明确的实线、虚线,也有空间的视觉流动线。

示例:《东方今报》东方文娱周刊研 "赵本山央视春晚小品有两手准备" 通过线条的力度、节奏、韵律、气势等美感效果来表现对象,以传达的情感。

4.10.2.6 蛇形"线"

蛇形线由于能同时以不同的方式起伏和迂回,会以令人愉快的方式使人的注意力随着它的连续变化而移动,所以被称为"优雅的线条"。

示例:《姑苏晚报》晒网·热帖 线不仅具有情感因素,还具有方向性、流动性、延续性和空间感。线条在视觉空间上所产生的深度和广度,也留给读者思维空间上的深度和广度。放射性的线条使版面视觉表现力更强烈,更具爆发力。

4.10.2.7 运用"线"条和空白等视觉元素

构成现代报纸版面语言的基本元素包括文字、图像(如照片和各类图表、图示、漫画等)、标题、色彩、线条和空白等。将它们有机地组合起来表现在版面上,才能发挥它们的传播功能。

示例:《都市快报》重点新闻专版 该报道采用8个设计相同的专版版面来报道乔布斯的辞世。例图是专版之一。该版面应用的线条和空白等视觉元素,本身并没有承载任何信息,但是它们能与其他元素一起影响着信息的传播和接收。

4.10.3 划分区域的线

划分区域的线强调边界的作用。线是划定区域界限最好的工具,要强调围合和区分,线就要得到强调。线条所产生的视觉空间。在版面上具有一定的深度和广度,相对来说,也会留给读者以思维空间上的深度和广度。而放射性的线条能使版面视觉表现力更强烈,更具有爆发力。

示例:《宁波日报》纪念雷锋特刊 无论设计者采用的是什么图片,图片中的每个人、每个对象及每个元素都有它们各自的故事。通常,当人们要对一张图片进行说明时,都是将相关文字结合在一起来说明。而在这里,设计者反其道而行之,打散这些说明,将文字各就各位,让读者分别去找具体要描述的对象。这种手法非常有趣,而且阅读起来也更加明了。此外由于文字区域较大,非常适合总是感觉时间不够用的现代人阅读。文字可放置在描述的对象的上方或者旁边,或者兼用也行:该版面设计体现了"线"的创意组合。

4.10.3.1 用线分割版面空间

版面的实质就是平面意义上的组织分割,然后才是图形的内容、色彩的意义和肌理的内涵等因素。一条抵达两端的线立刻能将版面一分为二,继续操作则可对平面做形态和面积都极具自由度的

无数次分割。就操作的简练性而言,没有比线更方便的手段了,分割的方式也没有比线更为从容和自由的了。

示例:《苏州日报》 "苏州发布·红盾"版 该版面除了对结构的表现优秀外,线对二维的版面空间分割能力也是令人叹服的。用线分割版面空间,使它可以轻易达到这个目标,整个版面显得干净清新。

4.10.3.2 用线组织版面中的多种元素

由于线条拥有多种表现形态,因此线条之间的组合方式也是非常丰富的。在版式设计中,线条的组合方式非常多。一般设计者会将具有互补性的两组线条形态组合在一起,利用两者在形式上的反差感来增强版面的视觉冲击力,并进一步提升作品的注目度。用线条把版面安排好,可让各种元素的排列组织达到一定的科学性和艺术性。

示例:《佳宝新纤维报》观点 怎样准确地、艺术地传播信息,从而吸引读者、引导读者、打动读者;怎样使读者有秩序、有节奏地进行阅读,是版式设计的主要目的。该版面中,标题下划线采用了一种简单清晰的蓝色线条,与图片相比,蓝色线条形成了一个低调的区域。这种蓝色线条的安排使标题没有与图片产生互相挤压感,让人看起来很舒服。

4.10.3.3　用线划分版面功能区

在编排设计中，线作为一种装饰要素，其性质往往对版面风格的倾向起着十分重要的作用。无论是哪一个版面，都会有一些功能分区，为了不让读者把各个分区里的内容弄混，必须设计一些线条做为分割区域的分割线。分割线怎么用，用什么样的分割线，都是设计者要考虑的问题，但无论如何，原则是不能破坏版面本身的设计，尽量少用影响整体的线条。

示例：《方正印务报》　设计师在用线来划分版面时需注意：要以点定位、用线分割，把面作为稳定的格局，从而构成完整的版面。线有极大的灵活性，它可以任意变换方向、形态，既可以表现严谨，也可以表现抒情性及强烈的动感，起着连接、支撑以及加固的作用。

4.10.4　用"线"区分和提高视觉表现力

稿件间的线条既可以表明两个稿件区的分界，又可以通过把几篇稿件围边、勾线，表明在边框内的几篇稿件有紧密的关系。

示例：《深圳晚报》该版面为 2011 年 11 月 27 日第二版用线勾出的雪人设计，传递着阵阵寒意。提醒读者入冬了，天气冷了，您做好御寒的准备了吗？

4.10.4.1　用"线"界定图片

使用线条可加强版面信息的表现力。在版式设计中，线条还被运用到图片的处理上，比如为某个视觉要素加上边框，从而使该要素想要传达的信息得到有效的突出与强调。

示例：《苏州日报》"苏州发布·旅游"　该版面所传达的信息无不以一定的形为存在方式。离开了形，造型艺术将不存在。线在造型艺术中的表现功能，首先其造型能力。线的视觉特征决定了其造型能力是非常出色的。在该版面中，以为图片加上边框来完成对该要素的艺术化处理。

4.10.4.2　用"线"使版面富有弹性

线化效果在表现方式上具有良好的互动性。

示例：《浙江火电报》初职文学　利用线条设计，将文章有序分割，使版面紧凑并富有弹性，从中体现出企业的巨大实力。

4.10.4.3　"线"具有引导视线的作用

文字版式设计应具有一个总的设计基调。除了对文字特性进行统一外，也可以从空间关系上达到统一基调的效果，即注意字体组合产生的线条状或块状的黑、白、灰在明度上的版面视觉空间。它是视觉上的拓展，而不仅仅是视觉刺激的变化。

示例：《恩泽视窗》　线的粗细、疏密安排有空间感、节奏感。线以把同类新闻归纳在一起，而使版面显得有条有理。这种设计技法在美化版面时大有用武之地。

4.10.4.4　"线"在划分版面空间方面的魅力

在版面设计的诸要素中，格外具有心理影响效果的就是边框线。

示例：《浙江蓝天报》　"文化·综合"版边框线也属于设计中常说的点、线、面中的重要元素，但它的功能实际上是多种多样的。粗线可显现粗犷、深沉、庄严、浓重的气氛，调节视觉印象，也可以使读者产生连续阅读文章的愉悦感。

4.10.5　曲折变化的"线"

曲折变化的线可表现对象的细节和趣味。纤细和充满变化转折的线，最适合表现对象丰富的细节，在不断地变化中产生趣味。线在划分平面的职能中还有一个突出的优点，即在简练自由的分割时最少地占有实际的版面空间，为其他表现语言在创作中的运用保留了充分的余地。

示例：《苏州日报》"苏州发布·公积金"版　该版的版式设计，生动地体现了线所具有的自由分割的功能。在版面设计中，"线"是最活跃、最富有个性和易于变化的元素。线有极大的灵活性，它可以任意变换方向、形态，既可以表现严谨，也可以表现抒情及强烈的动感，起着连接、支撑以及加固的作用。

4.10.5.1　折"线"

版面设计的无序表达是多种元素的复合创意，是对多元素、多视点在设定版面上的开放性、时效性与空间性的释读。创意的开放性，意指打破传统的规则思维，努力营造新的意会与想象，调动版面的气氛，以便在短时间内抓住读者的视线，达成信息传递。折线的特性是刺激且具有神经质，非常吸引人的注意力。

示例：《中山商报》 该版面的设计不再留恋于网格的规范中，更趋向于自由版面的模式，更注重版面上视觉观念的表达。所有元素，无论照片、文字、插图、色彩、空白甚至单纯的点、线、面，都可成为被无限玩味的因素，成为一种能被接受、能被打动的视觉信息。

4.10.5.2 "线"的转折和比例

通过对转折角度和比例关系的把握，就能够准确地表现物体一般视觉意义上的结构特征。

示例：《苏州日报》"读苏州·民生"版"住院自费超 10 万救助不封顶" 清晰的方向和自如的转折是得天独厚的条件，就像一双翅膀，使线在结构表现的天地间自由翱翔。

4.10.6 牵制和约束的"线"

直线是线在受力的情况下的形态。在版式设计中会用直线来连接，贯穿版面各个部分，其力量的牵制十分明显。运用线条，将版面切割成等量或不等量的区域，将视觉要素，如图形、文字等，排列到预先设定好的区域中，使版面中的图文信息都得到合理分配，便可打造出科学化的版式结构。在骨骼分栏中插入直线进行分割，可使栏目更清晰，更具条理，且有弹性，也增强了文章的可视性。

示例：《扬子晚报》"网购周刊·风向标"版"网购胸针 拯救基本服" 线不仅仅具有情感因素，还具有方向性、流动性、延续性和空间感。线条所产生的视觉空间上的深度和广度，也传达到读者的思维空间。放射性的线条可使版面视觉表现力更强烈，更具爆发力。

4.10.6.1 "线"的视觉张力

为了使版面中的线展现出更具张力的视觉效果，设计者会加强线元素在编排方面的创意性，如线的重复性排列、发射性排列和扩散性排列等，通过这些别具特色的排列来推动主题信息的传播。

示例：《都市快报》财经新闻"'大姐'服务员越来越吃香" 上半版的弧线，犹如朝阳升起，"线"自然呈现其界定和分割功能，只是表现形式上更加与众不同，更加出人意料，更加艺术化。无论选择何种表现语言，创作过程都离不开线的这种手段。

4.10.6.2 用"线"条突出重点使阅读更流畅

在版式设计中，通过对指定的视觉要素加上边框来强调它在版面中的地位。需要注意的是，线框在造型上具有一定的局限性，由于过分规整的线框样式会使人产生审美疲劳，为了提高读者对版面的感知兴趣，提高版面整体的设计美感，可以在线框上加入一些图案或图形来起到点缀效果。图与文在直线的空间分割下，求得清晰、条理的秩序，同时求得统一、和谐的因素。

示例：这一版面的布局构思十分巧妙，设计者运用空心框将方形剧照延续下来。看似随意摆放的方框却容纳了标题和导读等重要内容，既活跃了版面也突出了重点。这种上图下文的设计格局能使阅读更为流畅。

4.10.7 垂直支撑的线

垂直支撑线代表力量和中心。垂直的线条不管粗细，都十分有力，也暗示中心的位置和所在，是版面平衡与否的重要因素。

示例：《方正印务报》"税收"专版 该专版的设计解决三个问题：一是专版设计具有观赏性，二是能迅速地传递视觉信息，三是能吸引读者的视线，使之对专版产生一种有某种联系的感觉。"线"的运用看似简单，但实际上颇有创意，它将几块内容巧妙地组合在一起。垂直的线条形成支撑力和中心。

4.10.7.1 提高标题的视觉表现力

在版面编排中，线在制作标题方面也有一定的实用价值。对松散或需要重点突出的稿件标题，采用加线条的办法会使标题及稿件更能引起读者的注意。如线条与标题组合的形式更好，则读序更流畅。

示例：《方正印务报》 设计者在该版面上营造了一个中心区域，运用文字、色彩的导向作用，将主体突出表现出来。运用线条对标题的背景加色，以改变标题的原有形态，从而打造出具有个性的标题效果。

4.10.8 发散型的"线"

延伸聚集的线会增强空间透视感。向着版面里的一个点聚集的线，把读者的思维带向远方，伸展到想象的极限。为了将包含大量图片的版面进行有效的图文分割，可以尝试采用线条切割的方式，以在版式结构上区分这两种视觉元素。通过将图片与文字进行有效的分割，可塑造出两者在版面中的独立形象，并最终达到提高版面辨别性的目的。

示例:《奥康报》"2011'智造元年'精彩纷呈" 在版面区间的分隔线上,一系列图片规整地排列在一条线上,这样的版式,横向或纵向看去都会整整齐齐。"线"调整了版面的宽松度,集中了视线,除本身占有一定的版面空间外,利用线的内延和外延空间的可调性,可以把一定的版面空间调整到需要的程度。运用线条很容易把稿件内容区分开来,使读者产生信息传递清晰的感觉。

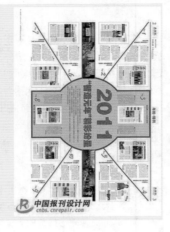

4.10.8.1 用"线"表现空间的延伸

在美术中,常利用长短不一的线条来描绘物体的明调与暗调。报纸版面设计运用长短不一的线条来表现空间的延伸感或版式结构的韵律感,同时赋予版面以一张一弛的视觉张力,从而创作出极具积极性的线条组合。

示例:《城市早8点》民生 线条看起来简单,实际上已在版面中产生了无穷无尽的韵律。正确地运用线在版面空间的各种形式,既可达到调整版面的目的,又为改善版面形式增加了内容。正确的把线的特征运用到版面设计中,可使报纸版面显得更加完整和丰满,为传递信息发挥更好的作用。

4.10.8.2 用发散"线"加强版面视觉表现力

将版面中的线条沿单一方向或四周进行重复排列,即可构成发射或放射状的版式效果。通过这种排列方式,不仅能够塑造出直观的线形结构,还能加强对版面凝聚力的表现,从而赋予版面以庄严感与正式感。

示例:《今日医院》线不仅具有情感因素,还具有方向性、流动性、延续性和空间感。放射性的蜡烛线条使版面视觉表现力更强烈,也更具爆发力。

4.10.9 规则排列的"线"

规则排列的线,带给人们精密刻画的印象,表现了极其理性和规范的气氛。在报纸版面中,"线"主要用来构成版式中的骨架。

示例:《钱江晚报》 该版面把同类新闻以简要关键词作标题组合成一个直观的版式,既简洁明快,又便于阅读。

4.10.9.1 运用"线"条区分界线

人们视觉感受的规律性法则,如对称、平衡、和谐、对比、统一、整体等,这些规律性法则对方便读者阅读起到重要作用。

示例:《春和报》当稿件之间的界线不清时,运用线条就可以很容易把它们区分开来。

4.10.9.2 用规则"线"表现版面创新灵感

将多个相同或相似的形态进行空间等量分割,可获得秩序与美感。

示例:《浙江火电报》线条是版面的调音师。正如一首动听的音乐,只有有了节奏,我们才能感知到愉快、享受到愉悦。节奏,是一个有秩序的进程,它提供有规律的格局和步调。报纸通过"线"和"条"建立起一定的节奏,读者能够窥视或预见到它的连续性。"代表谈展望"这个版面中,线使整个版面表现出创新的灵感。

4.10.9.3 用线使骨骼分栏更清晰

骨骼就是构成图形的框架、骨架,可使图形有秩序地排列。

示例:《方正印务报》根据该版内文章的内容(包括文字和图片)以及受众心理,设计师设计出具有针对性、符合特定读者阅读心理的版式。想达到此种境界,线的粗细、疏密会产生不同的形态与风格。在骨骼分栏中插入"线"进行分割,可使栏目更清晰、更具条理,且有弹性,增强了文章的可视性。

4.10.10 多变的"颤抖"的线

多变的颤抖的线个性敏感。线最能代表个人的气质、艺术气息,也是最富有表现力和多种性格的元素。纤细而颤抖的线,多为敏感和激动的象征。图文应在线的空间分割下,求得清晰、条理的秩序,同时求得统一、和谐的因素。

示例:《新京报》 整个版面以大运会吉祥物 UU 的身份介绍了大运会的历史。设计上运用相似的图形串起文笔生动的主文,加上适当的留白,使整个版面显得轻松活泼。线条能够形成一定的形状,因此可暗示其配合的稿件版面的主旨,成为能激发人们阅读兴趣的表意符号。

4.10.10.1　起结合作用的线

　　线条是除字符、图像以外用得最多的版面编排手段之一。整齐而粗硬的线条，是强烈的标志，形态的语言十分明确。粗线给人一种粗犷、朴素的感觉。根据文章内容的特点用线加以组合、搭配，便形成节奏，读者在阅读它们时，自然就会把这几篇稿件结合在一起当成一个整体。

　　示例:《奥康报》"影像"版　该版面的图片以人物视线为视觉中心，和右上方一张动车图片形成呼应和对比，有效地抓住了读者的视线，并有机地形成了内在的牵引力。竖图的纵势，有效、快捷地表达了版面主题，且表达得强烈、流畅而层次分明。

4.10.10.2　有强势作用的线

　　重要的稿件可以借助线条使其突出。给整篇稿件加框、天地线，或在文内行间加水线，则稿件就会因与其他稿件在版面处理上的不同，而显得尤其突出，从而更多地引起读者的注意。

　　示例:《苏州日报》苏州发布·人口与家庭　该版面借助粗线的强势作用进行设计，整个版面的形式与内容各尽其用、浑然一体，新闻的传达效率因此得到提高，从而达到传播的目的。

4.11　"线"在设计中的应用

　　线在设计中发挥着重要的作用。把线灵活地运用到设计中去，一定会使自己的设计作品质量有很大提高。在版式设计中，不同形式的线的运用，会使版面充满强烈的美感。

　　示例:《苏州日报》"读苏州·资讯"版"这个国庆　哪最堵　咋绕行"　该版面设计运用相关文字字符构成了一个近乎呈几何形体的人物形象轮廓。该设计从单色底面的设定到文字以点、线、面各类形式的排列，从色彩层次、肌理层次到符号的设定，采用多种方式复合构成，看似复杂无序却编排有序。

4.11.1　"线"框的空间约束功能

　　线框细则版面轻快而有弹性，但场的感应弱。当线框加粗，则图像有被强调的感觉，同时诱导视觉注意。但线框过粗，则版面变得稳定、呆板，空间封闭，其场的感应明显增强。

　　示例:《东莞时报》　该版面用黄色粗线框加粗，图像有被强调的感觉，空间封闭，同时诱导视觉注意;其场的感应明显加强。

4.11.1.1　用"线"框约束空间

　　线框可对版面空间进行分割和限定，使版面有一种被限制的紧张感。通过线框的运用，可以对版面的元素进行划分，使其和其他内容区分开来。

　　示例:《城市商报》"以前，苏州人怎样过年"　线条组成的线框起到约束空间的作用。在强调情感或动感的图中，以线框来配置，则动感与情感获得相应的稳定和规范。

4.11.1.2　硬边形"线"使版面有收缩感

　　硬边形又分为光边形和毛边形，光边形具有闭合性和稳定性，空间上有一定的收缩感;毛边形往往和周围的空间混成一片，给人模糊的视觉感受。

　　示例:《城市早8点》　该版设计采用了对版面整体进行渲染的手法，借黄色粗线框，产生了向内或向外扩散的视觉牵引力。

4.11.1.3　用"线"框强调与约束版面空间

　　线框的限定作用还表现在对版面结构的影响。通过线框的组织和限定，将版面元素按照这种线框结构进行设计，使版面更加稳定，更加有序，同时使阅读更加流畅。

　　示例:《绍兴晚报》2014　除夕报纸头版　新年特刊设计　线框的限定，使主体产生空间"场"的作用，同时也具有相对约束的功能。当线框加粗，图像有被强调的感觉，同时诱导视觉注意。为避免给人错觉，便于读者阅读，可以用线来表示稿件与稿件之间内容上的不同。

4.11.1.4　用红"线"强调主题

　　头版是报纸若干版面中最重要的一个，也是含金量最高的版面，它通过对新闻的取舍、编排及风格的确立等方式来统率整个版面，发挥舆论导向功能，体现办报特色，同时让受众了解该报的办报风格和宗旨。红线最能引发读者注意。

　　示例:《方正印务报》　此版面采用整篇稿件加红线框的形式，使读者一目了然，从而有利于诠释主题思想、深化新闻的内涵。

4.11.1.5 用"线"框营造主题氛围

在版式设计中,将"线"元素按照环状形式进行重叠排列,可使线条组模拟出涟漪的视觉效果。

示例:《贵州都市报》 "柯南15年 真相只有一个"这个版面的创意在于,将侦探片人物柯南巧妙地与蜘蛛网相结合,寓意不言而明。标题文字效果的处理恰到好处,整个版面边框的划痕效果具有神秘感,为主题营造氛围,引起读者注意。

4.11.1.6 封闭"线"框创意组合设计

头版的新闻照片有时会采取放大刊登的形式,使照片中的形象得以充分展示,增强新闻图片的冲击力。封闭线框既有利于排除相邻内容,又可突出照片中的形象,提高视觉传达的力度,因此常被用来进行此类设计。

示例:《方正印务报》头版 "区域报全媒体平台现场培训" 该消息和所配图片位于版面中心,想要突出一篇文章,最简单、最有效的方法,就是给文章加一个封闭线框。

4.11.1.7 使用封闭"线"框的原则

不同的版式设计和色彩运用表现着不同的编辑思路。版面设计时,考虑到版面的平衡和美观,在同一个版面中,最多只能加两个封闭框。这种思路如果能够准确应用,便能够获得很好的吸引读者视线的效果。

示例:《春和报》副刊版 这一版面就很好地体现了上述设计原则,不仅在色彩的运用上较为合理,而且以不同的形式加了两个线封闭框,位置十分得体,整个版面美观大方。

4.11.1.8 根据主题选用不同"线"框

倘若版面的色调比较严肃紧张,那么其他的元素就不能太过于活泼;如果设计者的意图是表现欢愉的情感,那么就尽量不要用阴冷而灰暗的色彩。

示例:《温医一院报》 "庆祝院报出刊200期" 该版式在带有庆祝性的装饰和医院全景照片的烘托下,对"总编致辞"配以细线框,并突出院标和医院大楼图片的陪衬作用,使整个版式显得颇为大方。

4.11.1.9 用"线"与"线"框组合表现整体美

线条与线框的运用有利于主题的表达,在版面设计中要加以灵活运用。注意运用时要与内容紧密关联,不能脱离内容单纯追求线条效果。

示例:《精功报》精功·专版 该版面中,用大线框组合成整体,框内再用线划界组成小的模块,配上黄颜色,表示对过去事件的追述,突出企业发展所取得的非凡成绩。

线是决定版面形象的基本要素。将线运用到版面设计中,就会获得各种不同的效果。粗而实的线框会让版面内容得以强调。

示例:《西藏商报》 碧海蓝天中的钓鱼岛在白底红框黑字的映衬下显得更加不可或缺,超粗黑标题严正重申我方态度,字字铿锵,展现了国民保钓的决心。

4.11.2.1 不同"线"条的特点

线的视觉心理感受具有方向感,有一种动态的惯性。线的这种变化的性格,对于动、静的表现力最强。不同的线会给人不同的视觉感受,一般来说,垂直线给人的感觉是庄重、强性、单纯、严峻;水平线给人的感觉是平和、安定、静寂、永久;斜线给人的感觉是动感、活泼而有深度;曲线给人的感觉是厚重、饱满、优雅、柔软等。

示例:《潇湘晨报》 此为关于香港游客在马尼拉被劫持的专版。不同的线条应用是该版面的特点,以线条的粗细、长短、色彩和形式的变换来控制版面的节奏,整个设计简洁而流畅。

4.11.2.2 "线"使版面内容更加醒目美观

视觉流程运用得当,能赋予版面以清晰的脉络,使细节和主体和谐统一,能够引导读者的视线按照设计师的诉求目的主动获得信息。

好的版面设计可以更好地传达作者想要传达的信息或者加强信息传达的效果,也有利于增强版面语言的生动性,使经过设计的文字内容等更加醒目。"线"的整齐划一,可以形成秩序美。同一种图形按照不同的规律有秩序地排列,并给人以视觉上的舒适感,称之为秩序美。秩序美是平面设计的核心体现,也是一种韵律美。

4.11.2.3 "线"是空间的最佳依据

线是空间的最佳依据,是最主要的造型手段。"线"具有分割、组合空间,点缀版面,直接构成线性图形,平衡版面,增强装饰性效果,抒发情感等多种作用。线是版面的经络网脉,它能对视觉产生分隔、伸延、指引和烘托的效果。往往细细的一根线,便立即能使版面清晰、精致起来,使某些部分得到强调,增强了版面的"版式感",从而使版面层次分明,节奏、韵律感更强。

示例:该版面中,将点元素按照弯曲的轨迹进行移动,构成了眼睛的曲线形态。设计初学者可对此种演变作深入分析,理清其创作特点和手法,启迪设计思路,以在设计中展示运动、力度和技巧。在该版面中,曲线元素的运用具有自然的视觉效果,并使版面在结构与布局上变得更有趣味性。

4.11.2.4 "线"增加视觉冲击力

在平面设计中,线的运用是很重要的,如运用得当,会使整个版面更具魅力。在以线为主的设计中,应该特别注意线的速度大小、力度强弱、方向变换对于人心理感受的影响。许多情感内涵都在于对整体版面力度的把握,不论是优雅圆润的线条还是强劲有速度感的线条,设计者都要结合创作中心的要求,才可以得到令人满意的结果。

示例:《羊城晚报》周日新闻周刊 "地下管世界" 该版设计以广州某区域地下管线分布图铺底,文字介绍穿插其中,占据大部分版面,增加了视觉冲击力。此外又以水管图案适当分割版面,是报道与版面颇为成功的一次结合。

4.11.3 "线"的装饰作用

平面设计的图形主要是意象造型。意象是借助客观物象表现出来的主观情意,是由图形意义、表现意义和象征意义所组成的多维空间。意象既有图形的视觉化,又有心象的情感化,它以有限的物质空间表现无限的精神空间,这是平面设计的灵魂。图片能活跃版面,增强报纸版面的灵动感,但需用线来做装饰。字体图片之间巧妙地留有空白,有利于更加有效地烘托版面的主题,集中读者视线,使版面布局清晰,疏密有致。

示例:《会稽山报》 该版面设计中,图形是意象造型。意象是融入了主观情意的客观物象,或者是借助客观物象表现出来的主观情意。"意"是无形的、抽象的,"意"借助语言或图形符号的"形象"才能表达出来。线会产生不同的形态与风格,意象线是体现艺术图形的主题,是艺术生命的灵魂;符号是意象的载体和表现形式。艺术图形中的意象线是通过设计者与解读者的想象力及情感意蕴所共同生成的一个再造图形空间。

4.11.3.1 "线"条的功能

平面设计中有形的线即眼睛直接看到的线,可形成线的空间、线的自由分割、线的性格、线的情感等;无形的线即眼睛不能直接看到的线。视觉流程即各视觉元素在空间沿一定的轨迹运动的过程。代表性的边框线都有各自的名字,这使得设计师在使用这些边框时更加方便,同时也能够从中感受到前人对待它们的情怀。

示例:《万向报》 版面中的线直接构成线性图形,起到平衡版面、增强装饰性、抒发情感等多种作用。边框线不仅具有功能性作用,同时也使版面显得美观。线是版面的经络网脉,它能对视觉产生分隔、伸延、指引和烘托的效果,并增强了版面的"版式感",从而使版面层次分明,节奏、韵律感增强。该版面用线框组成空心十字形,与本版文字内容有机结合,既简单,又明确主题,是一款不错的版面设计。

4.11.3.2 "线"创造意境

用线来强化和提升平面设计中的"意境"之美,进而提高版面的内涵和感染力,是平面设计艺术创新的一种手段。只有富有意境的版面才能超越平面,感动视觉。如何在版面中营造意境美有着重要的现实意义。只有把握好平面设计的一般规律与意境美的内容和特点,才能创作出富有意境的优秀版面。

示例:《焦作晚报》 四大怀药是怀商创造财富神话的载体,是当今焦作的名片。如今,它正走出国门、走向世界,却遇到了一个坎儿——技术贸易壁垒。该版面用未封闭的线围绕砖墙,体现自我加压,进行技术创新,强化从种植到加工等各个环节的质量管理,增强自身"免疫力",以适应国际市场"规则"的意境。

4.11.3.3 用"线"条引导视线

线具有引导视线的作用,在设计中应用很广。在平面设计作品中,可运用不同粗细的斜线,把人们的视线引向主题,使主题更加明确。

示例:《商报》商城时尚 吊带裙 凡是艺术图形都具有自身的意义。图形是意象的符号和表现形态,意象是由图形烘托出来的。图形的主要作用就是显示人、事、景、物,为解读者开启进入意象的要津。解读图形的第一环节,就是要对图形的本体意义及其所指称对象的表现意义进行破译。此版面中,弧形的线条可以让人们的视线随之旋转,有更强烈的动感。

4.11.3.4 用 S 形"线"构建版面

S 形实际上是一条曲线,而且是有规律的定型曲线。利用 S 形曲线对版面进行布局,能使整个版面看上去有韵律感,产生优美、雅致、协调的感觉,而 S 形构图具有的优美和活力的特点,能给人一种美的享受,并使版面显得生动、活泼。

示例:《今日临安》摄影长廊 该版面上方用 S 型构图的,描述电力员工战冰雪的照片作为主题图进行设计。和其他构图方式相比,S 形构图的线条最美,感染力最强,S 形构图可以渲染主体,使其更加美丽动人。此外,该照片也产生空间的深度和广度。

4.11.3.5 用"线"组合爱心图形

在具体的意象中,电话线、网线、天线都可以象征通讯、联系、交流,而这些具体意象的抽象表达就是线。线在很多情况下是可以表达这层含义的,所以它就能很自然地被用来表达这一类含义而不被人们所误会。

示例:《雄风报》"感谢雄风的真情关爱" 任何形象都不是孤立的,而是相互联系、相互渗透的。所以意象空间远远超过了视觉和版面的有限物质空间,向心灵的无限空间过渡与延伸。该版面通过串线方式,连接成一颗大大的爱心,贴切地表达了报纸真情关爱主题,体现了企业对职工生活的关爱。

4.11.4 "线"与色彩图片的协调

设计的感染力与设计师的情感有着紧密的关系,设计师强烈的创作欲望必将极大地调动起自己的生活和文化素质积淀。空间的大小、色彩的协调与对比、线条的流畅,材料的选择与变化,都蕴含和表达着设计师的情感和创造力,很容易被人感知并产生共鸣,带来生理、心理、感官的愉悦。设计师的创作欲望愈强烈,情感愈充沛,则其灵感愈是呼之欲出。

示例：《今日永嘉》乡土"探访山坑孝道" 线与色彩、图片协调有序、得当，使得该版面看上去轻快，似一个年轻的生命一般，充满朝气。

4.11.4.1 用"线"构建版面个性空间

插图与文章好比是绿叶与红花的衬托与被衬托关系，图片是为了表达内容而存在的，有时它是文章内容的补充，有时它是文章的注解。在文章中不能直接看到或者体味不深的东西，看了图片却能领悟出来。而线的自由变化，构成强烈的个性化空间视觉效果。

示例：《苏州日报》沧浪 为了使文字与图片相配合，设计师需找出两者在视觉上的共同之处。首先通过观察比例、形状、线条及图案来深入了解这张图片，再与文字配合进行版面设计。数你厚重的历史一路走来"这张彩色插图，创造了一个便于故事情节展开的背景，形象地向读者展示了一个现实的场面或一段传奇经历，与文章内容紧密结合，相得益彰。它不仅增加了版式的可读性，而且还多了一些文化韵味。

4.11.4.2 将"线"的形式美融入内容的文化意韵中

图形和文字的版式编排决定着整个平面设计作品的视觉传达效果。

示例：《温州都市报》温都旅游生活周刊受科技、艺术和文化发展的影响，人们的审美品位也在随之发生着变化，平面设计越来越注重形式美和文化意韵的表达。

4.11.4.3 用"线"表现古典版式

"文字""线"在传承意义的同时本身就具备了象形之美，就可以让人领略到文字在版面设计中的美妙作用。经过合理搭配的文字与"线"布局可以丰富版面内涵，增强信息的传递量。此外，"线"还可以作为重要的版面装饰元素。

示例：《贵州都市报》"巾帼英雄" 整个版式以"线"作为重要的装饰元素，视觉上呈现给读者的是一本翻开的古代线装书。版面以仿古典暗黄为主色调，整个版式的设计典雅、厚重，整体感很强。可以说，文字与"线"在设计中的作用与地位远在一般人的想象之外。

4.11.4.4 用彩色"线"构建版面

任何设计都离不开色彩，即使是一张白纸也体现了设计者独特的色彩选择取向。虽然每个人对于色彩的应用各有不同的方式和途径，然而在运用的过程中确有一些应该注意的共同原则。色彩之所以能够引起人情绪的不同反应，在于它可以通过视觉的刺激影响到

人的心理状态，比如橙色可以引起人的食欲，红色让人觉得火热，黑色让人觉得肃穆等等。版面语言是版面表意、传情、叙事的符号，其风格必须借助版面语言才能具体体现，而版面语言的编排手段包括字符、图像、线条、色彩等；版面空间包括位置、距离、面积、形状等；布局结构则包括稿件内部结构（如题文关系）和稿件与稿件之间的结构等。版面语言的语言形式是相对固定的、统一的，但对它的运用则可以千变万化。

示例：《苏州日报》"青春丝语" 该版面设计在色彩的安排和线条的运用上动了不少脑筋，整个版面色调柔和，版式清秀舒缓，是一个富有美感的好版式。

4.11.4.5 综合使用"线"条与色彩构建版面

创造什么样的色彩才能表达所需要的感情，完全依赖于自己的感觉、经验以及想象力，没有什么固定的格式，因而在设计的过程中一定要注意色彩的性格变化。准确地把握一些色彩搭配的常识，并且通过各种大胆尝试，设计师可创造出最具有想象力和吸引力的色彩表情，为版式设计奠定一个美妙的基调。

示例：《今日椒江》新闻周刊"和谐迎春"版面设计者运用色彩准确，并善于使用线元素，以突出而强烈地表达出文稿的意图，使整个版面凸显出"欢欢喜喜过大年"的欢乐、祥和气氛。

4.11.5 "线"的对称与均衡

对称与均衡是古典主义版面设计风格的表现，但处理不好易显得单调、呆板。运用对称与均衡的法则可使版面显得庄重而稳定。

示例：《精工钢构》哲思 对称与均衡是一对统一体，常表现为既对称又均衡。实质上，这种设计是求取视觉心理上的静止和稳定感。

4.11.5.1 用左右对称的"线"表现对比效果

把文字用线框根据一定的构成原则进行排列组合，便可得到最好的构成效果，使人有鲜明强烈而又和谐统一的感觉，令主体更加鲜明、版面更加活跃。需要注意，文字的首要作用是供人阅读，在版式设计中，这个作用不能削弱。换句话说，无论文字的形式有何种变化，都必须清晰可读，因为传达信息仍是它的一个重要功能。

示例：《齐鲁晚报》世界版针对法国大选萨科齐和奥朗德相互争锋的选情，将版面一分为三，左右放置了对峙的竞选双方，同时配以红蓝的冷暖对立色调，并在版面中间放置了大大的 VS 标识。这种独特的版面设计，一看就给人一种矛盾、冲突的感觉。

4.11.5.2　用左右对称的"线"分割版面空间

线框的主要目的是分割版面和布局内容,为了更好地感受线条的表现特色,可以有意识地设定不同的表现内容。好的版式设计有利于更快捷、更准确地传递信息,帮助信息交流。版式设计可以采用各种不同的线框编排形式,从不同角度体现其功能性。将图片与文字合理地进行编排设计,可以使版面层次清晰、主题突出。

示例:《华商报》财经周刊"2012市民经济生活月历"物价、房价、就业……版面将每月关键词用月历的形式展现出来,老百姓的衣食住行在2012年是怎么个情况,逐月都作了分析和预测。该版面主题内容清晰明了,版面简洁大方。

4.11.5.3　用"线"形成对称或均衡关系

即在一个二维空间平面内,运用点、线、面的关系进行构图与搭配,使之达到对比、协调和统一。点动成线,线动成面,面动成体。形成对称或均衡关系的可以是文字与文字,图形与图形,也可以是图形与文字。

示例:《苏州日报》朦胧春来了　该版面下面两图留白,这是设计中常见的一种构图形式。留白边框是一种独特的视觉语言,往往有助于信息传达、情感交流,起到以少胜多、提升版面感染力的作用。留白边线也可理解为边框,在营造版面意境和丰富版面节奏两方面具有独特的艺术表现力;在使设计主题更突出,激发人的想象力和进一步简化设计方面具有重要的作用。因此,在设计中要积极地使用留白,运用留白描绘出实体图形无法描绘的情境、气氛,使版面获得最佳的视觉传达表现效果。图形和文字在形式上呈对称与均衡关系,同时在内容上互为呼应,在功能设计和形式应用美上无可挑剔。

4.11.6　"线"条陪体和背景

构图主要由两大因素组成的,一个是线条,一个是影调。它们是版面的"肌肉"和"骨架"。我们看任何一幅照片,都会发现它们的画面都是由不同形状的线条和影调构成的。陪体也称宾体、客体,是和主体有情节联系的次要表现对象。陪体的作用有三:1.与主体共同完成主题思想的表达;2.增加版面信息量,使版面更自然、更生动;3.使版面造型更丰富,更具感染力。

示例:《东方早报》　相对国内很多报纸浓墨重彩的30年特刊,东方早报保持其一贯的简约细腻的设计风格,丝毫不喧哗,使读者在阅读的同时享受一份安静。若把主体比做花朵,陪体就是枝叶,红花加上绿叶才能表现出丰富多彩。

4.11.6.1　风格清新自然的"线"

线条是客观事物存在的一种外在形式,它制约着物体的表面形状,每一个存在着的物体都有自己的轮廓形状,都呈现为一定线条的组合。在版面中作为线陪体的对象,是处在与主体相对应的次要位置,与主体相呼应。版面中恰当的线陪体对于主体特征及内涵的表达起着重要作用,版面语言也会因此而更加生动。

示例:《南方日报》　该版面作为专题导航版,风格清新自然,以一根嫩叶始发的枝条为主配图,给人以初春乍现的喜悦。背景填充的略微偏灰的淡蓝色也昭示着冬末春初天空的景象。标题"咏春"直接切入主题,版面导航在版面左侧依次列开,各配七字短句,用意鲜明。整个版面简洁且协调有序,让读者在阅读的同时领略到一种和谐的美感。

4.11.6.2　"线"条的质感、量感和空间感

质感简单说就是物体给人觉是什么质地,量感就是物体的分量、重量感。质感与量感一般情况下都是混合在一起的,质感表现出来了、量感也就容易表现出来。线条可以通过对主体、陪体和背景等细部的刻画,形成不同的质感、量感和空间感。

示例:《乐医报》该版面使用较细的线条来表现质感。线条是构图的重要组成部分,视线往往会随着线条的走向移动。设计者充分利用线条,通过精心安排版面构图,把人们的注意力引向剪纸图案,从而把线条和剪纸图案联系在一起,由它们来表现纵深感和动感。垂直、对角和水平的构图方式,能创造出完全不同的基调,曲线则能使版面产生一种节奏感。

4.11.6.3　"线"条"主体"在版面中的作用

线条组织而成的主体是主题思想的体现者,突出主体能给读者鲜明的印象,使读者正确理解照片的内容。主体是版面的结构中心,有利于集中读者的视线。版面中,所有的元素都需围绕主体来组织,以主体作为版面结构的依据,为突出主体服务。

示例:《苏州日报》　该版面线条"主体"也是版面的兴趣中心,是版面表现内容的主要体现者,是组织版面的主要依据。它在版面中起主导作用,是控制全局的焦点。一个版面中只有一个主体,此版面用线条组合构成版面的兴趣中心。

4.11.6.4　"线"条版面的结构中心

既然线条主体可作为版面的结构中心,就应该突出主体。通过对比的手法可突出主体。常用的对比手法有:1.明暗对比;2.色彩对比;3.大小对比;4.虚实对比。同时弱化杂乱物体来突出主体:即压缩版面,在构图时,尽量虚化版面中与主体无关的东西。

示例:《方正印务报》 该版面突出了主体,给主体以位置上的优势。将主体安排在版面的正中偏左或偏右处,较小的主体可以安排在黄金分割点上。利用视线指向来突出主体,则读者的注意力可以通过版面中人物的视线集中到主体上面。视线起到间接突出主体的作用。

4.11.7 用"线"强化整体布局

"线"布局是对视觉元素各种技巧、各种因素的总体把握和综合调度。设计时,利用平面中各组成要素在内容上的内在联系和表现形式上的格调融洽,来强化整体布局。

示例:《深圳晚报》大涨其股综合报道 该版面设计上实现了视觉和机理上的连续性,层次分明、和谐悦目,以突出重点为基础,达到浑然一体的效果。

4.11.7.1 "线"条版面的布局

视觉设计趋于简洁化,图文的版式越发显得重要。文字以主线为基准在对齐的方法十分便于阅读。我们习惯采用左对齐的方法书写文字,它的使用源于方便美观这一传统观念,是作者情感和审美追求的印记。

示例:《姑苏晚报》读苏州·民生 要闻 关注婚博会 文字采用左对齐方式,用线分割,以面来稳定格局,从而构成完整的版面。在版面设计中,"线"是最活跃、最富有个性和易于变化的元素,有极大的灵活性,它可以任意变换方向、形态,既可以表现严谨,也可以表现抒情与强烈的动感,起着连接、支撑以及加固的作用。

4.11.7.2 "线"条使整个版面简洁、清爽

要从版面效果和版面空间的实际需要出发,按照"线"条各自印迹特点的不同,正确地选用到版面空间中去,把版区勾画得层次分明、有节奏感,使读者看着舒服,读起来顺口。设计出激发人们艺术想象力的文字,对于设计师来说,这要求具有创新概念和大胆构思,不拘泥于条条框框才能发挥出线条美化的艺术字在版式设计中的最大能量。

示例:《贵州都市报》"粤语歌怎么了?" 版面设计根据"音乐"的英文"music"进行了创意,用线条和图片作了恰到好处的艺术处理。大图片和music的结合使整个版面在视觉上有起伏之感;小图片整齐排列形成面的感觉。整个版面显得简洁、清爽。

4.11.7.3 "线"条布局和表现形式

线在报纸版面中起着划分版区的重要作用。主题明确后,版面构图布局和表现形式等就成为版式设计艺术的核心。这也是一个艰难的创作过程,需要找到一种能够达到意境新、形式美,既有变化又可统一,并同时具有审美情趣的艺术创作方法。一条折围的线可以把变栏或插栏走文的文章区勾画得更集中,使读者有连续阅读文章的愉悦感。

示例:《温州都市报》专版新闻中的标题设计,以悬念式的标题引发读者生疑,产生强烈的寻根究底的欲望。用线是为了集中、突出表现文章区的完整、统一,同时区分和提高视觉表现力,适应读者视觉的习惯接受能力。整个版式中,雨伞鲜明的颜色和有些凄凉感的少女背影形成极大的反差,犀利地表明了新闻所要表达的内涵。

4.11.7.4 用"线"条凸显主题与图的紧密关系

头版的线条主要起到区分与结合信息的作用,具有一定的强势感。通常情况下,头条新闻配有大幅图片,有时图片与右侧竖标题相配。当图片与右侧竖标题为同一主题时,可用粗线将图和标题围在一起,题、图、线的颜色应统一,凸显题与图的紧密关系。

示例:《商报》 该版面用线条引导视线顺序。标题加线后形成合理的格局,使标题既有明快的外观,又在内部结构上显得层次分明。简短的横线能把读者的视线"逼"到读完线上的"天长"才能接读线下的"地久",而相反的一条线则可改变"天长"与"地久"的读序。如此看来,线用到好处,会起到"画龙点睛"的作用。

4.11.7.5 用虚实结合的"线"加强版面整体表现力

在文字和图形中插入直线或以线框进行分割和限定时,被分割和限定的文字和图形范围即产生紧张感并引起视觉注意,这正是力场的空间感应。这种手法,增强了版面各空间相互依存的关系而使之成为一个整体,并使版面获得清晰、明快、条理,富于弹性的空间关系。至于力场的大小,则与线的粗细、虚实有关。

示例:《东莞时报》该版面用创新的版式设计,体现"油田妹立变小清新"这一主题,版面产生强烈的视觉冲击力。在版式设计中,用点线转折和图片体现主题,能使人们产生不同的视觉感受。

4.11.7.6 用"线"条来加强读者的关注度

线视觉总会在平面空间中流动,因此有经验的设计师在设计的过程中十分重视运用这条贯穿版面的主线,来增强读者的注目力与理解力。

示例:《钱江晚报》"每日新闻·文娱"版 该版面经过版面设计者的整合,简洁而明快,有利于引导读者的阅读而获得信息。该版面将要传达的图片内容加线框,把所有的信息整合成最简单的理念,表现手法力求简洁而强烈,具有强烈的色彩表现和舆论氛围。

4.11.8 "线"的灵感

点、线、面是平面设计的元素,会在排版上表现出层次感。图形文字的排版更要尤其注意,文字排版的整体形也是有意义的。比如你的主题是沙滩,文字的排版就可以设计成波浪状的,给人以沙滩的视觉感受。设计是造型简洁与功能完整的融合。空间的填充和留白选择并不是一件很容易的事情,然而它却是使版式具有美感的一个必要选择。就比如在我们的视觉空间中,大小不等、多样的字体看似复杂,其实有章可循。该版面在字的上下左右留下许多留白,使版面看起来轻松、活泼。讲究空白之美,是为了更好的衬托主题,集中视线和拓展版面的视觉空间层次。

示例:《山东商报》 该版面以一棵"¥"形状的大葱作为主题图,象征着大葱整个生产加工销售过程的利益链条;左侧内容从葱根部往上依次排列,象征利益层级的逐步递进。这一设计十分巧妙。标题以及画面的整体色彩选用了绿、白相间,色彩感鲜明,也符合"大葱"本身的颜色特征。

4.11.8.1 用"线"条巧妙地使主题形象化

设计者在处理版面时,利用各种手段引导读者的视线,并给读者恰当留出视觉休息和自由想象的空间,使其在视觉上张弛有度。用"线"来形象化主题,体现了版面编排的创新意识。

示例:《山东商报》 版面中是一幅向下悬挂的美国国旗,并且巧妙地将星条旗的红色条纹形象化地设计成一条条流淌的血液,渗入了到本章标题"麻烦制造者"的中间,不禁让读者联想到驻外美军对驻地国家与人民带来种种麻烦的局面。

4.11.8.2 用"线"使版面形成鲜明风格

在版式设计上体现出主题相应的风格特色,并从全局角度把握设计的强势、轻重、疏密等,形成层次分明、节奏有致的版式风格。

示例:《萧山日报》这"龙年吉祥"版面"线"的创意组合,颇有特色。上图以具有民族传统文化风格的线形纹案来设计,弘扬民族文化,下左图通过线条与图片的分块合理搭配,确保一份报纸能形成风格鲜明的整体气质,满足读者求新、求奇、求知的需求。

4.11.8.3 用设计的"线"条装饰版面

优秀的报纸必须是既好读又好看的,即便如先进员工的表彰内容也可以设计得很有艺术感。例如,将文字、图像、标志、插图以及线性的空间分割等视觉元素与新闻内容相结合进行组版,既宣传了企业的先进员工,又给读者带来一种美的感受。

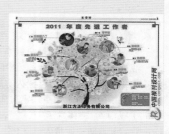

示例:《方正印务报》浙江方正印务有限公司 2011 年度先进工作者的光荣榜,设计人员打通二、三两个版面,用一棵枝繁叶茂的大树代表公司,将先进员工的照片分散排放在树上,寓意员工是公司不可或缺的一分子,公司蒸蒸日上,员工才有闪光发亮的舞台。这样的设计使得整个版面清新、简洁、有张力。

4.11.8.4 "线"的自由散点式版式

自由散点式排布的"线"不会影响读者的阅读,他们可以随图像、文字或上或下、或左或右地自由进行阅读。

示例:《佳宝新纤维报》专题 "青春的梦想在佳宝放飞" 该版面应用自由散点式版式设计,将三条"线"在版面上作不规则状分散编排,结构是自由无规律的。这种看似随意的分散构图,使阅读过程更具生动性,产生一定的节奏感和韵律感,装饰效果更强。用有趣的"线"在吸引人们的视线,这就是所谓的散点式构图。这样的"线"就如同散文一样"形散而神不散",给人以回味的空间。 整个版面总体上形成统一的气氛,做到了形散而神不散,活泼、轻快。

4.12 "线"与空间的编排构成

版式设计就是对文字和图片进行整合,调动点、线、面的所有设计手段,强化阅读效果和视觉冲击力;注意空间所具有的内在联系;保证良好的视觉秩序感,要使被划分的空间有相应的主次关系、呼应关系和形式关系,以此来获得整体和谐的视觉空间。

4.12.1 "线"对空间的分割

从新闻传播的角度看,当前应该是一个"美与信息同在"的时代。读者的整体水平、整体素质都在不断提高,又是媒体受众智慧不容被忽视的年代,作为编辑,应该在一定程度上满足读者"会心悦读"的需求——让读者在阅读报纸时也能感受到自己的智慧,从而产生阅读快感,进而成为报纸的忠实读者——这种快感往往不是单纯的某一篇稿件能够实现的,而是只有编辑才能表达出来的版面语言。使用线条进行分割,可使整个版面显得素净、简约,力求符合读者追求"简、净"的审美习惯。

示例:《精功报》精功·人文 春 该版面以情景线条(将客观情景线条化)作用于版面,从而起到美化版面、渲染版面氛围的作用,并成为读者接受内容的助推力。表现线条感的竖线版式富有变化,增强了版面的"神秘幽远"气息,这对于激发读者阅读时的探索欲望很有作用。

4.12.2 "线"的空间"力场"

"力场"是一种虚空间,是对一定范围的空间的知觉或感应,所以,也称为"心理空间"。版面中在空间被分割和限定的情况下,才能产生"立场"的感应。

示例:《城市早8点》 该版面以实意线条(将客观对应物件线条化)作用于版面,并表达一定的含义。这样的设计客观对应物件本身又具有线性特征。线在设计上的影响力大于点,线要求在视觉上占有更大的空间,它们的延伸带来了一种动势。线以串联各种视觉要素,以分割版面和文字,使版面充满动感,以在最大程度上稳定版面。

4.12.2.1 用线产生的"力场"突出主题鲜明的图片

在设计中将主题思想的创意与编排技巧相结合,运用无处不在点、线、面、色彩等设计元素,一起构成和谐而富有韵律的版面,这将在编排技巧创意中发挥重要作用。运用线的性格特点来表现主题思想,通过视觉虚线内动力的灵活运用,把握整体版面的气氛和风格,给"线"注入活力,丰富能打动人心的设计语言。在空间被分割和限定的情况下,线能产生"立场"的感应。

示例:《今日永嘉》 该版面运用线产生的"力场"来突出主题鲜明的图片,完成设计主体"楠溪江写真"。图片安排紧密围绕主题,并恰到好处地使用了线条,使版面的主题鲜明而突出。

4.12.2.2 用粗、实线强化版面"力场"

线粗、实,则力场感应强;线细、虚,则力场感应弱。另外,栏与栏之间用空白分割限定是静的表现;用线分割限定为动的、积极的表现。在数字化信息时代,从"看"报纸进化到"用"报纸和"玩"报纸,这样传统媒体的机会才能拓宽,而报纸杂志化也是必由之路。

示例:《扬子晚报》声色·流行 此版面设计简约、时尚,以线、形态线形、灰底色传达有效信息。版面具有整体简洁、图形感强、视觉度高、记忆性强的特点,减轻了读者视觉的生理和心理压力,不使读者产生视觉疲劳,从而获得了更好的传播效果。

4.12.2.3 线"力场"的空间感应

文字和图形版面中插入直线或以线框进行分割和限定,被分割和限定的文字和图形即产生紧张感并引起视觉注意,这正是力场的空间感应。空间感应增强了版面各空间相互依存的关系而使之成为一个整体,并使版面获得清晰、明快、条理富于弹性的空间关系。

示例:《苏州日报》苏州发布·文化沧浪 该版面以绿色粗实线分割图片,强化版面"力场"图片比例的空间,形成比例关系,具有平衡、丰富空间层次、烘托及深化主题的作用。版面设计是一种艺术修为的体现形式,是一个艺术性创造与表达的过程,它把创造者的理性审美标准和感性情怀有机地结合在一起并呈现出来。

4.12.2.4 线"力场"的大小与线的粗细、虚实相关

在版式设计中,运用多种样式的线条对版式结构进行合理的分割,可规划出理想的版式布局。图文在粗直线的空间分割下,求得清晰、条理的秩序,同时求得统一、和谐的效果。

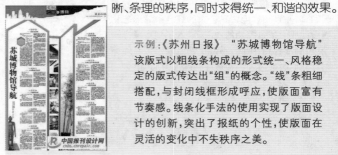

示例:《苏州日报》 "苏城博物馆导航" 该版式以粗线条构成的形式统一、风格稳定的版式传达出"组"的概念。"线"条粗细搭配,与封闭线框形成呼应,使版面富有节奏感。线条化手法的使用实现了版面设计的创新,突出了报纸的个性,使版面在灵活的变化中不失秩序之美。

4.12.2.5 线的"力场"是一种虚空间

"力场"是一种虚空间,是对一定范围的空间的知觉或感应,所以也称为"心理空间"。许多情感内涵都在于对整体图面力度的把握,不论是优雅圆润的线条还是强劲有速度感的线条,设计者都要结合创作中心的要求,这样才可以得到令人满意的结果。

示例:《山东商报》娱时间 "有一出大戏叫'上'春晚" 该版面以线为主的平面设计中,最引人注意的是线的方向变换对于人心理感受的影响。在栏与栏之间用空白分割限定,是静的表现,这种表现形成一种虚空间。

第5章 版式设计中的"面"

在几何学中,面具有长度与宽度。在造型学中,线的移动形成面。面是线移动的轨迹。在平面构成中,不是点或线的都是面。点的密集或者扩大、线的聚集和闭合都会生出面。面是构成各种可视形态的最基本的形。"面"是二维空间中最复杂的构成元素,但"面"不具备三维特征,所以"面"没有厚度。"面"构成的完整性与线的移动速度、频率、方向、路径都有直接的关系。

5.1 认识"面"

点、线、面的性质是可以相互转化的,当元素与所处空间的比例关系发生变化时,它们的性质就会随之改变。这就像是放大原理,在空间中把点或线放大,呈现在我们面前的元素不再呈其原有性质,而是面的性质。几何学中的面是"线移动的轨迹"。在平面造型艺术中,面是有长度、宽度的二维空间。面的界定是与版面框架相较而言的,视觉效果中处于相对小的形态,被认为是点,而相对较大的形态则是面了。点的扩大与平面的集合、线的平移和翻转均可产生面。如:点、线的密集化处理形成的虚面;垂直线平行移动为方形面;直线回旋移动为圆形面;倾斜的直线平行移动为菱形面;直线以延长线为中心进行半圆轨迹移动为扇形面等。在造型艺术领域中,面的各种各样的形态,是设计中的重要因素。

示例:《国际旅游岛商报》 用剪纸"春"吸引视线,说明过年了,创造生动感。单个文字可视为点,点的密集形成"面"。设计的导读性、审美性,都带给读者强烈的视觉冲击力和感染力。因此,设计不但是一门实用艺术,也是一种文化艺术。

5.1.1 "面"的概念

"面"有两种解释:一是线移动的轨迹,二是浓密有致的点。面具有长度和宽度,有位置,有方向性,但无厚度。

示例:《黄岩新闻周刊》 该版面应用点和线的排列组合,借助于形体自然元素,具有自然、流畅、纯朴、柔和的特点。在版式设计时注意把握面与版面图片整体的和谐,产生具有美感的视觉形式。面在版面中能够起到平衡、丰富空间层次,烘托、深化主题的作用。

5.1.2 用点构成"面"

"面"的存在是相对的。二维空间构成的形都可以称之为"面"。二维空间是平面形的组织原则。不同形态的面,是由点或线密集,或线的移动构成的。"面"的形态具有整体感的视觉特征。"面"和线一样,具有多形态的属性。点的密集或者扩大,线的聚集和闭合都会产生面。

示例:单个文字可视为点,点的密集形成"面"。文字形成的"面"成为版式中的图。大面积红色与小面积黑色的对比与调和,形成版式的底。图与底都采用自由编排的形式,形式上非常统一。同时,黑、白、红三色组成版面的黑白灰三种关系。

5.1.2.1 点、线与面的关系

"面"构成的三要素是点、线、面,面具备点和线的一些特征。如:明确的空间位置和长度,由于线的移动产生与该线成角度的轨迹,那么就形成了面的宽度。面是二维空间中最复杂的构成元素,但面不具备三维特征,所以面没有厚度。直线以一端为中心,进行平面移动成为扇形;直线做波形移动,则呈现旗帜飘扬的形状,等等。如果线的移动速度与出现频率产生了变化,那么所产生的面也会出现变化,形成虚面。但是上述含义还不能概括面的全部,如:立体造型投影产生的轮廓线,会由于观察形体的角度不同,而产生不同的平面图形;两个或两个以上图形的叠加或挖切,也会产生不同的平面图形。面具有长、宽两维空间,它在造型中会形成各式各样形态,是设计中的重要因素。

示例:《金华晚报》人文悦读"拯救地球生命之源""面"在编排与版式设计中的概念,可理解为点的放大,点的密集或线的重复。另外,线的分割产生各种比例的空间,同时也形成各种比例关系的"面"。"面"在版面中具有平衡、丰富空间层次,烘托及深化主题的作用。

5.1.2.2 点、线、面是视觉构成的基本元素

与点相比,面是一个平面中相对较大的元素。点强调位置关系,面强调形状和面积。请注意这里的面积是讲的版面不同色彩间的比例关系。总结自然界的万物形态构成,都离不开点、线、面。它们是视觉构成的基本元素,是每个设计师必须熟练掌握的设计语言。

示例:《城市商报》保健有方"胸部下垂不坚挺有好方法矫正"点、线、面具有不同的情感特征,设计者要善于采用不同的组合去体现不同的情感诉求。在视觉构成中,点、线、面既是最基本的造型元素,又是最重要的表现手段。

5.1.2.3 单图规则排列形成"面"

单个图形按一定规则排列在一起形成"面"。

示例:大标题、植物、说明性文字群与深色单种物体形成的底色组合在一起,形成一个完美的设计,其黑、白、灰层次分明,对比恰当。

5.1.2.4 扩大的点形成"面"

扩大的点形成了"面",一根封闭的线造成了"面"。在形态学中,"面"同样具有大小、形状、色彩、肌理等造型元素,同时"面"又是"形象"的呈现,因此"面"即是"形"。

示例:《苏州日报》 该版面应用线的聚集和闭合产生出面。面是构成各种可视形态的最基本的形,它在轮廓线的闭合内,给人以明确、突出的感觉。与点相比,它是一个平面中相对较大的元素。点强调位置关系,"面"强调形状和面积。请注意这里的面积讲的是版面不同闭合线间的比例关系。

5.1.3 用线构成"面"

将无数的线有序或无序地编排在一起,或由抽象的线形成面,这样的处理手法能呈现出一种较为有序、细致的效果。

示例:《国际旅游岛商报》第 A06 版 "2013 海南十大畅想" 由不同题材组成的"面",空间层次表现丰富。"面"与"面"之间相互衬托,能进一步深化主题。

5.1.3.1 单条线的重复形成"面"

点、线、面是视觉语言中的基本元素,使用点、线、面互相穿插、互相衬托、互相补充可构成最佳的版面效果。例如单个人照片形成的点按照由上往下的排列形成线,由单条线的重复形成"面"。

示例:《城市早8点》周岁宴"轨交站名 我来代言" 单人照片组成五彩缤纷的线,长短不一的线形成"面"。暗的文字标题,亮的底,中性的人物照片组成的图,使整个版面形成由亮到暗的概括性渐变。统一中富有变化,变化中蕴含统一。

5.1.3.2 "面"是容纳点与线的设计体现

线是点移动的轨迹。线在编排设计中有强调、分割、导引视线的作用。线条是有时间性的,从一头传递到另一头,时间就在这条线上流动。当线的起点与终点碰撞汇合在一起时,"线"就会消失从而成为"面"。

示例:《会稽山报》 在版面设计中,面可以理解为点的放大、点的密集或者线的重复。单线或单点是构不成"面"的。报纸设计的版式,就是线、面这些最基本的平面构成元素的运用。《会稽山报》的"企业文化"版式就是一个值得借鉴的好版式。

5.1.3.3 "面"的表现

在现实的排版设计中,"面"的表现包容了各种色彩、肌理等方面的变化。同时"面"的形状和边缘对"面"的性质也有着很大的影响,在不同的情况下会使面的形象产生极多的变化。

示例:《钱江晚报》春节七天乐 自然界中任何具有一定面积的物体外表,都可以视为面,而面的轮廓肯定是形态的限定因素。在整个基本视觉要素中,红线"面"的视觉影响力最大,它在版面上的作用往往是举足轻重的。应用线与点是平面视觉传达中最基本的造型要素之一。

5.1.3.4 利用线的色彩形成"面"

如同语言拥有很多的声调,色彩利用它广泛的色差而决定或服从着一切。每个设计构思都有适合它自己的语言。风格不应该只是服从于一种死板的美观的外表,而应该利用来表现思想。色彩的领域在不断地扩展,色彩的含义也趋于多样化。

示例:《姑苏晚报》风尚•推荐 "踏青装备看过来" 该版面利用线和色彩元素使读者的注意力集中到装备主体,这样的构图方式形式感强,纵深感强烈,版面整体简洁有力。其中,色彩也将扮演更加重要的角色。面、形、色在一定规律秩序的指导下排列、组合,呈现出美感。

5.1.4 用形状构成"面"

平面中凡是不具备点、线特征的形象就是面。在造型艺术中,任何封闭的线都能勾画出一个"面"。如果只有轮廓,内部不加填充,则虽有面的感觉,但是不充实,往往给人通透、轻快的感觉,没有量感。填充的面则给人以真实、充实和量的感觉。面的边界线即轮廓是决定面的形态特征的关键。面的形态体现了整体、厚重、充实、稳定的视觉效果,不同形状的"面",又会产生不同的视觉效应。

示例:《会稽山报》 这一配合中秋佳节的应时版面,突出了"圆"形"面"的合理运用,使得版面的形式灵活多变。这也说明,版式设计时要把握元素相互间整体的和谐,才能产生具有美感的视觉形式。在所有的面中,最安详平和的就是圆形了,它能让人觉得充满希望,就像是预示着美好完满的结局,给人以期待。

5.1.4.1 点、线、面的综合运用

图案的变化是丰富多样的,表现手法也不只限于点、线、面的个别运用,往往是以点、线、面综合运用的形式构筑出黑白灰的层次对比和各种形的变化,形成主题突出、特征鲜明、丰富生动的版面效果。

示例:《国际旅游岛商报》首版 "我的期盼" 点、线、面作为几何形图案的构成要素,既有其自身的独立性,相间又有着密切的关联。点扩大成为面,面缩小即为点;点的移动构成线,线的移动构成面。因此,在几何形图案的构成中,要善于利用点、线、面之间既相互独立又相互联系的特点,丰富几何形图案的表现。

5.1.4.2 用有序元素构成的"面"表现律动美

点在排版设计的视觉语言中属于可视的要素,即占据一定的空间。而且,点是在比较的环境中确认它的位置和特征的,其连续地密集排列就形成了线,过度放大就变成了面。"面"的有序构成能产生律动的美。

示例:《钱江晚报》广告·旅游浙江 点在排版设计中有丰富的表现形式。以人像主题的一组写真,是一个故事,又是一种情感的表达,充分利用了点的这种容易获得的特性。注意这些大大小小的点的具体排列,以及与线、面的配合,会产生完全不同的视觉效果,并引起不同的心理感受。这种主题版式越来越多地出现在人们的视线中。

5.1.4.3 用反复排列的"面"构成其他"面"

作为视觉元素的"面"有各种形状,有大小与虚实变化,有正形与负形之分,有点组成的"面",有线组成的"面"。任何形态的"面",都以分割或"面"与其他面相接、联合等方法,构成新的不同形态的"面",并给人以不同的感受。

示例:"面"给点和线以一个容纳的空间,单点、单线永远形成不了"面"。面是构成各种可视形态的最基本的形。在这一版面设计中,应用重复点调整点与线的元素间隔距离来表示各要素之间的关联性。

5.1.4.4 "面"的相对性

与点和线一样,"面"的存在同样也具有相对性。从"面"的几何概念出发,"面"是线的移动轨迹,这种轨迹与图"面"其他要素的对比决定了"面"的性质。

示例:《姑苏晚报》跟着时令吃、吃、吃 "清明碧螺春像鸡汤一样鲜" 如果"面"的长度、宽度与版面的整体比例产生巨大的差异,这时"面"的性质就开始向线和点的性质转变。

5.1.4.5 用色块元素构成"面"

版式设计是设计师对一个选定的版面的视觉把握和精心安排。若在版面中运用色块元素,便可以此构成具有直观性的面状态。版式设计是一门综合的艺术,需要调动版面中的所有视觉因素。版面可以看成是由不同的色块和面所组成的平面空间。

示例:《城市早8点》 该版面以绿色蔬菜和线条的组合,运用色块元素,来强调健康养生滋补的方法。版面中为视线预留充足的空间,以体现设计师在设计工作上的别具匠心。设计师通过利用不同的色块或面的对比,产生色块、虚实的对比,以使版面简洁、主次分明,让版面具有艺术气息,使版面构图更丰富,更富有变化。合理的块面对比,能表现出强烈的形式美。

5.2 "面"的构成形式

面在构成形式中体现了充实、厚重、整体、稳定的视觉效果。在形体中,面的构成形式一般有四种:直线形平面、曲线形面、直曲形富于变化的面以及组合成的千姿百态的面。这些面的空间位置不同,面的形状、大小、角度等不同,决定着物体的形体。面又可以称为形,平面上的形,即直线形、几何曲线形、自由曲线形和偶然形,这些不同的形,在视觉上会产生不同的心理效果。

示例:《深圳晚报》头版 "今晚羞月 借云遮面" 鲜明的标题和满版的头版图片,力图在读者看到的第一眼就"轰击"他们的视觉,吸引读者兴趣,将报纸所要传达的意思在最短的时间内送达读者的大脑。版面上部把重要图像以单独的点的形式来处理,置于大范围的空白版面中心位置,使其成为视觉中心。标题的选择更加注重贴近市民,围绕"责任媒体 服务民生"的办报主旨。组织这些基本元素使其成为版面构图的"语言",向读者传递和表达版面的思想情感,引起读者内心的共鸣。

5.2.1 直线"面"

直线形的"面",即由直线构成的面。用等距离的垂直线和水平线组成的二个正方形,它们给人的长宽感觉不一样:水平线组成的正方形,给人感觉稍高些,垂直线组成的正方形,给人感觉稍宽些。所以,穿竖格服装的人显得更高一点,穿横格的则显得矮些。

示例:《新闻晚报》 直线形强调垂直线与水平线的效果,具有直线所表现的心理特征。该版面为一款简约大气的封面版式。版面重点清晰明确,内容丰富,布局合理。对称处理的版式平衡感强,双行标题导读在视觉上起到统一的作用。颇具冲击力的图片带动了整个版面的气氛,冷暖、动静的画面对比效果深深地感染着每位读者。直线形表达出一种刚强、直爽的性格特征。

5.2.1.1 直线"面"所表现的心理特征

直线构成的"面"具有直线所表现出的心理特征。它能呈现出一种安定的秩序感,在心理上具有简洁、安定、井然有序的感觉,它是男性性格的象征。

示例:《会稽山报》 体温计形成直线形面,在版面中注入美的因素和情感,产生了韵律。韵律就好比音乐中的旋律,不但有节奏,更有情调,它能增强版面的感染力,彰显艺术的表现力。这里的体温计图片具有形象、直观的视觉特点。

5.2.1.2 直线构成的直线形"面"

以直线系和曲线系为主导，几何性和随意性地分割带来迥意的性格特征，使分割后的面形态效果更为丰富、自然。自由直线构成直线形的"面"。如"面"多以斜线构成，易减弱安定感，但能产生动感。

示例：《钱江晚报》20 周年特刊 20 年的这一天 在设计中，强调形的突出，同时注意它的变化。右图是重复黄色线构成的版面，在设计中采用黄色线与斜线的简练造型，配上黄色标题文字和左下角的说明，表现《钱江晚报》20 周年所走过的路，形成一个有动势的形。这在抽象形的构成版面中，是极为常见的。所以，在构成中既要做到形的完整性，同时，又要使负形完善，这样才能达到比较完美的效果。

5.2.1.3 直线形"面"的心理特征

直线形长方形的"面"，在心理上具有简洁、安定、井然有序的感觉。面形态的边缘由直线限定，直线本身的性格决定了其控制下的面形态。拘束、缺乏自由变化是其弱点，但在表现某些特定性格方面有很强的表达能力，是其他面形态所不具备的。从对形态的描述上，可以把"面"分成几何"面"与自由"面"、实"面"与虚"面"。这些不同的"面"，在视觉上所产生的心理效果各不相同。

示例：《温州交运集团报》 自然界中任何具有一定面积的物体外表，都可以视为面，而面的轮廓肯定是形态的限定因素，因此对于面种类的认识必须从面形成的因素分析中进行分类。直线构成的"面"具有直线所表现出的心理特征。长方形有中规中矩的感觉，强调垂直线与水平线的效果，它的魅力在于能呈现出一种安定的秩序感。

5.2.2 曲线形"面"

曲线构成的"面"比直线形"面"柔软，有数理性的秩序美感。特别是圆形，能表现出几何曲线的特征。但是，由于正圆形过于完美，会有呆板、缺少变化的缺陷。

示例：《国际旅游岛商报》 首版 "二月二 龙抬头" 扁圆形的图，呈现出有变化的几何曲线形，较正圆形更富有美感，在心理上能产生一种自由、整齐的感觉。

5.2.2.1 自由曲线形的"面"

自由曲线形的面是指不具有几何秩序的曲线形。这种曲线形能较充分地体现出作者的个性，所以，是最能引发人们兴趣的造型。它是女性特征的典型代表，在心理上能产生幽雅、魅力、柔软和带有人情味的温暖感觉。

示例：《闰土报》闰土·文化 "感动，时空三部曲" 有机形的"面" 有数理性的秩序美感和较为理性的人文特点，使版面给人一种柔软和自由、整齐的感觉。

5.2.2.2 由曲线构成的有机形"面"

有机形也称自然形态，它出现在自然界中，有自身的生长特点，但又无法用数理公式计算。人们从动植物世界里发现大量的有机形态，它富有张力，给人和谐、自然、生机、膨胀、优美的感觉。运用有机形的"面"可得到柔和、自然、抽象的"面"的形态。

示例：《盾安报》副刊 幸福笔记版面采用在自然界中具有一定面积的花瓶形状，放在左侧作为版面点缀，可以视为面。由于面的轮廓是形态的限定因素，构成自由曲线的有机形"面"，就给人以纯朴、秩序性和富于人情味的美感。

5.2.3 直、曲富于变化的"面"

在"面"中最具代表性的是"直面"与"曲面"所呈现的表情：直面（一切由直线所形成的面）具有稳重、刚毅的男性化特征，其特征程度随其诸因素的加强而加强；曲"面"（一切由曲线所形成的"面"）具有动态、柔和的女性化特征，其特征程度随其诸因素的变化而加强（或减弱）。在平面构成设计中，以面形态为主体，并将之作出大小变化和疏密有致的群体构成。在这种场合下，面的单纯性和有机性可使版式呈现简洁、明了的审美性格。

示例：《经济观察报》 该版面由大图片和小图片作出大小变化和疏密有致的群体构成，使版式结构呈现面的形态。在设计中，面有不同的表现特征，大的面统一，适合作背景，小的面多被看作前景。大块面、直线面的组合，产生强烈、明确、坚定的感觉。越简单、越稳定的图形往往越具有庄重的感觉。

5.2.3.1 表达情感的"面"

在平面构成中，面占有大的空间面积，同时孕育着强烈的情感表达。

示例：《钱江晚报》为了别人的生命牺牲了自己年轻的生命，三个大男孩对生命的那份理解和担当，不能不让读者为之动容。他们用实际行动向社会证明了他们的人生价值。该版面具有形象的视觉表现力，运用有机形的"面"直观、形象地表现出来所要传达的信息。

5.2.3.2 用直线表现"面"的空间感

要想在设计中将简单元素进行搭配与创新，以达到很高的意境，设计者需要多分析、多实践、多看各种优秀版式。

示例：《东莞时报》 该版面重视空间感的表现，注重地面上景物与景物之间的空间距离感。利用直线(景物)表现出的透视规律，因此利用透视上的变化，增强版面的空间感。透视现象有线条透视和影调透视之分。

5.2.3.3 分割所产生的形式变化

装饰是运用审美特征构造出来的。不同类型信息的版面，具有不同方式的装饰形式，它不仅起着排除其他、突出版面信息的作用，而且能使读者从中获得美的享受。

示例：《今日医院》 通过面的分割，产生不同的表现形式，使版面的视觉效果既有所区别，又有和谐统一的风格。

5.2.4 组合型千姿百态的"面" ——

概念形态中几何形的面、直线的面、曲线的面，不规则的面，偶然的面等各种不同性质的面给予人们不一样的视觉心理，成为设计师造型意识支配下的重要表现元素。

示例：《城市商报》情调苏州"缘来，我们来常熟" 版面采用具有自由曲线的茶具，较充分地体现出设计者的个性，整齐的审美意味，是有趣的造型元素。几何曲线与直线组合创造出来的面，则会产生强烈的视觉对比效果，使双方个性更为明显；主导元素和次要元素合理的量化处理，使对比双方取得和谐的局面。

5.2.4.1 椭圆形更富有美感

大小面组织到一起时，会产生空间感、律动感、节奏感。大的面在前，形成主要形象，小的面在后，为次要形象。

示例：《东莞时报》"淡定突围"扁圆形主图设计呈现出有变化的几何曲线形，较正圆形更富有美感，在心理上能产生一种自由、整齐的感觉。

5.2.4.2 不同题材组成的"面"空间

点和面之间没有绝对的区别。在需要强调位置关系的时候，我们把它称为点；在需要强调形状面积的时候，我们把它视为面。正形在版面构成上是实体，产生紧张、向前、明确的感觉。

示例：《山西晚报》 版面只用了一张沾满血迹的记者相机的图片，就给读者呈现出一个真实且残酷的战地记者所面临的世界。由不同题材组成的"面"空间层次丰富。"面"与"面"之间相互衬托，能进一步深化主题。红白黑三色对比强烈，让人印象深刻。

5.2.4.3 "面"的节奏感与韵律感

节奏与韵律是源于音乐领域的概念，后被现代版式设计所吸收。节奏是按照一定的条理、秩序、重复连续地排列，形成一种律动形式。它有等距离地连续，也有渐变、大小、长短、明暗、高低和不同形状的排列所构成。从狭义上理解，和谐的平面设计是统一与对比两者之间不乏味单调或杂乱无章。从广义上理解，是在判断两种以上要素或部分与部分间的相互关系时，各部分给人们的感觉是否呈现一种整体协调的关系。

示例：《春和报》 有一种活泼的版面视觉语言，就是版式设计中的趣味性。趣味性可采用寓意、幽默和抒情等表现手法来获得，它可以使版面更能吸引人、打动人。《春和报》的这一版式就富有节奏感和韵律感。

5.2.5 "面"与"体" ——

四个以上的面的组合称为"体"。立体的物体都是由很多面组合而成的，有什么样的面就能组合成什么样的体，所以面限制了体的形状。小的形态，较之过大的形态，成为图的条件更充分。图形一般趋向于较小的，但不是特小的，因为较小的图形便于观察其整体形象，更易显现出来直线形的"面"具有的直线所表现的心理特征。

示例：该版面以地球的面作为事物形态来处理，利用该要素在视觉上的高提炼感，从而赋予版面象征意义。借助地球这个元素来引发观众的联想力，同时加深对图像事件的记忆，以传达版面所要传达的信息。

5.2.5.1 "面"的空间层次

点、线与面都是通过具体的载体形式体现出来的。在安排这些元素的时候，把握它们在空间层次上的结构特点，既要照顾到它们的独立表达空间，也要关照它们的互相映衬作用，用渲染、陪衬、对比方式来突出这种层次结构。

示例：《城市早8点》旅游 该版面由圆和线框构成实面，在视觉上带给读者一种完整、积极的心理感受，使设计在空间层次上保持和谐和美感。

5.2.5.2 用"面"比例关系表现层次

面的比例、位置和朝向影响着体的形状。面的朝向与面的视中线有着不同的倾斜角度。同样的面，与视中线越垂直，它的面积越大；反之则越小，倾斜度也就越大。

示例："面"面积大小的比例，即近大远小产生近、中、远的空间层次。在编排中，可将主体形象或标题文字放大，次要形象缩小，来建立良好的主次、强弱空间关系，增强版面的节奏感和明快度。

5.2.6 抽象的"面"

抽象的几何、点线面的结合，以及和谐的色彩搭配都是设计者表达自己对技术以及信息图表的迷恋的特别方式。设计初学者很难控制抽象的"面"的形式，也容易使作品呈现一种散漫、无秩序、繁杂的效果。所以，对于初学者，应该更加理性地看待抽象"面"，不要过多地将设计内容依附于抽象的"面"。

示例：《钱江晚报》20周年特刊 "钱报20年创意词典" 设计者运用线、面、点、色块、构图等版面语言来表现内心的感觉、情绪、节奏等抽象的内容。为抽象版面而研究形式语言对人的知觉所产生的影响，是设计者创作的新起点。艺术创作的目的不是捕捉对象的外形，而在于捕捉其内在精神。通过图形和文字可及时传达读者需要了解的各种信息，而抽象的平面设计则更能给人提供更多的信息和想象空间，形成独特的设计风格。设计师要充分对抽象主义理念加以关注，运用它来更好地为设计服务。

5.2.6.1 "面"的形状决定"体"的形状

对具象形态的高度升华和概括，是在对宇宙的认识过程中由感性到理性发展的视觉创造。

抽象形态中的明与暗、强与弱、轻与重、刚与柔、动与静、聚与散、疾与缓能给人带来不同感受（如忧郁、悲伤、欢乐、崇高、雄伟、优美、滑稽）——抽象的点、线、面同样能激发人们的情感。

示例：《苏州日报》专版 此公益广告是把现实中的立体空间凝结在二维的平面空间上的设计。通过版面设计语言使平面的图像表现出三维立体空间效果，这在设计中被称为透视，是平面设计中非常重要的技法。

5.2.6.2 立体化的"面"

我们生活中总会看到有些图形虽是平面的，但是给人一种立体的感觉。这种赋予图形立体感的"面"，使版面以立体的形式展示。

示例：《苏州日报》 立体化"面"是以平面设计中的"立体化"视觉表现形式为切入点，探索平面设计突破二维表现形式，向立体化、空间化延展。由传统的二维平面表现向三维、四维等多维空间发展，可构建出更具表现力的新视觉语言，以丰富平面的表现形式，增强视觉冲击力，吸引消费者的眼球，从而促进消费。"面"可以成为体，即体化的"面"。

5.3 规则形状的"面"

所谓规则形体的面指的是一种明确的有机形态，看见这种面会给人一个直观的印象——是人们在现实中或概念中所熟悉的物体，如几何面、有机形面。

示例：《广厦报》攀登·副刊 形象是物体的外部特征，是可见的。形象包括视觉元素的各部分，所有的概念元素如点、线、面在见于版面时，都具有各自的形象。在平面设计中，一组相同或相似的形象组成，其每一组成单位称为基本形。基本形是一个最小的单位，利用它根据一定的构成原则排列、组合，便可得到最好的构成效果。该版面将自然界中的物体——植物以面的形式表现出来。

5.3.1 几何形"面"

所谓几何形的"面"，是指通过数学公式计算得来的"面"。几何曲线形比直线形要柔软很多，能表现出几何曲线的特征，具有一定的几何秩序。

示例：《合肥晚报》今日·聚焦 马航飞机失踪，马航失联 多边形"面"，给人美感的同时又给人一种自由、整齐的感觉。几何曲线形的面——以严谨的数学方式构成的几何性质的面，比直线形柔软，有数理性的秩序感。特别是圆形，能表现几何曲线的特征。但是由于正圆形过于完美，会有呆板和缺少变化的缺陷。扁圆形呈现出一种有变化的曲线形，较正圆形更具有美感，在心理上亦能产生一种自由、整齐的感觉。

5.3.1.1 三角形"面"

三角形的三点连线结构一般被视为最稳定的结构。如果是正三角形,则它既体现出稳定感,又富有进取感。其左右两条边线相交成的点,又成为视线的聚集中心。若是倒立的三角形,则是最不稳定的,并给人以俯冲、倒退之感。

示例:《姑苏晚报》风尚·茶事 "翠映太湖波 香称碧螺" 一般而言,顶角的角度越小,对人的心理刺激越强烈,视觉识别力也越强。因此在标志设计中经常采用三角形。倒三角形给人活泼、新奇的感觉。此外,几何形的面,有规则、平稳、较为理性的视觉效果。

5.3.1.2 "面"与"面"相遇

版式设计中点是相对小而集中的形态。点的感觉是相对的,既有形状也有大小和方向的不同,是设计中最活跃、最小、最基本的元素,常被设计师用在版面设计中。在强调形状、面积的时候,把"点"视为"面"。"面"既可以成为版面的视觉中心,也可以和其他视觉元素组合,起到平衡版面的辅助作用。

示例:《今日医院》 该版式的"面"在为患者服务,它明确指明了患者要所关注的内容的位置,是为阅读便利而存在的。该版面展现主题的核心明确,当读者第一眼看到的这个版式的头部时,就应该知道这是什么类型的专题或者想要表达什么意思,而不必从下面的内容中去寻找这个专题的核心。

5.3.1.3 "面"与"面"的轮廓线相切

面的相切也称相遇,指"面"与"面"的轮廓线相切,并由此形成新的形状,使平面空间中的形象变得丰富而复杂。

示例:《温州商报》新学习 几何表述中的"面"是抽象的,"面"与"面"的轮廓线相切,并由此而形成新的形状。其主次关系是通过版面全局的对比而表现的。

5.3.1.4 "点"与"面"的转换

面有体块感,面比点和线表现力更强。面除了规则几何形外,还有不规则的自由变化形态。面的形态,在视觉上赋有整体感,面的大小、虚实都会给人以不同的视觉感受。点和"面"之间没有绝对的区别,在需要位置关系更多的时候,把它称为点,在需要强调形状、面积的时候,把它视为"面"。

示例:《东方今报》头版 年终特刊 该版面应用点、线、面在视觉语言中的现代艺术理论作为造型的基础,通过有序地安排版面的视觉元素,营造视觉上的冲击感。设计师在面对版面主体的时候,不仅要考虑通过构图去展现版面主体完美的形状,更要让版面的形状、点线面之间达到形式上的契合,产生艺术的美感。合理安排版面的视觉元素,可营造视觉美感。

5.3.1.5 几何直线构成的"面"

几何直线构成的"面",大多为一些几何形状的面作自由组合,可表现规则、平稳、较为理性的视觉效果。由"面"组成的形体,能有效地提升版面的专业感与务实感,是造型艺术中的重要表现形式。

示例:《温州交运集团报》副刊 巴厘岛金巴兰海滩 在版式设计中,形在版面设计上的呈现基本是以组合的形式出现的。所谓形的组合其实就是不同的点、线、面的组合。在实际编排中,有对比、近似、重复、呼应等表现手法。要学会灵活运用这些形式,使设计在视觉上具有丰富的变化的同时,与视觉效果保持高度的一致性。

5.3.1.6 同等面积正方形构成的"面"

面用了直线来造形,会给人一种刚硬、简洁的印象。用等距离的垂直线和水平线,组成两个同等面积的正方形,其长、宽的感觉却不一样。水平线组成的正方形,给人感觉稍高,而垂直线组成的正方形,使人感到稍宽。这是由于,在直线充满边框时,由于直线占据了全部空间,在视觉上产生膨胀感,而用直线端部组成的边框,由于其空虚的面积较大,会产生一种收缩感。

示例:《苏州日报》头版 用等距离的垂直线和水平线,组成两个同等面积的方形。"地球1小时"的"1"分隔直线所组成的方形,对比强烈,既点明了版面主题,又给人以简洁的印象。

5.3.1.7 几何形"面"的现场感

几何形的"面"具有规整的外部轮廓和严谨的内部结构,表现出规则、平稳、较为理性的视觉效果。面在版面构成中,在空间上所占的面积最多,因而在视觉上要比点、线强烈得多,也突出得多,具有鲜明的个性特征。在版面构成中,把握相互间整体的和谐才能产生具有美感的视觉形式。

示例:《辽沈晚报》8月17日 时事版 该版面重点报道黑龙江鞭炮厂爆炸事件。整个版面以一张现场照片为背景,并配以问答形式的采访稿,给读者以鲜活的现场感。

利用数学法则构成的直线或曲线称为"几何形",它给人明确、理智的感觉,但容易产生单调的弊病。在版面造型设计中,"面"总是以一定的形式出现的。

5.3.2.1 用"面"作整体背景

以"面"为整体背景,其上的要素都是具体或抽象的点和线,它们存在于一个面上,相互分工合作,都对这个面的美观度负责,因此它们都会或多或少地起着各自的作用。

示例:《金华晚报》 由于"面"具有不同的形,给人的心理感受也是不同的。几何形的面给人明确、简洁之感,自由形的面给人随意、流动的视觉感受。 "面"无论以何种形态出现,都具有较强的视觉影响力。《金华晚报》这一版式就体现了几何图形的主视觉效果作用。

示例:《温州晚报》"学习"版 在版面中作为一个整体基调存在的"面",其上有具体或抽象的点和线。这些要素起到的是统领全局、确定整体基调的作用,但这个基调,主要还是由版面的内容和读者定位来决定。

5.3.2.2 以自然元素为设计对象的"面"

以自然界中本身就存在的物象为设计目标,如植物、动物、人等,通过对已知物象的形态进行具象化处理,以构成物象的有机形的面。

示例:《城市商报》新周刊 采用自由曲线形,形成柔和有机形的"面",使版面给人一种优雅、柔软和带有人情味的温暖感觉。

5.3.2.3 "面"的扭曲

在二维平面上,将"面"形态制作成具有三维空间感的扭曲的构成形式。

示例:《城市商报》鑫周刊 "2013 黄金投资 考验成色" 具有三维空间感的扭曲的构成形式。处于这一设计手法下的"面"形态,无疑会产生出一种抽象与奇趣的特性来。

有机形的面是指生活中那些自然形成或人工合成的物象形态,如植物、动物、机械和建筑等,因此也称它为自然形体的面。它在造型中形成了各式各样的形态,是设计中的重要因素。

示例:《城市早8点》楼市 "买房人的辛酸苦辣" 该版面以有机形的"面"形态,通过对已知物象的形态进行具象化处理,使其具有最简要的概括与描述,以得到柔和、自然、抽象的"面"的形态。

5.3.3.1 "面"的形态

在"平面构图"中将"面"定义为在二维空间中由轮廓线决定的形态。事物的形状与表现,可展现于外部,亦可显影于内部。与点和线一样,"面"的存在同样也具有相对性。

示例:《城市商报》旅游周刊 "一起去郊外寻找和煦春风吧" 从"面"的几何概念出发,"面"是线的移动轨迹,这种轨迹与版"面"其他要素的对比决定"面"的性质。如果"面"的长度、宽度与版"面"的整体比例产生巨大的差异,这时"面"的性质就开始向线和点的性质改变。

5.3.3.2 人为合成的"面"

不同外形的物体以人为合成形"面"的形式出现后,给人更为生动、厚实的视觉效果。

示例:《苏州日报》关注 "苏州的桥,你过得可好?" 把立体的形象、繁复的形象以单纯的平面剪影形式来概括,大胆地摒弃了对具象的刻画,用高度概括简化的手法,传达了形象的特征,使人一目了然,心领神会。设计者在编时需有意识地去发现形与形之间的联系,使得面更有秩序感。

5.3.3.3 人造形的"面"

人造形的面,具有较为理性的人文特点,能使复杂的形象变得黑白分明、整齐统一,节省了读者无目的性的视觉移动,达到了把准确的意念和信息迅速传达给读者的效果。

示例:《城市商报》新蕾周刊 一颗"玻璃心" 人造形的"面"在视觉与内涵上均具有强烈的象征意义,具有较为理性的人文特点。

5.3.3.4 以植物为设计对象的"面"

寻找一些自然界中的植物，以面的形式表现出来。自然形的面能给人以更为生动、厚实的视觉效果。

示例：《城市商报》要闻"海棠花儿开" 通过将植物类有机形面放置在版面中，使人产生稳重、厚实、坚强而深沉的感觉，以最直接的表述方式点明版面主题。

5.4 无规则形状的"面"

即自然界中一切没有经过人为因素改变而存在的现实形态，例如山川、树木、鸟虫等。不同外形的物体以"面"的形式出现后，给人以更为生动、厚实的视觉效果。

示例：自然形态无规律地组合，形式上比较自由，造型上产生张力和运动感，能够增强视觉上的清晰度和醒目度。

5.4.1 偶然形的面

偶然形，顾名思义是指偶然得到的图形，是随机产生的图形。偶然形可以更好地表达出自然朴素的感觉，且个性较为强烈。偶然形的面，自由、活泼而富有哲理性。

示例：自然或人为偶然形成的形态，其结果无法控制。在版面中，偶然形的版面充满张力，给人焕然一新的感觉。采用偶然形，可使版面充满时尚感，给人一种自然洒脱之美。

5.4.1.1 偶然形成的"面"

偶然形的面充满自然的魅力，具有浪漫、抒情、丰富、强烈、奔放的特性。设计者应根据自己的设计需要，调节点、线、面的视觉特征，向大自然学习，让构成不再成为一种定式，而是设计者设计思想的一种自然流露。

示例：偶然形的面，即以特殊方法构成的意外的形态，具有其他形态表现不出来的、独特的视觉效果。充满偶然性的面在视觉上还具有一定的艺术美感。

5.4.1.2 不规则的"面"

不规则的面使复杂的形象变得黑白分明、整齐统一，节省了观者无目的性的视觉移动，达到了把准确的意念和信息迅速传达给读者的效果。

示例：《苏州日报》楼市回眸 品牌呈现"2012 吴江地产年鉴" 不规则形的"面"，即由自由曲线及直线随意构成的面。不规则形态的"面"最能表现出面的"轮廓线"所具有的心理特征，给人以不同的视觉感受。

5.4.1.3 自由"面"的偶然性

在自由面的形成过程中充满了偶然性和不确定的因素。在自然界我们处处可以见到这种"面"的出现：一滴雨落在台阶上就形成一个自由的"面"；儿童毫无用心的一笔也可以形成一个自由的"面"。

示例：《深圳商报》 该版面利用偶然形成的自由"面"方式构建。自由面不像几何面那样必须遵守某一特定的数学规律，它充满自由，活泼而富有哲理性，带给人们愉悦。

5.4.2 自由"面"的形态

自由形态是一种不规则的构成形式，通过自由的、徒手绘制的线条构成，具有很强的造型特点和鲜明的个性特点。在现代的视觉艺术设计中，人们越来越关注个性与情感的表达。对于版式设计，可以通过两种途径来得到自由"面"形态，一是对图像要素进行自由排列，二是运用手绘的方式来直接绘制。

示例：《姑苏悦读》 该版面设计上用水墨产生的自由面更好地表现了空间和虚实，进而体现出中国文化的意蕴，产生优雅、魅力、柔软和带有人情味的温暖感觉。

5.4.2.1 自由"面"的个性

自由"面"能较充分地体现出设计者的个性，所以是最能引起人们兴趣的造型。它是女性特征的典型。

示例：《钱江晚报》20 周年特刊 "20 年头条记忆" 版面主要由加了报纸图片的"20"及文字标题所形成的不规则的面构成。版面采用自由形态的面，在视觉上给人以随性、洒脱的印象；打破呆板的版式结构，给人留下深刻的印象。

5.4.2.2 手绘的图版"面"

新闻漫画和新闻速写图像是通过绘画的方式（手工或计算机）形成的，这种视觉形象与其所指代的事物之间不存在某种现实的因果关系，因此只具有形象性，不具有标记性。徒手描绘图版"面"的大、小、虚、实，也会给人以不同的视觉感受。面积大的"面"，给人视觉以扩张感；面积小的面，给人视觉以内聚感；实的面给人以量感和力度感，称为定形的"面"或积极的面；虚的面，如由点或线密集构成的面，给人以轻而无量的感觉，被称为不定形的面或消极的"面"。

示例：《城市商报》鑫周刊 "春天到郊外撒野去" 图形在版面构成上给人充实、柔和、圆满的感觉，恰似女性的温柔。无论怎样的版面设计，首先是它必须能够引起人们的注意，这也意味着它必须有某种视觉冲击力，否则就没人有耐性细细阅看。

5.4.2.3 自由构成的不规则"面"

在平面设计中，人为创造的自由构成形，随意地运用各种自由的、徒手的线性构成形态，具有很强的造型特征和鲜明的个性，并且在结构形式上还带有浓郁的插图效果。

示例：《正泰报》人文 "过年，离不开那些话" 该版面大胆使用不规则形的面，形成非秩序性，且故意寻求表现某种情感特征；它富于活泼、多变而轻快的效果。

5.5 "面"构成的特征

在视觉传达设计中，直接以面作为构成表现的作品有很多。设计中面的构成方法十分灵活，而且形式丰富多彩。"面"在版面中的概念，可理解为点的放大，点的密集或线的重复。另外，线的分割产生各种比例的空间，同时也形成各种比例关系。面在版面中具有平衡、丰富空间层次、烘托及深化主题的作用。平面构成中，根据形成方式的不同，可以将面的性质划分为积极与消极两种。

示例：《合肥晚报》 杂志化的封面设计，在现代都市报中并不罕见，但对于西方情人节，用这样的力度来渲染却不算多。虽然封面的卡通化与内版的现实感缺少了些联系，不过，有如此大胆的视觉展示，也足以令人羡慕。

5.5.1 "面"的积极性

在平面构成中，将那些利用点或线元素的移动，或点的放大、点的密集，或线的重复构成面，以及由线的分割产生各种比例的空间和比例关系的面，定义为积极的面，也被称为实面。

示例：《金华晚报》成长教育 "孩子该去哪里？" 版式的个性是设计者个性的外在表现。实面的特征主要表现在它能给人以充满整合感的视觉印象，版式设计少有雕琢奢华之感，显示出扑实无华的文化内涵，与内容相得益彰。"面"在此版面中具有平衡、丰富空间层次、烘托及深化主题的作用。

5.5.1.1 实"面"

实"面"是由连续不断记录的线的轨迹构成的"面"。它的轮廓清晰、内容完整，有着明确的领域感和视觉重力，在平面设计中表达一种真切的、清晰的、实在的区域，给读者的心理感受是稳定、坚实、明朗，但同时它也有可能会造成呆板、没有生气的印象。在一些设计领域，实面是必须使用的，比如安全识别系统中的标志就必须通过实面的形式表达出来，这样，人们才可能快速有效地识别标志中的信息，引导下一步的行为。

5.5.1.2 积极的"面"

积极的 "面" 形象特征虽然被分割、移位，但不是舍弃，而是被保留了，所以，打散构成后的形象，依然可以感受到原始形象的特征。

示例：《姑苏晚报》视觉 图片专版 "无声而扣人心弦" 点、线移动、放大产生"面"。积极的"面"是指具体的"面"。

5.5.1.3 "面"的视觉影响力最大

"面"在空间上占有的面积最多，因而在视觉上要比点、线来得强烈、实在，具有鲜明的个性特征。

示例：《城市商报》要闻 "读你的眉目之间锁着我的爱怜" 该版面设计采用的是实"面"。与虚"面"相比，实"面"在情感表达上具有更强的诉求能力。因此，在排版设计时要把握相互间整体的和谐，才能产生具有美感的视觉形式。

5.5.1.4 "面"具有平衡、丰富空间层次的作用

"面"的分割产生了各种比例的空间，同时也形成了各种比例关系的"面"。"面"在版面中具有平衡、丰富空间层次、烘托及深化主题的作用。

示例：《长株潭报》版面设计肩负着双重使命，一是传达信息的重要媒介，二是使读者通过阅读版面产生美的遐想与共鸣。从这一意义来说，版面也就成了一切视觉传达设计的舞台。该版式设计刻意采用留白空旷的版面，从而使主体图片变得更加醒目与突出。

5.5.2 "面"的消极性

在平面设计构成中，将那些由点或线元素聚集形成的面定义为消极的面，也称为虚面。虚面主要由零散的元素组合构成，在视觉上往往给人以细腻感。

示例：《姑苏晚报》跟着时令吃、吃、吃"青团子 色如碧玉满口香"由零散的青团子组合排列构成虚面，从而使读者对版面产生深刻的印象。

5.5.2.1 虚"面"

虚"面"是间隔记录线的轨迹。间隔记录的频率越低，虚"面"的轮廓、内容越不清楚；相反，间隔记录的频率越高，虚"面"的轮廓、内容就越明确。正是由于虚"面"的形成与记录点的动态频率有着密切的关系，所以，虚"面"可以在平面设计的表达中体现一种模糊、虚幻的内容。虚"面"给观者的心理感受是神秘的、变化莫测的。读者可以

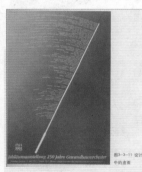

通过对设计作品中虚"面"的观察，理解设计者某些含蓄、内敛的设计思想。

示例：此图是一幅来自于特尔绍瓦国际海报三年展的设计作品，是一场主题音乐会的海报。画面上自由字体构成的虚面表现了音乐的节奏和流动性，让人们还没有进入音乐厅就感受到音乐的高贵与优雅，同时引发人们对音乐会的期待，达到了设计的预期目的。

5.5.2.2 消极的"面"

在平面构成中，将那些由点或线元素聚集而形成面，定义为消极的面，也被称为虚面。虚面主要由零散的元素组合构成，或将面打散后构成，即将原始、完整的形象破碎后，再次依个人愿望组合。在视觉上，消极的面往往给人以细腻感。

示例：《姑苏晚报》视觉 该版面上的图片采用的是消极的"面"，由点、线密集环绕产生了"面"。

5.5.2.3 "面"具有空间感

由大小渐变形构成的版面，具有空间感。

示例：《辽沈晚报》8月3日求学录 该版副题为"当书籍成为阶梯"，设计者却并未呆板地制作成"书籍阶梯"，而是将嫦娥奔月、向前奔跑的运动员、喜庆的花瓣以及书本有机地结合起来，并辅以大字"机遇"，大气地表达了抓住机遇，学业步步高升的意思。

5.6 "面"的三维空间构成

版面设计最终的目的是使版面产生清晰的条理性，用悦目的组织来突出主题，达成最佳的诉求效果。设计者可通过对版面三维空间层次的把握和运用，来达到这个目的。借助版面设计中比例关系的空间层次、位置关系的空间层次、黑白灰关系的空间层次、动静关系和图像肌理关系产生的空间层次，营造版面设计中的三维空间。生活中的三维空间是立体空间，看得见，摸得着，能深入，而在平面编排中的三维空间，是在二维空间的平面上建立的近、中、远、立体的视觉关系，可见但摸不着，是假想空间，它是借助多方面的视觉关系来表现的，如：比例、动静图像、肌理等。在版面构成中，把握元素相互间整体的和谐才能产生出具有美感的视觉形式。

示例：《山西晚报》 该版面采用了整体偏灰暗的主色调，版首插图选取了当日地震后海啸袭击居民区的场景，让人不禁回想起当日的情形，勾起人们的哀思。版面中部巨大的漩涡图案配以巨大的"大地震"黑色标题，以及下方的大面积留黑，颇有灾难电影海报的风格。由于借助了多方面的空间关系来表现，因此版面有一种空灵感。

5.6.1 动、静图像肌理关系的空间层次

动使版面充满活力，获得更高的注目度；静使版面冷静、含蓄，具有稳定的因素。用动、静图像肌理关系可营造出版面的空间感。

示例：《姑苏晚报》竞技星闻 "丁俊晖第五次轰出147" 在版面的组织上，以动为前，静为后，以动静的对比关系建立起了空间感。

5.6.1.1 以文字或图像组织出空间感

以细小的文字或图像组织的版面，从整体看具有肌理感，其空间关系建立在肌理组织的大小及色彩的强弱关系上。

示例:《潇湘晨报》 用抽象的线条勾画画面,运用剪影的手法刻画图中人物,背景图片隐含着扑朔迷离等概念。版面下部在黑色背景上配以文字,并加入特刊的导读,使此版面清晰干净,空间感突出。

5.6.1.2 物体表面的质感和纹理感

在自然界里,物体表面的质感和纹理感也就是肌理。肌理在平面视觉形式上体现为"面"形态的一种平滑感与粗糙感。人、动物、植物和各种各样的物体都有不同形式的肌理,肌理的自然形式反映了世间万物在自然中的存在方式。松树的粗糙树皮、人类的肌肤与巨大海洋动物蓝鲸光滑的皮肤显示出了不同肌理、生命的存在方式及其生存的环境。

用黑、白、灰营造空间层次感

无论是有色还是无色的版面,均为黑、白、灰三色空间层次。黑白为对比极色,最单纯、强烈、醒目,最能保持远距离视觉传达效果;灰色能概括一切中间色,且柔和而协调。三色的近、中、远空间位置,依版面具体的明暗调关系而定。

示例:《城市商报》话题 "英语一年两考,考的是谁?" 该版面中三色近、中、远的空间位置,依版面具体的明暗调关系而定。

5.6.2.1 色调的重要性

版式设计强调色调。一幅优秀的设计作品,色调应非常明确,或高调、低调、灰调,或对比强烈,或对比柔和。反之则混乱,模糊不清。

示例:《城市早8点》 该版面强调色调,加强了形与空间大小、面积的对比关系,文字的整体关系,并用集中、近似的面积来达到色调的统一。

5.6.2.2 色彩和空间布局

一个空间中,如果只有一种色调,这不是平衡,而是单一和呆板。在一个空间的主要色调中,点点星星地夹杂进与之形成对比的色彩,则暗色的空间也不再低沉,开始活跃起来。

示例:《城市商报》该版面在色彩使用和空间布局上,做到了整齐有序,变幻而不杂乱:大的地方简洁大方,一目了然;小的地方精细到位,细微之处见精华。用色上以中性色为主,色调一致,变化丰富而不杂乱。如果细心观察,会发现图中黄色部分正好位于中心的位置,它是整个空间的视觉平衡点。

用面的比例关系表现空间层次

面积大小的比例,即近大远小产生近、中、远的空间层次。在编排中,可将主体形象或标题文字放大,次要形象缩小,来建立良好的主次、强弱空间关系,以增强版面的节奏感和明快度。

示例:《方正印务报》方正印务报改版啦!该版面编排在进行版面分割时,既要考虑各元素彼此间支配的形状,又要注意空间所具有的内在联系,保证良好的视觉秩序感。这就要求被划分的空间有相应的主次关系、呼应关系和形式关系,以此来获得整体和谐的视觉空间。将主体形象放大,次要形象缩小,来建立良好的主次关系,以获得更好的秩序与美。

5.6.3.1 协调版面元素的空间感

不论是采用点成面还是线成面构图方式,都应格外注意把握各构成元素间的空间距离。过于紧密的排列会使版面显得密不透风,给人以过于呆板之感。然而元素间距离过大也会使面的整体性不强。

示例:《今日玉环》一版要闻 "玉环走在海岛城市前列"该版面通过将主题图片与标题文字放大、次要标题缩小,来增强版面的节奏感和空间层次。面积大小的比例,即标题上大下小产生出的空间层次,可在编排中用来建立良好的主次关系。

5.6.3.2 用"面"的大小及色彩表现空间感

在平面构成中,具有宽度特征的元素都可以称为"面",如点的扩大、线的聚集或闭合都可以形成面。点的缩小起着强调和引起注意的作用。它们注重形象的强调和表现,给人情感上和心理上的量感。

示例:《城市商报》商报实用 该版式设计强调色彩的调性。"青团子是怎么做出来的",以细小的文字或图像组织版面,从整体看具有肌理感,其空间关系建立在肌理组织的大小及色彩的强弱关系上。青团子图像由小到大,从上到下排列,起着引导、强调、活泼版面和成为视觉焦点的作用。

5.6.3.3 "面"增加造型表现视觉冲击力

"面"的使用大大增加了造型表现的视觉冲击力。面是线移动的轨迹。面在空间上占有的面积最多,因此,在视觉上要比点、线表现得更强烈、实在,而且具有鲜明的个性特征。

示例:《东南商报》 本版选取了一张玻璃幕墙营造的对称的图案。正在建造的世贸双子1号楼加上镜子里的倒影,给人一种"双子星"重现的感觉,也贴合了标题内容。读者乍一看很容易"上当",仔细阅读图片说明后也不禁莞尔。这是一个不错的标题版式。

5.6.3.4 带弧线的"面"给人以视觉心理的平衡与舒适感

当点居于视觉中心时,给人以视觉心理的平衡与舒适感。曲线视觉流程不如单向视觉流程直接简明,但更具韵味、节奏和曲线美。曲线流程的形式微妙而复杂,可概括为弧线开"C"和回旋形"S",弧线形具有饱满、扩张和一定的方向感;回旋形两个相反的弧线则产生矛盾,在平面中增加深度和动感。

示例:《东莞时报》 这一版式极具创意。一条蓝色的弧线将版面分为两部分:上方哈利与伏地魔的终极对决正在上演,蓝色的圆球寓意结局的圆满,配合文字讲明最终的内容和看点;下方以黑色为背景,用文字+图片的方式历数哈利系列走过的10年时光,勾起读者的美好回忆。

5.6.4 版面的视觉顺序

位置关系的空间层次是指版面上、下、左、右中位置产生的空间层次,所产生的空间层次富于弹性,同时也产生紧张或舒适的心理感受。前后叠压的位置关系所构成的空间层次,会将图像或文字作前后叠压排列,产生强节奏的三维层次空间感。

示例:《城市商报》旅游周刊 "到太湖东西山当一回茶农" 版面上疏密的位置关系产生了空间层次。在前后叠压关系或版面上、下、左、右位置关系中,做疏密、轻重、缓急的位置编排,所产生的空间层次富于弹性,同时也产生出紧张或舒适的心理感受。

5.6.4.1 版面中的对称

对称也是一种平衡,讲求的是布局。力量均衡的两边并不见得大小、多少要完全一致,但从色彩相互对比的力量上,它们是能相抗衡的。黑色是对各种色的吸收,可以在黑色部分的另一侧把吸收的色彩完全释放出来。

示例:《上虞日报》要闻 春节报纸版面 新春献词 版面中疏密有致的位置关系产生出空间层次。在前后叠压关系或版面上、下、左、右位置关系中,做疏密、轻重、缓急的位置编排,所产生的空间层次富于弹性,同时也可产生出紧张或舒缓的心理感受。

5.6.4.2 "面"与"面"的分离

分离指"面"与"面"之间分开,保持一定的距离,在平面空间中呈现各自的形态。在这里,空间与面形成了相互制约的关系。版式设计是平面设计中的重要组成部分,也是一切视觉传达得以施展的根基。

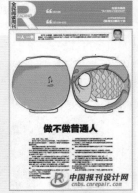

示例:《钱江晚报》全民阅读周刊 该版设计时突出了焦点构图,利用周围景物自身的特点,或者某一点的特殊效果,使版面中呈现一个视觉中心点。此时把要表达的主体人物放在视觉中心点上,就可以使观众的注意力集中到被点主体。这样的构图方式形式感明显,纵深感强烈,版面整体简洁有力。这种构图方式会使人产生一种忍不住要看的效果。

5.6.5 基本形的"面"与骨架

集中的形态比散乱的形态更易于识别出基本图形。基本形是构成图案的最基本的要素。基本形间的关系有分离、接触、覆盖、透叠、联合、减缺、差叠、重合等。骨架就如同坐标一样,用来把感性的想法理性地呈现出来。先画骨架再作图可以使其表现更工整。

示例:《姑苏晚报》相城旅游 "春探夏荷别样清新" 平面构成的基本形的开发与创造一般通过两种方式实现:一是以几何形为基础;二是对自然、生活中所提供的形态进行利用与改造而构成的单形。形是具体形象的外部特征,是构成设计重要的组成部分。"轮廓线"是平面形体的决定因素。此版面中,万花丛中一点红,这个"红"就是特异。特异包括形、颜色、质感的变化。

5.6.5.1 "面"的重叠

面的重叠:一个"面"覆盖在另一个"面"之上,从而在空间上形成了"面"之间的前后或上下层次感。

示例:《钱江晚报》 "香港回归15周年"在平面上,一个基本形重叠在另一个基本形之上,会有上下、前后、远近的层次感,从而形成空间感。此版面以电影拷贝和加粗宽线的重叠处理方法交代香港回归15周年,并在版面上方用文字表述成就,图文并茂。这一方面是为了追求新颖的版式,另一方面也是为对视点加以导向。

5.6.5.2 "面"的透叠

面的透叠:"面"与"面"相互交错重叠,重叠的形状具有透明性,透过上面的形可看到下一层被覆盖的部分。面之间的重叠处出现了新的形状,从而使形象变得丰富多变,富有秩序感,这是构成中一种很好的形象处理方式。

> 示例:《会稽山报》面可以成为画龙点睛之"点",形成版面的中心,也可以和其他形态组合,起着平衡版面轻重、填补一定的空间、点缀和活跃版面气氛的作用;还可以组合起来,成为一种肌理或其他要素,衬托版面主体。虽然有些时候它的存在对于标题性的文字有修饰和陪衬的作用,但是它的主要作用还是为了便于读者找到要找的内容。此版面采用相互交错重叠的手法来衬托版面主体。

5.6.5.3 "面"的联合

面的联合(也称相融)指在同一平面层次上,"面"与"面"相互交错重叠。

> 示例:《苏州日报》苏州调查"破除拥堵的绿色希望"这一版面设计将"面"与"面"相互联合,组成面积较大的新形象。它会使空间中的形象融入整体,从而使整体轮廓模糊。

5.6.5.4 "面"的差叠

面的差叠指"面"与面相互交叠。交叠产生的新形象将被强调出来。

> 示例:《城市早8点》城事·民生"探班创博会 亮点抢先看" 交叠的面在平面空间中呈现新形象,也可让三个形象并存。

5.6.5.5 "面"的减缺

面的减缺指一个"面"的一部分被另一个"面"所覆盖,两形相减,保留了覆盖在上面的形象。

> 示例:《杭州师范大学报》"点师大书架" 覆盖后出现了被覆盖形象所留下的剩余形象,即一个新的形象。

被封闭的图形,在版面中更容易显现出来,也更容易被人们认为是"图"。

> 示例:《正泰报》人文 "中秋 回家"顺乎自然且具有秩序性美感的形称为"有机形"。例如该版面中的"月",它有舒畅、和谐的感觉,但要考虑形体本身与外在力的相互关系,才能合理地存在。

5.7.1 "面"的组合

面的组合就是把事物不同的状态描绘出来,形成一幅幅具体的画面,再按一定的顺序组合成一篇文章。将不同的画面按一定的顺序组合成一篇文章时,既要注意选择的画面具有代表性,还要注意画面与画面之间要有内在的联系。

> 示例:《姑苏晚报》第二届家博会特刊"苏州家博会 引爆年终装修热潮" "面"与"面"通过构成设计向立体和空间状态转化。经过转化的"面"形态充实、有力,且富有厚重的性格特色。

5.7.1.1 "面"的可塑性

艺术设计是人类文明的重要组成部分,涵盖了当代人类生活的各个领域,且越来越显示出其重要意义。"面"的应用在设计中有很多,它的可塑性较强,善于表现不同的情感。一般地讲,由什么类型的线组成的"面",它就具有该种线的性格特征。

> 示例:《苏州日报》读苏州·过年 春节报纸版面"赏灯闹新春" 应用"面"的可塑性设计,大大地拓展了设计艺术的视觉审美领域,丰富了设计思维及表现手段,并以其特有的视觉形态和构成方式带给人们一种特殊的视觉美感。

5.7.1.2 完全重合的"面"

相同的两个"面",一个覆盖在另一个之上,形成合二为一的完全重合的形象。

> 示例:《21世纪经济报道》头版"美好社会3部曲之一" 图案采用重叠的相对制约性,使其题材相对具象,形式规范。这种源于生活,源于自然的抽象,展现出来的却是一种生动的感性之美。不言而喻,在图案的创作过程中,情感体验是带有明显的感性特征的,其形象的特殊表现,使其在形象构成上已不具有意义。

5.7.2 "面"的隐视

面的隐视是指把"面"形态置于不直接感到触目的版面部分。

示例:《姑苏晚报》明星秀场"性感能否拯救女子职业体育"该版面中的这种隐视状态下的面,形态显得含蓄且带有诗意的美。

5.7.3 "面"的进深

面的进深是指以群构的整体力度将"面"的组合形式向纵深发展。

示例:《姑苏晚报》诗会"淅沥晨雨"避开孤立状态,"面"的进深处理能把美的焦点集中到作品的中心位置,使之产生一种内敛的性格之美。

5.7.4 "面"的虚拟

面的虚拟指在平面设计构成中以其他要素(如点或线)做出"面"感的安排。

示例:《城市商报》要闻 四川芦山强震 "面"感的安排,是一种常见的艺术形式。它通过单线条来表现直观世界中的事物,体现场景层次的高光和阴影则是表现的重点。祈福雅安,设计师对场景的光影进行了艺术夸张,这种艺术夸张会更好地表现版面主题,加强真实图像中的明暗对比,因此能够在最终的版面结果中表现出光影效果。使用该方法设计的版面,在物体边界处具有更好的明暗对比,从而使最终的版面图像更具有素描画的光影增强特点,有虚幻、朦胧美的性格效果。

5.7.4.1 "负"形的面

负形可以理解为以黑衬白。在重色的背景衬托下,浅色主体会体现出虚幻、轻松、深远的感觉。

示例:《京华时报》"芦山七级强震 六千余人伤亡"负形在版面构成上是"虚体"。这里女孩的白色衣服和皮肤即为负形,产生轻松、深远的空间层次感。

5.7.4.2 正形的"面"

正形可以理解为以白衬黑。白底上的人物动态可以称之为正型。正型在版面中的特性表现为实体,具有明确、肯定、向前的感觉。

示例:《姑苏晚报》要闻"大灾大恸大爱"正形的合理安排,能使视线具有明确、肯定的感觉,从而达到诉求目的。

5.7.5 "面"的视觉重心设计

视觉重心可以使版面达到平稳的视觉效果,给人以可信赖的心理感受。可以根据版面所表达的含义来决定面的视觉重心位置,这样有助于更好、更准确地传达信息。

示例:《方正印务报》 在互联网和信息爆炸的时代,版面为了吸引读者的视线,并能让他们一目了然地区分版块,就要求在设计时必须有更明确的预见性。为了能让读者更顺畅、更心旷神怡地阅读,设计者需要把文章中不同的内容加以区分,引导读者把注意力集中在希望他关注的版面上,那样才会让设计作品有重心和亮点。

5.7.6 用组合版面传达更丰富的信息

版面不仅具有作为信息载体的功能,而且版面的组合和一些编排手段,如字体、字号、色彩、线条、图像的应用,也使版面超越了单纯罗列所刊载的单篇稿件带给读者的信息,而产生了更多附加的内涵。

示例:《温州交运集团报》"上春运"该版面构成是通过规则的几何形来呈现主体在版面空间中存在形态的,让人一目了然。

5.7.7 用"黄金分割"法表现版面美感

点、线、面构成的形的变化与组合中,最常用的一种恰当的比例关系,就是毕达哥拉斯学派提出的"黄金分割"(1:1.618)。这种分割比例在造型上比较美观。直到如今,这个传统比例一直影响着社会美学。

示例:《奥康报》"奥康携手'都教授'演绎时尚盛宴"该版面布局上巧妙地应用了"黄金分割"比例,使整个版面显得既平衡又美观。

5.7.8 均衡的版面结构

平衡是一种相对的稳定状态,在版式设计中,主要表现为版面的上、下、左、右比例适中,左右版面接近均衡。这样的版面结构,在视觉上给人一种平衡、稳定的视觉效果。

示例:《今日医院》 该版面呈现自然曲面的头饰设计,富有极强的形式感。

5.7.9 专栏的版面设计

例如城市主题的专栏,用城市道路的纵横交错来体现城市建设的纷纷扰扰,反映出人们对城市化进程的关切,以及对城市与自己生活的理解。

示例:《新京报》"非常城事" 该版面为记录关于城市的非常之事,关注历史,关注当下。用城市道路的纵横交错来体现城市建设的纷纷扰扰,反映出人们对城市化进程的关切,对城市与自己生活的理解。把汉字"城"的笔画结构具象化,延伸成城市主干道,与城市地图相结合。此版面布局巧夺天工。

5.7.10 图与背景的关系

在构成设计里,一般把具有形象感的实体称为"图",而把形象周围的空间称为"底(背景)"。图,简单地说,就是设计者想要表现的东西,位于版面前方。底,就是背景,位于版面后方。

示例:《贵州都市报》"热播 20 年 赵导很威武" 这个版面的设计采用情景剧的方式。赵宝刚导演在"放风筝"。"风筝"指代当今的热播剧《男人帮》,也是赵导的最新作品。生动的图像一定是图底分明的,这样才有层次感。当然也有矛盾图形,比如太极图,分辨不出图与底,但一般来讲都是要求图底分明。当然也可以利用图底不分明特性做出一些有个性的图像来。

5.7.10.1 图与背景的转换

一般容易被识别为图形的是居于版面的中央,或处于水平及垂直方向的形;其周围的空虚处叫底或背景。图,具有紧张、密度高、前进的感觉,并有使形突出来的性质;底,则有使形显现出来的作用。有时根据设计需要,也可以将底转换为图,即面的图底反转。在共生图形中,"图""底"共用相同的轮廓线,生成相辅相生的两个图形。当然,有时也会产生底的图底反转现象。

示例:《奥康报》在平面构成中,"面"的形成伴着"图"与"底"的概念。面存在的依据是它的"可识性",而"面"构成的同时,必伴有使其感觉到存在的周围环境,同样也具有可识性。这一专版的版式成为视觉对象,并且具有"可识性"的"面",即"图"。而"面"中存在的"周围的环境"即为"底"。

5.7.10.2 图与背景关系的强调

任何形都由图与背景两部分组成。要感到形的存在,必然要有背景将它衬托出来。面积相同的图形,由于图与背景关系不同或是周围形的诱导因素不一,会产生面积上并不相同的视觉感受。

示例:《都市快报》 该版面设计是先用梅花与标题和蓝色底吸引人的视线,同时交代地点与季节,然后配合图与底以产生面积上并不相同的视觉感受。版面的内容与形式的图底关系调和使版面各部位、底部各视觉元素之间寻求相互协调的因素,在对比的同时寻求调和,所以版面表现出既对比又协调的关系。为寻求共同点、缓和矛盾,两者互为因果,共同营造版面既对比又和谐的完美关系。

5.7.11 群化的"面"

组合版面元素时要考虑面的大小、块的聚散,考虑叠压的层次关系及黑白布局。

示例:《姑苏晚报》娱乐非闻《致青春》剧组沪上低调宣传" 群化的"面"能够产生层次感。所谓群化,就是一大堆,一群群的。想象一下一只绵羊和一大群绵羊,就能明白什么是群化了。

5.7.12 "面"的情感内涵

自由形面能较充分地体现出作者的个性,其多变性也可表现为一种散漫、无序、复杂的情感内涵。

示例:《苏州日报》要闻 春节报纸版面"苏州,我回来了" 前一天是春节长假最后一天,苏州火车站进入返程客流高峰。图为一位小姑娘从出站口走出。在二维平面中,面的感情是最丰富的,画面往往随"面"的形状、虚实、大小、位置、色彩、肌理等变化而形成复杂的造型世界,它是造型风格的具体体现。

5.7.12.1 形状的感情色彩

"面"的缩小可以起到强调和引起注意的作用,"面"的放大则产生"面"的厚重感。"面"形状有活跃版面气氛的作用。"面"还可以组合起来,成为肌理或其他要素,衬托版面主体。

示例:《苏州日报》 "面"的形状本身就带有一些感情色彩,设计者可以利用"面"的形状及特点,赋予它一定的心理感应,并在版式设计中进行合理利用。与其他视觉设计要素相比,"面"可以形成版面的中心,也可以与其他形态组合,起着平衡版面轻重,填补一定空间的作用。

5.7.12.2 "面"的性格

大家对于点线面结合的基本理念都能够理解,但困难之处在于如何将这些理念融入实际的操作当中,具体都应采用那些原则。面的应用在设计中很常见,它的可塑性较强,善于表现不同的情感。一般来讲,由什么类型的线组成的面,它就具有该种线的性格特征。面可以在标志设计、摄影、广告招贴设计、服装设计、环境艺术设计和包装设计中广泛应用。对于"面"的性格,扁平形表现平静、稳定;长方形表现严肃、伟大等;圆形表现饱满,张力,生命力等;三角形表现稳定或不稳定。

示例:《苏州日报》 该版面口用图文与点线面的结合,在图与文结合方面是将图画和文字两者结合得更为紧密,两种元素都既可以作为点线,同时也可以转化为一个面,将两者的点线面相互穿插使用。左边文字也以点线面各种不同的形态出现,整个排得很满的字块组成了一个平面。

5.8 "面"的错视

同样大小的圆,感觉上是上"面"大、下"面"小;亮的大些,暗的小些。这就像我们写美术字时应注意到的上紧下松原则。还有像数字"8""3"及字母"B""S",都会有这种错视的感觉。

示例:理论上来讲,"面"的上下应该是比例一致的,但为了使其看起来美观、均衡一些,在书写时要把上"面"写得稍小一点,这样才能达到一种结构合理的效果。

5.8.1 "面"的透视规律

向某一点集中的线形成潜在的透视结构。由于受近大远小的透视规律的影响,同等大的图形处于不同的空间位置产生时,视觉上会产生大小不等的错觉。

示例:《杭州日报》区县(市)新闻 "美丽花朝 幸福绽放" 该版面主图中,由于拱门处于不同的空间位置,所以产生视觉上大小不等的错觉。

5.8.2 空间错视

空间错视,就是我们知觉判断的视觉经验同所观察物实际特征之间存在的矛盾。当读者发觉到自己主观上的把握和观察之间不均衡时,就产生了视觉上的混乱。在现实中有一种说法,选择带条形图案的衣服时,穿上横条图案的衣服,会显得身材胖;穿上竖条图案的衣服就会显得瘦一些。可是按照上述的错视理论,其效果却恰恰相反。因此,对条形图案衣服的说法是否符合客观实际,值得考虑。

通过视错觉可产生丰富的视觉感受。设计师会以点、线、面、色彩等构成要素,来形成不同视觉效果。视觉艺术空间是为了美化版面环境而存在的,视觉艺术空间能带给人清幽、静雅的氛围,如何扩大空间感也是版面设计师在进行空间设计时要特别引起重视的。

示例:《城市早8点》楼市 "楼市也有2012" 由于通过视错觉判断的出发点不同,使得形象在空间中的位置或图底之间产生矛盾,即空间错视。进行整合之后,便会让人产生一种美的共鸣,简约而不简单。看似简单的造型和组合,是一种视错觉的运用,但当所有置身其中的人都有共同的感受时,这种错觉便在实在的空间里变成一种真实。设计师运用某些手法来营造这种错觉,会使自己设计的空间让置身其中的人产生共鸣。

第6章　版式设计中的视觉流程

人们获取信息的方式从传统语言艺术时代,进入到视觉艺术时代。据统计,现代人从外界获取的信息中,通过视觉获取的约占全部信息来源的74%~80%。与纯文字性作品呈现方式相比,视觉感受无疑具有更直接、形象和普遍等特点,也更具有整体性。版式设计是视觉传达的重要表现手段。作为现代设计艺术的重要组成部分,它不仅是一种编排技术学问,更是一种文化表达技能,是艺术与信息互相融合的完美产物。在现代设计多元化发展的大趋势下,以往平面设计中运用的法则正逐渐被打破,固有的符号现象被解构。人类在跨世纪的里程碑中力求找到合理化的视觉空间,也为平面设计提出了新的设计需求。

在版式编排过程中，将版面中的视觉元素以特定的朝向或方式进行排列，以此对视线进行引导，从而形成版面的视觉流程。视觉流程就是人的视觉在接受外界信息时的流动程序。之所以如此，是因为人的视野极为有限，不能同时感受所有的物象，视线必须按照一定的流动顺序进行运动，来感知外部环境。

示例：《浙江日报》 版面设计的视觉流程是一种"空间的运动"，是视线随各元素在空间沿一定轨迹运动的过程。人的视觉运动规律在平行方向上为从左向右移动，而在垂直方向上则是从上向下移动。在报纸编排中，版面左边的位置总是优于右边的位置，上半部的版面比下半部的版面要重要。

6.1 了解视觉流程

视觉流程是视线的一种运动形式。具体到版式设计是视线随着构成版面的各种不同对象，在版面中移动所形成的一种运动内在的结构线，亦即运动轨迹，根据力运动的方向、重心与重力的平衡，利用视觉移动规律，通过意图与主题关系，合理地安排、有序地组织，诱导读者从主到次依次观看版面内容的一条视线，故也称视觉流程线。

示例：《法制晚报》 在接触信息时，视线会自然地产生流动，按照一定的顺序，依次浏览相关信息，由此产生了浏览的方向性。这种方向性是建立在各种视觉因素作用于人的眼睛，而引起视线的不断变化和位移形成的视觉运动感上。视觉的运动形成了视觉流程。视觉流程既是一种人眼的生理运动，也包含了心理的微妙变化，是建立在视觉经验上的视线移动。

6.1.1 视觉流程原理

人眼晶体结构的生理构造，决定了人不能同时把视线停留在两处或两处以上的地方，而只能有一个视点。从注意力的捕捉开始，经视觉流向的诱导，设定信息的传达，直到最后映像的留存而结束，这一程序的规划也就是诸构成要素在视觉运动法则规定下的空间空位，谓之"视觉流程设计"。人的思维是一个较为复杂的系统，它是对外界信息加工创作的过程。思维集中了对以往知识经验的积累和对想象力与创造力的捕捉。以往的知识与经验可以提供创新的基础，而想象力与创造力可以推动事物不断发展向前。

示例：《徐州日报》"2012年贺新春龙年"特刊 龙，作为十二生肖中唯一虚构的神异动物，集兽的野性、人的悟性、神的灵性等于一身。龙在中华文明的发展与演变中，逐渐成为中华民族精神的象征：勇气、毅力与智慧。在壬辰龙年春节，特刊通过溯源这一中国重大节庆的古往今来，让读者感受蕴含其中的敬时受礼、贵和尚中、趋吉避凶等民族文化心理以及"和""美""礼"等价值观念，弘扬春节文化，发扬龙马精神，传承民族文化。

6.1.1.1 视觉流程设计的基本概念

版式设计的视觉流程是一种"空间的运动"，是沿一定轨迹运动的过程。版面可以通过视线的流动使版面各要素产生视觉的连贯性，或者使用优美的形态引导人们的视线注意版面的主题或文字，以达到信息传达的目的。报纸版面是报纸各种内容编排布局的整体表现形式，是影响报纸视觉效果的最重要的元素之一。一张报纸是否可读、是否易读，能否在报摊上吸引"眼球"，很大程度上取决于此。

示例：《合肥晚报》 版式是报纸的"脸面"，也是增强版面表达力的有效路径。它摒弃了过去那种单纯把稿件按次序堆砌到版面的做法，更注重以整合版面为目的的设计思考，用视觉艺术及创意来表现新闻内容、编排版面、体现新闻价值。该版面表现的是又到了人们把一年的憧憬和希望带回家，把热情和爱点燃的时候。在每个表现年俗元素的细节中，都渗透着国人骨子里的文化情结。

6.1.1.2 视觉流程设计的意图

视觉在空间的流动线为"虚线"。正因为它"虚"，所以设计时容易被忽略。有经验的设计师非常重视并善于运用这条贯穿版面的主线。可以说，视觉流程运用的好坏，是设计师技巧是否成熟的表现。

示例：一个成功的视觉流程设计，应能引导读者按照设计者的意图，以合理的顺序、快捷的途径、有感知的方式，去获取最佳映象。为此，它的设计原则应是优良的设计，它的视觉流程应该符合人们认识过程的心理顺序和思维发展的逻辑顺序。

6.1.1.3 视觉流程的生命线

人物形象呈动势时，一般均让人物形象的视线朝向版面内部，其他如手、脚部分的动态设计，也要配合视线的方向，做出有运动感的姿势，以强调视线的方向，引导读者观众的视线从人物形象的脸部开始，顺着手、身的动势一步一步地引导至诉求重心。如果人物形象的视线朝向版面外部，则读者的视线流动就会中断，视觉流程设计就不能达到它预期的目标。

示例：《国际旅游岛商报》首版"疯狂的菜价" 该版注重运用视觉流程线，将形象与物体、形式与内容相互有机地联系起来，渲染出版面的气氛。通常视觉流程线并不能很清楚地展现在人们的眼前，而是隐藏在版面中，是一条虚线。初学者往往忽略这条流程线。

版式设计的视觉流程不仅能引导读者浏览版面,同时也能帮助设计师规划布局版面,使版面的结构变得有条理。视觉流程线也称构图的生命线。信息强弱的方向性诱导、形态动势的心理暗示、注意力价值的视域优选(在一个界定的范围内,人的视觉注意力是有差异的)。一个版面中,注意力价值最大的是上部、左侧、左上和中上,称最佳视域(一般设计者都在这些部位安排主要信息内容,此为视域优选),与构成要素(商标、厂名、图像、标题、警语、说明等)一起,影响视觉运动。

示例:《城市商报》 该版以爱情浮世绘"爱的福袋"为主线,在版面上部安排心形符号信息内容,并用构成要素(图像、标题等)来影响读者浏览版面,形成视觉运动,引导读者的视线,从而构成版面的视觉走向。

6.1.2.1 视觉流程的逻辑性

直觉思维更接近感性,更接近现实的世界,它是人们长期以来形成的感性习惯。它并没有严格的合理性,可以萌生出丰富多彩的想象力与创作力。各视觉要素在版式设计中的安排,要符合人们观察事物的心理顺序和思维活动的逻辑顺序。图片所提供的信息比文字更具直观性,把它作为版面的视觉中心,比较符合人们在观察、认识事物过程中先感性后理性的顺序。

示例:《浙江日报》第一要闻版 "寄托深情思念激发奋进力量" 该版面以大图片吸引注意力,然后让视线沿着一条既自然又合理的线路,畅快地流动。根据视觉的方向性暗示、客观信息强弱不同的诱导、视域优选原则以及构成要素在构成上的主次要求,在版面各元素上给予融会贯通,设计出一个逻辑性较强的视觉流程。

6.1.2.2 视觉元素的可视性

为保障视觉运动的畅通、顺利,设计中的各种视觉元素应是目力所极,在知觉容量限度内的。视觉客体必须是可视的,要有一定强度的诉及力。视觉语言必须是易读的,各种信息的意义必须易于为人所理解,并具备相应的视觉环境。

示例:《杭州日报》"开心就好" 为保障视觉运动的流畅、顺利,设计中的各种视觉元素应该是目力所及的元素,视觉语言必须是易读的,各种信息的意义是易于为人所理解的。当成功吸引了人们的视线之后,接下来的工作就是要挑起人们的兴趣,使他们继续阅读。

6.1.2.3 视觉流程的易视性

对于视觉传达设计来说,成功的视觉流程设计,应能引导读者的视线按照设计者的意图,以合理的顺序、快捷的途径、有效的感知方式,去获取最佳信息。报纸版面的优化必须遵循视觉美学自身的规律,不能想当然。在视觉流程中,相邻构成要素间距的大小,对视线流动的速度影响很大。间距小,即有紧张或紧凑感,视线流动速度快。但间距过小,则可视性差,不易阅读。反之,间距大,布白多,则显得舒展。

示例:《国际旅游岛商报》 该版面以插图、标题对内容进行概括,凭借标题"光棍"引起人们进一步的兴趣。这种设计的魅力在于能够呈现给人们一种美的视觉享受,引导读者的视觉走向,从而使阅读更加明了、简洁。

视觉流程通常是先在瞬间迅速形成第一印象,接着视线就会从最吸引注意力的一点开始依次作有序地流动,最后完成信息的完整传递。整个过程包括印象感知(第一印象)、运动感知(感知过程)、整体感知(最终印象)三个心理感知阶段,每一阶段各视觉要素发挥的作用都有所不同。

示例:《温州交运集团报》专版 在印象感知中,视线并没有集中在温州交运一家人上,而是对版面的总体认识。这里版面的布局和色彩起着形成的第一印象的作用。视觉设计艺术的奥秘在于用视觉上的冲击、心理上的唤醒去激起人们的向往,建立与读者的沟通。

6.1.3.1 印象感知

在最初的 10~15 秒内,对读者的视线产生强烈的吸引力,引起读者注意并产生兴趣,这是视觉流程设计的第一步。视觉张力的大小导致注意力的强弱变化。设计师应通过各种设计手段和表现技法,使视觉设计更加具有吸引力,即加强设计的视觉捕捉力。视觉冲击强烈的设计才会有较好的视觉捕捉力。

示例:《苏州日报》 视觉对信息产生注意后,由于视觉信息在形态和构成上具有强烈的个性,与周围环境形成相异性,因而能进一步引起人们的视觉兴趣,在物象内按一定顺序进行流动,并接受其信息。此版面中,斜向的直线可以带来强烈的视觉冲击力,形成强势而动态的构图。版面层次清晰、重点突出,带给读者全新的视觉体验。

6.1.3.2 运动感知

运动感知即将各种信息载体,遵循视觉运动规律进行有效地排列、组织、处理。传达信息的层次、表现形式的特色、流程设计的节奏,都必须是清晰明确的。在视觉流程设计中,应该有一个能贯穿整个视觉流程的"视线诱导媒介",如借助形态的动势或视觉方向的延伸,使视线按一定的方向顺利地运动,由主及次,把设计的各个构成要素流畅自如地串联起来,形成一个完整的有机体。

示例:《今日椒江新闻周刊》元旦特刊"元旦新的开始" 设计者将线条的分割、颜色的渐变,以及具有方向性的图形的视觉张力等,进行合理地编排,使视线从视觉重点开始,按一定顺序浏览版面。当视线遇到较强烈的刺激时,就会停留下来给予足够的关注,这样设计的引导流程即可进行有效的视觉交互和信息传递。

6.1.3.3 整体感知

无论是视线的捕捉还是信息的有效传达,都是为了给读者留下一定的印象。视觉传达设计的目的是为了加深受众的印象,使传达的信息被更多的人记住。在整体感知阶段,只有给读者留下印象,则当读者结束视觉流程后,才能形成整体视觉印象,才在视觉上对版面有一个整体感受。整体优化就是要求整张报纸的风格要有统一的设计,各版编排在突出个性的同时,也要保持风格一致,达到多样统一的视觉效果。

示例:《成都晚报》"营造风清气正的良好发展环境" 视线流动的顺序,受到人的生理及心理的影响。该版面的设计追求"简约美",尽可能地简化报纸版面的整体构成。从近几年获奖版面体现出的设计风格来看,追求简约化、注重整体性、体现秩序感已成为新的版面美学追求。

6.1.4 视觉设计的三元素

引导设计走向更自然、更合理和更人性化,营造一个和谐的人造空间是平面设计师前进的目标。视觉流程设计一般包括三个元素:色彩、图形和文字,其中又以色彩较为重要。根据不同的设计要求,视觉传达设计中的科学性、可视性、策略性应贯穿于视觉流程的始终,形成不同特点的构成形式。

示例:《徐州日报》"2012年贺新春" 根据龙年特刊设计这一特定的内容,该版设计者首先建立总体设计和构想,如怎样安排龙年这一主题的视觉流向及步骤,拟撰怎样的标题警语等;然后进一步计划用什么方法捕捉读者的注意力,如何诱导,需传达什么样的信息;最后结尾要达到什么目的,给读者留下什么印象等等。该版设计思路由相对单纯的"图形与排版"走到多元化的视觉元素,向多维空间扩展,由静态视觉传达向动态的多媒体信息传播发展。色彩、图形、文字三元素在版面中的运用,传递和加强传递了信息。

6.1.4.1 色彩的处理

人眼对色彩相当敏感。当首次接触版面,最先攫取其注意力的,就是版面的颜色。色彩本身所具有的象征意义和文化意义的心理效用,使其在平面设计中产生了吸引受众的注意力、增强版面动感等一系列作用。设计师要深刻理解这些作用产生的原因,通过符合视觉配色规律和地域文化意义的配色来最大限度地传达平面设计版面的内涵,实现其传播的广度和深度。

示例:《姑苏晚报》注意把握配色规律。平面设计有主调和辅调之分,在此版面中,主调蓝色传达"青春点亮未来"之意。在传达中占支配地位主调区域所占的版幅越大,版面的色彩倾向性越强烈。该版面通过视觉传播渠道来传递情感。文字设计有着增强视觉传递效果、提高设计版面感染力的作用。

6.1.4.2 图片的处理

图像、图形传递信息的速度要比文字快得多。越是富有意境的图形越能抓住读者的视线并快速传递所携信息。

示例:《姑苏晚报》 从整体角度看,这个版面堪称精品。逃生演练中有画,画中有示意,错落有致,规整大方。主图片富有动感,版面编辑在设计时突破了"四四方方"的传统形状,巧妙地将动感融于版面之中,简洁醒目,浑然一体,与"逃生演练"这一主题相得益彰。

6.1.4.3 文字的处理

文字是语言信息的载体,又是视觉识别特征的符号系统。文字不仅表达概念,而且通过诉之于视觉的方式传递情感。文字设计是增强视觉传达效果,提高版面的诉求力,赋予版面审美价值的一种重要构成技术。从版面编排的规律看,各种元素的简化和统一不仅是方便阅读的需要,也是产生视觉美感的需要,过多变化只能加重读者的视觉负担。

示例:《今日金东》要闻版 "'龙腾狮舞'闹新春" 说明文字的处理,要特别注意可读性。字体、字形、横竖位置、字距行间、字行的长短、段落的分配、段间段首的留空、标题的强调、篇章的安排、版面的划定,都要妥善计划。该版式设计富于动感和流畅性,更重要的是编排的内容饶有趣致,既矛盾又统一。从标题的精心制作到内文的详略得当、图片的清晰有味和装饰效果,都可圈可点。

6.2 视觉流程的规律

当某一视觉信息具有较强的刺激度时,就容易为视觉所感知,人的视线就会移动到这里,成为有意识注意,这是视觉流程的第一阶段。当人们的视觉对信息产生注意后,由于视觉信息在形态和构成上具有强烈的个性,与周围环境形成相异性,因而能进一步引起人们的视觉兴趣,在物象内按一定顺序流动,并接受其信息。

示例：《广厦报》 该版面设计引导读者视线从上到下，从左到右，从左上向右下方流动。现在人们面对的信息各种各样，而信息的载体也逐渐丰富，视觉原理在视觉传达设计中起着越来越重要的作用。

6.2.1 视觉流程原理的运用

视觉流程即人的视觉在接受外界信息时的流动程序。之所以会有视觉流程是因为人的视野极为有限，不能同时感受所有的物象，必须按照一定的流动顺序进行运动，来感知外部环境。通过加大头条稿件所占面积、加大头条文字的排栏宽度、拉长头条标题、加大标题字号以及使头条标题反白等，都能使头条成为视觉中心。

示例：《姑苏晚报》 该版式编排设计中，将主体物摆放在版面的上方，运用该视觉要素来引导读者，通过这种处理方式可使读者产生从上至下的视觉流程，同时感受到版式结构的自由与活力。头版文章《少年派李安心中的虎》，一标题一插图一正文，运用视觉流程原理，把最主要、最突出的部分放到最佳位置展现了出来，达到良好的宣传作用。图片所提供的信息比文字更具直观性，把它作为版面的视觉中心，比较符合人们在观察、认识事物过程中先感性后理性的顺序。

6.2.1.1 吸引受众的眼球

人们的视线总是最先对准刺激强度最大之处，然后按照视觉物象各构成要素刺激度，由强到弱地流动，形成一定的顺序。平面的报纸编排要符合视觉逻辑、视觉美感的形式，注重人的视觉流程规律，有意识地引导读者顺着设计者设计的流程迅速感知所传达的信息，使它们很容易地理解与记忆。设计者应从受众的视角出发，通过对视觉流程设计的研究，提出能更好地吸引消费者的视觉流程设计，从而提高读者对平面报纸的注意力及创意信息传播的效率。

示例：《一鸣报》"我们一起共欢乐" 插图、标题和正文吸引住了读者的眼球。内容与形式的统一是创造版面美的前提。版面的美感是通过视觉感受到的，版面中各视觉因素结合起来，既统一又富于变化，使得版面既不单调，又不显得杂乱无章，充满灵性、诗意和美感。

6.2.1.2 视觉运动的规律

由于人们的视觉运动是积极主动的，具有很强的自由选择性，因此往往是选择所感兴趣的视觉物象，而忽略其他要素，从而造成视觉流程的不规划性与不稳定性。设计时可依靠形象与物体、形式与内容相互有机地联系来渲染出版面的气氛。

示例：《姑苏晚报》头版 "中日版昆曲《牡丹亭》惊梦巴黎" 该版设计运用了视觉运动由动到静的规律。精良的版式设计能够刻画报纸的"生动表情"，给读者留下深刻的视觉印象，使报纸充满韵律感。

6.2.1.3 引导视觉流向的方法

视觉流程规律并不是一成不变的，设计师也可根据具体的需要重新设计新的视觉流程。在设计时，常用"阻止"不常用的程序考虑设计作品的视觉叙述，以抓住主动因素，让读者按照设计师的诱导设计移向下一项内容。所以，读者的注意力实际上完全被设计师所左右。设计师所要传达的信息情感通过主动的传递给予读者，从而取得最佳的视觉传播目的。

示例：设计师要深入而仔细地分析构成版面各元素的关系，达到随机应变的程度，从而提高组织版面的能力。设计时需有条不紊，有节奏，有章法，进而创造性地将视觉流程线揉到创作之中。设计时由大到小、由疏到密。要注意不能把版面处理得过于花哨，转移读者对新闻本身的注意力。这样才能使人们在路过报摊时无意地一瞥，便留住脚步。

6.2.2 视觉心理流程

视线流动的顺序，受到人的生理及心理的影响。由于眼睛的水平运动比垂直运动快，因而在观察视觉物象时，容易先注意水平方向的物象，然后才注意垂直方向的物象。一份报纸给读者的第一印象主要受视觉因素的影响。在实际操作中，设计者常常需要思考这样一个问题：如何使版面设计既能最大程度地适合读者的阅读需要，又能更好地符合自己的设计构思。

示例：《姑苏晚报》 报纸一般是对折放在报摊上的，只能展示版面的上半部分，因而要将最具有视觉冲击力的图片和标题放在版面上部，作突出处理，这一点极为重要。例如"足坛反腐案结了"这一版面。

6.2.2.1 视觉对事物的感知

视觉感知是通过处理包含在可见光中的信息解释周围环境的能力。由此产生的感知也称为眼力、视力或视觉。视觉感知一般从整体到局部，再从局部回到整体。当某一视觉信息具有较强的刺激度时，就容易为视觉所感知，人的视线就会移动到这里，成为有意识注意。这是视觉流程的第一阶段。

示例:《城市商报》新蕾周刊"2012新蕾·真情绽放" 当视觉信息具有较强的刺激度时,就容易为视觉所感知,人的视线就会移动到这里,成为有意识注意。对于此版面而言,运用视觉流动规律,更好地表现出鲜明的个性;整齐的版块配以醒目的标题;次要的文章,则作一般常规性处理;大小图片的穿插及线条与色块的辅助装饰等别具特点。用不同的字体、字号、线条、色块表达不同的情感,更能有效地传播新闻内容,使报纸具有吸引、感染读者的独特魅力。

6.2.2.2 视觉流程的设计要求

视觉流程设计无特定模式,但无论采用何种视觉引导方式,都应该注意基本设计要求——符合人的视觉习惯。做不到这一基本要求的,将大大降低信息的识别度。例如,不能从版面底部向顶部设计视觉流程,因为这不符合人的视觉习惯。

示例:《长株潭报》 版面喜庆、带着大包小包往家赶的图片生动地传达了春节前所有中国人的心愿——团聚。为了让这个封面不至于太空泛,该报的编辑写了一首"回家"的诗,也给这个版面添分不少。版面大标题很平实,但"妈,我回来啦",正是很多游子回家后的第一句话。正如诗中所说:走过的世界不管多么辽阔,最终将回到家的原点,经历的不管丰裕还是简单,家都充盈,家都温暖。"从人性的深处动人",正是《长株潭报》所追求的目标。

6.2.2.3 版面视觉流程的特性

视觉流程的逻辑性首先要符合人们认识的心理顺序和思维活动的逻辑顺序,故而,版面构成要素的主次顺序应该与其吻合一致。例如,图片所提供的可视性比文字更具直观性,把它作为版面的视觉中心,比较符合人们在认识过程中先感性后理性的顺序。

示例:《钱江晚报》非常重视对制图的设计和研究。具体反应在版面上,就是很多重要版面频繁地使用精美的制图设计。8月19日的"寻路太空"专题,使用了从封面到第9版的篇幅,其中2个整版的制图设计非常具有视觉冲击力。

6.2.3 运用组合来引导视线流动

随着时代的不断发展与进步,在版式设计领域已出现了大量新生的设计思想。为了迎合时代的变迁,必须认识和掌握这些新思潮,同时利用它们来丰富自己的创作灵感,从而打造出更多优秀的版面。将具有相似性的因素组合在一起,具有引导视线流动的作用,如形状的相似、大小的相似、色彩的相似、位置的相似等。

示例:《姑苏晚报》 组合图片形成与周围环境的相异性,因而能进一步引起人们的视觉兴趣,使其在版面图片内按一定顺序进行流动,接受其信息。运用视觉流程的方法,解析如何有效地把握信息的传递与版式图片来设定兴趣点。相似性的图片组合在一起,具有引导视线流动的作用。视觉流程运用的好坏,是设计技巧是否成熟的表现。

6.2.3.1 形的组合与色的组合

按照版面设计的组合规律,如果两个视觉元素相似,或在空间中彼此接近,就容易被看作是同一个整体的两个部分。对版面视觉元素进行组合的目的在于,为读者预先设置最佳的阅读版块和路径,尽量减轻读者阅读时的生理和心理压力,从而获得更好的阅读效果。

示例:《城市商报》"吴地民俗,中秋快乐" 设计者使用的方法是"模块式排版,底色相似性组合",也就是将意义相近的稿件竖横排版,独立成块,不与其他稿件交叉。这样,读者读完一栏自然转到下一栏,无须像不规则的穿插式那样,在读完一栏文字后还要搜寻下一栏,难以锁定视线。此外,模块式编排能够产生一种简洁而工整的美感,以及独立于文字表达之外的隐含信息。

6.2.3.2 以色彩做内容联系的手段

格式塔学派认为,如果两个视觉元素相似,在时间或空间中彼此接近,就容易被看作是同一个整体的两个部分。利用这一组合规律,可以利用色彩作为内容的联系手段。

示例:《姑苏晚报》 当以文章、照片、图表等元素形成组合报道时,在其后用带底纹形成统一的背景色,可表示这些元素是有关联的一组。该版面以图片为主要元素,文字紧凑地排列在适当的位置上,且文字的组合相对集中,以免造成主次不明而干扰视线流动。有时版面上会出现几个同样的色彩元素,往往表示它们有关。

6.2.4 视觉整体与视觉中心

追求规整和统一并不是要放弃对版面视觉中心的强化处理。视觉中心即具有突出特征,能够左右读者对报纸版面认识的核心元素。没有了视觉中心,又何谈整体优化呢?按照报纸版面的优化规律,局部越是自我完善,其特征就越容易参与到整体中去。

示例:《姑苏晚报》这种主次分明的版面具有明确的中心指向性,适合现代人快节奏的生活方式。依仗新闻自身"抢眼"外,版面设计采用改变字体、加大标题字号、配图片、组合报道的方法,让读者被版面上的点所吸引。视觉中心越明显,越有利于实现整体效果。对视觉中心的优化其实就是要协调版面整体与局部的关系。

6.2.4.1 视觉版面的主题表达

也可以理解为信息传达的有效性。视觉流程要保证有可靠的信息传达,否则无论多么流畅自然的视觉流程设计也是无用的。版面的主题表达就是视觉流程设计的最终目的。

示例:《武汉晨报》特刊 围绕"开往春天的地铁"这一主题,以地铁上不同站点为主线,串起一个个新闻故事,既有面的宏大,又有点的细腻;既追求形式上的统一,又彰显不同事件的个性。头版使用漫画也是经过反复斟酌,因为漫画更有张力,也更具黏性,无论是视觉冲击还是主题展现,都有令人耳目一新的感觉。

6.2.4.2 视觉的最佳视域

在阅读时,视觉语言要非常轻松、自然、流畅,而且有一个较好的视觉层次。心理学家研究证明,人们在阅读一个界定范围的版面时,人的视觉注意力是不同的,是有差异的。一般说来上面比下面引人注目,价值高;左侧比右侧引人注目,价值高;左上侧位置最为引人注目,所以此位置是视觉最佳视域,也是安排信息内容的最优选视域。因此,在设计时,把最重要的信息、最有趣的图形安排在视觉最佳视域,会起到事半功倍的视觉传达效果。

示例:《潍坊晚报》 经过视觉优化设计的版面,能在第一时间吸引读者的眼球,体现报纸的品位,提升报纸的品牌效应。报纸要迎合以"视觉传播"为核心的现代传播规律与趋势,通过对版面语言要素的优化组合,营造视觉强势,实现新闻价值的最大化,从而使读者愿读、想读、悦读、易读。此版面将最有趣的图置于优选视域,有效地传达出版面的意图,表达了设计的主题和构想理念。

6.2.4.3 版面编排要突出目标

版面的编排以突出主要信息为目标,来组织版面的设计元素,引导视觉流程。版面的注意中心位于版面的中上部,是视觉流程的起点,设计中要传达的主要信息,如主标题、重要内容等都可放在注意中心上。

示例:《钱江晚报》 这个版式"开门见题",也契合新春的感觉。"春天里,浙商集结再出发",虽然惯常的新闻标题操作中不提倡虚题,但是它准确传达了地域文化特色,喜庆且鼓动人心。在该版式编排设计中,将具有视觉冲击力的物象摆放在视图的中间,与此同时,整合一些辅助元素来加强该主体物的形象塑造,利用物象奇特的外形及视觉重心在上的版式结构,打造出令人震撼的视觉效果。

视觉流程的形式千变万化,并蕴藏着无尽的玄机和魅力。版面构成的诸多形式是以独特的艺术敏感性,依据内容与形式,创造性地将人物及形象融入场景之中,使构成的视觉导向脉络清晰。版面整体的力运动形式有主体旋律,就能更好地引导读者的视觉线并进行阅读。视觉导向可以从物体的形状定向、构成关系来产生心理效应,即感性与理性相结合。

示例:《姑苏晚报》"新闻集装"版"瑞雪迎新" 视觉流程可以从理性与感性、方向关系的流程与散点流程来分析。方向关系的流程强调逻辑,注重版面的清晰脉络,表现为似乎有一条线、一股气贯穿其内,使整个版面的视觉运动趋势具有"主体旋律",细节与主体犹如树干与树枝一样和谐。

6.3.1 视觉效果的形式

视觉流程主要包括这样几种类型:线型视觉流程、曲线视觉流程、重心视觉流程、反复视觉流程、导向视觉流程、散点视觉流程。对于某一个具体版面而言,根据总体设计的原则,内容主次的把握、黑白灰的安排、点线面的处理和版面布局的分寸都应统筹规划,使局部服从整体;版面各视觉要素间要能够形成恰当而优美的联系,而不是孤立存在。

示例:《姑苏晚报》"人文周刊""课外阅读其实是个分内事" 视觉元素最重要也是最基本的功能是沟通功能。视觉元素包括展示空间中自身内在、人与人之间、人与物之间的信息传播。视觉元素的表达方式是用眼睛去进行观察、识读,再经过神经和大脑,运用视觉艺术的点、线、面、肌理、色彩等视觉艺术形象来反映视觉心理和视觉意念。

6.3.1.1 视觉中心与导向

在版式设计中,视图的中央是整个版面的核心部位,它能使放置在该区域的物象得到突出表现。因此,选择将主体物直接摆放在该部位,利用版式与视觉心理上的共鸣效应,将主体物的视觉形象最大化,可加强版面传达信息的效力。

示例:《苏州日报》 视觉元素将集中在版面的中心要素上,通过这种编排方式来加快主题信息的传播速度。视觉中心的作用在于吸引读者的视线。将该要素摆放在视图的上方,能使版面呈现出漂浮的视觉效果,同时给读者留下深刻的印象。通过视觉要素规律、秩序、有节奏地逐次运动可达到一种韵律感和秩序感。

6.3.1.2 视觉中心的上与下

在版式设计中,将主体物摆放在视图的上方,则读者的视线被集中于此处。该种编排方式从侧面加强了版面对主题的传达能力,强调了版面的第一印象。通常版面主体安排在版面上部,形成最佳视觉区域。这种视觉中心位于上部的比位于下部的视觉区域更引人注目,给人一种积极向上、扬升、轻松、愉悦之感,而下部则具有沉重、下沉、稳定之感。

示例:《城市商报》 将版面的主体物摆放在版面的上方,会给人一种升腾、积极的感觉,通过这种编排方式可使该部位成为版面的视觉重心,突出中心主题。

6.3.1.3 版面的上部比下部更吸引人

众所周知,人的阅读习惯是从左到右。当读者接触到版面时,第一眼看到的是左侧。将主体物置于版面的左侧,可迎合读者的阅读习惯。这种编排方式能使读者对版面的浏览变得格外流畅,从而营造出相对舒适的阅读氛围。

示例:《城市商报》"李安再夺最佳导演"版面中的重点位置,也就是版面的最中心位置。加大头条稿件所占面积、加大头条文字的排栏宽度、拉长头条标题加大标题字号以及使头条标题反白,都能使头条成为视觉中心。注意不能因把版面处理得过于花哨而转移了读者对新闻本身的注意力。这样就能使人们在路过报摊时无意地一瞥,便留住脚步。

6.3.2 视觉的中心

人们在欣赏版面时,都会遵循先通观全版,产生总体印象,然后,视线便会迫不及待地停留于版面上的某一处,这个地方就是版面的"视觉中心";最后,视线才会继续移动,直到读遍全版。之所以有这种现象,是因为从人类眼球的生理构造上看,它只能产生一个视焦,也就是说人的视线是不可能同时停留在两处以上的。欣赏作品的过程就是视焦移动的过程。由于眼睛的错视、生理机能以及视觉习惯等因素,人们关注版面中最受注目的地方就是所谓的视觉中心。

示例:《城市商报》 在版式编排设计的过程中,将主题信息与视觉要素以融洽的方式联系到一起,以此便可得到较为理想的版面设计。在版式设计中,最佳视域是相对的,所有元素需要通过在版面中进行实验与校对得出准确的答案。进行版式的布局时,要清楚版面的主题信息,了解物象被摆放在不同的位置时,会使版面呈现出怎样的视觉印象。"新蕾周刊"这一版面中,"关于假期"这个标题就是所谓的视觉中心。不同的版面有不同的内在灵魂,把握住其内涵就能刻画出新闻的"表情"。

6.3.2.1 视觉习惯形成的中心

由于眼睛的错视,生理机能以及视觉习惯等因素,人们关注版面中最受注目的地方就是所谓的视觉中心。欣赏次序是:通观全部(总体印象)——视线停留在"视觉中心"——视焦移动。在进行报纸编排时,可通过加大版面视觉中心的处理,来快速吸引到读者的眼球。

示例:《姑苏悦读》 该类编排手法采用的是版式设计中的最佳视觉原则,视觉中心往往是版面中最具吸引力的地方。不仅如此,宽裕的版面空间有利于设计师对版面中其他要素进行布局与调控。把主题或信息安排在最佳的视觉流程的停留点,即最有视觉价值的位置,可使主题更清晰,一目了然,令读者产生强烈的特定的心理感受。

6.3.2.2 重心在上强调第一印象

视觉流程的主旋律要动人心弦,色彩明朗强烈。形象特征需个性鲜明,能直接诉诸人们的感官,有震撼人心的力量,使读者在视觉心理上感到协调舒适,从而激发潜在的情感,引起读者的注意,最终使设计师的视觉流程合理,达到准确传达信息的目的。在版式设计中,版面的重心与视觉要素的编排方式有着紧密的联系,可引导视觉。

示例:《姑苏晚报》 新闻版面作为无声的语言形式,与其他艺术形态一样,是一种注重主观精神信息传达、强调再造特征的视觉艺术语言。它由许多复杂的构成要素综合而成。此版面用丰富的图像、有创意的标题色彩、精心设计的文字以及独具匠心的版面编排等视觉语言,传达出包含在视觉信息中的主观精神。

6.3.2.3 重心在左凸显版面舒展性

视觉中心的位置,并不是一成不变,而要根据主题内容及版面运动的方向来选择。适当的编排可以左右人们的视线,使其按照设计意图进行顺序流动。

示例:《姑苏晚报》 图片是通过作者的思维,对生活或自然界的一种记录,对人们生活和社会发展起到一定审美和促进作用。图片放在版面左上方会带来轻便、舒适的视觉印象。运用图片作为素材,去拓宽版面设计的领域,强化版面设计的效果,会使版面设计更具现实生活的表现力和创新力。

6.3.2.4 视觉重心的左与右

在版式设计中,视觉中心在左或右同人的阅读习惯有关。左侧比右侧易吸引读者,注目性高,但当重心安排在左边时,版面会产生重力的心理负担。为解决这一问题,应适当考虑将右边的空间增大些。一般讲,视觉重心位于在边让人感觉舒展、轻便、自由,富有动感;位于右边让人感觉拘谨、紧凑、稳重。这二种视觉中心的位置,可根据主题的内容及版面运动的方向进行选择。

示例：《姑苏晚报》 该版面将视觉重心设置在版面的右方，带给人局促、紧张的视觉感受，但也同时使读者对这版面留下深刻的印象，从而达到了宣传主题信息的目的。在引人关注为目的的视觉时代，版面的视觉效应战略已成为纸质媒体竞争中的一张不可缺少的王牌。根据格式塔心理学和传播学的相关理论，报纸版面可以通过对视觉元素的巧妙运用，呈现出独特的视觉魅力。

6.3.2.5 左侧比右侧注目性高

人的眼睛首先看到的是版面的左上角，然后逐渐往下看。将主体物摆放在版面的左方，同时弱化周围事物的视觉形象，可促使读者的视线集中在版面的左方。视觉重心被设置在版面的左方，不仅符合常规的排列规则，同时也使版面表现出轻松、舒展的视觉效果。

示例：《姑苏晚报》"大家来拍"图片专版 "晚秋" 该版面所用的是一个把重要信息放在版面左上角或版面顶部的设计。信息传达就是沟通，是把一方的意思告诉给另一方，也就是信息的发出者用某种方式（语言、文字、图形符号、面部表情）将信息通过某种渠道传给信息的读者。

6.4 线向视觉流程

线向视觉流程主要借助于"线"将视线向不同的方向牵引，如同有一条运动脉络贯穿于版面始终，诉求单一，简单明了，有强烈的视觉效果。它是版式设计编排中最常见的一种视觉流程设计方式。

示例：《姑苏晚报》"跟着时令吃、吃、吃"专版 该版式借助线向视觉流程，像戏剧中的主角，按一定的顺序从上到下引导视线。它在视觉传达上有直观的表现力，人人一看便知。版式中若能表现出何者为主角，会使读者更加容易了解内容。所以，有主从关系是设计的基本条件。线向视觉流程按照常规的视觉流程规律来引导读者的视觉走向，给人简洁有力、稳固的视觉感受。

6.4.1 竖向视觉流程

竖向视觉流程又称垂直线形导向视觉流程，是将信息从上往下倾泻而下，好像大自然中的瀑布。这种直接来源于生活的视觉现象很容易令受众心安，有一日千里，坐享其成之感。这种版式中有一条竖"线"贯穿版面，牵引着人们的视线上下浏览，具有直观的感觉。

示例：《东莞时报》"道歉" 该版面的设计，采用的是一个张弛有度、简洁有力的版式。有效的留白、大胆的设计、镶嵌新闻要素，使视觉架构完美统一，很好地体现了主题的"有"和"无"的深刻含义，传递了较为新鲜、锐利的新闻信息。竖向视觉流程给人坚定、直观的感觉。

6.4.1.1 垂直线形导向

垂直线形导向，又称竖向视觉流程，也是构图中运用的方法之一，具有稳定、高耸挺拔之感，是一种强固的构图形式。其方向由下向上作导向或由上往下导向。视觉依垂直导向的中轴上下移动。

示例：《姑苏晚报》"生活情报站" "阳春回暖天" 该版面采用竖式的流程设计，运用垂直线形导向艺术的手法和有针对性的版面语言来描述新闻，创作出带有"表情"的版面，营造出一个稳固的、简洁的版面。现代的版式设计，已不再是几根线条和几块网纹的组合，它所体现的是报纸的个性，传达的是报纸对新闻的态度。

6.4.1.2 主轴确定垂直线形导向

垂直线形导向，即视线的定向由主轴确定，这个主轴显现垂直关系。体现在版面中，则是由大小、长短不一的垂直线，构成了垂直的主轴线，而显得变化丰富。由单一的主轴线构成的版面会使人觉得乏味呆板。在构图中，运用垂直趋势线时，切记要考虑横与竖的对比。在版面中适当地掺入一些横线的关系，会使版面更有生机。但横线不宜过多，切勿喧宾夺主，破坏了整体的垂直趋势。

示例：《苏州日报》"关注" 从近几年获奖版面所体现出设计风格可以看出，这些版面都在尽可能地舍去甩来甩去的走文，繁缛的花线，变来变去的字体，可有可无的花网，而追求粗眉头（大标题）、小文章、大眼睛（大图片）、轮廓分明（块面结构）的阳刚直率之美。行文上很少拐弯，不化整为零；字体变化较少，线条又粗又黑。

6.4.1.3 垂直感主轴线的处理

版面元素通过主轴线的处理，可增强垂直感。"钢筋结构大窗户"的版式，让读者在短时间内即能一目了然，提高了单位时间、空间里读报的效率。此外，空白也可以使人在读报时产生轻松、愉悦之感，标题越重要，就越要多留空白。但要注意照片上面的空白千万不要随便派用场。

示例：《姑苏晚报》头版 "大雪来袭 大美苏州" 两图都以天空作为背景，同属垂直导向。由于运用导向线方向不同，在心理上造成的感就截然不同。前图是向上作流程线运动，通过主轴线的处理，将烟雾冲出版面，增强垂直感。后图是作向下流程线运动。版面较好地运用了重力、形状大小等关系，给读者一种重心向下的趋势。版面语言简洁。

6.4.1.4 竖向视觉流程形式

竖向视觉流程引导人们的视线作上下流动。该类视觉流程在结构上具备有序性与简洁性。随着视觉的上下移动，能表现出一种力的美感。

示例:《金华晚报》引导视线在轴线上做上下地来回移动,具有坚定、直观的感觉。背景中竖向的图形在平面中起到引导视线的作用。不同的线条往往给人以不同的视觉心理感受:垂直的线条显得刚直,有一种升降感和速度感。竖向排列的版式设计能改变版面视觉中心的位置。

6.4.1.5 直观视线视觉形式

直观视线视觉形式是当代社会文化中重要的视觉表现形式,以其独特的创意构思,强烈的视觉冲击力,吸引着众多视线。直观视线视觉形式作为一种视觉传达艺术的方式,最能体现平面设计的形式特征,具有高度的象征性、浓缩性和文化性。该形式主要通过高度简洁、形式明快、富于创意、以情感人的形象,在有限的时间内,有限的篇幅中创造性地组合,直观、迅速、准确、有效地传播信息、观念及交流思想,来诱导、吸引人们的视线,提高版面的被注意值。

示例:《佳宝新纤维报》报纸的整体视觉设计正如它的 CI 形象设计,应该从更深层次上体现报纸的定位、办报宗旨以及适应目标受众的欣赏口味;同时设计者还要在自己负责的版样上下功夫,在整体风格保持一致的前提下,形成各自的个性风格,逐日规划新鲜的、醒目的版面,达到多样统一的视觉效果。这个版面采用居中对齐的文字编排方式,在整体视觉流程上做竖向引导的文字编排方式,使版面在使用有限的元素构成中达到平衡。

6.4.2 横向视觉流程

横向视觉流程又称水平视觉流程,是按照从左至右的阅读习惯来编排信息的。在版式编排时,它是通过版面元素的有序排列,将版面中与主题相关的视觉要素以水平走向进行排列,从而使版面形成横向的视觉流程。该类别的视觉流程产生平稳、条理性的感觉。

示例:《潇湘晨报》头版"高速路梗塞,堵到晚上看月亮"水平线会引导视线向左右进行横向的视觉流动。新闻版的"表情"力求凝重沉稳,处理版式时要注重大气、庄重,体现新闻稿件的分量和内在的震撼。图形语言追求的是以最简洁有效的元素来表现富有深刻内涵的主题。这种版式在视觉上总能带给人以平静稳定的印象。

6.4.2.1 水平的线能够引导视线

水平的线能够引导视线作左右横向移动,给人以稳定、平和的感受。设计师应该通过掌握对比、平衡、节奏、韵律等多种点线面构成规律,将三者合理地结合在一起,形成有个性、有新意的独特的设计作品。

示例:《半岛晨报》"骑马入门"专版 采用横向的版式来重点突出图片,运用解构的方法列举马术用具及基本马步。视觉上一目了然,吸引读者阅读。文体版的"表情"力求活泼和激奋人心,使用琳琅满目的图片,引导视线在水平线上左右移动,能展示出扑面而来的强烈文化气息和观看比赛时的紧张刺激气氛。

6.4.2.2 横向导向有舒展、秀美、宁静的视觉效果

观看这张图的时候,你先看到了什么,后看到了什么 A.眼睛有一种停留在版面左上角的倾向。B.眼睛总是顺时针看一张图片。C.眼睛总是首先看图片上的人,然后是注意诸如云彩、汽车等移动的物体,最后才注意到固定的物体。既然人们都有一种从左到右、从上到下观察物体的习惯,毫无疑问,追寻这些视觉规律构建版面是最好的方式。

示例:《精工钢构》 该版面用横向联合图片方式表现场面和山水风光等内容,以强调版面的辽阔、舒展、秀美和宁静。生活副刊版的"表情",热情、时尚而轻松,透过这种充满趣味的编排方式,传达现代人的生活方式。一般而言,让版面的构图趋于平稳,能够给人带来一种安宁与平和的感受。

6.4.2.3 水平线能引导视线上下移动

水平线条可以引导视线上下移动,产生开阔、伸延、舒展的效果,使版面的流动线更为简明、直接地诉求主题内容,具有简洁而强烈的视觉效果。

示例:《精工钢构》该版面属于企业类报纸版式,运用水平线这条贯穿版面的主线,设计出易于浏览的版面。从某个角度讲,视觉流程的设计结果就是版式,给人以强烈的现代感、形式感、真实感或自由的装饰感,冲击人的视线,震撼人的心灵。

6.4.2.4 水平线导向流程形式

水平视觉流程具有温和、安定、静止的视觉感受,可以使整个版面产生稳定、静态的视觉效果。从方向性力的作用程度来分析,水平线安定而平静,给人以平坦、广阔之感。这种导向线在构图中是一种常用的手法,能够表现较宽广的版面。

示例:《苏州日报》"读苏州·闹元宵""赏灯市民'挤爆'地铁" 视线会依横式的水平线左右移动。通常这种移动的依据是,人们观赏版面时,总是习惯从左向右依次扫描过去,当把这种习惯的看版面方向做左右颠倒时,版面中的力也就改变了方向。版面空间里,若画出一条直线或曲线,其空间就被分割了,当主要视线是水平的,便会给人安静、平和的感觉。

6.4.2.5 横式视觉流程形式

这种设计不受任何传统版式规则的约束,创新使用了一种以横题为显著特征的全新版式,方便读者阅读。追求读者视觉和版面编排的结合点,报纸才得以常办常新。

> 示例:《兰州晨报》 该版式是以横题为显著特征的全新版式,充分调动了读者的视觉感受,这正是设计工作的乐趣所在。导向设计引导人们的视线向左右流动,给人以稳定、恬静之感。横向的视觉流程,向人们传达出稳重、可信的视觉语言信息。

6.4.2.6 富有变化的水平线导向流程

水平线导向流程在版式中具有方向性,即可以通过对视觉要素的编排顺序,从左到右或从右到左设计。无论采用哪种形式,都要分割处理好因水平线组合带来的面积上的大小变化关系及方向感。

> 示例:《苏州日报》头版 "朦胧春来了" 该版面以水平线导向营造出版面的视觉艺术效果,把版面美化成一件艺术品。版面以横题为特色,不仅力求眉目清秀、轻重平衡、美观大方、新颖多变,而且适合读者的阅读习惯。

6.4.3 斜向视觉流程

斜向视觉流程是将版面中的视觉元素按斜向进行排列。这种排列方式给人以飞跃、冲刺、前进的视觉感受,表现出力量与重心的前移。斜向视觉流程具有强烈的冲击力,能以其不稳定的动态视觉感受,吸引人们的目光。斜向视觉流程主要分为二种,一种是单向的,另一种是多向的。

> 示例:《城市早8点》"地铁生活""星海广场站" 该版式以倾斜线条表现版面结构的变化,同时刻划出其活泼的形象。线条的变化形式看起好像很复杂,实际上归纳起来,在水平线的运用中适度地增加斜线关系,可使版面更富于变化,从而更具稳定性,产生恬静、平缓之感。

6.4.3.1 斜式视觉流程形式

斜向直线即视线按内角方流动,以不稳定的动势引起注意。斜向视觉流程,可使版面产生视觉新奇感与动感。斜线比垂直线、水平线有更强的视觉诉求力。

> 示例:《姑苏晚报》"风尚·型男""懒男人自有护肤小窍门" 该版面用倾斜的排列方式从一端向另一端扩展或收缩。变化不定的感觉富有动感,以不稳定的动态引起读者注意。由于大部分版式都是以规整的布局方式进行编排设计的,因此这种变化有效地吸引了人们的注意力。

6.4.3.2 倾斜单向式视觉流程

倾斜单向视觉流程是将要表现的信息作倾斜式编排,有定向斜置与意向斜置两种,这主要以表现主题时的心态为准。它是一种强固而有动态的构图。单向是指视觉要素以单个指定的倾斜方向进行编排,这样的编排形式不仅能使版面的表现变得坚定有力,而且提高了版面的关注度。

> 示例:《姑苏晚报》"车世界""'女屌丝'到'白富美'" 该版面用视线从左上角向右下角移动,或左下角向右上角移动,产生强烈的运动趋势,富有动感和紧张感。这种运动趋势是由版面上的倾斜元素带来的,其根本原因是,倾斜部分逐渐偏离水平轴线或垂直轴线所处的稳定位置,而造成视觉上强有力的变化,给人一种强烈的视觉冲击力。

6.4.3.3 单向斜线将影响平衡

单向斜线视觉流程是一种以单向具有强烈动感的视觉构图形式。它具有不稳定斜置因素,往往更能吸引人的视线。在构图中,单向斜线将直接影响到版面的平衡。

> 示例:《姑苏晚报》"风尚·潮人""台前幕后的华丽转身" 该版面用倾斜的视觉感受对版面进行引力的平衡,在力的相互作用下带来不稳定的运动感,使读者产生心理情绪的反映。这种设计强化主体物的视觉形象,视觉冲击力较强,提高了版面的关注度。

6.4.3.4 倾斜多向视觉流程

倾斜多向是版面中的视觉要素以多个倾斜方向进行排列与组合,形成多向的倾斜视觉流程。在版面设计时,要理清版面的主次关系,使版面呈现出富于变化的视觉效果,避免出现杂乱现象。

> 示例:《姑苏晚报》 该版式采用组合的色条形成多向排列,产生倾斜的视觉流程,视线将随着元素在版面空间沿着一定的轨迹运动,影响版面的平衡。这种设计强化了主体物的视觉形象,形成视觉冲击力,版面也得到丰富。

6.5 曲线视觉流程

运用主体物中曲折的线条构造,使版面产生视觉引导力,同时形成曲线型视觉流程。将版面中的视觉元素按曲线进行排列,这种排列方式给人一种柔美、优雅的视觉感受。曲线视觉流程虽不如水平、垂直视觉流程那样直接简明,但它更具有韵味、节奏和动态美,能够营造出轻松、舒展的气氛。

示例:《江南都市报》这是关于鄱阳湖生态经济区一周年的特刊封面。曲线视觉流程的形式微妙而复杂,可概括为弧线形和回旋型。弧线形具有饱满、扩张和一定的方向感;回旋形的两个相反弧线则产生矛盾。曲线视觉流程不如单向视觉流程直接简明,但更具韵味、节奏和曲线美。版面底图使用夕阳下的湖面,用酒杯表现主题"韵味",曲线造型的版面文字同样紧扣主题。

6.5.1 弧线形视觉流程

弧线形导向是视觉要素随弧线或回旋而运动变化的视觉运动,柔美而流畅。视觉要素以弯曲的走向进行排列。该类视觉流程在编排结构上带给读者以直观、简洁、大方的印象,在构图中运用得非常广泛,适合表现柔美、高速运动或飘逸的主题。

示例:《姑苏晚报》特别策划且"约会" 利用弯曲弧线使视觉要素的形象变得异常独特。它具备引导读者视线的能力,将读者视线引导至希望他们关注的地方。这种导向比水平、垂直、倾斜流程更具明显的节奏与韵律之美,且更微妙、复杂,从而引导读者视线进行阅读。

6.5.1.1 C形曲线视觉

简洁明了的C形版式既具有曲线美的特点,又能产生变异的视觉焦点,版面简洁明了。然而在安排主体对象时,必须安排在C形的缺口处,使人的视线随着弧线推移到主体对象。C形版式可在方向上任意调整。

示例:《精功报》"人文"版 "放飞身心 享受生活" 在该版面设计中,C形的缺口引导读者的视线从版面的右上角移动到版面左下角。这种借用版面元素引导视线的方式带有很强的趣味性,可提升读者阅读兴趣。该版面的内容反映出企业的精神面貌及职工的创造智慧。

6.5.1.2 抛物线形视觉流程

抛物线形视觉流程是曲线视觉流程中常见的一种。该类视觉流程的特点是,它在方向上具有单一性,视觉流程更具韵味、节奏和曲线美。在实际设计过程中,将版面中的视觉要素按照抛物线式的走向进行排列,可使读者跟随这些物象的轨迹完成对版面的浏览。它可以是弧线形"C",具有饱满、扩张和一定的方向感;也可以是回旋形"S",产生两个相反的矛盾回旋,在平面中增加深度和动感。

示例:《扬子晚报》 增强报纸版面的阅读感染力,视线活动范围就更广,更富于变化,由此版面结构更生动,也就能更好地再现版中的主要人物活动。此图流程线清晰明了,背景有意设计成弧线状,主体形象随流程线方向而运动,疏密、大小、色彩的有序组织加强了动感。

6.5.2 回旋形(S形)视觉流程

回旋形(S形)视觉流程即两个相反的弧线产生矛盾回旋。它带有一种隐藏的内在力,容易让版面取得平衡,在平面中增加深度和动感。如由文字构成的线,其中的文字按照规律从大小、方向上发生变化会使构成的线条有节奏地运动,呈现出韵律感,并使版面具有无限的想象空间。

示例:《姑苏晚报》 以拉丁字母"S"为参考物,仔细观察其结构,以该样式进行排列或扭曲,使读者的视线跟着它的形状进行移动,即可构成S形视觉流程的版式效果。曲线往往较为优雅和柔软,具有抒情性。在平时的设计中,可以选择一些与作品气质相近的线条作为其素材。

6.5.2.1 S形视觉导向

由于S形构图具有完美的曲线结构,骨架结构更富有变化,韵律感更强、更美,因此该类视觉流程能有效地提升版式结构的美感。当构图的语言及形式符合主题的需要时,将创造出新的、更为丰富和完整的版面,为主要目的服务。

示例:《姑苏晚报》特别策划 视觉流程是为了更好地反映构图的结构关系,而构图最终是为了表现思想情感与审美追求。实现"简约美",通过图形实现"1+1>2"的信息增值,通过色彩达到"好看"与"易读",通过留白营造透气的视觉空间等,均有利于读者对内容的理解,给读者以视觉上的刺激并激发其阅读兴趣。

6.5.2.2 流畅曲线视觉流程

该方式的构图具有流动感、流畅性。主轴线骨架结构显现S形状,这种形状似有蛇行的运动。由于这种运动在版面的安排中易取得均衡,因此能得到较好的视觉效果。

示例:《生活新报》 流畅曲线视觉流程版面,具有曲线美。借用照片组成S形状,为一天的新闻制造气氛。它诱使人们去读一条本来可能会被忽视的报道,或者刺激人们的视觉,吸引他们去买这张报纸。流程线越长,读者的视线停留的时间就越久,故引人注目,有生动、活泼之感。

6.5.3 ○ 形视觉流程

　　○ 形视觉流程与 S 形视觉流程在排列方式上是相类似的。○ 形视觉流程在版式上，是视觉要素按照 ○ 形排列，其展现的版式效果存在差异。通过诱导元素，主动引导读者视线沿一定方向顺序运动，由主及次，把画面和构成要素依序串联起来，形成一个有机整体，使重点突出、条理清晰，发挥最大的信息传达功能。编排中的导线有虚有实，表现多样，如文字导向、手势导向、形象导向及视线导向等。

　　示例：《城市商报》将相关的视觉信息串联在一起。设计者利用 ○ 形构图，在视觉上形成回路。通过这种排列方式带给读者一种极具统一与协调的印象，加深了读者对信息的记忆。

6.5.3.1 环绕型视觉流程

　　利用视觉移动规律，通过合理的安排诱导读者的视线按照主次顺序依次观看下去。以视觉元素为中心，其他物象围绕该中心做回型排列。通过层层包围的编排结构，使版面形成环绕型视觉流程。

　　示例：《温州都市报》"天下"专版　该类型构图在视觉上呈现出连绵不绝的迂回感，同时带给读者以饱满、扩张的视觉印象。构图中的诸元素，经有意排列的方向，使景物沿着一条从前景到背景的弧线逐渐向远处移动，从而引导读者阅读。当流程线更明确成弧线时，眼睛所停留在版面上的时间比水平导向、垂直导向更长。该类型视觉流程设计可用于在平面中增加视觉深度和动感。

6.5.3.2 曲线视觉流程

　　曲线视觉流程是随着版面的布局状态，以一个弧形或弯曲的走向来完成整个版面阅读的流程。与单向视觉的流程相比，曲线视觉流程没有后者在版面表现上的直观性，但正是因为前者在结构上的迂回感，反而造就了曲线视觉流程微妙且富有变化感的版式特色。

　　示例：《雄风报》专题策划　线的弧度，张拉成如满月的弓，表示"力"量，体现出公司的雄风，以示其在市场竞争中拥有雄厚的技术和资源。曲线视觉流程能使构图变得更丰富，形式感更强。例如圆形或弧线形，给人以节奏韵律、幽雅柔美的感受，营造轻松随意的阅读气氛。

6.5.3.3 圆形视觉流程

　　圆形曲线视觉流程，是由视觉要素随弧线或回旋线运动而形成的，形式微妙而复杂。在版式的编排中，可以利用一些具有方向性的视觉元素来引导读者，使其按照预设的流程来完成对版面的浏览。在实际的设计过程中，特定的元素在视觉上都具有方向性，常见的有直线、箭头图形等。圆形的视觉流程设计，视线流动是辐射状的。

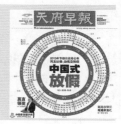

　　示例：《天府早报》　该版面以圆形日历为版式主体。日历中标注 2013 年假期，并配以"中国式放假"标题，配色清爽，极具中国风，同时也打造出了版面的视觉中心。

6.6 重心视觉流程

　　重心是视觉心理的重心，可理解为：第一，以强烈的形象或文字独居版面某个部位或完全充斥整版，其重心的位置因其具体版面而定。在视觉流程上，首先是从版面重心开始，然后顺沿形象的方向与力度的倾斜来发展视线的进程。第二，向心、离心的视觉运动，也是重心视觉流程的表现。重心的诱导流程使主题更为鲜明突出和强烈。

　　示例：《姑苏晚报》　在该版式设计中，引导视线对准刺激力强度最大、最具吸引的地方，也就是大照片和标题——"桑迪袭美，纽约看海"，然后按照视觉物象各构成要素刺激度由强到弱地流动，形成一定的顺序。重心视觉诱导流程使主题更为鲜明突出，视觉重心能够稳定版面，给人安心的感觉。

6.6.1 向心型视觉流程

　　向心，是指视觉心理的焦点。每个版面都有一个视觉焦点，这是需要重点处理的对象。向心与版面版式编排、图文的位置、色彩的运用有关，同时也与对"向心"着力描绘有关。在视觉心理作用下，向心视觉的运用使主题更为鲜明、强烈。向心视觉流程是指视觉会沿着形象方向与力度的伸展来变换、运动，如表现向心力或重力的视线运动。

　　示例：《姑苏晚报》　在版式设计中，通过对视觉要素的组合与排列，使版面具有直观的表现能力与井井有条的编排结构。视觉重心可以使版面达到平稳的视觉效果，给人以可信赖的心理感受。将具有相似性的因素组合在一起，有引导视线流动的作用，如形状的相似、大小的相似、色彩的相似、位置的相似等。可根据版式所表达的含义来决定视觉重心的位置，更好、更准确地传达信息。

6.6.1.1 聚拢向心

　　如何让读者从浩瀚的信息海洋中快速有效地找到所需的资讯成为当今信息传达的一个新问题。向心型视觉流程，将版面中的主体物以向版面中心靠拢的方式进行编排与组合，使读者跟随版式的延展方向来完成浏览。还可以将漩涡状的编排方式融入版式设计中，同样能使版面产生向内的视觉牵引力，将视线吸引到视觉中心位置。

　　示例：《重庆晚报》　面对报纸可视化的新趋势，无论是党报还是都市报、大众化报纸还是专业性报纸，都清楚地意识到：报纸要吸引读者的"眼球"，在读者短暂的视线停留中把最重要的信息传达给他们十分重要，而向心型版式便可产生视觉焦点。向心视觉元素向版面中心聚拢的运动，可使主体更加突出。

6.6.1.2 向心控制

导向是透过诱导元素，以主动的方式来引导读者对版面进行浏览，同时完成对主题诉求的传达。设计师可将重要的视觉要素进行特殊化处理，使其呈现出与周围事物完全不同的视觉效果，从而成为版面的视觉焦点，来调整视觉重心控制版面主题表现。

> 示例：《南方日报》 版面由一条类似道路的图片分为左右，该图片象征一条漫漫长路，照应了13年来老人对于报道主角的照顾。根据不同版式的需要，视觉重心的位置也不一样，其带给人的感受也不同。视觉重心就是整个版式最吸引人的位置。版面中部配以一张爱心形状的图片，凸显标题"报恩记"的内容，产生一种很温馨的感觉，并使版面主题更为鲜明强烈。

6.6.2 向心偏向视觉流程

视线流动的顺序，要受到人的生理及心理的影响。由于眼睛的水平运动比垂直运动快，因而在视察视觉物象时，容易先注意水平方向的物象，然后才注意垂直方向的物象。人的眼睛对版面左上方的观察力优于右上方，对右下方的观察力又优于左下方，因而，设计均把重要的构成要素安排在左上方或右下方。

> 示例：《姑苏晚报》 在版式设计中，视觉重心能帮助设计者提炼出版面的重点信息。它不仅加强了版面的视觉表现力，同时还缩短了读者的感知时间，促进了版面的传播效率。由于视图的右方并不是常规的视觉切入点，当把视觉重心摆放到右方位置时，利用打破读者浏览习惯的编排方式，促使版面呈现出与众不同的视觉效果。视觉重心偏向版面右侧，会给人局限、拥挤、稳重的感觉。好处是版面清晰、层次清楚且条理明确。以内容作为主体的版面，应当在主题上进行强化，或者是增强阅读的活力。

6.6.2.1 视觉向心在左侧

由于人们的视觉运动是积极主动的，具有很强的自由选择性，因此往往是选择最感兴趣的视觉物象，而忽略其他要素，造成视觉流程的不规划性与不稳定性。不同视线注意力价值不同，在心理上也给人以不同的感受，一般是上部大于下部，左侧大于右侧。视觉重心在左侧，给人一种自由、舒适、轻松的感觉。

> 示例：《姑苏晚报》 人的视觉在一个界定的范围内，其注意力价值是不均衡的，是有差异的。将背景版面美女眼部加放大镜进行处理，并将此照片放在视图左侧，在编排结构上能带给读者一种顺遂的视觉感受，从而使主体物的视觉形象得以突出，并进一步成为版面的视觉重心。

6.6.2.2 视觉向心在下方

视觉流程是视线在被观赏物上移动的过程，是二维或三维空间中的运动。将视觉重心设置在视图的下方，能在视觉上给读者以沉重、稳固的印象。通过该类编排方式来增强主体物在版式中的质感，可使该类视觉形象深入人心，从而达到传递主题信息的目的。

> 示例：《姑苏晚报》 信息传达是视觉流程设计的重要内容，不传达信息的设计是不存在的。将视觉要素集中在版面的下方，将读者的视线集中于此处，以此将该版面的视觉重心固定在版面的下方。由于视图的下方能带给人以稳固、扎实的视觉印象，将读者的注意力集中于圆点，同时结合周围空旷的背景版面，便使版面产生向下的视觉牵引力，并带给读者以踏实的视觉感受。

6.6.3 离心型视觉流程

离心型视觉流程是指以强烈的形象或文字独据版面某个位置或完全充斥整版，重心的位置因具体版面而定。与向心型视觉相对，离心型视觉的版式结构以扩散为主。简单来讲，将重要的视觉要素摆放在版面的中央，同时把辅助的要素以分散的形式排列在版面周围，促使版面产生由内向外的扩散效果。这是一种充满现代气息的编排方式。

> 示例：《姑苏晚报》头版 "俄罗斯居民：战争爆发？" 冰中洞犹如石子投入水中，产生一圈一圈向外扩散的弧线的运动。向心、离心的视觉运动也是重心视觉的表现。报纸版式设计的导向性和技巧性就在于引导读者首先产生刺激的"感知"效应，使得信息有效地传达给读者，重心诱导流程能让读者产生刺激的"觉知"效应，突出版面主题。

6.7 导向视觉流程

在信息多元化的时代，人们每天都潜移默化被精彩的影音世界所吸引，生活也因此变得绚丽多彩。导向视觉流程通过诱导性视觉元素主动引导读者视线向一定方向作顺序运动，其特点是可以使版面重点突出、条理清晰，发挥最大的信息传达功能。表现形式主要有文字导向、动势导向、指示导向、形象导向、方向型导向等几种。

> 示例：《城市商报》"旅游周刊" "一起去郊外寻找和煦春风吧" 按照由主及次的顺序，把版面各构成要素依次串联起来，形成一个有机整体，使得版面重点突出，条理清晰，编排的清晰度、可读性发挥最大的信息传达功能。

6.7.1 指示导向

在版面设计中，运用诱导元素手法，主动引导读者视线向一定方向顺序运动，按照设计者思路贯穿版面，这就是导向元素视觉。导向形式多样，有虚有实，有直接的形象表现，也有间接的心理暗示。

示例:《姑苏晚报》"娱乐非闻""别在广告里插播'好声音'" 该版面设计按照导向视觉流程,由主及次,把构成要素依次串联起来,形成一个有机整体。版面具有条理清晰的脉络关系,条理性与逻辑性较佳。

6.7.1.1 引导视觉流程

在版面构成中,使读者的视线按一定方向顺序运动,并由大到小,由主及次,把版面各构成要素依序串连起来,组成一个整体,形成最具活力,最有动感的流畅型视觉因素。

示例:《姑苏晚报》"娱乐非闻""刘欢退出《好声音》" 整个版面使用诱导视觉流程元素将图形从大到小渐层排列,读者的视线会强烈地受到引导按照排列方向流动。这种设计使重点得以突出,使读者的视线沿着上下方向顺序运动,贯穿整个版面。

6.7.1.2 引导单向视觉流程

单向视觉流程,顾名思义就是只用简明清晰的流动线来主导整个版面的编排。它的特点是令版面显得简洁有力,视觉冲击力强。其表现有三种方向关系:竖向视觉流程——坚定、直观的感觉;横向视觉流程——稳定、恬静之感;斜向视觉流程——以不稳定的动态引起注意。

示例:版面正中是现代感很强的滚石标志,圆上的头像都是滚石乐队这些年来造就的明星。设计师用单向视觉流程使版面的流动更为简明、直接地表达主题内容,更具简洁、强烈的视觉效果。版面底部的现场照片随意摆放,以烘托版式的现代感;黑黄为主色使版式显得前位且富有节奏感。

6.7.2 形象导向

版面吸引读者,主要是吸引读者的视觉,设计师要善于利用人的视觉生理和视觉心理,使设计产生强大的视觉冲击力,牢牢勾住读者的眼球,要有新颖的视觉艺术特色。

示例:《姑苏晚报》头版 "闯黄灯扣六分" 版面编辑在设计报纸版面的时候,刚开始时应广开思路,走出版面限制,关注流行时尚的相关艺术规律,使报纸的版式紧跟时代步伐。同手势导向一样容易理解,这种版式较常采用的形象为箭头,其形象导向简洁而明确。

6.7.2.1 三角形视线视觉

三角形视线视觉随着顶角的方向使视线产生流动。报纸各种内容的编排和布局,整体上是取决于版式设计的。

示例:《都市快报》该版面很巧妙地用照片中的漂浮物连起来的线路将文字区域和图片区域区分开来。上方是沉船的照片,给读者以直观的印象。

6.7.2.2 三角形视觉中心

版面的编排形式以三个视觉中心作为景物的主要位置,有时是以三点成面几何构成来安排景物,形成一个稳定的三角形。这种三角形可以是正三角也可以是斜三角或倒三角,其中斜三角较为常用,也较为灵活。三角形构图具有安定、均衡但不失灵活的特点。可根据版面的形状,安排视觉中心的位置。视觉中心位置不同,关注的程度就不同,心理感觉也不同。

示例:《姑苏晚报》 该版式用三角形线条设计,在版面中将所要表达的主体放在三角形中形成三角形的态势,以图有所突破。三角形构图产生稳定感,突出紧张感是设计者独具匠心的体现,这需要极大的耐性、实践能力以及艺术造诣。

6.7.2.3 矩形视线视觉

矩形的视线流动是向四方发射的。通过这种版式,读者可以感受到报纸对新闻事件的态度和感情,更能感受到报纸的特色和个性。

示例:《现代快报》 "2012中国年度汉字'梦',飞天梦、航母梦、诺奖梦在今年实现——今年是圆梦的一年" 在米字格中,楷体的"梦"字,代表了每个中国人的中国梦。

6.7.3 文字导向

方向关系流程较散点关系流程更具理性色彩。它的阅读过程不如直线、弧线等流程快捷,但更生动有趣。也许这正是版面设计者刻意追求的轻松随意与慢节奏的效果。

示例:《苏州日报》要闻 "开学第一顿光盘" 该版标题"光盘"与照片的组合,应用了视觉流程线在心理上产生的作用及其功能关系。照片生动有趣,形成了版面视觉中心。

6.7.3.1 文字导向视觉

文字导向视觉是一种"空间的运动",是视线随各元素在空间沿一定轨迹运动的过程。文字导向视觉设计要使版面有均衡的视觉艺术整体感。版面固然要用强烈的视觉中心来表现,但还得适应都市人群的阅读需求。

示例:《城市商报》"国际新闻" "财政若'坠崖'后果很严重" 手势导向比文字导向更容易理解,且更具有亲和力。

6.7.3.2 新闻标题导向视觉

通过新闻标题诱导元素,主动引导读者视线向一定的方向顺序运动,透过版面让读者可以感受到报纸对新闻事件的态度和感情,感受到报纸的特色和个性。

示例:《苏州日报》"校园""新年到了" 由新闻标题把版面设计各构成元素串联起来,形成一个整体,使重点突出,条理清晰,发挥最大的信息传达功能。这有利于读者对内容的理解,给读者以视觉上的刺激并激发其阅读兴趣。

6.7.3.3 设计引导视觉

视觉流程具有诱导性。编排设计十分重视如何引导读者的视线流动。当人们的视线接触到直立的人物形象时,就会从人的脸部开始,到胸、腰、腹直到脚,作从上而下的视线流动。如果人们的视线接触的是横卧的人物形象时,就会从左到右(或从右到左)进行视线流动,最后到达诉求重心。

示例:《成都晚报》"地球当心 陨石昨日袭击俄罗斯" 除了合理地分割和组织版面,用技巧来有力地抓住别人的视线。为此有时需要反常规,要知道,读者和作者一样喜欢新鲜的视觉感受。

6.7.4 动势导向

版面动势导向视觉是报纸各种内容编排布局的整体表现形式。报纸是否可读、能否能在报摊上吸引视线,很大程度上取决于版面的动势设计。

示例:《姑苏晚报》头版"下雪啦" 版式设计艺术创新,为雅俗共赏奠定了基础。合理组织版面元素,引导视觉,吸引读者的"眼球",是设计者应关注的问题。此版面中的图像将视线引向版面以外,在读者短暂的视线停留其间把最重要的信息传达出来——下雪啦。

6.7.4.1 手势导向视觉

版面手势导向视觉通过视线的流动使版面各要素产生视觉的连贯性,或者使用优美的形态引导人们的视线注意到版面的主题或文字,以达到信息传达的目的。

6.7.4.2 视线导向视觉

视线导向视觉是说人物、动物面向同一方向,会因共同的视线而一致起来。不同的物品方向一致,也可以产生统一感。

示例:《姑苏晚报》"娱乐非闻""黄晓明自曝感情生活" 版面中人物的视线导向性能虽然含蓄,但同样会引导读者将视线集中到物品上。利用视线来导向,可使视觉元素之间的联系加强,结构更加紧凑,且版面的导向效果内敛而不张扬。

6.7.5 位置导向

版式设计依据人们在视觉上的心理和生理特点,确定各种视觉构成元素之间的视觉关系和秩序。版面内容的视觉传达过程是以人的习惯认知模式来进行的,是将各种构成要素在视觉运动的规律下进行空间定位,即从注意力的捕捉起,通过视觉流向的诱导,直至最后的印象留存,体现出这一程序的规划和诱导性。

示例:《今日椒江新闻周刊》"元旦特刊""2012,我们这样走过" 整个版面使用诱导视觉流程元素,将图形从上到下合理地安排视觉流程,使心理顺序和思维发展的逻辑相一致,根据信息的主次(即传达重点)来确定各元素的顺序,引导视线移动。

6.7.6 方向型导向

即有方向的视觉流程。版式设计要充分借助无声的语言去艺术地表现内容,抓住读者的视线,使读者产生丰富的联想和强烈的情感。

示例:《苏州日报》"神九回家"特别报道 从上到下或下到上的垂直运动,解释了"我们回家了!"的场景。色彩的运用调和了插图的内涵。方向关系的视线视觉就是视线在版面空间的流动方向,这种流程方式具有清晰和简洁的特点,会影响读者的情绪和兴趣。

6.7.6.1 表现轻松与生动

方向关系的流程强调逻辑,注重版面的脉络,整个版面的运动趋势有种"主体旋律",其细节与主体犹如树干与树枝一样和谐。曲线条可使视线时时改变方向,引导视线向重心移动。

示例:《贵州都市报》"夜半欧歌" 大胆的墨迹表现,配合动感十足的足球运动员,为主题营造氛围"欧洲杯"的战歌已经拉开帷幕。在脚尖处是夸张大的足球,寓意这个夏天足球在球迷心中的地位。版式充满动感和力量,比较有创意。

6.7.6.2 用有方向的曲线引导视线

方向关系的流程强调的是能够充分地直接体现出版面元素的层次关系。好的版式往往能先声夺人，在读者犹豫不决时，悄悄地影响着他的选择。

> 示例：《姑苏晚报》该版面向人们展示了一种最基本的方向流程关系——从左向右。视线从左侧的"私人订制"标题文字开始，向右侧图片运动，这种视觉流程符合大众的阅读习惯。

6.7.6.3 表现层次关系

方向关系的流程重视版面清晰的空间流动方向，能使版面用一条主线贯穿起来。它可以让各种信息和谐地统一到一个版面之中，是一种以理性为主的版面编排方式。

> 示例：《苏州日报》苏州发布·旅游 "9条游线畅享春日苏州" 整个版面以文字和逛旅游图片为主，并使文字形成交错排布。报纸版面设计结构丰富，给人以深刻印象。

6.8 多向视觉流程

多向视觉流程指与线向视觉流程、导向视觉流程相反的视觉流程。强调版面视觉有情感性、自由性和个性化的随意编排，刻意追求一种新奇、刺激的视觉新语言。其表现形式有散点视觉流程、疏散型视觉流程等。其特点是可以使版面重点突出、条理清晰，发挥最大的信息传达功能。

> 示例：《生活新报》 强调版面视觉的情感性、自由性与个性化，追求视觉的新奇与刺激。该版面的表现形式让版面具有一种个性化的视觉情感。

6.8.1 散点视觉流程

散状排列视觉元素强调感性、自由随机性、偶合性，强调空间和动感，追求新奇、刺激的心态，常表现为一种较随意的编排形式。视线随版面图像、文字作上或下或左或右的自由移动。

> 示例：《姑苏晚报》"资讯·健身"专版 将版面中的图片以散点式排列在版面的各个位置。这种编排方式为自由散点的版面，于读者仍然有阅读的过程。这种阅读过程不如直线、弧线等流程快捷，但更生动有趣。也许这正是版面设计者刻意追求的轻松随意与慢节奏。

6.8.1.1 自由移动散点视线视觉流程

自由移动散点视线视觉设计不受任何传统版式规则的约束，创新了一种以竖题为显著特色的全新版式，方便读者阅读。

> 示例：《姑苏晚报》"竞技星闻" "直拍打法会灭绝吗？" 自由的视觉元素组合成明确的主题。追求新奇、刺激的心态，常表现为较随意的编排形式。报纸版式创新，充分调动读者的视觉感受，这正是版式设计的乐趣所在。

6.8.1.2 自由组合视线视觉流程

我们的直觉引领我们产生丰富的联想，但这种联想常常以分散的点状形式出现，如果没有相应的规律加以组织，那么，联想的内容也很难组织成为一幅完整的设计。虽然平面构成对于设计本身已经是一种规律性的提炼，但如果想要充分地理解、掌握平面构成，必须从理解直觉思维与逻辑思维的相互作用开始。

> 示例：《浙江蓝天报》专题·旅游 该版面采用的散点视觉流程，散点式的排列充满自由轻快之感。自由随机性及偶合性，强调了空间和动感，常表现为一种较为随意的编排形式，给人以自由的体验。

6.8.1.3 发散型视觉流程

在表现形式上，发散型视觉与离心式视觉有着类似的地方。比如在进行发散型视觉流程的创作时，先将视觉要素分为主体与辅体两部分，再利用发散式的排列方式来突出主体物的视觉形象。

> 示例：《城市商报》微网罗 "时尚圈'恶搞'" 通过发散型视觉流程，使版式的整体性得到加强与巩固，从而带给读者一种和谐、统一的视觉印象。

6.8.2 疏散型视觉流程

疏散型散构编排是将视觉要素进行分散处理的编排方式。设计者通过一系列编排措施，打造出这种主次分明的版式结构，以求得均衡的版面效果。

> 示例：《新文化报》"'桑拿天'保健手册"别出心裁、编排整齐的版面设计，图文并茂的展现形式，以及蓝色为主的冷色调，一切安排都令人倍感亲和，耳目一新。

6.8.2.1 分散的主题版面

这种版面图与图、图与文字间呈自由分散状态。它强调感性、自由随机性，追求新奇、刺激的心态，表现为一种随意的编排形式。对自由编排的版面人们仍有阅读的先后过程：视线将随版面图像、文字作上、下、左、右自由移动式阅读。

示例:《今日金东》特刊 "不辞辛劳环卫路 一心向善爱者心" 运用散点和曲线所形成的柔和的视觉主题,设计者将文字、图片通过线条联系在一起,增强了二者间的联系。

6.8.2.2 用疏密变化的版面表现节奏感

版面上文章长短的变化,也使区分它的线产生了疏与密的变化。线条密集的地方(小块文章密集的地方)显得热闹、紧凑;线条较少的地方(排放大块文章的地方)显得宽松。粗线条与细线条的交替变化出现,会使版面产生一种节奏感。

示例:《东莞时报》美周刊·淘天下 该图片专版的版式设计,就形象地体现了粗、细线条交替变化的设计要求。设计者的艺术修养、审美能力,以及对设计理念的理解能力和把握能力,有助于版面中各元素编排的相互和谐、相互呼应,从而完善版面的整体艺术性。

6.8.3 密集型视觉流程

密集型视觉流程的版式编排就是尽量缩小各要素间的空间距离,使版面呈现出局促、紧凑的视觉效果,但不会影响阅读。视线随版面中的图像、文字,或上或下、或左或右地自由移动,这种阅读过程更具生动性。

示例:《雄风报》"雄风家园" 设计要注意图片的大小、主次的搭配及疏密、均衡、视觉方向程序等因素。各版面上下均有突出的大标题和图片,并辅助以其他标题新闻、小图片等,从整体上把握了版面的视觉平衡。

6.8.3.1 散构编排的图与文

现代的版式设计,是让读者在众多的报纸面孔中,一眼就知道报纸的名字,版面的名字,这也就是报纸独特的个性风格。没有个性的版面是失败的,就像一张毫无个性的面庞,在视觉上不易让人记住。重要的信息应该让浏览者最容易发现,而不是深藏在多层链接之后。

示例:《姑苏晚报》要闻 "美国小学枪击案" 该版面采用散点视觉流程,图与图、图与文之间自由分散地排列,呈现出感性、无序、个性的形式。

6.8.3.2 用密集型版面引导视线

密集型散构编排版式的特点在于,它拥有复杂且无序的组织结构。编排诱导性视觉元素的标题和图形,向一定方向作顺序运动,最直接明了地引导读者对某特定内容进行阅读。

示例:《姑苏晚报》头版 "春运首日现场直击" 通过诱导元素场景图形,主动引导读者视线,使读者的视线集中到所要传达的标题文字"春运首日"上。其形式为标题文字导向、场景图形形象导向,给人一种热烈非凡的视觉印象。

6.8.4 十字型视觉流程

十字型视觉流程,即将版面中的视觉要素以十字或斜十字的形式进行交叉排列。通过这样的编排手法促使版面构成十字型的视觉流程,使主题成为版面最突出的地方,发挥其最大的传达效用。

示例:《姑苏晚报》 在十字型版式布局中,将点和线的要素交叉处作为版面的视觉焦点,将读者的视线从版面四周以类似十字顶点的位置向版面中心集中,从而使主题的位置成为最引人注目的地方,达到突出重点,稳定版面的功效。

6.9 有规律的版面视觉设计

有规律的版面视觉设计,即把相同或相似的版面视觉要素进行重复地、有规律地排列,使其产生秩序的节奏韵律。这种设计具有吸引视线、强调主题的作用,方向性更强,有加速视觉流动的功效。其表现形式主要有:连续视觉流程、渐变视觉流程、近似视觉流程、重复视觉流程等。

示例:《生活新报》听诊器造型犹如长龙,让相同或者相似的元素出现在版面中,形成了一定的节奏感。"自助挂号"新令将长龙撕裂,该政策的便民性质形象、生动地表现出来了。版面色彩和谐、美观大方,有较强的可识别性,整个设计具有吸引视线、强调主题、加速视觉流动的作用。

6.9.1 重复运用相同设计元素

重复视觉流程是指在版面设计中,将相同或相似的视觉元素按照一定的规律有机地组合在一起,使视线有序地,沿一定方向流动,引导读者的视线反复浏览。其运动流程不如单向和重心视觉流程强烈,但更富于韵律和秩序美。

示例:《长江商报》五周年版式设计专题 该版面采用不同颜色,搭配组合相应的色相照片组合;同色相照片又具有不同的内容。这样的搭配充满趣味性,打破重复的单调感。图片以反复的形式排列在版面中,以此强调该要素在视觉上的形象,其产生的视觉效果更富于韵律美和秩序美。这种视觉流程设计适合于需要同时安排许多分量相同的视觉元素。

6.9.1.1 反复视觉流程

版面中外形特征相同或相似的视觉要素作有规律、秩序、节奏的逐次运动,富于韵律和秩序美。这种构成方法在结构上充满了秩序性与规律性,能带给读者深刻的视觉印象。

示例:《东南商报》这一日的报纸版头多是以前一天的日环食现象为主题。该版面以中国和亚洲其他国家的不同城市拍摄到的日食景象分列为四栏,重复的日环食图片呼应主题"天涯共此'食'"。整个版面给人以整齐、有规律的感觉。标题用诗句,生动形象,含义丰富。

6.9.1.2 特异视觉流程

版面吸引读者,主要是吸引读者的视觉。一个视觉很美、很新的版面,它的文字标题、图片、色彩、线条、线框等绝不是孤立存在的,也不是简单地组合与排列,而是相互衬映、相互补充,通过彼此的组合形成新颖的造型结构,利用人的视觉生理和视觉心理,产生强大的视觉冲击力,牢牢勾住读者的眼球。同样,也可以通过使用相同或相似的视觉要素来作规律、秩序、节奏的运动。

示例:《青岛晚报》春节报纸专刊 用艺术的手法对版面进行创新,对整个版面从构图形式、线条分割、版块构成等进行合理安排,这需要设计者具有审美意识和独特新颖的创新意识。该版面用规则的头部造型小图片按弧线排列,形成自己独特的个性,有秩序美,整体统一而富有变化。

6.9.1.3 运用重复手法表现稳定感

将版面中的重复元素以同样的姿态与形式进行排列,从而构成反复视觉流程。

示例:《姑苏晚报》红尘有缘,爱情五部曲 该类版面编排在结构上用重复元素方式,在统一的方向上进行排列,大大增强了版面在单一方向上的运动感,同时产生出强烈的视觉冲击力。

6.9.2 渐变型版面视觉形式

简单讲,渐变型视觉形式,就是将重复的元素以规则的大小变化形式进行排列,注重版面脉络,观之似乎有一条主线、一股气韵贯穿版面。整个版面的运动趋势有"主体旋律",细节与主体犹如树干和树枝一样和谐。

示例:《春和报》的这一专版,在版面设计上十分注意平衡,整个版面看起来十分稳重和醒目。平衡的版面具有稳定性,与对比强烈的版面不同,平衡的版面能给人以理性、安静、稳定的视觉效果。平衡的版面应该注意左右对比,避免过于呆板。

6.9.2.1 引导视线渐变的视觉形式

在结构上视觉元素具有丰富的变化性,主动引导读者视线向一定方向作渐变顺序运动,按照由主及次的顺序,把版面各构成要素依次串联起来,形成一个有机整体。

示例:《姑苏晚报》看电影 "免费看《新妈妈再爱我一次》" 有规律的变化能增添版面的节奏感与韵律感,表现多样。通过诱导元素,主动引导读者视线向一定方向顺序运动,并给读者以美的视觉感受。

6.9.2.2 诱导视线的渐变视觉形式

当读者注视版面时,能很自然地按照各诉求内容大小的变化,一步一步地读下去,形成一条无形的视觉空间流动线。这使得各信息以最快捷的途径有序地处理,目的是诱导读者的视线按照设计师意图按最佳顺序获取信息。版面上的视觉流动线可抽象地看作是一系列小小的箭头,发挥承上启下的作用,也可使空白的消极空间转变为活跃的因素。

示例:《钱江晚报》"大阅兵看点纷呈" 在编排设计上,十分重视引导读者的视线流动。通过左右人们的视线,使其按照设计意图进行顺序流动。简单来讲,渐变型重复构成就是指将重复的元素以规则变化的形式进行排列。它在结构上具有丰富的变化性,随着有规律的变化能增添版面的节奏感与韵律感,并带给读者以美视觉感受,也是对各信息的最佳组合与合理编排。因此,设计要讲究科学性,决不能凭空想象。

6.10 版式视觉优化

版面设计的基础是视觉生理学和视觉心理学。将格式塔心理学派对视知觉的研究导入报纸的版面设计，便提出从"视觉整体""视觉中心""视觉平衡""视觉组织"和"视觉和谐"等五个层面对报纸版面设计进行优化的问题。

示例：《城市早8点》要闻 "火新年"一切知觉都趋向于最简化的式样，同时又"偏爱非简化的式样"。正是在"简化"与"张力"之间取舍的不定性，为视觉设计带来了自由和表现力。与文字性、概念性阅读方式相比，视觉感受无疑更普遍、更直接、更形象，也更富整体性。

6.10.1 了解视觉优化

版式即报纸版面的式样，是报纸视觉效果中最重要的元素之一。报纸是否可读、易读，能否在报摊上吸引"眼球"，在很大程度上取决于此。透过版面，读者可以感受到报纸对新闻事件的态度和感情，更能感受到报纸的个性和特色。

示例：《东莞时报》封面版面吸引读者，主要是吸引读者的视觉，通过人的视觉生理和心理，产生强大的视觉冲击力。该版面以"井"字构造图面结构，并在井字周边加上圆形图形，中间配以红底白字标题，以视觉意象推动思维活动，同时实现一种隐性的信息传播作用。

6.10.1.1 引入格式塔心理学

版面设计是各种平面形式的文字或图片展示时的具体样式，是将特定的视觉信息要素，根据主题表达的需求在特定的版面上进行的一种编辑和安排，其基础是视觉生理学和视觉心理学。早在20世纪初，以德国学者威特海默、明斯特贝格、柯勒、考夫卡为代表的格式塔心理学派，就对视觉现象和视觉信息的传播，按"完形"（即整体构成）的原理作了心理学研究。

示例：《扬州时报》 格式塔心理学派的研究，在科学实验的基础上，探讨了视觉器官在感知外物时的理性功能，以及一般思维活动中视觉意象起的巨大作用。将其引入对版面设计的研究，有助于克服视觉时代"形象过剩"状态下的盲目，从而使报纸版面设计得以优化。

6.10.1.2 格式塔心理学家的发现

"格式塔"中文一般将其译为"完形"，它既不是一般人所说的外物的形状，也不是一般艺术理论中笼统指的形式，是经由知觉活动组织成的经验中的整体，是视知觉经验中的一种组织或结构。作为一种组织或结构，不同的格式塔有不同的组织水平，不同组织水平的格式塔又伴随着不同的感受。格式塔心理学家发现，有些格式塔给人的感受是极为愉悦的，这就是那些在特定条件下视觉刺激物被组织得最好、最规则（对称、统一、和谐）和具有最大限度简明性的格式塔。通过这种依照完形律进行的组织活动，译解信息变得简单、轻松和经济省力。换句话说，可以用较小力气获得较多信息。

示例：《河北青年报》"京沪高铁6月底开通" 该版对此新闻事件进行了焦点解读。京沪高铁停靠站点的制图对版面进行了有效分割——标题区就票价、时速、运行时长等读者最关注的问题作了诠释，并与乘飞机出行进行对比，一目了然；发布区对新闻关键词进行了强化。

6.10.1.3 "简约合意"的格式塔

对于有些"刺激物"来说，不太容易被知觉组织成"简约合意"的格式塔，但它使人们在知觉过程中获得刺激和进取心。

示例：《青年时报》6周年报 格式塔心理学的代表人物鲁道夫·阿恩海姆认为，在大多数人眼里，那种极为简单和规则的图形是没有多大意思的，相反，那种稍微复杂点，稍微偏离一点和稍不对称的、无组织性的（排列上有点零乱）图形，倒似乎有更大的刺激性和吸引力。

6.10.1.4 视觉设计的自由和表现力

"简化"与"张力"之间取舍的不定性，为视觉设计带来了自由和表现力。设计师将这些有关视觉传播和感知心理的最基本规律引入报纸的版面设计，对报纸的版式设计进行了优化。

示例：《京华时报》 从"五大性格特点造就11金传奇"这一主文内容找到突破口，用五环五色来体现出菲鱼性格的五大特点。这样的设计不仅让版面呈现出所编辑的内容，也使版面更为生动、有趣，增加了可读性。

6.10.2 整体优化

格式塔心理学派认为,整体在先,"无论在什么情况下,假如不能把握事物的整体或统一结构,就永远也不能创造和欣赏艺术品。"读者在阅读报纸时,首先会在视觉上对版面有一个"整体感受"。所谓整体感,就是指版面各视觉要素之间能够形成恰当而优美的联系,各要素不是孤立存在,而是相互依存、互为条件的。在总体设计中,内容主次的把握、黑白灰的安排、点线面的处理和版面布局的分寸都应统筹规划,要使局部服从整体。整体优化还要求整张报纸的风格要有统一的设计。

示例:《京华时报》 这是一个典型的现场新闻。版面中的主图抓住了事件的中心,将读者注意力自然引向事件中心人物的命运。版式简洁明了,图片之间呈现出编者的逻辑思维能力,也起到了引导读者读图的作用。摄影记者于夜晚拍摄,思路清晰、构图规整,体现了良好的职业素养。

6.10.2.1 简化版面整体构成

从获奖版面体现的设计风格来看,一个共同点就是尽可能地简化版面整体构成:或舍去甩来甩去的走文,繁缛的花线,变来变去的字体,可有可无的花网;或追求大标题、小文章、大图片、板块化;或行文上减少拐弯,化零为整,字体保持统一,线条加粗加黑。

示例:《城市商报》 版面设计本身并不是目的,设计是为了更好地传播主题信息。成功的版面构成,必须明确主题的目的,并深入去了解、观察、研究与设计有关的方方面面。简要的咨询则是设计良好的开端。版面离不开内容,更要体现内容的主题思想,用以增强读者的注目力与理解力。只有做到主题鲜明突出,一目了然,才能达到版面构成的最终目标。此版面主题鲜明突出,是设计思想的最佳体现。

6.10.2.2 简约风格的版面

就编排而言,各种元素的统一是方便阅读的需要,也是产生视觉美的需要,过多的变化只能加重视觉负担。实际上,强调单纯、简洁,并不是单调、简单,而是信息的浓缩处理,内容的精炼表达,这建立于新颖独特的艺术构思之上。因此,版面的单纯化,既包括诉求内容的规划与提炼,又涉及版面形式的构成技巧。

示例:《北京青年报》 平面艺术只能在有限的篇幅内与读者接触,这就要求版面表现必须单纯、简洁。《北京青年报》追求简约化,注重整体性,体现秩序感,已形成一种新的版面美学追求。

6.10.2.3 "简化"与"张力"的取舍

为使版面构成更好地为版面内容服务,寻求合乎情理的版面视觉语言显得非常重要,也是达到最佳诉求的体现。正是这种在"简化"与"张力"之间取舍的不确定性,为视觉设计带来了自由。

示例:《京华时报》该版面规划为标准的左右四列版式,分别以姜文和章子怡领奖时的图片左右对列,中间配以文字版块,给人以对称的感觉。背景色配以较庄重的蓝紫色,符合中国电影协会表彰大会的主题风格。

6.10.2.4 版面的张力平中求险

设计者还应充分调动版面的张力,平中求险,即在重心即将失衡的临界点上追求均衡和平衡。因为在知觉活动中,通过加强不平衡性,巧妙构建"险形",能摆脱整体过于统一带来的僵化,给人以新奇之美和生动活泼之感。

示例:《东莞时报》是《赢周刊》的一个旅游版。从视觉美学的角度看,该版面堪称整体优化的精品。这个版面诗中有画,画中有诗,错落有致,规整大方。主图片富有动感,使用时突破了"四四方方"的传统形状,巧妙地将图融入文字之中,简洁醒目,浑然一体,与"走进香格里拉"的主题相得益彰。

6.10.3 视觉中心的优化

视觉中心即具有突出特征,能够左右读者对报纸版面认识的核心元素。对"视觉中心"的优化就是要协调版面整体与部分的关系。早期报纸的版面,标题无长短,字号无大小,字体无区别,栏宽无差异,组合无主次,"属于各个部分本身的特征轻而易举地在整体中消失了",何谈视觉中心?这样做既不能吸引读者注意,又难以体现编辑意图。

示例:《东莞时报》 构思立意是设计的第一步,也是设计中所进行的思维活动。主题明确后,版面色图布局和表现形式等就成为版面设计艺术的核心,也是一个艰辛的创作过程。怎样才能达到意新、形美、变化而又统一,并具有审美情趣,这就要取决于设计者的文化涵养。所以说,版面构成是对设计者的思想境界、艺术修养、技术知识的全面检验。美周刊·风尚这一版面,通透圆韵。按照"格式塔"的观点,部分越是自我完善,其特征就越容易参与到整体中去。换句话说,"视觉中心"越明显,越强势,越有利于实现整体的传播效果。

6.10.3.1 善于安排的版面

人们会遵循这样的欣赏次序：先通观全版，产生总体印象；接着，视线便停留于版面上的某处，即版面的视觉中心处；然后，视线移动，读遍全版。之所以有这种现象，是因为从人类眼球的生理构造看，瞬间只能产生一个焦点。人的视线不可能同时停留在两处以上，欣赏作品的过程就是视觉焦点移动的过程。这一理论运用于报纸编排实践，就是要善于安排版面的视觉中心。

示例：《京华时报》 版面构成是传播信息的桥梁，所追求的完美形式必须符合主题的思想内容，这是版面构成的根基。红黑白的版面设计，易于形成对比强烈的视觉冲击"走好"这一主题版面使用了红黑白，设计上采用了对比强烈的大标题，形成视觉冲击，大面积的留白代表了全国一片静寂。

6.10.3.2 视觉中心集中于左上角

视觉中心并不一定在报纸的头条或报眼处。如果没有其他因素影响，人的视觉中心常常位于版面自上而下 3/8 处的区域，但报摊上报纸的折叠摆放往往使报纸的视觉中心被迫集中在左上角。由此，《北京青年报》提出了"三步五秒"理论，即在头版以大标题、大照片、粗线条营造"视觉中心"，让读者在距报摊 3 步之远、5 秒以内，就能够辨认出来，产生购买冲动。

示例：《京华时报》 把形式与内容合理地统一起来，强化整体布局，取得版面构成中独特的社会和艺术价值，解决设计应说什么，对谁说和怎么说的问题。该版面以刘翔俯身亲吻栏杆为主图，以栏结为标题，一语双关：虽然刘翔可能告别赛场，但这并不是对刘翔人生的拦截，我们相信他会走得更远。

6.10.4 视觉平衡优化

平衡是版面设计的重要问题，也称均衡，是一种心理的体验，体现的是"同量不同形"的组合方式所形成的稳定状态。这里的"量"主要是指心理感受的量。如阿恩海姆所说："一个读者视觉方面的反应，应该被看作是大脑皮层中的生理力追求平衡状态时所造成的一种心理上的对应性经验"。版面的均衡是指版面的上与下、左与右取得面积、色彩、重量等量上的大体平衡，这种版式结构自由生动，具有不规则性和运动感。

示例：《京华时报》"77 人遇难" 该版面将最关键的设计要素植入到版面视觉中心，以标题形式展现；内容为表述那些曾经鲜活的生命，像我你一样存在过、生活过，并排列出死者姓名，以表达对所有遇难者的哀悼。

6.10.4.1 用对称版面表现稳定

对称与平衡产生的视觉效果是不同的。对称版面形式给人以稳定、统一、端庄、大方的感觉，产生秩序、理性、高贵、静谧的美。

示例：《扬子晚报》该设计追求视觉的均衡。版面设计就是组版元素在版面上的计划和安排，表现为各构成因素间和谐的比例关系，达到视觉上的均衡。优秀的版面设计，应表现出构成因素之间和谐、平衡的关系。平衡则生动活泼，有运动感和奇险感，但有时也会因为变化过强而导致失衡。

6.10.4.2 对称与平衡的关系

对称与平衡是最简约的完形的一个主要性质，是一种美、一种艺术。在现代抽象艺术发展趋势中越来越多地依靠读者的直觉去发现其审美价值，从而读者也成为版面的实质性设计者之一。从视觉审美的直觉出发追溯对称与平衡的起源、探寻对称与平衡的美妙关系，对协助读者与作者之间的视觉心理沟通有着极其重要的指导意义。

示例：《潇湘晨报》 强调版面的协调性，就是强化版面各种编排要素在版面中的结构以及色彩上的关联性。通过版面文、图间的整体组织与协调性的编排，可使版面具有秩序美、条理美，从而获得更好的视觉效果。每周一次的 TV 电视节目预告版是《潇湘晨报》的特色。琐碎的小稿子的排列对大报来说并不容易，所以设计师对线条的使用会更加严谨。这样一来各个区域的划分更便于阅读，视觉流程更加清晰。

6.10.5 视觉平衡优化

对版面视觉元素进行组合的目的在于为读者预先设置最佳的阅读版块和路径，尽量减轻读者阅读时的生理和心理压力，从而获得更好的阅读效果。版面设计者常使用的方法是"模块式排版，相似性组合"。

示例：《浙江日报》第一要闻版"西湖国际博览会启幕" 该版面设计的这一做法从格式塔心理学的角度讲是十分有效的，这个学派曾提出根据视觉对象的不同形态进行组合的"形态相似"原则。阿恩海姆认为，对于一个视知觉对象而言，"各个部分在某些知觉性质方面的相似性的程度有助于使我们确定这些部分之间关系的紧密性程度。"

6.10.5.1 运用"模块式编排"

在版面设计中运用"模块式编排"，也就是将意义相近或相反的稿件框起来，独立成块，不与其他稿件交叉。这样，读者读完一栏自然转到下一栏，无须像不规则穿插式版面那样，在读完一栏文字后往往要搜寻下一栏，难以锁定视线。

示例：《浙江日报》报道法国大选的版面，主体与文字穿插，既产生前后的空间层次变化，又不失为一个整体。从视觉美学的角度看，模块式编排还能够产生一种简纯而规整的美感，以及独立于文字表达之外的隐含信息。

6.10.5.2 组合优化的视觉中心

不少报纸的新闻版，有时只重点处理一篇有重大新闻价值的稿件，配以大幅照片加框，而其余小稿则单独组栏，占用较小的版面。这种主次分明的版式有明确的中心指向性，适合现代人快节奏的生活方式。

示例：《苏州日报》"要闻"版"寻找古城的历史年轮"除依仗新闻自身"抢眼"外，版面设计者采取改变字体，加大字号，竖排版，配图片，组合报道，添加线条、底纹、底色，选取不规则版块外形，留白等手法，让读者被版面上的某一点所吸引。

6.10.5.3 组合令视线在版面停留

现代读者读报时，视线在版面上往往只停留瞬间。因此，把每篇稿件或者意义相近、相反的稿件都框起来，独立成块，不与其他稿件交叉，将使报纸版面通过视觉效应的强弱来体现出报纸的版面风格。

示例：《姑苏晚报》"环球点兵""枪手全副武装冲进教室扫射"。在版面构成中，通过应用视觉流程原理以左右人们的视线。能否善于运用视觉贯穿版面的主线，是检验设计者版面设计技巧是否成熟的表现。

6.10.6 视觉和谐优化

设计视觉流程的视觉和谐优化应注意理性与感性、方向关系的流程与散构关系的流程。方向关系的流程强调逻辑，注重版面清晰的脉络，让读者感觉似乎有一条贯穿版面的"主题旋律"，细节与主题犹如树干树枝一样和谐，方向关系流程较散构关系的流程更具理想色彩。

示例：《姑苏晚报》头版"4月1日起开车打电话扣2分罚50元"版面图形运用同一因素的不同形状，具有理性色彩，从而使版面具有整体感与协调感。相对而言，彩色报纸的色彩表现力更加丰富，它使人们能更具体地看到新闻的真实面貌。

6.10.6.1 重心和主色调

版面上不能缺少重心和主色调，否则极易造成读者的视觉疲劳。主色调是报纸的信息代码，体现了一张报纸的媒体形象理念。法国《道义报》采用黑白版加一点红色，朴素而独特；中国的《中国青年报》坚持黑白印刷，清晰而稳重；《北京晨报》偏好明黄色；《南京晨报》却偏好冷色调的蓝色；《中国国防报》整体套绿；《二十一世纪环球报道》《明星周刊》则使用代表"娱乐之色"的橙色新闻纸。这些代表媒体形象的色彩，给读者以明确的表现力，体现了报纸自身的定位和兴趣。

示例：《城市商报》"要闻"版"油菜花"该版面色调的统一是用色的重中之重，决定了版面是否成功，一般就是与环境统一。形象点来说，该版面油菜花是黄色的，所有物体的受光面都会受到黄色光的影响而偏黄，营造整个画面都在黄色光环境里的感觉，就可达到色调的统一。

6.10.6.2 版面的色彩搭配

时下一种较普遍的倾向是，版面色彩多且杂，重而乱。版面多重色调的出现破坏了版面的秩序，也容易引起色彩的不和谐感。这显然违背了人的正常视觉心理——没有层次、秩序混乱的版面只会令读者无所适从。

示例：《城市商报》"要闻"版"花事正盛"在色彩构图时，应该注意所有临近的颜色要相互配合，避免干扰，因为运用色彩的目的之一，就是为了通过色相对比来区分版面的层次，增加版面的活力，从而突出重点、丰富视觉表情。

6.10.6.3 以内容为中心的优化

将格式塔心理学引入报纸版式优化的研究，目的是希望报纸版面设计向理性化的方向发展。版面设计不同于一般意义上的"艺术品"，它更接近于视觉艺术中的"装饰艺术"，而装饰艺术品所具有的内容和形式必然要受被装饰物功能的制约。

示例:《城市商报》"身体梦工厂""肉肉别再迷恋我" 设计版式必须服从于简洁易读这一原则,减轻读者视觉的生理和心理压力,尽量不使读者造成视觉疲劳,从而获得更好的传播效果。该版面采用了"粗题短文多板块,钢筋结构大窗户"的版式,让读者在短时间内即能一目了然,提高了单位时间、空间里的读报效率。报纸承载和传播信息的功能从根本上决定了版面优化的方向。

6.10.6.4 将视觉流程线揉在创作之中

对于简化版面的构成要素,美国一位报人对报纸上的空白有过十分形象的比喻。他说:"读者在密密麻麻的版面上看到空白,有如一个疲倦的摩托车手穿过深长的山洞后瞥见光明。"彩报也是如此。如今,有不少彩报编辑热衷于色彩的使用,凭喜好罗列一些漂亮的颜色,涂抹在版面上,令色彩过于"凸出"或"凹陷"。翻开这样的报纸,读者有一种在百货公司浏览各种颜色面料的感觉,视觉极易疲劳。高明的编辑从不滥用色彩,只是让报纸的颜色更接近于自然。正如达·芬奇所说:"如果你希望使用相近的颜色并且搭配又要美观悦目,就请注意组成霓虹的阳光的次序"。

示例:《国际旅游岛商报》首版"山体滑坡42人遇难" 该版面设计者深入、仔细地分析了构成版面各元素的关系,随机应变,具有较高的组织版面能力,将有条不紊、有节奏、有章法、创造性的设计,揉入视觉流程线创作之中。

6.11 视觉流程的应用

平面编排设计是门信息艺术,好的版面编排将会吸引人们的视线,发挥其良好的版面效果。掌握视觉流程法则在平面编排设计中的原理及运用,将是提升编排设计能力的关键。

示例:《新昌人医报》"风雨同舟 砥砺奋进" 视觉时代,版面的视觉效应战略已成为纸质媒体竞争的一张不可缺少的王牌。根据格式塔心理学和传播学的相关理论,报纸版面通过对视觉元素的巧妙运用,呈现出独特的视觉魅力。色彩达到"好看"与"易读"、留白营造透气的视觉空间等,均有利于读者对内容的理解,给读者以视觉上的刺激并激发其阅读兴趣。

6.11.1 结构打造空间奇特感

在版式编排设计中,将视觉元素的局部放置在版面中,以此构成切入式的布局结构。动物、植物或人物等,任何物象都可以作为设计对象,通过切入式构图方式将这些要素以不完整的姿态投放到版面中,便可打造出具有新奇感的版式。

示例:《城市商报》 该版式设计中,将主图要素局部放大,编排到版面四周,以此构成切入式版式效果。

6.11.1.1 让视觉版面鲜活起来

通过该编排手法,使物象表现出离开或进入版面的姿态,同时在视觉上可以增强版面结构的互动性,从而缩短读者与版面之间的距离感。

示例:《城市商报》 通过切入式的表现手法,将视觉要素的局部呈现在版面中。利用该要素在结构上的不完整性,激发读者对该事物的想象力,同时勾起他们对版面主题内容的兴趣。

6.11.1.2 "点"提示效果

即不把主体放在图片的正中央。图片是个方形平面,在版面上下或左右 1/3 或 2/3 处放置主体,经这样处理过的版面,应该可以吸引大多数读者的视线。

示例:《春和报》 为什么很多照片设计失败,原因多是由于没有处理好主体与其他线条之间的关系,不能让线条显得错落有致,很好地去衬托主体。线条无序地与主体重合交错,"切碎"了精心营造的版面。设计时要避开或用技法处理有影响的线条,让版面变得整洁一致。点的缩小可以起到强调和引起注意的作用。

6.11.1.3 视觉与主题的关系

视觉流程是指版面的一种运动形式,是视线随着构成版面的运动轨迹,根据力运动的方向,重心与重力的平衡,利用视觉移动规律,通过意图与主题关系,合理地安排,有序地组织,诱导读者从主到次依次观看版面内容的一条视线,故称视觉流程线。

示例:《东莞时报》"东莞梦·梦之报"封面 该版面设计讲究科学性,视觉流程浅显易读,文字大都用白色,使之区别于背景色,形成视觉强档。版面遵循从上而下的视线流程,自然而富于条理性,更有音乐般的节奏感。

对于视觉流程设计,应能引导读者的视线按照设计者的意图,以合理顺序、快捷途径、有效感知方式,去获取最佳信息。设计原则有以下几点:1.视觉流程的科学性。符合人们认识过程的心理顺序和思维发展的逻辑顺序。2.视觉元素可视性。为保障视觉运动畅通、顺利,各种视觉元素是目力所极,在知觉容量限度内的,视觉客体必须是可视的,要有一定强度的诉及力。视觉语言是易读的,各种信息的意义必须易为人所理解,并具备相应的视觉环境。说明文字的处理,特别要注意其可读性。字体、字形、大小比例、横竖位置、字距间都要认真推敲。字形的长短、段落的分配、段间段首的留空、标题的强调、篇章的安排、版面的划定,都要妥善计划。3.设计构成的策略性。视觉传达设计中的科学性、可视性、策略性应贯穿于视觉流程的始终,形成不同特点的构成形式。

示例:《姑苏晚报》该版面设计成功地应用了视觉流程设计,符合视觉原理和读者普遍认同的心理及认识过程,形成了一个有机整体,使之重点突出,条理清晰,发挥最大的信息传达功能。通过各诉求要素,在版面中进行方向性诱导,并遵循由上到下、由左至右的最佳优先原则,即可形成主次分明、逻辑性极强的视觉流程。

6.11.2.1 视觉流程引起视觉兴趣

图片提供的可视性比文字更具直观性,把它作为版面的视觉中心,比较符合人们在认识过程中先感性后理性的顺序。

示例:《今日金东》节奏作为一种形式的审美要素,不仅能提高人们的视觉兴趣,而且在形式结构上也利于视线的运动。

6.11.2.2 强调可视性

在版面的构成要素中,强调视觉元素也仅限于目力所及的范围。视觉语言必须是易读易记,并且易于为人们所理解的,要将诉求内容整理得简单明了,使读者瞬间的接触,就能直接感受其魅力。相邻构成要素间距的大小,对视线流动的速度影响很大。

示例:《东莞时报》封面 设计者要把握视觉流程的节奏,提高易视性。若间隔大,节奏就慢,显得气势磅礴、舒展,但间隔过于大,缺乏相互呼应;而间隔小,视线流动快,具有紧张、节奏感,但过分小,则可视性差,不易阅读,还会引起视觉疲劳,也就失去了视觉传达的意义。

6.11.2.3 突出策略性

策略性原则是视觉流程的整体原则,也是其核心与灵魂。设计者必须根据创意策略的内涵、定位、销售、形式等整体而定,在服从于整体策略的基础上,再追求不同特色的构成形式。版面中的科学性、可视性、策略性将贯穿于视觉流程的始终。

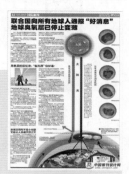

示例:《重庆时报》国际新闻 此为关于臭氧层停止变薄的专版。版面的亮点在于用信息制图表述臭氧空洞形成的原因。版面采用简单的对半式构成形式,大方易读。

设计师应增加版面亮点,处理好头条、二条、三条、长消息、短消息之间的版式关系。有时报纸头条、二条会让位给政治性内容,读者不感兴趣,此时,就要在版面的中下部突出读者爱看的稿件,增加版面亮点,使之成为视觉中心,从而改变版面上部大标题、长消息,下部小标题、短消息,报纸头重脚轻的不良版式。

示例:《苏州日报》"读苏州·要闻""昼赏梅 夜观灯 这么过元宵如何?" 当版面里基本形的形状、大小等诸要素合力,于视觉流程线及主轴线形成同一种趋势时,版面内在的方向运动力就会形成,视觉会沿流程运动的合力方向,作用于人们的视线。这也就是说,构图中要加强版面的趋势。此版面就是运用上述原理较好的范例。

6.11.3.1 专版视线导向视觉形式

独创性原则实质上是突出个性化特征的原则。鲜明的个性是版式设计的创意灵魂。要敢于思考、敢于别出心裁、敢于独树一帜。

示例:《春和报》图片专版 "奋战——烈日下的浙船人" 该版面富有创意,个性化特色十分鲜明,值得借鉴。尊重科学、尊重事实、尊重作者和编者的劳动成果。只有这样才能组织出精美、大气的版面,组织出内容丰富、可读性强的版面来。

6.11.3.2 用稀有元素突出视觉中心

在突出处理中下部稿件时,可采取局部图案套衬、加大标题字号和所占版面空间、突出题图设计、标题形状作奇特变化、加大文章所占版面空间、独特的花边形式、题图压衬等方式。

示例:《姑苏晚报》 一个好的版面,会使人感到既有可读、可视的版面内容,又有较高的思想性、艺术性,是思想内容、新闻内容与艺术美完整的结合体。

6.11.3.3 版区的艺术组合

采取"稀有因素"的对比,就像在许多垂直线中有一条斜线,或在许多斜线中有一条垂直线一样。稀有因素往往因数量对比的原因显得异常突出,在版面中成为视觉中心。

示例:《苏州日报》"周刊人文" "平湖碧玉摇" 一个有特征的版面是由各个有特征的版区、有特征的标题和有特征的照片,科学地、艺术地组合而成的。

6.11.4 视觉流程的节奏性

节奏作为一种形式的审美要素,不仅能提高人们的视觉兴趣,而且在形式结构上也利于视线的运动。

示例:《钱江晚报》"寻路太空"是制图力作,它在构成要素之间造成一定的节奏关系,使其有长有短,有急有缓,有疏有密,有曲有直,形成心理上的节奏感,以提高观众的阅读兴趣。

6.11.4.1 用形象表现节奏感

版面上的各种视觉元素在一定空间内应合理分布,使其位置、距离保持一定的节奏感,避免设计中突变、不流畅的视觉引导路线,以便让读者在不知不觉中轻松、方便地读阅完版面。

示例:《京华时报》"2012,龙" 该版面具有强烈的视觉效应,在拿到报纸三秒钟内便能抓到主题。利用向心视觉元素向版面中心聚拢的运动,把主标题、重要内容都集中在注意中心上,准确传达了地域文化特色。龙画作腾空状,这组文化特刊的版面寓意北京文化在2012年里将迎来飞速发展,前景壮阔。

6.11.5 有特点的个性艺术

视觉艺术不同于听觉艺术,它是看得见,摸得到的艺术,强调真实性。雕塑艺术、服装艺术、摄影艺术都是传统的视觉艺术。影视艺术、动漫艺术、环境艺术,这三类视觉艺术的存在时间不是很长,但是却起着很大的作用,影视艺术和动漫艺术属于综合艺术,既属于视觉艺术又属于听觉艺术。环境艺术是一个新兴学科,它在环境的规划方面起着很大的作用,对人类的生活有很大的帮助,可使城市的规划更加人性化。对比关系是产生视觉刺激的基础。对比包括明暗对比、方向对比、大小对比、曲直对比等。竖构图能使人物占据更大的片幅,也适合展现美女的脸部细节。竖构图时要把人物位置放在整张照片的黄金分割点上,这样看起来会更加自然,有较好的空间感与视觉效果。另外,斜构图和对角线构图也是常见人像构图方式。

示例:《苏州日报》要闻"只要有空,就带孩子往农村跑" 该版用横构图骨骼型版式来说明,读者会因视觉形象的特别作用,感受到表现出来的动感,继而产生特别的注意。同样,标题是一篇文章的高度概括,也是引导读者阅读全文的重要媒介。整个版面充满新意和活力,照片更加自然地表现出了较好的空间感与视觉效果。

6.11.5.1 有个性特点的标题

一条有声、有色,感染力强的标题,三言两语便扣住了读者的心弦。标题的编排形式多样,标题各行左端平头或右端平头、引题/主题/副题留白适当、黑白错落有致等均极富现代气息,可吸引读者的视线。

示例:《苏州日报》头版 "地球1小时" 有个性、有特点的标题,可强化版面的视觉感染力。在彩色报纸版面设计中可充分利用色彩的视觉冲击力,设计出有个性、有视觉特征的版面。

6.11.5.2 特殊个性的标题

这种标题要能做到引导读者先看什么、再看什么、最后看什么。版面视觉中心不能过多,在版面中需突出两条,有时也可为三条重要稿件或图片时,可采取这种非常有效的版面编排形式。但如果要突出处理的稿件过多,也就谈不上视觉中心了。

示例:《苏州日报》苏州调查 "为啥遭冷遇?" 掌握视觉中心理论能更好地活跃版面,较好地处理版面全局与局部、局部与局部的关系,甚至可以通过版面表现力的强弱,明确视觉层次,让读者在不知不觉中按编辑的要求阅读。该版面标题视觉性强、有特殊个性,能使读者在看到的瞬间就受到冲击,从而把注意力集中到标题上来,激发阅读完全文的欲望。

第7章　版式设计的图片编排

　　图片在排版设计中占有很大的比重，它的视觉冲击力比文字强85％。也有这样一说：一图胜千言。这并非说语言或文字的表现力减弱了，而是说图片在视觉传达上能辅助文字，帮助理解，同时，也可以使版面立体、真实。笔者尝试挖掘这些图片的特性，从正反两面探讨它们的优缺点。图片是版面三大构成要素之一，是一种更直接、更形象、更快速的视觉传达元素，也是大众化的视觉元素。报纸上最常见的图片主要有四种：照片、漫画、图示和图饰。

　　本章着重分析新闻照片主要编辑的内容，即选择、裁剪及其软件处理，文字说明和标题的制作，并从中总结出了一些新闻照片编辑的原则，希望这些原则能对新闻工作者起到积极的作用。

随着人们生活节奏的日益加快,很多人已经很少花大量时间去读完一份报纸,跳跃式地简单过滤图片和标题已成为普遍的阅读习惯。伴随着读者阅读习惯和接受心理的变化,要求图片本身就具有传播信息的功能,并且其作用是日益增强的。今天的报纸版式设计,更具有审美功能、展示功能和引导功能。现代化的版式设计,不是新闻加艺术,也不再只是美化版面。报纸的版式形式,在很大程度上对内容起到了积极的促进作用。

示例:《城市商报》"毕业季" 优秀的版式设计,常常会以新的刺激样式,突破常规视觉屏障,创造一个新鲜的、有独特感觉的视觉景观,在个性化的外观中呈现信息意义,继而在报刊市场上引发读者的购买行为,诱发读者去先睹为快,深化报纸信息的传播效果。因此,报纸版式设计要顺从读者的选择心理。

7.1 了解新闻图片

新闻图片用新鲜、真实、生动、感人的图像和简短的文字说明,及时报道新闻事件,是其主要特征。新闻图片现已逐步摆脱了只是作为报纸的"装饰""点缀"的从属地位,真正成了新闻不可分割的重要组成部分,是将图片的直观形象和简要文字说明结合起来,报道新闻、传播信息的一种新闻报道形式。这个阐释表明,"新闻"与"信息"是图片的"内核",图片只是承载"新闻"和"信息"的"外壳"。如果图片里没有"新闻含量",仅剩图片这种"外壳",图片也就失去了意义。

示例:《姑苏晚报》 该版面用新鲜、生动、感人的图像,报道大灾大恸大爱新闻事件,其特征是借助视觉图像及时生动地报道新闻。通过新闻现场的"情节"图片,对新闻现场的人、物等新闻主体及环境进行了交代,是新闻现场中各要素相互关系的展现。设计者要让读者了解新闻五要素,并真实感受新闻现场的氛围,了解新闻事实。

7.1.1 新闻图片的内涵

作为记录历史、反映现实的新闻图片,以其特有的功能,越来越受到报刊的重视和读者的欢迎。新闻图片用新鲜、真实、生动、感人的图像和简短的文字说明,及时报道新闻事件,其主要特征是借助视觉图像及时、生动地报道新闻。报纸上经常采用的图片种类较多,主要归纳为四种:照片、漫画、图示、图饰。

示例:《贵州都市报》 新闻图片是必须达到事实真实和影像真实要求的,能够准确传达信息的新闻图片与配文图片。新闻图片的设计版式简洁,但不缺乏内涵。比如市民健身迎新年隐含的版面语言相当丰富,图片也在视觉上形成了冲击力。

7.1.1.1 新闻图片的求真

真——准确,真实。求真,即新闻中图片必须是这一事件中真实的照片,不可以将其他图片用于这个新闻上,除非特别需要。真实性是新闻图片的生命:一要真有其人;二要坚持在事件发生的现场拍摄;三要坚持在事件发生发展过程中拍摄;四要防止制作中出错,对不清楚的版面形象应注意核实,不要人为出错;五要有真实准确的文字说明。新闻照片应该而且只能是对客观事实情境的写真,不能是记者"导演""编排"的产物。

示例:《钱江晚报》特别报道·现场"三个大男孩" 新的一年,新的一天,这是让人有许多期盼的新的开始。然而一场突如其来的大火,却让这一天变得那么的沉重,人们的心情久久不能平复。大家多么希望,这一天要是能重新来过该有多好。杭州萧山一机电厂房发生火灾。从凌晨2点多到傍晚,大火持续燃烧了10多个小时,天空一度被熏成了黑色,附近河水也都快被抽干了。最让人痛心的是,在参与灭火的救援队伍中,三名年轻的消防战士倒在了火灾现场,不幸遇难。他们中最大的也只有28岁,结婚还不到一个月,最小的还不到20岁。他们是:萧山消防大队萧山中队的尹进良、陈伟,市北中队的尹智慧。

7.1.1.2 新闻图片的求新

新——新鲜,新颖。求新,即图片包含的景象必须新鲜,色彩鲜明,清晰,包括内容新鲜、形式新颖两个方面。在报业竞争日益激烈的今天,很多读者已成为报纸的"浏览者"。如何在第一时间抓住读者的注意力已成为报纸成功的关键。

示例:《京华时报》"暂勿赴灾区" 求新,即图片必须新鲜,色彩鲜明,清晰。从事物的整体和相互的联系上看也应该是真实的,即:既要做到事实真实,又能全面揭示现实生活的真相,强调新闻的真实环境。

7.1.1.3 新闻图片的求活

活——生动,有趣。求活,即图片可以将新闻事件的现场气氛表现出活力,富有感染力!力求新闻照片的新闻性与艺术性并存,既要有较强的新闻价值,又有较高的艺术欣赏价值。新闻图片要求在内容和形式上实现真善美的统一,要运用艺术手法、把握典型瞬间,让形象"说话"。这样才会有较强的思想性和感染力,才会有更加震撼人心的效果。活:即生动有趣。

示例:《城市早8点》要闻"祈福" 求活,即令图片新闻的事件现场气氛表现出活力,富有感染力。准确反映事物的本质,就是"对在生活中客观存在着的新闻事物的形象,进行一种实事求是的、从内容到形式的直接反映"。

7.1.1.4 新闻图片的求情

情——情感,力量。求情,即能够抓住图片主体的表情特征,借以抒发主体的心理感情。新闻图片主要是以瞬间形象来揭示新闻事实、传播新闻信息的。新闻图片所浓缩的信息越多,新闻价值就越大,也必然越有新意。将新闻图片的思想深度和情感力量注入灵魂,辅以情感,形成具有某种情怀的风格,通过心灵的对话捕捉到具有相同共识的人,这些人与一般的新闻读者不同,他们将是你报忠诚的拥护者。

示例:《新京报》头版 "你好,2013" 该版面的特点是抓住图片主体的表情,借以抒发主体的心理感情。新闻的表现是在再现的基础上,遵循以下基本要求:一、版面主题要鲜明;二、形象主体要突出;三、版面意义要完整;四、版式结构要简洁;五、版式结构要均衡。

7.1.1.5 新闻图片的求意

意——有意境,有味道。求意,即根据整体新闻的要求,令新闻图片必须对新闻内容的侧重点有所表现。新闻图片就是以新闻事件、新闻人物为对象,再现新闻现场情景的图片。它可以作为独立的新闻报道出现在新闻版面上,也可配合文字报道一同编发;强调有意义、有味道,能引人思索,其实也就是要求图片能反映事实的本质。

示例:《钱江晚报》特别报道·现场 "对讲机里,他们说在找路,但再也没有出来" 杭州消防发布的官方数据显示,先后调派了超过 63 辆消防车赶赴现场救援,杭州滨江区、绍兴乃至嘉兴的消防车也赶去增援,过火面积约为 12104 平方米。杭州作为省会城市,消防力量在全省数一数二,近几年都没有出现过需要兄弟城市支援的救援,而这次向嘉兴、绍兴求援,足以说明大火之烈。

7.1.1.6 新闻图片的瞬间

新闻图片的摄影,要求新闻记者必须深入生活,在内容和形式上实现真善美的统一,运用艺术手法、把握典型瞬间,让形象"说话"。这样才会使新闻图片有较强的思想性和感染力,才会有更加震撼人心的效果。

示例:《贵州都市报》新闻图片要能"突出主体、表达主题"。关注芦山地震,挺进宝兴,此新闻图片表现出的瞬间,成像清晰、构图新颖、用光合理、色彩还原真实、气氛热烈,它记录下了一个重要的、有意义的瞬间,是一张好的新闻图片。

7.1.2 新闻图片的视觉技术

新闻图片必须要达到事实真实和影像真实要求,要选择能够准确传达信息的新闻图片与配文图片。视觉文化成为理解和认知社会的一条近路。以新闻图片来传播信息更易引发读者的瞩目,重塑了他们的记忆和经验。

示例:《厦门晚报》新中国成立 65 周年,10 月 1 日封面秀 祖国生日快乐,全国各地的人们争相与国旗合影,为祖国点赞,将爱国之情 "大声说出来",千言万语都传递着一个声音:我爱你,中国!

7.1.2.1 图片干净、简洁,视觉中心突出

新闻图片的画面应该是干净、简洁,视觉中心突出的,同时要富有美感和想象空间。

(1)全面:要尽量拍摄到各种景别、过程中各阶段的图片。

(2)细节:好的细节是照片的眼睛,所以要格外重视。

(3)试验不同的角度和高低位置。

(4)新闻主体的线条要有力度。

(5)新闻图片最好是一个有人物的故事,而且最好是动态的。这个标准,有三个基本要素:有人物、是故事及动态。好的新闻图片能够抓住一些鲜明的动作。

(6)好的新闻图片中包含着浓烈的感情色彩。

(7)好的新闻图片值得回味。

示例:《半岛都市报》 该版新闻图片简洁地传递出新闻的核心,紧图片富有美感;新闻图片值得回味。

7.1.2.2 在拍摄时要善于掌控清晰度、焦点、景深

在拍摄时要善于掌控照片的清晰度、焦点、景深、曝光量、色温等,要求摄影者要有符合理想要求的控制能力。视觉信息的选择要能够准确表达拍摄意图。

示例:《重庆晚报》 新中国成立 65 周年,10 月 1 日封面秀。祖国生日快乐本版封面像以往的纪念刊一样,主体位于相关景物环境之中,主体与背景分成前后主次结构,增加对主体的经验值。内聚力突出,加重外框封闭效果。整个版面形成标题"黑",行文"灰",纸张"白"的立体层次,加上细线的勾勒,尽显庄重、大方、明快、清新。标题醒目突出,这样就能够增强标题视觉冲击力,强烈地刺激读者的阅读欲望。

7.1.2.3 图片说明

图片说明是对图片信息的补充和延伸,是对事件的文字描述。拍摄照片时的 5W 信息必须真实无误。对图片的引申意义须客观公正。

示例:《北京晚报》 首先给人一种清新整齐的感觉,新中国成立 65 周年,10 月 1 日封面秀,增加视域,突破封闭的面积限制表现方法。以生动、活泼、富于变化的局部精彩画面,以提高的注目效果。把读者的目光引导至《生日快乐,我的祖国》。贯于通栏一线,大图片的使用盘活了整个版面。

7.1.3 注重新闻图片的视觉效果

与文字比较起来，图像具有更强的视觉直观性，人们不用特意学习就可以看懂，它打破了文字的局限性，扩大了受众的范围。没有文化的人能看懂照片，不同民族和国家的人们，可以超越语言、文字的障碍，通过照片这种全人类的通用语汇来进行有效的传播与交流。图片所具有的一目了然的特点，增强了新闻信息传播的效果。报纸版式设计的个性化创造与创新有个前提，就是要关注信息化时代受众的视觉需求特征，要顺应当代信息社会读者的选择心理。

示例：《南湖晚报》 版面中的图片有一个主题，"绿色骑行百里钱塘"，版面简捷。有的新闻照片似乎并没有包含多少信息含量，但同样倍受读者青睐，原因何在呢？这是因为新闻照片的信息含量包括两个方面，事实信息含量和情感信息含量。许多新闻照片尽管事实信息含量不大，但情感信息含量大，所以同样受人欢迎。图片不是文字的附庸，它不仅仅是版式的装饰，也是与文字并列成为报纸不可替代的一种报道方式。

7.1.3.1 追求视觉效果的优化

图形方式与文字方式有很大区别，其中最主要的就是它具有视觉性。照片的好坏，其视觉效果好坏占了主要部分。媒体竞争力的提升强调内容与形式的高度和谐，这种和谐，表现在报纸上就是新闻文本与版面设计的完美结合，就是报纸视觉的最优化，其结果就是新闻视觉化所呈现出的读者阅读的必然性。

示例：《京华时报》公益周刊 "芦山地震或促成中国公益变局"， 通过图片剪裁，力求让读者一眼就将注意力集中到图片中心部位。与图画相比，新闻图片具体、细致而且真实可信，对于以真实性为第一生命的新闻报道来讲，新闻图片毫无疑问地是最有效的一种报道新闻的手段。新闻图片也充分发挥了摄影术与生俱来的真实性特点，在新闻报道领域里起到了独特的重要作用。

7.1.3.2 图片揭示主题深度

当读者拿到一份风格迥异、版式新颖的报纸，惊讶之后是惊喜；当市场接受了一份标新立异的报纸，回报显而易见——报纸发行量和广告收入明显提高。从版面元素的加法到减法，从关注"物"的美观到关注"人"的感受，版面的革新不断地追求视觉的优化。在充分玩味技术带来的新鲜感后，版面视觉优化呈现出简约的趋势。图片可揭示深度，但揭示的方式与文字不同。文字多以细节描述旁征博引，可大量使用静态资料。图片则要以事件的共时性背景——也就是新闻事实的时代信息、氛围，以这个背景为依托，凝炼地展示形象上的深刻。

示例：《姑苏晚报》"美国小学枪击案" 该版采用了一组有深度的相片来说明事件，这些相片除了体现出扎实的构图、曝光等技巧外，还刺激了读者的感官，让读者仿如亲临其境，切实感受到摄影者拍摄时的环境和想法。这样的相片有故事和生命力。

7.1.3.3 科学地简约化

现代设计给报业发展注入了新的活力，版式设计已经突破了作为报纸美术编辑的传统概念：在平面纸质媒体上展开的艺术造型行为构成了现代报纸的信息传播要素；报纸版式设计能力构成了报业发展的生产力。在风格化、人性化和时尚化原则之下，注重和谐性、科学性。其中简约风格版备受推崇，特点是摒弃过度的视觉刺激和繁缛的版面装饰，关注受众视觉生理、视觉心理的体验和新闻的有效传播，在体现人性关怀的同时，以疏朗俊秀吸引受众。

示例：《钱江晚报》图片的美感不同于人工创作的美术作品，它是事实基础上略带有人为因素的美。当然，人为作用越隐蔽，效果越好。某些通讯员的照片人为地摆拍，就很难有美感。一句话，新闻图片的美感是自然的美感，事实逻辑的美感。由于截留住了对象自然的瞬间，所以很多时候版面不稳定，这也造就了流动性和节奏感。

7.1.4 图形与文字方式

通过人性化的功能、个性化的风格和稳定感的视觉形象，构成报纸独特的"卖相"，以强烈的视觉冲击力使读者认同。版式设计具有相对独立的审美功能，漂亮的版式会令读者眼前一亮，起到非同寻常的作用。成功的设计能够加强或者优化文字所要传达的信息，并且提供良好的视觉环境，使信息能有效地传达给读者。

示例：《钱江晚报》国庆首日 版式设计的视觉效果，通俗地讲就是越抢眼越好，视觉冲击力越强越好。视觉冲击力是通过对象形象（造型、明暗、角度）、节奏及新闻事实背景来综合展示的。

7.1.4.1 注重秩序和动感

现代的读者是多元化的。版式设计的目标是通过特定的、富有鲜明个性的版面造型来刺激读者，激活、激发读者的阅读欲望。从版面元素的加法到减法，从关注"物"的美观到关注"人"的感受，版面的革新不断在追求视觉优化。在充分玩味技术带来的新鲜感后，版面视觉优化呈现出简约的趋势。设计者寻求创造动态和秩序的艺术。艺术的独特和与众不同存在于极富创新精神的目标之中，生命始终处于运动之中，没有运动的生命不是真实的生命。视觉冲击力是指不需受众想象，直接呈现在受众眼前，并能在受众脑子里留下印象的直观形象的作用力。

示例：《苏州日报》拍客"春节运动会" 图文结合这种新传播方式的诞生，具有划时代的历史意义。它不仅在传播史上提供了一种新颖有趣的信息传播方式，更重要的是它丰富了视觉传播的内容，扩大了新闻信息传播的范围，增强了新闻信息传播的效果。此版面注重美术的秩序和动感，讲究版面语言的综合运用，文化气息浓郁。

7.1.4.2 图片细节产生纵深感

图文结合的新的报道形式增强了新闻的可信性。图片所具有的纪实特性，增强了人们对新闻报道的信任程度，比单独的文字报道更加真实可信，设计时要处理好细节，特别是要处理好局部与整体的关系。版面细节是版面设计出彩的地方，是最看功力的地方。图片在版面上既然不是文字的附庸，就要处理好图片的局域。照片叠合的手法要慎重使用。它虽然可以产生纵深感，但用不好就会分不清组照的主次，容易给人一种拥挤、无可奈何的感觉，显得草率、土气、粗枝大叶，而且破坏了版面。

> 示例:《京华时报》 这是一个典型的多图操作版面。版面左侧的一组小图涵盖了演习的过程;主图有很好的视觉表现力,将版面的视觉中心停留在动感版面中。版面图多而不乱,有条理。一个好的图片说明标题,使之独立成篇。

7.1.4.3 图文结合是一种平等的结合

图文结合是一种平等的结合,图片和文字具有同等重要的地位和作用,不能轻视和贬低任何一方。重文轻图和重图轻文的倾向都是错误的和片面的,因为对二者之中任何一方的轻视均会造成这种结合的不平衡,必然造成新闻信息总量的减值。图片的节奏更为感性动人,能产生一图胜千言的视觉效果。图片语言的生动性与贴近性拉近了与读者的距离,容易迅速对读者的情感世界产生影响。

> 示例:《苏州日报》头版 把内容相同或有着内在联系的图片进行重复,可以使复杂的问题和过程得以清晰阐释,使版面产生韵律和节奏感。适当的变化可以更好地突出主题或主体。

7.1.4.4 将图片和文字完美地融合

对于报纸,传统意义上的图片多指新闻图片,然而报纸形式的多样性要求图片形式不能是一成不变的。插图或是图片与图表、图示的结合,图文的结合,不是指简单地把图文并列在一起,而是应做到图片和文字两要素有机地完美结合。这种有机结合的结果,其信息总量超过了图片所传递的信息量和文字所传递信息量的简单相加,得到的是信息量的剧增。

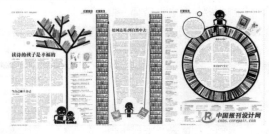

> 示例:《新京报》 书评周刊版面,其主要内容是向读者介绍书架,及其适用人群。这里以插画的形式向大家介绍新奇的书架,将版式和插图进行完美地融合,使其美观简洁,构图有趣。经由电脑按照某个版面的需要制作出的图像,逐渐在报纸上占有一席之地,成为开拓版面设计的新亮点。

新闻图片所报道的对象,首先是有新闻价值的事物,是新闻形象。也就是说,新闻价值是新闻图片的第一价值取向,新闻报道应当最大限度地追求新闻图片报道的信息含量。图形以其独特的想象力、创造力及超现实的自由构造,在排版设计中展示着独特的视觉魅力。选择题材艺术源于生活、高于生活,同样,作为"报纸的眼睛"的新闻图片也来源于生活,是通过摄影记者对生活的感悟、发现、提炼而创作出来的。

> 示例:《苏州日报》 新闻图片所表现的重点应是新闻信息量;新闻图片的文字说明则用于交代图片本身无法交代的新闻要素,增加图片传递的信息量,增强图片传递信息的效果。报纸的版式设计作为平面纸质媒体的有机构成,要借助信息传播的规律,体现纸质媒体的信息传播特征。图形设计师已不再满足或停留在手绘的技巧上,电脑新科技为图形设计师们提供了广阔的表演舞台,促使图形的视觉语言变得更加丰富多彩。图形主要具有以下特征:简洁性、夸张性、具象性、抽象性、符号性和文字性。

7.2.1 新闻图片

新闻图片的特点主要体现在视觉冲击力和现场感两方面。视觉冲击力大,即图片对读者视觉的刺激和心理震撼能力强。新闻图片能否抓住读者的眼球,引起注意,激起阅读愿望,关键是看其视觉冲击力是否足够大。同时,新闻图片要有现场感,充满真情实感。版式编排设计的最终目的在于使内容清晰、有条理、主次分明,具有一定的逻辑性,以促使视觉信息得到快速、准确、清晰地表达和传播。

> 示例:《扬子晚报》今日一版 "云南彝良地震已致 67 人遇难" 图片的形象和直观往往能够产生强烈的视觉冲击效果,产生巨大的吸引力与震撼力,这是文字报道所难以达到的。

7.2.1.1 图片抓住事物的本质

图片应当有高度的概括性和典型性,能够揭示人物的个性特征或能抓住事物的本质特征。通过一幅图来把握人物的性格特点和内心世界不是一件容易的事,摄影记者需对人物进行认真地研究,了解其背景、经历、个性,其典型事迹及其生活、工作方式,其工作和生活的环境,把握住其特点异乎寻常或异于他人之处。在此基础上,还要具体观察其工作、学习、生活的具体情形,才能从中选择出最能表现其言行态度,最能揭示其个性和内心世界的好图片。

> 示例:《城市商报》头版 "你看你看,玉兔的脸" 视觉,要学会预知事物的发展,才能抓住事物的本质。对事物本质和规律的正确认识,能更好地指导实践。认识的目的在于指导实践。正确的感性认识是有用的,但正确的理性认识能够预见事物发展的方向,指导人们提出实践活动的正确方案,因而具有更大的作用。真理、科学理论对人们的实践活动有着巨大的推动作用。

7.2.1.2 新闻图片的简洁性

图片新闻作为新闻体裁要求制作必须快和简洁,因此,对于事件的报道,摄影记者常采用中景和特写镜头来表现事件的细节,从而达到准确、细致和及时的报道效果。

示例:《北京娱乐信报》头版 "4万研究生'挤爆'招聘会" 该版面设计以简洁、沉稳的设计理念,贯穿人文气质,营造出了很热闹的版面氛围。大的新闻图片简洁,没有使用复杂的背景墙,均为减法思维的表达。这种风格,具有只言图片未言,揭示图中"视觉中心"和"重点"的作用,既有引导读者理解图片的功能,又有交代必要的新闻要素的功能。

7.2.1.3 立体空间转化为静态图片

善于采摄新颖瞬间,即在新闻事件发生的现场,在不同的拍摄位置和角度,采摄到让人耳目一新、与众不同的新闻事件瞬间形象。这种瞬间以画面的新颖、独特见长。

示例:《姑苏晚报》情满暖冬,新春送福 反映一新闻事件的图片,表现在内容上,有正面的,有侧面的;有整体的,有局部的;有现场内的,有现场外的,等等。在有限版面的前提下,能直观反映新闻事件本身的现场图片应该作为首选,也就是我们常说的"新闻第一现场"。

7.2.2 非新闻图片

图片反应直观,文字表达深度;图片唤起情感,文字催生理性;图片生动可读,文字严肃却传达思想。照片在报纸所采用的图片中所占比例通常最大。报纸上采用的照片可分为新闻照片与非新闻照片两大类。

示例:《姑苏晚报》第一时尚 非新闻照片不具有新闻图片的新闻性、时效性,如对自然景观的拍摄、为一些明星拍摄的艺术照等。这些图片一般不作为独立的报道体裁刊登在报纸上,但可以用作题饰,即压在标题下面,或者配合某些文字报道刊用。

7.2.2.1 除摄影所得以外的一切图和形

非新闻图片指摄影所得以外的一切图和形。图形在平面构成要素中形成广告性格,并是提高视觉注意力的重要素材。图形往往占据重要版面,引起人们的注意,并激发阅读兴趣。图形给人的视觉印象要优于文字,设计时应合理地运用图形符号。

示例:《万控报》 创意的图形是通过对创意的中心的深刻思考和系统分析,充分发挥想象思维和创造力,将想象、意念加以形象化、视觉化而成的。该版面以图形为主,自由构造而成,标题点明万控集团专注于心,专业于形这一主题,通俗易懂、简洁明快,形成强烈的视觉冲击力,便于读者对万控集团前景美好主题加以认识、理解与记忆。版面中展现出非新闻照片独特的视觉魅力。

7.2.2.2 图形的文字性

自文字出现后,人类进入了一个文明的社会。文字是各种文明得以传递的媒介,是各种文化得以融合的中介。它不仅仅是信息传递的大使,自古以来它还创造出了各种趣味的文字图形,这些文字图形在传递信息的同时,还给人耳目一新的感觉,使人印象深刻,记忆犹新。文字的图形化特征,历来是设计师们乐此不疲的创作素材。中国历来讲究书画同源,其文字本身就具有图形之美而达到艺术境界。以图造字早在上古时期的甲骨文时代就开始了,至今汉字的文字结构依然符合图形审美的构成原则。

示例:《城市早8点》楼市 "开发商卖房'送面积'" 世界上的文字不外乎象形和符号等形式,该版面中的文字组合得新颖有趣将两者联系起来。将文字作一些图形化的创意设计,让标题文字设计含有图形文字和文字图形双层意义,就能够起到使设计改观的作用。

7.2.3 新闻漫画

在读图时代,新闻漫画以其特殊的解读新闻的功能,以及独特的艺术风格,深受读者喜爱,成为报纸不可或缺的新闻体裁。新闻漫画是以漫画的形式对新近发生的事实的报道和评论。新闻漫画可以分为两种形式:图解性新闻漫画和评论性新闻漫画。前者侧重于对新闻事实进行说明、解释和报道,后者侧重于对新闻事实进行评论。新闻漫画在报纸上可以直接服务于文章,也可以配合版面需要发表相对独立的漫画。漫画在现代报纸中应用广泛,有根据新闻事实进行艺术加工,时效性较强的新闻漫画,也有反映社会生活现象的社会性漫画。

示例:《重庆晚报》 运用漫画简明、幽默、易感知的形象特点,达到美化版面、帮助和引导读者理解新闻的目的。用坐在象征"收入"的皮包上的美女和象征学历的学士帽上的"眼镜哥"代表两类群体,以漫画形式"吐槽"七夕时节的单身男女。漫画的特点是以高度夸张、风趣幽默的表现手法揭示社会生活中的问题和现象,来激发读者的兴趣,引导读者的联想和思考。

7.2.3.1 图解性新闻漫画

从传播功能上看,图解性新闻漫画其实也是一种新闻图示,属于新闻图示中的新闻示意图或图表新闻,侧重于对新闻事实或其内容进行解释、说明。新闻漫画作为一种特殊的报道方式,在版面视觉上具有很多优势:它以"图说"代替"言说",不受时空、地域,不受语言、文化水平高低的限制,而且直观形象、通俗感性、鲜明生动,打破了视觉上的沉闷,让人有眼前一亮的感觉。它不受文字写作的束缚,能够更简洁明快地再现事实的本质,让读者产生联想,过目难忘。

7.2.3.2 评论性新闻漫画

评论性新闻漫画与新闻图示的区别较大，其图像常常作为一种修辞性符号来构造作者的论点。它常虚构出现实中并不存在的形象和情节，来表达作者对事物的某种观点和看法，其传播功能侧重于"论证和评论"。而新闻图示的图像则是对新闻事实进行形象化的报道，对新闻事实中抽象的数字、难以描述的内容进行形象化的解释说明，其功能侧重于"报道、解释和说明"。新闻漫画创作要根据新闻事实进行创作，既要反应新闻事件，又要有评论性和艺术性。由于新闻漫画的时效性，给新闻漫画创作的时间很短。报纸越来越重视时评版和新闻版的漫画配图。这些配图的来源主要是职业漫画家和自家报纸的创作队伍。文字编辑为活跃版面，也会主动找漫画家配图。漫画创作市场出现了相当活跃的景象。

7.2.3.3 把漫画当作新闻配图

新闻漫画是构成新闻发展历程的重要组成部分，也是读图时代不可或缺的信息传播角色。媒介是催动文学前行的技术引擎。新媒介对汉语文学的影响也许是新世纪以来中国文学界最具影响力的事件之一。以互联网为标志的数字媒介大规模挺进文坛，带来了文学创作、传播、欣赏和批评方式的改变，在与传统的纸媒书写印刷文学争夺读者市场的同时，也在一定程度上丰富并支撑着该市场。漫画插图的构思创意是以文字报道所提供的新闻要素和情节为依据的，不能偏离新闻主题，要力求使漫画插图和文字报道在内容和风格上形成统一。

7.2.3.4 "时评"漫画点缀

因为其独有的评议性，这类漫画不拘泥新闻报道中的"五个W"，就新近发生的新闻事实进行评议性褒或贬。其实好的新闻漫画就是一篇好评论。目前国内许多报纸设有"时评"类版面，编辑们在铺天盖地的文字中常会选用漫画作为点缀。

7.2.3.5 漫画的装饰和解读功能

新闻漫画在报纸上直接服务于文章，是配合版面需要发表的相对独立的漫画，是作为一个固定的专栏如何更好地让新闻漫画发挥其主动性，从而大胆地设想让新闻漫画成为版面设计的一个重要组成部分。让版式与漫画充分渗透、完美结合，是一份现代报纸必须面对和解决的课题。

7.2.3.6 新闻漫画与版面结合的独特性

新闻漫画与报纸版面设计审美价值相统一，取决于作者的艺术修养和思维方式。新闻漫画在报纸版面中的设计可以充分表达作者对美的感受的丰富性和感染力，打开新闻漫画的创作空间。"漫画是美术中的一种视觉艺术，把它放在报纸版面上，不但能以其特殊性解读新闻，而且能以其独特的艺术风格美化版面"。

7.2.4 图示新闻

读图时代,"图"在平面媒体新闻传播中发挥着越来越重要的作用。"新闻照片""新闻速写""新闻漫画""新闻图示"已成为平面媒体新闻传播中四种主要的视觉新闻形式。一种新的新闻报道形式——图示新闻,频频在国内报刊上出现,引起了人们的兴趣和关注。有人把它列入"两翼齐飞"中的一翼,也有人干脆称之为"文字和摄影之外的第三种新闻报道形式"。图示新闻将文字说明与图示巧妙地结合起来,创造了一种崭新的新闻报道形式——图示新闻。

示例:《重庆晚报》 该版本题为高中生消费调查,采用了图示新闻的方式传达信息。图示包括统计图表、示意图和新闻地图三类。统计图表就是将统计数字制成表格图,便于读者集中阅读。示意图不仅将统计数字集中绘制成图,而且用形象化的手法表现这些数据所说明的意义,如曲线图、柱状图等。

7.2.4.1 新闻图示的特点

新闻图示、新闻漫画和新闻速写的图像是通过绘画的方式(手工或计算机)制成的,这种视觉形象与其所指代的事物之间不存在某种现实的因果关系,因此只具有形象性,不具有标记性。它与其他视觉新闻形式的区别目前还没有明确的界定。有学者认为"图示是报纸上一种形象化的资料展示,它包括统计图表、示意图和新闻地图"。

示例:《华商晨报》世博会 采用了水墨作为引体,版面清爽,内容不错。图示最早是配合文字稿件使用的,将文字稿件中比较抽象的数字和内容或者难以描述的事物以形象化的方式介绍给读者。近几年,新闻图表开始作为一种独立的报道体裁越来越多地出现在报纸上。

7.2.4.2 新闻性的图示

新闻图示不仅要做到与新闻事实或新闻要素的外在形式相似或相同,还要做到与新闻事实以及新闻要素的内涵及抽象的无形的部分相似或相同。新闻图示必须是具有新闻性质的图示,或者是充当新闻背景的图示。

示例:《姑苏晚报》图释新闻 "网络世界不可触碰的'雷区'" 在读图时代,图片传播的优势已得到充分显现,读图、赏图已经成为当今传播领域的"经典"。图片除本身具有一定的美感之外,更以情节性与故事性取胜。每幅社会新闻图片的编发代表了媒体的宣传导向,说明媒体的价值取向。因此,必须时刻注意媒体的导向作用,增强社会责任感和职业自律意识。在新闻图片的选择与使用上,要处理好新闻图片趣味性与新闻内容的正确性之间的关系。在编发社会新闻图片稿件时,要时刻绷紧"导向性"这根弦。

7.3 新闻图示的分类

新闻图示与新闻照片、新闻速写、新闻漫画都属于图像符号,它们与所表现的事物之间存在着某种相似或相同,能够较为直观生动地传达新闻信息,因此,都具有形象性。但是,这四种视觉新闻形式之间也存在着较大的差异。新闻图示按照是否具有独立报道新闻的功能,可以分为插图新闻图表和图表新闻两大类。

示例:《齐鲁晚报》"楼市僵局" 插图新闻图表不具有独立报道新闻的功能,必须与文字新闻配合使用,是对新闻某一个或某几个要素、新闻的部分内容形象化的展示。图表新闻则能够独立地报道新闻,不必与文字稿件配合起来使用。

7.3.1 插图新闻图表

插图新闻图表又可以分为新闻统计图表、新闻示意图和新闻地图三类。插图新闻简约,不能称为本时代报纸版面的绝对美,但含有绝对美的成分,因为它的产生符合时代诉求。

示例:《重庆晚报》该版面中的岗位工资差距统计图表属于插图新闻图表。新闻统计图表是将新闻所涉及的统计数字以表格的形式进行条理化的罗列,使读者能够方便地阅读和比较。

7.3.2 新闻统计图表

新闻统计图表的优势在于直观、清晰。不过需要注意的是,在基本事实不变的前提下,通过对图表进行部分截取以及变形处理,同样能够使其产生一定的夸张效果甚至欺骗性。

示例:《苏州日报》 这张图表清晰地显示了一年来的变化,而且是逐月反映出来的。然而画图者很快就会发现,由于图形纵轴以原点即"0"开始,并且整张图形是按比例绘制的。该图表全面、准确、及时地宣传了党的路线、方针、政策,在受众思想行为、生活情趣、消费娱乐等方面予以正确引导。

7.3.2.1 新闻速写

新闻照片来源于对正在发生的新闻事实决定性瞬间的摄取。新闻速写是用绘画的方法,将新闻事实发展过程中最有新闻性、最能说明新闻事件本质特征的瞬间形象描绘下来。二者着眼的都是新闻事实无数个瞬间形象中的某一个或某几个看得见的形象。但是,正如人们常说的那样,"画虎画皮难画骨",新闻照片、新闻速写只能记录新闻事实看得见的、有形的外在形象,而对无形的、抽象的或已经消失了的内容无能为力。

示例:《都市时报》 云南作为一个拥有众多植物动物资源的省份,其四季种类繁多的植物和鲜花一向是云南引以为傲的资源。《都市时报》作为在云南很有影响力的一家报纸,通过报社领导和采编人员的精心策划,专门开辟了每周一期的《云花正传》专题,把大家平时见过和没见过的花卉植物做了一个详细的报道。从第1期的梅花至今已报道了40余期。

从做梅花到现在一直积累经验,不断更新设计内容和思路,每一期根据不同的花卉的特点设计不同风格的版面,通过专业的植物花卉专家的专业讲解更深入了解剖析每一期花卉的科普知识,从采访到设计都是严谨按照专家给出的意见进行再加工创作,每一期从视觉的角度将每一种花卉生动全面地展现给广大读者。

(设计:赵行伟 绘图:杨成雄益、姜维钢)

7.3.2.2 制图形式的巧妙运用

新闻制图虽然不是真正意义上的新闻图片,但它们身上又明显具有新闻图片的内在特质,仍然是在用图片的形象、直观等特性实现其传递信息的功能,并使图片版面千姿百态。

示例:《新京报》 3月11日日本大地震引发海啸以及核泄漏。本版采用制图的形式,将这10天里的大事件全程记录下来。版面信息丰富,构图巧妙,布局合理,给读者一目了然的阅读体验。

7.3.3 新闻示意图

新闻示意图可以分为两种类型,一类是示由新闻统计图表变形发展而来的。这类新闻示意图将统计数字集中绘制成图,形象化地展示这些数据所说明的意义,使数字的类比或对比更加鲜明生动,也使所说明的问题更易被读者理解。它主要有曲线图、柱状图、饼状图三种式。另一类新闻示意图是对新闻涉及的专业性较强,头绪较多、比较抽象复杂或不可重现的内容进行形象化的表现。它常对新闻中的where(哪里)、what(什么)和how(如何)等要素进行形象化展示。

示例:《城市早8点》"拜托,说话可要负责任哦" 新闻示意图通俗一点讲,就是配合新闻发的图片,以更直观的方式解释这条新闻。"浅显"与"通俗"是新闻示意图的特点。许多新闻事实用文字难以表达清楚,而示意图却能做到,它可以让读者在短时间内和在有限的版面里获得更多的信息。

7.3.4 新闻地图

新闻地图是根据报道的需要,对照标准地图,选择其中某一局部加以放大,并以更加简单的线条和符号制作出来的,主要用来表现新闻事件发生的地理方位及区域大小。图表新闻具有完整的新闻要素,独立的新闻标题,以图、表为主要视觉元素对新闻事实进行形象化的报道。有时,它也辅以文字、新闻照片、数据等元素对新闻事实进行报道。

示例:中国南水北调中线丹江口大坝加高工程26号开始接受蓄水验收。看着南水北调工程一步步完成,最兴奋的应该是北京市民,因为北京人很快就能喝上长江水了。该版附上新闻地图一目了然,用简洁的线条,对新闻事实元素进行报道。新闻地图传达了比其他视觉新闻更多的有效信息。新闻地图具有高度的概括性,简化浓缩一个复杂物体的基本特征,提供比新闻照片更多的有效信息。

7.3.5 新闻图示的传播优势

形象直观是新闻图示的传播优势,新闻图示能够有效地传达事物的主要信息、重要信息,过滤掉次要信息和冗余信息。新闻照片由于具有标记性,其对被摄对象的反映虽然较为逼真,但是对信息的选择性较小,往往会导致次要信息干扰主要信息的问题。

示例:《齐鲁晚报》重点 "济青、济京动车公交化" 该新闻图示运用绘画的方法,做到删繁就简,传达新闻事实要点的作用。它舍弃了新闻事件诸多不必要的细节,将事件现场和过程简明扼要地勾勒出来。

7.3.6 新闻图示的叙事功能

新闻图示具有较强的叙事功能。这主要表现在四个方面。一是能够将已经发生的和难以摄其形象的新闻事实形象化地再现出来。二是能够通过图和表将抽象的数字和内容转化成具体可感的形象。三是能够表现新闻事实的动态过程,与静态的新闻照片只能表现新闻事实某一个或某几个瞬间形象形成鲜明对比。新闻照片只能表现瞬间的影像,尽管可以通过几幅图片表现新闻事实的过程,但给人的感受仍是支离破碎的片断。四是由于新闻图示不仅具有形象性而且具有象征性,因此能够综合运用各种图像元素以及数字、标记、语言等元素,传达一条完整的新闻事实。这一点,图表新闻表现得非常突出。

示例:此图为冀中地区地道战示意图。新闻图示不仅具有形象性而且具有象征性。新闻图示首先是一种视觉新闻,其目的是为了传达文字新闻传达不了或传达不好的新闻信息,传播新闻信息是其主要的功能,能够突出新闻的主信息和重要信息是其传播优势。因此,在制作一幅新闻图示之前,必须先掂量一下有没有必要制作,再就是要正确处理传达新闻信息和美化版面等功能之间的关系,制作时能够综合运用各种图像元素以及数字、标记、语言等元素,来传达一条完整的事实。

7.3.7 符号的指示性

符号的指示性,顾名思义,这是一种命令、传达、指示性的符号。图说新闻,即用新闻图片取代文字成为新闻的主要表现形式,只用少量的文字对图片信息进行解释或补充。图片在传统报纸上作为文字附属的功能在这里发生了颠覆性的变化。

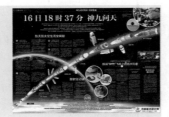

示例:《苏州日报》神九成功发射·特别报道 在版面构成中,采用了指示性的符号以图说新闻形式,引领、诱导读者的视线,沿着设计师设计的视线流程进行阅读。

示例:《山东商报》醒目的红色禁烟令标志占据版面的中央,一根香烟将禁烟标志烧出一个缺口,烟雾缭绕。禁烟难道只是一种形式?版面正下方用红色问号作为背景,与文字配合继续追问禁烟之难,引人思考。

7.3.7.1 符号的象征性

运用感性、含蓄、隐喻的符号,暗示和启发人们产生联想,揭示情感内容和思想观念。

示例:《山东商报》"霸王条款忽悠谁" 简约的白色版面,中央是一个醒目的红叉号,是鲜明态度的表现。叉号之上一句"最终解释权,归商家所有"点明了商家借最终解释权之名为霸王条款之实的主题。版式清晰明确,主题突出。

7.3.7.2 符号的形象性

形象的符号性为其提供了形之外的"意识",触动着文化的"潜意识",带给水岭读者一个视觉外的灵魂触动。象征主义和超现实主义都是利用了形象的符号性,获得形象表述之外的潜意识形态暗示。

示例:以具体、清晰的符号去表现版面内容,图形符号与内容的传达往往是一致的,也就是说它与事物的本质联为一体。此版面非常简洁,但隐含的版面语言却相当丰富。

7.3.7.3 图说新闻

记得有一份调查显示,当读者阅读时,有百分之八十的人会被报纸的大图片所吸引,而阅读大标题的人还不到数量的一半,阅读图片说明的只有百分之三十五,文章的阅读者仅剩百分之二十五。通常阅读的顺序也是按照大图片、头条标题、图片说明、文章的顺序来进行的。因此,我们可以看到精彩、具有创新的图片是版式指示性的符号。图说新闻能否抓住读者眼球是决定整个版式成功与否的重要因素之一。

示例:《河北青年报》 京沪高铁6月底开通,《河北青年报》大焦点版对此新闻事件进行解读。京沪高铁停靠站点的制图对版面进行了有效分割——标题区就票价、时速、运行时长等读者最关注的问题作诠释,并与乘飞机出行进行对比,一目了然;发布区对新闻关键词着重强化。

7.3.7.4 图形的符号性

在排版设计中,图形的符号性最具代表性,它是人们把信息与某种事物相关联,然后再通过视觉感知其代表一定的事物。当这种对象被公众认同时,便成为代表这个事物的图形符号。如国徽是一种符号,它是一个国家的象征。图形符号在排版设计中最具有简洁、醒目、变化多端的视觉体验。

7.3.8 新闻图示内涵

新闻图示是通过绘画的方式形成的,这种视觉形象与其所指代的事物之间不存在某种现实的因果关系,因此只具有形象性,不具有标记性。其次,尽管视觉新闻的图像都属于图像符号,但是它们所表现的内容是有差别的。新闻照片与新闻速写的图像,仅仅与新闻事实或新闻要素的外在形式相似或相同。而新闻图示和新闻漫画的图像,不仅做到与新闻事实或新闻要素的外在形式相似或相同,还可以做到与新闻事实以及新闻要素的内涵及抽象的无形的部分相似或相同。

示例:《城市早8点》要闻 "春运" 该版以春运电视剧详情简介的表现形式展示版面:2014年春运于昨日拉开帷幕,共40天。春运首日,火车站总体客流平稳。形式独特,视觉冲击力强,新闻图示内涵丰富,是不错的创意版面。

7.3.8.1 新闻图示的视觉形式

新闻图示是报纸等平面媒体常用的一种视觉新闻形式,是以图、表为主要形式对新闻事实进行报道,以及对新闻事实中比较抽象的数字、内容,或者难以用文字描述、难以用新闻照片表现的事物进行形象化展示的一种传播形式。它具有形象性和象征性,但不具有标记性,通过艺术媒介的组构而表现出来的视觉艺术图式。它通过点、线、面、色、质感、肌理、结构等因素组构表现出图式的视觉形式效果。这是一种整体视觉形式效果,这种整体效应也就是一种视觉张力或形式张力,或者说形式表现力。

示例:《北京晨报》"楼市到中年" 新闻图示首先蕴含着对人类感知能力的激活作用:赏心悦目、醒目、震惊、迷惑,或冷漠郁然,等等。其次它又蕴含着对形式诸因素的整合技能和规则。这是艺术品给予人的最基本的感受意味层。

7.3.8.2 图示标注的空间布局

能表达意思的并不只有文字和话语,也可以是图文组合标注,辅以合理的空间布局来表达。当读者拿到一份报纸的时候,首先看的是醒目的标题和亮丽的图片,意思表达一目了然。虽然没有用大量的文字来描述,但却达到比文字更直接的表达效果。

报刊的版面设计是一种文化,也是一门艺术,它是由字体、图片、颜色、线条、图示标注等要素构成的,通过对这些要素的编排,巧妙地与内容相结合,来增强版面的吸引力,使读者能直觉地感受到要传递的信息。比如，文章外加上线框，就会起到突出文章的作用；铺上底纹，就会强化视觉效果；进行色彩的冷暖搭配，就会传递不同的感情。

示例：《新京报》版面中央是一艘航母的鸟瞰图，航母上的空间布局用清晰的图示标注，一目了然；飞机跑道路线用红色弧形箭头，动感十足，与文字说明相得益彰；版面下方排列着各国大型舰艇的俯视图，给人以整体感。

7.3.8.3 图示与版面结合

在视觉化的冲击下，为了回应读者对于图片的偏好，绝大多数报纸都树立起了图片观念：一方面大幅制作精良的图片频频占据各大报纸头版的中心位置，让图片成为吸引读者的首张王牌；另一方面，许多报纸逐渐提高了图片的使用率，大量具有视觉冲击力的图片成为报纸留住读者的法宝。

示例：《河北青年报》 事隔 25 年，乌克兰准备给发生爆炸的切尔诺贝利核电站加盖"钢外套"。《河北青年报》用图示语言将加盖"钢外套"的方案进行了清晰地解剖。本版图示制作精良，条理清晰，图示与版面结合自然，给读者一目了然的感觉。

7.4 新闻图片的特性

简洁明快、视觉冲击力强的新闻图片更加受到读者关注和青睐。精品新闻图片至少体现五个性：一是新闻性、二是形象性、三是真实性、四是具象性、五是瞬间性。

示例：《重庆晚报》 报纸新闻是一种视觉新闻。它主要作用于人的视觉系统，让读者通过视觉来感知，通过大脑，获取信息和知识。该版面中图形的作用有纪实性、真实性、解说性、装饰性、视觉冲击性等作用。按照视觉流程设计的基本原则和人的阅读特性进行组织、构成和排版，使版面具有视觉形式的美感，适合阅读习惯，即可引起人的阅读兴趣。

7.4.1 新闻性

新闻性的把握就是对新闻价值的把握。题材重大，是构成新闻价值的重要因素之一。新闻图片的新闻性主要体现在三方面：一是新闻价值高；二是新闻元素多；三是新闻时效强。新闻图片失去了新闻性，就不能见报。摄影报道速度越快，传播价值越高，信息含量越大。

示例：《城市商报》 四川芦山强震，"强震后，传递爱"这组新闻性图片就在道出了独家新闻的同时也体现出时效性对于新闻摄影报道的重要意义。作为独立报道体裁的新闻照片具有再现新闻现场、记载真实瞬间的作用，这类照片成为报纸上不可或缺的重要组成部分。

7.4.1.1 重视重大题材的新闻报道

重大题材往往覆盖面广，波及面大，因此常常具有重大的社会意义和深远的历史意义。由于会引起人们的普遍关注，所以其新闻价值也就大而突出，而报道重大事件的照片，其新闻价值也就大。新闻照片的重要特性之一是其现场纪实性，与其他门类的摄影作品不同，新闻照片必须拍自新闻事件发生的现场或新闻人物活动的现场。脱离了现场而拍得的新闻人物的肖像照片，便不是这里所研究的新闻摄影图片。

示例：《重庆晚报》 俗话说"一图胜千言"，新闻照片能够以文字新闻报道所没有的非语言信号，形象地再现新闻发生现场的每一处细节，使读者得以最直观、最全面、最真实地看到实物的全貌。今天的新闻是明天的历史，而新闻照片无疑是一种最生动、最真实的历史纪实。

7.4.1.2 多拍独家新闻

好新闻的内涵除了重大题材外，还有一条，即独家新闻。报道独家新闻所靠的是良好的新闻意识和独特的发现能力。对于事件性新闻的报道而言，要想拍到、拍好独家新闻，靠的是第一个看到和拍到；而对于非事件性新闻的报道而言，要想拍到独家新闻，靠的是第一个想到并拍到。所谓独特发现能力是"看到""想到"和"拍到"三者的统一。独家新闻的独特性其主要原因是新闻价值大。培养独特的眼光和独特的思维方法，是拍到、拍好独家新闻的根本途径。

示例：《齐鲁晚报》重点"王者归来" 6月21日，流失海外近百年的"方口之王"皿方罍(léi)重归出土地湖南，由湖南省博物馆永久收藏。皿方罍于 1919 年出土于湖南省桃源县，是目前所见商周方罍中最大最精美的一件，堪称"方口之王"。器盖自 1956 年起藏于湖南省博物馆，器身则流落海外，于 2001 年在纽约佳士得拍出 924.6 万美元的高价，打破了当时中国艺术品拍卖的最高成交纪录。2014 年，湖南收藏家联合向佳士得提出洽购皿方罍。此新闻为独家新闻。

7.4.1.3 敢于攻难度大的题材

采访的难度本身也是判断新闻价值的重要尺度之一。人们看重记者们付出的艰辛劳动和艰苦努力。在读者的心里，这种历尽艰辛而拍得的图片，信息量大，新闻价值高。所谓拍摄技术难度大的图片，是指所拍到的是人们难得见到的景观和形象。这样的形象因其难得一见或从未见过而具有很高的新闻价值。

示例：《姑苏晚报》头版"定西，我们一起不放弃"在灾难性新闻事件的报道中，摄影记者常常冒着生命危险，有的人甚至为报道新闻而付出了生命的代价。采访、拍摄的难度本身也是判断新闻价值的重要尺度之一。拍摄难度一方面是指拍摄过程的艰难程度，另一方面是指拍摄技术的难度。

7.4.2 真实性

新闻图片必须坚持事实真实、形象真实、说明真实。首先,新闻事实不能编造;其次,新闻图像不能摆拍;照片说明简洁明确。新闻照片的第一生命也就是真实性。这个原则应当是毋庸置疑的。

示例:《东方今报》头版　胡锦涛为村支书打伞,文字说明准确而真实,说明报道的主题。通过照片看到当时的新闻现场,就更加提高了读者对新闻的信任度。

7.4.2.1 新闻图片真人真事

新闻图片所拍摄的对象应当是真人真事,具有真实性。拍得的图片还必须符合真人真事的本来面目,也就是说应做到事实真实。

就像人有两条腿一样,新闻图片也有两条腿,一是图片,二是文字。

示例:《姑苏晚报》头版"吉林松原,灾区首夜"　图片和文字具有同等重要的作用。该版新闻图片和文字完美结合,图、文之间的配合默契,紧密结合,互为补充,从而达到总体信息量的增值。

7.4.2.2 新闻图片的典型性

从总体上看,所拍摄的人物、事物的瞬间形象都应具有典型性、代表性,能够反映人物的性格特征和事物的基本面貌、特点,也就是说应做到总体的真实。　必须加强采访,在深入了解了人、事、物的基础上,把握现象真实背后所隐含着的种种情形,从总体和全局上找到最能代表人、事、物根本特点的、典型的、具有代表性的形象和角度来报道新闻。

示例:《苏州日报》看中国"滇川交界发生5.9级地震"　报纸设计图、文的结合是有机地相互渗透和平等的相互补充。好的图片和美妙文字的简单并列并不能达到信息的骤增,而只能得到信息量机械相加的和。如果图文有一方差,就会造成信息量的减值乃至信息量的负值。

7.4.3 瞬间性

抓住典型人物在典型环境中自然流露出的典型瞬间形象,从而保证新闻形象的自然和真实。不应采取导演、摆布或美化的方法来改变被摄对象的自然形态或自然状态,那样只会造成对形象的扭曲,从而造成新闻信息的减值。

示例:《姑苏晚报》头版"市政协十三届三次会议开幕"　文字的作用在于补充可视形象的局限;另一方面,也在于点明图片的重点,起到提示和导读的作用。好的图片说明文字能为好的新闻图片点上"龙眼",使新闻信息量传递的数量和效果都实现飞跃。

7.4.4 形象性

新闻照片的重要特征之一就是用形象说话,即用视觉形象去表现新闻事件的情节、主要内容和新闻的意义。新闻信息量应蕴含在新闻形象中。编排新闻稿件时,以形象的符号统计和叙述新闻报道,制作相关图表或者示意图帮助读者阅读和理解。

示例:《重庆晚报》2013,朋友们,都慢点开了。版面设计者通过图表、示意图、新闻地图等叙述新闻报道的内容,从而对比较枯燥的文字进行了生动易懂的解释。

7.4.4.1 新闻价值和形象价值应统一

新闻价值和形象价值缺一不可。只有形象价值的对象,不应成为新闻摄影的报道对象。　只有新闻价值,而不具有形象价值的对象则不能或不需用摄影图片加以报道。

示例:《城市商报》　嫦娥,中国首次月面软着陆,题材重大。由于重大题材往往覆盖面广,波及面大,因此常常具有重大的社会意义和深远的历史意义,会引起人们的普遍关注,所以其新闻价值也就大而突出。报道重大事件的照片,其新闻价值也大。

7.4.4.2 解说承担着解释作用

在示意图新闻中,解说承担着解释、说明、补充图像并开拓图像深度和广度的重要使命。解说的编撰中,语调的运用都能体现新闻从业人员的个人意志。因此,解说写作的过程即是新闻工作人员主观传播的过程。新闻单位和新闻工作者必须有效地控制个体的主观性,从而达到解说的"相对客观性"。

示例:《城市商报》文字说明补充了可视形象的局限,点明图片的重点,起到提示和导读的作用。其内容是"维护新闻的真实性",力求全面地看问题,防止主观性、片面性,努力做到从总体上、本质上把握事物的真实性。采写和发表都要客观公正。

7.4.4.3 以照片衬托新闻标题

以照片衬托新闻标题,是一种具有时代感的版式设计。图片的形象性特征使其可以作为文字稿件的美化装饰手段。例如漫画可以用来点缀文字报道;示意图穿插于文字稿件中除了有解说作用,还有活跃和美化版面的作用。

示例:《方正印务报》　该版以照片衬托新闻标题,是绿叶扶红花的关系。画面无疑是红花,目的是为了让绿叶(文字)扶好红花。有了画面表现力强的照片,再配上出彩的标题"方正:记录成长轨迹……"和简洁、生动的说明,锦上添花,引人入胜。以照片衬托新闻标题,既有图饰作用,更突出了版面的风格特色。

7.4.5 直观性

新闻图片以线、形、色、质为语言,将事物的形象,如事件现场、人物特征等等,"一览无余"地呈现在读者面前。当然,许多精美图片在给人直观印象后,其表达的思想、蕴涵的意义,仍会给人以深深的思考和回味。

示例:《山东商报》这一版的亮点在于其别样的解读。图片中,姚明眼神平和,慢慢地打开一扇红色的门,在他的后方,另一扇门正在缓缓地关闭。文字部分的设计也像是一个门的形状,寓意姚明离开了赛场,却并没有离开我们。

7.4.5.1 图片的夸张性

夸张是设计师最常借用的一种表现手法,它将对象中的特殊和个性中美的方面进行明显的夸大,并凭借想象,充分扩大事物的特征,造成新奇变幻的版面情趣,以此来加强版式的艺术感染力,从而加速信息传达的时效。

示例:《山东商报》 泛黄的底色,红色的安全帽,以及隐约可见的农民工的身影,都贴合着主题:"农民工"这一词汇将要退隐。此设计以图片来表达主题,生动形象。

7.4.5.2 新闻照片的客观性

新闻事件是整个客观社会的一部分,反映这种客观的意义价值,是新闻报道的基本任务。照片是所有新闻传播媒介中最为客观的方式。文字等传播方式都可能存在由于报道人气质、生理及心理条件以及采访的客观条件不同而造成的若干偏差。而照片的客观性,则把这种偏差压缩到最小限度,从而表现出更可信的真实。

示例:《姑苏晚报》头版 "今天你微笑了吗"从新闻的属性看,所有的新闻照片都应该是客观反映现实,而相机与胶片则可充分保证这种客观性。这正是新闻照片较之其他报道形式更具真实感、更富可信性的原因所在。

7.4.6 具象性

使用瞬间记录的方法,将流动的时间和立体空间转化为静态的、平面的图片。与电视新闻和文字新闻相比,新闻图片更简练、突出,更容易记忆,而且画面一经定格就成为永恒。精彩的瞬间更能够揭示事物本质,更能震撼人的心灵。在以人物、动物、植物、图形为主要元素的图形最大的特点在于真实地反映了自然形态的美。以写实性与装饰性相结合,令人产生具体清晰、亲切生动和信任感,以反映事物的内涵和自身的艺术性去吸引和感染读者,使版面构成一目了然,深得读者尤其是儿童的广泛喜爱。

示例:《山东商报》具象性图形最大的特点在于真实地反映自然形态的美。这一版面于洁净中透着哀悼,用简单明了的苹果公司的 LOGO 做为主体,来表达对乔布斯辞世的缅怀之情。LOGO 下方的 16 个黑体字概括出了乔布斯身上鲜明的特点以及奥巴马对其辞世的评价。

7.4.6.1 线条抽象性和具象性

抽象形和具象形两者之间没有绝对的界限。抽象形可以组合成具象形,有时,具象形也可以组合成抽象形。一些物体在经过一定程度的放大和缩小之后,形的性质就会发生根本的变化。具象事物的局部可以变成抽象形,而抽象事物可以分解成具象的片段。

示例:《春和报》 线条可作粗细不同的搭配,其颜色也可作深浅不同的搭配。如与封闭线框形成呼应,则会使版面更富有节奏感,从而使版式新颖、美观大方,具有较强的视觉冲击力。

7.4.6.2 图形的抽象性

抽象性图形以简洁单纯而又鲜明的特征为主要特色。它运用几何形的点、线、面及圆、方、三角等形来构成,是规律的概括与提炼。所谓"言有尽而意无穷",就是利用有限的形式语言来营造的空间意境。

示例:《长江商报》五周年版式设计专题,它运用几何形的点、线、面及方等形来构成,通过概括与提炼,让读者的想象力去填补、去联想、去体味。这种简练精美的图形为现代人们所喜闻乐见,其表现的前景是广阔的、深远的、无限的,而构成的版面更具有时代特色。

7.5 新闻图片的体裁

图片新闻是报纸、刊物上常见的一种文体。它以生动逼真的形象和简要明了的文字说明,让读者对新近发生的新闻事实一目了然,因此,人们又称它为形象新闻。图片新闻是报纸上最常见的新闻体裁。图片新闻的体裁特征要突出四点:一、价值的重要性;二、内容的典型性;三、构图的生动性;四、文字的精炼性。其典型特征是简洁、率直,多由一两幅图片,配以标题及简短的说明性文字组成。新闻图片与艺术创作的根本不同点之一,是新闻图片首先是采访摄影,而不进行采访,不了解被拍摄对象,不弄明白新闻事实,就无法进行新闻摄影报道。

示例:《姑苏晚报》特别报道 "古城:保护什么 如何保护" 该版图片新闻具有高度的概括性和典型性,能揭示人物的个性特征或能抓住事物的本质特征。设计时选择最能表现其言行态度、最能揭示其个性和内心世界的好图片;选取最能揭示事件特点的报道角度、拍摄角度,从而得到独特的新闻图片;采用中景和特写镜头来描写事件的细节,从而达到准确、细致和及时的报道效果,引导读者理解图片,交代必要的新闻要素。

7.5.1 图片新闻

抓取典型场景、情节和细节，有助于"典型性"的体现和展示。图片新闻在报道事件性新闻中是打头阵的，出击要快。由于事件性新闻本身所具有的动态特点，要求图片新闻既要抓住特点又要能迅速及时地传递。作为"常规"的报道形式，既要求新、求活，又要求准、求快，不是想象的那样容易拍好和写好的。比如，标题大、黑重的一方，图片就不宜集中，否则就显得其他地方单薄，发白。

示例：《京华时报》 孩子的生命是最宝贵的，患有恶性白血病的熙熙总是发烧，豆大的汗珠直往下流。细节是具体的细微的现象呈现，通过豆大的汗珠直往下流这种细微的现象观察事物，认识事物本质。只有承载着具体细微现象的细节，才能凸显事实的真实性，才能打动人，才富有新闻价值和传播价值的社会意义。把这张图作为主图，展现孩子的病情之严重。在网友的大力帮助之下，孩子正在治疗。她把双手放在脑后，像个小大人，让人看到了信心和力量。

7.5.1.1 新闻图片的主体形态

如何把常见的寻常事件拍出新意，拍出一些值得推崇的好图片？从总体上看，这类照片拍得不够好，能拍好这类图片的好摄影记者还不够多。除了拍摄角度、拍摄高度、抢拍中构图和合理运用光源外，拍摄时机对于新闻主体形态的影响也极大。

示例：《东莞时报》 具体讲，按快门早了不行，晚了也不行，必须选择在新闻事件情景交融，人物感情融和的最佳时机进行拍摄。否则，拍出的照片将是失败之作。

7.5.1.2 拍摄新闻图片是独立的艺术

摄影是一门独立的艺术，即使捕捉到了精彩瞬间，还要考虑角度、用光等综合因素，如有忽略，便不能称其为一张完美的新闻图片。将瞬间抓拍做到完美，取决于摄影记者的用心和经验，对现实生活的认知和理解，对摄影技巧的掌握，以及对图片后期编发的通盘考虑。短短一瞬，凝聚的是记者数年的智慧与心血。

示例：《城市商报》头版 "昨4万辆车开进东西山" 新闻摄影在飞速发展的现代新闻事业中越来越显现出其重要的作用。新闻摄影集新闻性、思想性、真实性、时效性和形象性于一身，能将新闻主体的情感浓缩在版面之中，给人以简洁、震撼的效果，有"一图胜千言"的作用。

7.5.1.3 新闻图片的价值与图片大小无关

报纸版面，无图不活，新闻图片编发的"大"与"小"，应有一个"度"。把握这个"度"的命运的尺子，只能是"新闻含量"的"大"与"小"。

示例：《广州日报》 新闻主要是以瞬间形象来揭示新闻事实、传播新闻信息的。新闻照片所浓缩的信息越多，新闻价值就越大，也必然越有新意。

7.5.1.4 新闻图片以线、形、色、质为语言

新闻图片以线、形、色、质为语言，将事物的形象，如事件现场、人物特征等等，"一览无余"地呈现在读者面前。

示例：《姑苏晚报》头版 "登月之旅" 精美图片在给人直观的印象后，其表达的思想、蕴涵的意义，仍然给人以深深的思考和回味。

7.5.2 特写新闻报道

特写照片仔细地描绘了一个人的面貌或一个事物的细节，从富有特征的部位和角度来表现某人、某事、某物，引导读者产生联想，从而领悟作者所要表达的"画外之画""景外之景"。有人把这类图片报道与文字报道中的"新闻特写"相提并论。它抓住富有典型意义的某个空间和时间，对事件或人物、景物做出形象化的报道，是一种有现场感的生动活泼的新闻体裁。

示例：《深圳晚报》该版以特写图片为主要表现手段，截取新闻事实能反映其特点或本质的片段、剖面或细节，形象化地再现与放大的新闻体裁。特写镜头拉近了读者与拍摄对象的距离，"让读者与被拍摄对象进行眼球对眼球的接触"，视觉的冲击力很强，最能触动读者的感情。

7.5.2.1 事件特写

事件特写摄取与再现重大事件的关键性场面。报纸的版式设计涵盖了丰富的知识，它的发展会应用到新闻学、语言学、心理学等方面的知识；报纸版式设计展现出了其艺术美和技术美，同时它的发展与整个时代的发展和进步也有着密切的联系，是时代进步的重要反映。

示例：《新文化报》我们怎样才能把信息更有效的传达给受众？事实上这个时候，形象鲜明、一目了然的视觉元素的作用显得非常重要。一篇关于酒驾的稿子，以几个人为例进行的酒精浓度测试，这种漫画表现形式带入了关键信息点，要比常态版制作灵活得多。

7.5.2.2 场面特写

新，是新闻的基本属性，更是新闻特写的特性和本质。所谓"新"，在新闻特写上应体现所写内容是新近发生的故事，也就是新闻时效性强的事件，不是旧闻和陈年老账。场面特写，亦为新闻事件中精彩场面的再现。

示例:《城市商报》第一视点"踏月留痕,从此月亮上真有兔子了" 新闻特写截取新闻事实的横断面,抓住富有典型意义的月球表面空间和时间,通过片断、场面、镜头,对事件、景物做出形象化的报道。特写性新闻图片用典型细节来表现和概况新闻事件。特写镜头具有的"局部放大"和"拉紧拉近"的效果,给人以强烈的视觉感受。

7.5.2.3 人物特写

人物特写以人物为特写对象,要求绘声绘色地再现人物的某种行为或行动,并透视其思想境界;或者是通过对人物活动的展示,揭示人物活动的社会环境,以此来解释人物行为的时代依据,折射出整个时代的特征。

示例:《森马报》"森马模式备受关注" 新闻图片抓住富于个性的特征,从富于个性的角度加以表现,对细节进行强化处理,给人以"以小见大""窥一斑而见全豹"的视觉感受和心理感受,使读者留下鲜明而深刻的印象。

7.5.2.4 景物特写

景物特写重在摄取新闻事件中最典型、最集中、最感人的场面,通过再现场面的特色、规模、气氛等,完成对整个事件或社会风貌的把握。比起其他报道形式来,特写在景物的再现上有着不可替代的优势,最能产生画面般的可视感。闻,就是故事、事件、事情,就是内容。没有故事,新闻特写就如同无源之水、无本之木,因此,要有事件的特色,要报道出现场所见所闻的新人新事。

示例:《姑苏晚报》"新火车站南站房启用" 用新闻特写形式叙述出来。景物特写指特殊意义或有价值的罕见景物的描写;以现场观察为描绘的基础,像新闻摄影一样拍摄现场真实情景,捕捉典型瞬间的生动形象,具有强烈的现场感。

7.5.2.5 工作特写

新闻特写最大的"特",是用生动的细节描写和鲜活的人物对话来再现新闻现场,让受众身临其境,进而达到对报道聚焦的新闻事实感同身受、蕴含的思想观点在思想上、情感上形成强烈共鸣的传播效果。工作特写指对于某一工作场面的生动再现。新闻特写的写作要准确把握其"新"字的属性和本质,努力在"闻"字上挖潜力,不断在"特"字上下工夫,刻苦在"写"字上做文章。

示例:《姑苏晚报》头版"乐享假期" 通过特写,以细致地描写人的头部、眼睛、手部、身体上或服饰上的特殊标志,手持的特殊物件及细微的动作变化,来表现人物瞬间的表情、情绪,展现人物的生活背景和经历。

7.5.2.6 杂记性特写

即具有特写价值的新闻现场的生动再现。新闻特写由于借鉴了影视手法,将对象镜头化,所以能产生很强的可视性,人们常把它称为"视觉新闻"。通过描绘,让读者将文字的内容转换为可视的画面。新闻特写,一定来自新闻现场,记者通过将现场目击、亲身感受形诸于笔,再现大喜大悲的新闻场景,使受众如临其境,产生视觉、听觉、触觉、味觉等感官冲击和心灵感应,从而获得鲜明而深刻的印象。特写的现场感,首先是来自记者的现场观察。一般新闻报道的材料来源,主要是由记者访问得到的,而特写采访则特别强调记者的现场观察,强调第一手材料的获取。没有现场观察,记者是无法写出特写来的,所以,在不少的特写中,我们都可以感受到记者观察活动的存在。

杂记性特写有写作特点:
(1)落笔集中,突出一点。
(2)浓淡相宜,真切再现。
(3)幽默风趣,耐人寻味。

示例:《深圳晚报》晚报头版"□鸡工厂" 设计的关键就在于还原事物的本质,通过还原其本质,以一种更加新颖却合情合理的方式表现出来。这一点看似容易,其实这种能力没有长年累月的积累和一定的天赋,是很难获得的。更多人最后只能成为匠人也就是这个道理。

7.5.3 专题新闻图片

专题新闻图片是指通过多张照片,多个角度反映一个新闻主题。每张照片讲述一个故事或一个情节,要有开头照片、高潮照片及结尾照片,串联起一个完整的故事。

示例:《苏州日报》"穿在身上的悠悠乡韵" 专题新闻图片采用大场景、中景、特写等不同景别,以及横竖版图片的配搭,以较大时间跨度,淡化了时效性。整组照片围绕同一主题展开,通过组织安排照片来传递一个事物的全面完整的信息,讲述一个故事——这是单幅照片难以做到的。

7.5.3.1 新闻图片的多角度

新闻专版,是以几张到数十张的新闻图片来替代文字描述,来达到信息传播目的的新闻报道的形式,具有文字与图片统一、新闻性与艺术性统一、关联性与独立性统一的特点。为此,对它提出了如下要求:一要具备深度报道的能力;二要具备良好的文字功底和文字表达能力;三要提高自身的"版面"意识;四要杜绝"摆拍"恶习。在新闻图片中,拍摄角度直接影响着主体,即新闻事件中的主要人物及主要事件的突出。

示例:《姑苏晚报》"社区'老娘舅'——杨鸣鹤" 新闻图片的角度,在于始终注意新闻事件主体(主要人物)的变化,死死盯住不放,在变化中掌握、运用拍摄高度,抓住拍摄时机,充分利用有效的版面构图和现场有限的光源准确曝光,为完美的新闻图片打下坚实的基础。通过单幅图片的有机结合,形成一个整体的、集合的优势,其意义远大于单幅图片的机械相加。专题新闻摄影报道具有"情节性",通过情节的联系来达到完整性。每一幅图片都是一个典型情节的象征。

7.5.3.2 新闻图片与艺术并存

专题新闻是指多幅图片和文字相结合,全面、深刻地介绍、表现和揭示新闻事件和新闻事物的一种新闻体裁。力求新闻图片的新闻性与艺术性并存,既有较强的新闻价值,又有较高的艺术欣赏价值。新闻图片要求在内容和形式上实现真善美的统一,要运用艺术手法、把握典型瞬间,让形象"说话"。这样才会有较强的思想性和感染力,才会有更加震撼人心的效果。

示例:《江南都市报》 版面不落俗套,并未从大雪中的常规景象入手,而是抓住大雪中的个性人物的细节,抓拍到位,彰显不一般的"雪景"。巧妙组合与雪有关的图片新闻,标题制作生动简洁,彰显不一般的"雪中情"。为读者在寒冷的冬雪中带来快乐、温暖和启示。图片是多时空状态下的多个瞬间形象的"集合",这种"集合"所得的效果是"集合优势",有助于全面、完整、深刻地揭示主题,达到主题的深化。

7.5.3.3 重视读者的视觉感受

新闻宣传要"贴近群众",研究读者的视觉感受与选择的特点,对改进新闻照片报道具有强烈的现实意义。新闻照片属于视觉新闻,它向大众传播新闻信息的途径主要是通过视觉形象,图片的标题与文字说明相对处于从属地位。读者选择新闻照片报道时,首先也是选择图片的形象。因为人们接受新闻照片是从接受图片形象开始的,进而才会去阅读其文字说明。

示例:《姑苏晚报》 "百岁老妈妈的多彩世界" 以版面视觉中心构成宣传效果。富有视觉冲击力和形象感染力的新闻照片,能起到活跃版面、提升报纸品味的作用。新闻照片如果本身没有视觉吸引力,则很少会有读者继续去看其文字说明。当然,犹如对任何事物的判断有多面性,具有强烈视觉冲击力或吸引力的照片未必都是好照片,但好的新闻照片则必须具有较强的视觉冲击力或吸引力。

7.5.3.4 如何深化新闻图片的主题

特写性新闻图片,揭示为什么的问题。采用专题新闻图片,多时空拓展主题,力求全面、深刻。小题材展示大主题,以小见大。新闻图片思维的整体性原则:一是从一定的历史时期、社会环境,也就是从宏观上衡量把握事物的新闻价值;二是对事物的发生、发展的整个过程,应该有足够的了解和深刻的思考。

示例:《姑苏晚报》影像实录"生态假期" 具有比任何单幅图片都更丰富的内涵,能提供更丰富的内容,具有更丰富的信息量。围绕一个新闻主题,通过一组图片从不同的侧面表现出相对完整的新闻事件,又称照片故事或专题图片报道。

7.5.3.5 新闻图片的构图

新闻图片构图的先决条件是抓拍,这也是新闻摄影中最基本的手法。而在抓拍中构图,在构图中抓拍,又是图片成功与否的先决条件。假若摄影者在新闻事件中从头到尾不注意主体变化,见啥拍啥,主体成了陪体,甚至所要反映的主要事件(主体)被排斥在版面之外,或者说不应该突出的反而突出了,应该在版面中占主导位置的反而不见了,其结果必然是失败的。

示例:《姑苏晚报》影像实录 "600年老宅里的'私房茶'" 新闻追随新闻事件的主体,合理运用现场光源,恰到好处地予以适度的辅助光,不但能弥补现场光源的不足,而且有利于突出主体。专题新闻报道是图片新闻和特写性新闻摄影图片有机结合,通过多幅图片的有序组合,即可形成一个有头有尾、有情节的完整故事。

7.5.4 文字的精炼性

老舍说:"世界上最好的文字,也是最精炼的文字,哪怕只几个字,别人可是说不出来。简单、经济、亲切的文字,才是有生命力的文字。"

示例:《姑苏晚报》 "攻心为上",抓住读者心理。相对于文字而言,图像的优势在于一目了然,并可以通过近景、远景等技术手段,细致精确地反映细节,令读者产生强烈的视觉冲击感。在表现能力上,任何细致周密的文字描写,都无法同动态的画面相比。

然而文字也自有长处,它可以直接作用于人的心理,令人产生情感上的共鸣。换句话说,相对于画面而言,文字可以提供更为深层次和高水平的冲击力。因此,注重主题的提炼,力求用精炼到简洁的文字,一步击中读者的内心。

7.6 新闻图片的主题

新闻的主题是指版面形象所揭示的新闻事实的社会意义,以及作者对所拍新闻事实的认识与评价。新闻图片主题具有新闻性、真实性、直接性、及时性、倾向性等主要特点和要求。新闻图片报道的主题思想应寓于新闻形象之中。

示例:《姑苏晚报》 成功月球软着陆,有鲜明的主题或故事情节。主题明确,读者一眼就能看得出来。读者在看到这幅照片时,目光会一下子投向被摄主体。版面设计简洁,照片里只包括那些有利于把读者的视线引向主体的内容,排除和压缩容易分散注意力的内容。

7.6.1 新闻图片的主题特点

新闻图片的主题,可以用几个概念来概括,即人物、环境、情节和细节等。照片中的鲜明美妙的生命和灵魂魅力,就是主题与版面形象的产物。新闻拍摄不应是下去"找典型"来解释政策或为政策做注解,而应是深入生活,了解人民群众的思想,从生活、生产的实践中去挖掘最能反映政策威力,最具有新闻价值的具体事实,使时代精神和人物风貌跃然纸上,不经"再创作"和加工。新闻图片直接作用于社会生活而非艺术作品。

示例:《鲁中晨报》 "嫦娥三号成功发射" 新闻图片的主题思想与生动具体的、独特感人的版面形象紧密结合在一起。要将主题思想融贯在具体的新闻形象之中,而这种思想又表达了作者独特的感受和认识,是富于创见性的。了解新闻照片的具体性与创见性,就要强调新闻照片用形象说话,将思想性寓于形象性之中。

7.6.1.1 真实性

真实是新闻的生命,也是新闻图片的生命。新闻图片的真实性原则的内涵之一,是所揭示的是真实主题,而不是虚构的主观臆造和脱离实际的。但艺术作品的主题是可以虚构的。

示例:《姑苏晚报》头版"登月之旅" 人类探索世界、了解世界乃至世界以外的地方的愿望和兴趣是无穷无尽的,记者将镜头对准这个人类感兴趣又适合用摄影图片来展示的话题来加以展示。开拓新闻新题材的领域是无限广泛的,每一位摄影记者都应当不懈努力,去开发展示丰富多彩的世界,把难得一见甚至是难以想象的灿烂世界呈现给兴趣广泛的广大读者。

7.6.1.2 及时性

新闻照片每天通过报刊与广大的读者见面,能及时反映生活中的事物,及时抓住生活中的"活鱼"是新闻摄影记者的重要任务。到生活中去,才能及时发现并反映人民群众的需要,及时反映群众的呼声。

示例:《姑苏晚报》头版"今暴雨明大雨 游客提早返程" 新闻照片能提供高度形象、高度集中的,能激起人们感情的形象消息。要研究如何不断提高新闻宣传的水平和效果,让新闻有吸引力、感染力,采取多样手段使读者爱读、爱看。

7.6.1.3 鲜明性

艺术作品的主题可以是模糊而多义的,新闻照片的主题必须具体而鲜明。也就是说,新闻照片表达的思想必须是明确的,而多层性和多义性,再创造和再评价是艺术审美的特性。

示例:《姑苏晚报》非常星期天"轨交2号线试运行" 通过新闻照片语言表达的观点毫不含糊,一清二楚。

7.6.2 新闻图片主题的划分

人类社会永恒的主题,即全人类共同关心的主题。例如,与灾害和疾病的斗争,对美好事物的向往和追求,人的喜、怒、哀、乐、爱与情,人们日常生活中的幽默、好奇等。

示例:《姑苏晚报》国际·焦点"菲律宾进入国家灾难状态" 它以图片的形式向人们传递着世界正在发生的事情,通过镜头记录瞬息万变的情况。好的新闻照片就是一条好新闻,关键是"贵在发现,贵在表现"。要抓住表现特征这一环节,因为任何事物都有其独特的地方。突出表现特征,也就突出了新闻主题。避免新闻形象的一般化,照片才有其鲜明的个性。

7.6.2.1 时代的主题

人类社会在不同时代有不同的主题。例如,20世纪60年代至70年代的冷战时期有战争和反战争的主题,而今天人类社会的主题则是谋求和平共同发展,反核和裁军,保护环境、防止污染,控制人口、克服贫困等。

示例:《重庆时报》 新闻照片的表现对象是从生活的各个方面来表现,以达到反映现实社会中的某些事件的目的。经多年建设,长江大坝今封顶,重要题材占主导地位,是时代的主题。

7.6.2.2 国家一定时期的主题

我国实行"五年计划"制,在不同的五年计划期间有不同的主题。现在的主题是以经济建设为中心,坚持改革开放,全面发展社会主义市场经济。新闻摄影也应围绕着这一中心来展开报道,加强经济新闻摄影的力度。

示例:《河南日报》特刊 十二五规划解读,作者通过自己的观察准确抓住了事件的主题,再通过文字和摄影照片创作,对现实社会中事件主体的歌颂、揭露和对突发重大事件的传播,来表现社会、表现生活,同时也是表现新闻工作者自己。同时具备一定的文学写作和摄影技巧,超出人们对事物一般的想象力和观察力,从特殊的视角和分析力来表现作品主题,才能使作品有感染力和震撼力,使人们产生共鸣,达到作者创造作品的最终目的。

7.6.2.3 人们普遍关心的热门话题

这类主题因与广大读者和广大群众有直接的利害关系,因而从新闻角度看也就有接近性。例如房改、物价、工资制度改革等问题关系到千家万户,人们自然关心,新闻摄影也就应当给予应有的关注。

示例:《苏州日报》 从事摄影工作要善于发现和挖掘,要在共性中寻找个性,在不同点中寻找闪光点。该版内容反映的是第30个教师节,省委副书记、市委书记石泰峰,市委副书记、市长周乃翔等分别带队走访考察部分学校,看望师生,座谈交流,表彰先进,向全市老师致以节日的问候和崇高的敬意。石泰峰在考察中强调,苏州是一座历史文化名城,要建设成为现代化名城,离不开名校支撑。一个城市的繁荣需要一所卓越的大学,大学不仅是一个城市的靓丽名片,是一个城市文化灵魂所在,也是一个城市人文素质的重要载体。要打造名城名校,坚持创新驱动,促进名城与名校协同发展、融合发展。

7.6.2.4 一定范围内的主题

从地缘政治学和经济学的角度看,不同地区范围内也有不同的主题。例如,亚太地区主题有加强地区间的经济合作、反对地区霸权主义等;新疆维吾尔自治区则有民族问题,防沙治沙等;保险、交通、公安、农业、饮食服务业、旅游业等每年都有自己的主要任务和要开展的工作主题,这些都应成为新闻摄影关注和报道的内容。不同报刊应根据自己报刊读者的兴趣和要求,来加强某些方面的报道;行业报刊则应以自己行业的主题为报道的重点,进行全面、深入的报道。

示例：《重庆时报》青藏铁路通车特刊 一组新闻摄影作品和一篇文章一样，首先要能鲜明地揭示主题，它决定读者是否能够一眼就看到报道的意义。开头照片可以选择事件开端的场景，也可以选择足以概括整个新闻事件中有气势的场面。开头照片通常起到新闻导语的作用。在开头照片的文字说明中概述专题报道的主要内容，可使读者看后对报道的内容有一个初步的概念。

7.6.3 新闻图片主题的要求

作为形象新闻的新闻图片，是在本质与现象的统一、普遍性与个别性的统一中去反映现实生活的，而不是脱离具体的、感性的形象对生活本质抽象的思想，它是与生动具体的、独特感人的画面形象紧密结合在一起的。这种思想是从新闻形象中自然流露出来的。

示例：《姑苏晚报》头版 "吉林松原，灾区首夜" 设计者需分清新闻主体段落，按顺序有层次地展开内容，概括地介绍新闻事件。新闻摄影的段落与层次有别于文字创作的段落与层次。一般来说新闻主体部分的每一个段落，既是一项内容，也是一个层次，可以由一至数张照片组成。

7.6.3.1 融贯主题思想

主题思想融贯于具体的新闻形象之中，因此可以说是具体的。这种思想又表达了记者的独特感受和认识，因此是富于创见性的。每幅新闻照片的主题，虽然也可以用几个概念来概括，但那只是作品思想内容的梗概，或者说是评价照片时的一种分析方法。这种概括容易将画面上的感情内容，即人物、环境、情节和细节等抽象掉，而照片的鲜明美妙的生命和灵魂，往往因为这种概括失去了魅力。报刊上常见的"图为照片"就是主题与画面形象人为地游离开来的产物。新闻摄影采访拍摄不应是下去"找典型"来解释政策或为政策做注解，而应是深入生活，了解人民群众的思想，从生活、生产的实践中去挖掘最能反映政策威力，最具有新闻价值的具体事实，使时代精神和人物风貌跃然纸上。

示例：《今晚报》 该版面有鲜明的表现力。在整个新闻摄影报道初步完成后，通过事先对新闻事件报道的构想，在拍摄出来的照片中选出表现力比较鲜明的照片，比如全景、主要人物、实地考察等场景照片。然后按照事物发展的时间顺序，选出一组精美的新闻图片。

7.6.3.2 新闻图片主题的创见性

了解新闻摄影主题的具体性与创见性，就是强调新闻照片要用形象说话，使新闻性、思想性寓于形象性之中。使新闻性寓于形象性之中，也就是使新闻价值寓于形象性之中，同时主题思想和宣传内容也应寓于新闻形象之中。江泽民同志1989年11月28日在新闻工作研讨班上的讲话中指出："新闻宣传在政治上同党中央保持一致，绝不是机械地简单地重复一些政治口号，而是站在党和人民的立场上，采取多种多样的方式，把党的政治观点、方针政策，准确地生动地体现和贯注到新闻、通讯、言论、图片、标题、编排等各个方面。要研究如何不断提高新闻宣传的水平和效果，把报纸、广播、电视办得有吸引力、感染力，使读者、听众、观众爱读、爱听、爱看"。

7.6.3.3 新闻图片主题的特点

新闻图片，用新鲜、真实、生动、感人的图像和简短的文字说明，及时报道新闻事件，其主要特征是借助视觉图像及时生动地报道新闻。由于新闻题材对于主题有制约关系，新闻报道在表现主题时还具有一些基本的要求。

示例：《苏州日报》 四川芦山7.0级强震·灾情 新闻图片应当是对人类生活、对历史的形象阐释，而不是对场景、事件或人物的简单记录。新闻照片还不应过分强调时时处处打上"政治思想"的印记。新闻摄影不是逻辑推理，它表达了逻辑推理所表达不了的内容和主题。新闻图片是最能提供高度形象、高度集中的、能激起人们感情的、形象的反馈信息。

示例：《姑苏晚报》头版 "快乐度假" 新闻图片直接来源于生活并且直接作用于生活。真实是新闻的生命，要及时抓生活中的"活鱼"。新闻图片作品所表达的思想必须是明确的，不能具有多层性和多义性。

7.6.3.4 新闻图片主题的深化

深度报道是指完整反映重要新闻事件和社会问题，追踪其来龙去脉，揭示其实质意义和发展趋势的一种高层次的报道方式。深度报道广泛渗入到广播、电视等媒体中，不再为报纸所独有。不过，必要指出的是，目前一般认为，深度报道并非一种新闻体裁，而只是一种报道的方式。

示例：《贵州都市报》雅安地震·动态 为雅安同胞祈福。版面的魅力，会直接影响到一张报纸在读者心目中的地位，很大程度上决定了读者对报纸的取舍。

7.6.3.5 新闻主题的具体性

作为形象新闻的新闻图片，是在本质与形象的统一、普遍性与个别性的统一中去反映现实社会生活。不能脱离具体的、感性的形象对生活本质做抽象的概括和把握。新闻图片的主题思想不是抽象的思想，而是与生动具体的、独特感人的画面形象紧密结合在一起。主题思想融贯在具体的新闻形象之中，是具体的，这种思想表达了记者的独特感受和认识，因此是富于创见性的。

示例：《苏州日报》观天下 "废墟下埋16天女工奇迹生还" 新闻照片主题的具体性与创见性的统一。任何新闻照片的主题思想都不是抽象的思想，而是与生动具体的、独特感人的版面形象紧密结合在一起。主题思想融贯于新闻形象之中，因此可以说是具体的。这种思想又表达了记者的独特感受和认识，因此是富于创见性的。照片中鲜明美妙的生命和灵魂的魅力，往往不是几个概念能概括的。新闻照片要用形象说话，使新闻性、思想性寓于形象性之中。

7.6.3.6 主题思想寓于新闻形象之中

新闻图片应当是对人类生活、对历史的形象阐释，而不是对场景、事件或人物的简单记录。新闻图片要用形象说话，其新闻性、思想性都寓于形象之中。了解新闻的具体性与创见性，就是强调新闻图片要用形象说话，将思想性寓于形象性之中。

示例：《姑苏晚报》影像实录"亲，笑一笑" 主题是指照片形象所揭示的新闻事实的社会意义，以及作者对所拍新闻事实的认识与评价。新闻图片应当是对人类生活、对历史的形象阐释，而不是对场景、事件或人物的简单记录。新闻图片还不应过分强调时时处处打上"政治思想"的印记。

7.6.4 纪事照片

纪事照片可分为新闻图片、摄影通讯和历史性照片三种形式。资料照片包括供给军事行动、科学研究作参考用的照片。新闻摄影常用的表现方法主要有以下几种：一是从概念到具体，即先用一套照片的第一张作为摄影通讯的开头，然后用后面的几张具体画面来解说；二是从现实到想象，即将一套照片的最后一张拍得富有情感，让它把读者的思想带入一个光明的意境，以此作为摄影通讯的结尾；三是多方面反映，即围绕一个中心内容进行各方面活动的报道；四是讽刺与暴露，即采用强烈对比的方法揭露不良现象，鞭策落后势力；五是素描，即拍摄人物特写，从日常生活中表现被摄人物的性格、事业等特征予以摄取。

示例：《姑苏晚报》 该版以"向宝兴挺进"为大标题，设计者选用了一大一小两张照片，画面主体更加集中。由于前往宝兴县的道路全部中断，车辆无法通行，从 20 日晚，地震救援力量全力向宝兴县挺进，开展生命救援。各救援力量携带地震救援装备，采取徒步行进方式向宝兴县城及各乡、镇挺进。前线指挥部提醒，由于前往宝兴的交通全部中断，正在抢修，请社会车辆以及未被允许的救援车辆暂时不要进驻灾区，减少灾区交通压力。标题与图片形成鲜明的对比，会产生另一种强大的表现力。

7.6.4.1 以图说新闻丰富版面内容

图说新闻，即用新闻图片取代文字成为新闻的主要表现形式，只用少量的文字对图片信息进行解释或补充。图片不再是文字新闻的一种陪衬，而是以其与生俱来的直观性和形象性担负起传播新闻的重任，使版面内容的呈现丰富多彩。其抢眼的表现也让读者十分满意，因为图片更为感性动人，能产生一图胜千言的视觉效果。

示例：《姑苏晚报》影像实录"校园里的'农场主'" 图片语言的生动性与贴近性拉近了和读者的距离，容易迅速对读者的情感世界产生影响。

7.6.4.2 善于捕捉信息的瞬间

图片深度报道的"深"一方面体现在图片的全景性上，即图片能够从不同的角度反映事件的全貌；另一方面体现在图片的历时性上。这种形式使图片的表现力强，能够全方位提升报纸版面的价值。

示例：《现代快报》"汶川地震 5.19 哀悼日"特刊善于捕捉信息含量大的瞬间，即图片含有的信息要能表达这则新闻的主题，交代新闻的背景及时间等。将汶川地震现场的场景集于版面上，这就交代了现场，又将现场的时况背景展示出来。

7.6.4.3 深度报道的特征

首先是题材重大，其报道对象多为重要的，与受众利益密切相关的事件或问题，或为社会各界关注的热点，多为社会热点透视、大众话题评说。其次是意义重大，富有强烈的现实针对性和时代感，要求满足实际工作和广大受众的需求。再次是完整性，其完整性表现在大时间、大空间、宏观的、微观的、多侧面、多角度、全方位，既回顾过去，又剖析现在，也预测未来。最后是深刻性，它通过对大量的、丰富的材料进行深度加工，有分析、有思辨、也有预测，挖掘新闻背后的新闻，揭示事物（事件）深层的、发人深思的内涵与本质。

示例：《苏州日报》 该报道具有重要性和综合性。前已述及，深度报道并非一种独立的体裁，只是一种报道方式，各种体裁均可作深度报道，多种体裁的融合则更适于作深度报道。深度报道的综合性往往表现为体裁的综合、手法的综合、内容的综合等，其知识性则提供大量的背景材料，涉及古今中外各类学科知识，以满足受众需求。

7.6.4.4 新闻图片的求新思维

新闻图片的求新思维主要表现在两方面：一是求内容之新；二是求形式之新。内容的求新，要求新闻图片去寻找、发现值得报道的对象。细节，是指"细小的情节"，是构成一个完整新闻事件或情节的微小部分。对于"情节"而言，细节是局部的、细微的，是单个的、零散的。细节可以是一个手势、一个眼神、一个表情，也可以是一串数字、一条标语、一串符号……因为读者就是希望通过新闻图片的传达，"身临其境"，把一切真实都尽收眼底。

示例：《苏州日报》拍客"市民广场的日与夜" 市民广场作为城市的公共开放空间，广场不仅是城市居民的主要休闲场所，还是城市的窗口和客厅。千年苏州作为一座文化之城，跟这些世界大城市比起来不大一样。随着生活水平的提高，人们对文化产品的需求也愈来愈高，公共空间建设的整体质量直接影响到城市的综合竞争力和大众的满意度。一直以来，苏州文化建设体现在"公共"这一核心特色上，各式各样的休闲广场在不知不觉中来到居民家门口。这组照片反应的是市民广场成为居民身边的生活舞台，每天上演着平凡的百姓故事。它们和数量众多的综合性文体艺术中心、遗址博物馆与公园、文化剧院等一起，在苏州城乡悄悄编织出一张"文化之网"。

7.6.4.5 求新思维新闻图片的运用

求新思维具有鲜明的喜新品质。它的思维指向是活跃的、积极的、向上的。

示例:《姑苏晚报》影像实录"他乡人'苏绣梦'"镜头朝向那些过去没有发生过的、没有见到过的、没有报道过的对象。这种思维符合报刊属性。报刊的存在是为了报道新闻,一切着眼于一个"新"字。

7.6.4.6 资料照片

虽然新闻摄影的形式是多种多样的,但总的要求仍然要做到画面自然、内容真实,不做作、不虚构,且要赋予照片以强烈的感情色彩,使读者的情绪随着照片的内容而波动。

示例:《姑苏晚报》芦山地震后,与芦山相邻的宝兴县一度与外界失去联系,成为"孤岛"。道路全部中断,车辆无法通行,各救援力量携带地震救援装备,采取徒步行进的方式,向宝兴县城及各乡、镇挺进。这组照片就如实地记录了当时的场景,成为资料照片。

7.7 新闻图片的题材

新闻摄影的题材是从自然界和人类社会生活中提炼、选择而进入画面的一定现实生活方面的新闻形象,是构成新闻图片的基本材料和基础。

示例:《苏州日报》要闻"有娃,有笑,有希望"特定的主题思想总是通过特定的题材表达出来的。从新闻摄影来看,特定的思想内容都是通过特定的画面形象表现出来的。题材的开拓与发展,直接决定着新闻照片的信息含量的多少和思想内容的广度与深度。

7.7.1 事件性新闻

新闻摄影工作者应不断拓宽新闻摄影题材的范围,努力开辟新闻摄影报道的新领域和新角度。这既是时代发展的要求,又是广大读者的要求,也是新闻摄影发展的要求。根据事件相关性可分为事件性新闻和非事件性新闻,而事件性新闻又可分为预知事件新闻和突发事件新闻两类。一般新闻指按计划或有组织的单幅或系列新闻事件照片。

示例:《每日商报》要闻 芦山地震特别报道·灾情突发 现场新闻指无法预测和没有事先安排的突然发生的新闻事件,用单幅或系列照片来反映。另外,新闻人物(在某新闻中起作用的人物)用单幅或系列人像反映;日常生活(展现丰富多彩的日常生活)用单幅或系列照片来反映;体育(动态或体育运动特写)也用单幅或系列照片来反映。

7.7.1.1 瞬间记录

瞬间记录的方法,是将流动的时间和立体空间转化为静态的、平面的图片。与电视新闻和文字新闻相比,新闻图片更简练、突出,更容易记忆,而且画面一经定格就成为永恒。

示例:《城市商报》精彩的瞬间更能够揭示事物本质,更能震撼人的心灵。

7.7.1.2 善于找到鲜为人知的新鲜事实

一是善于发现或者找到迄今还没有通过大众传播媒介广泛传播的、鲜为人知的新鲜事实。二是善于发现或者澄清社会上众说纷纭、莫衷的重大事件的事实真相。三是善于发现或者提炼出有助于解决当前各种困难和社会矛盾的新经验。四是善于发现和捕捉能给人以启迪的新思想,深刻地揭示改革开放大潮中人们观念上的新变化。五是善于发现和表现最能体现时代精神、对人们有较大激励和鼓舞作用的典型人物。

示例:《姑苏晚报》影像实录"为了心中的'飞天梦'"善于发现能够体现事物发展规律的新的苗头、新的动向,准确地预测和描绘事物发展的趋势。

7.7.1.3 题材的开拓与发展

突发现场新闻,无法预测和没有事先安排的突然发生的新闻事件,一般用单幅或系列照片来表现。

示例:《姑苏晚报》 题材的开拓与发展,直接决定着新闻照片信息含量的多少和思想内容的广度与深度。四川芦山7.0级强震,这些瞬间的记录让人们为之感动。

7.7.1.4 利用人视觉的选择性

人的视觉是一种主动性很强的视觉形式,具有强烈的选择性。人们常说的"视而不见"一词,就说明纳入视觉范围的东西仍可"不见","没看到",这就是视觉的选择性。

示例:《姑苏晚报》影像实录"'学生白领':当兵是我的梦"视觉只看到吸引它的对象,也就是对它有较强刺激力、冲击力的对象。从新闻照片的角度来看,什么样的对象会对读者的视觉产生较强的刺激,具有冲击力或吸引力,就是好的角度。

7.7.2 非事件性新闻

非事件性新闻包括：艺术——捕捉精彩的表演或记录时装、建筑及其他视觉艺术、表演艺术的背景；科技——有关科学技术方面的突破成就和重大成果（单幅或系列）；自然与环境——关于自然与环境，如动物、植物、风景、生态等（单幅或系列）。人人都向往美好的生活，喜爱美好的事物，所谓"爱美之心，人皆有之"，所以美丽的花草树木、迷人的风景、可爱的儿童和俊男美女都是人们希望看到的。

示例：《姑苏晚报》题材可以展示不同的主题。正像生活本身是一个多面体一样，任何新闻的题材也是多面体，可以从不同侧面来揭示或展示不同的主题。这就是为什么面对同一题材，设置同一场景，不同的摄影记者拍出的照片各异的原因。最主要的问题是如何认识和理解。认识不同、理解不同，所展示的主题自然不同。"热力桑巴，我被鸟粪击中了"这类题材是永远拍不完的永恒题材。人们对这类题材有着永远难以满足的好奇心。

7.7.2.1 名人名事名物

名人的言行是人们议论不够的话题，尤其是他们的私生活，常成为人们议论的焦点。西方摄影记者常以窥探名人生活的照片成为独家新闻的"源泉"，这不足取，但是名人的有关活动是新闻摄影的重要题材，应是无可非议的。名人名事名物均有善恶两类，不管是人们仰慕的英雄、渴望发生的事情和渴望亲眼目睹的心仪之物，还是十恶不赦的恶人，痛恨的事物都成为人们注目的焦点，当然也应成为报刊新闻摄影记者镜头的聚焦点。

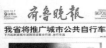

示例：《齐鲁晚报》 名人名事名物，都是人们关注的焦点，是人们议论的话题，所以也是新闻摄影的聚焦点。名人名事名物异乎寻常的变化则更会成为引人注目的新闻。

7.7.2.2 幽默摄影

现实生活中偶发的许多情景会形成十分幽默的画面，记者镜头中记下的许多幽默的瞬间形象，常令人发笑，所以摄影手段在拍摄表现这类题材方面有着独特的优势，可以说是其他手段难以替代的。

示例：《姑苏晚报》热力桑巴 "会说中文的，俄罗斯球迷" 用镜头记录现实生活中的幽默瞬间形象，令人忍俊不住，耐人寻味，这是摄影手段独具优势的表现题材。这类瞬间又被称"谐趣性瞬间"。

7.7.2.3 出乎预料的事情

从心理学角度看，人们对异乎寻常的事物和稀奇古怪的事物具有普遍的兴趣，如扭曲变形、异乎寻常地发生的联系或异乎寻常的同时呈现，常引起人们的一些强烈的心理触动，从而使人们产生丰富的想象和联想。

示例：《城市商报》2014 年巴西世界杯特刊 "美女的狂欢" 人们常从这类图片中受到启发和触动而产生遐想和获得意想不到的心理体验和情感体验。也可以说人们感兴趣的并非图片本身，而是从中升华出的"言外之意"和"像外之像"。

7.7.2.4 壮观的景象

人们喜爱壮观的景物，追求壮美的心理感受。人们对巨大而宏伟的建筑物、雄伟的高山峡谷会产生仰慕之情，为其巍巍态势或鬼斧神工的大自然的造化所震撼。对于巨大、奇异、恐怖的景象人们则会产生敬畏之情。

示例：《桂林晚报》新中国成立 65 周年封面秀在拍摄这一类题材时，应尽可能充分发挥摄影技术所能达到的效果，来强化其宏伟壮观、庄严和崇高，以及场面的恢宏，并利用巨大事物与普通事物对比的效应来衬托其奇异。

7.7.3 构图的基本形式

构图的形式感取决于人们对形式的心理感受。当一幅作品中只有一个物体时，无论它处在什么位置，都将是视觉的中心。

示例：《姑苏晚报》如何处理好题材与主题的关系是"常拍常新"的关键所在。只有结合不同时期社会生活的特点来进行不同侧面、不同层次的揭示，才能把"冷饭"炒好，从而受到广大读者的欢迎。形象在画面空间的存在形式是构图形式的基础，构图形式取决于对其形象的选择和组合的方式。

7.7.3.1 色彩对比

色彩对比是突出主体的方法。美存在于人类的活动之中，是人类活动历史发展的结晶。人类的一切活动，都在追求着未来，而未来总是美好的。人类在追求未来的过程中，总是把美赋予某些事物显现的特征，体现着美的对象化，而这一切都会在人类所创造的文明成果中得以体验。

示例：《牧马姑娘》 人类文明成果，无不蕴含着人类对美好追求的愿望。因此，新闻摄影是人类在追求美好未来的活动中所产生的一种审美创造活动。其产生的新闻图片作品，也是人类对追求美好未来发展史的一种审美描述成果。

7.7.3.2 形式构成的美感

应该说所有的东西都必须遵循美的原则，只要把自己学的东西贯穿始终就行。这是个慢慢成熟的过程。

示例：设计不是算术，没有固定方程式。线条是版面组织构成的重要元素，在版面中有很强的形式美感。

7.7.3.3 色彩的整体基调

色调指画面中形成的色彩的整体基调，与人的情感有某种对应关系。

7.7.3.4 承担社会责任，恪守新闻道德

加拿大《卡尔加里先驱报》误把钱塘江潮当作海啸照片刊登在头版。照片中数米高的浪潮正向人们席卷而来。该照片引起巨大轰动。但令人惊讶的是，事后证明该照片并非是在12.26"世纪海啸"中拍摄，而是2年前于中国杭州拍摄到的"钱塘江潮"！

一张曾经入选影响2006-CCTV年度十大新闻图片的《藏羚羊生命中的十道难关——铁路关》摄影作品是被PS过的假照片。刘为强在事后接受媒体采访时，承认照片确为后期合成。他表示，画面中羚羊照片、火车照片的确不是同一时刻拍摄，而仅是在同一地点拍摄，为了追求"更有感染力"的画面，才合成在一起的。

网友打趣说，"周老虎"风波未平、虚虚实实；"刘羚羊"横出江湖、真相大白。

7.8 新闻图片的拍摄技巧

新闻价值高——照片所反映的新闻事件或新闻故事具有较高的报道价值；瞬间新闻性强——照片所摄取的瞬间形象能够传递较多的新闻信息，并能准确地反映新闻事件或新闻故事的本质。因此，信息容量越大，新闻价值越高，视觉冲击力越强，也越富有新意。如何抓拍精彩瞬间：一是眼明；二是手快；三是预见性；四是提前量。拍好的10个因素是：抓本质、抓动作、抓高潮、抓神态、抓细节、抓矛盾、抓特点、抓悬念、抓特写、抓极端。

示例：选新闻图片时应该记住，不仅仅是看见，更重要的是要有所发现。好与不好是相对而言的。别人没看见的，你能看见；别人没发现的，你能发现；别人发现了但没有抓住的，你能抓住；别人做不出来的照片，你能做出来。贺延光拍摄的新闻照片《两党一小步，民族一大步》，定格了2005年4月29日15时06分42秒——胡锦涛与连战会见的历史性瞬间。

7.8.1 情节瞬间

情节瞬间又称象征性瞬间。通过选取情节展开的时刻，以人物的动作、姿态、表情、神态，人物之间的联系及人物与背景、环境之间的关系等，展示事物的情节或表现人物的情感、性格。

示例：《姑苏晚报》"新课桌椅放飞新梦想"图片通过瞬间性来表现事物发展的连续性和过程，这抓取的瞬间能引起读者的联想，富于启发性、揭示性、孕育性，从而突破时间、空间的局限。情节瞬间的拍摄往往决于抓拍的技巧。

7.8.1.1 抓动作让形象动人

新闻是以人为报道主体的，照片里的瞬间新闻性是通过瞬间形象体现出来的，瞬间形象，特别是人物的形象能否打动人心、感人肺腑，是区别新闻照片好与不好的关键之所在。

示例：要注意抓动作。在形象艺术里，新闻图片是最不怕动的艺术，没动作的题材，照出来经常是死板的，没有生命力的，而新闻图片对象动得越厉害，照片就有可能越生动、越活泼、越自然、越真实。新闻照片不在乎人物是老是小，好看不好看，关键要跳出外形美的束缚，表现出人物内在的精神气质，而人物性格的展露往往蕴藏在动作之中。图中拍摄作品借助了散射光，柔和而均匀，有利于细腻质感的表现。

7.8.1.2 抓神态让情感表露

有的拍摄对象没有动作，那么可以注意他的神态。抓取新闻的切入点，与众不同的神态。人物的表情神态往往是内心情感的表露，有些神态往往无法用语言文字表达。用图片的形象、直观等特性实现其传递信息的功能，可使图片版面千姿百态。

示例：《姑苏晚报》热力桑巴"英乌大战 晚报一家亲"仔细观察人物动作，对于人物动作中能够表现人物的精神、气质和性格特征等，留下一个好的印象。新闻图片主要是以瞬间形象来揭示新闻事实、传播新闻信息的。新闻照片浓缩的信息越多，新闻价值就越大，也必然越有新意。

7.8.1.3 抓特写提高视觉感染力

新闻图片特写是摄取新闻事实中最富有特征和表现力的片断，通过多种表现手法做具有强烈视觉及情感效果的着力刻画，使其产生立体感，从而更集中、更突出地表现新闻事实和主题。其特点是能生动而集中地再现场景与人物。新闻图片特写与其他报道手法相比具有能够生动而集中地再现场景与人物、渲染与烘托气氛和深刻反映主题等独特的魅力。新闻图片特写要选准一个"镜头"，要善于抓住人物和事物的主要特点，善于捕捉细节和抓住新闻事件最高潮的部分。

> 示例：《城市商报》"有一种作别叫永远" 如果把版面左上小孩取景的范围推向极端，近到无法再近，少到无法再少，版面精练至极，就会得到强烈的视觉感染力。特写的表现力不可忽视。

7.8.1.4 抓细节真实可信

直观性。新闻图片以线、形、色、质为语言，将事物的形象，如事件现场、人物特征等等，"一览无余"地呈现在读者面前。确立"抓拍的照片优先上版面"的原则，是用好新闻照片的重要一环。细节能使新闻图片更加真实可信；细节能够增加照片的趣味性；没有细节往往会导致照片平淡乏味；细节可以进一步深化主题。要注意抓住那些有意义的细节：眼神有画龙点睛、突出主题的作用；巧妙地运用光线，如侧逆光以形成鲜明的轮廓，这样面部和眼睛显得特别明亮。

> 示例：《中国青年报》 记者解海龙拍摄的"我要上学"系列组照中的一幅大眼睛女孩照片，就是一个典型的例子。照片包含有更多的情感信息，小姑娘的美丽与贫困山区险恶的环境形成了鲜明的对比。小姑娘的大眼睛透露着天真、纯朴、执着和希望，像探照灯一样逼视着受众的良知和灵魂，强烈冲击着受众的心灵，让人无法逃避。正因为如此，作者和读者都已经习惯把这幅照片作为整个系列照片的代表作，甚至全国希望工程的组织者也把这幅照片作为活动宣传的标识。

7.8.1.5 抓矛盾引人注目

有矛盾就有问题，有问题，就能引人注目、耐人寻味。矛盾也是一种对比，艺术创作如果不能有意识地运用对比，那么艺术表现力就会大打折扣。对比可以产生视觉冲击力；对比可以引起人们的思考，拓展版面的深度和广度。

> 示例：对比的因素越丰富多样，照片的味道就越浓厚。形态的对比是让主体本身的形态在版面中占据突出的地位，从而使主体突出；要用主体形态与陪体形态显著不同的方法来突出主体。大小的对比是指主体和陪体在版面中占据的面积和体积的对比。
>
> 让主体占据版面中大面积的空间，让陪体居于次要地位；也可以采用以大衬托小的办法来突出主体，即用"万绿丛中一点红"的道理，让小主体凸现在大背景之上或大环境之中。

高潮是某一个事态、某一个动作过程中最饱满、表现力最强的高峰时刻。经验告诉我们，抓取高潮要掌握好按快门的提前量，在真正高潮出现之前就要按下快门。在新闻现场抓拍的现场环境瞬间实录，内容应是新闻事件或新闻故事在运动、变化和发展过程中具有典型意义的一瞬，其内容真实、可信。

> 示例：《新京报》要善于捕捉瞬间。新闻图片中的有些镜头，同样像艺术品一样受人欢迎。中国红十字会组织的"寻找最美乡村医生"摄影活动的专版，用图片记录了乡村医生们默默无闻的身影。横向的版面用胶片般的表现形式突出每张图片和图注文字，排列简洁，与乡村医生朴实的特质相呼应。

7.8.2.1 抓特点令瞬间深刻

瞬间记录的方法，是将流动的时间和立体空间转化为静态的、平面的图片。新闻图片更简练、突出，更容易记忆，而且版面一经定格就成为永恒。精彩的瞬间更能够揭示事物本质，更能震撼人的心灵。抓特点，一个人物、一处地方，都具有各自的独特性。反映事物独特性的地方，能使照片的表现力增强。

> 示例：象征性瞬间不追求反映事件的全貌，只是把事件中最深刻、最具有象征性的一角、一部分凸现出来。这样的新闻图片为充分发挥设计者主观能动性而构建富有新意的版面，提供了广泛而自由的空间。 3月5日，北京人民大会堂，全国人民代表大会召开，温家宝在进行政府工作报告时打出了倾听的手势。

7.8.2.2 抓悬念作为吸引手段

英国悬念大师希区柯克有一句名言：悬念是吸引注意力的最有力的手段。高潮已过，但事物并没有完结。高潮后的瞬间常常孕育着事物内在意义的延伸，能启发读者在高潮后的回味和深刻的思考。高潮后的瞬间大多含蓄而深沉。

> 示例：《姑苏晚报》"关注定西地震 甘肃定西6.6级地震" 地震已致 89 死 515 伤，后来进展情况如何留有悬念。类似的消息最能引起读者的注意，来关注将要发生的事情。

7.8.2.3 抓极端刺激视觉

新闻图片善于把握事物的极端发展和变化，极端化的表现会使新闻图片视觉效果更加强烈、刺激。人的两眼是对称平列的，水平视角为50°左右。人的视觉偏爱长方形版面形式，版面的结构中心则应分布在长方形中对称的两侧，而不是长方形的几何中心位置。版面的结构中心，应当是明视中心的位置——假如把人的两眼拍成一个对称的横版面，两眼所在的位置应当是版面结构中心的位置。位于两眼所在位置的景物最引人注目，主体位于视觉中心位置的版面，最生动而富于变化。

第 7 章 版式设计的图片编排

7.8.2.4 抓本质凭敏锐感觉

事物的本质经常隐藏在纷纭复杂的外表之下，这要求新闻图片摄影记者有敏锐的感觉、特别深刻的眼光，对生活有自己独特的感悟，才能揭示事物的本质。"在人人看得见的地方，看出人们看不见的东西"，"在平凡的地方拍出不平凡的照片"，有新意的新闻照片常常是新闻现场的独家照片，对新闻现场的情况要仔细观察，做到心中有数。

示例：新闻图片能将新闻事件发生现场和新闻人物活动现场的气氛如实地记录下来，让读者通过图片能够感受到强烈的现场气氛，给人以如临其境、如见其人、如闻其声、如经其事、如感其情的现场感受，从而调动读者的参与感、贴近感。

7.9 新闻图片的结构要素

从结构上来说，构成摄影构图的基本元素包括被拍摄的主体、陪体、前景、后景和环境。首先说主体，主体从字面上很好理解，就是图片中摄影师所要表现的主要对象。照片中的主体既是内容表现的重点，也是图片主题的主要载体，同时还是画面构图的结构中心。其次是陪体，陪体是在画面中和主体有紧密联系或者辅助主体表现主题的对象。然后是前景，在图片里位于主体之前，或者是靠近镜头位置的人物、景物被统称为前景。前景有时候也有可能是陪体。最后是后景，后景和前景是相对应的，是那些位于主体之后的人物或者景物。一般来说，摄影图片中的后景多为环境的组成部分。最后要说的是环境，环境可以理解成前景和后景的总和。

7.9.1 主体

主体即版面中所要表现的主要对象。新闻不是逻辑推理，它表达了逻辑推理所表达不了的内容和主题。摄影记者首先应表达照片情感的感召力，即所谓的感染力。

示例：《姑苏晚报》 分清新闻主体，按顺序有层次地展开内容，概括介绍新闻事件。但新闻摄影的段落与层次有别于文字创作的段落与层次，一般来说新闻主体部分的每一个段落，既是一个内容，也是一个层次，可以由一至数张照片组成。

7.9.1.1 版面主体反映内容与主题

版面主体既是反映内容与主题的主要载体，也是版面构图的结构中心。它可以是某一个被摄对象，也可能是一组被摄对象；主体可能是人，也可以是物。新闻照片能提供高度形象、高度集中的，能激起人们感情的形象消息。

示例：《姑苏晚报》"暑假的尾巴" 让新闻有吸引力、感染力，需采取多样手段使读者爱读、爱看。这就要求拍照片认真、严格。摄影记者只要有时间、有条件，就要构思在什么角度，怎样采光，怎样表现人物的性格和心态。要试图艺术地去拍摄新闻照片，借以强化视觉表现，达到感召读者之目的。

7.9.1.2 人物、情景、物品

新闻图片最好是一个有人物的故事，而且最好是动态的，于是提炼出三个基本要素：有人物，是故事，动态。好的新闻图片能够抓住一些鲜明的动作。

示例：《森马报》要闻 "有一种责任让我们勇往直前" 中国经济参与到全球化进程程度的越来越深，中国企业"走出去"的愿望越来越强烈，以图片来表达人物、情景故事，有着很大的灵活性和适用性。这种传达信息的方式不仅通俗易懂，而且引人入胜。要表达最真实的中国故事，不必特意去"整容"，只需洗干净脸即可。

7.9.2 陪体

陪体是指与版面主体有紧密联系，在版面中与主体构成特定关系，或辅助主体表现主题思想的对象。

示例：《姑苏晚报》在反映热闹过节的新闻图片中，有穿红色衣服大妈与龙，图中的大妈就是版面的主体，而长长的龙就是陪体，利用主体与陪体间的有机联系来使情节得到生动的体现。陪体的作用是帮助主体展示情节。探求处理主体与陪体最优化的结合方式，为新闻工作者提供一定的参考与借鉴价值。

7.9.2.1 以陪体均衡版面

陪体在版面上有帮助主体揭示主题，起到均衡版面的作用。对于主题的揭示作用，具体而言包括：帮助主体展示情节；补充、丰富主体动作的内涵；衬托主体，加强主体的表现；注释、说明主体。新闻是新闻报道主体的寄托和体现，其具有至关重要的作用，而对于版面的主体，不管是人还是物，在构图中它都是灵魂和核心，正确处理主体与陪体的关系，才能让报道能够突出主题，达到好的宣传目的。

示例：《姑苏晚报》要闻"满载着爱心 向雅安出发" 陪体的安排和处理要使版面富有生气并与主体形成对比，起到对主体陪衬、烘托的效果。陪体的间接处理是结构版面的一种艺术手法，它扩大了版面的容量，创造了版外之境，让读者的想象来参加版意的创造，引起读者的兴趣和回味的余地。所以结构版面要做到"像外见意，版外有版"。

7.9.2.2 陪体的地位和作用

陪体是指版面上与主体构成一定情节，帮助表达主体特征和内涵的对象。组织到版面上来的对象有些处于陪体地位，它们与主体组成情节，对深化主体内涵，帮助说明主体的特征起着重要作用。版面上由于有陪体存在，视觉语言会准确、生动得多。它与主体的关系是：主体置于视觉中心；主体完整，陪体部分；主体正面，陪体侧面；主体动，陪体静；主体实，陪体虚。

示例：《贵州都市报》 在该版面中，"主体"是指挺进宝兴要表现的受伤者，也是版面的兴趣中心，是版面表现内容的主要体现者。它在版面中起主导作用，是控制全局的焦点。陪体深化主体的内涵。从版面来说，版面的主体是抢救人员扛起受伤人的情节。由于道路不通，在乱石路上作为陪体的抢救人员齐心扛起伤员，使情节中潜藏了更多的内涵，它是抢救人员冒着生命危险抢救伤员的真实写照，这里陪体所传达出的视觉语言是文字难以表述的。

7.9.3 前景、背景

在版面中，位于主体之前，或是靠近镜头位置的人物、景物，统称为前景。前景有时可能是陪体，但在大多数情况下是环境的组成部分。前景的作用是衬托主体，让观众的视线投向主体；通过前景与主体的对比，显现出景物的立体空间感和景物的深度，增强版面的纵深感；平衡版面，起均衡作用；用来交代环境、季节、天气，增加图片信息量。在拍照时，我们经常会遇到杂乱的背景。遇到这种情况，我们尽可能变换角度，把杂乱的背景从取景器中移除出去，还有一个办法就是改用长焦距镜头，使用大光圈，使背景虚化，这样背景即便是杂乱也看不出来。

示例：拍摄时，对景物的某个具有特色的地方进行强调，便可使之具有强烈视觉冲击力——只要被摄物体近一些，就可以得到比远距离拍摄更好的视觉冲击效果。另外，拍摄点的选取也要不落俗套，摄影语言要简洁明了。背景是指版面中位于主体背后，用来渲染、衬托主体的景物。背景的作用包括：说明主题，提供背景信息；交代环境和拍摄地点的特点；增强版面现场气氛；衬托、突出主体。背景能提供丰富的注解性、说明性的信息，运用得当，能极大地增加图片的信息含量，增强版面的表现力、说服力。主体与背景的关系是对比和照应的关系。从内容上看，背景是对主体的说明和呼应；从形式上看，背景是对主体的衬托和强化。应运用好主体与背景的影调、色彩对比，虚实、动静对比，可增强版面的视觉效果。

7.9.3.1 说明主题

背景用来说明主题，增加图片的信息含量，新闻背景，就是与新闻人物、新闻事件有关的材料，它是对新闻的说明和注释。任何事物都有其必然的存在背景，只有将所报道事物放到其特定的背景环境中，新闻报道才会产生真正意义。

示例：新闻照片主要表现的是人，各式各样的人，在各种场合出现的人。人是最难照的，尤其是人的特写镜头，照出每个人的心态更难。景比活的人物好照，景是死的，只要选好角度，用好光就行了，而活的人不断地在运动着，变化着，况且一个人的脸上还有喜、怒、哀、乐多种表情。说明主题有多种表现形式，一种是让人一看就明白是怎么回事，一种是让人回味、让人去联想。

7.9.3.2 照片说明文字

文字说明的成分包括事由、时间、地点、人物、背景、摄影者等六要素。事由指照片影像所反映事件，事物的情由；时间指事件发生或事物变化、产生的时间和拍摄时间；地点指被摄物所在的具体地点；人物指照片影像上主要人物的姓名、身份；背景指对揭示照片影像主题具有一定作用的背景；摄影者指照片的拍摄单位和拍摄人。六个要素，概括地揭示照片影像反映的全部信息。要求文字简洁、语言通顺，一般不超过 200 字；用阿拉伯数字表示时间，年、月、日用"."表示。新闻照片必须坚持事实真实、形象真实、说明真实的原则。首先，新闻事实不能编造；其次，新闻照片不能摆拍；第三，照片说明简洁明确。

示例：《城市商报》头版 "怀抱玉兔，九天揽月" 版面富有冲击力，充分体现了该媒体的个性，瞬时抓住读者的眼球，激发读者的阅读欲望。

7.9.4 中景、后景

图片的方向性可通过人物的运势、视线的方向等方面的变化来获得，也可借助近景、中景和远景来达到。

中景：通常照片的主体都是放在前景与中景之间，所以中景的处理亦非常重要。有些照片的主体在中景区，这是色调变化的中心地区。运用前景和远景为中景服务，能达到表达主题思想的目的，但是，主体位置亦不能过于正，而应放在中间的左或右侧，这样版面较为活泼。如果主体在正中，很容易犯被四面景物重重包围，弄到局促不安、呆滞而缺乏生气的状态。

后景：后景的作用是将景物扩展开去，烘托气氛，加强画面美感，增加人们的想象力和感染力。后景的色调以浅色居多，中间色调和深色调也有，不过很少。后景与前景相对应，是指那些位于主体之后的人物或景物。

示例：《深圳晚报》晚报头版 "把我的爱献给深圳" 在新闻照片中，人与背景的后景多为环境的组成部分，或是构成生活氛围的实物对象。

7.9.4.1 中景

中景及其摄影技术重点表现的是主体本身,也在一定意义上说明主体和环境的关系。中景照片是新闻照片最常用的表现形式。中景照片的特点是能单独能"讲出一个故事"。中景照片包含了与场面有关的所有故事元素,有参与者、环境和情节。中景照片应可以看清参与者的动作,显示参与者相互之间,以及参与者与环境之间的关系。拍摄中景画面,常用50毫米的标准镜头(视角与人眼相同,拍摄的影像不变形,光圈较大,结像清晰度较高),但使用24毫米或28毫米(也包括20毫米和35毫米)的广角镜头,可能会更方便一些(视角较宽、景深较大),但易变形。

7.9.4.2 中景是最常用的版面表现形式

新闻照片是以附有简短文字说明的新闻照片形式同读者见面的,它不同于电影和电视上的活动形象,而是以静止的形象,即将新闻自身的形象瞬间定格在版面上。

7.9.4.3 近、中和远景的视线

中景以表现具体的情节动作为主,适合表现人物的精神面貌。它对环境的表现是局部的,不适合表现整个环境。全景指被摄对象的全貌。全景比远景包括的范围小一些,但仍可表现被摄对象的整体,并能包括足够的环境,全景虽然能表现出被摄对象一定的动作,但还是不适宜表现具体的细节。近景包括被摄对象最主要的部分,比中景更能突出地表现具体的情节和动作,以及人物的情感,能交代出具体的细节。

示例:《城市商报》要闻"水面种菜"从远距离上拍摄的大场面,主要用来表现环境,表现总的气氛,表现空间,而不适于表现具体的动作和情节。图为相互自由叠置或分类叠置而构成的块状组合,具有轻快、活泼的特性,同时也不失整体感。

7.9.5 拍摄角度

拍摄角度包括拍摄高度、拍摄方向和拍摄距离。拍摄高度分为平拍、俯拍和仰拍三种。拍摄方向分为正面角度、侧面角度、斜侧角度、背面角度等。拍摄距离是决定景别的元素之一。以上统称几何角度,此外还有心理角度、主观角度、客观角度和主客角度等。在拍摄现场选择和确定拍摄角度是摄影师的重点工作,不同的角度可以得到不同的造型效果,具有不同的表现功能。角度可以即时再现或夸张表现大俯大仰,有特殊的表现意义。

示例:《姑苏晚报》要闻"又到枇杷季"主体是版面的主要表现对象,是主题思想的重要体现者,在版面中起主导作用。突出主体是摄影艺术表现的基本原则之一,也是新闻摄影表现主题的最基本要求。主体是新闻摄影图片中最主要的新闻信息载体,应在版面中占据突出的地位。

7.9.5.1 正面拍摄

正面拍摄,指镜头光轴与对象视平线(或中心点)一致。正面拍摄的优点是:画面显得端庄,构图具有对称美。正面拍摄,用来拍摄气势宏伟的建筑物,能给人以正面全貌的印象;拍摄人物,能比较真实地反映人物的正面形象。其缺点是立体感差,因此常常借助场面调度来增加画面的纵深感。

示例:正面拍摄,能表现景物的全貌和特征,人物面部的各部分都处在相等的对称位置,有安静、庄严、肃穆之感,会给读者以平稳、庄重的印象。正面拍摄的人像可与读者产生交互感。

7.9.5.2 侧面拍摄

侧面拍摄,指从与对象视平线成直角的方向拍摄。侧拍分为左侧和右侧。侧拍的特点是有利于勾勒对象的侧面轮廓。前侧面照,这个拍摄方向是人物摄影中最常采用的,因为这个拍摄方向不仅能表现出被摄者的正面结构和侧面结构,还能很好地表现出这两个面相结合的棱线,使被摄者的形象、轮廓和立体效果得到充分地表现。侧面拍摄的人物在画面中的各部分不处于同等地位,所以,画面中的影相显得活泼,富有变化,整个画面具有动势和较明显的方向性。

示例:《广厦报》要闻"伸出援手 尽广厦一份天职"视觉冲击力是指不需要受众想象,直接呈现在受众眼前,并能在受众脑子里留下印象的直观形象的作用力。侧面拍摄,可以使画面有立体空间感,富于变化,影像也更加生动,线条往往表现出更突出、更流畅的特点。

7.9.5.3 背面拍摄

背面拍摄中,主体与摄像机的朝向一致,所拍摄的画面常常同时将主体与主体所关注的对象表现出来,读者容易进入主体人物的内心世界,使镜头表现出强烈的主观感受。在作为主观镜头使用时还可以使读者参与事件的发展。从背面角度拍摄人物时,由于没有表现主体的正面表情,读者只能从人物姿态动作的某些特征进行想象,表达主题比较含蓄。若在电视节目段落的最后运用背面构图镜头,往往可以使读者对主题有更深刻的回味。另外,背面构图还可以展示被摄者的背面特征。不仅是主要被摄对象的形象有变化、构图的形式有变化,更主要是表现内容也可能有变化。因此,考虑拍摄方向的选择,应根据具体的被摄对象和主题表现的要求而变化。至于正面角度、斜侧角度、侧面角度、反侧角度、背面角度,没优劣之分,运用得当,都会获得成功的构图。

示例:反侧面和背面拍摄常用于人物心理的刻画,通过人体的动作而不是面部表情来表现人物的心理活动。背景是指版面中位于主体背后,渲染、衬托主体的景物。在人物摄影中,从被摄者的背后方向拍摄是很少的,只在一些特殊的情况下才采用。背面拍摄能显示出被摄者的背面特征和引导观众的视线向纵深发展。在选择背面方向来拍摄人物时,一定要注意被摄者的背面要有特点。

7.9.6 垂直角度

在拍摄动体时,应根据动体运动方向的特点来确定版面的横竖。上下运动的动体,常采用竖版面;横向移动的动体,常拍成横版面。从表现力的角度看,横版面适合表现辽阔、广大、宽敞的场景,如草原、沙漠、平原、广场等;竖版面则适合于表现高耸、挺拔、巍峨的场景,如山峰、大树、高楼、尖塔等。把同一景物拍成横、竖不同的版面,看上去,景物的形象也会发生变化。在横版面里景物会显得更加宽阔,在竖版面里景物会显得窄而高。

7.9.6.1 全景版面表现事物的全貌

全景版面用于表现事物的全貌,让人产生一种对景物的全面的认识,交代相互联系的人与环境、人与人之间的关系。

示例:全景版面展示事件发生的地点、环境,确定参与者的相对位置。全景照片拍摄范围的大小,取决于事件的范围大小。一般说来,全景拍摄需要一个比较高的角度。使用广角镜头,无须离场面太远,就可以拍到全景场面。

7.9.6.2 仰摄的夸张效果

仰摄指摄影(像)机从低处向上拍摄。仰摄适于拍摄高处的景物,能够使景物显得更加高大雄伟。用它代表影视人物的视线,有时可以表示对象之间的高低位置。由于透视关系,仰摄使画面中水平

线降低,前景和后景中的物体在高度上的对比因之发生变化,使处于前景的物体被突出、被夸大,从而获得特殊的艺术效果。影视教材中常用仰摄镜头,表示人们对英雄人物的歌颂,或对某种对象的敬畏。

示例:特写画面内容单一,仰摄可起到放大形象、强化内容、突出细节等作用,会给观众带来一种预期和探索用意的意味。在拍摄特写画面时,构图力求饱满,对形象的处理宁大勿小,空间范围宁小勿大。另外,在拍摄时不要滥用特写,使用过于频繁或停留时间过长,反而会导致观众降低对特写形象的视觉和心理关注程度。

7.9.6.3 向下俯摄令读者有新鲜感

俯摄与仰摄相反,摄影(像)机由高处向下拍摄,给人以低头俯视的感觉。俯摄镜头视野开阔,用来表现浩大的场景,有其独到之处。从高角度拍摄,画面中的水平线升高,周围环境得到较充分的表现,而处于前景的物体投影在背景上,会让人感到它被压近地面,变得矮小而压抑。用俯摄镜头表现反面人物的可憎渺小或展示人物的卑劣行径,在影视片中是极为常见的。

示例:俯摄相机位置高于被摄主体的水平高度,特征是镜头朝下拍摄。其最大特点是能使前后景在画面上得到充分发展,有助于画面产生丰富的景层和深远的空间感。

7.9.7 水平角度

平摄角度指机器的高度位置与被摄对象同等高度,对人物来讲摄像机高度位于肩部称为平摄角度,简称平角度。平角度具有以下造型特点:

①由于机位处于人眼高度,画面具有平视、平稳效果,是一种纪实角度。

②垂直形态的对象能得到正常再现,水平线条则容易重叠。

③透视关系正常,不变形(用中焦镜头)。

④适合拍摄图案、照片。

⑤平摄时,前后景物容易重叠而看不出前后景及背景的景次关系,故不利于空间层次、空间深度的表现。平角度适合拍摄人物近景特写,且不变形。如果追求构图平稳,不要大的透视关系,用平角度拍摄最为合适。

7.9.7.1 横竖画面的确定

横竖版面的选择,主要应根据被摄对象的特点来确定。同一景物画幅形式不同,视觉效果不同。被摄景物的形状。对于横向铺展的景物,常用横版面来表现,如江河、湖海、桥梁、堤坝等。对于上下矗立的景物,常用竖版面来表现,如高山飞瀑、树木修竹,楼、塔、亭、阁等。人像摄影常采用竖版面。竖版面又被称为"人像式版面",横版面又被称为"风光式画面"。版面中主线条对视觉刺激力的强弱有影响。被摄景物形状非典型横型或竖型,或版面线条呈多样分布时,应以主线的形式来确定版面的横竖。

7.9.7.2 透视规律的运用

透视关系处理得好,能增强空间深度感,加大版面的内涵,还能增强摄影版面现场气氛的表现及突出主体的作用。线条透视的规律是:近大远小;景物的轮廓线越远越集中;视平线以上的线条向远处延伸时往低处走,视平线以下的线条向高处延伸;视点右边线条向左集中,左边线条向右集中等。

示例:拍摄时观察线条透视效果,可将人们的视线通过线条透视效果引向版面主体,从而使主体突出。阶调透视的规律是:距离近的景物明度低,轮廓清晰,反差大,色纯度高;距离远的景物则明度高,轮廓越来越模糊,反差变小,色纯度变低。利用阶调透视效果也能获得突出主体的效果。

7.9.8 对比的运用

大小对比就是在同一版面里利用大小两种形象,以小衬大,或者以大衬小,使主体得到突出,使意境得到表达。得到大小对比效果大致有三种途径:一是利用拍摄对象自身的体积、面积的差异产生对比效果,比如成人和孩子的对比;利用镜头近大远小的透视变化取得对比效果;三是把前两个因素结合,把本来很小的物体夸大,制造出反常规的大小对比效果。

示例:《苏州日报》拍客 "镜头中的生命礼赞"所谓镜头感有三个衡量标准:一是新闻主体能够被画面展现,特别是人物的内心世界;二是新闻背景及其环境能够被版面展现;三是新闻场面具备较强的冲击力,即是否可以通过新闻性和版面构图共同形成使人产生共鸣的高潮。

7.9.8.1 动静的对比

大小对比,也称远近对比,这种手法容易表现出画面的主次关系。

而在动静对比中,人眼总是先看到动的东西。如果让主体运动而陪体静止,人眼会先捕捉到运动的主体;或所有陪体都在运动,只有主体是静态的,人眼也会把注意力放在主体上。

示例:动静对比,是指利用构图元素之间的动静关系达到突出主体的目的,静中的动,或动中的静,都可以形成对比关系。我们经常在屏幕上看到跟摄一个或几个人在相对静止的人群中穿行的镜头画面,由于主体动,环境相对静止,主体显得十分突出。如果环境中的人群相对运动,一个人静不动,也会显得突出。对比的方法还有很多,如方向对比、质感对比、线条曲直对比等。

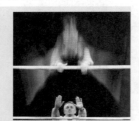

在一个镜头画面中利用对比方法称为同时对比,在相邻的镜头和场景之间利用对比方法,称为相继对比。相继对比是影视构图特有的表现方法,这是图片摄影所没有的。

7.9.8.2 色调对比

我们每天的生活被各种各样的色彩包围着,色彩与色彩之间千变万化,这些变化刺激着我们的生理感官,潜移默化中影响着我们的情感。当两个以上的色彩组合在一起时,就会形成对照与比较的关系,比较其差别及其相互间的关系就是色彩对比。在可视条件下,色彩的对比关系时时处处都存在着。

示例:《法制晚报》要闻 "航拍八达岭客流没爆表 长城淡定" 色彩对比具有普遍性,多种色彩组成千变万化的色调,色调之间的差别和对比更加丰富、微妙。色调之间因属性、环境、用途的不同而呈现千差万别的效果,因此探究色调的对比就有其特殊的实用意义。要想在设计中有效地、充分地发挥色彩的力量,就有必要充分认识色调对比的特性。

7.9.8.3 领导视察突出主要人物

报道中能捕捉到人物动情画面,可收到事半功倍的效果,特别是各级领导考察、视察的画面,更能吸引广大读者的眼球。尤其要严格掌握好拍摄时机,选取新角度进行拍摄。艺术语言作为艺术的表现手段,成为进行艺术作品创造的媒介,它的存在方式与构成原则,不但能够把握着艺术作品美学价值的高低取向,而且蕴含着对艺术语言诸多不同的创造意识的反映。

示例:《方正印务报》"点赞 远程排版 希望 拓展服务" 4月18日下午,金华市文化广电新闻出版局宋副局长一行莅临公司印刷厂调研,察看了生产设备和消防安全设施,就开展党的群众路线教育实践活动召开座谈会,公司庄总和部分职工代表参加。作为公司重要的新闻报道,如何将领导视察调研报道这类报道写出特色,写出新意,使报道内容鲜活,突出主要人物,并在报道中塑造领导良好的个人形象,把领导关心和职工代表的画面共置于同一版面,做到领导和职工代表的画面均衡(领导和职工代表都有同样较大幅度的画面呈现),从技术层面讲,那就是现场,把领导和职工代表一并同等重要地囊括进一组画面中。于是,突出领导和职工代表,采用多张表达不同观点和立场的照片来吸引读者,让新闻语言紧扣细节,语言鲜活。

7.9.9 会场

会议摄影可以分为三个部分:一是器材的准备,如镜头、闪光灯、电池、储存卡、脚架等,是否够用;二是场地的熟悉,如固定机位设何处,室内光照情况,主席台上下路线,领奖者的进退路线,拍摄获奖者合影的机位以及各讨论分会场的情况等;三是会议的议程,根据会议议程拟写拍摄提纲,哪些必拍摄,哪些可捎带拍摄。从拍摄场景方面说,各个主要领导的近景镜头、会场全景镜头、代表席和主席台的中景镜头都是必要的。

示例:会场新闻照片,主要是以人物为主。在设计版面时要注意主体和陪体的关系,主要人物和次要人物的关系,人物与背景的关系。

全景照是会场组照中最重要的

会场局部照

会议情节照

会议新闻拍摄

颁奖及领奖特写

7.9.10 文艺演出

了解节目内容,如果能先观看一下节目的彩排,做到心中有数,在拍摄时就能更加得心应手。如果没有机会观看彩排,就在表演之前了解一下节目内容和特点,这样在拍摄时就能有所准备。作为一台文艺晚会的整体报道,拍摄些什么内容应心中有数。

示例:《城市商报》"海内外共赏苏州月" 在文艺晚会中应拍摄演出全景。因为舞台灯光一般都很暗弱,拍摄时,可将感光度提高到ISO 800以上,以避免拍出来的照片会曝光不足。不过,在提高感光度以后要注意燥点对画质的影响。还可根据剧情需要,利用舞台灯光,用特殊效果镜拍摄一些有星光、彩虹和多影等特殊画面效果的照片,以增加照片的美感和趣味性。

7.9.10.1 文艺演出的拍摄角度

在拍摄文艺演出的过程中,摄影者可灵活选择拍摄的角度。可到舞台下的正面及两侧拍摄,也可到观众席用长焦镜头拍摄(选择拍摄角度还要参考所拍摄节目的内容,如果是欢快的节目,就可以用稍微夸张的表现手法;如果是合唱类等庄重的节目,就适宜用正常视角去拍摄)。在拍摄文艺演出的过程中,摄影者可灵活选择拍摄的角度。

示例:《苏州日报》 在苏州太湖国际会议中心前的市民广场,"苏州月·中华情"2014年中央电视台中秋晚会精彩呈现,很多现场观看演出的市民纷纷表示,演出舞台布置简单大方、清新雅致,让人印象深刻。正值中秋佳节,这台在苏州向全球华人送去真挚祝福和问候的中秋晚会,尽管节目丰富多彩、有诸多明星强力加盟,但在制作资金的支出方面跟往年相比却大幅减少,节俭秋晚一样精彩。拍摄时可用侧角、长焦镜头来拍摄。

7.9.10.2 拍摄文艺演出的方法

抓拍时镜头要选择变焦范围大的镜头。如果有一只长焦镜头,拍摄一些特写镜头会更好。拍摄一般文艺演出不必太注重艺术效果,而要偏重于宣传报道,因此可使用闪光灯。闪光灯应选用指数在36GN以上的,只有中等以上指数闪光灯的亮度才能覆盖整个舞台。为了增加舞台气氛和美化画面,还可带上多种特殊效果滤光镜,如星光镜、多影镜、彩虹镜、柔光镜等,拍摄一些有特殊光影效果的舞台照片。

示例:《苏州日报》要闻"'苏州月'温暖华人夜" 作为一台文艺晚会的整体报道,拍摄些什么内容应心中有数。一般在文艺晚会中应拍摄以下一些内容,演出全景(包括观众、舞台及晚会横幅等)、抓取主持人在主持过程中的几个瞬间、节目的精彩点、全体演员谢幕、领导与演员合影等。如果要全程拍摄每一个节目,难度会很大,拍摄时应在每个节目的开头、中间、结尾处多拍几张,以避免错过节目的精彩点。

7.9.11 运动照片

在拍摄运动照片时,必须注意运动方向的前方要留有一定的空白,这样有助于加强运动的空间感。

示例:《北京商报》奥运官方会刊 跳远跳高等项目拍摄运动员腾空时的照片,田径项目在终点线附近拍摄运动员冲刺动作的场景。

7.9.11.1 体育摄影的特点

体育摄影是典型的动体摄影,往往在被摄对象显著的、急速的运动中进行拍摄。场景一般比较广阔,但常常无法靠近。时间上有预先安排,但是无法重现。

示例:奥运期间国外报纸头版(8月6日) 拍摄要体现力与美的结合、队列图案的壮观。

7.9.11.2 体育预见拍摄

对体育摄影来说,熟悉比赛,预见性地按动快门,是成功的秘诀。作为体育比赛的现场拍摄者,选择和掌握什么时间按动照相机的快门至关重要。

示例:《姑苏晚报》热力桑巴 "竞彩热门,西班牙有望大胜" 各种精彩的瞬间、理想的画面往往都是转眼即逝的,如果缺乏预见性,不能事先预见到这些典型的瞬间会在何时、何地出现,该在何处怎样拍摄,那就难以拍出优秀的体育照片。

7.9.11.3 合理地运用提前量

所谓提前量,就是当抓拍运动员的某一快速变动的动作时,要在动作的高潮和精彩瞬间出现之前的一刹那间按动快门。

示例:如果用肉眼看到动作高潮出现时再按动快门,那么拍出的照片肯定是高潮已过。我们所说的是动作高潮和精彩瞬间出现之前的一刹那按动快门,并不是说快门按下去了,精彩瞬间才出现。

7.9.11.4 了解运动员的典型动作是什么

要了解所拍项目的运动特点和规律,最好能了解运动员的典型动作是什么。要充分考虑到拍摄现场上的光线效果和背景对主题的烘托。要寻找那些动作高潮经常出现的地方和一定能出现的地方来拍摄。

示例:如篮球的投篮点、篮板下,足球的射门点、禁区内,跨栏跑的栏架上方等,这都是表现项目特点和运动高潮的最佳点。

7.9.11.5 真切的运动形象

体育摄影可以把体育运动中精彩的、扣人心弦的但又稍纵即逝的瞬间形态捕捉下来,雕塑般地凝结在照片之中。体育摄影可以强化读者对体育竞技的惊险性、激烈性、趣味性的艺术审美感受。

示例:《广州日报》奥运特刊　体育摄影拍摄的是真切的运动形象,因而它具有一种独特的感染力和一种其他艺术形式难以比拟的美学情趣。对于体育摄影,作品虽然是静止无声的画面,但它呈现给人们的却是紧张激烈的竞赛气氛和惊险优美的瞬间。

7.10　如何挑选图片

新闻图片的决定性瞬间,是照片成败的关键,这一瞬间的获得非常难。从表面看,"咔嚓"一下,好似很简单、很潇洒,实际上是作者全部学问、功夫、修养、经验的一次总结。早一点或晚一点按动快门,都意味着永远丧失了最关键的那个瞬间。

示例:《扬子晚报》　一个梳着桃子头的稚龄男童正自信从容地操控着帆船,这张新闻图本身就已经让人眼前一亮,而在这张图片的右下角又插入他雪天裸跑的图片进行对比。半年过去了,裸跑弟不但健康成长着,而且又多会了一项技能,也许时间是鹰爸对待质疑的最好回答吧。

7.10.1　新闻价值高

简洁明快、视觉冲击力强的图片新闻更加受到读者关注和青睐。因此,对于纸质媒体,将新闻图片提升到与文字并重的载体地位,既是时代发展的要求,也是尊重新闻规律的体现。在媒体竞争愈发激烈的态势下,纸质媒体强化精品新闻图片意识,建立科学的图片报道机制,做好新闻图片的"精美大餐",才能满足读者需求,赢得竞争。新闻图片的新闻性主要体现在三方面,一是新闻价值高;二是新闻元素多;三是新闻时效强。为了增强新闻图片的新闻性、时效性,《安徽日报》规定,凡属新闻图片,从拍摄到见报必须在24小时内完成。超过24小时,新闻图片失去了新闻性,就不能见报。摄影报道速度越快,传播价值越高,信息含量越大。

示例:《姑苏晚报》头版 "雪再大,也要回家" 新闻照片的真实性是指照片反映的内容是真实的、自然的,而不是摄影者造假或者摆拍出来的。2008年就有周正龙的造假的"华南虎"事件,这就是一个典型的新闻照片失实的例子。

7.10.1.1 确定图片的基本步骤

第一步:确定主题(需要传达的信息)。

第二步:寻找、收集用于表达信息的素材(含文字、图形和图像)。文字表达信息最直接、有效,应该简洁、贴切。应该根据具体需要确定视觉元素的数量和色彩(黑白或彩色及色系)。

第三步:确定版面视觉元素的布局(类型)。

第四步:使用图形图像处理软件进行制作。

示例:《姑苏晚报》财经·综合 "醉酒失足排名大挪移"　面对声画时代和读图时代的到来,具有时代感的版式设计师,必然会审视什么是平面媒体最主要的视觉元素,想方设法凸现报纸版面的视觉亮点,千方百计增强报纸版面的阅读感染力。突出报纸版式设计在信息传播中的造型特征。

7.10.1.2　新闻图片正面性

照片反映的内容要具有正面的社会效果,避免副作用。另外,选择角度或取景不当,会泄露国家机密,这类照片也是不能采用的。例如,前段时间扫黄行动中,资阳大众网就刊登了一些近乎全裸的嫖客和妓女交易现场的照片(有马赛克处理),这样是很真实、很有震撼力,可是这样也会对一些未成年人造成很大的困扰和不良的影响。

示例:《钱江晚报》特别报道·现场 "永失我爱"　照片反映的内容具有正面的社会效果。在视觉化版面中,图片的安排和搭配同样非常重要。一个整版放多少张图片,图片之间的大小搭配如何处理,都是版式设计人员必须考虑的东西。

7.10.1.3　新闻图片价值性

新闻图片主要是以瞬间形象来揭示新闻事实、传播新闻信息的。新闻图片所浓缩的信息越多,新闻价值就越大,也必然越有新意。编辑要分析照片所反映的新闻事实是否为新近发生的、重要的、显著的、具有趣味性的、与读者地理或心理上相接近的,越是这样的新闻图片就越有采用价值。

示例:《姑苏晚报》头版 "不能靠生命换安全"　图片场景宏大,震撼力很强。图片的题材、角度以及构图独特,别具一格、突破常规的图片才能迅速捕获读者的注意力。

7.10.1.4　新闻图片主题性

一张理想的新闻图片应该把新闻的主体影像突出出来,成为图片本身的视觉中心,而次要影像或无关影像只能作为陪衬,甚至被可有可无地"虚化"。如果次要影像或无关影像喧宾夺主,在构图上成为"主体影像",则这样的新闻图片就是不合格的。可以说,主题性强调的是新闻图片的表现力。

示例:《重庆商报》新中国成立60周年10月1日党报封面秀　对主打图片,根据不同的情况可做出一些技术处理。在图片对比度相当高的情况下,可以考虑将图片的周边部分在版面上进行拓展,并且在拓展部分排上对符合新闻事件主题价值的图景或元素。这样做的好处是既有效地利用空间排灌文字,又扩大了图片的范围,增强了版面冲击力。

新闻图片的形象性主要体现在两方面。一是视觉冲击力大，即图片对读者视觉的刺激和心理震撼能力强。新闻图片能否抓住读者的眼球，引起注意，激起阅读愿望，关键是看其视觉冲击力是否足够大。二是充满真情实感。

示例：《华商晨报》新中国成立 60 周年 10 月 1 日党报封面秀　新闻图片的主要表现对象是人。在具体新闻事件中，每个人都会有自己的情感动作、心理活动。注意捕捉事件过程中人物内心流露的情感情态，新闻图片中的人物形象才能活起来，画面才能动起来，才能使人产生共鸣。

7.10.2.1 新闻图片的完整性

新闻事件的主体具有一定的系统性和完整性。作为新闻主体的人、物并不是孤立的，它与周围的人、物以及环境有着千丝万缕的联系。有时，摄影记者为了过分强调"震撼力""感人度"，人为地割裂新闻主体与周边事物的联系，有时甚至将新闻主体本身也割裂开来，此种做法表现在图片上就是只有新闻主体，而没有与之发生联系的周边事物；或者只有新闻主体的局部而没有新闻主体的全部。

示例：《新闻晨报》新中国成立 60 周年 10 月 1 日党报封面秀　在有限的版面空间里，将版面构成要素——文字、图片、线条线框和颜色色块诸因素，根据特定内容的需要进行组合排列，并运用造型要素及形式原理，把构思与计划以视觉形式表达出来。也就是寻求艺术手段来正确地表现版面信息，是一种直觉性、创造性的活动。编排，是制造和建立有序版面的理想方式。

7.10.2.2 新闻图片的交织

在版面相对宽松的情况下，图片选择可以同时采用多种方式，如广角镜头与特写镜头、正面拍摄与侧面拍摄、散式物像与聚式物像、动态图片和静态图片等的巧妙组合、交织，来起到相得益彰、互相弥补的效果。

示例：《天府早报》新中国成立 60 周年 10 月 1 日党报封面秀　人们的视觉不可能同时接受纷繁复杂、即将"爆炸"的信息，往往只能对那些具有较强视觉冲击力和那些引人入胜并能提起兴趣的信息予以吸收。因而，作为视觉信息传达的设计，要想增加自身的吸引力，就必须按照艺术的形式特点和人们的视觉感受规律来设计。

7.10.2.3 适当运用摆拍

一些摆拍的照片，就是在"主观先行"的"摄影创作"规律下按图索骥，到现场导演"新闻场面"拍摄的。例如 1974 年拍的《南泥湾五·七干校》，摆布时的

细节：老农的羊角巾、人物背后的草帽、手中的笔记本、脖子上的毛巾、桌子上的水杯、水壶以及人物坐姿的高低错落等等。这样的

细节越接近所谓的"本质真实"，越符合"主旋律"，就离"这一新闻事件(故事)"的事实越远，就越具有欺骗性，越对不起享有知情权的读者。

单幅新闻图片是平时工作中最常用的发稿形式。单幅新闻图片的基本要求是：表现有形象价值的、有代表性的典型瞬间，注意细节、人物情感及体态语言。

示例：北京时间 2009 年 2 月 13 日 18:00(荷兰当地时间 2 月 13 日 11:00)，第 52 届世界新闻摄影比赛(WPP)——"荷赛奖"获奖作品在荷兰阿姆斯特丹揭晓。救援部队用担架将地震幸存者抬出。摄于中国四川北川县，5 月 14 日。杭州日报记者陈庆港。

WPP(荷兰世界新闻摄影基金会)供图

7.10.3.1 仔细观察人物动作

表情、动作是人物内心情感的外部表露，是揭示人的精神、气质和性格特征的关键所在。新闻摄影表现人物的内在精神和思想感情，必须通过人的动作来表现。动作是新闻照片用以"说话"的形象最基本的特征，即活动形象，或者是群体活动中的某种情节形象。在新闻照片中用动作表现人物的个性特征，必须与表现人物的思想感情联系起来，即通过人物在动作中富有特征的表情和姿态显现的情绪，把人物的思想情感展现出来。

示例：饥饿　主要表现元素：脸与手。新闻照片也要有创新精神、创新意识，不能老一套。照片也要简练。版面要让人一看就明白，文字附加说明只能起画龙点睛的作用。

7.10.3.2 有历史价值的新闻图片

有的新闻图片时间一过就没有价值了，生命力很短；而有的新闻照片生命力很强，甚至成了很有价值的历史资料；还有的照片时间越久、价值越高。如盟军"三巨头"丘吉尔、罗斯福和斯大林在伊朗首都德黑兰举行会议，商讨如何对付纳粹德国的照片。

7.10.3.3　图片用影像语言来说话

文字有时不可信，因它可以随便写。照片应是最真实的，最可信的。但现在有了数码相机成像，有了 Adobe Photoshop 软件，弄得照片也不可信了，它可以胡乱嫁接，头、身子、胳膊腿，人身上的各个部件都可以随意

拼装、更换、挪位，而且弄得天衣无缝。这是有悖于新闻的职业道德的，应该唾弃。《中国农村城市化改革第一爆》记录了 2005 年 5 月

22日深圳市对皇岗口岸附近的城中村进行改造爆破的情景。这张图片用影像语言来说话,用富有版面冲击力的"瞬间美"打动了评委。然而,该金奖的公布却引起了网友的质疑,指出有用软件合成的嫌疑。

7.10.3.4 独一无二的新闻图片报道

9·11,内容与形式均是独一无二的新闻图片报道,毫无疑问是最受读者欢迎的;仅仅"形式"(即照片的画面效果)是独一无二的新闻图片报道,也会吸引读者的眼球;而仅仅是"内容"独一无二的新闻报道则是第三等的,因其照片本身的画面效果对读者来说"熟视无睹"。新闻摄影者应想方设法拍出让读者有"第一次看到"的新鲜感。

7.10.4 图文的结合

在视觉化的冲击下,为了回应读者对图片的偏好,绝大多数报纸都树立起了图片观念。一方面大幅制作精良的图片频频占据各大报纸头版的中心位置,使图片成为吸引读者的首张王牌;另一方面,许多报纸逐渐提高了图片的使用率,大量具有视觉冲击力的图片成为报纸留住读者的法宝。

示例:《温州晚报》新闻 "屋顶可泊车245辆"图文的结合,不是指简单地把图文并列在一起,而是将图片和文字两要素有机地完美结合。这种有机结合的结果,其信息总量超过了图片所传递的信息量和文字所传递的信息量的简单相加,得到的是信息量的剧增。报纸版面的这种变化,在一定程度上迎合了读图时代的发展潮流,讨好了读者的阅读心理和习惯。

7.10.4.1 用新闻组照讲述新闻故事

用新闻组照讲述新闻故事。电视以流动直观的画面深受观众喜爱,而报纸仅靠单幅图片反映瞬间,显然处于劣势。那么,有没有一种较好的办法弥补不足呢?《鸡西日报》在这方面做了尝试,效果不错。《鸡西日报》于1998年12月推出了"新闻纸TV"图片新闻专栏,其目的是利用新闻图片组照这一形式反映新闻内容,力争像电视画面一样,"定格"透视人物。

示例:《重庆晚报》"中华神盾航母杀手明日亮舰" 组照是对同一新闻现场不同侧面的描述与表现,也可以是同一主题下的不同场景的组合。组照多用于多侧面、多角度地表现新闻事件,深化主题。图片和文字具有同等重要的地位和作用,不能轻视和贬低任何一方。重文轻图和重图轻文的倾向都是错误的和片面的,因为对二者之中任何一方的轻视均会造成这种结合的不平衡,这必然造成新闻信息总量的减值。

7.10.4.2 组合图片三原则

图片是版式的灵魂。选择一张出彩的图片是版式设计的重中之重。选用一组图片有三个原则:相邻原则,能让读者直接抓住照片之间的关系;互补原则,图片互相补充而不是用两种方式表达同一内容;主次原则,一组图片有一个重点,就像作者写文章必须有一个重点一样。挑选图片也有一定的原则可循,譬如优先考虑富有动感、矛盾冲突强烈、人物表情丰富的图片等等,这样容易引起读者的共鸣。

示例:《北京晨报》"海天互贺" 在神州发射成功的重大新闻中,大部分报纸都采用了大图片,并进行了一系列报道,且不约而同地选用了一张航空俯拍的图片。图文结合的新的报道形式增强了新闻的可信性。由于图片所具有的纪实特性,增强了人们对新闻报道的信任程度,比单独的文字报道更真实可信。

7.10.4.3 组合图片的使用

新闻图片作为一种视觉传达手段,是新闻报道中不可缺少的重要形式。它可以使读者一目了然地了解新闻要传达的各种信息,相较于文字报道,更直接、更具体、更形象、更有说服力。新闻图片的视觉冲击力通过线条、形体、影调、色调等形象要素有机组合形成,是表现在外的显性因素;新闻照片的形象感染力则通过版面形象的各种因素的内在联系与组合方式,如情节、细节、现场环境气氛,人物性格等照片深层蕴藏的内容与读者产生情感的共鸣,是隐藏在内的隐性因素。除了单独的照片,也可以用几张照片来共同说明一个故事,这样做可能会出于以下几个考虑:1.对比;2.特写镜头和前后联系(当摄影记者有必要表明事件发生的地点时,提供的照片可能是整个场景,另一张照片可以是一个特写镜头,表明这个场景的某一局部);3.连续性(一张照片只能抓住一系列动作中的一瞬间,两张或两张以上的照片才能展示动作的全貌)。

示例:长而空的文字,常常被读者贬为又臭又长的"懒婆娘的裹脚布",同样,没有"新闻含量"的大而空的图片,就是一种"泡沫"。这种新闻图片虽然看起来篇幅很"大",但由于内容平淡无味,苍白空洞,不仅没有丝毫的冲击力,而且还会挤占、浪费甚至污染寸土寸金的版面。

7.11 图片的裁剪处理

进入了"读图时代",很难想象没有新意和创新的图片能够抓住读者的眼球,这就要求编辑在选图时要多下点功夫。其次,在对图片的把握上要注意图片的题材、角度以及构图是否独特,有没有出新。只有别具一格、突破常规的图片才能迅速捕获读者的注意力。

示例:《东莞时报》 整个版面由各种表示高科技的产品符号拼成一个"人"字,唯独在肾的部位缺了一块。17岁高中生为买iPad2卖掉一只肾,真是致命的消费。这样的消费谁都伤不起!

7.11.1 照片裁剪处理的原则

根据真实性原则，新闻图片是不能裁剪和作其他处理的，但是为了适应版面的需要，或者说是受到报纸版面的限制，也可以做适当的调整。

示例：《姑苏晚报》头版 "我们送福来啦" 对新闻图片的剪裁、重定图片大小以及平衡色调和色彩，可以做适当的调整。

7.11.1.1 照片的裁剪

编辑对新闻图片进行剪裁的目的，是为了新闻图片能够更好地体现编辑思想，突出报道主题，同时也使新闻图片更有视觉冲击力。有这样几个原则：1.决定该故事中需要的元素；2.消除在照片中引人注意但是不必要的元素；3.决定使用怎样的剪裁技巧，如制造特写镜头、强调人物的面部特征、剪裁成细长条或者竖长条等。

示例：《姑苏晚报》视觉 "大漠深处" 通过图片剪裁，力求让读者一眼就将注意力集中到图片中心部位。编辑在剪裁过程中，也要追求出新，尝试不同的剪裁角度和方法以达到最佳的效果。

7.11.1.2 图片裁剪技巧

裁剪也在一定程度上讲究技巧，以追求不同的效果，达到最佳的状态。可以运用不同的角度和方法进行裁剪，力求让读者一眼就将注意力集中到图片的中心部位。

示例：《东莞时报》求婚与结婚指南 在版面中，一个整版放多少张图片，图片从内容和大小方面如何搭配都是要考虑的重要因素。用喜气的照片墙堆成两个大大的"喜"字，整个版面幽默且喜庆，用攻略的形式分步骤解析求婚和领证过程，为广大读者摆脱单身支招。整个设计颇有新意。

7.11.1.3 新闻主题形象更加鲜明

编辑在剪裁照片时，要根据报道意图分析照片的构图是否合理，对那些与主题关联不大的旁枝侧节应加以剪除。

示例：《温州交运集团报》专版 "正能量" 编辑在剪裁照片时，要使画面的布局更加合理，新闻主题形象更加鲜明。

7.11.1.4 吸引读者的视线

"一张好看的报纸"是由好看的报纸版式组成的，而好看的版式又离不开好看的版式设计。版式在报纸版面中扮演着举足轻重的角色。

示例：《温州交运集团报》"妈妈，陪您慢慢变老" 版式是报纸的视觉形象，它刺激着读者的阅读欲望，吸引着读者的视线。

7.11.2 照片构图的修正

编辑照片用到多大篇幅，要考虑到照片新闻价值的大小、社会效果是否突出。一般对于重大主题的新闻图片都应该给予相对大的篇幅。如果照片拍摄的人物很多、图像比较复杂，也应该给予足够的篇幅使读者能够看清楚。

示例：《姑苏晚报》头版 "大雪来袭 大美苏州" 新闻编辑在采用新闻人物照片时，由于照片的背景太乱影响了人物形象，就干脆将照片的背景全部剪裁掉，只保留人物来突出人物形象。

7.11.2.1 照片长宽比例的调整

好的图片不仅在于选择，还在于剪裁。图片在视觉上要形成冲击力，画面元素一定要简洁。构图要合理、有新意，如被摄主体在画幅中所处的位置、照片画幅的长宽比例、透视与空间深度的处理、影像清晰与模糊程度的控制、色彩的配置、影调与线条的应用、气氛的渲染等。摄影的这种构图过程，并非在产生作品的最后阶段才完成，而是从考虑画面时就开始了。摄影构图的基本要求是鲜明、易懂、有表现力。

示例：《苏州日报》要闻 "一夜'雪被'东山最厚" 编辑在剪裁照片时一方面要考虑到照片的长宽比例应该符合审美要求（通常"黄金比例"是最好的），另一方面也要考虑到照片在版面上的位置以及稿件配置的特殊需要。

7.11.2.2 照片篇幅大小与外形的确定

要考虑照片的质量，如果照片本身清晰度不是很高，放大程度太大，效果就不佳。

示例：《苏州日报》头版 "华灯闹春 两岸同庆" 图片也是有语言的，也和通讯体裁的新闻写作一样，是需要情节与细节来支撑的。通过情节与细节的展现，使读者更真切地感受到现场的真实氛围和新闻人物的现场表现。

7.11.2.3 图片在视觉上要形成冲击力

好的设计一般版面简洁，但不缺乏内涵，且隐含的版面语言相当丰富。好的图片在视觉上会形成冲击力，但重要的还在于裁剪和选择。过于烦琐和复杂的元素容易分散读者的视线，因此要吸引读者的注意力，在版面上一定要凸显主次且简洁。但是对于过于复杂的图片，就要求编辑考虑各方面的因素加以裁剪，突出中心，抓住读者的眼球。

示例:《今日永嘉》 不得过度调整颜色。当有需要的时候,可以在其校准过的高分辨率屏幕上进一步对图片进行编辑,包括调亮/调暗、锐化、清除污点以及基本颜色校准。

7.11.2.4 以主次呼应的方式编排组图

以主次呼应的方式编排组图时,要做大主图、做精小图。突出大图,如国庆日焰火景观,以民众欢庆情景的小图做呼应;小图也有明显变化,如上下为竖图,横图居中。以这种方式编排组图,主次分明,重点突出。

7.11.3.3 去除图片污点的细微调整

经 Photoshop 进行细微调节(在以上规定内执行)的照片是可以接受的,包括基本的颜色校准、部分区域轻微地调亮/调暗、锐化、去除污点以及其他在以上规定下进行的细微调整。

示例:《宁夏日报》 记者使用 Photoshop 进行了颜色校准,图片部分区域进行了轻微的调亮/调暗、锐化及去除污点处理。

示例:《京华时报》 横版的哀悼日版面将图片分布摆放得更加合理有逻辑。图片四周均运用了黑色的边框来处理,肃穆庄严。选用的主打图片体现了同舟共济的主题,角度积极独特。

7.11.3.4 纪实照片完整性的优先原则

纪实照片的完整性具有最高优先权,纪实照片边框内的所有内容都不能改变,包括改变背景,增加颜色,制造图片蒙太奇或者拼接图片。不能对图片中的内容做任何的增减,这意味着即使是一只手或者一根树枝出现在图片中的不合适的位置,也不能去掉它。

示例:《广州日报》 采用刘翔经典跨栏动作,将刘翔比赛时间做成跨栏形状,暗喻刘翔需参加的三次比赛,也表达了读者们的期待,希望刘翔成功飞跃这三个跨栏,取得成功。

7.11.3 新闻图片在软件(Photoshop)中的处理原则

Photoshop 是一个功能强大的图片编辑软件,一般报纸版面编辑仅仅只使用其强大图片编辑功能中的一小部分——剪裁和重定图片大小,以及平衡色调及色彩。

示例:《法制晚报》2014 年巴西世界杯特刊 要闻"德冠" 新闻图片是新近、新鲜、新奇的见闻。性质定义反映的是新闻的基本特性,即新近、新鲜、新奇,用一个字来概括即是"新"。

7.11.4 照片不可以使用的数码修补技术

纪实照片不得被拉伸、变形以适应版面需要。新闻图片不是哈哈镜,不能随意变形。有的编辑看到版面空一块,为了不改排文字,甚至图省事,把照片拉长或是压扁,使照片变形,借以填补空白。这样做违背了新闻摄影的真实性原则,他们在做变形处理的同时,把被报道对象的真实、客观的形象也改变了。但允许为了使图片有更好的效果而对锐度和对比度进行的一般性的调整。

7.11.3.1 不能改变原始图片的新闻真实性

不得对原片的主体进行增加或减少,不得改变原始内容以及图片的新闻真实性,不得过度调亮、调暗或者模糊图片,不得通过对图片某些部分进行掩盖从而误导读者。

示例:《广州日报》今日天下 "登山 看海 观潮 好一个热闹的黄金周" 为了增加清晰度和精确度而对色彩或灰度进行的调整必须被限制到最小程度。可通过加光或者减光改善图片的技术质量,使用数码技术修补照片中由于灰尘过多和其他非人为因素造成的图片缺损。

示例:《今日临安》 使用静态画面的图片做主打图片,容易使版面陷于沉闷,而且图片本身进行技术处理也较难。但我们也可以通过其他一些处理方法来弥补这一缺陷。如将标题做了处理后,版面顿时鲜活了起来。要特别指出的是,这些技术处理并没有特定的原则可循,必须根据稿件和版面的需求灵活掌握。技术处理也不适宜用得过多过滥,否则非但难以形成冲击力,反而给人形成哗众取宠的印象。

7.11.4.1 不允许使用照片修复或笔刷工具

仿制图章、修复或笔刷工具均不允许使用,但允许去除相机图像传感器上灰尘导致的照片污点。仿制图章工具只可以设置在 100 像素以下进行操作。除非是污点,否则色相/饱和度工具不允许使用。

7.11.3.2 在新闻现场图片只做细微调整

在新闻现场,图片只能通过 Photoshop 进行细微调整(尤其在笔记本电脑上)。要求是只能进行剪裁、调整图片大小、色阶以及将分辨率调整至 300 像素/英寸。

示例:《苏州日报》关注 色彩平衡的调整应该尽量减少到最低限度,尤其在显示基调偏蓝色的笔记本电脑屏幕上。新闻事件具有指导性特征。与新闻事件的典型性特征相比,新闻事件的指导性特征既需要具有典型性特征,也需要具有可推广、借鉴的特征。也就是说,指导性特征建立在典型性特征之上,并高于典型性特征。

示例:《姑苏晚报》头版 "茶艺SHOW" 这是将图形加法创造。这种创造方式是有规律可循的,利用英姿、利用正负形、利用共生、利用统购、利用渐变都可以将多种元素和谐融洽地组织在一起。

7.11.4.2 不允许使用自动色阶工具

色阶工具只能通过移动色阶直方图的起止点来调整暗调和高光。自动色阶工具不允许使用。

示例:《苏州日报》"神九回家"特别报道 加深、减淡、海绵工具在大多数情况下只能用于局部轻微调暗曝光过度的地方。当减淡工具在阴影地方使用的时候,原片中所有可视部分应依然保持可以被识别。

7.11.4.3 在编发图片时不允许使用套索工具

套索工具在使用笔记本电脑编发图片时不允许使用。此外,高光和暗调工具只能通过选择的区域以高光工具来调整,通过20～30像素羽化以及曲线来调整。

示例:《湖南日报》 使用套索工具的时候应尽量避免由于过度羽化而导致的"晕轮"效应,从光调变化"渐进"至那些没有选择的区域。类似的,不足的羽化会导致套索边缘区域出现明显的锯齿。通常情况下,应当根据照片中调整区域的大小和位置选用5～10像素的羽化值。

7.11.4.4 不允许使用局部锐化工具

锐化工具在相机设置中应该被调整到0。照片可能需要在Photoshop中按照300％数量,半径0.3像素以及阈值0色阶进行锐化。

示例:《金华日报》取色器工具只能通过灰点来设置颜色,但是此举取决于电脑屏幕的质量。选择性局部锐化工具不允许使用。第三方锐化工具不允许使用。

7.12.1 方形图

方形图,即图形以直线边框来规范和限制,是一种最常见、最简洁、最单纯的形态。方形图将主体形象与环境共融,完整地传达主题思想,富有情节性,善于渲染气氛。配置方形图的版面,有稳重、严谨和静止感。

示例:《市场星报》 本版是关于著名电影表演艺术家陈强逝世的报道。版面所选的陈强生前照片十分朴素,搭配他的成名角色及简单的身份介绍,直入主题。而"天堂缺少'反派'上帝带走陈强"的标题更是令人眼前一亮,印象深刻。

7.12.1.1 角版

角版也称为方形版,即画面被直线方框所切割。这是最常见,最简洁大方的形态。

示例:《天府早报》要闻 "马云功成身退 幕后掌舵" 角版画面有庄重、沉静与良好的品质感。角版在较正式文版或宣传页设计中应用较多。

7.12.1.2 有趣的漫画版面

漫画版面设计不仅有自己的独特性,而且在视觉上也呈现出越来越多的形式和风格。

示例:《天府早报》 该版面中的漫画和《纽约时报》上的保钓广告,构成报纸套报纸、漫画对照片的有趣版面。超粗黑标题与大量留白形成强烈对比,表意明确、突出。

7.12 图片的形式

作为现代设计艺术的排版设计已成为世界性的视觉传达公共语言。它采用简单明晰的字体、图形和符号,打破民族间语言的隔阂,加快了信息的传达,以期相互融洽、相互交流、相互推动,共同构筑版面的新格局、新概念。设计者应注意为其合理安排空间,使其发挥最大的功效。在图形创意上,创造新鲜的、有趣的视觉形象,学会制造不同、新奇、打破事物常规的造型,利用两种或两种以上造型的有机结合,产生新颖的视觉效果和新的意义。

7.12.1.3 创意为先导

物象一般只是主题的表象,影像却是主题的实质反映。它们彼此相生,表达一个语义,一种观念。

示例:《城市早8点》头版 苏州人的生活早点 版面被形框所切割,内容与形式紧密相连。设计师敢于打破前人设计传统,不重复以往习惯性的条条框框,并在司空见惯的事物中发掘出新意来,树立大胆想象、勇于开拓的观念,已掀起了一场设计思维与设计理念的全新革命。

7.12.2 出血版

出血图,即将图形充满版面,无边框,有向外扩张和舒展之势。出血版会产生动感,有与人更接近之感,一般用于传达抒情或运动信息的版面。若图片采用出血版式,则因不受边框限制,而使感情与动感得以更好地舒展与发挥。

示例:《东莞时报》欧洲杯 OK 系列·话题 该版面有向外扩张和舒展之势。出血版由于图形的放大、局部图形的扩张性使人产生紧迫感,并有很高的图版率。一般用于传达抒情或运动的版面,图片充满整个版面而不留边框。

7.12.2.1 出血版图形充满或超出版页

对主要图片可以将人物的头、手、脚等冲出画面,从而起到强化人物感情的效果。一般在选择主打图片时尽量选择那些人物表情丰富、具有一定动感和感染力的图片,尽量避免用静态画面的图片做主打图片,使图片有视觉冲击力。

示例:《城市早8点》要闻 "年历宝宝秀风采" 采用出血版,即图形充满或超出版页,无边框的限制。

7.12.2.2 图形充满版面向外扩张

通过版面元素的合理配置,实现报纸的内容与形式的有机结合,达到视觉优化、突出报纸的第一眼效应、增强版面吸引力的目的。

示例:《今日新昌》要闻 新昌天姥山旅游节主题,使用出血版产生动感。图形充满版面,无边框,有向外扩张和舒展之势。

7.12.3 退底图式

退底图,即将图片中精选出来的图像沿其边缘剪裁而保留轮廓分明的图形。退底图形自由而突出,更具个性,因而使人印象深刻。配置退底图的版面,显得轻松、活泼,动态十足。

示例:《东莞时报》2010 南非世界杯 该版面采用退底图式,是设计者根据版面内容所需,将图片中精选部分沿边缘裁剪而成。

7.12.3.1 "挖版"图片和特写

退底图也称为挖版,即将画面中精彩的图像部分按需要剪裁下来使用。

示例:《姑苏晚报》欧洲杯特刊 "德国 VS 意大利" 挖版图形自由而生动,动态十足。版面亲切感人,给人印象深刻。

7.12.3.2 打破约束,活泼、自由

挖版设计形式活泼,形态自由而生动,动态十足。版面设计是艺术与美在版面上的综合体现,而这些是设计者与读者沟通的桥梁,是设计者思维的表达,也是读者接受信息的途径。

示例:《温州都市报》"尝一尝" 版式用"挖版"设计打破约束,活泼、自由。报纸版式设计是现代设计中具有自身特点的一种造型行为。该报纸版式设计选择"挖版"方式表现元素价值布局合理。对比是"挖版"设计的一招,也是练就"眼"的一步,设计者需善于发现和利用生活中的元素形成对比来进行构图。

7.12.3.3 "角版"和"挖版"

角版沉静,挖版活泼,出血版舒展、大气。角版中只需插入一个小小的挖版,就会因为这么一个小小的对比效果,活跃了整个版面的气氛。挖版可突出置于版面之上。

示例:《城市商报》高街流行 "色彩缤纷 DE 初夏体验" 该版面灵活穿插运用了角版与挖版,并采用了单一的编排方式,版面显得松散。这种通过文字与图形化的编排所制造的幽默、风趣、神秘等独特形式,已发展成为当今设计界艺术风格上的流行趋势。这种设计手法,给版面注入了更深的内涵与情趣,已作为生动的设计元素每时每刻都活跃于排版设计中,使版面进入了一个更新更高的境界,从而产生了新的生命力。

7.12.3.4 情趣性的攻势

随着读图时代的来临,报纸版面的图片化也越来越盛行,挖版图片的创作使用成为信息传播最主要、最直接的表现形式之一,在丰富报纸报道形式的同时,也能增加报纸在视觉上的立体感和动感,充分发挥图片应有的功能。

示例:《城市早8点》要闻 "电博会美女如云元芳,你怎么看?" 退底的图像可在版面中灵活穿插,使版面更加有跳跃性。排版设计在表现形式上正朝着艺术性、娱乐性、亲和性的方向发展。对过去那种千篇一律的、硬性说教的、重视合理性的版面形式,取而代之,深化为一种新文化、新艺术、新感受、新情趣,更加具有魅力。这种极具人情味的观赏性与趣味性,能迅速吸引读者的注意力,激发他们的兴趣,从而达到以情动人的目的。

7.12.4 特殊图式

设计中有时会打破一条轮廓线只能界定一个物象的现实，用一条轮廓线同时界定两个紧密相接、相互衬托的形象，使形与形之间的轮廓线可以相互转换借用，互生互长，从而以尽可能少的线条表现更多更丰富的含义，显现出精简着笔的魅力。

示例：《城市早8点》秀色，优雅出镜气质典雅 此版式是将图片按照一定的形状来加以限定。电脑进入设计领域，成为必要的设计工具，给排版设计带来了实现创意的无限潜能和高效率。数码媒体和多范畴组合的崭新手法，不仅使人与人之间相互联系的方法发生了变革，而且也直接参与到规范我们现实生活的框架中去。

7.12.4.1 化网图式

化网图式是利用电脑技术，来减少图片的层次，这是设计师为了追求版面的特殊效果而常常采用的一种方式。此方式可用来衬托主题，渲染版面气氛。

示例：《城市商报》图读苏州不着"三伏天开启蒸煮模式" 该版面设计利用化网图式，用电脑技术来减少图片的层次，通过影像合成、透叠、方向旋转、图像的滤镜等种种处理方法，构造出一个多维空间的版面。这种构成方式，使版面不再是一个简单、单一的构成关系，而是多视点、矛盾性空间层次立体化，以此来刺激读者，产生出前所未有的艺术形式。这也应成为当今排版设计的又一发展趋势。

7.12.4.2 羽化版

羽化后的图片经常用做背景，通过渐变等手段使图片和背景色融合在一起。为使羽化效果自然，可借鉴"按物体的自然形状进行羽化"的方法。边缘模糊的图片给人以柔美的印象。羽化版图片的另一个作用是聚焦功能，在需要突出某一事物时非常有效。

示例：《城市早8点》头版 "有本好书天天读" 以民众情景的小图做呼应。小图也有明显变化，上下为竖图，横图居中。主次分明，重点突出。

7.12.5 图形版面的布局结构

图形可以理解为除摄影以外的一切图和形。图形以其独特的想象力、创造力及超现实的自由构造，在排版设计中展示着独特的视觉魅力。

示例：《武汉晚报》 用极富中国风味的餐具来表现"厉行节约 反对浪费"，形象鲜明生动。今天，图形设计师已不再满足或停留在手绘技巧上，电脑新科技为图形设计师们提供了广阔的表演舞台，促使图形的视觉语言变得更加丰富多彩。整个版式设计色彩和谐，美观大方。

7.12.5.1 图片的方阵式

方阵式。如游行队伍方阵般排列组图。

示例：《成都日报》爱家·爱生活"旅游餐饮老总大拜年" 该版式特点为：组图的排列以横图或竖图展示，阅读时节奏感强，层次分明。

7.12.5.2 图片的阶梯式

阶梯式。运用了与方阵式类似的图片版式设计，所不同的是此类设计组图排列由上至下，突出横图，以表现场面为主。

示例：《新京报》健康周刊 "营养礼品如何消受？" 内文居左，后者的组图排列则是由右至左，突出竖图，图片产品与产品成分为主，图片产品成分与整体空间相配合，符合审美的情趣，是好的设计。

7.12.5.3 阶梯式版式

版式就是报纸版面构成的组织和结构。报纸的诸多要素，要靠版式设计的造型活动来完成。不同的报纸会以提供给受众信息的侧重点不同而凸现媒体性质。

示例：《姑苏晚报》聚焦开学第一天，"争当光盘族成校园新风尚"，此版面运用了图片阶梯式版式，用以展示校园新风尚。不同的版式设计和色彩运用表现着不同的编辑思路，也有助于形成不同的报纸风格。

7.12.6 矩形式图片区

在核心报道的图文区域里划出矩形的图片区以编排偶数组图，是较常见的版式设计。

示例：《姑苏晚报》"9月29日到虎丘看金秋庙会" 该版面用的就是以文为主、以图为辅的矩形式图片区版式。

7.12.6.1 图片的直角式

即与新闻相关的组图被排成直角，版式简单明快，次序感强。与矩形式不同的是，前者为正直角，后者为倒直角。

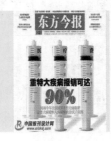

示例：《东方今报》 超大红色数字突出强调重特大疾病的报销比例，引人注目。三个并排的注射器上标有"医疗费"的字样，将图片与内容完美契合。

7.12.6.2 图片的对角式

将小图形插入字群中，可以使版面显得简洁而精致，有点缀和呼应版面主题的作用，但同时也给人拘谨、静止、趣味性弱的感觉。

示例：《城市商报》美丽人生"准新娘请预留 密集护理期" 相关的组图呈对角排列，主图突出，次图呼应。被分割后的版面空间行文自然，阅读轻松。

7.12.6.3 图片的品字式

在进行版式设计时，若只有大图形而无小图形或细部文字，版面就会显得空洞。但光有小图而无大图形，又会使版面因缺乏生气而显得平淡。只有大小、主次得当的穿插组合，才能获得最佳的搭配关系。

示例：《恩泽视窗》企业类节日版式"开放周" 版面中的图形以品字形的方式排列，强调横图，竖图之间为文字区。这是奇数组图中较为常见的版式。

7.12.6.4 图片的拼图式

在版面结构布局上，四角与对角线具有潜在的重要性。四角是表示版心边界的四个点，把四角连接起来的斜线即对角线；交叉点为几何中心。布局时，可通过四角和对角线结构的处理，求得版面多样变化的结构形式。

示例：《东方今报》 将高铁开通后四个方面的优势排成抽象的火车形式，暗喻了高铁的开通，这种排列避免了版式的僵硬。拼图式，即用拼图的方式集合了图片，形成一个矩形的图片区，从而构成版面的视觉中心，用图片直截了当地告诉了读者主题是什么。

7.12.6.5 图片的 N 形

在图形设计中，也可将单一或相近的元素造型反复整合，构成另一视觉新形象，创造新颖的聚集图形来表达观念。构成图形的单位形态元素多用来反映整合形象的性质特点，以强化图形本身的意义。

示例：《长江商报》五周年版式设计专题 形的编排使视觉由上向下反复移动，形成既有上下左右的相互呼应，又有均衡稳定感的版面，适用于多图编排。

7.12.7 三角形的图片

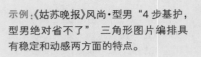

正三角形也称作金字塔型，是一种极稳定的图形，但三角形的角又具有一种扩散的张力。

示例：《姑苏晚报》风尚·型男"4 步基护，型男绝对省不了" 三角形图片编排具有稳定和动感两方面的特点。

7.12.7.1 倒三角形版式

和正三角形版式的稳重相反，倒三角形版式具有活力，给人一种明快、动态的感觉。但需要注意的是，一定要注意它的左右两边，最好要有些不同的变化或者比较，这样才能打破两边的绝对平衡，使画面更活泼。

示例：《商报》商城时尚"在潮流中发酵自己的味道" 这种三角形版式可以是正三角也可以是斜三角或倒三角，其中斜三角较为常用，也较为灵活。三角形构图具有安定、均衡且不失灵活的特点。

7.12.7.2 起烘托作用的三角形版式

表现稳定感的三角形版式以三个视觉中心为景物的主要位置，有时是以三点成面的几何构成来安排景物，形成一个稳定的三角形正三角形版式。三角形版式一向是比较稳重的形式，而采用正三角形版式，则除了画面上给人以坚强、镇静的感觉外，在表现力上也具有很好的烘托效果。对于需要表现一定气氛的画面，正三角形版式可以说是最恰当的形式之一。

示例：《城市早 8 点》 西山采茶，50 位市民做了回西山茶农。版面的左右两边有些不同的变化或者比较，这样设计可打破两边的绝对平衡，使画面更活泼。

7.12.8 图片组图的排列

图片组图的排列，让照片多了一分灵动。例如，左侧的小照片叠加于照片的留白区域和照片主体与部分之间，并增加阴影效果，可使整个画面更具空间感和动感，而不觉得生涩、死板；再如，照片的留白区域，除了文字点缀，再增加淡淡的花朵，可在不影响照片整体感的同时，丰富图片的元素，并契合整张照片的主题。组图的排列方式可令读者阅读时产生一气呵成的视觉感受。

示例：《北京晚报》北京晚报乐活周刊版面设计者用头部剪影图片作为底图，并在暗影上添加了一道光芒，与版面的主题"靓发明"一语双关。

7.12.8.1 图片的排列式

排列式即以时间先后或事件进程为序，密集地排列组图。这种以翔实取胜的组图排列式设计能够充分引起读者关注。

示例：《贵州都市报》 该版围绕《甄嬛传》进行设计。古典的屏风图形把版面一分为二，电视剧版和小说绘画版，两种形式跃然纸上。淡雅的背景色搭配白色的宫廷式花纹，为主题营造氛围。版式条理清晰、方便读者阅读。

7.12.8.2 图片的串联式

串联式，即在版式设计上，将一组图片串联起来。

示例：《贵州都市报》 姚明第九次手术。因为缺少现场图片，设计者将姚明的左脚再次手术这一主题进行创意，把"姚明"两个字立体突出并包上纱布。这样的创意版式富于变化，既切合主题又弥补了缺图的不足。

7.12.8.3 图片的并置式

即将相同或不同的图片作大小相同而位置不同的重复排列。并置构成的版面有比较、解说的意味，给予原本复杂喧闹的版面以秩序、安静、调和与节奏感。

示例：《长江商报》五周年版式设计专题 图片的并置同构图形通过不同性质的物形间的非现实的整合，制造出奇特的视觉效果，显示新的非逻辑关系，从而突破原来物形意义的局限，产生新的意义。

7.12.8.4 图片的连拍式

连拍式即刻意将连拍图片作为组图使用。以《胜利的咆哮》为例，报道的是纽约州普莱西德湖边上的民意传统活动——跳狗比赛，随着垂直排列的连拍图片，读者如同身临现场一样看着狗从延伸至湖中的木板桥上快速奔跑、跃起，跳出最远的距离。

示例：《贵州都市报》该版面以一杯茶和一把打开的折扇为背景图，来填充整个版面。折扇上画有一年四季十二月的刻度标识，类似图片的连拍式，而在喷洒农药的夏秋季节的月份上用红字标出，同时配以一个喷洒农药的喷头，既生动形象，也呼应了主题内容。

7.12.9 图片的导读式

读者阅读报纸的主要目的就是寻找信息，因此，报纸版面设计的目的就应当是让读者可以更容易地找到他们感兴趣的信息。图片形式的版面导读设计以特有的直观、快捷功能，适应了读者这种变化了的阅读观念，通过头版上的导读，展示内页的主要内容，使读者无须逐页翻阅即能快速定位，从而拉近了读者与采编人员的距离，增强了报纸对读者的吸引力。

示例：《重庆时报》 空白的答卷纸张，题目位置是新闻标题，新颖独特。现代报纸的头版可谓寸土寸金，大面积的留白本就不同寻常，这样的设计更是瞬间就抓住了读者的眼球。

7.12.9.1 图片的网页式

网页式，即模仿网页导航栏，在版面上添加"新闻导读""索引"等具有检索功能的设计。

示例：《苏州日报》要闻 "孩子，天堂没有枪声"该版式设计就是将设计思路从网页设计移植到报纸版式设计上来的。

7.12.9.2 主图居版面的视觉中心位置

报纸版面，最容易引起读者注意的三个元素是图片、配有图片的稿件和导读栏，其中，图片凭借鲜明夺目的色彩和极具张力的表现手法更容易形成视觉冲击。原本需要复杂文字阐述的新闻，用图片来表示就很直观和易于理解。新闻图片不同于电影和电视上的活动形象，而是以静止的形象，即将新闻自身的形象瞬间定格在一幅画面上。新闻图片应当"五求"，即求新、求真、求活、求情、求意。这就要求新闻记者必须深入生活，在严格遵守新闻摄影规律的前提下，力求拍摄的新闻照片新闻性与艺术性并存，既有较强的新闻价值，又有较高的艺术欣赏价值。

示例：《城市早8点》要闻"春色" 版面上的导读区用组图的形式设计成一个个具有导读功能的"视窗"。主图居于版面的视觉中心位置，组图则发挥了清晰的"导航"作用。在内容和形式上实现真善美的统一，运用艺术手法，把握典型瞬间，让形象"说话"，这样有较强的思想性和感染力的设计，有更加震撼人心的效果。

7.12.9.3 图片的视觉诱导式

彩色图片的重要作用是它能生动、真实地反映事件，以视觉艺术的魅力吸引读者，从而拉近新闻事件与读者的距离。版式设计就是对文字和图片进行整合，调动点、线、面以及所有科技设计手段，强化阅读效果和视觉冲击力。在这个过程中，人们视觉感受的规律性法则，如对称、平衡、和谐、对比、统一、整体等将起到重要作用。不同的报纸会以版式信息的侧重点不同来凸显媒体性质，同时，不同的版式设计和色彩运用也表现着不同的编辑思路，这些都有助于形成不同的报纸风格。

示例:《长江商报》五周年版式设计专题　在核心稿件的区域里,分别把新闻利用组图的形式巧妙地进行排列,实现版式留白。这种形式感特别明显,能营造出"透气"的阅读空间。

7.12.9.4　图片的半包围式

半包围式即在设计头条新闻的版式时,将与此相关的组图编排成半包围状。这种版式最大的优点是易于控制图文在版面里的空间分配,图文区域清晰,互不干扰,视线集中。

示例:《贵州都市报》"夜半欧歌"　大胆的墨迹表现,配合动感十足的足球运动员,为主题营造氛围——欧洲杯的战歌已经拉开帷幕。脚尖处夸张大的足球,寓意这个夏天足球在球迷心中的地位。版式充满动感和力量,比较有创意。

7.12.10　使用异形图片让版面的层次更分明

版面的装饰因素是由文字、图形、图像、色彩等的组合与排列构成的,并采用夸张、比喻、象征等手法来体现视觉效果,既美化了版面,又提升了传达信息的功能。

示例:《重庆商报》　该版面的设计者使用异形图片让版面的层次更分明;图片内容紧扣文字,细节展示充分,便于阅读。版面上图形和图片的结合相得益彰;3D图形指示出具体的地理位置;多图的组合给读者身临其境的感受。

7.12.10.1　图片的T字式

T字式,用T形状的版式来排列组图。

示例:《羊城晚报》　亚运在即,广州整饰进入收尾阶段。《羊城晚报》本版用图片作主打,以珠江两岸夜景作铺陈,色彩浓郁;将文字放置在版面两侧,令读者印象深刻。

7.12.10.2　图片的L形分割

即以单张图片为主,安排在版面的上下左右角,两边出血。这种效果比整版的图片效果更生动一些。

示例:《苏州日报》娱乐圈·竞技场"大腕少　港味重"　注意运用中引起的视觉平衡问题。在留白的地方应巧妙编排,来平衡和活跃画面。

7.12.11　图片的口形分割

口形构图也称框式构图,用来表达主体,阐明环境。这种构图符合人的视觉经验,使人感觉到像透过门窗来观看影像,产生的现实空间感和透视效果是强烈的。

示例:《辽沈晚报》　时值亚运会结束,设计者熟练地运用"凡客体"对亚运会进行了总结,将一周来的亚运看点和亮点悉数贴出,诙谐有趣。将图片配置在上下方,一方出血,这种编排的方式具有强烈的稳定感。

7.12.12　U字形构图

U字形构图是最富有变化的一种构图方法,其主要变化是在方向上的安排(如倒放、横放),但不管怎么放,其交合点必须是向心的。U字形的双用,能使单用的性质发生根本的改变。单用时画面不稳定的因素极大,双用时不但具有了向心力,而且稳定感也得到了满足。正U形构图一般用在前景中,作为前景的框式结构来突出主体。这种形式使图片的表现力更为强大和丰富,能够全方位提升报纸版面的价值。

示例:《苏州日报》苏州发布·新苏商"在苏演绎创业传奇"　此版面使用了横放的U字形构图,以体现从不同的时间展现事件发展的全过程。

7.12.12.1　专题图片

在"读图时代",媒体对图片的质量提出了更高的要求,单一的具有新闻性、形象性或时效性的图片不再能满足受众的需求。图片深度报道,就是围绕一个新闻主题,通过一组图片从不同的侧面表现出相对完整的新闻事件,又称摄影故事或专题图片报道。将专题图片以U型排列显得含蓄、内敛。

示例:《华海报》专版　探春,采用图片深度报道的形式对探春进行报道,充分挖掘图片所隐含的丰富内容,力求使探春脉络清晰。图片深度的"深",一方面体现在图片的全景性上,即图片能够从不同的角度反映事件的全貌,这种形式使图片的表现力更为强大和丰富,能够全方位提升报纸版面的价值。

7.12.12.2　写真图片

照片是生活的逼真写照,新闻照片是新闻形象的现场摄影纪实。视觉新闻在传统意义上说的图片多指新闻图片。报纸形式的多样性要求图片形式不能是一成不变的,插图摄影、综合图示,或是经由电脑按照某个版面制作的图像应运而生,并逐渐在报纸上崭露头角,成为开拓版面的新亮点。图像虽然不是真正意义上的新闻图片,但它们又明显具有新闻图片的内在特质,仍然是在用图片的形象、直观等特性其传递信息的功能,使图片版面千姿百态。

示例:《今日永嘉》写真 该版面设计新老图片交相辉映,对比鲜明,让人有种眼前一亮的感觉;色彩饱和,张力强,视觉冲击力好;手法创新,强调图片包含着某种情绪,使图片本身的意义得以延伸;元素混搭风格,对平面设计也有很好的借鉴作用。

7.13 图片的版面位置

新闻图片的魅力引人注目,感人至深,愉悦身心,影响极大。图片放置的位置,直接关系到版面的构图布局,版面的左、右、上、下及对角线的四角都是视线的焦点。在这些点上恰到好处地安排图片,版面的视觉冲击力就会明显地表露出来。简洁的文字说明可使新闻信息交代得更全面、更详尽、更具有影响力,从而强化报纸新闻的张力。因此,图片的位置会影响到整个版面的视觉流程,仔细选择位置可使图片的重点和细节更突出、更清晰和更明白。

示例:《今日永嘉》大若岩建镇 20 周年特刊"岁月如歌" 版面中的上、下、左、右及对角线的四个角都是视觉的焦点,所以,在视觉焦点处合理安排图片,会使整个版面主题明确、层次清晰,具有强烈的视觉冲击力。

7.13.1 图片的位置

图片放置的位置直接关系到版面的构图布局,因为图片能具体而直接地把我们的意念高素质、高境界地表现出来,而有力的诉求性画面,则充满了更强烈的创造性。图片在排版设计要素中,形成了独特的性格,并且是吸引视线的重要素材,具有视觉效果和导读效果。编排中有效地控制住这些点,可使版面变得清晰、简洁而富于条理性。

示例:《黄岩新闻周刊》 该版式让读者为版面的视觉强势感到吃惊。报纸版面设计者喜欢一句口头禅:要让你的读者为版面的视觉强势吃惊!如何才能让读者"吃惊",报纸版面设计者的经验是:处理好图片在版面上的位置和变化。

7.13.1.1 构图的基本形式

在平面设计中,一组相同或相似的形象组成,其每一组成单位称为基本形。基本形是一个最小的单位,利用它根据一定的构成原则排列、组合,便可得到最好的构成效果。

示例:《姑苏晚报》 平面设计是将不同的基本图形,按照一定的规则在平面上组合成图案的,主要在二维空间范围内以轮廓线划分图与底之间的界限来描绘形象。平面设计所表现的立体空间感,并非真实的三维空间,而仅是图形对人的视觉引导作用所形成的幻觉空间。

7.13.1.2 版面的位置配合

报纸的局部设计是整体设计的一部分,要注意局部风格与报纸整体定位相一致。各个版的风格设计既要相互协调,共同构成报纸整体风格,又要根据各自的定位和内容特点有所差异,表现个性。

示例:《河北青年报》周日故事会版面"一把折扇的传奇故事" 该版绘画风格轻松俏皮,笔触细腻,人物形象刻画洗练、老道,版面设计巧借了扇面布局,结构拆分自然。

7.13.1.3 版面的位置特征

根据心理学家测试,人们看方形东西,往往先从左下角往右上角看,然后再滑向右下角,因而报头位置反倒成了不显眼的位置,只是出于阅读习惯,报头位置是阅读起始端。要特别注意右上角位置,就是所谓的三位位置,关系到版面的稳定,是版面的重心。很多时候,报纸排布照片从头版头条(左上角)往右下角呈阶梯式排列。

示例:《京华时报》 从版面角度,该版以大图片指引小图片。组合版面图片突出、醒目、恰当地衬托新闻,吸引了读者的注意,引起他们阅读新闻的兴趣,有效传播了信息,加强了新闻的效果。

7.13.2 横图版式

版式设计首先要尽可能地让人明白,工作不仅仅是填满所有的空间,更要使信息清楚易读和吸引人。设计师不能为设计而设计,不能过于突出个性,应当顺应自然,符合阅读的本质标准。

示例:《苏州日报》文化之旅特刊 用横图版式,从视觉传达设计是依据特定的设计目的,对信息进行分析、归纳,并通过文字、图形、色彩、造型等基本要素进行设计创作;图片居上,是将可视化信息传达给读者,并对读者产生影响。在实现版面的形式美之外,此设计还具有自己的风格。

7.13.2.1 横图居上排列

报纸是读者自觉自愿购买的读物。报纸的信息有效传播是读者最终选择接受的结果。版式设计是要引起读者的注意,但是读者注意是一种选择性注意。选择性注意是读者对报纸进行选择阅读的基本心理特征。平面设计是将基本的图形,按照一定的规则在平面上组合成图案。图形对人的视觉有引导作用,横图居上的排列,可让版面的构图趋向平稳,能够给人带来一种安宁与平和的感受。

示例:《姑苏晚报》头版 开学季这类主题的报纸头版与其他新闻相比，配发头条的主图新闻不够吸引人。为了吸引读者眼球，设计上作"厚图薄文"处理，并将横图居上，使内容与好看的编排完美结合。以形式反映内容，内容决定形式，用内容与形式达到了完美的统一。

7.13.2.2 横图居下排列

横图居下排列的构图呈现安宁、深远、开阔的表现特征，特别是横图所产生的左右伸延的感觉，往往给人以画外的联想。

示例:《华西都市报》元旦报纸头版 "2013 乘着阳光起飞" 简洁的版面带来一种洁净的感觉，标题是版面元素的第一阅读要素，是扮演信息内容的"橱窗"角色；横图居下的编排方式，充满了视觉活力与美感变化，使人感到一种审美上的情趣，往往引起读者遐思无限，联想无穷，被设计家奇妙的构思和新颖的语言所深深陶醉。

7.13.2.3 横图左对齐排列

左对齐这种以主线为基准对齐的方法十分便于阅读，它的使用源于方便美观这一传统观念。而且，对齐也是创造美感的方法之一，是报纸编排布局的整体表现形式。横图左对齐排列方式反映了一类报纸的个性。这种个性尽可能地让读者自愿获读有效信息，因而形成了与众不同的、个性鲜明的版式风格。

示例:《姑苏晚报》影像实录 "江南农家酱" 在该版面设计中，大图放在版面左上角展示，是该版面中最重要的元素，在版面空间分配上占绝对优势；左侧俨然是一柱擎天般的竖图；其余是根据主题表达的需求安排的小图，与大图相呼应，点明了主题，有效地传递了信息。

7.13.2.4 横图居右排列

四种对齐方式中，使用最少的就是右对齐，也就是使主图新闻右对齐。如果书是从左面翻开，则右侧的文字采用右对齐的方式，翻看起来比较容易。这就是右对齐，也就是将文章结尾对齐的技法。它的立足点就是在满足功能需求的同时，最大限度地迎合大众的审美口味。

示例:《今日临安》 横图居右排列，以方向和针对性回归读者，明确报纸指向的读者，这样版面就会显得井然有序，富有美感。版式设计与功能达成的平衡，使设计的文化价值得以最大化。

7.13.3 把主图放在版面中部

把主图放在版面中部，可以突出主题，令整个版面层次清晰，视觉冲击力也较强。报纸的导向性和技巧性就在于引导读者首先产生刺激的"感知"效应，再将信息有效地传达给读者。读者能不能产生刺激的"觉知"效应，应该由信息本身的有效性决定。

示例:《苏州日报》读苏州·要闻 "做强中心城市之'核'" 该版面设计把主图放在了版面中部。尽管这些稿件与当天其他稿件相比，因分量原因没有被放在头条位置，但从版面的篇幅、图片的尺寸和版式的视觉化处理来看，它们依然是备受重视的。

7.13.3.1 横图居中

居中是排版技法中最传统的方法，即让整体的设计要素居于版面中部的技法，经常被用于古典音乐会的海报、乐队的广告、高级展览会海报和封面的制作上。

示例:《新京报》 "'误'种起源" 这幅封面插图应该做一个知识题的题面:"能准确说出这棵树上有多少种生物吗?"这么多完全不相干的物种既要保证其个体形态特征，又要"和谐"在一株大树之上，作者付出的努力和绘画功力可见一斑。

7.13.3.2 居中排列

居中排列具有使版面看起来匀称整齐的效果。居中排列的优点是，可以使版面更加均匀整齐。

示例:《贵州都市报》 "奥斯卡今年口味清淡" 以电影胶片衬托版面上下，用一盘蔬菜和小金人的创意性组合来吸引读者的眼球，同时也最大限度地贴近和放大主题所要表达的意思。

7.13.3.3 竖图居中版式设计

即将竖图放在版心中轴线处，使版面空间分配匀称，视觉构成均衡。

示例:《新京报》 在 7 月 21 日北京暴雨夜中，77 条鲜活的生命离我们而去。此版面以一个巨大的黑色蜡烛为主体，嵌入 77 个逝者姓名，寄托沉痛哀思。

7.13.3.4 竖图版心以中轴线均衡设计

面对声画时代和读图时代的到来，具有时代感的版式必然会审视什么是平面媒体最主要的视觉元素，想方设法凸现报纸版面的视觉亮点，千方百计增强报纸版面的阅读感染力。将竖图放在中轴线的排列具有使版面看起来匀称整齐的效果。

示例:《姑苏晚报》生活情报站 "31.6 度 一步入夏" 将竖图放在版心中轴线处，版面空间分配匀称，构成视觉均衡。匀称的版式设计，更容易让人感觉到品味与风格。

7.13.4　版式设计上的横图与竖图

"图片故事"是指对一些重大题材做长期、深入采访拍成的图片故事或专题报道。图片多角度、多层次地表现主题,其内容与视觉信息有着紧密复杂的逻辑关系及影像结构。

示例:《姑苏晚报》民生·热线 "胜浦:小镇十年"版式设计上的横图与竖图,并非普通意义上的图片横放或竖放,而是特指能够制造版面视觉强势的、占据版面空间绝对优势的横图与竖图。至于组图,也非指"图片专题"或"图片故事"意义上的组图,而是特指以多张图片来报道同一事件的报道形式。图片之间只有对比、递进的逻辑关系和简单的影像结构。

7.13.4.1　竖图居左排列

现代报纸设计要体现时代气息,就其造型行为"只有更好,没有最好";就其造型效果可有"完全手册",没有"终结模式"。设计者在吸取欧美报纸式设计的风格时,也要看到人家的发展和变化。

示例:《姑苏晚报》竞技星闻 "黄克里斯特尔斯退役" 在版心中轴线左侧或偏左位置安排了与新闻相关的竖图,有效地营造了版面的视觉强势。

7.13.4.2　竖图偏右排列

将竖图置于版心中轴线右侧或偏右位置,对视觉信息的强调不言而喻。在版式设计中,多一点个性而少一些共性,多一点独创性而少一些一般性,就能赢得更多受众的青睐。

示例:《恩泽视窗》"感受瑞典医疗" 该版面设计所形成的整体视感中,文字、图像、标志、插图以及线性的空间分割等重要元素所构成的视觉形象,给人带来舒适、美观的感受。确实是多了一点个性和独创性,给读者带来了宽松、美观、舒适的视觉感受。

7.13.4.3　竖图居右排列

报纸的版式设计作为平面纸质媒体的有机构成,不仅要借助信息传播的一般规律,还要体现纸质媒体的信息传播特征。竖图居右排列,也是创造美感的方法。不管是多么杂乱的内容,只要竖图居右,就会显得井然有序,富有美感。

示例:《郑州晚报》 该新闻版面竖图居右排列,内容为上海大火的新闻媒体报道。现代版式设计的功能,不是新闻加艺术,也不再只是美化版面,报纸的版面形式,在很大程度上对内容起到了积极的促进作用。

7.13.4.4　图文"装箱式"排列

组图版式特指以多张图片来报道同一事件。组图在版式设计中能否实现视觉表现的多样化,传达出不同的视觉信息,视觉构成极其重要。报纸的同行们对此做过许多令读者眼前一亮的尝试。

示例:《新京报》 这一组图片反映即将拆迁的北京胡同,用相关的文字和影像记录来反映胡同生活。图片布置主次分明,以环境中的人和背后的故事来承载胡同的复杂与深厚。门帘/地面/屏风是拥挤的老城区胡同住户的人为分隔物,很好地解决了公共和隐私的问题。水缸里的蓝天,纱窗里的猫眼,透露出胡同草根独有的观察世界的方式——虽然井底之蛙,却也绚烂斑驳,主图一字排开的生活样态,既真实又充满戏剧性,还有什么能比上述敏锐的视角更能反映出胡同生活的真谛呢?

7.13.5　图片面积

图片的大小直接影响着信息传递的先后顺序,图片越大,越能吸引眼球。图版面积的大小安排,直接关系到版面的视觉传达。一般情况下,把那些重要的、吸引读者注意力的图片放大,从属的图片缩小,形成主次分明的格局,这是排版设计的基本原则。新闻图片,常常既有情节又有细节,情节与细节共同成就精彩的新闻图片。

示例:《今日新昌》旅游节特刊 "天姥山旅游节昨晚开幕" 在版式设计中,使用大的图片面积,能够增加版面的注目程度,使版面具有更好的感染力。如果图片以人为主,这种效果就会更为强烈。

7.13.5.1　大面积的图片与小面积的图片

图版面积大小的安排,直接关系到版面的视觉传达效果。一般情况下,把那些重要的、吸引读者注意力的图片放大,从属的图片缩小,形成主次分明的格局。这是排版设计的基本原则。

示例:《长江商报》 单一用大面积的图片会使整个版面看上去显得空洞,小面积的图片又会使整个版面显得拘谨。在图片尺寸的选择上,要与明确的图片联系起来,主次关系相搭配,才能有效地传递信息。

7.13.5.2　图片面积与张力

图片是视觉传达方式,平面设计所蕴含的图片张力大大提升了受众的视觉注意力,给人以很强的视觉冲击。张力本身是物理学的概念,在平面设计中表示图片的视觉冲击、视觉震撼等感受。就平面设计艺术而言,给予图片一个合理的位置变化,可导致受众的心理变化。由此可以得出一个结论,变化和图片面积是展示图片张力的基本原则。图像张力夸张的表达,突出了设计自身的个性,满足人们独特的、个性化的审美需求。然而值得注意的是,过分的视觉张力很容易使人产生视觉和精神压力,也容易形成极端哗众取宠的庸俗感受。任何事情都有两面性,把握好张力的"度",充分了解读者的心理,可以使设计优秀的作品具备不同寻常的和独特的视觉感受。

示例：《城市商报》"用镜头读春" 在多数情况下，进行版面设计应该同时使用大面积的图片与小面积的图片。图片面积的大小不仅影响版面的视觉效果，而且直接影响情感的传达。

7.13.5.3 元素支配的形状及空间

设计者在综合考虑各元素彼此间支配的形状以及空间所具有的内在联系后，对平面进行分割以保证良好的视觉秩序感，使版面获得整体和谐的视觉空间。

示例：《新文化报》 每年的 10 月 31 日是西方传统节日"万圣节"前夜，当晚小孩会穿上化妆服，戴上面具，挨家挨户收集糖果。"不给糖就捣蛋"这个习俗，来源于异教徒相信鬼魂会在每年降临人间的时候给活着的人制造麻烦。为了保护自己，人们会准备食物以求好运。《新文化》报这一版式就运用多种设计元素生动地反映了西方"万圣节"的这一风俗习惯。

7.13.6 图片数量

图片数量的多少，直接影响到读者的阅读兴趣。版面只采用一张图片时，其质量决定着人们对它的印象，这是显示格调高雅的视觉效果之根本保证。增加一张图片，就变为较为活跃的版面了，同时也就出现了对比的格局。图片增加到三张以上，就能营造出很热闹的版面氛围了，非常适合于普及的、热闹的和新闻性强的读物。有了多张照片，就有了浏览的余地。数量的多少，并不是设计者的随心所欲，最重要的是要根据版面内容来精心安排。

示例：《青岛晚报》 版面按照主从关系的顺序进行设计，主题鲜明突出，突出放大的主体形象形成视觉中心，很好地表达了主题思想。而将多张图片作整体编排的设计，也有助于主体形象的建立。只有做到主题鲜明突出、一目了然，才能达到好的版面构成的最终目标。

7.13.6.1 图片的安排和搭配

在视觉化版面中，图片的安排和搭配同样非常重要。一个整版放多少张图片，图片之间的大小搭配如何处理，都是版式设计人员必须考虑的。一般来说，对开版的报纸，整版以四至六张图片为宜，四开版的报纸，整版以三张图片为宜。一个版必须要有一张大图片，通常要求这张图片占据整个版面三分之一甚至二分之一的面积，其他图片相应做小，以形成众星拱月的态势，凸显主打图片的冲击力和感染力。

示例：《扬子晚报》 该版面的设计可谓用心良苦，一眼望去像奖状像邮票更像录取通知书，含蓄地表达了第一份高校录取通知书已寄到考生手中的丰富内涵。一朝此文在手，不负十年寒窗。

7.13.6.2 一幅图胜千言

图片的数量多寡，可影响到读者的阅读兴趣。如果版面只采用一张图片，那么，其质量就决定着人们对它的印象，而往往这是显示出格调高雅的视觉效果之根本保证。一幅图胜千言。

示例：《新民晚报》一版要闻 "军地海上联合维权演习" 图片在视觉传达上能辅助文字，促进理解，更可以使版面立体、真实。因为图片能具体而直接地把设计者的意念高素质、高境界地表现出来，使图片变成强有力的诉求性画面，充满更强烈的创造性。

7.13.6.3 增加一张图片，增加版面活跃感

报纸的版式设计，要以信息受体——读者为本。精美的版式造型及艺术化的报纸，对文化程度及品味高的读者有效，而相对于文化较低的读者则没有太大的意义。

示例：《甘肃日报》特别关注 雷锋精神薪火相传。版面在上下两处放置了二张照片，形成独特的格式，吸引眼球，具有视觉效果和导读效果，同时也表现出上下呼应的格局。

7.13.7 图片在三张以上

一个版面放置三张以上的图片，能在视觉上营造出繁华热闹的版面氛围，较适合普及性的、热闹性的和新闻性强的版面。照片多，浏览余地就更多。

示例：《苏州日报》要闻 图片数量的多少，并不由设计者随心所欲决定，而要根据版面的内容来精心安排。

7.13.7.1 图片也是语言

图片也是语言，也和通讯体裁的新闻写作一样，需要由情节与细节来支撑。图片通过对情节与细节的展现，使读者更真切地感受到现场的真实氛围和新闻人物的现场表现。

示例：《贵州都市报》头版 "嫦娥奔月" 用通栏大图作为主打，四分之一的版面放标题和一张四栏照片，每篇报道都充满细节；旁边有一张小图是火箭部分残骸落在贵州某地的照片，版式上简洁鲜明、突出，借助标题突出主题，版面显得帅气而大方。

7.13.7.2 图片构图和角度的表现力

从图片的构图和角度上讲，图片场景宏大，则表现力强。图片在各报纸中的运用表现出短兵相接、剑拔弩张的架势，而水平高下也一目了然。如果报纸运用了较为考究的图片，则表现力很强。

示例：《重庆时报》影视版　诸多红毯女星跃然纸上，用黑白版低调处理争艳的感觉，照片上方特意制作了名牌，从发型到表现一一打分。整个版面充实，不凌乱。

7.13.7.3 图片可以增加版面的跳跃率

在版面中添加图片可以增加版面的跳跃率，使枯燥的文字排列变得生动，也可以提高读者阅读的兴趣。注意，图片的数量要根据版面的实际需要来编排。

示例：《贵州都市报》"美国总统哪个最爱读书"　版面中间是美国地图，十张人像有序地摆放在周围，以红色的数字符号加以点缀。版式清晰有条理。

7.14　图片形式

图片的形式主要有：方形图式，一种出血图式，即图片充满整个版面而不露出边框；退底图式，是设计者根据版面内容所需，将图片中精选部分沿边缘剪取；化网图式，是利用电脑技术来减少图片的层次。

示例：《东莞时报》欧洲杯 OK 系列·前瞻　图片采用退底形式，将图片按照一定的形状来限定。

7.14.1　图片组合

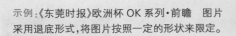

图片组合，就是把数张图片安排在同一版面中。图片组合包括块状组合与散点组合。块状组合强调图片与图片之间的直线，如垂直线和水平线的分割，文字与图片相对独立，组合后的图片整齐大方，富于理智和条理。

示例：《新文化报》　版面中间用一件姚明的球衣作为主题图，两侧的黑白照片则展示了姚明职业生涯的重大事件。往事如烟，高挂的球衣暗示：姚明退役了，但记忆不会淡去。

7.14.1.1　以图片特质开拓版面新亮点

"一张好看的报纸"首先是从报纸版式上感应到的。版式就是报纸版面构成的组织结构。报纸的诸多要素，要靠版式设计的造型来完成展示。

示例：《东莞时报》封面　当一份风格独特、版式新颖的报纸在报摊上脱颖而出时，通常人们的反应是惊讶之后有欣喜。报纸的设计已经突破了报纸美术编辑的传统概念：从平面的角度讲，它在二维空间展示丰富的艺术造型，以更加丰富和形象的方式来有效地传播信息。

7.14.1.2　图较多、较杂时适当缩小图片面积

如果版面中应用的图较多、较杂，就应该适当地缩小图片的面积。将图片穿插于文字段落之中，这样的版面设计能够使图片与周围的文字快速产生呼应效果，使整个版面看上去精致、丰富。

示例：《钱江晚报》　在图文版中，线的节奏所呈现出的韵律感，能使版面具有无限的想象空间。《钱江晚报》这一"图说新闻"版面就显示出线的节奏与韵律感。

7.14.1.3　照片和 3D 制图相结合

制图可采用照片和 3D 制图相结合的方式，使解释过程完整清晰，细节丰富。

示例：《新京报》　这一版面采用了连版制图的形式解读嫦娥二号的探月全过程，整个版面大气流畅。

7.14.2　插图和照片结合的形式

报纸的版面状态、版式风格，反映整个团队的整体水平、个性魅力和素质。版面的魅力，会直接影响到报纸在读者心目中的地位，很大程度上决定了读者对报纸的取舍。

示例：《新京报》新京报十二五规划纲要草案解读特刊　以幸福为主题，选取了个人、家庭、社区、村庄、企业和城市作为样本，呈现了 2011 年–2015 年中国的幸福蓝图和愿景。特刊采用了插图和照片结合的形式，很好地体现了幸福这个主题。

7.14.2.1　以插图表现的人物形象生动

插图表现的人物形象生动，可在版面上使用多张图片从而形成图片的组合。在编排时需要注意图片的主次关系、图片的方向及上下关系。

示例：《新京报》人才公社"2010 教育行业之声"　通过跨版插图表现了教育行业的多个场景。插图构图巧妙，色彩明快，人物形象生动。

7.14.2.2 以制图的方式揭示事物

以制图的方式揭示事物。如"京郊新干线",从站点到换乘,全面解读每条线路的特点,实用性较强。

示例:《新京报》 近期5条郊区地铁线将集中开通。新京报的系列报道,在整个版面上构图巧妙,信息丰富。

7.14.2.3 以插图形式串起重要报道

例如,用插图的形式串起一年中《新京报》所做的重要报道和取得的成绩。这份特刊的版面长达1.5米,从构思到成品,历时将近一个月。

示例:《新京报》 2010年11月11日是《新京报》创刊7周年,特刊版面色彩明快,构图流畅,刻画细腻,引人入胜。

7.14.3 图片图饰

图饰与图示不同,它不传播任何新闻信息,只是报纸版面的一种装饰。图饰是用美术图案点缀和烘托报纸的报头、报眉、标题、栏题或版面其他部位,以使整个版面更加美观生动。恰当地运用图饰还能使版面编排思想得到更加充分的体现。

示例:《温州交运集团报》 中国人逢年过节喜欢图个喜庆。该版面特意对报头进行了修饰,加上祝福元素十足的特殊图饰"合家欢",以这种喜庆形式迎接崭新一年的开始,给受众全新的感受。图饰内容与企业相结合,会给人贴切、亲和的感受。

7.14.3.1 图形版式设计和色彩运用

不同的报纸不仅会以提供给受众信息的侧重点不同而凸显媒体性质,同时,其版式设计和色彩运用也表现着不同的编辑思路,有助于形成不同的报纸风格。

示例:《东莞时报》封面 当报摊上的报纸变得越来越厚,各种信息都铺天盖地涌向眼帘的时候,会使读者感到眼花缭乱。因此在整个版面的设计当中,图片的作用显得越来越大。长文章读者一般都不会读完,且在心理上较难接受。图片越好,越吸引读者阅读。读者最常浏览的是标题,一般不会把所有的文章都读完。

7.14.3.2 色彩、线条等视觉元素的作用

色彩、线条和空白等视觉元素,虽然本身并没有承载任何信息,但是它们也能通过与其他元素组合在一起发挥作用,影响着信息的传播和接收。

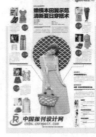

示例:《东莞时报》"美周刊·时尚秀" 此图片专版的版式,设计上就体现了上述特色。对于时尚类型的版面中加一张去底图片,版面就显得活泼,更有趣味。

7.14.3.3 图像化具有醒目、简洁、明快的特点

报纸的图像化、色彩化越来越明显,注重设计的报纸,一般都会对图片要求精益求精。这也正符合了现代读者的需求和市场的需要。图片承载了越来越多的传递信息的功能。

示例:《苏州日报》要闻"人搭龙舞起来" 在头版上使用了有强烈视觉张力的大图片,其信息丰富、色彩鲜艳,很容易成为版面的视觉中心,形成很强的视觉冲击力。该版面颇具特色,由于使用了张力强的大图片,形成了醒目、简洁、明快的独特风格。

7.14.4 版式设计技巧与审美

图片在版式设计当中的"本意就是让技巧与审美同时起作用","一个成功的版式应该是指不同元素用一种适合观看的方式组合在一起。"版式设计在组合版面语言符号的不同元素时,不得不考虑到图片和文字的适当排列和摆放。现代报纸版式设计借助新科技、新材质,越来越趋于个性化的完美。

示例:《东莞时报》8个版的明星微博观察,观察到一个新现象:微博正让曾经只关注自我领域的明星们关注公共事务。版面简洁有力,代表微博实名认证的"V",凸显了微博的力量。

7.14.4.1 版面运用视觉语言,解构热点

在标题的处理上,可将背景添色或字体变个颜色。对字体也可以进行扭曲、斜放,并通过改变颜色、位置和大小以增强和活跃整个版面。当然,在制作各种不同的效果时,也要注意变化的度,否则会起到相反的作用。

示例:《江淮晨报》 当头版新闻事件没有好图片支撑时,封面多数情况下要采用漫画的形式来表达。选择此类漫画时,除了海报化封面所需要的美感外,还需要创作手法简洁生动。让这样的漫画在海报化封面中发挥其战斗性的功能,同样可以让封面具备另一种"冲击力"。在快读、悦读时代,把信息概念化、简洁化、形象化,可迅速截获人心。该版面成功地运用视觉语言,解构当时热点,有诠释深度,亦有人文情怀。

7.14.4.2 页面色调的整体设计

整体的色调对整个设计非常重要。色调可决定设计作品品质的优劣。

示例：《钱江晚报》今日下沙 色彩运用过多，色调就难以把握，鲜艳而不协调的色调会显得设计品位低。

7.14.5 整体与局部

整体与局部相互依赖，互为存在和发展的前提。整体由局部组成，离开了局部，整体就不能存在。整体对局部起支配、统率、决定作用，协调各局部向着统一的方向发展。局部的变化也会影响到整体的变化。这就要求设计者在观察和处理问题时要立足于整体，追求系统整体的最佳效应，防止和反对以局部利益来损害整体利益的现象；要重视和充分发挥局部的积极作用，注意各个局部的特点和要求。

示例：《钱江晚报》要闻"大潮磅礴" 正确认识图片报道在版面中的地位，确立图片报道是文字不可替代的重要报道方式，还图片以空间。这主要是由读者的要求和需要决定的。很多时候，读者并不关心文字所叙述的过程、事件、细节等，而是关心事件中的人物是谁，在什么地方，当时是什么真实情况。比如"抗洪救灾"的素材，你用文字怎么写？那么多地名，那么多水位尺寸，不是长江附近的人很难感受到溃堤的危险和灾情的重大。而一幅航拍，就足以说明洪水的泛滥程度。战士抢险救人的图片，有时比用十个排比句有力得多。

7.14.5.1 新闻现场的人、物等新闻主体

"情节"是指一个新闻现场的瞬间画面，是对一个新闻现场的人、物等新闻主体及环境的情景交代，是新闻现场中各要素相互关系的展现。通过情节的展现，可让读者了解新闻五要素，并真实感受新闻现场的氛围，了解新闻事实。

示例：《新京报》头版 细节真实性是有内容、有个性信息的真实，例如新闻现场的人、物，一个眼神、一个表情、一串数字、一条标语、一串符号……。只有敬畏事实，尊重事实，在新闻事实发生的现场认真观察真实的细节瞬间，而不是试图干预和改变细节瞬间，才能选择和捕捉到感人的真实性细节瞬间。

7.14.5.2 真情流露，让人感动

只要是发自内心的真情流露，都会让人感动。

示例：《武汉晨报》 新闻时时发生，选择什么又怎样呈现是媒体人每天的功课。8月21日《武汉晨报》一版大图中，环卫工们难得的笑容被记者抓拍到。特别是第二排一位环卫工更是笑得扬起了头，人物表情自然，真情流露，让人感动。黄色的工作服和灿烂的笑容构成了版面的和谐与冲击力。为了更好地展示照片，版面特意没有撑满，而是两边都留了空间，很醒目。主要导读区只有3条新闻，很好地把当日卖点新闻凸显出来。头版主图反映身边的普通市民，《武汉晨报》的民生视角、本地新闻贴近性等在这一版面中得到了恰当地展现。

7.14.6 插图标题

插图是运用图案表现的形象，本着审美与实用相统一的原则，尽量使线条、形态清晰明快，制作方便。插图是世界通用的视觉语言，其设计在商业应用上通常分为人物、动物和商品形象几种。

示例：《天府早报》 用刻度表记录11.11大抢购的成交额，分分秒秒扣人心弦，更是提示出半小时抢购便超出香港一天零售额这一惊人事实。读者也像"天猫"一样惊得瞪大眼睛。

7.14.6.1 标题置于头条增加兴趣点

标题、图片能将新闻主体的情感浓缩在版面之中，给人以简洁、震撼的效果，有"一图胜千言"的作用。它具有勾起人的第一视觉效果的能力。

示例：《东莞时报》 将政策调整的标题置于头条，并以打开的大红门和奔跑的人为背景，寓意"东莞欢迎你"。此设计说明突出报道时文章标题很重要，要有吸引力。

7.14.6.2 标题放大，视觉度增强

像编文稿那样，为一幅好新闻照片起一个好标题，有画龙点睛的作用。在版面上，好照片有没有标题，其效果是不一样的。心理学家的观察表明，当一个有意识能力的认知系统接受到某个具体的外来刺激的时候，通常会产生"感知"效应和"觉知"效应：一方面会观察到这个刺激对象的外部形象；另一方面会感受到这个刺激对象对自身目的的影响。

示例：《深圳晚报》头版将标题放大，视觉度增强，信息传达力和亲和力就会增强。好照片配一个好标题，其独立报道的作用更显突出，给读者的印象更加深刻。

7.15 用图形与文字构成版面

版式设计首先要确定一个总的设计基调，要注意图形与字体组合产生的黑、白、灰在明度上的版面视觉空间，用现代设计思想来处理各种视觉元素，注重对文字、图像、色彩、留白的合理运用。报纸是一种理性媒介，它需要读者通过文字、图片进行进一步的理解和想象，而不像诉诸声音和声画结合的广播电视那样，容易使多数人获得瞬间的共鸣。

示例：《姑苏晚报》娱乐绯闻 "'八大门派'决战跨年夜" 图形文字是指将字的形处理成版面元素。这种版式在版面构成中占有重要的地位，它运用重叠、放射、变形等形式在视觉上产生特殊效果，给版面设计开辟了一个新的设计领域——文字用图形。

7.15.1 图片与文字结合

报纸是信息的综合体,用得最多的应属文字。如果能将报纸的文字处理得很巧妙,那么做其他文字设计、处理工作更不会出现什么问题,因为报纸文字的设计是整个设计中最难的一种,涉及图文混排、文字分栏等技巧。

从版面语言讲,图片与文字结合,可以形成强大的舆论强势。好标题加好的照片,其冲击力是很强的。

示例:《华西都市报》 与茅于轼喝茶,需要花多少钱?6位竞拍者成功得到了这个机会。版面用6杯茶标明竞拍价格,最高价达到15万9千元;再配上微笑的茅于轼头像,表明国内首个经济学家茶会成功举办,宾主尽欢。

7.15.1.1 图文排列的四个基本方式

笔者通过长期对报纸版面的观察、分析和比较,发现图片的横放、竖放或组合变化其实是有一定的内在规律和编排技巧的。即图文排列的四个基本方式——图文左对齐排列、图文居中排列、图文右对齐排列、图文"装箱式"排列。

示例:《城市早8点》星座 在版式设计上,除标题外,最能制造出版面视觉强势效果的应算借助图片的大小、呈现方式和数量方面的优势了,而要同时实现符合读者的视觉欣赏习惯和节奏,则更不容易。

7.15.1.2 图形的应用和编排

报纸是平面视觉媒体,是通过印刷在纸张上的文字、图片、色彩以及版式等符号向受众传递信息的一种纸质媒体。诉诸于人的平面视觉,是报纸与其他大众传播媒介最大的区别。受众通过阅读文字和图形获知信息的具体内容。其中,版式在报纸版面编排中扮演着举足轻重的角色。

示例:《中华工商时报》版式是报纸的视觉形象,它刺激着读者的阅读欲望,吸引着读者的视线。《中华工商时报》是经济类报纸,以财经新闻为主,如果光以文字报道,就会显得乏味。但这份报纸很受欢迎,就因为大量使用了图片,拉近了与读者的距离。

7.15.1.3 文字图形生动妙趣

文字图形,就是将文字以最基本图形单位,即点、线、面的形式呈现在设计中,使其成为排版设计的一部分,甚至整体达到图文并茂、别具一格的版面构成形式。这是一种极具趣味的构成方式,往往能起到活跃人们视线、产生生动妙趣效果的作用。

示例:《温州都市报》这一版面是一个个性张扬的版式。文字的设计根据作品主题的要求,突出文字设计的个性色彩和组合魅力,给人以别开生面的视觉感受,充分展现设计者的信息表达的多层意图,唤起人们的审美愉悦感受。没有激情的文字版面是苍白的,只有激情的文字版面是无力的,而激情加上技艺则是令人震撼的。

7.15.2 图片与文字混排

图片与文字通常不会以单独的形式出现在版面中,而在版式设计中,注意图片与文字的混排是非常重要的。可以从以下几点入手:注意图片与文字的距离关系;图片与文字的位置关系。此时可以考虑把文字段落视为一个面积,一个块来应用。

示例:《新京报》志愿者在京哈高速截下运狗车,经过15小时谈判,两机构出资10万元将狗救下。记者全程跟踪报道,通过大量图片和细节的描写,为读者还原了整个事件。整个版面结构清晰,细节丰富。

7.15.2.1 文字在视觉上的整合

平面设计中,文字个性化的视觉表现形式,以如何取得文字编排的视觉语言个性化与视觉传达功能为切入点,包括文字编排创意的具体表现技巧及个性特征,强调文字视觉语言个性化与实际应用的关系等文字个性化表现必须关注其自身的表现内涵,方能有效地发挥其视觉语言的作用。

示例:《华西都市报》 当天的新闻不够好,严格来说,没有一条适合做封面头条。该版面打破常规,另辟蹊径,充分发挥导读的集纳功能,通过时间线索,对四条国内热点新闻的追踪报道——"上海特大火灾26人获刑""故宫宋瓷损坏 事件追责""温州动车事故签订赔偿协议""味千拉面老总身家缩水"进行整合。时钟元素突出了"火灾260天之后""微博爆料故宫事件3天之后""温州动车事故事发10天之后""味千拉面调查10天之后"等时间脉络,泛黄的牛皮纸寓意过往的事情还未结束。文字和视觉上的整合及设计使之成为封面的视觉中心,放大了聚合效应。

7.15.2.2 将主题蕴含于图片之中

版式设计不仅仅是吸引读者眼球的编排方式,更为重要的是要体现报纸的办报理念和独特品位。

示例:《辽沈晚报》 该版面以手机屏幕作为文字背景,手机套着的绳索上挂着"免费WIFI"的标牌,将主题蕴含于图片之中,能给读者带来一种生动、形象的警觉感。整个版面图片与文字合为一体,整齐且明晰。

7.15.2.3 以背景图片配合标题内容

在现实的排版设计中,面的表现也包容了各种色彩、肌理等方面的变化,同时面的形状和边缘对面的性质也有着很大的影响,在不同的情况下会使面的形象产生极多的变化。在整个基本视觉要素中,面的视觉影响力最大,它们在版面上往往是举足轻重的。

示例:《东方卫报》该版面的背景使用了一只餐盘中放着六颗胶囊,其左右放着一副刀叉的图片,仿佛要用餐和服药的样子。配合标题的内容,极为强烈地讽刺了某些专家关于服用"毒胶囊"无事的奇怪言论。

7.15.2.4 散点组合

将图片以散点形式排列在版面各部位,版面即会充满自由、轻快之感。

示例:《春和报》 进行散点组合排时,要注意图片大小、主次的配置,方形图与退底图的配置,同时还应考虑疏密、均衡、视觉方向程序等问题。

7.15.3 图版率

图版率是指版面相对于文字,图片所占据的面积比。进入信息时代,人们的生活节奏更快、时间更紧,极少有人再像从前那样慢悠悠地进行阅读。人们在阅读时,会晤首先选择醒目、图版率高、有兴趣的信息。

示例:《北京晨报》今日关注"加利盛赞北京条约" 图版率在版面编排中很重要,它会直接影响到版面的阅读视觉效果,影响读者阅读的兴趣。

7.15.3.1 图版率低,减少阅读兴趣

如果版面全是文字的话,图版率就是 0%;相反,如果版面全是图画,而没有文字的话,那图版率就是 100%。光有文字无图片或者小画面、少画面的版面,阅读兴趣会降低。像小说、诗集等以文字为主的版面,图版率为 10%,则更能增进阅读性。

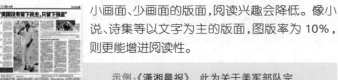

示例:《潇湘晨报》 此为关于美军部队完全撤离伊拉克的专版报道,版面设计采用简洁的格局,排列严谨,使得整个版面显得清爽干净。

7.15.3.2 图版率高,增强阅读活力

随着图版率的增高,当图版率达到 30%~70% 时,读者阅读的兴趣就更强,阅读的速度也会因此加快(图片信息传达比文字更快),版面也会更具有活力。当图版率达到 100% 时,产生强烈的视觉度、冲击力和记忆度。虽然高版面的图片率使版面充满生气,但由于缺乏文字的表达,也会给人单调、空洞的感觉。

示例:《潇湘晨报》 插图版面在差异化竞争的现在,常常有着令人耳目一新的效果。不管是广告客户还是受众都对精美的画面有所偏爱,特刊封面的风格使版面效果更加明快而优雅。这与报纸的定位是一致的,也是在探索更多的版式语言风格和使用范围。

7.15.3.3 图版视觉度

视觉度是指文字和图版(插图,照片)在版面中产生的视觉强弱度。版面的视觉度关系到版面产生的生动性、记忆性和阅读性。

示例:《大河报》 拆迁一直都是个热点话题,该版面将拆迁题材图书做了一个对比评论。以印有大大的"拆"字的破烂的墙壁为背景,排列推荐的书的封面,贴合主题。水墨画的设计秀气典雅,亦符合读书版面的风格。

7.15.3.4 版式设计要以信息受体——读者为本

报纸的版式设计,要以信息受体读者为本。再精美的版式造型,哪怕是再艺术化的报纸,只能对欣赏其设计的读者有效;对不欣赏的受众则没有任何意义。

示例:《长江商报》 一个版面设计,如果仅仅是文字版面的排列而无图形的插入,版面会显得毫无生气;相反,只有图片而无文字或视觉度低的文字信息,则会削弱其与读者的沟通力和亲和力,而读者的阅读兴趣也会减弱。

7.15.4 视觉度和图版率的区别

图版率是指相对于文章,图片所占的比例,与视觉度有类似的地方,是关系到版面的生动性、记忆性和阅读性。但视觉度是视觉的表现力的强弱,而图版率单指面积比。

示例:《辽沈晚报》 关于人口老龄化的专版,设计者别出心裁地用一棵老树作图,将原本枯燥乏味的数字说明瞬间变得活泼生动起来,引人入胜。

7.15.4.1 图形与文字的视觉传播力

报纸的版式设计落在以文字信息传播的媒体特征上,与"文字信息传播"嫁接和"亲密接触"是版式设计的造型特征;组织和构造"文字信息传播"是版式设计的实用所在。可以说,也是版式设计的难点和功力所在。

示例:《北京晨报》文化早茶"中国文学十年剧变" 从图形与文字的视觉传播力和表现力来讲,图形的传播度要比文字的快,它形象、直观,引发的阅读兴趣强。

7.15.4.2 版式设计使技巧与审美同时起作用

版式设计的本意是让技巧与审美同时起作用,"一个成功的版式应该是指不同元素用一种适合读者的方式组合在一起"。版式设计在组合版面语言符号的不同元素时,不能不考虑到围绕文字传播展开的主体性。

示例:《北京晨报》文化早茶 "幸福需要正能量" 文字的设计相对图形来讲能增进图意的理解和传达。在图像中,插图比照片的视觉度高,特别是天空、海的风景照,视觉度非常低。

7.15.4.3 照片给人的视觉度强烈,印象深刻

插图相对于照片,明快度高,给人的视觉度更强烈,印象更深刻。

示例:《潇湘晨报》每周一次的 TV 电视节目预告版是潇湘晨报的特色。琐碎小稿子的排列对大报来说并不容易,所以设计者对线条的使用会更加的严谨。这样一来各个区域的划分会更便于阅读,视觉流程更加清晰。

7.15.4.4 块状组合

块状组合即将多幅图片通过水平、垂直线进行分割,使图片在版面上整齐有序地排列成块状。

示例:《苏州日报》苏州发布·旅游 "晒个'笑脸'秀出幸福" 该版面中图片的组合方式具有强烈的整体感、严肃感、理性感和秩序感。

7.15.4.5 视觉最不喜欢的东西

视觉最不喜欢的东西,是那些静止不变的或者是那些不断重复的形象。所谓"熟视无睹"也就是这个道理。只有当视觉面对一个陌生的对象时,才会"睁大自己的眼睛"。

示例:《城市商报》高街流行 "色彩缤纷 DE 初夏体验" 人的视觉具有求新纳异的倾向,这就要求新闻摄影者如想使自己拍摄的照片具有吸引力,就不能满足于拍摄人们普遍看得见的内容与形式,而应着力于把人们普遍"看不见"的内容与形式变成"看得见"的摄影报道。

7.16 图片的文字说明

文字说明要围绕图片展开,不能离图万里,同时,又要图文并茂,忌讳就图论图。要做到这一点,从文字上说,有三个方面:

1.对图片内容的延伸。也就是弥补形象语言的不足。如两人谈话的图片,谈什么,就要用文字补充介绍。

2.对图片内容的强调。也就是用带有感情色彩的文字重复形象语言,使图片更具冲击力。

3.对图片内容的评论,阐述图片的意义。

示例:《苏州日报》要闻 春节报纸版面 "财神"送福派元宝。新闻照片在单独发表时,为了使报道思想得到更加鲜明的体现,有时还需要配上标题和文字说明。

7.16.1 新闻照片文字说明的原则

新闻图片的文字说明应该遵循以下原则:新闻是图片与文字相结合的传播方式,这意味着在这种传播方式中,文字与摄影同样重要。

示例:《大庆晚报》春节策划 "向全市人民表达美好新春祝福" 图片说明的准确性是新闻摄影真实性的一部分。"清晰的图片说明"就是新闻的基本要素:五个"W"加一个"H",即何时、何地、何事、何人、何故及如何。这个问题看起来简单,可是,无论摄影记者,还是图片编辑或是版面编辑,"应标注"的往往没有标注,应"清晰"的常常不清晰。

7.16.1.1 图片说明用一句话概括

图片说明用一句话概括,必要时增添第二句交代新闻背景。

示例:《上虞日报》要闻 春节报纸版面。一般情况下,对于那些容易引起争议的信息,如死亡人数,必须提供来源。图片说明必须交代新闻事件发生时的现场情况以及准确时间。

7.16.1.2 图片说明中不允许添加主观想象

图片说明中不允许添加摄影记者的任何主观想象,即便是极有可能发生的现象。

示例:《苏州日报》要闻 "春雪妆城" 除了摄影记者亲身见证的信息,图片说明中的其他任何信息都必须标明来源。图片说明中禁止出现对被摄对象主观想法的揣测。

7.16.1.3 新闻图片的多行标题或复合式标题

新闻图片的标题与文字报道的标题一样,要求内容真实准确,立场态度鲜明,语言生动简练。

示例:《苏州日报》看中国 "云南镇雄山体滑坡已造成 42 人遇难" 通常采用单一型的一行标题较多,但在编排系列新闻照片时,有时也采用多行标题或复合式标题。

7.16.2 图片说明局限情况

在一些情况下,摄影记者不得不在受到局限的条件下工作,特别是在报道冲突时或者在新闻自由受到限制的国家。

示例:《苏州日报》要闻 "安全别总靠鲜血换" 图片说明必须交代该画面是在有(官方)组织的条件下拍摄的。

7.16.2.1 写实性的标题

新闻标题大致分为写实性与写意性标题两类。写实性标题以简洁的语言概括图片所反映的主要新闻事实。

> 示例：《苏州日报》"虎丘山 将添六大景区"写实性标题都是实题，向读者交代最重要的新闻要素。标题向读者传递的信息能够帮助读者在最短的时间内准确把握照片的主题。

7.16.2.2 写意性的标题

写意性的标题。这类标题包含感情色彩的语言，阐述观点、抒发情怀，揭示新闻照片的内在意义，使报道主题得到升华。

> 示例：《苏州日报》沧浪"追梦美丽岛" 写意性标题的"意"是借助于图片表现的新闻事实来发生的。要做到"意"和"实"相符，编辑不能脱离画面本身随意引申，或者牵强附会。否则会引起负面的社会效果。

7.16.2.3 减少标题压图片的用法

压题图片是一种标题与图片的版面组合，是一种版面手段。标题字压在图片的什么部位，才能达到既突出整体新闻，又美化版面，同时又不会破坏图片基本信息的效果，这些都需要论证和正确的设计。

> 示例：《苏州日报》读苏州·要闻"瑞雪兆丰年赶在元旦前" 应减少标题压图片的用法。如使用则必须与摄影者和图片编辑共同论证。

7.17 内刊的图片运用

图片——内刊的配角，无论是内刊还是公共刊物，除非是画册，其精髓都应该是文字。图片只能是一种辅助性的装饰。图片虽然赏心悦目，却是刊物内容表达的配角。

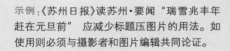

> 示例：《温岭医院报》要闻"我院全面接受省医院等级复评" 以文字为主，明确的主题和多样化多层次内容的表达只有借助文字，才能完善准确。而图片表达的内容，尽管直观清晰，却只能看到表象，虽然能以独特的镜头渗透摄影师的深层意图，却无法取代文字表达文章内容的这一功能。

7.17.1 立意高，角度新

随着读图时代的到来，更多的读者拿到刊物是先看封面和彩插，再看图片，最后才看标题和内容。图片立意高就是说设计者要使用一些鲜活的图片，而不是使用那些被人家使用过无数次的、重复的例子。角度新指的是图片的思想内容，意思就是说图片要与众不同，或者是独一无二的。使图片立起来的关键，有其新闻意义上的背

景，这可使图片在相同主题中脱颖而出；背景还可强化图片的故事性、对比性，使其丰满起来。意义阐述，用来深化画面，升华主题，使图片的历史意义和现实意义得到充分体现，图片也可由平面走向立体，赋予更深的含义，由此也更具感召力。

> 示例：《恩泽视窗》 该版面的特点是以文字为主、明确的主题和多样化多层次内容的表达。借助文字，信息传达完善准确，而借助图框，则直观清晰，能透过表象，以渗透到其深层意图，辅助标题有传达文章内容的功能，精彩简洁的文字说明，为读者提取内刊中的主要内容。设计者正视图片地位的变化，适时适度地在内刊中运用图片进行说明。

7.17.1.1 图片在封面内封的主角地位

虽然图片是刊物的配角，但在刊物的醒目位置：封面、内封，却承担着主要的角色。

> 示例：《奥康报》要闻"'百日攻坚'时不我待"直观、悦目的图片在封面、内封悄然起着醒目、简洁表达并深化刊物主题的作用。

7.17.1.2 图片在内刊中的地位提升

文字的主角地位不容撼动，但作为配角的图片在内刊中被读者关注的地位正在逐渐提升。

> 示例：《今日医院》天使风采综合 由于社会的进步，导致生活节奏的加快。信息量的爆炸，使人们接触纸介媒体的时间越来越短，阅读文字的耐心程度被一目了然的图片逐渐取代。

7.17.1.3 重视图片表达刊物的效果

版面不再是单纯的技术编排，排版设计是技术与艺术的高度统一体，而信息传达之道靠的就是设计的艺术。随着社会的不断进步、生活节奏的加快和人们视觉习惯的改变，要求设计师们要更新观念，重视版面设计，吸收国外现代思潮，改变以往的设计思路。

> 示例：《奥康报》要闻 在重视刊物内容吻合公司发展、满足员工自身发展需求同时，还要重视图片表达刊物内容的效果。反映在设计、编辑手法上，就是重视图片的质量和数量。

7.17.2 精心策划，有的放矢

有的放矢，比喻说话做事有针对性。"有的放矢"偏重在有目的、有针对性；"对症下药"偏重在针对不同的情况确定措施和办法。在信息类的报道中，采用照片是内刊编辑提高刊物质量、增加可读性的重要手段。

示例:《方正印务报》 该版面记录了2014年企业的荣光,留下了宝贵的精神财富。2014年的探索求真和锐意进取,在婺州大地树起一块事业发展的丰碑。图片具有直观醒目的表达方式,通过组照独立成篇,使版面显得丰富多彩、动感活泼、庄重沉稳,以增强读者的注意力,提高阅读兴趣,使读者在视觉上能够直接感受到版面所传达的主旨。

7.17.2.1 用照片增加可读性的手法

新闻摄影是对正在发生的新闻事实进行瞬间形象摄取并辅以文字说明、予以报道的传播形式。新闻摄影已经成为当代摄影文化中最为活跃的因素,它的呈现形式直观、形象而真实,具有强烈的现场感、思想性和导向性功能。

示例:《方正印务报》如何增强报纸的可读性,是指新闻内容与新闻形式完善结合的尺度。新闻价值是可读性的支柱,表现这些事实的形式——编排、文体、写作、文采、风格优美,是可读性的阶梯。报道精彩纷呈的生动场面,一张照片或几张组照的效果往往会大大胜过文字。

7.17.2.2 内容贴切的图片

设计师不仅要把美的感觉和设计观点传播给读者,更重要的是广泛调动读者的激情与感受。读者在接受版面信息的同时,获得娱乐、消遣和艺术性感染。

示例:《奥康报》要闻"奥康完胜" 版面需要高质量和内容贴切的图片。一方面要加强对通讯员摄影能力的培养,而更多时候要靠摄影记者的勤奋和摄影水平的不断提高才能实现。

7.17.2.3 运用内刊照片的技巧

提升图片在内刊中的地位不单单是给予较多、较大的版面,还应尽量选用自拍的照片,合理剪裁插图幅面大小,重视内刊照片的文字说明,重视学习照片的摄制技巧和后期处理。组照是对同一新闻现场不同侧面的描述与表现,也是同一主题下的不同场景的组合。组照多用于多侧面、多角度地表现新闻事件,深化主题。

示例:《奥康报》 该版面为报纸专版,依附在报纸新闻版后面,是报纸中的非新闻版面。它不像新闻版那样,以报道新闻信息为主,也不同于专门的副刊版,以发表文艺作品为主,而是介于新闻版和综合性副刊之间。提升图片在内刊中的地位,合理运用图片的编排方法,将倍增图片在内刊中深化主题和装饰的效果。

7.17.2.4 尽量选用自拍的照片

图片在封面、内封的地位已上升到主角。企业内刊对版面唯美的追求,使得内刊文章中的插图也用得越来越多。由于照片来源的枯竭,又不愿下功夫寻找自拍的照片,就使得在美化内刊版面的同时,远离了主要读者——本公司员工。因为虽然唯美,却不亲切。所以,内刊的设计者应在图片征集或自拍上多下功夫。

示例:《春和报》 新闻照片的形式包括单幅照片、组照和专题摄影。单幅照片是记者平时工作中最常用的发稿形式。单幅图片拍摄的基本要求是:表现有形象价值的、有代表性的典型瞬间,注意细节、人物情感及体态语言。

7.17.3 版面图片决定品位

再好的文章,再好的题材,再好的投入,版面图片不佳也会直接影响整个内刊的档次和品位。排版设计肩负着双重使命:一是作为信息发布的重要媒体,同时它又要让读者通过对版面的阅读产生美的遐想与共鸣,让设计师的观点与涵养能进入读者的心灵。

示例:《萧山一院报》"医院化解住院难又出新招" 在版面的排版中,文章或图的质量好坏、大小规格、排列位置的不同,以及各种装饰性的插图等等,都是不可缺少的。

7.17.3.1 合理剪裁图片大小

以压题图片为例,压题图片可小至一张邮票大小,大至半版甚至是整版。设计者应该杜绝图片大小千篇一律,要根据插图大小对文章内容、主题起到的补充修饰功能,来考虑照片的质量精度能否胜任设计的幅面。

示例:《浙江蓝天报》工作·感悟 同样字号的标题,加上一张押题的照片会使文章生动得多。企业的内刊编辑部中,文字编辑和摄影编辑不可能完全分开,这就要求文字编辑要学习摄影知识,美术编辑也要学习文章写作。

7.17.3.2 形式上讲究一个"新"字

新闻策划,选准主题是前提,是基础,同时还要考虑用什么样的形式来表现。要提高新闻策划水平,既要涉足别人未曾涉猎的领域,同时也要采取别人未曾试用的形式。因为形式是为内容服务的,不同的报道形式会给报道内容增添新的内涵和效果。报纸版面需要用不同的形式来装点、美化,它也是吸引读者阅读的一个重要因素。

示例:《方正印务报》技术·创新 在报纸选题上,务求一个"准"字。选题是新闻策划的首要环节,选题的好坏优劣,准确与否,不仅关系到宣传品位和质量的高低,而且会影响报纸的新闻舆论导向。

第8章　版式设计的色彩搭配

　　色彩是什么？是一种能够激发情感、刺激感官的重要元素。每一种色彩的选用和调制，就是一种心情的表达。

　　色彩设计就是颜色的搭配。自然界的色彩绚丽多变，色彩设计的配色方案也同样千变万化。当人们用眼睛观察自身所处的环境时，首先闯入人们视线的是色彩，及产生的各种各样的视觉效果。

　　报纸版面编排设计增添了色彩元素，就会变得"漂亮"起来。通过色彩塑造配合形象可达到宣传主题的目的。根据特定的内容，营造总体色彩气氛，可使版面呈现出充满活力、庄重宁静、热烈欢快、含蓄深沉、富丽堂皇、朴实素雅等效果。学习基本的色彩、美学知识，掌握一些在理论和实践中总结出来的易操作的规律，对于从事版面编排设计的人员是十分必要的。

我们生活在一个彩色的世界里，从每天一睁眼睛开始色彩就无处不在，世界也因为有了五颜六色而变得生动有趣起来。美丽的大自然中蕴含着丰富的色彩，我们的日常生活中也会有色彩的千变万化，它是艺术作品不可或缺的要素之一，是人们沟通悟解艺术的桥梁，是艺术的灵魂，让我们有最美好的视觉和心灵的体验。本章就从色彩在艺术设计中的特点和作用展开阐述，感受色彩和艺术的相得益彰。

8.1 色彩的基本知识

所谓色彩，是色与彩的全称。色是指分解的光进入人眼并传至大脑时产生的感觉，彩是多色的意思。色彩是客观存在的物质现象，是光刺激眼睛所引起的一种视感觉。它是由光线、物体和眼睛三个感知色彩的条件构成的，缺少任何一个条件，人们都无法准确地感受色彩。

示例：色彩既是一种感受，又是一种信息。色彩源于光，没有光就不会有色彩。光——这个世界的第一个现象，通过色彩向我们展示了世界的精神和生活的灵魂。色彩是光刺激眼睛再传到大脑的视觉中枢而产生的一种感觉。色彩设计的工作，就是负责决定出现的人物或是物品所显示在画面上的颜色。

8.1.1 色彩的概念

在包罗万象的自然界中，色彩的种类是非常繁多的。为了更好地把握与运用色彩，人们对色彩进行了归纳与总结，从而得出了构成色彩的三个基本要素，即色相、明度和纯度。色彩构成，指将两个以上的色彩，根据不同的目的性，按照一定的原则，重新组合、搭配，构成新的美的色彩关系。

示例：《苏州日报》视界 "一年好景在清明"色彩美已经成为人们物质和精神上的一种享受，设计色彩是对色彩的研究与探讨，绘画色彩是设计色彩的前奏、引路石，是研究的基础；设计色彩是绘画写实色彩的发展与延伸，是在写实基础上的更新与理性的一种飞跃，是学习其他相关艺术学科的必经之路。是相辅相成的，互为作用的。但在应用上却各自有着不同的特点。

8.1.1.1 色彩由光引起

色彩由光引起，而光又有其物理属性。三原色（红、黄、蓝）是色彩构成基本要素，将三原色以适当比例混合，可以得到各种不同的色彩。色相、明度、纯度称为色彩三要素。色彩三要素是色彩最基本的属性，是研究色彩的基础，也是最重要的概念。

示例：《苏州日报》拍客 "寻找苏州最美的秋天" 人们对色彩不会陌生，正是色彩才让人们对设计的记忆得以永恒。版面色彩，是报纸的面孔。传统的版式、无序的版面色彩已跟不上现代人的审美要求和欣赏习惯，而现代社会的生活节奏，要求报纸便于读者快速浏览、尽快获得讯息。所以要求报纸的版式和色彩简洁明快，版面语言更具感召力、渗透力，以求完美地把信息快速、便捷地传递给读者。

8.1.1.2 色彩的观察方法

当一组错综复杂的静物摆在人们面前时，在光线与环境的作用下，便呈现出了物体的大小主次，色彩的冷暖明暗，前后空间虚实等不同感觉，实际上已经形成一种互相贯通、互相依存、互相连接、互相对立的整体制约关系。在这种关系中，一切局部的、琐碎的、偶然的物体色彩现象，都必须服从于整体的要求。

示例：《苏州日报》公益广告 比较是观察色彩的最重要手段之一。严格地讲，色彩变化是相对于比较而言的，不比较就难以准确地鉴别色彩的微妙变化。设计色彩往往将纷繁复杂的自然色彩加以提炼概括，色彩关系简洁明快，具有单纯化、理想化和装饰化的特点，适合于生产与实用。

8.1.1.3 色彩的表现方法

设计者可运用色彩语言与色彩表现技能，达到艺术诉求的目的；从掌握色彩理论知识入门，到了解一些色彩的科学原理，进而提高色彩艺术的表现能力与审美水平。

示例：《姑苏晚报》设计色彩要求在自然色彩的基础上，对形、色等进行大胆主动地概括、取舍，而不必描摹自然的真实，较为理性地进行新的想象、创造。在报纸版面设计中，应该深刻地认识到，报纸版面是一个综合整体，色彩运用只是其中的一部分，必须服务于版面的整体设计。只有这样，设计才能收到良好的效果。

8.1.1.4 色彩的艺术风格

色彩的艺术风格有高度的思想性、成熟性，是真善美的，它追求时尚与潮流，非常注重色彩空间的布局与使用功能的完美结合。色彩给人以一种真实的感受，其变化微妙、细腻。设计色彩由于受工艺制作的制约，形成了较为明显的装饰风格，其色彩具有夸张、浪漫、含蓄等特征。

示例：色彩来源于物理现象，反应在人的视觉上，最终作用于人的心理感受。人只要一睁开眼便能看见各种各样的色彩，是人对生活、对大自然的体会。它是一门高深的学问，要了解它，就得用心去体会。如果说写实绘画色彩具有直观的感情，那么设计色彩则侧重于感受上的理性表现。

8.1.1.5 报纸版式与色彩

人们每天的生活被各种各样的色彩包围着，色彩与色彩之间千变万化，这些变化刺激着人们的生理感官，在潜移默化中影响着人们的情感。当两个以上的色彩组合在一起时，就会形成对照与比较关系，比较其差别及其相互间的关系就是色彩对比。在可视条件下，色彩的对比关系时时处处都存在着。当代报纸版面设计应该是平面构成、色彩构成等诸方面的有机结合，这样方能拓展现代报纸形式风格上的新领域。

示例:《城市商报》 斑斓夏日风。世界本无色,人们的眼睛在光的作用下通过色彩的差异来感受景物的存在。光线明亮时看到的大自然万物鲜艳而清晰,光线暗淡时,色彩变得阴暗而模糊。如果没有了光,在黑暗中人们什么都看不见。在版式的色彩设计中,人们常通过色相的选择与调配来帮助版面打造简洁、明朗的视觉效果。

8.1.2 色彩的形成

我们生活在一个色彩缤纷的世界里,早晨去学校的路上会看到湛蓝的天空,洁白的云朵,绿的树,红的花,好一片怡人的景色;傍晚伴着夕阳回家,美丽的晚霞照在我们身上,带走了一天的疲倦;在传统节日的夜晚,空中的礼花漫天飞舞,色彩斑斓。在版式设计中,设计者们通过色彩的三个要素来决定色彩的属性,利用色彩的主观性使版面产生相应的情感表达,并由此决定版面整体的风格倾向。无论是写实绘画色彩还是设计色彩,都是人们在社会生活中由于不同的需要和观念的更新,经过长期发展演变而来的一种色彩观。

示例:《城市商报》人眼视网膜的视锥细胞含红、绿、蓝三种感光色素。当单色光或混色光投射到视网膜时,三种感光色素的视锥细胞不同程度地受到刺激,通过大脑综合而产生色彩感觉。

如含红色素的视锥细胞兴奋时,其他两种视锥细胞处于抑制状态,于是便产生了红色的色彩感觉;如果含蓝的视锥细胞处于抑制状态,含红含绿视锥细胞同时兴奋,那么产生黄色的色彩感觉;如果三种细胞同时兴奋,则产生白色感觉;三者同时处于抑制状态时,则产生黑色感觉;三种细胞受不同刺激时,则产生红、橙、黄、绿、青、蓝、紫等各色。

如果人眼缺乏某种感光色素,或某种感光色素的视锥细胞功能不正常时,就会产生色盲、色弱现象。

8.1.2.1 设计色彩

光源的辐射能和物体的反射是属于物理学范畴的,而大脑和眼睛却是生理学研究的内容,但是色彩永远是以物理学为基础的。色彩感觉总包含着色彩的心理和生理作用的反映,使人产生一系列的对比与联想。

示例:《城市商报》色彩是人类视觉最敏感的东西。版面色彩处理得好,可以锦上添花,达到事半功倍的效果。色彩是一种语言,一种信息。色彩具有感情,能让人产生联系,让人感到冷暖、前后、轻重、大小等区别。设计者在这方面不仅要重视色彩感情规律在报纸版面设计中的作用,而且还要注意色彩组合在报纸版面设计中的运用。

8.1.2.2 绘画色彩

色彩,是构成人类视觉经验的一个重要组成部分,而绘画作为一种与人类视觉经验密切相关联的艺术形式,自然离不开对色彩的关注与表现。同时色彩在我们生活中的应用越来越广泛。设计者了解一些有关色彩方面的基础知识是必需的,也是必要的。

示例:色彩是光作用于人眼引起除形象以外的视觉特性。根据这一定义,色是一种物理刺激作用于人眼的视觉特性,而人的视觉特性是受大脑支配的,也是一种心理反应。所以,色彩感觉不仅与物体本来的颜色特性有关,而且还受时间、空间、外表状态以及该物体的周围环境的影响。同时还受人的经历、记忆力、看法和视觉灵敏度等各种因素的影响。

8.1.2.3 色彩构成的基本内容

色彩构成,是从色彩的视知觉效应出发,运用科学理论与艺术审美相结合的法则,充分发挥人的主观能动和心理联觉,运用色彩的量质变化和空间转换,对色彩进行以基本元素为单位的组合、配置,从而创造出多层面、多角度、多功能的设计色彩。

示例:《城市商报》从人对色彩的知觉和心理效果出发,用色彩的规律去组合构成要素间的相互关系,创造出新的、理想的色彩效果。在版式的配色设计中,简明扼要的配色关系能帮助版面打造出相对清新、舒适的视觉空间,使设计主题得到直观呈现,同时给读者留下积极的印象。

8.1.3 掌握色彩设计的钥匙

丰富美妙的色彩出自于红、黄、蓝三种原色。由三种原色中的任何两种调出的颜色,叫作间色。由间色互相调和得到的颜色叫作复色,复色千变万化、丰富多彩。在色环中互相正对的两种色叫作补色,它是对比极强的一组颜色。

示例:《姑苏晚报》据调查,人类肉眼可以分辨的颜色多达千余种,但若要细分它们的差别,或叫出它们的名字,却十分困难。因此,色彩学家将色彩的名称用它的不同属性来表示,甚至以色彩代号、数字单位对色彩进行区别和分类。1854年格拉斯曼发表颜色定律:人的视觉能够分辨颜色的三种性质,即色相、明度和纯度(彩度)的变化,称为色彩的三属性或三要素。

8.1.3.1 色相与设计色彩

色相即色彩的相貌,是眼睛对某一波长的光的感觉,如大红、普蓝、柠檬黄等。色相是色彩的首要特征,是区别各种不同色彩的最准确的标准。事实上任何黑白灰以外的颜色都有色相的属性,而色相也就是由原色、间色和复色构成的,是色彩彼此之间区别的标志。如果说明度是色彩的骨骼,色相就很像色彩外表的华美肌肤。色相体现着色彩外向的性格,是色彩的灵魂。

示例:《姑苏晚报》色彩作为造型艺术的要素和主要手段之一,它在平面设计中起着最直观的视觉作用。无论是整体的用色,还是局部的用色,色彩对整个版面都有着重大的影响。色相就是色彩的面貌特征,如红、橙、黄、绿、青、蓝、紫就是七种不同色相。色相有冷暖之分,运用好"色相",可以产生暖和、明亮、华贵、质朴、强烈、暗淡等各种不同的效果。色相如同人的名字一样,了解它主要是为了在千变万化的色彩中区别各色彩,以便更好地运用色彩。在平时的训练中,设计者要多注意观察、比较,这样才能在运用时正确地使用色彩。

8.1.3.2 明度与设计色彩

明度是指色彩的明暗程度,物体表面对光的反射程度不同,导致颜色有明暗强弱的变化。不同的色彩具有不同的明度,任何色彩都存在明暗变化。在同一色相的明度中还存在深浅的变化,如绿色中由浅到深有粉绿、淡绿、翠绿等明度变化。明度最高的色彩是白色,明度最低的色彩是黑色,但两者均为无彩色。有彩色的明度最高的是黄色,明度最低的是紫色。

示例:《苏州日报》运用好明度,可以更好地安排好报纸黑白灰的层次。总结起来讲,明度包括两个层面的含义:一是指一种颜色本身的明与暗,二是指不同色相之间存在的明与暗的差别。

8.1.3.3 纯度与设计色彩

纯度是指色彩的纯净程度,也称饱和度、彩度、艳度。进入眼睛的色光越单一,所呈现的色彩就越单一,纯度也就越高。例如颜料中的红色是纯度最高的色相,橙、黄、紫等色在颜料中纯度也较高,蓝绿色在颜料中是纯度最低的色相。在日常人眼的视觉范围内,看到的色彩绝大多数是含灰色的,也就是不饱和的色相。有了纯度的变化,才使世界上有如此丰富的色彩。

示例:《苏州日报》在平面设计的版面中,安排不同明度、纯度的色块可以帮助表达版面的情感。例如,要表现热情、欢快的效果,就应采用明度高、纯度高的色相;反之,要表现冷静、伤感的效果,则采用明度低、纯度低的色相。混入白色,鲜艳度降低,明度提高;混入黑色,鲜艳度降低,明度变暗;混入明度相同的中性灰时,纯度降低,明度没有改变。不同的色相不但明度不等,纯度也不相等。纯度最高为红色,黄色纯度也较高,绿色纯度为红色的一半左右。纯度体现了色彩内向的品格。同一色相,即使纯度发生了细微的变化,也会立即带来色彩性格的变化。

8.1.4 色彩的属性

颜色可以分为非彩色和彩色两大类。非彩色指黑色、白色和各种深浅不一的灰色,而其他所有颜色均属于彩色。从心理学和视觉的角度出发,彩色具有三个属性:色相、明度、纯度(彩度)。报纸版面设计的目的应该是方便阅读,提高速度,增强读者阅读兴趣。版面的色彩及设计符号方面诸因素,要根据视觉习惯、视觉心理等方面的特点,建立在科学的依据上。版面的设计与色彩是直接的视觉形象。

示例:《姑苏晚报》大家来拍"清明到谷雨"版面色彩运用作为彩报编排的有机组成部分,对于报纸传播效果的发挥起着重要作用。报纸版面色彩运用应遵循的基本原则是:确定好主色调,注重色彩和谐的搭配;发挥色彩对比组合的功效;色块安排应避零求整;色彩运用追求简洁、明快、和谐。

8.1.4.1 写生色彩

写生色彩在色彩表现中是最为丰富、生动和直接的,它追求对自然物象的直观感受,并用色彩准确、生动、逼真地加以再现。它研究的是物体的光源色与固有色、环境色的变化规律及其相互之间的关系,以及物象的明暗关系,客观地、写实地去描绘物象的形体、色彩、质感和空间等。其目的在于强调物象的真实存在性,是我们认识色彩,表现色彩的源泉和基础。

示例:Burano(布拉诺)是意大利威尼斯所辖下的一个小岛,岛上居民都是渔民的后代。穿梭于城镇水道间的船,成了最方便的交通工具。在色彩的三个要素中,色相是构成色彩的最大特征,这是由色彩的波长决定的。每个色彩都有相应的色相名称,人们通过色相来对不同的色彩进行标识与辨认。

8.1.4.2 装饰色彩

色彩能影响人的情绪。在运用色彩时必须正确认识色彩与人的情感之间的关系,恰当地运用色彩,使之符合视觉审美规律。装饰色彩不依赖于对自然物象色彩的写实,而是在自然物象色彩的基础上强调对自然色彩的主观概括、归纳、提炼,进行主观装饰。

示例:《苏州日报》在彩色版面设计中,既要考虑色彩之间的对比效果,也要考虑色彩之间的反差效果。标题与正文、标题与标题之间的字体色彩对比,文章之间线条与色调的运用等,都关系到用色是否和谐。色彩和谐的一个重要内容是色彩的合理搭配。这种色彩具有浪漫、夸张、简洁、单纯之美,是在感性基础上对于理性思维的提炼进行的一种创造性风格。为了使版面达到该类视觉效果,在符合主题的情况下可以选择色相上显得朴实、柔和的一类色彩。

8.1.4.3 设计色彩

设计色彩是指对各种产品运用的色彩和各种应用设计表现的色彩,主要针对应用性领域的实际需要,如工业产品设计、建筑景观设计、环境艺术设计、服装设计、视觉传达设计等。

示例:《姑苏晚报》在报纸版面中,色彩一般不宜超过三种。色彩过多会使版面显得复杂凌乱,过少又会使版面形式显得单一、平淡,缺少层次感与立体感。因此,色彩运用应当遵循简洁明快的原则,以主色调为中心,在此基础上运用相近的色调,给读者一个视觉缓冲的空间。不同的色彩或同一种色彩处于不同的环境,会给人带来不一样的心理感受。

在色彩与艺术设计表达层面,结合实际情况发挥自己的想象力和创新能力来设计和创造,常用的手法为强调和夸张,运用色彩这个载体表达出最震撼、最特殊的视觉效果。每个艺术版面都蕴含深刻的意义,也就是视觉隐喻,将一些暗示、象征性的东西用抽象、概括的手法表达出来,并以相关科学理论为思维框架,提倡视觉思维的理性认知与感性表达相结合,强调想象能力和动手能力的渗透。

示例:《姑苏晚报》头版 "汶川地震五周年" 该版面应用色彩从视觉心理上产生情感倾向,有利于信息传达时发出情感信号,有欲求感和兴奋情绪的产生,这种感情攻势,能够客观地反映物象面貌,给人以真实的感觉。在运用中注意自然色彩基础上注意固有色、环境色及光源色之间的对比和规律。

8.1.5.1 艺术性

色彩的华丽感与色彩的明度及纯度有关。在版面中采用明度与纯度值均偏高的色彩时,版面整体就会因艳丽的色彩关系而呈现出富贵、华丽的视觉效果,通过该配色关系可以提升版面整体的审美价值。色彩设计不是与其他艺术形式毫无联系的存在着,而是同相关的艺术形式相辅相成,相得益彰地表现主题。

示例:《姑苏晚报》设计色彩在真实地反映客观物象色彩的同时,在视觉上、心理上都给人以精神化、艺术化的审美,使人心旷神怡,达到忘我的境界。有彩色是版式设计中最为常见的,有彩色不仅具备丰富的情感意义,同时还具有直观性与象征性。

8.1.5.2 科学性

设计色彩是建立在其他学科研究基础上的,如美学、光学、市场学、生理学、心理学、哲学等等。它们你中有我、我中有你、息息相关,密不可分。对于设计色彩的研究要从实际出发,以科学为依据,走理论与实践相结合的发展道路。

示例:《姑苏晚报》"情洒姑苏 20 年" 设计者通过对有彩色进行特定的搭配与组合,以帮助版面打造出相应的视觉氛围。巧用色彩的明度变化可营造不同的版面印象,如迷幻、复古、温馨、华丽、朴素、浪漫和时尚等。

8.1.5.3 创造性

色彩对人们的影响无处不在,艺术设计可以美化我们的生活,让其充满魅力、活力、美好向往与灿烂阳光,而色彩让这一切变得更加美丽。创造性是人类文明的象征,是在现实基础上拓展美好未来的精神动力,是劳动人民的宝贵财富,没有创造便没有发展。

示例:《扬子晚报》 设计色彩的创造性是在自然色彩基础上的一种拓展、延伸,从感性思维向理性思维过渡。在设计中要把握这种规律,源于自然、高于自然,来创造自然。

有彩色系的颜色具有三个基本特性:色相、纯度(也称彩度、饱和度)、明度。在色彩学上也称为色彩的三大要素或色彩的三属性。色彩是由光的刺激而产生的一种视觉效应,光是发生原因,色是感觉结果,有光就有色彩。

示例:《姑苏晚报》 该连版以时尚泳衣穿起来。色彩本身并无固定的情感和象征意义,但由于色彩作用于人的感官,往往会引起人们的联想和感情的共鸣,从而产生一系列心理活动给色彩披上情感的轻纱,并由此迸发出对色彩的好恶感受和象征意义。因此,构成色彩的情感和象征意义的因素,主要来源于人们的社会生活和文化生活,来源于历史文化的影响和遗传的影响。

8.1.6.1 光源色

色彩学上有光源色、环境色、固有色,没有物体色和固体色。能够自行发光的物体叫光源,如太阳光、月光、星光,以及人工光源,如灯光、烛光、激光。光源色对物体影响较大,物体会随光源性质的变化而改变色彩。同一物体在红光的照射下,呈现红色的相貌特征;在绿光的照射下,呈现绿光的特征。在强光或弱光的照射下,则物体会失去色相的特征。

示例:《城市商报》 该版面中,色彩是传达信息的手段,又是感情的语言,色彩的心理作用在艺术设计中得以表现。以"向热气腾腾的"专注神情致敬的组图片,表达了高温下,他们依然坚守在户外的工作岗位上,用汗水建设着美丽的家园的一些工作人员的敬意。

8.1.6.2 环境色

指受光物体周围环境的颜色,是反射光的颜色。这里指的环境物体都是自身不反光,靠反射光源光来影响物体的。正常情况下,环境色是最复杂的,和环境中各个物体的位置、固有色、反光能力都有关,是环境物体吸收了光源光中与自己不符的波长的光之后反射相对单一的光色。

示例:《姑苏晚报》 "色"是色彩表象和造成色彩表象的客观因素;"彩"是人们对色彩的理解和色彩的人文内涵。"色"是"彩"的存在条件,而"彩"对"色"的理解和使用有推动和帮助作用。用环境色彩,给人以一定的应用环境色彩的启发。该版面设计运用色彩为读者创造优质的阅读版面环境,深刻体现以实用为第一目的,给人以美感。

8.1.6.3 固有色

在白色日光灯下,物体所呈现的色彩成为"固有色"。其实,固有色就是人们对某一物体影像中形成的概念而已。

示例:《姑苏晚报》 该版以第一时尚的角度感受苏式生活的精致。版面应用明度层次表现出黑白灰的变化,亮色在前,暗色在后,色差造成的层次,一方面使版面色彩丰富,另一方面形成有主宾,有呼应,有冷暖,有衬托,有穿插,有依存的关系,构成版面外观的独特艺术格调。

8.2 色彩分类

丰富多样的颜色可分成两个大类:无彩色系和有彩色系。有彩色系的颜色具有三个基本特性:色相、纯度(也称彩度、饱和度)、明度,在色彩学上也称为色彩的三大要素或色彩的三属性。饱和度为零的颜色称为无彩色系。没有色彩倾向的黑、白、灰称为无彩色。无彩色只有一个基本性质——明度。从物理学上讲,无彩色不包括在可见光谱中,故不能称之为色彩。但从视觉生理学、心理学上说,无彩色如同数字中的"0",在色彩体系中扮演着重要角色。

有彩色的色相、明度、纯度三个基本性质密不可分,改变其中一个,其他两个也随之变化。

金、银、铜色既不属于有彩色,也不属于无彩色,其性质与上述两类均不同,印刷术语称其为特别色,俗称光泽色。

示例:《姑苏晚报》 该版以情系远方山里的孩子为主题,以色彩循序渐进展现义卖现场静物、风景、人物场景。 一天下来,三个义卖点汇集了数百份爱心,成为儿童节前送给山区孩子的一份别样礼物。

8.2.1 无彩色系

我们把没有色彩倾向的黑、白、灰称为无彩色。无彩色只有一个基本性质——明度。无彩色按照一定的变化规律,可以排成一个系列,由白色渐变到浅灰、中灰、深灰到黑色,色度学上称此为黑白系列。

示例:《苏州日报》"品味半个世纪前的吴中风貌" 无彩色系的颜色只有一种基本性质,即明度,它们不具备色相和纯度的性质,也就是说它们的色相与纯度在理论上都等于零。通过特定的色相来形成版式的简洁感,通过控制版面用色的数量来影响版式的风格倾向,如将与主题无关的色相进行大量删减,利用单纯的色相关系使版面呈现出淳朴的视觉效果等。总之,色彩在版面设计中的表现力非常强。

8.2.1.1 信赖

在版式设计中,选择具有低沉感的色彩,如黑色、深蓝色、墨绿色和银灰色等来调配物象间的配色关系,可使版面整体呈现出稳健、沉重、成熟的视觉效果,从而给读者带来心理上的信赖感。由于该类配色方式能使读者内心感到踏实与放松,所以常被应用在医学、科普等题材的出版物中。

示例:《东莞时报》 从传统报纸到现代报纸,"读"报转变为"看"报应是最大的变化了。报纸除了"可读"(可以满足读者获取所需要的信息),更要"好看"(能够让读者产生愉悦的视觉感受)。报界有人把这种变化喻为是从"告诉我"(tell me)到"给我看"(show me)的改变。于是如所有商品一样,读者需求的变化引发了现代报纸从内容到形式的一系列剧变。白灰的主色调大气、沉稳,视觉冲击力强。乔布斯手中的"苹果三件套"和脸上的商标表明品牌重于脸面,标题一语双关。

8.2.1.2 沉寂

在版式的配色设计中,将低纯度及低明度的色彩结合在一起使用,可使版面呈现沉寂、静止的视觉氛围。设计者通常利用该种配色方式来抑制读者紧张的情绪,使其感受到内心的宁静。除此之外,也使版面主题的表现变得更有效力。

示例:《重庆时报》 象征着国际足联的大手,手中意欲投下的百万美元硬币指向三个代表钱可能去向的存钱罐。佐以版面四周的是四封上至中国足协下至中国普通球迷的信,不规则地排列于两侧。此版面黑白对比强烈,图文并茂,其中饱含的对国际足联的抗议及对中国足协的财政忧虑跃然纸上。

8.2.1.3 复古

色彩作为视觉艺术主体中的一部分,或多或少地与其他视觉因素综合构成,共同来完成或达到视觉艺术最终的目的。在版式设计中,用大量的深色来对版面进行渲染,利用深色系与生俱来的低沉与稳健,帮助版面塑造怀旧、复古的视觉氛围。复古是一种特殊的版式风格,它能勾起读者的回忆并引起对方在心理上的共鸣感。

示例:《北京晚报》该版以四合院为主题,内容关乎老北京的人文、历史。在版面设计上以突显文化底蕴为主线,同时尽量让版面时尚大气,符合现代年轻读者的阅读口味。图片尽量表达思想和故事,再用设计手法把文字和图片很好地结合在一起,使表述的历史故事在版面上鲜活灵动起来。

8.2.1.4 悬疑

色彩作为一种人类视觉生理上的现象,用自然光学和生物学的理论,是可以解释清楚的。若是色彩为人所用,参与了人类社会意识和创造,作为色彩文化现象解释起来就没那么容易了。悬疑的意思是一件充满悬念、且无法看清真相的事物所导致人有一种怀疑和不理解的心态。在版式的本色设计中,将版面中主体物与背景的色彩明度调低后,由于色彩明度过低会使版面中视觉要素的可识别度变低,而这种模糊不清的版面反而能勾起读者想要了解主题信息的兴趣,所以会加大视觉吸引力。

示例:《河北青年报》"新西兰遭遇黑色一天" 一边是天堂一边是地狱,黑白颜色形成强对比,黑白交接处又有了一种残垣断壁的感觉。在版面中尝试使用大量的黑色,通过这些配色手法来共同营造充满悬疑感的视觉氛围。

8.2.2 有彩色系

凡是有色彩倾向的色,统称为有彩色。有彩色具有色相、明度、纯度三个基本性质,它们密不可分,改变其中一个,其他两个也随之变化。这三个基本特征,在色彩学上也称为色彩的三要素、三属性或三特征。

示例:《姑苏晚报》 "晚报杯 10 年 我们共同见证" 红色是热烈、冲动、强有力的色彩,它能使肌肉的机能和血液循环加快。由于红色是可见光波最长的波这一特性,所以它极易引起注意,常传达有活力、积极、热诚、温暖的表情,对人的心理会产生巨大的鼓舞作用。带有明显色相性质的一类颜色称为有彩色,比如黄、绿、青和紫等,这类色彩有着丰富而生动的情感表达。纯红色的心理特性有热情、活泼、引人注目,热闹、革命等,但同时也会给人以恐怖的感觉。

8.2.2.1 色调理念与内涵

有彩色系的彩版设计和创新仍然依循着传统报纸黑白版面形式美的规律,以之前黑白版面设计的实践与探索为基石逐渐形成的,并与其审美主张一脉相承。色彩不仅还原了大千世界的缤纷绚丽和事物原貌,极大地提高了版面的表现力和传播力,还赋予了彩色版面不同的性格特征。

示例:《姑苏晚报》风尚·话题 "从盖碗茶到雅士茶 人更加年轻化" 人们对报纸版面色彩的审美功能有了更为宽泛和更深层次的认识, 在对色彩语言的理解及其技巧运用的基础上, 形成了报纸自身整体的色彩特征和版面主色调体系。视觉色彩美感与其他因素的美相融, 共同创造了用于不同种功能的多元化艺术美。

8.2.2.2 活跃型

譬如敏感快乐、兴趣广泛、善于表达的人,喜欢五光十色的生活形态和各种新尝试,懂得用感官和触觉去吸引人们的目光。色彩在版式设计中扮演着极其重要的角色,它能带动人们的情绪,并使其产生相应的心理变化。设计时可用多种色彩来调配版面中的视觉要素,用不同色彩在情感表达上的差异性来丰富版式的配色关系,并使其呈现出活跃、欢悦的视觉氛围。

示例:《姑苏晚报》 用明亮鲜艳的花卉紫色为主色,以达到与运动员上衣颜色相呼应的艺术效果。版面郊野气息浓郁,动感十足,非常切合版面内容。整个版面以红、紫色作为主色,橙、黄、灰等作为辅色,来表现户外活动项目的丰富多彩,色彩运用大胆活跃。

8.2.2.3 特殊情调的版面

传统的黑白版面如何应对,特别是如何从大量的彩色照片来稿中看出其黑白效果,从中选用光影效果好的照片放到版面上,是当今编辑人员在报业竞争中必须掌握的专业本领。设计者通过对有彩色进行特定的搭配与组合,以帮助版面打造出相应的视觉氛围,如迷幻、复古、温馨、华丽、朴素、浪漫和时尚等。

示例:《兰州晚报》 版面主体是一位身着黄色战袍的自行车运动员,他身姿矫健,大有冲破纸面之势。在版面的左上方,黄色行书字体的大大的"骑"字与运动员身上服饰的颜色相同,遥相呼应。整个版面颜色鲜亮,动态感强,十分符合新闻主题。

8.2.2.4 激情型

激情型好比感情澎湃、富于幻想、容易亢奋的人,想象如天马行空,所作所为为极富感染力,常有出人意表之举。

示例:《姑苏晚报》影像实录 "极限高手秀'街花'" 运用鲜红、深蓝、青绿、纯白、橙黄等纯度和亮度极高的色彩语言,营造色彩节奏鲜明、激越张力十足的视觉效果。设计者浓墨重彩、酣畅淋漓地渲染充满动感、热力四射的赛车和橄榄球竞技。

8.2.3 光泽色

金、银、铜色既不属于有彩色,也不属于无彩色,其性质与上述两类均不同,印刷术语称其为特别色,俗称光泽色。

示例：《苏州日报》公益广告 银色系的标题给人高贵时尚的感觉，金属光泽的质感，表现得恰到好处。这种接近金属色的银色，一直给人以冷色调的感觉，但是运用到标题，却显得尤为大气高贵——也许在夏天日益浮躁的天气面前，人们选择这种可以让人冷静的颜色，会觉得更加清爽、更加放松。

8.2.3.1 金属色的性格与表现

金属色主要指金色和银色，也称光泽色。金色富丽堂皇，象征荣华富贵，名誉忠诚；银色雅致高贵，象征纯洁、信仰，比金色温和。它们与其他色彩都能配合。金银色给人以富丽堂皇之感，象征权力和富有。

示例：《金华晚报》金银色的巧妙使用，装饰得当，不但能起到画龙点睛作用，还可产生强烈的高科技现代美感。版式设计所追求的完美形式必须符合主题的思想内容，这是版式设计的根基。只讲表现形式而忽略内容，或只求内容而缺乏艺术表现，这样的版面都是不成功的。只有把形式与内容合理地统一起来，并将版面内的各种编排要素在编排结构及色彩上加以强化，通过版面的文、图间的整体组合与协调性的编排，使版面具有秩序美、条理美，才能获得更好的视觉效果。也只有通过这样才能取得版面构成中独特的社会和艺术价值。

8.3 色彩对比

色彩对比具有普遍性，多种色彩组成千变万化的色调，色调之间的差别和对比更加丰富、微妙。色调之间因属性、环境、用途的不同而呈现千差万别的效果，因此探究色调的对比就有其特殊的实用意义。要想在设计中有效地、充分地发挥色彩的力量，就有必要充分认识色调对比的特性。色彩的搭配，是将两种以上的色彩搭配在一起，使其在组合以后产生一种新的视觉效果。

示例：《重庆时报》对乐嘉的专版报道，运用简单的形式加上强烈的色彩，完全符合故事主人公的性格与职业。版面在报纸中猛然跳跃而出，让读者发现报纸也可以这样漂亮。认识色彩语言，即可掌握色彩构成美的规律。

8.3.1 原色

原色亦称第一次色，指不能用其他色混合而成的色彩（用原色可以混合出其他色彩）。换句话说，是指能混合成其他一切色，而自身又不能由别的色彩来混合产生的红、黄、蓝三个基本色。具体讲，在实际应用中的红是指曙红、紫味红、品红，黄是柠檬黄，蓝是湖蓝（绿味蓝）。

示例：《城市早8点》头版"致童年" 从大的角度讲，自然界的色彩都可用红、黄、蓝三原色按不同比例混合而成。土性深色、鲜明的红橙色叫赤土色。我们常用它来组合、设计出鲜艳、温暖、充满活力与土地味的色彩。土性的色彩有年轻人爱笑、爱闹的个性，令人联想到悠闲、舒适的生活。因为是类比设计的一部分，这种温馨、土味的色调会产生有趣的色彩组合，这是人们在实际运用中的一种实践体会。

原色:红、黄、蓝

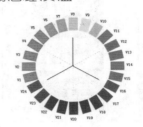
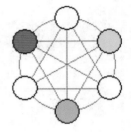

8.3.1.1 原色对比

原色对比给人以强烈、明快、精力充沛的感觉。版式创新是提高报纸传播效果的重要手段。在传统节日的报道中，各大报纸近年来勇于推陈出新，从民俗文化中提炼素材；从漫画、3D制图美术手法中丰富表现手段；从读者的兴趣点拓展思维，打造出了一席本土风情浓郁的节日纸媒盛筵。

示例：《长江商报》 节后上班第一天的版面，延续年味儿，用大红灯笼、大红门寓意今年一年运势红火。版面中央，大门敞开的留白铺以"新春致读者"和两会征集的文字。整个版面和谐大方。

8.3.1.2 营造气氛与形象的完美统一

为了突出版面艺术主题，在造型版面艺术中，色彩成为艺术家通过在其版面中的运用来宣泄情感、表达主题的最主要的手段之一，同时注重色彩语言对气氛营的造与形象完美统一。同一色相中不同倾向的系列颜色被称为同类色。如黄色可分为柠檬黄、中黄、橘黄、土黄等，这些都称为同类色。

示例：《城市早8点》揭秘 "清朝皇帝多好色" 两种以上的颜色，其主要色素倾向比较接近，都含有同一色素的色称同类色，如黄色中柠檬黄、淡黄、中黄、土黄等，它们之间都含有黄色色素，所以称它们为同类色。

8.3.2 间色

三原色中任何两种原色混合则成为间色，又称第二色，如橙（红＋黄）、绿（蓝＋黄）、紫（红＋蓝）。原色和间色是最纯正的六种颜色。

用三原色可以调出三个间色来。它们的配合如下：

红＋黄＝橙　黄＋蓝＝绿　蓝＋红＝紫

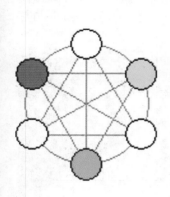
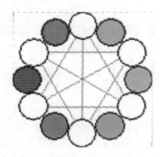
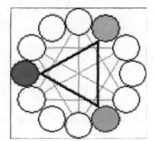

8.3.3 复色

由一种间色和一种原色混合而成的色，称为复色。复色的配合如下：

黄 ＋ 橙 ＝ 黄橙

红 ＋ 橙 ＝ 红橙

红 ＋ 紫 ＝ 红紫

蓝 ＋ 紫 ＝ 蓝紫

蓝 ＋ 绿 ＝ 蓝绿

黄 ＋ 绿 ＝ 黄绿

两种间色相混合（如橙＋绿＝橙绿，橙＋紫＝紫绿），又称第三次色和再间色。颜料中有一些现成的色本身就是复色，如土红、土黄、褚褐等。颜色对视觉的感受：原色最强烈，间色比较温和，复色最弱。

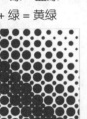

8.3.3.1 复色搭配

类似色相的配色范围较广，配色角度越大越显得活泼而富有朝气，角度越小越有稳定性和统一性。但如果太小就产生阴沉、灰暗、呆滞的感觉，反之，则产生色彩之间相互排斥、不和谐的版面效果。色相环中90度的配色，在视觉上有很大的配色张力效果，是非常具个性化的配色方式。如黄与红、红与蓝、蓝与绿等，它介于类似色相和对比色之间，色相差别较准确，色的对比效果比较明快，是色彩设计中常用的配色。

示例：《姑苏晚报》"苏州婚房购房指南"　用类似色搭配烘托淳朴的印象。该版面利用低纯度、较高明度的橙色和低纯度暗红色进行配色，二者产生的明度差异增强了版面的视觉空间感。体现淳朴、平实的版面主题可通过色的搭配营造出素雅、质朴的版面效果，给人舒畅、生动的感觉。橙色和暗红的色彩的对比效果比较明快，是深受人们喜爱的配色。

8.3.3.2 复色调和

对比色本身具备较强的差异性，为了在版面中加深它们之间的对比性，可以适当地提升色彩的纯度与明度，或扩大对比色在版面中的面积，通过这些方式来加强对比色的冲击力。调和，顾名思义就是降低同类色间的对比性。通常情况下，可以采用明度值相近的同类色来进行版式搭配。

示例：《苏州日报》尚品生活　利用色彩间微弱的明度变化来打造和谐、统一的视觉氛围。除此之外，还能使版式中的主题得到突出与强调。

8.3.4 类似色

类似色就是相类似的颜色，比如橘红和橘黄，紫罗兰和玫瑰红、紫红，以及其他的在色环上很邻近（如30度以内）的色彩。类比色指色环上比较相近的颜色，一般范围在90度以内，例如红色与橙色或蓝色与紫色，给人的感觉是比较温和、统一。但它和同类色相比，又更加富于变化。

示例：《城市早8点》秀色　王珞丹牛仔中性风别样性感。在色环上临近的各色彩类似色，又称临近色或邻接色，如红与橙、橙与黄、黄与绿等，它们之间都含有少量共同的色素。

8.3.4.1 类似色对比

类似色也就是相似色。在色轮上90度角内相邻接的色统称为类似色，例如红－红橙－橙、黄－黄绿－绿、青－青紫－紫等均为类似色。类似色由于色相对比不强，给人以色感平静、调和的感觉，因此在配色中常应用。如果有多个相似色按色环中的顺序排列组合，那就会出现渐变。邻近色、类似色的对比给人以宁静、柔和、舒适、和谐的感觉。

示例：《城市商报》女人坊"包臀裙来袭"，类似色是色彩较为相近的颜色，它们不会互相冲突，所以在版面里把它们组合起来，可以营造出更为协调、平和的氛围。这些颜色适用于表现时尚和活跃的版面。为了色彩的平衡，这里使用了相同饱和度的不同颜色。

8.3.4.2 同类色搭配

同类色是指拥有相同色相的一类色彩，该类色彩在色相上的差别是非常微弱的，主要通过明度上的深浅变化来对同类色进行辨识与区分。

示例：《城市早8点》食尚"冬季恋'锅'"该版式中采用同类色组合，为了加强版面中的对比度，可以适当地在版面中增加一些该种色彩的过渡色。通过这种方式不仅能营造出单纯、统一的版面效果，还能使版式的色调变化变得更为丰富与细腻。

8.3.4.3 类似色搭配

在版式中为了有效地区分类似色，可在该组色彩中加入无彩色或其他色彩，以制造版面的对比性。这种方式不仅能有效地打破类似色搭配所带来的呆板感与单一性，同时还能赋予版面以简洁的配色效果。可使用相邻的颜色，或者使用透明度、纯度相近的色彩，如白与黄、橙与红等作为搭配。

示例：《城市商报》爱长大　如果撇开用性格去形容版面的特质，而是按照新闻内容的类别来看，报纸彩色版面设计确实具有令人目不暇接、眼前一亮的感觉。色彩部分是真正成为版面上最能吸引受众视线的强势区域。按照一般的色彩规律，橙色与任何一种颜色搭配都很容易，橙、红两色是报纸最常用的色彩。又比如青绿、蓝绿和蓝同属冷色，红、橙、橙黄和黄同属暖色，这些色彩搭配在一起是比较容易取得和谐统一效果的。

8.3.5 补色

补色又称为初色和余色。简单地说，如果两种颜色混合后成为黑色，那么这两种颜色一定互为补色，如红与绿、蓝与橙、黄与紫等。凡色相环上对角线两端的色相均为补色。色彩的补色关系，在自然界中普遍存在。

示例：《齐鲁晚报》　当人的眼睛注视着红色物象一定时间后，再把视线转向其他物象，那么感觉该物象有绿色的倾向。这是因为人的眼睛为了获得自己的平衡，会用一种补色作为调剂。从视觉生理学来讲，这种现象叫视觉残像生理补色。

8.3.5.1 补色对比

将补色并置能使两者的色彩都更加鲜艳。

示例：《城市商报》补色是人的视觉感受所呈现的一种视觉残象的生理反应。标题的橙色与图底的蓝色就互为补色。由于补色有强烈的分离性，故在版面色彩的表现中，在适当的位置恰当地运用补色，不仅加强色彩的对比，拉开距离感，而且能表现出特殊的视觉对比与平衡效果。运用补色会使版面色彩有醒目、强烈的视觉效果。

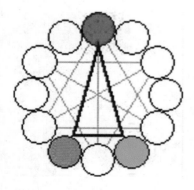

对比色：色相环上在120度以内的两色对比，如黄色与紫色，红色与绿色，它们给人的感觉比较强烈，不宜多用。如果需要大面积运用时，可以利用无彩色来加以协调。

8.3.6 巧用色彩创造美的版式

在版式的配色设计中，通过鲜艳的色彩组合能营造出热辣、张扬、感性的视觉氛围，并以此带给读者一种充满时尚感的印象，同时使版面整体的视觉效果变得更加动感与丰富。合理地借助色彩的强势功能，便能发挥出它的组织功能。

示例：《城市晚报》　将该版面中的主体人物配以不同色相的色彩，用红色在视觉上的绚丽感，打造出激情四射的版面效果。选用五星红旗做底版，红旗上隐约勾勒出五位中国男子体操队运动员的身姿，彰显了我男子体操队为国争光、夺得团体奥运金牌的骄人战绩。

8.3.6.1 诠释严肃的题材

纯色是指100%饱和度的单一色彩。当两种纯色配在一起时，它们就能形成强烈的对比，令人觉得一种颜色在向前凸起，另一种颜色在向后退却，从而产生强烈的立体感。但需要注意的是，强烈的纯色对比会产生冲撞效应，所以在运用时要格外小心。

示例：《长江商报》　在这一版式的配色设计中，采用了明度较高的一类色彩，如粉红、淡紫等，来打造出柔和、典雅的视觉氛围，可使版面呈现出的雅致的效果，并带给读者以无限的遐想。纪念建党90周年的特刊——"天赐大别山"，用红、绿、蓝三种泼墨色彩寓意了大别山丰富的历史、人文、自然资源，设计清新雅致，以现代的表现形式诠释了这个严肃的题材。

8.3.6.2 发挥对比组合的功效

色彩对比组包括：

明度对比为主构成的色调。明度对比就是因为明度差别而形成的色彩对比。

色相对比为主构成的色调。色相对比是指因色相之间的差别形成的对比。

纯度对比为主构成的色调。把不同纯度的色彩相互搭配，根据纯度之间的差别，形成不同纯度的对比关系，即纯度对比。

冷暖对比为主构成的色调。因色彩感觉的冷暖差别形成的对比，即冷暖对比。

示例：《姑苏晚报》明星秀场"儿童节 众星微博争晒子女萌照"该版面的左上角使用朱红色这种一般最令人熟知的色彩设计展现活力与热忱。中央红黄绿色的色彩组合最能轻易创造出有活力和温暖的感觉。这种色彩组合容易产生有青春、朝气、活泼、顽皮的感觉，用来展示精力充沛的个性与生活方式。

8.3.6.3 明暗衬托

明暗衬托指用较大面积的亮色（或暗色）与较小部分的暗色（或亮色）进行对比。纯度对比一般是指某种色彩在进行了一定的调和后，其原来标准色的饱和度发生了改变，也就是我们所说的纯度发生了变化。往往是调和的次数越多，其纯度就越低。纯度变化的效果只要将调和过的色彩与原色并置在一起就可对比出来了。

示例：《姑苏晚报》影像实录 "去太湖湿地约会稻草人" 色彩能够影响人的情绪，将色彩的传情功能运用到报纸设计中去，是报纸彩版必须熟练掌握的技巧。

8.3.6.4 冷暖衬托

冷暖衬托指用较大面积的冷色（或暖色）与较小部分的暖色（或冷色）进行对比，这是彩色报纸设计常见的手法。

示例：《城市商报》读图 "表情·他们的六一" 设计者使用有明显差别的色彩构建出和谐而统一的版面。红色（暖色）搭配蓝色（冷色），就会给人一种对比非常鲜明、清晰的感觉。这种搭配方法用于突出平面设计图的重要部分比较恰当。

8.3.6.5 灰艳衬托

灰艳衬托指用较大面积的灰色（或艳色）与较小部分的艳色（或灰色）进行对比。由于光波的长短不同及晶状体的调节作用，明度高的色彩光亮多，色刺激大；高纯度的色刺激强，对视网膜的兴奋作用大，同时波及周围边缘区域的视觉神经细胞，使之产生夸大成分的判断。这与背景颜色有关，不同的背景颜色也会造成人眼睛的错觉。

示例：《苏州日报》"40秒 所有学生安全'疏散'" 在处理版面图形时，首先要明确它们的主次关系。此版面图片中，烟雾是灰色，学生服的色彩素雅、统一，既显得朴素、大方，又能促使学生集中精力，有利于学习。学生裤的颜色为蓝色，与背景的烟雾色相互影响、相互衬托，使整个版面显得生动、新颖，起到了呼应作用。另外，版面上各造型因素由于各自所处位置而造成一种动态，互相呼应，互相配合，使空间变化更加生动。

8.3.6.6 繁简衬托

繁简衬托指用较繁杂的色（或简洁的色）与简洁的色（或繁杂的色）进行对比。

示例：《苏州日报》 用分散法将一种或几种色彩同时显现在版面的不同部位，使整体色调统一在某种格调中。例如，浅蓝、浅红、墨绿等色的组合，浅色作大面积基调色，深色作小面积对比色，此时，墨绿色最好不要仅在一处出现，除相对集中之外，可适当在其他部位作些呼应，使其产生相互对照的势态。但色彩不亦过于分散，以免使版面有呆板、模糊、零乱、累赘之感。

8.3.6.7 点缀色

色彩是人类的视觉对象之一，是构成绘画的重要因素。人们对色彩的感觉和知觉不会只停留在色彩世界的表象上，而是在眼睛看到色彩的同时，大脑中会产生复杂的形象联想，会进一步产生相应的心理效应和情感情绪变化。在组配色调过程中，有时为了改进整体设计单调、平淡、乏味的状况，增强活力感觉，会在作品或产品某个部位设置强调、突出的色彩，以起到画龙点睛的作用。

示例：《姑苏晚报》车世界 "豪车市场降温" 该版面中，汽车作为点缀色占版面面积5%左右。点缀色具有醒目、活跃、生动的特点，在构成中"平中求奇""锦上添花"，应注意其位置与面积关系，可在暗色（或明色）中点缀明色（或暗色）；冷色（或暖色）中点缀暖色（或冷色）；灰色（或艳色）中点缀艳色（或灰色）。

8.3.6.8 局部呼应

色彩的呼应是指任何色彩在布局时都不应孤立地出现，它需要同种或同类色块在上下、前后、左右诸方面彼此相呼应。常用的呼应包含局部呼应和全面呼应两种。

示例：《姑苏晚报》"中国宁 亚洲第一人" 蓝色是冷色系最典型的代表，而红色是暖色系里最典型的代表，该版面中两冷暖色系对比异常强烈且夺备，冷暖色系的对比碰撞，充满激情。设计者打破单色块区域，运用局部呼应的方法，表现版面重点，展示设计特色。色彩的对比纯粹是追求一种生动鲜明的配色效果。强调有意识地去表现某一点时，离不开色彩对比的应用，包括色彩的色相、纯度和明度对比。

8.4 色彩功能说明

色彩特有的情感色彩和标识性功能，担负起了为信息传播组织疏导、架构桥梁的作用。色彩是报纸编排的设计元素。色彩的对比主要有色相对比、明度对比、纯度对比、补色对比、冷暖对比。色彩对比的规律是：在暖色调的环境中，冷色调的主体醒目；在冷色调的环境中，暖色调主体最突出。色彩对比除了冷暖对比之外，还有明度对比、饱和度对比等。对比色调可以用光来塑造，与主体形成对比，也可以用光照亮主体，使主体的色彩与背景色形成对比。

示例：《苏州日报》 该版面设计通过红色与黄色的和谐搭配营造令人心旷神怡的场景，强烈的红色和黄色色调组合呈现出极为醒目的视觉冲击力，使版面的视觉效果更加强烈，产生突出主题、加强印象等效果。

8.4.1 情感色彩

眼睛是心灵的窗口。其含义是指人的大脑思维有百分之八十以上的信息、资料来源于视觉，也就是说视知觉在视、听、嗅、触、味五觉中，是最重要的。格式塔心理学认为，视觉活动自身是有思维的，如视觉思维的完形思维等。视觉不仅是生理与心理的知觉，而且是创造力的根源,是高级审美感官。人们通过视觉传递,经大脑记忆库中的信息综合判定后,便产生了新的动机,从而支配和控制人的情感与行为。加色混合(三原色为青紫色、绿色、橙红色)也称色光混合,其特点是把所混合的各种色的明度相加,混合成分越多,明度就越高(色相变弱),一般用于舞台照明和摄影。

示例:《姑苏晚报》 该版通过红色与黄色的和谐搭配,反映主体对客观对象的情感倾向。感情色彩的词语十分丰富,就像人的语言一样。画面中,运动员的意志是那样的坚韧和刚强,他们的气质是那样的淳朴和谦逊,他们的胸怀是那样的美丽和宽广!把苏州帅哥创中国奥运历史纪录的思想感情准确、鲜明地表达出来。

8.4.1.1 感情表达功能

版面色彩的情感联想是通过人们对事物的不断的积累和认知产生的,了解这些不但对设计有帮助,还对市场营销有帮助。如设计一个环保教育类版面,"环保教育"首先让人联想到生命、自然、绿色生态,而这些联想的事物共同色系是绿色,如果版面采用人们已认知的色彩会让人们在阅读时,会对版面的主题产生共鸣和信赖感。

如果设计者忽视前期的工作,版面在最后做视觉设计输出时或许会与客户期望的存在出入,所以设计者需要在了解和参与版面定位、目标读者、内容规划的基础上才能更好地把握版面的视觉设计。

示例:《城市商报》视界"渔光曲" 在版式的配色过程中,色彩组合不仅能渲染版面的视觉空间,使主题变得更加鲜明与生动,还能通过组合色彩相互间的对比与调和作用来提炼版式中的配色基调,带给读者以非凡的视觉享受。色彩的组合方式种类繁多且各具特色,最常见的搭配有同类色、类似色、邻近色、对比色和互补色。该版采用清爽简洁的浅色调"渔光曲"来降低信息快速获取时的视觉干扰,便于读者对版面的识别。

8.4.1.2. 不同的情感色调

色彩能够影响人的情绪。将色彩的传情功能运用到报纸设计中去,是报纸彩版编辑必须熟练掌握的技巧,否则彩色版面和内容会在不知不觉中发生冲撞。

示例:《姑苏晚报》该版通过蓝底色与鲜艳的黄底色搭配,使版面极具活力,充满激情,富于动感。

8.4.1.3 明快色彩的表达

橙色是欢快活泼明亮的色彩,是暖色系中最温暖的色,它使人联想到金色的秋天,丰硕的果实,是一种富足、快乐而幸福的颜色。什么颜色比较欢快,热情?我认为:除了三原色和黑白之外,这个颜色中要有一部分是黄色,颜色要尽量纯,并且颜色中尽量少加白色。

示例:《苏州日报》 在色彩设计中,增加版面中鲜艳色彩的配色数量,可使版面呈现出热闹、欢腾的视觉效果。这里的鲜艳色彩是指它们的高明度指数与高纯度指数。值得注意的是,当将这些色彩投放到版面中时,一定要控制好它们的搭配关系,以免出现配色方式过杂的情况。

8.4.1.4 用色彩传播情感

色彩应用于平面视觉艺术领域中,其色彩的高效能运用表现得最突出。色彩象征意义的设计运用是一个复杂的问题,因为色彩的象征意义是多种多样,受多方面影响,但是色彩象征意义的运用又是必要的,通过色彩象征意义运用,可以唤起人们的联想,进而传播情感。

示例:《春城晚报》 版面背景以仿古色为主色调,配有报道主体古村镇的图片,不仅给读者以历史感,更加深读者对古村镇的直观感受。文字介绍部分集中在矩形框中,干净整洁。版面使用通版,表达更加连贯,整体感更强。

8.4.1.5 色彩的构成

色彩构成即色彩的相互作用,是从人对色彩的知觉和心理效果出发,用科学分析的方法,把复杂的色彩现象还原为基本要素,利用色彩在空间、量与质上的可变幻性,按照一定的规律去组合各构成之间的相互关系,再创造出新的色彩效果的过程。色彩构成是艺术设计的基础理论之一,它与平面构成及立体构成有着不可分割的关系,色彩不能脱离形体、空间、位置、面积、肌理等而独立存在。

示例:《合肥晚报》 这个头版新闻是对当时引起很大震动的"合肥的姐被刺案"进行的追踪报道。合肥市民牵挂着受害的姐的伤情,也牵挂着众多合肥的姐夜晚的行车安全。版面处理手法独具匠心,巧妙地借助颜色情感,用整版的黑色体现对此类案件之愤慨,红色大标题凸显其"重磅";版面设计上采用合肥出租车的轮廓图形,两边的车轮用了的姐在医院治疗时的图片,既和车子的图形融为一体,又让读者直观地看到的姐的治疗情况,做到了视觉和信息的相互兼顾。文字的斜度正好与车子的构图相辅相成,使整个版面看起来既醒目又协调。

8.4.2 标识性功能

标识设计的功能是,运用科学合理的技术和艺术手段,通过对实用性和效力性的研究,最大限度地利用环境景观的空间,创造出功能性强的环境视觉识别系统,满足人们在环境中的行为和心理需求。环境景观识别一般分为指示性标识和象征性标识两大类。前者主要是导向功能,后者主要是区别性的形象标志。

8.4.2.1　组织和导读功能

合理地借助色彩的强势功能,便能发挥出它的组织功能。研究中发现,色彩不仅可利用其自身的强度对比吸引阅读者的注意力,而且相关联的颜色之间在视觉上会形成和保持一定的连贯性,这种连贯性可以引导读者的视线在一种或几种相关联的颜色之间跳跃,而这种跳跃恰恰是色彩强度差对人们注意力的导读功能最直接的体现。

示例:《城市早8点》该版设计借助色彩的强势功能,使之在版面中起到标点符号的作用,指导读者读懂版面语言的句子。色彩对新闻事件各个层面的相关报道起到链接的作用。同一色系的颜色易使读者形成视觉上的连贯性。设计者充分考虑到色彩的这种功能,便可利用它来显示稿件之间的关系。

8.4.2.2　信息传递功能

报纸作为传播媒体,它的第一功能就是传播信息和思想。色彩不是单纯美化版面,而是用以传递信息。色彩的长处是能更直观地传播视觉信息。在这方面,彩色新闻照片的作用是显而易见的,它能把新闻事件的外部环境准确地显示出来。此外,在新闻图示中,合理的运用色彩,也能够更加准确地传达视觉信息。

示例:《苏州日报》专版"中粮本源"　色彩的长处是能更直观地传达视觉信息。在设计过程中,设计师需对明度的对比关系与信息传播中其他的色彩关系进行协调。

8.4.2.3　强势标点功能

色彩在版面上具有影响读者视线流动的能力。色彩不仅能够将读者的视线吸引到一个单独的点或面,还能够帮助读者将视线从这一点转移到那一点。也就是说,色彩可以借助其强势功能,在版面上起到标点符号的作用,就像一个指路牌,告诉读者从哪里开始,在哪里停顿,到哪里结束,指导读者读懂版面语言的句子。需要注意的是,正因为色彩具有这种强势和标点功能,所以在使用时要格外慎重。如果在版面上随意安排色块,或色彩使用过多,会造成读者视线的混乱。色彩的和谐就是要使人的视觉产生愉悦感,更要使人的精神世界产生愉悦感,从而得到放松和升华。在报纸版面设计中,标题、正文、图片、线框、刊头等版面要素的色彩运用都要注意色彩的和谐问题。

8.5　配色规律

同一色系根据明暗度、饱和度的不同,构建出了一个阶梯式的图表。设计师在设计的过程中会碰到难以取色的问题。比如,虽然属于同一色系,但不同颜色给人的感觉有微妙的差别,取舍时搭配出来的效果存在很大的区别。

示例:《牛城晚报》有些色彩之间的差别只是明暗度差1色阶而已,在碰到这种配色问题时,应尽量多地去试着调节它们之间的明暗对比度,往往能获得意想不到的搭配效果,切记不要盲目地一取即用。取色的过程中,应尽量试着提取它们间的过渡色,过渡色往往是最好的辅助色,同时还要考虑好形态组织对色彩搭配的要求和影响。

8.5.1　以色相为依据的色彩搭配

这种配色方法是以色相环为基础,按区域性进行不同色相配色的方案。当进行平面设计时,首先应依照主题的思想、内容的特点、构想的效果、表现的因素等来决定主色或重点色:是冷色还是暖色,是艳色还是淡色,是柔色还是硬色等。主色决定后再决定配色,再将主色带入色相环便可以按照同一色相、类似色相、对比色相、互补色相以及多色相进行配色。

示例:《姑苏晚报》　按色彩学的规律去有序地组织版面上的图片、插图、标题等,就会形成和谐的版面色彩结构。在色彩的三个要素中,色相是构成色彩的最大特征,这是由色彩的波长来决定的。每个色彩都有相应的色相名称,人们通过色相来对不同的色彩进行标识与辨认。通过特定的色相来提炼版式的简洁感,控制版面用色的数量来影响版式的风格倾向。色彩运用有高雅低俗之分,需要版式设计者有良好的素养。

色相对比是基于色相差别形成的对比。色相对比的强弱可以由色相环上的距离来表示。在24色相环上任选一色,与此色相邻的颜色为邻接色;与此色相隔2~3色的为类似色;与此色相间隔4~7色的为中差色;与此色相间隔8~10色的为对比色;与此色相间隔11~12色的为补色。同种色、邻接色、类似色为色相弱对比,中差色为色相中对比,对比色为色相强对比,互补色为色相最强的对比。

8.5.1.1 邻近色相对比

在色环上顺序相邻的基础色相，如红与橙、黄与绿、橙与黄这样的色并置关系，称为邻近色相对比，属色相弱对比范畴。这是因为在红橙色对比中，橙色已带红色素，在黄绿对比中，绿已带黄色素，它们在色相因素上自然有相互渗透之处；但像红与橙这类的色在可见光谱中具有明显的相貌特征（都为单色光），因此仍具清晰的对比关系。

邻近色对比的最大特征是具明显的统一协调性，或为暖色调，或为冷暖中调，或为冷色调，同时在统一中仍不失对比的变化。报纸色彩是一种以视觉为传播途径的媒介，通过特定的视觉传达方式带给读者相应的心理暗示，并同时引发该对象产生情绪的波动与变化。邻近色之间往往是你中有我，我中有你。

示例：《姑苏晚报》公益广告"多彩世界"版面中植物的绿色以及版面中绿色地之间黄与绿的搭配纯度差异形成了版面丰富的层次感，因此必须借助明度、纯度对比的变化来弥补色相感之不足，这样效果才会有和谐、柔和、优雅之感。橙黄色与黄绿色就是一对邻近色。相对于前两种色彩搭配来讲，邻近色在色相上的差异性是最大的，因此该类色彩在进行组合时，所呈现出的视觉效果也是十分丰富与活泼的。

8.5.1.2 类似色相对比

类似色是指色相环上相连的两种色彩，如黄色与黄绿色、红色与红橙色等。类似色在色相上有着微弱的变化，因此该类色彩被放在一起时很容易被同化。但相对于同类色来讲，一组类似色在色相上的差异就变得明显了许多。类似色相都含有共同的色素，它既保持了邻接色的单纯、统一、柔和、主色相明确的特点，同时又具有含蓄耐看等特点。但要注意明度、纯度运用不当会产生单调感。

示例：《姑苏晚报》类似色相对比即色相对比距离约60度左右，为较弱对比类型，如红与黄橙色对比等。此配色效果较丰富、活泼，但又不失统一、雅致、和谐的感觉。一般需运用小面积的对比色或比较鲜艳的色作点缀，以增加色彩生气。"万绿丛中一点红"便是古今中外最好的配色方法，在万绿中点缀一点红，说明色彩的整体对比关系和面积大小对比关系是至关重要的。类似色相属于弱对比，可保持版面的统一、协调和柔和感。

8.5.1.3 补色对比

确定两种颜色是否为互补关系，最好的办法是将它们相混，看看能否产生中性灰色，如果达不到中性灰色，就需要对色相成分进行调整，才能寻找到准确的补色。

补色的概念出自视觉生理所需求的色彩补偿现象，与其看作对立的色，不如看作姻缘之色，因为补色的出现总是符合眼睛的需要。一对补色并置在一起，可以使对方的色彩更加鲜明，如红与绿搭配，红变得更红，绿变得更绿。

补色相混、三原色相混、全色相相混，都将产生中性灰色。

通常，在我们的概念中典型的补色是红与绿、蓝与橙、黄与紫。

黄紫由于明暗对比强烈，色相个性悬殊，因此成为三对补色中最冲突的一对；蓝橙的明暗对比居中，冷暖对比最强，是最活跃生动的色彩对比；红绿明暗对比近似，冷暖对比居中，在三对补色中显得十分优美。由于明度接近，两色之间相互强调的作用非常明显，有炫目的效果。

补色对比的对立性促使对立双方的色相更加鲜明。因此补色对比是最有美感价值的配色。在版式的配色设计中，利用补色间的强对比性，可以打造出具有奇特魅力的视觉效果，同时给观赏者留下非常深刻的记忆。互补色一定是对比色，但对比色不一定是互补色！互补色相对比是指色相环上间隔180度左右的色相对比，是最强的色相对比。互补色相配，能使色彩对比达到最大的鲜明程度，并强烈地刺激感官，从而引起人们视觉的足够重视和达到生理上的满足。

示例：《姑苏晚报》中国传统配色中有"红间绿、花簇簇""红配绿，一块玉"的说法。瑞士色彩学家伊顿在《色彩艺术》中进一步阐述："互补的规则是色彩和谐布局的基础。因为遵守这种规则会在视觉中建立起一种精神的平衡"。

8.5.1.4 借用补色产生对比

互补色相对比有着强烈、鲜明、充实等特点，但是运用不当容易产生杂乱、刺激、粗俗、生硬等缺点。在进行色彩设计时适当地借用补色对比会使版面效果得到改善。

示例：《姑苏晚报》将色相环上间隔120度左右的两种色彩称为对比色，常见的对比色有蓝绿色与红色等。对比色在色相上有着明显的差异性。在版式设计中，配合主题合理地将对比色进行组合与搭配，可使版面展现出鲜明、个性的视觉效果。

8.5.2 以明度为依据的色彩搭配

明度对比是指色彩明暗程度的对比，也称色彩的黑白度对比。明度对比的强弱取决于对比的两色之间色彩明度的反差大小，差别越大，对比愈强烈，反之愈弱。明度对比是色彩构成最重要的因素。

示例：《姑苏晚报》每一个色相都有不同的明暗程度，且它的变化可以控制色彩的表情，利用色彩高低不同的明暗调子，可以产生不同的心理感受。如高明度给人明朗、华丽、醒目、通畅、洁净、积极的感觉，中明度给人柔和、甜蜜、端庄、高雅的感觉，低明度给人严肃、谨慎、稳定、神秘、苦闷、钝重的感觉。色彩的层次与空间关系主要靠色彩的明度对比来表现，色彩之间明度差别的大小决定着明度对比的强弱，明度差别越大，对比越强，视觉效果越强，反之则弱。色彩对比的力量要比纯度对比大三位。色彩的明度对比在色彩设计中起着重要的作用。

8.5.2.1 明度色标划分为三个明度基调

所谓明度,是指色彩的深浅与明暗系数。在自然界中,所有色彩都会受明度的影响。色彩的明度值取决于它反射的光的强度。不同明度的色彩,带给人的视觉印象也是有差异的,如高明度色彩给人以明亮感,低明度色彩给人以低沉感,而中低明度色彩则给人以含蓄感等。

示例:《姑苏晚报》 该版通过鲜红底色表述 12 年后,中国女排终于重返奥运之巅。20 日晚的小马拉卡纳体育馆,中国女排在里约奥运会决赛中以 3:1 战胜塞尔维亚队,历史上第三次捧起奥运会冠军奖杯。

伦敦奥运会周期陷入低谷的中国女排在郎平的率领下奇迹般地迅速复苏,继 1984 年洛杉矶奥运会、2004 年雅典奥运会之后又一次问鼎。短短三年之内,中国女排连夺世锦赛亚军、世界杯冠军和奥运会金牌,在中国女排荣誉簿上写下了新的辉煌篇章。

8.5.2.2 色彩明度变化营造出不同的版面印象

中明度是指明度的中短调,该类色彩的明度介于高、低明度的中间,所以在视觉上既保持了高明度的柔和,同时又中和了低明度的朦胧感,因此中明度的颜色常被设计者用来表达平淡、朴实的版面主题。

①明度弱对比:相差 3 级以内的对比,又称短调,具有含蓄、模糊的特点。②明度中对比:相差 4~5 级的对比,又称中调,具有明确、爽快的特点。③明度强对比:相差 6 级以上的对比,又称长调,具有强烈、刺激的特点。

示例:《城市商报》 "花事正盛" 此版面色彩带给读者以柔和、自然的感觉。为了营造朴素的版式氛围,在版面中加入适量的低纯度、低明度的色彩组合来降低版面整体的艳丽感,使版面呈现出稳重、淡雅的视觉氛围。

8.5.2.3 高明度

在版式的色彩设计中,人们常通过色相的选择与调配来帮助版面打造简洁、明朗的视觉效果。高明度色彩即指反光能力较强的一类色彩,如柠檬黄、粉红色和浅紫色等。由于高明度色彩在视觉上能带给人以明快、清晰、亮丽的印象,所以这类色彩常被应用在以表达积极、活泼等因素为主的版式设计中。

示例:《三峡都市报》 利用高明度的配色关系来表达海报中的色彩关系,同时还借助互补色的刺激性效果来加强版面的视觉表现力。此图片以明亮清色为中心的配色,使用彩度高的颜色来作为点缀,色调用暖色调。但如果希望表现纯真,则多使用冷色调。浅蓝色与粉红色的组合能使人不由得心生怜爱。

8.5.2.4 中明度

版面运用色彩的目的之一是为了通过色相的对比来区分版面的层次,增加版面的活力,而主色调的作用在于通过简洁的配色形成协调的视觉效果并强化版面的层次。表现未来、希望等主体应配以其他颜色辅助。人们对于报纸所需要的不只是功能上人的满足,而是越来越注重视觉美感的满足,希望两者完美和谐统一,可以紫色、蓝色、绿色为主调,再根据对象搭配颜色,以表现生机勃勃。

示例:由明亮的高彩清色为中心的配色。以绿色系列为主,配以蓝色、青紫色系列。此外,点缀性地使用黄色能赋予配色以生气。明亮的清色与白色在形成对比度的同时,还可以有效地体现清洁感。

8.5.2.5 低明度

低明度是指反光能力较弱的一类颜色,如黑色、墨绿色等。采用黑色作为版面的背景色,利用无彩色的低沉感来降低版面的艳丽度,可起到调和版面的作用。

示例:《苏州日报》看中国 "雨夜烈火烧通烂尾楼" 在版式的配色设计中,设计者运用低明度的色彩来使版面表现出低沉、暗淡的视觉效果,同时给读者留下冷峻、严肃的印象。

8.5.3 以纯度为依据的色彩搭配

纯度的运用起着决定版面吸引力的作用。纯度越高,色彩越鲜艳、活泼,引人注意、冲突性越强;纯度越低,色彩越朴素、典雅、安静、温和。因此常用高纯度的色彩作为突出主题的色彩,用低纯度的色彩作为衬托主题的色彩,也就是高纯度的色彩做主色,低纯度的色彩做辅色。色彩的调和是指两个或两个以上色彩,有秩序地、协调和谐地组织在一起,使人产生心情愉快的效果。进行色彩调和有两个目的,一是将有对比强烈或对比太弱的色彩经过调整构成和谐统一的整体;二是在色彩自由的组织构成时达到美的色彩关系。

示例:《姑苏晚报》 在平面设计中,当发现多个色彩放在一起产生了不愉快的心情时,就要利用色彩的对比、调和关系进行版面处理,使其构成美的、和谐的色彩效果。通过调配色彩的纯度来对版面进行渲染,以使版面表现出不同的视觉情调与氛围。

在版面中,过于强烈的补色组合易使人的视觉神经产生疲劳感,甚至影响版面的信息传递。对色彩进行调和的目的就在于缓解版面的冲击感。所谓弱对比,是指通过特定的表现手法来降低补色间的对比性。常见的调和方法有减少补色的配色面积,或直接降低色彩的纯度与明度等。纯度对比指色彩纯净程度的对比。

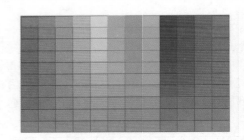

示例:《姑苏晚报》 在纯色中加白色,纯度降低了而明度提高了;在纯色中加黑色或补色,纯度、明度都降低。

示例:纯度强对比指纯度差间隔5级以上的对比,是低纯度色与高纯度色的配合,其中以纯色与无彩色(黑、白、灰)的对比最为强烈。纯度强对比具有色感强、明确、刺激、生动、华丽的特点,有较强的表现力度,但在具体的运用中,仍要注意避免生硬、乱杂的毛病。

8.5.3.1 纯度掌握版面鲜明度

纯度基调为鲜色指在每种色相和明度之下饱和度为极值的颜色,如颜料中的纯柠檬黄、玫瑰红、大红、湖蓝、草绿、紫罗兰、橘黄之类。灰色指饱和度为零的各种明度的灰色,在绘画中体现为黑和白调和出的一切颜色,以及黑白。中灰色指饱和度介于鲜色和灰色之间的所有颜色。

示例:《姑苏晚报》头版 "高考一景,万人送考" 色彩搭配的目的是冲击人们的视觉,产生美的心理感受。纯度对比的强弱取决于纯度差别跨度的色调。纯度对比按色阶分为纯度弱对比、纯度中对比和纯度强对比。

8.5.3.5 四种降低色彩纯度的方法

将与主题无关的色相进行大量删减,利用单纯的色相关系可使画面呈现出淳朴等视觉效果。

①加白:纯色混合白色,可以减低纯度,提高明度,同时色性偏冷。曙红加白成带蓝味的浅红,黄加白变冷的浅黄,各种色混合白色以后都会色性偏冷。

②加黑:纯色混合黑色,既降低了纯度,又降低明度。各种颜色加黑以后,会失去原有的光彩,而变得沉着、幽暗,同时大多数色性转暖。

③加灰:纯色混入灰色以后,纯度逐渐降低,色味迅速变得浑浊。相同明度的纯色与灰色混合,可以得到丰富的明度相同、纯度不同的含灰色。含灰色具有柔和、软弱的特点。

④加互补色:任何纯色都可以用相应的补色掺淡。纯色混合补色,实际上相当于混合无色系的灰,因为一定比例的互补色混合也会产生灰，如黄加紫可以得到不同的灰黄。如果互补色相混合,再用白色淡化,可以得到各种性格微妙的含灰色调。

8.5.3.2 纯度弱对比

低纯度主要是指鲜艳度较低的一类色彩,是纯度差间隔3级以内的对比,该对比易调和,但缺少变化,非常暖味,具有色感弱、朴素、统一、含蓄的特点,易出现模糊、灰、脏的感觉。当色彩中含有的原色比例相对较少时,色彩的纯度值就会偏低。

示例:《姑苏晚报》头版 "放飞中国梦" 构成时需注意借助色相和明度的对比。在版式设计中,将低纯度的颜色运用在视觉要素的色彩搭配上,可有效地降低画面整体的鲜艳度,使版面表现出沉稳、冷静的视觉效果。

示例:《城市早8点》头版 背景图片色彩降低其纯度方法,突出泳装的诱惑,由红色和黄色调组成。给选择的颜色赋予温暖、舒适和活力,并从版面中突出可视化效果。

8.5.3.3 纯度中对比

中纯度即位于高、低纯度中间值的一类色彩,是纯度差间隔4~5级的对比。纯度中对比具有温和、稳重、沉静、文雅等特点。

示例:《姑苏晚报》中纯度色彩在视觉上既不鲜艳也不暗淡,而是呈现出一种相对平缓、淡定的状态,所以这类色彩常被用来打造温和、统一、静态的版式效果。在构成时通过明度变化,并在大面积的中纯度色调中,适当配以一两个具有纯度差的色,可使版面效果生动。

8.5.4 颜色搭配的两条主线

每一个具体的设计中都存在主色和辅助色之分,主色存在于视觉的冲击中心点内,是整个版面的重心点,它直接影响到辅助色的存在形式以及整体的视觉效果。而辅助色在整体的版面中则起到平衡主色的冲击效果和减轻其对读者产生的视觉疲劳度,起一定的分散视觉作用。

8.5.3.4 纯度强对比

纯度越高的色彩在视觉上就会显得愈发鲜艳与干净。将高纯度的色彩应用在版式设计中,能有效地提升版面整体的艳丽感,同时带给观赏者以生动、鲜艳、华丽的视觉印象。

示例:《都市时报》 鲜艳的五星红旗,搭配蓝色报头,视觉效果十分和谐,金银铜三色数字既表示了金银铜牌的数量,同时又呼应了主体版面的颜色。当在版式中使用高纯度、高明度的色彩时,就能有效地刺激读者的视觉神经,并使其产生亢奋、激动的心理变化。在版式设计中,通过对这类色彩的使用,可以使读者从中感受到活跃、兴奋的视觉感受。

8.5.4.1 主线一：补色

色相环中，位置相对的颜色互为补色。补色有强烈的对比，可产生动态效果。色彩的力量是神奇和惊人的。在报纸的版面上，有的色彩看起来是跳跃的，给人活泼可爱的感觉；有的色彩又是庄重沉稳的；有些看起来十分具有力道，等等。这里所要强调的是色彩的运用与其他版面元素的运用是同等重要的。无论哪一方运用的得当与否，都会影响到整版的成败。在版面的布局设计上必须坚持流畅、易视性原则，避免"满""板""散""断"，努力寻求把握平衡、韵律及整体关系，注意布局审美功能的整体发挥。

示例：《贵州都市报》"月夜定格在光影中"简明的线条中点缀荷花、荷叶的色彩，暗示中秋节来临。"月夜"运用篆刻的红底白字的处理手法，渗透着中秋文化的底蕴，提升色彩在版面的易视性。黑、黄过渡的底色衬托出整个版式的简洁大气，富有文化内涵。

8.5.4.2 主线二：近似色

近似色的定义是色相环中位置相邻的颜色。每种颜色具有两种（在色相环上位于其两侧的）近似色。使用近似色，可产生和谐统一的效果，因为两和颜色都包含第三种颜色。

使用色相环上相邻近的颜色或明度、纯度相近的色彩，如黄与绿、蓝与紫的搭配，由于明度与纯度较为相近，因此会给人相对较和谐统一的视觉感受。

示例：《苏州日报》 形式美法则是设计者为了能表现平面中整体而完美、和谐而又富于变化等形式美感而运用的设计创作法则。文字与图形的编排在传情达意这个基本要求达到之后，还要使图形和文字在形式上完美结合，这就涉及形式美法则了。

8.6 色彩联想

色彩与人的感觉及心理效应的另一个明显的特点是联想。联想属于视觉艺术思维范畴，是由此及彼的相似性和关联性所导致的视觉反应，也属于一种创造性的思维活动。当人们看到色彩时，时常会由该色联想到与它关联的其他事物，并伴随着这种联想产生一连串的新观念和新情绪的变化，这就是所谓的色彩联想。色彩联想与个人的审美体验、生活阅历、个性特征、心理条件及记忆相关因素有着密切的联系，并随着时代及时尚的变迁而变化。

示例：《武汉晨报》"汶川这五年" 以绿颜色作为版面主体色，标题与正文之间字体的白色搭配让人感受到对未来的憧憬。标题用白色其特点是层次分明，色彩变化细腻，空间感强。下部黑色照片定格汶川，将颜色画在已勾好的版面上，均匀平涂，层次之间色度分明，渐次丰富，空间和整体有简洁感。

色彩是很微妙的东西，总是在不知不觉的刺激、联想中对人的心理产生影响。色彩联想指当人们看到某一颜色时，时常会由该色联想到与其有关联的其他事物，这些事物可以是具体的物体，也可以是抽象的概念。色彩的联想与平时生活的经验密切相关。心理学家对此曾做过许多实验，发现在红色环境中，人的脉搏会加快，血压有所升高，情绪兴奋冲动，而处在蓝色环境中，脉搏会减缓，情绪也较沉静。有的科学家发现，颜色能影响脑电波，脑电波对红色的反应是警觉，对蓝色的反应是放松。

示例：《姑苏晚报》 人的视觉对色彩最敏感。色彩处理得好，可以锦上添花，达到事半功倍的效果。色彩总的应用原则应该是"总体协调，局部对比"，也就是：整体色彩效果应该是和谐的，只有局部的、小范围的地方可以有一些强烈的色彩对比。在色彩的运用上，可以根据内容的需要，分别采用不同的主色调。总之，色彩上各种审美联想，是一个复杂的心理活动，它们有时是交叉、混合在一起的，在形象色彩设计中，应灵活运用，随机应变。

8.6.1.1 色彩三要素的关系

人类通过不懈的努力与探索，赋予了报纸艺术历经从黑白到彩色的伟大变革，提高了报纸艺术的审美价值。报纸艺术发展至今，色彩已成为报纸艺术的基本建构元素和造型语言的重要组成部分，也是报纸艺术产生冲击力和感染力的重要前提。色彩三要素是指色相、明度和纯度。任何颜色，如果明度和纯度任何一项发生变法，则另一项也随之发生变化。一种颜色加白，纯度降低，明度升高；而颜色加黑，纯度降低，明度升高。

示例：《姑苏晚报》 色彩使报纸艺术克服单调呆板的局限，更具丰富的艺术表现力，成为报纸艺术表情达意、传递象征意蕴、创化内涵的基本元素；表露出一种耐人寻味的理趣，使得报纸以一种再现艺术的美学品貌区别于其他姊妹艺术而具有独特魅力。现代报纸艺术的发展已把色彩美的创造推到了更加醒目的位置。色彩美更是现代报纸艺术展现报纸奇观基本而必须的手段，推动着报纸艺术向着富于文化哲理意蕴的立体纵深方面发展。色彩美定会给未来报纸艺术注入更加多姿多彩的新元素。色彩美是艺术美的重要组成部分，色彩美可以使设计初学者在学习过程中获得美的享受，在美的陶冶中提高情趣，提高自己的感知和理解能力。

8.6.1.2 色彩的轻重感觉

色彩是不同波长光线对视觉作用的结果，本无什么"感情"而言，然而，我们的生活环境无时无刻不在通过色彩给人们留下深刻的印象。大量事实证明，不同的色彩，能对人们产生不同的心理和生理作用，并且以人们的年龄、性别、经历、民族和所处环境等不同而有所差别。所谓色彩的象征是指将某种色彩与社会环境或生活经验有关的事物进行联系，产生联想，并将联想概念的转换形成一种特定的思维方式。决定色彩轻重感觉的主要因素包括：明度，明度高的色彩感觉轻，明度低的色彩感觉重；纯度，在同明度、同色相的条件下，纯度高的感觉轻，纯度低的感觉重；色相，暖色感觉轻，冷色感觉重。

示例:《东方早报》 色彩的轻重感是由于不同的色彩刺激,而使人感觉事物时有或轻或重的一种心理感受。决定色彩轻重感觉的主要因素是明度,明度高的色彩感觉轻,明度低的色彩感觉重;其次是纯度,在同明度、同色相条件下,纯度高的感觉轻,纯度低的感觉重。在所有色彩中,白色给人的感觉最轻,黑色给人的感觉最重。色彩的心理表现,也是色彩的感觉给人带来不同的心理暗示。在该版设计过程中,用黑色表现地震后人们沉重的目光。

8.6.1.3 色彩积极与消极的感觉

令人消沉的色彩,叫作消极的色彩。从色相上讲,暖色令人振奋,冷色令人消沉。从纯度上讲,不论颜色的冷与暖,高纯度的颜色令人振奋、低纯度的颜色令人消沉。从明度上讲,同纯度不同明度的颜色,高明度的颜色令人振奋,低明度的颜色令人消沉。

示例:《苏州日报》要闻 "'公益'昆曲" 令人振奋的色彩,叫作积极的色彩。圣诞节卖场的颜色运用以红、橙、黄色为主,冷饮店、店面装饰颜色的运用以蓝、绿颜色为主。

8.6.2 色彩联想

色彩联想,不只是发生在色相环的色相上,一切具有不同色相、纯度、明度色调的色彩都能唤起观众不同的联想情感,例如:鲜调——兴奋、生动、华丽、悦人;浊调——浑浊、质朴、柔弱、消极;亮调——明快、柔和、开朗、女性化;暗调——凝重、深沉、内向、男性化。

在色彩与形象艺术表现上,艺术家都是以独特的个性化语言的表达方式以及高超娴熟的技艺,来充分表现艺术内涵。由于空间距离和视觉生理的限制,眼睛辨别不出过小或过远物象的细节。把颜色不同的色块放在一起,在一定距离以外观察这些色块,这些不同颜色的色块会混合成一种新的颜色,这种现象称为空间混合。

示例:《城市商报》花样经 "万千宠爱群镶婚戒" 空间混合的距离是由参加混合色块的大小决定的。色块的面积越大,形成空间混合的距离越远。版面中使用了绿色色块来衬托文字信息,既可以起到装饰版面的作用,又能很好地利用色彩吸引人们的视线。

8.6.2.1 色彩的艳丽与素雅

人类之初,自然光以种种形态出现在人们的面前,唤起人们对光的意识。如太阳从地平线冉冉升起的时候,夕阳染红了山峦、浮云的时候,以及雨后的彩虹、暴雨中的闪电、燃烧中的烈火、夜晚漫天的星斗等等,这些神秘、庄严、浪漫、壮观的大自然景色,无不使人从心底里为之感动,激发人类的情感,启迪人类的智慧,开拓人类的创造。一般认为,如果是单色,饱和度高,则色彩艳丽。饱和度低,给人素雅的感觉。除了饱和度,亮度也有一定的关系。不论什么颜色,亮度高时即使饱和度低也给人艳丽的感觉。综上所述,色彩是否艳丽、素雅,取决于色彩的饱和度线段,亮度尤为关键。高饱和度、高亮度的色彩显得艳丽。

示例:混合色的艳丽与素雅取决于混合色中每一单色本身具有的特性及混合色各方的对比效果。所以对比是决定色彩艳丽与素雅的重要条件。此外,结合色彩心理因素,艳丽的色彩一般和动态、快活的感情关系密切:素雅与静态的抑郁感情紧密相连。

8.6.2.2 色彩搭配的视觉效果

人的视觉器官在观察物体时,最初的20秒内,色彩感觉占80%,而其造型只占20%;两分钟后,色彩占60%,造型占40%;五分钟后,各占一半。随后,色彩的印象在人的视觉记忆中继续保持。因此,版面上的主色调会格外引人注目,会诱导读者通过色彩和谐的版面,联想到版面的精美动人之处,从而产生购买欲。在设计时,应该注意到色彩的重要作用,让设计师尽量设计出符合读者阅读的、能迅速抓住读者眼光的色彩,以提高版面的竞争力。

示例:《城市商报》公益广告 在该版面设计用色上,深浅两种颜色同时巧妙地出现在版面上,产生出比较协调的视觉效果,色彩成为装饰美化生活的一种手段出现了。色彩给人的轻重感不同,从色彩得到的重量感,是质感与色感的复合感觉。

8.6.3 具体联想

由看到的色彩联想到具体的事物,称之为具体联想,如看到红色想到太阳、火焰、鲜花;看到黑色,联想到黑夜、黑洞、黑云等。

示例:《苏州日报》专版 公益广告 红色调给人热情、欢乐之感,人们用它来表现火热、生命、活力等信息。色彩能烘托主题、引发联想、使之人格化,具有象征性、标志性作用,给观众留下深刻的印象。

8.6.3.1 设计色彩改变阅读感受

色彩的设计起着改变或者创造某种格调的作用,会给人带来某种视觉上的差异和艺术上的享受。人进入某个空间最初几秒钟内得到的印象中,百分之七十五是对色彩的感觉,然后才会去理解形体。所以,色彩对人们产生的第一印象是设计不能忽视的重要因素。在色彩设计中要遵循一些基本的原则,这些原则可以更好地使色彩服务于整体的空间设计,从而达到最好的境界。

示例:《姑苏晚报》娱乐非闻 "郑嘉颖《叶问》剧组庆生"实现"好看"与"易读"双重转变,"读者影响设定"——"给我看"的要求越来越明显;"设计改变阅读"——视觉设计浮出水面;"一切为了阅读"——版式设计的终极目标就是方便读者阅读。色彩会对人的生理、心理产生刺激作用。古人讲的"望梅止渴",就是因为人看到了画中梅子鲜艳欲滴的颜色,使人心理上向往,生理上便产生了反应。该版面设计使用色彩艳丽明快的粉红、橙黄,给人以新鲜美味,丰富的感觉。

8.6.3.2 古典色彩组合

对比可以是形态的对比，也可以是色彩鲜明和质感的对比。对比使画面具有明了、肯定、强烈的视觉效果，让人印象深刻。在版式设计中，对比分为文字对比、图形对比、色调对比、动静对比等。适当的对比可以使版面的主体突出，视觉流程清晰，但过于强烈的对比会使画面失去整体的美感。

> 示例：《姑苏晚报》风尚·特别策划"明亮夏季 艳色当道" 古典的色彩组合带有势力与权威的意味。强烈的宝蓝色是任何一个古典色彩组合的中间装饰色，它是如此地醒目，就算和其他色彩搭配在一起，也会毫不逊色。古典的色彩组合表示真理、责任与信赖。另外，宝蓝色接近绿色，会唤起人持久、稳定与力量的感觉，特别是和它的分裂补色——红橙和黄橙色搭配在一起时，更是如此。

8.6.4 抽象联想

由看到的色彩直接联想到某种抽象的概念，称之为抽象联想，如看到红色联想到热情、危险；看到黑色联想到绝望、死亡等。利用光艺术产生的强有力的视觉冲击力，创作出奇异的色光艺术，可使漆黑的夜晚成为五光四射、色彩斑斓的梦幻世界，给人以无限的遐想和喜悦。

> 示例：《城市商报》生活 女人坊 该版面应用抽象美的穿衣打扮引发读者的多重联想。主题的打扮线索，是对号入座展开联想理解的开始。如果读者连线索也就是设计者对这些信息的组织方式都没看懂，那就没办法联想到图中的逻辑，设计也就白做了。设计者应按一条线索来简洁、清楚地组织信息，并为这条线索凝练出一个主体来承载这些信息的逻辑关系。

8.6.4.1 色彩的前进性与后退性

光的艺术是色彩艺术的延伸与扩展，同时也开拓了色彩学的研究领域，并且将成为新的不容忽视的重要领域。色彩是光刺激人的眼睛所产生的视觉现象。同样距离的物体，因冷暖色的不同，给人的视觉感应也不同，能造成前进感、后退感等视距错觉；形状大小相同的物体，因色彩的明度不同，在视觉上也会产生大小不同的错觉，这些都是色彩的视觉机能所致。

> 示例：《姑苏晚报》第一时尚 该版面应用了色彩中暖色比冷色更富有前进感的特性。两色之间，亮度偏高的色彩呈前进性，饱和度偏向的色彩也呈前进性。但是色彩的前进与后退感也不能一概而论，它们与背景色密切相关。

8.6.5 类似联想

类似联想是因事物的外部特征或性质类似而由一事物想到另一事物，进而产生某种新的联想。如看到绿色很自然地想到明媚的春光，茂密的森林、广阔的草原，也可以想到"春风又绿江南岸"的诗词名句。在形象色彩设计中能通过类似联想使物与物、人与物达到完美结合，使形象设计与环境、服装、化妆、发型与人达到默契融合而产生具有审美情趣的色彩表现力。

> 示例：《姑苏晚报》该版面为报纸图片专版，以图片来表现作者视角——看着满眼的绿色很难让人联想到冬天将至，但我们很清楚可能一场寒流气温就会骤降。暖秋，在暖暖的秋阳下做自己喜欢做的事真的感觉是一种享受。色彩设计的关键，就是类似联想色调设计。

8.6.5.1 温馨

水是生命之源，同样，光也是生命之源，没有光，人类将无法生存，"光合作用"是所有生命赖以生存的必要条件。在版式配色中，可通过在版面中使用大量的暖色组合来加强版面对安全感的塑造，从而营造出温馨的感觉。

> 示例：《姑苏晚报》 该版面使用具有温馨效果的暖色来设计，利用视觉刺激起到抚慰心灵的作用。这类色彩常被用在以家庭、公益等元素为主题的设计领域。

8.6.6 对比联想

对比联想是在事物对立基础上产生的，是由一种事物的经验想到在性质上或特点上与之相反的另一种事物经验。如见到红想到绿，见到圆想到方。这种联想，在形象设计中显得尤为重要。歌德曾经说过："眼睛需要变化，从来不愿只看一种颜色"。这种要求变化的颜色与原来的颜色通常是对立的，看到红后也要看到绿，这种情况从世界流行色的色调变化上就可以反映出来。对比联想引起的审美心理变化，是色彩设计师们把握流行趋势的一种方式及方法。

> 示例：《苏州日报》强烈的纯色对比会产生冲撞效应，在运用时要格外小心。新闻标题套色与否必须首先考虑其内容是否需要通过色彩来强化。在绝大多数情况下，标题通常只用黑色，不套其他色彩。另外，绿与红、绿与灰、青与红、紫与红、紫与黑、青与黑等几种颜色搭配能见度较低，是应该避免使用的组合。

8.6.6.1 色彩的华丽与朴素的感觉

从色相上看，暖色给人以华丽的感觉，冷色给人以朴素的感觉。从明度上看，高明度的颜色给人华丽的感觉，低明度的颜色给人朴素的感觉。从纯度上看，高纯度的色彩给人华丽的感觉，而低纯度的色彩给人朴素的感觉。

> 示例：《姑苏晚报》第一时尚 纯度和明度较高的鲜明色，如红、橙、黄等具有较强的华丽感，而纯度和明度较低的沉着色，如蓝、绿等显得质朴素雅。该版面中的美女图片以浅黄色为主色，灰底衬托出女性的细致清秀之美，显得华丽，色相少，显得朴素。

8.6.6.2 色彩对比与色彩调和

色彩对比指两个以上的色彩，以空间时间关系相比较，能比较出明确的差别时，它们的相互关系就称为色彩的对比关系，即色彩对比。

示例：《姑苏晚报》色彩对比 色彩间差别的大小，决定着对比的强弱，所以差别是对比的关键。绿色给人健康、新鲜和平的感觉。此版面中，运用不同明度的绿色调，可使版面具有丰富的层次感；搭配冷静的蓝色运动衣，可突出充满活力与智慧的运动版面。

8.6.7　因果联想

因果联想是由一种事物的经验想到与它有因果关系的另一种事物的经验。如当看到与大地相似色调的迷彩，就会联想到野战军和它的隐藏功能。人们用白色来作为婚纱，这是因为它象征纯真、圣洁。男性正装晚礼服常用黑色，这是由于黑色具有庄重的特征。

示例：《姑苏晚报》头版 "回家路上的礼物" 酥脆的苏式糕点、美美的儿童新衣、崭新的英式足球，耀眼的珍珠项链……在忙碌了整整一年后，人们总会带上各种精心挑选的礼物，踏上春运回家路。春运旅客，晒出了自己准备的礼物，有的令人动容，有的叫人意外。

8.7　色彩的感官特性

色彩可以调动人们某种特定的情绪，激活某种特定的感受。色彩大体分为冷暖两大色系，一组是由黄到红的暖色系，另一组是由绿到紫的冷色系。冷暖对比是将色彩的色性倾向进行比较的色彩对比。冷暖本身是人皮肤对外界温度高低的条件感应。色彩的冷暖感主要来自人的生理与心理感受。

示例：《姑苏晚报》 暖色调，即红色、橙色、黄色、赭色等色彩的搭配。这种色调的运用，可使版面呈现温馨、和煦、热情的氛围。冷色调，即青色、绿色、紫色等色彩的搭配。这种色调的运用，可使版面呈现宁静、清凉、高雅的氛围。

8.7.1　有彩色

有彩色系指包括在可见光谱中的全部色彩，常见的有红、橙、黄、绿、青、蓝、紫等颜色，这类色彩有着丰富而生动的情感表达。设计者可运用不同明度的冷色调，以成功营造出神秘感。

示例：《城市早8点》秀色 "茉莉黑白旧照风情" 最有力的色彩组合是充满刺激的快感和支配的欲念，这离不开红色，不管颜色是怎么组合的。红色是最终力量来源——强烈、大胆、极端。力量的色彩组合象征人类最激烈的感情：爱、恨、情、仇，表现情感的充分发泄。有力的色彩组合用来传达活力、醒目等强烈的讯息，并且总能吸引众人的目光。

8.7.1.1　儒雅型的色彩形态与风格

此类色彩如文俊优雅、成熟谦让、沉静如水般的人，外表端庄柔和，行为举止从不激进狂傲。

示例：《姑苏晚报》 色彩可以表达特定的含义，表现强势，活跃和美化版面。在报纸版面中，版面整齐对称、干净利落。这种类型的版面，色彩语言运用不温不火、拿捏有度、恰到好处，既不乏生动自然又不过分张扬，给人以一种柔和、宁静的视觉感受。

8.7.1.2　暖意

冬日里的温暖感总是令人有所期待，如何让我们的版面也充满这般温馨？暖调色彩的布置就是其中一种打造手段，它能够从视觉上迅速帮助空间升温，是版面的速效增温计。不妨借鉴用暖意色彩来装饰我们的版面，暖溢冬日美感。

示例：《姑苏晚报》 该版面的局部使用了红色的线框，加上亮色的红色服饰，瞬间为版面增添了浓浓的暖意。整体配饰的图案混搭了时尚的条纹和绚丽的线框，突出了标题"忙"，令读者感受到暖意的同时，也让版面在舒适感方面略胜一筹。暖色能在视觉上给予读者以温暖、饱满、愉快的心理感受。常见的暖色有红、橙和黄等。在版式的配色中，常利用版面中的暖色调来刺激读者，可使其感受到版面中色彩的活跃与激情。

8.7.2　色彩带来的版面风格

色彩的种类非常繁多，人们经过总结，将之分为无彩色系（指黑、白、灰色系列）和彩色系（指包括在可见光谱中的全部彩色）。有彩色是版式设计中最为常见的，有彩色不仅具备丰富的情感意义，同时还具有直观性与象征性意义。

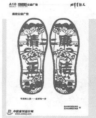

示例：《姑苏晚报》 报纸版面色彩运用的一个重要目的就是利用色彩引起读者的心理反应，更好地阐释新闻的内容，表达编辑的目的和意图。因而，在用色时应当把握色彩运用的"量"，不能凭借个人喜好随意使用颜色。

8.7.2.1　迷幻

太阳从地平线冉冉升起的时候，夕阳染红了山峦、浮云的时候，以及雨后的彩虹、暴雨中的闪电、燃烧中的烈火、夜晚漫天的星斗等等，这些神秘、庄严、浪漫、壮观的大自然景色，无不使人从心底里为之感动，激发人类的情感，启迪人类的智慧，开拓人类的创造力。在版式配色设计中，可将多种鲜艳的色彩搭配在一起，利用色彩组合的绚丽，使版面呈现出朦胧、迷幻的视觉氛围，同时使观赏者感受到眩晕，并对版面留下深刻的印象。

示例：《城市商报》新蕾周刊 "这一天，我们自己来当回'妈妈'" 将计算机、平面构成艺术、电子学等高科技融入光的艺术中，以创造性的赋予神奇力的表现手法，利用光艺术、动态色彩产生的强有力的视觉冲击力，创作出奇异的色光艺术，使漆黑的夜晚成为五光四射、色彩斑斓的梦幻世界，给人们以无限的遐想和喜悦。该版面设计将两个以上的色彩，根据不同的目的按照一定的原则重新组合、搭配，构成了新的美的色彩关系，也就是色彩构成。

8.7.2.2 色彩的冷暖

红、橙、黄容易使人联想到火,有热烈、温暖、前进的感觉,称为"暖色"。物体表面的色彩可以使人产生或温暖或寒冷或凉爽的感觉。

示例:《姑苏晚报》第一时尚 "时尚泳衣穿起来" 我的暑假我做主,该版图片用粉红色,人们对这种颜色有敏锐的冷暖感悟力,能感觉到清凉。之所以将医院的墙壁刷成白色或淡绿色,也是因为这样有利于病人心情冷静平和,给人以舒适的感觉。

8.7.2.3 色彩给人的心理影响

在炎热的夏季里,人们喜欢穿白色或浅色衣服,利用的就是色彩冷暖的心理感受。白色反光强,吸收热量少,因此给人以凉爽的感觉。反之,黑色和暗色的物体,吸收热量多,反射光少,因此易热易融化。脏的雪比干净的雪易化就是这个道理。

示例:《城市早8点》头版 "航天展香港开展" 清新的蓝、白、浪漫的水粉,热辣的红色,让人眼前一亮,欣喜不已。色彩的冷暖对比变化能使人产生不同的观感。色彩具有象征具体事物和抽象情感的作用,它们是相辅相成的,互为条件的,是互为对立统一的两个方面。

8.7.3 无彩色

除去有彩色以外的所有色彩都称为无彩色,比如黑、白、灰和金色等,这类色彩在情感表达上显得十分含蓄。无彩色系只有明度变化,没有色相和纯度之说。色调指的是色彩外观的基本倾向,它是由色彩的明度、色相、纯度综合运用形成的,其中起主导作用的某种因素就称为某种色调。

示例:《潇湘晨报》用被子弹洞穿的玻璃暗喻悍匪被击毙,具有强大的视觉冲击力,同时又免于暴力血腥。版面整体以灰白色调为主,沉重严肃。罪人已伏法,愿冤魂安息。

8.7.3.1 黑白为主色调

在版式设计中,通过配色组合,用黑白作为主色调,可使读者感到一种庄重感,并以心平气和的方式来浏览版面信息。设计者刻意降低版式配色的明度与纯度,以大大降低色彩的活泼感与跳跃感,可营造出严肃、紧张的视觉氛围,进一步提高主题的传播效力。

示例:《北京晚报》2010年8月15日哀悼日封面版 版面整体以黑白为主色调,但保留了彩色的主打图片,色彩凝重肃穆。标题"曲·殇"设计大气,标题和图片各占版面一半,形成了自己独特的设计风格。学习色彩,并能自如地运用于创作设计中,不只是单纯地解决色彩搭配、视觉美感的技术性问题,而且还是提高全面修养以及色彩艺术综合创造能力的本质问题。

8.7.3.2 黑白版的张力

无论是传统报纸还是现代报纸,无彩色系的黑白版都曾留给读者很多可圈可点的精彩版面。无彩色系的黑白版以"出黑留白灰过渡"为原则,在黑、白、灰之间调整三者的对比关系,施展简单着色和明暗深浅技巧对版面进行色调定位,使版面在看似平实的外表下仍难掩一种逼人的张力。

示例:《新文化报》 作为奥斯卡专题报道的第一版,大胆采用黑白色为主色调,贴合了本届最大赢家《艺术家》的主题风格。右侧图片与文字完美结合,生活化的语言有效地弥补了黑白页面的单调感。同时使版面整体的视觉效果也变得更加生动与丰富。

8.7.3.3 无彩色的经典怀旧风格

在版式设计中最常见的无彩色是黑、白、灰。虽然无彩色没有被包含在可见光谱中,但在情感表达方面它们都具有完整的色彩性质,并具备风格迥异的视觉特征,因此,利用无彩色深度构造的版面效果,在版式设计中也是广为应用。

示例:《贵州都市报》 该版面设计用黑、白、红三色巧妙搭配,打造出色彩鲜明的经典怀旧风格。红白线条形成的互补,恰如其分地表现出优雅而细腻的时尚气息。版面色彩鲜明,对比强烈。

8.7.3.4 富有神秘感

在日常生活中,冷色调的事物往往能给人以幽静、冷清的视觉感受。将低纯度的冷色调调配到版面中,如深蓝色、深绿色和深紫色等,营造出沉稳、冷漠且富有神秘感的版面氛围,同时也利于吸引读者,受好奇心的驱使而对内容展开深入了解。

示例:光与色彩现象是宇宙物质存在的形式。人类进化后,为人识别的可视光区也因此闯入人类的生活。色彩现象是宇宙自然的一部分,人类所研究的色彩范围不能游离于自然之外,要符合其规律。蓝色容易使人联想到蓝天、海洋、冬雪,有深邃、寒冷、退缩的感觉,所以称为"冷色"。

8.7.3.5 冷暖对比

版面需有一个明显的主题色彩内容,也就是色彩的主色调。首先要确定是冷色调还是暖色调,其次版面的色彩一定要有冷暖的对比才能在版面统一中产生对比的美感。在版面中形成冷暖对比可以从以下几个方面表现:1.冷色调中,大面积的冷色中要有小面积的暖色物体形成对比,而且暖色要偏冷些;2.物体的受光部和背光部因为光源色的原因,会形成相对的冷色和暖色对比,如果光原色是暖光,那么受光部就是偏暖色,而背光部就是冷色的。

示例:《姑苏晚报》头版 "跟着时令吃吃吃" 色彩的冷暖感觉并非为肌肤的温暖感觉,它主要是人们的生理感觉和感性联想的结果,是与人们的生活经验相联系的。如红、黄、橙色往往使人想到火焰、太阳,蓝色会使人联想到大海、蓝天、冰雪、月光等。色彩感受中最暖的为橘红色,最冷的为天蓝色。

8.7.3.6 冷感

冷色与暖色是一组相对立的色彩,主要包括蓝、绿和紫。冷色能使人联想到冬天、海洋和夜晚等元素,并带给人以深远、广阔的视觉感受。因此,将这类色彩运用到版式设计中,可以搭配出具有宁静、幽深等情感的色调组合。

示例:《深圳晚报》 该版面以蓝调的明度作为主要背景,黑色标题"两亿中国用户裸露风险中",使整个版面设计显得层次丰富又饱满,引起人们的注意。

8.7.4 色彩的视觉识别性

在色彩世界里,红、橙、黄色使人们联想到太阳和火焰,使人产生一种温暖的感觉,这类颜色被称为暖色;蓝、蓝绿、蓝紫色使人联想到冰雪、大海,给人一种寒冷的感觉,人们把这类颜色称为冷色。要想设计具有易识别性,色彩合理搭配,给人留下深刻印象很重要。

示例:《城市早8点》 在实际的版式配色中,可根据设计主题与读者群体的心理特征,结合相应的色彩要素来完成主题的情感表达。该版用类似色相对比,色相对比距离约60度左右,为较弱对比类型,淡红色的背景与淡黄色的童装服饰对比,效果较丰富、活泼,但又不失统一、雅致、和谐的感觉。运用不同的色彩来表现图形,可使图形的效果更加丰富,形式美感更佳。

8.7.4.1 色彩与图形的关系

色彩是人类进化、走向文明所不可缺少的特殊信息语言,它以特殊的物质形式存在。同色系颜色的搭配,即在版面上用同一色系的色彩,仅在色彩的明度、纯度上作一些变化,如使用青绿、蓝绿、蓝构造中性色系版面,使用红、橙、橙黄、黄构造暖色系版面。

示例:《城市商报》 巧妙地应用色彩,就能充分体现出图形的丰富多彩和装饰的魅力。该版面用同色系的底色与照片组合,注重对整体色调的设定,比较和谐统一。以色彩为主导的极富视觉冲击力的整体形象凝聚出艺术表现力,体现了信息的内涵,来感染和吸引读者。

8.7.4.2 色彩与字符的关系

色彩对字符最明显的影响就在于字符的可读性,白底黑字是最常用的搭配。黑白两色的巨大差异保证了字符极高的识别性。在十二种颜色的色相环中,直径相对的两种颜色是互补色,如红与绿、黄与紫、蓝与橙。这些互补色按一定比例搭配在一起,形成鲜明的对比,能在版面上起到画龙点睛的作用。

示例:《精功报》精功·人文"中秋赏月" 中秋是家人团聚之日,版面描绘人们有感于节日的到来及对亲人的思念。版面上留有一定的空白是突出主体的需要。使主体醒目,具有视觉冲击力,这是造型艺术的一种规律。留白既能增加版面的节奏感,又能通过相对色彩空间突出主体。中秋标题字作勾白处理,体现色彩与字符的关系。版面上以一种颜色为主,以其补色为辅,能使整个版面充满灵气,既有铺陈之章,又有点睛之笔。

8.7.4.3 色彩与版面率的关系

报纸版面色彩运用中的"度",还表现为用色不杂、用色恰当等。使用柔和、明快的浅色调,如粉红色、浅蓝色、淡黄色等,会使整个版面处于"中性",形成清新淡雅、和谐统一、明快自然的特点。版面率主要由版面的留白量来决定,留白量越大,版面率越高。

示例:《姑苏晚报》该版面中留白部分使用了绿底色,与版面部分元素的颜色相呼应。通过留白颜色的改变,可使整个版面的整体性更强,同时空旷感也减弱了。使用色彩的变化来调整版面率,可使版面达到更加饱满的效果。

8.8 色彩美感

色彩的形式美感是装饰色彩的基本特征。装饰色彩着眼于二维空间的探索,强调物象之间色彩的关系——构成关系、组合形式。因而,在装饰中色彩的平面化具有丰富的内涵。首先,物体形象,意味着需要高度概括物象的造型,消弱光影和去掉复杂的线面,以剪影式的造型手法表现物象的外轮廓。其次是平视构图,即采用平行透视法,对各种空间位置不同、体积不同的物象进行平视观察,做平面化处理。装饰色彩的平面化可以自由地发挥色彩内在的感染力和视觉美。可以不受绘画真实空间的束缚,摒弃物象光影和明暗的影响,用最为简洁的线条和大方的色块去表现复杂的物象空间。因而,装饰色彩的运用更加注重色块与色块之间的组合所带来的千变万化的、独特的视觉效果。

示例:《姑苏晚报》影像实录 "一场真枪实弹的'民兵出击'" 该版图片以绿色遥相呼应,形成了迷人的色彩景观,有它独具个性的色彩造型,无声地传播的心声,燃起人们热爱生命、渴望美好生活以及对文化知识、保卫国家练好武,高尚审美境界的追求的心灵火花。

8.8.1 色彩平衡

在自然界中,平衡是一种物理现象;在社会生活中,平衡或不平衡是一种心理感受;在视觉艺术中,平衡作为一种知觉感受是艺术创作的基本原则。

在艺术设计过程中,视觉形式总是伴随着心理反应而产生的,现代设计思维最重要的因素便是人的心理。设计构思所表达出来的形式和心理感应是现代设计的美学基础,它使设计的物质机能和效用功能更为深化,使心理反应和信息传达紧密结合在一起。色彩包含的内容丰富多彩,但只要我们掌握了色彩的搭配方法,并遵循色彩构成的均衡、韵律、强调、反复等法则,以色彩美感为最终目的,将色彩组织安排在平面设计中,便能得到一种和谐、优美、令人心情愉悦的视觉效果。影响视觉的色彩元素有很多,如色彩的属性、色调、色数、所占的面积等。

8.8.1.1 物理平衡

如果作用于一个物体上的各种力达到可以互相抵消的程度,这
个物体便是处于平衡状态了。产生这种物理平衡最简单的例子,就
是当两个大小相等、方向相反的力作用于同一事物时发生的情形。
面积色彩在构图中所占量的对比,是由数量上的多与少,面积上的
大小这类结构比例上的差别形成的对比。色彩感觉与面积关系紧
密,同一组色彩,面积大小不同,给人的感觉就不一样。同一种色彩,
面积小则易见度低,如果面积太小,色彩甚至会被环境色所同化,视
觉难以发现;面积大的色块虽然易见度高,容易被发现,但也容易造
成强刺激,如大片的红色会使人难以忍受,大片的黑色会使人发闷,大片
的黑色会使人发闷,大片的白色会使人感到空
虚等。

8.8.1.2 知觉平衡

在一定的框架内(如一副油画的画框),因各视觉形象所包含的
"知觉力"作用于框架的重心(中心)并达到相互抵消的程度时让人
感受到的平衡状态。色彩的冷暖感主要由色相决定,同时,在同一色
相中,明度的变化也会引起冷暖倾向的变化。凡掺入白而提高明度
者色性偏冷,凡掺入黑降低明度者色性偏暖,色彩的冷暖对于物象
空间表现远近影响很大。在设计过程中,焦点透视的基本规律可归
纳为:远大近小、近实远虚、近暖远冷、近纯远弱等。因此暖色具有前
进的效果,冷色具有退缩的效果。

8.8.1.3 心理平衡

在版式的配色设计中,简明扼要的配色关系能帮助版面打造出
相对清新、舒适的视觉空间,使设计主题得到直观呈现,同时给读者
留下积极的印象。为了使版面达到这样的视觉效果,在符合主题的情况
下,可以选择色相上显得朴实、柔和的色彩。对色彩来说,红色就比
蓝色重一些,明亮的色彩就比灰暗的色彩重一些。如果想让一块白
色与一块黑色达到平衡,黑色的面积就应该大一些,这部分归因
于辐射效应。在辐射效应下,较明亮的表面,其面积看上去比较灰暗
的表面大一些。

若要使色彩完美,就必须依据色彩的主
旋律,精心选择色彩要素,并通过烘托对比,
及周围环境的对比映衬等方法,有效、合理地
发挥色彩各要素的特点及作用,这样才能突
出色彩主旋律,建立色彩美的特征。色彩的和
谐不但指色彩的使用要愉悦人的视觉,更指
要愉悦人的精神世界。

8.8.2.1 简洁明快

利用色彩的明度、纯度及色相对比的原
理来构成一定形态、空间的变化,使之能形
成具有多重空间、多层次的设计形态,来表
达一种具有艺术性及审美价值和鉴赏价值
的作品。

8.8.2.2 同种色搭配最简便

同种色搭配是一种最简便、最基本的配色方法。同种色是指一
系列的色相相同或相近,由明度变化产生的浓淡深浅不同的色调。
同种色搭配可以取得端庄、沉静、稳重的效果,适用于气质优雅的成
熟女性。但必须注意,同种色搭配时,色与色之间的明度差异要适
当,相差太小,太接近的色调容易相互混淆,缺乏层次感;相差太大,
对比太强烈的色调易割裂整体。

8.8.3 色彩主次

　　根据报纸风格定位,确立版面的主色调。在多年的编排实践中,报纸形成了自己特有的编辑理念,而且这种理念的表达,已经具体体现到报纸的每一篇文章、每一个标题、每一张图片,乃至每一处留白。因此,要将色彩元素融入报纸编排设计中,一定要着眼于报纸已有的风格,从而确定一种主色调,并辅以2~3种辅助色,从而使版面色彩多样、美观。

　　示例:《城市商报》此版主题为神十飞天,"执行我国第五次载人航天飞行任务,承载着中华民族的航天梦,展现了中国人'敢上九天揽月'的豪情壮志,这是光荣而又神圣的,全国人民都为你们感到骄傲。预祝你们成功,期待你们凯旋。"版面以蓝色为主色调,产生强大的视觉冲击力,牢牢勾住读者的眼球。

8.8.3.1 版面主色彩的确定

　　根据版面内容的主题,确定版面的整体色调倾向,就形成了版面的主调。只有在既定的色调中寻求变化与组合,才能发挥色彩的威力,使不同的颜色在版面上活跃起来。

　　示例:《京华时报》"郭文□卫冕" 彩报鲜艳的色彩、逼真的实境再现,易使读者的视觉得到满足。彩色的记忆效果是黑白的3.5倍,这便是彩色报纸比黑白报更吸引人的原因。此版面色调温婉、美观大方。

8.8.3.2 色彩与主题的搭配

　　变化统一、整体呼应是版式设计的最高境界。简洁的版面设计形式应符合读者的阅读心理,应直观地传达版面的情感。版面的结构与文章的组合,述说和表达着设计者的思想,它应是阅读的向导、指南,在视觉上要有震撼力和感染力。

　　示例:《城市商报》镜头会说话 "在耦耕小农场里,学生们乐坏了" 该版面以绿色为主色,标题用橙色底,版面色彩与设计的主题相配合,以烘托出版面所营造的氛围,强化设计所要传达的信息,令读者产生心理上的共鸣,从而达到宣传的目的。色彩美把它们有秩序地组织在一起,形成一个和谐、完整的版面的规律,是版面设计需考虑的核心问题。

8.8.3.3 色块的安排应避零求整

　　要分清主次,总结出它们的构成关系,即色彩美的规律。这对于创造新的层出不穷的色彩美秩序,是一项十分必要的工作。色彩是很微妙的东西,它们本身的独特表现力可以用来产生出一种刺激人们大脑对以某种形式存在的物体的共鸣,展现对待生活的看法与态度,扩大创作的想象空间。

　　示例:《苏州日报》头版 "神十飞天圆梦起航" 版面的整体色彩倾向应据版面的定位、风格以及稿件的内容而定,例如此版面为浅蓝。主色调的颜色在版面颜色中应最少占60%的面积,不然压不住版面,形成不了"主调"。在主调的基础上,还可以配上相邻色系的颜色,给人以和谐统一的感受。

8.8.4 色彩层次

　　色彩的层次其实就是一种引导人们视线的方法。大家都知道,颜色纯度越高,明度越高就会越"跳",给人感觉往前突。反之,纯度越低,明度越低就会给人感觉越"隐",感觉往后退。这就是色彩层次。

　　示例:《姑苏晚报》 该版面是平面的二维空间,表现出的却是三维空间:刻意突出主体头部,虚化其他不重要的部分,这样就更能使头部凸显出来。对色彩的处理方法就是加强主体的明度、纯度,降低周围对象的明度、纯度。这也被称为改变版面的色彩层次。

8.8.4.1 不同层次与秩序

　　在配色设计中,可通过特定的配色方式来调动读者的积极情绪,并使他们对版面整体产生好感。为了营造出积极的视觉氛围,可选择一些如粉绿色、米色和淡蓝色等明度偏高的色彩,以组合的方式呈现在版面中,使版面整体有清新、舒适的感官效果,从而给读者留下积极的印象。

　　示例:《姑苏晚报》大家来拍 "春天花会开" 色调是色彩外观的基本倾向,它是明度、色相、纯度等要素综合作用的结果。报纸应该有自己的个性特点,有自己的主色调。报纸的色调应根据版面的定位、风格、稿件的内容等来确定,形成个性风格。人们的视觉习惯,对冷暖两种色彩有着不同的视觉效应,如看到暖色的版面,人们自然会感觉到热情、兴奋、温暖,而冷色调版面则会给人以清静、严肃、冷清等感觉。冷暖色的并置运用,会使两种颜色之间产生较为明显的视觉冲击力,从而形成版面的不同层次与秩序,给人以更突出的设计效果。

8.8.4.2 色彩的"形式"意味

　　彩版编排的优势是颜色丰富,但颜色丰富完全不同于花花绿绿。如果为了出彩而出彩,以为颜色多才是丰富,红黄蓝紫无所不用,结果反而没了颜色重心。彩版编排强调色彩搭配一般不应超过三种颜色。

　　示例:《姑苏晚报》要闻 "再探天宫" 淡化周围的色彩氛围,掌握好色彩运用的"度",即强调用色不多,用色恰当。该新闻版以蓝色突出强势,突出主题,层次分明。标题与正文用白色字处理,形成中心的色彩反差,不至于让全版都淹没在色彩海洋里。

8.8.4.3 色彩层次的"跳"

　　色彩的层次其实就是一种引导人们视线的方法。颜色纯度越高,明度越高就会越"跳",给人感觉往前突。反之,纯度越低,明度越低就会给人感觉越"隐",感觉往后退。这就是色彩层次。

　　示例:《城市商报》该版面色彩以蓝天白云为背景,用红色自行车对比吸引阅读者的注意力,而且相关联的颜色之间在视觉上会形成并保持一定的连贯性。这种连贯性可以引导读者的视线在一种或几种相关联的颜色之间跳跃。这种跳跃恰恰是色彩强度差的大小对人们注意力的导读功能最直接的体现,是色彩层次的"跳跃"。

要做到色彩搭配的和谐统一,同色系搭配、类似色搭配、不同色调对比搭配都能起到很好的作用。流行的配色设计看起来挺舒服的,但却有震撼他人目光的效果。

示例:《姑苏晚报》明星秀场《中国梦之声》北京试音"报纸作为传播媒体,它的第一功能是传播信息和思想。使用色彩的首要目的也一样,不是单纯美化版面,而是用以传递信息。此版面的淡黄绿色就是一个很好的例子,它色彩醒目,适用于表现青春有活力且不寻常的事物。色彩的长处是能更直观地传播视觉信息。在这方面,彩色新闻照片的作用是显而易见的,它能把新闻事件的外部环境准确地显示出来。

8.8.5.1 把握好用色的"度"

色彩是报纸版面的一种艺术语言,它可以向读者传递出一种思想感情。报纸的色彩基调通过某一色彩体现出来,但不能千篇一律地限定在一种色调范围内。应该根据内容变换色彩的倾向、纯度、明度及组合方式,来烘托和反衬内容的内在联系,形成一种既有变化又有统一的色彩基调。同时,这一基调还应并列入报社的 CI 系统,形成视觉形象的统一化,并向员工的名片、采访本、文具、车辆乃至建设物等一切可视性物体推广,从而形成一种统一的可供辨识的报社整体色调视觉系统。

示例:《城市商报》头版"完美飞天"该版面以蓝色为主色调,色彩平铺增强,用色的"度"把握得很好,面积与布局上处理得当,在蓝色的背景上带红色标题,产生优雅、舒适的气氛。

8.8.5.2 色彩的灵活运用

色调的构成应从诸色块的构成关系角度出发,抓住色彩节奏与韵律,巧妙有机地调度。各种色彩,按照一定的层次与比例,有秩序、有节奏地彼此相互联结、相互依存、相互呼应,从而构成和谐的色彩整体,而多样与统一仍是色块处理、色调构成的基本法则。

示例:《城市商报》在组织一个比较完整、和谐的版面色彩秩序时,不仅内容上要丰富多彩,强调趣味性、可读性,色彩的运用上也可以灵活一些。如同乐团指挥调动整个乐队一样,若想使每一种乐器在乐曲中都能充分发挥自己的特长,那就必须首先有一个总的曲调,也就是乐曲的主旋律,再根据主旋律来安排穿插配器与和声。

8.8.5.3 主动掌控配色

配色黄金比例,是 75:25:5,其中的 70% 为大面积的主色,25% 为辅助色,5% 为点缀色。一般情况下建议版面色彩不超过三种,三种是指的三种色相,比如深红和暗红可以视为一种色相。颜色用得越少越好,颜色越少版面越简洁,会显得更成熟,同时设计者也越容易控制版面。除非特殊情况,比如一些表现节日类信息的版面,要求呈现热闹、活力的氛围的,可以多些颜色使版面显得活跃。但是要注意,颜色越多越要严格按照配色比例来分配颜色,不然会使版面显得非常混乱,难以控制。

示例:《姑苏晚报》头版"家在苏州爱心满城"色彩作为版面设计的一个组成部分,需以色彩的审美规律来贯穿设计过程的始终,用理性的手段来主动地掌控色彩效果。此版面中,字体配色运用明朗的黄色,以突出文字的视觉形象,并有效地吸引读者的注意,从而提高了文字的表现力。

基于色相的对比配色,其配色在色相环中角度越大、距离越远,颜色差异越大,呈现的效果越活泼、跳跃、华丽、明朗和爽快。但如果两色都是纯度高的颜色,则会对比强烈、刺眼,使人产生不舒服的感觉。对比色调,即把色性完全相反的色彩搭配在同一个空间里,例如红与绿、黄与紫、橙与蓝等。这种色彩的搭配,可以产生强烈的视觉效果,给人亮丽、鲜艳、喜庆的感觉。

示例:《城市商报》优家居"为了更有品质的生活"颜色的搭配要把握"大调和,小对比"这一重要原则,即总体的色调应该是统一和谐的,局部可以有一些小的强烈对比。对比色调如果用得不好,会适得其反,产生俗气、刺眼的不良后果。

8.8.6.1 对比色间加入渐变色

众所周知,情绪有喜怒哀乐的变化,味觉也有酸甜苦辣的不同,这些都是人们能够切身体会到的感受,而通过色彩也能使人们产生相类似的感触。需要注意的是,在不同的环境与主题下,同种色彩所带来的情感表述是存在差异性的,如黑色既可以增添版面的稳重感,也可以使版面呈现出压抑感。

示例:《城市商报》要闻"美国心碎"将对比色的纯度或明度调低,可以有效地减弱色彩间的对比性。除此之外,还可以在对比色间加入渐变色,利用渐变色规则的变化来缓解对比色的刺激效果,使版面变得更加自然、和谐。

8.8.6.2 邻近色搭配

所谓邻近色,即色相相邻近的颜色,例如绿色和蓝色,红色和黄色就互为邻近色。邻近色之间往往是你中有我,我中有你。比如朱红与橘黄中,朱红以红为主,里面略有少量黄色;橘黄以黄为主,里面有少许红色。虽然二者在色相上有很大差别,但在视觉上却比较接近。在色轮中,凡在 90 度范围之内的颜色都属邻近色的范围。邻近色一般有两个范围,绿蓝紫的邻近色大多数都是在冷色范围内,红黄橙在暖色范围内。

示例:《苏州日报》色彩在空间位置上的相互关系是有机的组合。该版面二组图片用邻近色搭配,显得是比较舒适平稳,中间用一列小鸭分隔,图意为你中有我,我中有你,和为贵。设计者需认识色彩的理论,掌握色彩运用规律,并能达到主动、创造性地活用非常重要。

8.8.7 色彩调和

自然界景物的明暗、光影、强弱、冷暖、灰艳、色相等色彩变化和相互关系都有一定的"自然秩序",即自然的规律。人们会不知不觉地用自然界的色彩秩序去判断色彩艺术的优劣。因此,色彩的调和是一种色彩的秩序。各种色彩在空间位置上的相互关系必须是有机的组合。它们必须按照一定的比例,有秩序、有节律地彼此相互联结、相互依存、相互呼应,从而构成和谐的色彩整体。因此,色彩构图关系的调和也是手段之一,它主要以色彩的均衡、色彩的呼应、色彩的层次和色彩的点缀几种手法为主。色彩的均衡是在色彩构图时,各种色块的布局应该以版面中心为基准向左右、上下或对角线作力量相当的配置和穿插。

示例:《城市商报》爱生活 "冬与春的对话"
任何色块在构成中都不应是孤立出现的,它需要在同种或同类色块的上下、前后、左右诸方向彼此互相呼应,并以点、线、面的形式作出疏密、虚实、大小的丰富变化。

8.8.7.1 版面注重整体和谐

统一与变化,是设计美中不变的主题。统一是主导,形成版面整体感;变化是从属,避免版面的单调和死板。现代报纸版面设计是建立在视觉承载、阅读规律、市场营销之上,对信息传达、视觉承载、阅读过程、整体形象、文化品位的完整设计。

示例:《城市商报》 报纸版面的色彩运用应当更为简约,注重整体和谐。色彩往往先于文字和图形给人们留下深刻的第一印象。该版面构成元素以绿色为主,它是最直接、最迅速、也是最敏感的因素之一。报纸有自己的色彩基调,来体现报纸的媒体理念、市场定位及独有的神韵,在读者的视觉心理上产生影响。

8.8.7.2 将构思形象化

将构思变成形象,利用色彩的和谐统一设计、美化版面,从而激发人们对美化生活的欲望和创造生活的动机。编好符合现代要求的彩色报纸,必须对色彩的构成和功能有一个较为完整的认识,并根据现代读者的阅读需求合理使用色彩,使色彩成为新闻传播的手段,让它说话、传情、显示报纸自身的格调,而不仅仅只是作为打扮版面的调色板。

示例:《姑苏晚报》影像实录 "阳光·童心"
色彩具有情感表达和标识功能。有意识地将色彩与人的理性思维相结合,能使之担负起为信息传播组织疏导、架构桥梁的作用。

8.8.7.3 色彩和谐

色彩和谐,是指强调版面上色彩关系的协调。彩版的编排设计,不仅要考虑到彩色部分和非彩色部分的色反差效果,还要考虑到彩色部分与彩色部分的色对应效果。

示例:《今日婺城》 色彩搭配与内容的协调,彼此间的呼应关系,即所使用的颜色要与文章的感情色彩相一致,要看色彩的视觉效果、情感效果、象征效果与正文是否相符。

8.9 色彩含义

其实色彩本身是没有意义的,但色彩可以使人们联想到某种事物,或某段回忆,进而影响人们的情绪。人其实是靠着经验与习惯生活的,而色彩能够使人联想到曾经的经验与习惯,于是色彩也就有了意义。这意义不是色彩本身的,而是色彩背后所代表的事物带给人们的,它们与人的色彩生理、心理体验相联系,从而使客观存在的色彩仿佛有了复杂的性格。设计离不开色彩设计,色彩对人生和心理有重要的影响作用,尤其会对人产生心理感应和联想作用。人们在生活经验和社会实践中形成了对特定色彩的情感和理解,并赋予其不同的象征意义,久而久之,就形成了色彩特定的性格。这种对色彩的人格化移情,造就了不同色彩不同的,甚至多重的性格特征和表现力。

示例:《贵州都市报》"每个人心中都有一个'水浒'" 该版面设计突破了以往一到介绍四大名著相关内容就赋予其历史文化的厚重感,色彩深远沉闷的套路。版面以清淡古典元素来衬托主题,用明快的色彩元素,把橙和它的补色——蓝绿色——搭配组合起来,具有亲近、随和、活泼、主动的效果,而突破历史的沉重感,也使得读者阅读更轻松,更有丰富的想象空间。

8.9.1 红色的性格与表现

红色,尤其是大红,是东方人喜爱的颜色。它经常被用在婚礼、节日、庆典当中,有着很浓的民族和喜庆色彩。粉红色知觉度很高,所以常被作为旗帜、标语、宣传画、警报、安全信号等专用色。

具象联想:红色信号灯、血液、火、太阳、花卉、红旗、西红柿等。

抽象联想:热情、危险、革命、热烈、喜庆、温暖、活力、禁止、警告等。

示例:《郴州新报》 在介绍人物内容的版式中,有一种能够突出人物主体的表达方式,那就是用色彩之间的对比。人物和环境的色彩对比,可明显地突出人物主体。

8.9.1.1 红色是最容易被吸收的信息

红色历来是我国传统的喜庆色彩。红色是直接作用于视觉的语言,是最容易被吸收的信息。在报纸版面等构成元素中,最具敏感性的因素,将在视觉上先于文字和图形给读者留下深刻的印象。

示例:《内蒙古晨报》 该版设计2017除夕报纸头版,灵猴呈瑞 闻鸡起舞,以红灯笼图片为背景报纸春节版,以照片为主体的版式中,显得别具一格,更加生动鲜明。喜庆的春节配以年味浓标题,报纸的版式具有渗透力和感召力,这样才能更完美地把信息快捷有效地传达给读者。

8.9.1.2 红色色彩调和

含白的高明度红色(粉红色)有柔美、甜蜜、梦幻、愉快、幸福、温雅的感觉,几乎成为女性的专用色彩。两个或两个以上的色彩,有序、协调、和谐地组织在一起,能使人的心情愉快、喜悦。用于满足人的色彩搭配,这就叫色彩调和。

示例:《重庆时报》 用标题来强调重心。版面用五星红旗做彩饰,特别是考虑到新闻图片分布形成"色彩块";文字部分不做彩饰,以白字与"色彩块"相对,彼此映衬。此设计强调可读性,色彩的运用比较灵活多样。

8.9.1.3 借助色彩表达清晰简洁

版面是色彩的艺术,除了强调从形象、技巧、主题等方面入手外,"色彩"也是我们理解、把握版面的语言艺术又一把钥匙。红色是热烈、冲动、强有力的色彩,它能使肌肉的机能和血液循环加快。由于红色容易引起注意,所以在各种媒体中也被广泛利用。除了具有较佳的明视效果之外,红色更被用来传达有活力、积极、热诚、温暖、前进等涵义的企业形象与精神。红色是东方人喜爱的颜色,它经常被用在婚礼、节日、庆典当中,有着很浓的民族和喜庆色彩。

示例:《城市商报》起跑线 "初高中的英语'衔接'" 通过彩色图片的大小、标题的装饰、内文区色块的对比等技巧,可提高版面信息的易见度。简而言之,运用色彩语言的原则是让读者快捷、清晰地获取所需信息。

8.9.1.4 最能打动人心

色彩是最能打动人心、吸引顾客的因素。自古以来,人们就认识到色彩具有先声夺人的效果。红色是波长最长的颜色,知觉度高。它是太阳、火焰、血液的颜色,给人热烈、温暖、奔放的感觉,象征着革命、喜庆、幸福、活力。同时,它又给人暴露、冲动、刺激、危险的感受。喜爱红色的人积极、热情、勇敢、好胜、易冲动。

示例:《东莞时报》 2012伦敦奥运会上有太多口水和太多吐槽,该版面形象地用一个张大嘴的形象,将各种"神"吐槽和名言名句用口水形式"喷"出来,别出心裁。

8.9.1.5 鲜明色彩和较强的形式感

红色是一种引人注目的色彩,对人的感觉器官有强烈的刺激作用,能增高血压,加速血液循环,并对人的心理产生巨大鼓舞作用。用于版面色彩语言时,运用夸张、视觉刺激甚至色彩在版面空间混合,来传递信息。

示例:《东莞时报》 该版面用黑色色调为背景,以一个醒目的红色问号充满整个版面,在视觉上给人以强大的冲击感。这个版面的特点是鲜明的色彩和较强的形式感。红色的问号两侧分别为蔡振华、韦迪的头像,正文完整的地展示在问号里面,版面清晰、易读。

黄色是阳光的象征,具有光明、希望的含义,给人以辉煌、灿烂、柔和、崇高、神秘、威严超然的感觉。黄色是金秋时节的色彩,象征丰收的喜悦和欢快。但是,黄色也象征下流、猜疑、野心、险恶,是色情的代名词。淡黄色使人感到和平温柔;金黄色象征高贵庄严。

具象:柠檬、菊花、香蕉、向日葵、油菜花、玉米等。

抽象:信心、光明、希望、丰收、明快、豪华、高贵、爽朗等。

示例:《都市时报》 含白的淡黄色使人感觉平和、温柔,含大量淡灰的米色或本白则是很好的休闲自然色,深黄色却另有一种高贵、庄严感。此版面中,一个年幼的孩子耐心地扶住水管,眼神中交织着希冀与焦急,他的头上则是占据整个版面近三分之二的文字介绍,"大话停水"四个大字夺人眼球,改编自电影台词的内容引人沉思,整个构图生动形象地表现了停水给昆明带来的压力。

8.9.2.1 黄色是明度最高的颜色

黄色是明度最高的颜色,是阳光的颜色,给人明亮、温暖的感觉,象征着光明和希望。但是,明度和纯度较低的黄色则会给人低级、庸俗、色情的感觉。

示例:《城市商报》鑫周刊 "蛇年理财你往哪花钱" 对于色彩的选择与搭配要充分考虑到不同对象的年龄、性格、修养、兴趣与气质等相关因素。

8.9.2.2 黄色与紫色的搭配

由于黄色的亮度是紫色亮度的三倍,因而当一个版面上紫色面积是黄色的三倍时,整个版面是和谐的。尤其是当版面上正文区域大量使用色块时,一定要注意这种比例的搭配,一旦不当,会使版面失衡。如果标题铺紫色底纹,文字用黄色,面积比大致为3:1时,看起来比较和谐悦目。反之,以底纹为黄色,字为紫色,则色彩对比完全失衡,十分刺目,字也看不清,会给读者造成阅读障碍,同时也不美观。

示例:《贵州都市报》 该版面围绕《甄嬛传》主题进行设计。古典形状的屏风把版面一分为二,电视剧版和小说绘画版,两种形式跃然纸上。淡雅的背景色搭配白色的宫廷式花纹,为主题营造氛围。版式条理清晰、方便读者阅读。

8.9.2.3 黄色的性格特点

黄色的性格特点有独立性强、不达目的誓不罢休、强烈的进取心、居安思危、喜欢主导事物发展、不受情绪干扰和控制、工作干练讲求效率、顾全大局、高瞻远瞩等。此外还有丢三落四,黄色性格的人永远在找东西。黄色还被用作安全色,因为这种颜色极易被人发现,如室外作业的工作服。

示例:《深圳晚报》 动感最强和鲜艳的色彩组合通常中央都有黄原色。黄色代表带给万物生机的太阳,活力和永恒的动感。当黄色加入了白色,它光亮的特质就会增加,产生出格外耀眼的整体效果。高度对比的配色设计,像黄色和它的补色紫色,就含有活力和行动的意味,尤其是出现在圆形的空间里面。身处在黄色或它的任何一个明色的环境,几乎是不可能会感到沮丧的。

8.9.2.4 把握色彩感受

黄色是所有色相中明度最高的色彩,给人轻快、光辉、透明、活泼、光明、辉煌、希望、功名、健康等感觉。但黄色过于明亮就会显得刺眼,并且与他色相混即易失去其原貌,故也有轻薄、不稳定、变化无常、冷淡等不良含义。当它给人以光明、自信、迅速、活泼、注意、轻快的正面感觉时,尤其在低明度色彩或其补色的存托下,会十分醒目。由于黄色的明度高,因此常用作警示。

示例:《城市商报》 色彩是极具价值的,它对表达思想、情趣、爱好的影响是最直接、最重要的。把握色彩感受设计,不但美化、丰富了生活,更为时代所需。

8.9.3 蓝色的性格与表现

蓝色是富有青春气息的颜色,表现沉静、朴素、大方的性格。深蓝色(海军蓝)是极为普遍而又常用的色彩,极易与其他性格的色彩相协调,具有稳重柔和的魅力。

具象:大海、天空、水、宇宙、远山、玻璃等。

抽象:安宁、冷漠、平静、悠远、理智、沉重、悲伤等。

示例:《姑苏晚报》 竞技星闻"这样的澳网刺激!" 蓝色是天空和海洋的颜色,给人沉静、凉爽、理智、神秘的感觉,象征着博爱、平等和智慧。碧蓝色富有朝气,深蓝色(海军蓝)稳重、柔和,易与其他颜色相配,并显得沉稳、高贵。

8.9.3.1 蓝色代表朝气

蓝色对视觉器官的刺激较弱,当人们看到蓝色时情绪较安宁,尤其是当人们在心情烦躁、情绪不安时,面对蓝蓝的大海,仰望蔚蓝旷远的天空,顿时心胸变得开阔起来,烦恼便会烟消云散。如果在蓝色中加入白色,会给人以清淡、聪明、伶俐、轻柔、高雅、和蔼的心理感受;如果蓝色中加入黑色,给人以神秘、沉重、幽深、悲观、孤僻、庄重的心理感受;如果蓝色中加入灰色,给人以粗俗、可怜、压力、贫困、沮丧、笨拙的心理感受。

示例:《城市商报》酷宝贝 "小宝宝的这些烦恼妈妈该怎么办?" 蓝色会使人想到海洋、天空,湛蓝而广阔。蓝色给人以冷静、智慧、深远的感受。此版面使用蓝色作为主色。近似色配合是在色相环上90度范围内色彩的配合,给人们温和协调之感。与同类色配合相比较,色感更富于变化。

8.9.3.2 意志型

靛蓝、普蓝因在民间广泛应用,似乎成了民族特色的象征。如同处事坚定、有明确目标和自制能力很强的人,行动时其个人意志不易被外界因素支配和主观情感影响。

示例:《潇湘晨报》 以白皮书的造型登载我钓鱼岛基线图交存联合国的消息,整个版面黑不抑白,白不抢黑,灰衬黑白,严格准确,恰到好处,充分体现出版面基调与节奏把握的意志。白底黑字对比强烈,表明我方的严肃态度和重视程度,版式简洁,冲击力强。

8.9.3.3 蓝色精妙,立意深远

蓝色性格特点是谦虚谨慎,思想深邃,独立思考不盲从,坚守原则,做事有板有眼,严肃。蓝色性格的缺点是不知道灵活运用,深沉、静默及至孤寂、忧郁,这才是它的常态。当然,环境会促使人发生改变,使得蓝色在某种程度上能很好地克制自己性格中的缺陷。但是不管怎么改变,骨子里的孤傲、执着、深沉、理性,以及强烈的怀疑精神和不安全感这些都是无法抹杀的。

示例:《齐鲁晚报》 浅蓝色系明朗而富有青春朝气,为年轻人所钟爱,但也有不够成熟的感觉。深蓝色系沉着、稳定,为中年人普遍喜爱的色彩。其中略带暖味的群青色,充满着动人的深邃魅力,藏青则给人以大度、庄重印象。三峡大坝上,武警威武列队来,天光云影共徘徊,身后三峡洪峰喷涌如山,整幅画面动静和谐,角度精妙,立意深远。可见,一张好照片就能成就一个好版面。

8.9.3.4 蓝色的视觉美感

在版式设计中,图片的选择与应用既要考虑到与主色调和整体风格的吻合,也要考虑到空间布局的合理。设计者在实践时要考虑到图片的使用是单纯地增加了一个视觉亮点还是增强了整个设计的表现力。

示例：《城市商报》 蓝色是最明亮、最欢快的色彩，也是最冷的色，有辽阔宽广的感觉。将有限的视觉元素进行有机地排列组合，将理性思维个性化地表现出来，具有个人风格和艺术特色的视觉传送方式，则传达信息的同时，也将产生视觉上的美感。

8.9.3.5 营造气氛

人是特殊动物，人眼能识别有色光区极其丰富的色彩。人们借助光才能看见物体的形状、色彩，从而获得对客观事物的认识。色彩是光刺激人的眼睛所产生的视觉现象。

示例：《深圳晚报》头版 "圳痛" 色彩与造型艺术，在色彩与形象艺术表现上，都是以独特的个性化语言的表达方式以及高超娴熟的技艺，来充分表现版面艺术内涵的。不论是用何种艺术形式以及选用何种不同材料，都体现了设计者个性化的风格。为了突出艺术主题，在造型版面艺术中，色彩成为艺术家通过在其作品中的运用来表达主题的最主要的手段之一，同时，注重对色彩语言的气氛营造也需与形象完美统一。

8.9.4 橙色的性格与表现

橙色是光感明度比红色高的暖色，象征美满、幸福，代表兴奋、活跃、欢快、喜悦、华美、富丽，是非常有活力的色彩。它常使人联想到秋天的丰硕果实和美味食品，是最易引起食欲的色彩，也是具有香味感的食品包装的主要用色。由于橙色醒目突出，是常用的信号、标志色。

具象：柑橘、秋叶、晚霞、灯光、柿子、果汁、面包等。

抽象：甜美、温情、华丽、鲜艳、成熟、喜悦、快乐、活泼等。

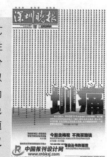

示例：《贵州都市报》娱乐专版 版式围绕大标题和内文设计而成，版式两边两条斜线使得版式远看就是一个大的"T"字；版面上两次出现TVB的字母符号；几片橙色的落叶给人以欢快活泼之感，传达富足、快乐和幸福的情感，使人们联想到金色的秋天，丰硕的果实。用于衬托的图片贴近大标题，版式设计有现代感、富有创意。

8.9.4.1 情感型

由于橙色具有明快、醒目的特点，因此常被用于信号和标志系统。另外，由于橙色是橙子的颜色，给人天然的香甜感觉。橙色好像性格外向、感情用事、喜怒形于色的人，易激动和受渲染。

示例：《城市早8点》活动"'宝宝''贝贝'上演终极PK！" 橙色是暖色系中最温暖的色彩。橙色是光感度比红色高的暖色，给人活跃、喜悦、欢快、富丽的感觉，象征美满、幸福。橙色在我国古代被称为"朱色"，象征着高贵。由于它具有明快、醒目的特点，因此经常用于食品的包装设计。

8.9.4.2 橙色只是一种物理现象

橙色只是一种物理现象，本身是没有灵魂的，但人们却能从中感受到色彩的情感。这是因为人们长期生活在一个色彩的世界中，积累了许多视觉经验，一旦知觉经验与外来色彩刺激发生一定的呼应时，就会在人的心理上引出某种情绪。

示例：《贵州都市报》"天路行" 该设计使用了具有藏文化风格的文字标题，配以普通的藏族院落并以图片的原有色彩加以延伸，图片背景达拉宫衬托出独特的神秘、神圣之感。整个版式有种神秘色彩，并且色彩的空间感强。

8.9.4.3 橙色有深化主题的作用

橙色通过视觉神经传入大脑后，经过思维，与以往的记忆及经验产生联想，从而形成一系列的色彩心理反应。在版式设计时要注意把握面与面相互间的整体和谐，才能产生具有美感的视效果。面在版面中能够起到平衡、丰富空间层次，烘托、深化主题的作用。

示例：电影中小女孩从废墟中奇迹般站起来的这一幕被定格在报纸上，橙色的新闻纸底色有力地渲染出这一悲情色彩，整个版面就像电影的海报，给读者的远不止是震撼。贴近群众、贴近生活、贴近实际成为注重本土性新闻的最好注脚。

8.9.4.4 橙色呼应主题

橙色是对视觉器官刺激比较强烈的色彩，既有红色的热情，又有黄色光明、活泼的性格，是人们普遍喜爱的色彩。警戒的指定色，海上的救生衣，马路上养路工人制服等常用此色。如果橙色中加入白色，会给人以细嫩、温馨、暖和、柔润、细心、轻巧、慈祥的心理感受；如果橙色中加入黑色，给人以沉着、茶香、情深、悲观、拘谨的心理感受；如果橙色中加入灰色则给人以沙滩、故土、灰心的心理感受。

示例：《姑苏晚报》聚焦"地震历险记" 橙与红同属暖色，具有红与黄之间的色性，它使人联想起火焰、灯光、霞光、水果等物象，是最温暖、明亮的色彩。橙色是光感度比红色高的暖色，会给人活跃、喜悦、欢快、富丽的感觉。

8.9.5 绿色的性格与表现

绿色是植物的色彩，是生命的色彩，给人清新、舒适、和谐、安宁、亲切的感觉，象征着生命、青春、理想、智慧、和平。在色谱中，由于绿色所处的位置正好是冷暖色的过渡带，属于中性色，并且在明度和纯度上也都比较温和，所以是容易被接受的颜色。在大自然中，除了天空和江河、海洋，绿色所占的面积最大，草、树等植物，几乎到处可见，它象征着生命、青春、和平、安详、新鲜等特征。绿色最适应人眼的注视，有消除疲劳和调节的功能。

具象：草木等植物、绿色信号灯、公园、军装、禾苗等。

抽象：生命、和平、年轻、安全、平静、春天、成长、活力等。

示例:《姑苏晚报》"春雨绵绵 海棠依旧"绿带给人们春天的气息,颇受儿童及年轻人的欢迎。蓝绿、深绿是海洋、森林的色彩,有着深远、稳重、沉着、睿智等含义。绿色性格特征是天性和善、温柔祥和、沉稳不急躁、默默无闻、脚踏实地、以和谐为本等。

8.9.5.1 绿色温柔祥和

色彩联想是人脑的一种积极的、逻辑性与形象性相互作用的、富有创造性的思维活动过程。当人们看到色彩时,能联想和回忆起

某些与此色彩相关的事物,进而产生相应的情绪变化。绿色有温柔祥和的感觉。

示例:《东莞时报》版面设计成《山楂树之恋》观影使用手册形式,分成四部分组成爱情说明书。版面图片为男女主角温情剧照,文字却犀利反讽。套句东莞时报总编辑的原话:世界这么乱,简约给你看。此版面设计得很独特很浪漫。

8.9.5.2 绿色是植物王国的色彩

绿色是大度的,它不与红花争宠,只是默默地甘为陪衬。它不像黄色那么炫耀,蓝色那么深沉,白色那么冷峻,它只是平凡而随和,不求闻达,然而随处可见。

示例:《今日常山》绿色被赞为生命之色,象征和平、青春、温柔、抒情和新生,并引申出茁壮、滋长、清新、生动、安全、幼稚、妒忌、向往、渴望、开阔、深远、深沉、幽静等含义。

8.9.6 紫色的性格与表现

紫色属于中性色彩,富有神秘感。紫色易引起心理上的忧郁和不安,但又给人以高贵、庄严之感,是女性较喜欢的色彩。在我国传统用色中,紫色是帝王的专用色,是较高权力的象征,如紫禁城(北京故宫)、紫袈装(朝廷赐给和尚的僧衣)、紫诏(皇帝的诏书)等。紫色中加入白色,给人以女性化、娇媚、清雅、美梦、含蓄、虚幻、羞涩、神秘的心理感受。紫色中加入黑色,给人以虚伪、渴望、失去信心的心理感受。紫色中加入灰色,给人以腐烂、厌卷、回忆、忏悔、衰老、矛盾、放弃、枯朽、消极、虚弱的心理感受。

具象:葡萄、茄子、丁香花、紫罗兰等。

抽象:优雅、高贵、庄重、神秘、文静、权威、内向、浪漫等。

示例:《苏州日报》该版主色调为紫色调,给人以幽雅、高贵之感,用来表现悠久、深奥、理智、高贵等信息。紫色的调子能激起人们的心理活动,引起快感并能使设计产生美感。紫色是大自然中比较稀少的颜色,具有高贵、优雅、神秘、华丽、娇丽的性格。

8.9.6.1 表达活力的色彩红—紫色

紫色是"运动"的最佳代言人。红紫色搭配它的补色黄绿色,将更能表达精力充沛的气息。较不好的色彩是红紫色加黄色,或红紫色加绿色,这两种色彩也许暂时给人振奋的感觉,但其实已削弱了整体的效果。唯有黄绿色融合加上红紫色,才是充分展现热力、活力与精神的色彩。

示例:《合肥晚报》 紫色具有神秘、高贵、优美、庄重、奢华的气质,有时也有孤寂、消极之感。尤其是较暗或含深灰的紫,易给人以不祥、腐朽、死亡的印象。但含浅灰的红紫或蓝紫色,却有着类似太空、宇宙色彩的幽雅、神秘的时代感,为现代生活所广泛采用。色彩搭配紫色,最能诠释七夕之情,能令人仿佛回到美梦、含蓄、虚幻的时代,如梦似幻的时刻,品味优美的诗歌和浪漫的乐章。

8.9.6.2 融合了红和蓝的淡紫色

在紫色系中,淡紫色融合了红和蓝,比粉色较精致,也较刚硬。淡紫色尽管无声无息,与其他色彩相配后,仍可见其清丽出众。纯紫色不易与其他颜色搭配,而深紫色、紫罗兰色经常用在女性服饰上,显得高贵典雅。

示例:《东莞时报》 以刘翔吻别栏杆为主图,对比08年退赛背影,用文字说明两次比赛一些惊人且令人痛心的原因,并用黑色大字体突出"再伤别"这一主题。整个版面感情基调沉重、无奈。

8.9.6.3 淡紫色怀旧搭配

紫色是怀旧色,是最能诠释怀旧思古之情的颜色,与其他颜色搭配,令人产生回到维多利亚时代如梦似幻时刻的感觉。淡紫色融合了红和蓝,比粉色精致而刚硬。淡紫色与其他颜色搭配后,显现出清丽出众、复古念旧的感觉。

示例:《贵州都市报》伊丽莎白·泰勒逝世,此版以"黑白无限华丽"为主题,纪念那些逝去的好莱坞经典女星,奥黛丽·赫本、玛丽莲·梦露、费雯·丽、英格丽·褒曼。她们的华丽和寂寞、光彩与失落,都留在怀旧的色彩中、黑白陈旧的图片间。

8.9.6.4 紫色载着期望起航

紫色令人产生神秘、优雅、庄重、文静、权威、浪漫等视觉感受。紫色承载着希望。紫色,是彩虹的一角,轻轻整理好行囊准备远航,一路上紫色打造了天堂,紫色的花瓣散发着迷人的芬芳,紫色的心灵闪耀着紫色的光芒,紫色的音符谱写着紫色的乐章,紫色的小船载着紫色的祝愿起航,紫色的世界里沁人心脾的芳香,紫色的小屋里承载着满满的希望。

示例:《贵州都市报》》"让高考飞" 淡淡的粉色与蓝色渐变的背景,将读者的思绪拉回到那些与高考有关的日子。该版以用紫色来作为版面的主色调,载着众多期望起航的小飞机、氢气球、大风车和小栅栏,将高中那些单纯年代烘托得淋漓尽致。版式清新、简洁。紫色载着期望起航。

8.9.7 黑色的性格与表现

黑色对于人的心理是一种很特殊的颜色,它本身无刺激性,但是与其他色配合能增加刺激效力。黑色是消极色,所以单独使用时嗜好率低,可是与其他色彩配合时均能取得很好的效果。黑色的心理特性有黑暗、深沉、庄严、阴森、沉默、凄凉、严肃、死亡、恐怖等。

具象:夜晚、墨、炭、煤等。

抽象:严肃、刚健、死亡、恐怖、重量感、罪恶感、坚实、忧郁等。

示例:《姑苏晚报》人文周刊"苏州大银幕的时光轴" 这一版面用黑、白、红三色巧妙搭配,打造出色彩鲜明的经典怀旧风格。其中红白线条之间相称而互补的运用,恰如其分地表现出优雅而细腻的时尚气息。版面色彩鲜明,对比强烈。

8.9.7.1 黑色是无彩色

黑色具有庄重、肃穆、高贵、超俗、渊博、沉静的意义。黑色本身是消极的中性色彩,可是它与其他鲜明的色彩搭配,鲜明的色彩将充分发挥其性格与活力。

示例:《苏州日报》看中国 黑色是无彩色,是明度最低的颜色,因此给人留下神秘、黑暗、死亡、恐怖、庄严的意象。黑色能直接表现出一种坚毅、力量和勇敢的精神,也能把其他色彩反衬得鲜明、热情、富于动感。

8.9.7.2 素淡而凝重

黑色的定义是没有任何可见光进入视线范围,或者说颜色吸收了所有的可见光,因而给人的感觉是黑色。黑色容易使人联想到夜晚、宇宙等元素,因此黑色常给人以深邃、宁静、严肃的视觉感受。

示例:《新闻晚报》 关于钱伟长去世的报道,设计者采用了素淡而凝重的封面设计。版面重点突出,图文疏密有致,细节处理到位,图片的选择及灰色块的使用符合版面气氛。

8.9.7.3 黑色有着特殊的意义

在大多数国家,黑色都是丧色。我国古代对黑色有着特殊的敬畏,认为黑色为众色之首。道家"尚黑"思想对中国绘画有着深远的影响,以黑墨为基本色,以墨色勾勒世间万物的形与色,包含着深刻的哲学思想,有着极强的民族特点。

示例:《苏州日报》观天下"铁娘子 走了" 黑色是最深暗的色,使人联想到万籁俱寂的黑夜。黑色表示生命将至终极,表现虚无和泯灭的思想。黑色的组合适应性极广,无论什么色彩,特别是鲜艳的纯色与其相配,都能取得赏心悦目的良好效果。但是黑色不能大面积使用,否则不但其魅力大大减弱,而且会产生压抑、阴沉的恐怖感。

8.9.7.4 黑色是强大的色彩

黑色是很强大的颜色。它可以很庄重很高雅,而且可以让其他颜色(亮色)突显出来,留给人们极有涵养而性格内敛的深刻印象。

示例:《新安晚报》"合肥新闻"版 着重抓住图片本身的特点——元宵节,以天鹅湖上空明月与燃放的烟花在夜空中交相辉映的美丽场景作为整个版面的背景。由于图片与新闻足够震撼,弃彩色版而用黑白版为主调的图片占据了版面最大的空间;标题黄色和内文反白,强烈的黑白对比令读者视觉和心灵都备受震撼,大标题置于该版右上角,导读整体放置于左下角,版面显得简洁、分明;明月、烟花和夜晚寂静的一排路灯,形成天与地的完美融合,文字与图片有机地组合,凸显了面的情感构成。版面上的美学功能发挥到极致,便可呈现出黑白版独特的版面魅力。

8.9.7.5 整体和谐的黑色版式设计

黑色为无色相无纯度之色,往往给人的感觉是沉静、神秘、严肃、庄重、含蓄,另外,也易让人产生悲哀、恐怖、不祥、沉默、消亡、罪恶等消极印象。在版式设计时,只有注意把握面与面相互间的整体和谐,才能产生具有美感的视觉形式。面在版面中能够起到平衡、丰富空间层次、烘托、深化主题的作用。

示例:《东方卫报》 这一期报纸出版的前一天发生了十数年一次的日环食现象(在我国东南省市可以观测到这一天文现象)。这个版面就是以一弯"新月"般的日食图片填充整个画面,并以包公额上的"月牙"作比喻,使用"包大人,您来了"做标题,生动形象,言语风趣。

8.9.7.6 黑白与主题氛围搭配

白色的定义与黑色恰好相反,它包含了光谱中所有光的颜色,也因此被称为"无色"。白色是一种明度非常高的无彩色,它在版式设计中有着非常广泛的象征意义,如贞洁、雅致和高雅等。除此以外,白色的背景还能突出主体物的视觉形象。

示例:《河北青年报》"好莱坞黄金时代的最后一位巨星"——被称为玉婆的伊丽莎白·泰勒走了,一段电影史上的传奇谢幕了。版面特意选取泰勒经典影片《埃及艳后》的剧照作为视觉主打图片,黑白片与主题氛围搭配,整个版面色彩和内容遥相呼应,更好地表达了主题。

第 8 章 版式设计的色彩搭配

231

8.9.7.7 以黑色构建视觉重心

在版式设计中，视觉重心指的是整个版面中最吸引人的位置。根据每个版面的需要，视觉重心的位置也不一样。视觉重心偏向版面右边，给人一种局限、拥挤的感觉；视觉重心在左边，给人一种自由、舒适、轻松的感觉；视觉重心在下面，又给人一种下坠、压抑、消沉、稳定的感觉。用大块的黑色，也能构造出版面的视觉重心。

示例：《南方日报》 该版面由一条类似道路的图形分为左右两部分。这条漫漫长路，具体反映了13年来一位老人对报道主角的照顾。版面中部配以一张爱心形状的图片，更凸显"李计划感恩记"这一标题的主旨内容，给人一种很温馨的感觉。

8.9.8 白色的性格与表现

白色为不含纯度的色，除因明度高而感觉冷外，基本为中性色，其明视度及注目性都相当高。白色的心理特性是洁白、明快、清白、纯粹、真理、神圣、正义感等。

具象：白云、白糖、面粉、雪、护士、婚纱等。

抽象：天真、纯洁、明亮、光明、神圣、干净、真诚、纯真、清洁等。

示例：《东莞时报》 白色是最明亮的颜色，使人联想到白天、白雪等。白色象征纯洁、光明、神圣，具有轻快、朴素、清洁、卫生的性格。白色明度最高，能与具有强个性的色彩相配。各种色彩掺白提高明度成浅色调后，都具有高雅、柔和、抒情、恬美的情调。大面积的白容易产生空虚、单凋、凄凉、虚无、飘忽的感觉。

8.9.8.1 白色也是无彩色

版面设计是有规则的，但当它进入到新的境界和一定的程度时，就会突破原有的思维，那就是创新。白色也是无彩色，是明度最高的颜色。由于白色为全色相，能满足视觉的生理要求，因此与其他色彩混合均能取得很好的效果。

示例：《重庆时报》 折翼的羽毛球、四处飘零的羽毛、沉重的黑色字体，再配上于洋的两条微博内容，版面整体萧瑟沉重。

8.9.8.2 白色与彩色系相搭配

白色是无彩色系中最亮的颜色，与个性强烈的有彩色系相搭配，可以衬托出色彩的绚丽。此外，白色本身也是可以表现的色彩，就是说，白色既可以定虚，也可以写实，虚实结合才能达到完美的境界。

示例：《姑苏晚报》 白色给人印象是洁净、光明、纯真、清白、朴素、卫生、恬静。在它的衬托下，其他色彩会显得更鲜丽、更明朗。但过多使用白色则可能会产生平淡无味的单调、空虚之感。"留白"就是运用白色的技艺。在版面设计中，白色是不容忽视的色彩。

8.9.9 灰色的性格与表现

灰色是彻底的中性色，依靠邻近的色彩获得生命。灰色意味着一切色彩对比的消失，是视觉最安稳的休息点。所以给人以平淡、沉闷、寂寞之感。灰色的视认性、注目性都很低，又给人以高雅、含蓄的印象。灰色突出的性格为柔和、细致、平稳、朴素、大方等，它不像黑色与白色那样会明显影响其他的色彩，因此，作为背景色彩非常理想。

具象：树皮、乌云、水泥等。

抽象：平凡、示意、谦逊、成熟、稳重等。

示例：《合肥晚报》 不同于其他色彩，展现柔和、低沉之美的灰紫色没有对比色。灰紫色调合了红紫色、灰色和白色，是个少见的彩色。任何颜色加上少许的灰色或白色，都能表达出的柔和之美，如灰蓝色、灰绿色等。但若灰紫色本身被赋予其他彩度或亮度，则可能掩盖了原颜色的原有意境。使用补色，或比原色更生动的颜色，可使这些展现柔和之美的颜色顿时生机盎然，但要保持自然的柔美，亮度的变化应尽少使用。

8.9.9.1 用于呼应主题

版式设计所追求的完美形式必须符合主题的思想内容，这是版式设计的根基。只讲表现形式而忽略内容，或只求内容而缺乏艺术表现，这样的版面都是不成功的。灰色介于黑色和白色之间，是无彩色（无任何色彩倾向的灰）。灰色是全色相，是没有纯度的中性色，注目性很低。人的视觉最适应看的配色的总和为中性灰色，所以灰色很重要，但很少单独使用。灰色很顺从，与其他色彩配合均可取得较好的视觉效果。

示例《新闻晨报》 在色彩设计中,无彩色时常以组合的方式被运用到版式设计中。由于黑色与白色是该系颜色中的两个极端,因此它们具有鲜明的视觉表现力,而灰色在其中除了能起到过渡的作用外,还能维持画面的平衡感,使版式呈现出相对舒适、缓和的视觉效果。用电影胶片将摄像机和市场连接起来,呼应主题"面朝市场,春暖花开"。整个版面色调以暗色为主,符合纪录片简约写实的风格。

8.9.9.2 以颜色对比来突出标题

任何色彩都可以和灰色相混合,略有色相感的含灰色能给人以高雅、细腻、含蓄、稳重、精致、文明而有素养的感觉。灰色属于彩色系,它处于黑白之间,给人的感觉是稳定、雅致、谦和。这种颜色既可以作为任何色彩的背景色,也可以调节色彩的纯度和明度,是广告设计最易搭配的颜色。

示例:《潇湘晨报》 版块题头用了溢出版面的横幅照片展示了一个正在抬头仰望的马布里的形象,给人以自信满满的感觉;大标题设置设为两行,以颜色的对比重点突出了标题的主角人物。而内容部分将他的得分数据和联赛规制分列两边,也照应了标题中"MVP"的争议焦点所在。

8.9.9.3 灰色有沉重感

灰色属无彩色,是黑白的中间色,浅灰色的性格类似于白色,深灰色的性格则接近黑色。纯净的中灰色稳定而雅致,表现出谦恭、和平、中庸、温顺和模棱两可的性格。它能与任何有彩色相合作,任何有彩色掺和灰色成含灰调时都能变得含蓄和文静。灰色和其他色彩相搭配时才显出色彩的魅力,即可陪衬、烘托出相邻色彩的活力,又含蓄地显示了自己,尤其与有彩色搭配时,各自的色彩活力都可以被激活。灰色的面积大小可以显示出不同的心理效应。

示例:《城市商报》第一视点 "韩客机旧金山失事" 灰色是介于黑色与白色之间的一种色彩,在无彩色中,大部分的色彩都属于灰色。值得一提的是,灰色不具备纯度与色相,而只存在明度。在情感表述上,灰色兼顾了黑色与白色两者的基本特征,因此它总能带给人以细腻、柔美、含蓄的视觉印象。灰色在情感上给人以沉重感觉。而在艺术家的眼睛里,各种高级灰的表现令它们成熟、稳重。

8.9.9.4 黑白灰版面的基调

版式设计主要目的是吸引人的视线,利用人的视觉生理和视觉心理,产生强大的视觉冲击力,牢牢勾住人们的眼球。黑色用于版面,有着独特的韵味和魅力。

示例:《贵州都市报》"人贩子,最怕女儿被拐卖" 用黑白灰为版面的基调,加上一副手铐为背景。表现出人贩子自己本人纠结扭曲的犯罪心态。

8.9.9.5 色彩文化现象解释

平面设计是形、色、结构及表现多种构成要素的集合,其映入读者眼帘的一瞬间,是色彩配合的效果。即使是同一图形结构的作品,由于配色不同,其效果也大相径庭。色彩决定着设计的效果与成败。

示例:《合肥晚报》头版 "'省图'新馆" 灰色是消极的中性色彩,它可以与其他色彩相搭配,使得色彩更为鲜明、亮丽。色彩作为视觉艺术主体的一部分,或多或少的与其他视觉因素综合构成,共同来完成或达到视觉艺术的最终目的。由此也得出一个结论:色彩作为一种人类视觉生理上的现象,用自然光学和生物学的理论,是可以解释清楚的。若是色彩为人所用,参与了人类社会意识和创造,那么作为色彩文化现象,解释起来就没那么容易了。

8.9.10 金属色的性格与表现

金属色主要指金色和银色。金属色也称光泽色。金银色是色彩中最为高贵华丽的色,给人以富丽堂皇之感,象征权力和富有。金属色能与所有色彩协调配合,并能增添色彩之辉煌。金色偏暖,银色偏冷;金色华丽,银色高雅。

示例:《姑苏晚报》 金色的光辉是永生不灭的。没有什么颜色能像金色一样魅惑人心。金色象征着高贵、光荣、华贵、辉煌,它的华丽和光芒时常会将人们的心卷入欲望的漩涡。从色相上来说,金色是橙色与黄色混合后产生的,兼具着橙色太阳般的明亮和黄色知性的特征。

8.9.10.1 克制型色彩

"雄辩为银,沉默是金"——这句谚语再次说明了人们对黄金的重视。但是它与人们的感觉经验相矛盾:被视为轻声、寂静的不是金,而是银。沉默寡言属于礼貌的特征,而银色是代表礼貌的色彩。

银色让人联想起脑力劳动的特征。在象征聪明、独立自主、精确、准时的色彩里,它与金色占有同样的比例。作为保障色彩,银色的使用比例要多于金色。金色的效果为炫耀及大声;银色则具有理性的克制效果。

示例:《姑苏晚报》风尚·话题 "苏州劲刮'新茶风'" 此设计给人的印象如同一位为人外冷内热、严肃而拘谨的智者,静水深流,情绪从不外露。在色彩语言的运用上秉持不温不火,循规蹈矩,即使用色也极其简约、单纯和自我约束,以淡、浅、暗、暖为主。

8.9.10.2 以金黄色烘托主题

黄色的亮度最高,灿烂、辉煌,象征照亮黑暗的智慧之光。金色光芒,象征着财富和权力,是最骄傲的色彩。黄色在我国古代,尤其是清代,属于皇家专用的颜色,象征着高贵的皇权,而在基督教中,黄色则被视为犹大的颜色,象征着背叛。

示例：《苏州日报》 金黄的颜色，会使人产生注意力，有助于认识、联想。设计的效果在很大程度上取决于色彩的运用，因为色彩对于烘托主题和美化都起着重要的作用。

8.10 色彩的喜好

由于人们长期受自然色彩的熏陶，培养出了对不同色彩的好、恶情感。色彩成为报纸整体形象设计的一个部分，颜色的选择应该非常慎重，容不得随心所欲。

示例：《城市早8点》 该版以奥运女排不哭但终于控制不住自己，面对摄像机，面对亿万排球观众，泪流满面为主题。由黑底橙色和金牌组合而成版面，以色彩还原女排夺冠的艰辛。颜色的选择自然，版面设计非常有创意。

8.10.1 色彩心理与年龄有关

根据实验心理学的研究，人随着年龄的变化，生理结构也发生变化，色彩所产生的心理影响也随之变化。也就是说，年龄愈近成熟，所喜爱的色彩愈倾向成熟。

示例：《城市商报》新蕾周刊 任何读物都是给不同的读者看的。图形和文字明朗易读也是版式设计的基本原则，如果读者阅读起来很艰难，也就不会记住很多东西。只有抓住重点、明确思想、击中目标、清晰明朗、易看易读，才能体现版式设计的真正意义。

8.10.2 色彩喜好与性格

人们对某种色彩的偏爱与性格有很大关系，不同的色系具有不同的含义。因此可以根据他人的衣着色彩、房间色彩等身边的东西，分析他的性格。

红色：冲动，精力旺盛，具有坚定的自强精神。

橙黄色：对生活富于进取，开朗、和蔼。

黄色：胸怀远大理想，有为他人献身的高尚人格。

绿色：不以偏见取人，胸怀宽阔、思想解放。

蓝色：性格内向，责任感强，但偏于保守。

示例：《贵州都市报》 色彩的美感能提供给人精神、心理方面的享受，人们都按照自己的偏好与习惯去选择乐于接受的色彩。"海岩剧"这一版面以黑红为主色，形象以剪影人物为主；版面左侧海岩大幅照片和右侧几张电视剧照相呼应。黑红色调的运用，突出冷峻而残酷的现实，和主题"一根筋地爱下去"相契合。

8.10.3 色彩心理与职业有关

在版式设计中，每种色彩所营造的视觉氛围都是不同的，如冷色、灰色及暗色能给人以庄严肃穆的感觉，而庄重感的配色适用于那些具有严肃感的版式题材，从而表现出成熟、简练的版面效果，并使读者对版面所传达的信息产生敬畏感。

示例：《姑苏晚报》 该版面以"成就梦想"为主题。通常体力劳动者喜爱鲜艳色彩，脑力劳动者喜爱调和色彩；农牧区喜爱极鲜艳的，呈补色关系的色彩；高级知识分子则喜爱复色、淡雅色、黑色等较成熟的色彩。设计者用蓝红黄橙为底色表达不同人群的梦想，是一个很不错的版面。

8.10.4 色彩偏好与民族习惯有关

色彩心理喜好与社会因素有关，有人类共性的一面，又有民族、地域差异。

民族	爱好的色彩	禁忌的色彩
汉族	红、黄、绿、青	黑、白
蒙古族	桔黄、蓝、绿、紫红	黑、白
回族	黑、白、蓝、红、绿	丧事用白
藏族	以白色为尊贵色，爱好黑、红桔黄、紫、深褐	
维吾尔族	红、绿、粉红、玫瑰红、紫红、青、白	黄
朝鲜族	白、粉红、粉绿、淡黄	
苗族	青、深蓝、墨绿、黑、褐	白、黄、朱红
满族	黄、紫、红、蓝	白
黎族	红、褐、深蓝、黑	

示例：《姑苏晚报》 该版面以服饰，即衣着与装饰为主题。每一个民族都有依附于人们的生活、习惯、情感与信仰而产生的独特的民情风俗。生活习惯、审美心理和民族间的交往与融合等诸多因素，使得服饰形成了自己鲜明的民族特色和独特的地域特点，是人类在生存和发展过程中的创造物，如蓝色的巧妙运用显得朴素大方，独具的审美价值，蕴含着深厚的文化内涵。价值和独特的审美功用，使色彩在服饰上的应用成为物质文明和精神文明的结晶，成为人类文明发展进步的重要参照物。这种联想和情感对于人们来说，具有一定的民族、地域色彩心理偏好。

8.11 色彩的季节表现

大自然无疑是最佳的教员，它日复一日地，无偿地为我们介绍了如此和谐的色彩组合，无论是千变万化的光线条件下，还是各不相同的季节中。自古以来，人类一直熟视这种和谐，也就更易于接纳这种和谐，这是其他色彩效果难以望其项背的。而这一切的发生，通常又是悄然无声，难以察觉的。要想学习色彩的处理，最好是先训练自己的一双慧眼，去捕捉各种季节里色彩组合的奥妙。

示例：《城市商报》在报纸版面中，对重要稿件和重要版面区域，可以彩色突出其强势。同时，淡化其周围的色彩氛围，对相邻稿件或不重要版区不做彩色处理，形成中心稿件与其他稿件的色彩反差，或相邻构形单位的颜色对比。

8.11.1 春天

以实物的色彩作为序曲，艳丽的花朵、清新的绿色和玫瑰色的花蕾无不在点缀着森林、草地和院落。自然界的彩色画卷随季节而变幻，每一季节的典型色彩总是那么相得益彰。其原因在于每个季节都有自己的基本色调，春天是绿色，夏天变蓝色，秋天为红色，冬天又回到蓝色。色彩是整个编排设计的一个元素，一种最容易被接受的视觉语言。只有合理、恰当地运用色彩，才能设计出符合美学标准的现代报纸，使色彩发挥出应有的作用。

示例：《苏州日报》 由于类似色在色相上的对比性较弱，因此通过使用类似色搭配，能帮助版面营造出舒适、淳朴的视觉氛围。同时，利用该版面效果，还能带给读者以深刻的印象。春天的色彩不与百花争奇斗艳，设计者应了解各色彩间相互对比的效果，加深对色彩各种关系的认识与了解。

8.11.1.1 春之生机

每个基本色调都在季节的彩色画卷中留下了自己的倩影。大多数人对绿色都比较喜欢，绿色给人以宁静、休闲、放松的感觉，使人精神不易疲劳。如果绿色中加入白色，则给人以爽快、清淡、宁静、舒畅、轻浮的心理感受。

示例：《深圳晚报》 带有黄光的绿色是初春的色彩，更具生气，充满活力，象征青春少年的朝气；青绿色是海洋的色彩，是深远、沉着、智慧的象征。

8.11.1.2 绿色的视觉感受较舒适

绿色调是春季的基本色；绿色的视觉感受比较舒适、温和。绿色为植物的色彩，对生理作用和心理作用都极为平静，刺激性不大。

示例：《合肥晚报》 版式设计中色彩的作用，一是提高形式美感，增强对人们的吸引力，二是区分版式内所要表达内容主次，以便人们迅速接受设计者希望传达的信息。版式设计的形式和色彩都是为内容服务的，它们只是一种手段，宗旨在于尽可能好地宣传内容。色彩本来就有自己的性格和表情，它们的搭配和版式内容也是息息相关的。

8.11.2 夏天

一到夏天，立刻令人感到一阵烦闷，燥热的天气让蝉也在树上知知不休。烦躁的炎热和闪烁的阳光给夏日勃发的壮观色彩蒙上了朦胧的面纱。在阳光的直射下，大地的棕褐色，米色和都略显苍白，树叶柔和的黄绿色变成了微蓝的青绿，河水的色泽一片清新明净，呈现松绿，深蓝和海洋绿。

示例：《姑苏晚报》 该版面设计为满版型，主题为"大伏清凉游"。图片配以湖中大片的荷花，粉嫩的花瓣在阳光的照耀下略显金黄，在荷叶的簇拥下招展身躯，清芬的香气令人心旷神怡，还有蝴蝶在花丛间飞舞，蜻蜓在湖面上点水，令人顿时感到夏天的烦闷、燥热一扫而光。夏是热情的季节，炎热却丝毫不乏趣味，表现手法很有新意。

8.11.2.1 夏之活跃

夏季以蓝色为主要基本色。为了突出艺术主题，在造型艺术中，色彩成为艺术家通过在其作品中的运用来宣泄情感、表达主题的最主要的手段之一，同时注重对色彩语言的气氛营造与形象的完美统一。选用不同的色彩，利用色彩在色相、明度、纯度上的差异对版面内容进行有效的区分，可使重点信息能够从版面众多的元素中脱颖而出，达到引人注意的目的。

示例：《姑苏晚报》 火红的太阳烘烤着一片金黄色的大地；麦浪翻滚着，扑打着远处的山、天上的云，扑打着公路上的汽车，像海浪涌着一艘艘的舰船。金色主宰了地上的一切，热风浮动着，飘过田野，吹送着已熟透了的麦子的香味。蓝天白云的图片让人陶醉。色彩的明度，色相、纯度都具有相对的独立性，称为色彩三要素。要把握好图与背景之间的关系，全面了解、掌握色彩三要素是学习色彩的基础。

8.11.2.2 夏天变蓝色

自然界的彩色画卷随季节而变幻，每一季节的典型色彩总是那么相得益彰。其原因是在于，每个季节都有自己的基本色调，春天是绿色，夏天变蓝色，秋天为红色，冬天又回到蓝色。每个基本色调都在季节的彩色画卷中留下了自己的倩影。

示例：《姑苏晚报》 夏是热情的季节，炎热却丝毫不乏趣味。《姑苏晚报》倡议发起的"清凉苏州"活动，得到众多单位的积极响应，前来感受"清凉风"的人们更多了。

8.11.3 秋天

秋天与夏天相比较，又是另一种色调。秋之色为热的赤：如夕阳，如红叶，标志着事物的终极。田野里红色的玉米穗儿；高粱涨红了脸；还有金黄色的稻谷……显露出秋天的风采。有人把春天比作刚落地的娃娃，那么秋天便是成熟的少女。

示例:《姑苏晚报》街坊拍客"冬日前的最后斑斓" 秋天到处洋溢着成熟的气息,色彩浓烈、明快,温暖的泥土,树叶的色彩,丰收的谷物,成熟的果实……显得厚重沉稳。

8.11.3.1 秋之韵味

秋季花朵败落,树叶枯黄,有种忧伤凄凉的情绪。它又是蓬勃的季节,树上的叶子此刻都换上了金黄、火红的衣裙,扑进大地母亲的怀抱,踩在落叶铺成的地毯上,听着"咔嚓"声,就像它们将化成泥土孕育一个个崭新的生命。

示例:《姑苏晚报》"天平红枫入佳境" 该版面以秋天红枫的色彩为主,具有很强的整体感。红枫色彩具有较强的对比性,它的明暗关系只有在对比中才能显现出来。设计者以鲜明的色彩语言和简洁的形象,构成以色彩主导的极富视觉冲击力的整体形象,凝聚成艺术表现力,来体现主题的内涵精神,感染、吸引欣赏者。

8.11.3.2 主色调与色彩和谐搭配

粉红色知觉度很高。报纸色彩语言的运用不仅仅是为了满足视觉美感的需要,更重要的是真实、有效地传递新闻信息。

示例:《苏州日报》 报纸版面应有一个主色调,以这个主色调为基础配以相邻色系的颜色,可使版面形成统一和谐的风格。借助色彩所引起的视觉心理反应可清晰简洁地传达设计者的意图。

8.11.3.3 秋色深深

丰富美妙的色彩出自于红、黄、蓝三种原色。金色的秋天以单纯的明度、纯度及色相都难以表现,只有调动色彩的所有性质(包括面积大小、形象等),综合处理版面,才能达到预期的效果。秋季以暖色调的红色为主题色。

示例:《城市早8点》 秋色深深,秋天与夏天相比较,又是另一种色调。秋之色为热的赤,标志着事物的终极。版面中"苏州的秋上帝的调色盘",以树叶为背景,以色彩斑斓的花织锦包裹着,含羞静默,俏丽非常。一向碧绿青翠显得硬朗的大山被如此"花里胡哨"地妆扮了,一下子变得娇俏可人,像是深秋待嫁的新娘。

8.11.4 冬天

冬天是雪白的。莽莽大地,一片银日。亮晶晶的雪花,飘舞在空中,闪耀着细碎的银光与青松融合在一起,构成了一幅洁白的瑞雪图。冬天是比较荒凉的,但它别有一番韵味。松树依然青葱地屹立着,天空的蔚蓝和日落的晚霞,在地平线上笼罩着一派黑白交织的萧瑟景观。

示例:《姑苏晚报》 该版以我们的"萌邻居"为主题。冬天,它一枝独秀,用它的鲜艳装点白雪皑皑的世界。雪花如同一个个天使,纯洁无瑕,在空中盘旋飞舞。它们覆盖了万物,到处银白,一片寒风,吹不走好心情。为了人类生生不息,科考员在极艰苦环境下工作是为明天更美好。

8.11.4.1 冬之静谧

冷峻的黑色也是冬季的基本色。

值得一提的是,只要色差合理,任何颜色都适宜。优选某种季节典型色彩作为特定的基本色并不意味着把其他颜色归入禁忌色。例如,决定选春季的色彩,但又特别偏爱红色,那么,完全不必将红色打入冷宫,只需从春季色彩中选出红色系列即可。

示例:《苏州日报》拍客"恋恋冬日" 冬是一年中最静寂的时光,没有了春的萌动,不会像夏一样热烈,更不似秋的绚烂。冬的色彩是静静的简单,甚至有些单调;冬的气氛是静静的默然,甚至有些寂寥。冬眠,说的岂止是蛇蛙熊罴,世间的节奏仿佛都一下子慢了许多,整个世界都进入了慢缓的步调。

8.11.4.2 描绘初冬

冬天来了,大地在白雪的覆盖下,疲惫地睡去,和煦的阳光照在上面反着圣洁的光。原野像没有生命的图画一样沉寂,只有画面的一角飘着一股浓烟,给这图画增添了动感。

示例:《苏州日报》拍客 初冬是季节的交换,大自然给大地披上一层又一层五彩斑斓的新装,使大地变得多姿多彩,人间变得富有生机。春、夏、秋、冬,就像跌宕起伏的人生,不论哪个季节都有独特的美。当版面色与色的组合相一致,便产生了和谐之美。

第9章　版式设计的形式美

　　美对于传达设计而言是一种"需要"，而不是目的，和所谓的"创意"一样都是为了传达目的而存在。版式设计离不开艺术表现，美的形式原理是规范形式美感的基本法则。它是通过重复与交错、节奏与韵律、对称与均衡、对比与调和、虚实与留白等形式美构成法则来规划版面，把抽象美的观点及内涵诉诸读者，并从中获得美的教育和感受。它们之间是相辅相成、互为因果的，既对立又统一的共存于一个版面之中。对形式美的追求总是强烈地体现出设计师的个性，他们将精神内涵与个人风格融为一体，越来越多的把具象、抽象形态整合起来，运用在形式美中。构成学中对形式的研究是以人的感知、情感为出发点的，当设计的思想、理念通过特定形式能够深刻、生动、准确地体现出来时，才体现出形式的真正价值。

形式美法则是人类在创造美的形式、美的过程中对美的形式规律的经验总结和抽象概括。主要包括:对称均衡、单纯齐一、调和对比、比例、节奏韵律和多样统一。研究、探索形式美的法则,能够培养人们对形式美的敏感,指导人们更好地去创造美的事物。掌握形式美的法则,能够使人们更自觉地运用形式美的法则表现美的内容,达到美的形式与美的内容高度统一。版式设计是一种审美活动、创意活动,是设计者运用科学、技术知识和美学修养创造出的艺术作品。版式设计把丰富的意蕴、信息借助各种媒介传达给读者。版式设计是一种关于编排的学问,就是在版面上,将有限的视觉元素进行有机地排列组合,将理性思维个性化地表现出来,是一种具有个人风格和艺术特色的视觉传达方式。

9.1 了解形式美

人们对美或不美的感受,是在人们心理上、情绪上产生的某种反应,存在着某种规律。形式美法则就表述了这种规律。对形式美的追求,几乎是任何艺术学科的共同课题。美对于传达设计而言是一种"需要",而不是目的,和所谓的"创意"一样,都是为了传达的目的而存在的。

示例:《苏州日报》要闻 "悠然假日" 在日常生活中,美是每一个人的精神享受和目的,从人们的衣、食、住、行到社会化的生活活动,都离不开精神和物质方面的创造。版式设计是版面的主题、创意、语言文字、形象、衬托等五个要素构成的组合安排。版式设计的最终目的就是通过版面来达到吸引眼球的目的。

9.1.1 美与形式美

在信息的传达(认知和理解)过程中,美感是为了刺激读者产生适合的情绪和情感,以便更好地接受信息。所以,在设计中需要的不仅是美,而且还要明确需要哪一种特定的"美"。设计师需要精确控制设计给人的风格印象,从而更好地调动读者产生合适的情绪。形式美是对美的规律的总结,概括普遍性的美的规律,诸如黄金分割、对称、均衡、和谐等。

示例:《都市快报》 平面构成以形式美为主要表现方式,并散发出独特的艺术魅力。这是因为它从自然形态中有意识地提炼加工,突出形式中美的本质特征,并加以概括、提纯,使形态比生活本身更强烈、更鲜明。

9.1.1.1 美是源于生活积累的共识

在信息迅速发展的今天,人们获取信息的来源是多样的,要想设计出吸引读者眼球的版面可不那么容易。为此,研究版面构图是每一位版面设计者的必修功课。版面构图是视觉效果的关键。

示例:《姑苏晚报》 在我们的视觉经验中,帆船的桅杆、电缆铁塔、工厂烟囱、高楼大厦的结构轮廓都是高耸的垂直线,因而垂直线在艺术形式上给人以上升、高大、严格等感受。而水平线则使人联想到地平线、平原、大海等,因而产生开阔、徐缓、平静等感受。这些源于生活积累的共识,使我们逐渐发现了形式美的基本法则。

9.1.1.2 美是每个人追求的精神享受

美是每一个人追求的精神享受。当人接触任何一件事物并判断它的存在价值时,合乎逻辑的内容和美的形式必然同时迎面而来,向他询问是否合乎他持的标准。版式设计是一种审美活动、创意活动,是设计者运用科学、技术知识和美学修养创造出的艺术作品。版式设计在把丰富的意蕴、信息借助各种媒介传达给读者的同时,也要注重形式美法则的应用。形式美法则包括很多,比如变化与统一、节奏与韵律、对称与均衡、单纯与齐一、对比与调和、比例和多样统一等。版式设计中在对形式美法则进行综合考虑的同时,也可以有所侧重。

示例:《城市商报》 在现实生活中,由于人们所处经济地位、文化素质、思想习俗、生活理想、价值观念等的不同而有不同的审美追求。然而,单从形式条件来评价某一事物或某一造型设计时,对于美或丑的感觉却在大多数人中间存在着一种相通的共识,这种共识是从人类长期生产、生活实践中积累下来的,它的依据就是客观存在的美的形式法则。

9.1.1.3 形式美的内涵

有广义和狭义二个定义。广义:美的事物的外在形式所具有的相对独立的审美特性,表现为具体的美的形式。

狭义:构成事物外形的物质材料的自然属性(色、形、音)及它们的组合规律(整齐、比例、对称、均衡、反复、节奏、多样统一)所呈现出来的审美特性。

示例:《苏州日报》公益广告 形式美是对美的规律的总结,概括普遍性的美的规律,诸如黄金分割、对称、均衡、和谐等。版式设计具体而言是将图片、文字、色彩等各种要素按照一定的主题进行合理的布局和灵活地掌控与融合,来凸显所要宣传的理念。在传达信息的同时,也产生感官上的美感。版式设计的美作为视觉符号,是一种语言形式,一种视觉冲击力,是可以引领读者的视觉流程。

9.1.1.4 形式美的自然属性

美是人与现实间的审美关系,它自然地包括这一审美关系中的客体,即蕴含于事物中的"美"。这一审美关系中的主体,即审美者所形成的"美感"。美可以分为内在美和外在美,外在美是内在美的表现,内在美是外在美的意蕴之源。

示例:《姑苏晚报》 版式设计中的外在美是给读者的第一印象,这第一印象决定着能否引领读者继续往下读。设计的内在美体现在是否吻合主题,是否达到所要宣传的那种意境。版式设计中的两个基本构成要素是文字和图片,恰如其分地将它们完美地结合起来,既可以传递给读者一定的视觉美感,又使版式具有阅读性和观赏性,做到版面的整体和谐。

9.1.1.5 版式设计提炼的方法

在构成学中将分解理解为解析、提炼,以便了解局部对整体的影响。通过分解可以提炼出艺术审美的结构、元素,这也是促成形态抽象转化的条件。

示例：《扬子晚报》高铁通车特刊　在版面设计中对图片、图形、文字的切割、打散、分解然后重组，从表面上看是一种破坏，实质上是一种提炼的方法。

9.1.1.6 版式设计服务的内容

版式设计的合理与否，直接影响报纸所要传达的信息。版式设计首先要服从于它所服务的内容，还要符合各种形式的规律，以及如何在最短的时间里以最少的笔墨和最小的篇幅给读者提供最多的信息，包括图片、图表、图解等。

示例：《城市商报》　对图形的结构做简化处理，将多余的部分进行删减，以创作出既简洁又不失表现意义的图形。该类图形的特性在于它具有简式的效果。将该类图形运用到版式设计中，通过象征性的图形语言，能直观地表现主题信息，而且简单、稚嫩的图形结构还能给读者留下好的印象。

9.1.2　形式美的功能

形式美是人的基本生理需求。版式设计是一种关于编排的学问，就是在版面上，将有限的视觉元素进行有机地排列组合，将理性思维个性化地表现出来，是一种具有个人风格和艺术特色的视觉传达方式。

示例：《城市商报》　版式设计具体而言是将图片、文字、色彩等各种要素按照一定的主题、合理的布局和灵活的掌控与融合来凸现设计师所要宣传的理念，在传达信息的同时，也产生感官上的美感。而版式设计的美作为视觉符号，是一种语言形式，一种视觉冲击力，是可以引领读者的视觉流程。

9.1.2.1 承载信息

版式设计的发展经历了漫长的发展阶段，但无论哪个时期，它的最终目的是以功能的实用性为前提，无论是海报、广告、报刊、招贴还是宣传手册，都涵盖了大量的信息。

示例：《姑苏晚报》　版式设计的首要任务是根据信息的内容和审美规律，运用视觉元素和构成要素，将文字、图片及其他视觉元素合理地加以组合编排，从而使信息得以有效地传播。

9.1.2.2 阅读的引导

从古至今，设计都不能放弃其功能作用。当版面与读者接触时，读者看与不看，先看哪、后看哪，浏览还是细读等，都考验着版式设计师的专业素养和文化理念。版面价值实现的多少，取决于版式设计考虑读者接受版面所引起的心理活动。

示例：《苏州日报》　成功的视觉流程应该符合视觉原理和读者普遍的认识心理，即版面的上部注意力强于下部，左侧强于右侧，左上部和中上部都称为最佳视线。版面中有了视觉引导才能使整个版面信息布局有逻辑性，主次分明。

9.1.2.3 传美达意

美是人与现实间的审美关系，它的研究范围自然地包括这一审美关系中的客体，即蕴含于事物中的"美"，这一审美关系中的主体即审美者所形成的"美感"。在美学大师黑格尔的美学理论中，美是可以分为内在美和外在美，外在美是内在美的表现，内在美是外在美的意蕴之源。

示例：《城市商报》版式设计中的外在美会给读者第一印象，这第一印象决定着能否引领读者有继续往下读的兴趣。内在美体现在设计是否吻合主题，是否达到所要宣传的意境。版式设计中的两个基本构成要素是文字和图片，恰如其分地将它们完美地结合，既可以传递给读者一定的视觉美感，又能使版面具有阅读性和观赏性，做到版面的整体和谐。

9.1.3　层次

在平面设计中，版面都存在空白的空间，设计常将具有重要意义的视觉要素摆放在这些空间中。这样做的目的在于，一方面利用空旷的背景来强调该要素的视觉形象以引起读者的注意，另一方面则是维持版面布局的平衡，从而提升版面的美感。

示例：《城市商报》　公益广告在编排设计中，常以直接在空白空间中插入图形元素来构成图文并茂的表现形式。通过这种编排方式，将文字与图形以组合的形式展现在读者面前，帮助他们理解版式的主题信息。

9.1.3.1 明度层次：黑、白、灰

当由语言艺术时代进入到视觉艺术时代，人们获取信息的方式发生了巨大转变。据科学实验测定，现代人从外界获取的信息中，视觉成分约占总数的74%~80%。与文字性、概念性作品阅读方式相比较，视觉感受无疑更普遍，更直接，更形象，也更富整体性。编排的形式法则是创造版面美感的主要途径，根据主题的不同，所选择的表现法则也是存在差异的。

示例：《苏州日报》　读者阅读报纸时，首先会在视觉上对版面有一个整体感受。整体优化就是要求整张报纸的风格要有统一的设计，在突出个性的同时，也要保持风格一致，达到多样统一的视觉效果。对于某一个具体版面而言，根据总体设计的原则，内容主次的把握、黑白灰的安排、点线面的处理和版面布局的分寸都应统筹规划，使局部服从整体；版面各视觉要素间要能够形成恰当而优美的联系，而不是孤立存在。

9.1.3.2 形态层次：多、中、少、大、中、小

整体优化的一个重要趋势即追求"简约美"，尽可能地简化报纸版面的整体构成。从近几年获奖版面体现的设计风格看，追求简约化、注重整体性、体现秩序感已成为一种新的版面美学追求。报纸在改版时或舍去甩来甩去的走文，繁缛的花线，变来变去的字体，可有可无的花网；或追求大标题、小文章、大图片、板块化；或在行文上减少拐弯，化零为整，统一字体，强化线条。

示例：《苏州日报》"讲诚信 有良心" 从整体优化的角度看，这一版面设计堪称精品。这个版面中，元素中有元素，画中有诗，错落有致，规整大方。主图元素富有动感，设计者在使用它们时突破了"四四方方"的传统形状，巧妙地将其融入文字之中，简洁醒目，浑然一体，与主题相得益彰。

9.1.3.3 空间层次：远、中、近

在版面中，设计者需要依照几何透视和空气透视的原理，设计出物体之间的远近、层次、穿插等关系，使之在平面的设计上传达出有深度的、立体的空间感觉。虚实与留白是进行版式设计所要遵守的形式法则之一。在版式设计中，要恰当地使用留白与虚实法则，通过要素间真实与虚拟的对比效果来烘托主题，同时赋予版面以层次感。

示例：《姑苏晚报》 简单来讲，版式中的虚实关系就是指视觉要素间模糊与清晰的区别。在进行版式编排的过程中，需刻意地将与主题无直接联系的要素进行虚化处理，使其达到模糊的视觉效果。与此同时，将主体物进行实体化处理，从而与虚化的部分形成鲜明的视觉对比。

9.2 对比法则

对比是互为相反因素的东西同时设置在一起时所产生的现象，以使它们各自的特点更加鲜明突出。动、静，刚硕、柔软，高、矮放在一起时，比它们单独放置时特征差异更明显。强弱关系放在一起时，也会产生同样的感觉。在构成设计中运用这种对比关系寻求变化和刺激，创造具有各种特性的版面效果，以加强版面的气氛，可增加吸引力，突出重心，提高美感。

示例：《金华晚报》头版"莫言获奖"该版面将奖牌与书两个要素成功地配列于一起，使人感受到鲜明、强烈的对比，使主题更加鲜明，版面更加活跃。对比法则具有强大的实用性。

9.2.1 图像版面区域大小的调整

在报纸版面中，图像大小对比是文字编排的基础，包括字号大中小的相互配合使用，这使得整个版面产生生动活泼的对比关系，而图像大中小的对比可产生景深和空间感。版式中各构成要素按照大、中、小的比例关系加以组合，这是版式设计中的一条重要规律。大字往往给人一种张力，可以说是版面中的近景，就是占主导地位所要精细刻画的主体物，甚至是色彩的主色调，它是整版面的精彩及所要表达的情感。"中"是介于"大"和"小"之间的成分，起着调和与沟通的作用，没有它，"大"与"小"就会过于突兀。"小"是相对于"大"而存在的，可以起到一种辅助或者是补充的作用，在关键时候还可以是画龙点睛之处，是最富有活力的部分，如版式中的标语、杂志的栏头、封面上的各种文字、标志等等。

示例：《扬子晚报》 好看的版面离不开好看的版式设计。图像大小关系为造形要素中最受重视的一项，几乎可以决定意象与调和的关系。大小差别少，给人的感觉较沉着温和，大小的差别大，给人的感觉较鲜明，而且具有强烈感。

9.2.1.1 扩大图像版面

对比是把反差大的两个物体放在一起，形成一定的对比关系。这种规律用于平面设计中，是通过图形形状的大小、粗细、方圆，竖线的垂直、弯曲、长短，图画的虚实、浓淡变化，颜色的深浅变化等来表示的。在对比关系的应用中，要求有统一的整体感，使读者视线向大图片聚集，形成视觉中心。视觉要素的各方面要有一个总的趋势，有一个重点，使之与其他方面相互烘托。如果处处对比，反而强调不出对比的因素。

示例：《城市早8点》秀色"艾玛·沃特森"该版面运用对比的手法来吸引读者的眼球，版面右侧图像放大，左侧则放两张小图，形成鲜明的对比，有助于信息的组织，彰显本版主题。

9.2.1.2 缩小图像版面

图片对比是将相同或相异的视觉元素作强烈的对照，是艺术表现的基本手段之一。版式中的对比是一种数、量的对比率，版式中的形与形之间、文字与文字之间、主体与背景之间，均存在大与小、主与次、疏与密、动与静、虚与实等对比因素。版式中的对比是为了吸引受众的视线，引起读者的注意。通过对比可以使主题鲜明。

示例：《城市早8点》活动"争做'乡巴佬'"对比是形态上的对比，是色彩和质感的对比。版面图片缩小，意味着文字信息量增加。对比可产生明朗、肯定、强烈的视觉效果，给人深刻的印象。在自然界中充满了对比，红花绿叶都是对比的现象，但进行设计时应该注意版面的统一感。

9.2.1.3 控制图像版面色彩

除了图像版面区域大小外,还可通过色彩来控制图像版面的设计效果。

1.色彩属性不变,随着色彩面积的增大,对视觉的刺激力加强,反之则削弱。因此,色彩的大面积对比可造成眩目效果。

2.相同性质与面积的色彩,与形的聚、散状态关系较大的是其稳定性。形状聚集程度高者受其他颜色的影响小,注目程度高,反之则相反。如户外广告及宣传画等,一般色彩都较集中,以达到引人注意的效果。

3.大面积色稳定性较高,在对比中,对其他颜色的错视影响大;相反,受其他颜色的错视影响小。

4.色调组合,只有相同面积的色彩才能比较出实际的差别,互相之间产生抗衡,对比效果相对强烈。

5.对比双方的属性不变,一方增大面积,取得面积优势,而另一方缩小面积,将会削弱色彩的对比。

示例:《合肥晚报》 版式设计是将文字、图片和色彩等内容和形式进行系统考虑的艺术,形式因素是构成版面艺术形式的要素和成分。版式设计除了要实现版面的形式美,还应该具有自己的风格。因此,对图片大小、颜色的处理,应该根据版面对比效果来定。形式美法则是版式设计应遵循的原则。

9.2.1.4 改变装饰版面

报纸版面是一个相对独立的视觉空间。让这个空间里的"事物"都能引起读者的阅读兴趣,常常是版面设计者们苦心经营的目标。然而,有的版面却难以起到应有的效果,究其原因,正是因为对比不鲜明所致。事实上,要使这些"事物"之间互相对比鲜明起来,以致每一"事物"都能让读者的视觉触及到,可用的手法是十分丰富的。

在报纸版面上,可对比的元素是很多的:有线条,它的粗与细、浓与淡形成对比;有字体,它的异与同、大与小形成对比;有标题,它的长与短、竖与横、厚与薄形成对比;有稿件,它的篇幅大与小、颜色的灰与黑形成对比;有空间,它的密与疏、白与黑形成对比;有功能分区,它的重点报道与常规报道、图片栏目和一般文字栏目等形成对比。

示例:《姑苏晚报》"逛逛苏台灯会 金鸡湖畔畅享灯会盛宴" 大小关系为造形要素中最受重视的一项,几乎决定意象与调和的关系。在处理版式设计时,如果没有更多图片资源,则可改变版面底色、大小来调配,以使给人的感觉较鲜明,而且具有强势感。

9.2.2 明暗的对比

阴与阳、正与反、昼与夜等的对比可使人感觉到日常生活中的明暗关系。明暗是色感中最基本的要素。利用这种对比可以通过将版面背景设计得暗一些,将最重要的图片或图形设计得亮一些,来突出它的地位。明暗逆转时,背景与前景的关系就会互相变换。任何色彩都可以还原为明暗关系来思考,因此,明暗关系可以说是搭配色彩的基础,它最适宜于表现封面的立体感、空间感、轻重感与层次感。

示例:《扬子晚报》 设计一张"好看的报纸"可从用明暗关系来思考,使读者能感觉到日常生活中的明暗关系。此版面通过强烈的明暗对比与巧妙的明暗组合,深入细微地刻画了主人公复杂的内心世界的情感。"明"与"暗"的表现迥然不同,在版面中可形成鲜明对比。

9.2.2.1 明暗逆转

明暗逆转时,图与底的关系就会互相变换。

示例:《春城晚报》 一般印刷物都是白纸印黑字,白纸称为背景,黑字称为前景。如果在黑纸上印白字,此时黑底为背景,白字则为前景,这是图底转换的现象。

9.2.2.2 阳昼、阴昼

对于桥黑暗洞窟内外的景物而言,洞窟内的人物,总是只用轮廓表现,而外面的景色就需小心描画了。

示例:《苏州日报》苏周刊 "苏州轨道交通线上的文化景观" 该版面设计者以拱桥景观进行整体形象设计,把握明暗,显现不可思议的空间结构,打造轨道交通线的地上风景,展示苏州轨道交通的形象。该设计符合地域文化特色,是一个独具风格与魅力的优秀设计方案。

9.2.2.3 对比居于主导地位

对比就是使一些可比成分的对立特征更加明显,更加剧烈;和谐就是使个各个部分或因素之间相互协调。对比与和谐反映了矛盾的两种状态,对比是在差异中趋于对立,和谐是在差异中趋于一致。对比与和谐,通常是某一方面居于主导地位。

示例:《山东商报》 一个巨大的人民币符号,投射出记者对交通部的三个提问,更充分详细地补充说明了该政策实施的情况,暗示了收费制度改革后给群众带来的直接经济利益。

9.2.3 图片中字体粗细的对比

字体越粗,越富有男性的气概;若代表时髦与女性,通常以细字体表现。细字如果分量增多,粗字就应该减少,这样的搭配看起来比较明快。重要的信息常用粗体大字,甚至立体形式表现在版面上,而比较柔情的词汇,则选择纤细的斜体或倒影字体表现。

示例:《城市商报》美丽动人的神话传说和五彩缤纷的民俗活动,使中秋节成为我国四大传统节日之一, 其影响力仅次于春节。该版面以中秋节 "浓情中秋,圆月寄思"这一主题的艺术特色形式,迎接中秋佳节。版面设计口用"八月中秋月正圆"为背景,标题字体粗细搭配,有如家人们团聚一起,享用月饼和美食。此时丰圆的月亮带给人们更多的是全家团聚的喜悦和满足,同时也更加增添了对离散亲友的思念和祝福。宋代大文豪苏东坡的一曲"但愿人长久,千里共婵娟",不仅唱出了人们渴望家人团圆的共同心愿,而且显示出古代文人的宏大胸怀。

9.2.4 曲线与直线的对比

曲线富有柔和感、缓和感,直线则富坚硬感、锐利感。自然界中的线条皆由这两者协调搭配而成,故如果我们要加深用户对曲线的意识,就以一些直线来对比,也就是说,少量的直线会使曲线更引人注目。

示例:《辽沈晚报》沈阳第一条地铁开通当天,《辽沈晚报》头版以整个版面,用弓箭形式的独特构图,展现了沈阳地铁的历史年表,更将"沈阳地铁将如离弦之箭一样飞速发展"的意思暗含其中。下方"沈阳九大'堵'"的选题,更是从反面衬托了修建地铁的重要性。

9.2.4.1 曲线型

将版面主要元素以曲线形式进行排列,引导读者的视线按曲线方向流动,表现出较强的趣味性和动感。

示例:《城市商报》 该设计以曲线造型的温度计形成即一条动线,并将标题"夏日苏城何处觅清凉"与两张图片进行搭配,打造具有幻觉的空间效果,成为设计中敏感和备受注目的视觉中心。设计者以自己独特的图形语言准确又清晰地表达设计的主题,以最简洁有效的元素来表现富有深刻内涵的主题。由此可以看出图形创意在设计中具有灵魂的作用。

9.2.4.2 直线型

将版面主要元素以直线形式排列,引导读者的视线按直线方向流动,呈现出大气的感觉。

示例:《城市商报》 将红色箭头与水平线作对比处理,可以使两者的表现更生动。这样不但使版面产生紧凑感,还能避免冷漠僵硬的情况产生。

9.2.5 水平线和垂直线

水平线给人以稳定和平静的感受,垂直线正好和水平线相反。垂直线表示向上伸展的活动力,具有坚硬和理智的意象,使版面显得冷静又鲜明。如果不合理地强调垂直性,版面就会变得冷漠僵硬,使人难以接近。

示例:《深圳晚报》在平面设计中,对比是提高版面注目度常用的设计手段。每当翻开一本版式明快、色彩跳跃、文字流畅、设计精美的杂志,读者都会有一种爱不释手的感觉。即使读者对其中的文字内容并没有什么兴趣,也可能被一些精致的广告所吸引。这就是平面设计的魅力,它能把一种概念、一种思想,通过精美的构图、版式和色彩,传达给看到它的人。这需要掌握一些平面设计的规律,并加以灵活运用,才能做到。

9.2.5.1 视觉上的"力"的平衡

平衡的心理因素也是由于人体内的平衡器官作用所引起的,即人体机能的一种本能,同时也是心理上的一种本能反应。

示例:《姑苏晚报》视觉上的平衡主要是一种心理上的平衡,主要取决于视觉样式的"力"的平衡,而不是实际的物理上的"力"的平衡,如大小、方向、色彩等视觉因素。特别是,视觉样式的框架即空间结构的整体框架。

9.2.5.2 营造平衡

平衡是安定感的一个重要心理因素。当出现不平衡的现象时,心理上也会产生一种不安定感。此外,平衡也是美的形式法则之一,所以在进行视觉传达的设计时,应给予足够的重视。但是,平衡并不是设计最终的目的,目的在于平衡背后所表达的意义。

示例:《城市商报》 正如阿恩海姆所说:平衡必须传达意义。如果一个艺术家创造一件艺术品的主要意图就是获取平衡和谐的关系,而不顾及究竟这种平衡要传达什么意义,那么他就会陷入无目的的形式游戏中。……不管一件艺术品是再现的还是抽象的,只有它传达的内容才能最终决定究竟应该选择什么样的式样去进行组织和构造。因此,只有当平衡帮助显示某种意义时,它的功能才算是真正地发挥出来了。

9.2.5.3 空间的平衡

从视觉心理学的角度来看,所谓的平衡是能够讲清楚的。形状或颜色都具有一种视觉重量,而视觉上的平衡正是基于这种重量感而提出的。所谓视觉性的重量就是指视觉上的轻重感受,很接近物理上的重量。称量两个不同物体的视觉重量,就像把它们放在天平上称量一样。问题是,称量就需要知道支点的位置。版式设计其实就是寻求平衡。

示例:《城市商报》 如果打破平衡,版式设计就会失败。换言之,所谓取得了平衡,其实就是最紧张的状态。紧张产生视觉冲击力。平衡之所以重要,是因为版面的视觉冲击力正是因其而产生的。

示例:《齐鲁晚报》户口本一样了 该版面设计应用了对称手法,以版面的纵向中轴线为轴心,左右两侧的图片作对称编排,形成以轴为中心的排列,这种形式即称为"对称"。由于视觉上的原因,这样的编排方式图片宜配置在左侧,右侧用来配置小图片。如果两侧明暗上对比强烈,则效果更加明显。

9.3 版面结构

报纸作为传播领域中最古老的手段之一,千百年来为人类文明的进步做出了杰出的贡献。版面内容风格不同,其表现形式也各不相同,但无论何种版面,都需要使设计风格更为连贯,保持内容间的紧密联系,提升版面的可读性。根据版面结构形式上的不同,可将报纸版面划分为三种基本类型,即规则对称式、非规则对称式和齐列式。此外,还有基本式的版面结构等。

示例:《郴州新报》 从视觉上讲,该版面以中轴线、中心线、中心点保持形量关系上的版面平衡,同时关联到形象的动势和重心等因素,能够呈现出流畅有序的版面效果,给读者留下深刻的印象。

9.3.1 对称

对称法则是一种极具严谨性的形式法则,它的构图方式是,以一根无形的直线为参照物,将大小、长短等因素完全一样的物象摆放在参照线的两端,以此构成绝对对称的形式。对称法则含有多种表现形式,并且各具特色,如上下对称能带给人以平静的视觉感受。对称的两者是等形等量的配置关系,最容易得到统一,是具有良好的稳定感的最基本形式。

示例:人们把对称视为形式美法则,是因为在大自然中存在着许多对称的现象。人们在对自然及审美对象的长期关注中,发现了对称中所具有的美。古希腊的美学家们早就指出:"人体美确实在于各部分之间的比例对称。"在平面造型艺术中,对称是一种构成方法,通过直线把版面分为两个相同的部分,不仅处于对称关系中的质量相同,而且与分割线的距离也相等。

9.3.1.1 对称版面结构

这种版面结构的主要特点是,讲求版面左右的工整对称。版面以垂直的均分线为中轴,左右两侧安排的稿件的形状,包括标题大小、题文关系、文稿长短、图片外形等完全相同,至少十分相似。规则对称式版面追求的就是工整的、同形等量的对称。其优点是版面比较匀称整齐,端庄大方,对比性强,整体感较强,美感突出,有均衡稳定的效果,比较适宜于表现一组内容上相关联篇幅又不很长的稿件。

9.3.1.2 平移

平移的特征是经过平移后的图形与原图形的对应线段相等,对应角相等,图形的大小与形状都没有发生变化,即平移前后的两个图形全等;且对应点所连的线段相互平行。

示例:《苏州日报》娱乐圈 对称的规律是构成几何形图案的基本因素,其他形式美规律则是它的复合、交叉和变异。从起源上讲它是最古老的,从构成法则上讲,它又是最基本的,因此说它是形式美法则的核心。

9.3.1.3 反射

反射是以对称轴为中心,相同形象在左右或上下位置的对应排列,反射形式也是对称最基本的表现形式。完全对称,即"均齐对称",是完全同形、同量、同结构的形式,如建筑物的外廊立柱,中国传统客厅中堂的布置。在艺术设计中,对称这个概念是从形式美法则中归纳出来的。从视觉上讲,它是均齐之美;从心理感觉上讲,它是协调之美,其他形式美法则均是与之相联系的。

示例:《姑苏晚报》头版"国宝回来"该版面传达的信息内容为皮诺家族宣布向中国捐赠圆明园两兽首。在对称式版面结构中,轴对称是以对称轴为中心,左右、上下或倾斜一定角度的等形的对称,各要素排列的差异性较小,所以一般缺乏活力,比较宜于表现静态的、稳重和沉静的信息。对称使人感到整齐、庄重、安静,对称可以突出中心。

9.3.1.4 旋转

旋转是在反射、移动的基础上,以一点为中心,将形象按一定角度旋转,构成水平、垂直、倾斜和放射状等表现形式,以此增强形象的变化。如果形象移动180度则形成彼此相反的形象,称为反转对称。

示例:一个图形按照某一相同的角度旋转,成为放射状的图形,称为旋转对称。旋转90度的图形,称为回旋对称。旋转180度的图形,彼此相逆,叫逆对称、反转对称。

图3 旋转对称

反转对称
回旋对称

9.3.1.5 扩大

扩大指形象按一定比例向外扩大所构成的形象,它形成大小对比的变化,却又不失平衡的效果。

示例:《姑苏晚报》第一时尚 扩大对称图形按一定的比例放大。如,人的面部器官左右两边分布相同,这是进化过程中形成的规律,而在艺术设计中,对称这个概念则是从形式美法则中归纳出来的。从视觉上讲,它是均齐之美;从心理感觉上讲,它是协调之美。其他形式美法则均是与之相联系的。

9.3.1.6 对称式均衡版面

视觉平衡是在整体知觉中产生的一种知觉现象。"平衡"本来是一个物理学的概念,与重量单位有关,在视觉中的平衡感则与心理有着密切的联系。格式塔心理学派将平衡分为"物理平衡"和"心理平衡"。物理平衡是指一个物体在各种力达到相互抵消的一种状态,而心理平衡指的是一种知觉上的平衡。物理平衡与心理平衡往往是不一致的,因为心理平衡主要取决于复杂的心理活动因素。在造型的时候,平衡的感觉是非常重要的,由平衡造成的视觉满足,可使人的眼睛能够在观察对象时产生一种平衡、安稳的感觉。

示例:《姑苏晚报》 设计者将主体——山峰和卧云庵置于左侧,以渲染出云托雾的情景;打破均衡常规,把马与人安排在版面右下角,这正是设计者在对一般构图法则深刻理解的基础上,大胆利用不均衡的对称形式来深刻地表达主题。人物在巍峨壮观的群山环抱中显得渺小,与边饰中的内容相呼应,传达出深沉悠远的思古之情。

9.3.1.7 对称式栏状版面

对称式的版面是平衡的。对称可以分为左右对称、上下对称或中心对称等,自然界的很多有机体在形式上都是对称的。对称不是获得平衡的唯一方法,不对称的设计通常要比对称的版面更具活力,通过彼此冲突的元素的相对放置来获取平衡。这样的构图允许视线自由移动,同时又具有整体上的稳定性。

示例:《齐鲁晚报》 该版面设计针对要报道的法国大选将版面划分一分为三的竖版形式,左右放置了对峙的竞选双方。同时配以红蓝的冷暖对立色和版面中间大大的VS标识,更给读者一种对立冲突的感觉。

9.3.1.8 对称式单元版面

从本源上讲,对称规律是与人类生产、生活相适应的。对称式单元版面的运用,是将版面划分成一定数量、大小的单元栏,根据版面需求进行图片与文字的编排组合,使版面呈现出较强的规律性,有效的丰富了版面形式,提升了内容的可读性,以使读者感觉到方便和舒适。久而久之读者便自然对这种编排产生好感。

示例:《珠江晚报》导读"汽柴油价格每升下降约2角" 该版面上半部分为通栏图片,下半部分为半通栏设计。整版是对称式单元版面,通过简单图案的量化对称来实现平衡,用版面不同的疏密留白等达到意象的和谐与平稳。大与小、多与少、疏与密等原本矛盾的元素,通过在二维空间的经营布局达到平衡。均衡更像富有诗意的安排。

9.3.2 非规则对称式

非对称平衡虽然没有中轴线,不是对称的关系,却有很端正的平衡美感。因此,非对称平衡版面可使过于严谨的版面变得灵活,充满创新形式,能有效地吸引读者的眼球。非规则对称式版面结构的主要特点是,整个版面讲求整体对称,它不拘泥于左右对称,而讲求版面的四周或上下对称;其对称形式不是同形、等量、工整的,而常常是不工整、不完全、异形的。

示例:《城市商报》花样经 报纸版面设计虽然不必非要削除版面里的非对称平衡,但非对称平衡是和对称平衡概念共同发生作用的。所以,在任何一幅图像里,都既有非对称平衡的元素,又有对称平衡的元素。这是一种关键的艺术元素组合,因为它能起到提高视觉兴趣的作用。正因为如此,非对称平衡和对称平衡才是优秀肖像版面中的积极因素。

9.3.2.1 非对称式栏状版面

非对称式栏状版面结构是从对称式版面结构发展变化而来的,故有人又称为"非正式平衡式"版面结构。它现已取代对称式版面结构,成为美国报纸版面的流行版式。非对称式栏状版面结构的主要特点如下。

1. 版面结构较多地使用二、三栏题以至多栏题,以便突出重要新闻,也较易照顾新闻间的关系。
2. 标题、图片等可以在版面的左右、上下以及对角形成对比。
3. 标题形式简化,标题字体革新。

示例:《苏州日报》该版面为非对称式栏状版面结构,其结构形式更为活跃,有效缓解了版面的枯燥感,为信息内容增加了生动感。版面中标题对比与对称相结合,使版面匀称而生动。它能使不同的稿件在版面上表现出不同的强势,又能使整个版面取得均衡。

9.3.2.2 非对称式单元版面

对称有其完美的一面,也有其不足的一面,那就是过于完美、保守性强,使人有限制过严、缺乏变化的感觉。非对称式单元版面结构,其编排组合较为简洁单纯,呈现出强烈的不对称状态,通过非对称式单元版面结构,可有效地赋予版面更多的生机,而均衡统一中的小小变化,更能使读者从稳定的结构中感受到丰富的变化。

示例：《姑苏晚报》头版"幸福的马路天使"人类生活在一个对称的世界之中，但这种对称又不时会被打破。平面设计据此以达到作品视觉上的平衡，同时，版面元素的非对称设计，有利于加强它们之间的联系，使版面产生一种统一协调感。

9.3.3 齐列式

齐列式版面结构的特点是，全版稿件采用排列的方法安排，即上下重叠。各篇稿件的标题大小、题文关系以及图片、线条的运用均相同或相似。这种版面适宜于表现那种内容上具有共同性，而又不需要或者不应该强调它们在重要性上的差别的稿件。

示例：《合肥晚报》该版面正是提取了自然和谐形成的要素，运用点、线、面组织成各种形式法则来实现设计意图的，因此和谐之美不仅是符合客观规律的，而且是可以运用它去创造我们心目中的美的。美好家园这种视觉和谐规律，包含的诸多形式美法则是丰富的，具有说服力的。

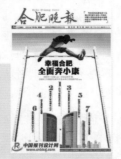

9.3.3.1 连续之美

在图形设计中，连续之美是以构图条理中的反复、黑白、大小、虚实、强弱、主次等关系来体现的，是统一中的变化，变化中的延续，延续中的重复与回归，回归中的再次统一和变异。这种变化，其根本因素还是内源于对称律，它构成了设计世界的形式美。

示例：《齐鲁晚报》 一支显眼的温度计，连接着温度逐渐走低的暖气，配以大字体的黑体字，该版面生动形象地体现了居民家中暖气不热的事实。

9.3.3.2 美学的内涵

美学的内涵核心是和谐，由此派生的对称律则是形式美法则的核心。艺术设计中平面构成的诸多法则，如对比与调和、节奏与韵律等，都离不开一个核心问题，即"对称律"。

示例：《重庆晚报》要闻 国企改革分为商业类、公益类，分类改革分类考核。该版面总结国企改革目标、计划及人员的工作关系，以分类圆形图示形式展示各自工作职责，一目了然，从而有助于相关人员自觉、主动地搞好职责协调。版面设计也配合整体思路对称形式美法则。

9.3.4 基线式

基线式版面结构是架构式设计的平面基础，其作用就好比是建房时的脚手架，是不可缺的。基线为版面的编排提供一个基准，有助于版面信息的准确表达。

示例：《城市商报》该版公益广告设计以底部红线为基线，为版面的编排提供一个基准。主题"中国梦仁爱"是内容的载体，将图形和色彩进行综合性编排，让版面吸引人，吸引读者关注版面。在选择和搭配好版面内容之后，再在编排方式上下功夫，讲求版面的结构方式和艺术。基线式版面结构为版面的设计和美化提供了丰富多彩的手段。

9.3.4.1 构成平衡的构建

平衡是由许多相对应的形状或基本要素构成的。要形成平衡，在版面中必须有一主导的力和次级地位的力相互作用，牵引、回拉以制约左右平衡。只有将这一对综合而富有变化的力运用到版面整体结构中时，才能产生版面的平衡。

示例：《苏州日报》 该版面中，以夸张造型的运动趋势向上的为主导力，箭运动方向的倾斜向下的力为次级的力，对主导力形成牵引、回拉。由于这种力的牵引、回拉，巧妙地构建出版面的视觉中心。"构"的原意是"筑土构木以为宫室"，也就是说"构"的本意是使某一形体或者物体成型。其内部支撑起骨架，因而后来发展成建立、缔造、结成、造成、构思、草拟、缀合、组合、构图、构词等等相关的含义(参见《辞海》)。

9.3.4.2 均衡的结构形式

均衡结构是一种自由稳定的结构形式。一个版面的均衡是指版面的上与下、左与右取得面积、色彩、重量等量上的大体平衡。

示例：《姑苏晚报》 在版面上，对称与均衡产生的视觉效果是不同的，前者端庄静穆，有统一感、格律感，但如过分均等易显呆板；后者生动活泼，有运动感，但有时因变化过强而易失衡。因此，在设计中要注意把对称、均衡两种形式有机地结合起来，灵活地加以运用。

9.4 协调法则

所谓协调法则，即从版面整体出发，协调各主体的行为，平衡其相互关系，以引导、促使目标保持在整体版面秩序的轨道上，从而达到优化版面的平衡结构和使版面秩序和谐的目的。同时，通过对主体作超越形式平等的版面处理，以达到实质上的平衡。

示例：《牛城晚报》 该版面传达的信息为对新中国成立65周年的祝贺。在风格上体现了时代精神，从现代审美倾向中去寻找与中国传统韵味的结合点，从而形成一种既变化又统一的版面特色，富有文化内涵和艺术感染力。图片与65周年字样纵横交错，版面空间相互渗透，整个版面充满灵气。

9.4.1 主与从的对比

版面设计和舞台设计有类似的地方,主角和配角的表现关系就是其中一个方面。当主角和配角关系很明确时,用户便会关注主要信息,心理也会安定下来。在版面上明确表示出主从关系是很正统的版面构成方法。如果两者的关系模糊,便会令人无所适从,而主角过强就会失去动感,使版面变得庸俗。所以主从关系是版面设计需要考虑的基本因素。突出主题是每个版式设计的目的。

示例:《扬子晚报》 主题突出,主次关系便会一目了然,就会给人一种清晰明了的感觉。在版式设计中,通过将主题形象或标题文字放大,次要形象缩小,来建立良好的主次关系,增强版面的节奏感和明快感。

9.4.1.1 主从关系的设计配置

版面设计离不开基本的视觉传达要素,报纸每期、每版都有特定的宣传重点和中心,编发的稿件也有主次之分。在排版过程中那些宣传重点与中心的稿件,是要放在最优位置予以突出的。但有时候这样还不够,在一个版面中有一两篇或一两组稿件都需要引起读者的注意,这时,设计者就要灵活应用突显主从关系的方法进行编排。合理的主从关系,能够增强版面空间感,以及提升版面的生动性。

示例:《扬子晚报》 戏剧中的主角,人人一看便知。版面也应该能明确表现出何者为主角。此版面中,标题字号被放大,以增强其在版面上的强势。主从关系是设计配置的基本条件。

9.4.1.2 特色标题

若没有要突出的主题,主次关系模糊不清,就会使版面失去层次,平淡无奇,让人感到单调乏味。借助有风格特色的标题可烘托与突出重点。

示例:《北京晚报》 该版体育新闻"兵临城下" 主标题点出了这场比赛的双方球队:国安战绿城。设计者运用标题和版面空间,把双方的队徽置于标题里,有一语双关的意思,突出了兵临城下,背水一战的紧迫感。

9.4.1.3 主题图文搭配

对比与和谐反映了矛盾的两种状态。对比是在差异中趋于对立,和谐是在差异中趋于一致。

示例:《羊城晚报》新闻周刊 该版面内容以热点话题 10 月 10 日扎堆结婚、试管婴儿技术获得诺贝尔医学奖为主题,图文搭配合理,以加粗加黑的小标题来分割大段文字,逻辑更加清晰。

9.4.1.4 强调调和

调和是指适合、舒适、安定和统一,是近似性的强调,以使两者或两者以上的要素间具有共性。对比与调和是相辅相成的。在版面构成中,一般整体版面宜采用调和手法,局部版面宜采用对比手法。

示例:《重庆晚报》晚报要闻 同一格调的版面中,在不影响格调的条件下,加进适当的变化,就会产生强调的效果。强调打破了版面的单调感,使版面变得有朝气、生动而富于变化。例如,版面皆为文字的编排,看起来索然无味,但如果加上插图或照片,就如一颗石子丢进平静的水面,产生一波一波的涟漪,变得生动,变得有活力。

9.4.2 动与静

动是一种美,但有时候静也是一种美。生活在一处布置得宜的确庭院中,可能需要假山、池水、草木、瀑布等的合理搭配,同样,在设计版面时也需动态和静态的配合。动与静的和谐,产生韵律美。

示例:《扬子晚报》 该版面以"龙"就在你身边故事的开始说明。在设计的配置上,红底形成动态部分,白底和白字形成静态部分。这样的安排,更能吸引读者,便于主题的表现。尽管静态部分占的面积小,但有很强的存在感。

9.4.2.1 "动""静"面积的分配

动态部分包括动态的版面和事物的发展过程,静态部分则常指版面上的图片文字解说、标题等。扩散或流动的形状即为动,静止不动的形状则为静。进行版面设计时,把这两者配置于相对处,"动"的部分分配以大的面积,"静"的部分分配以小的面积,并在周围留出适当的留白以强调其独立性,以便构建出和谐的版面效果。

示例:《合肥晚报》2011 年合肥楼市蓝皮书。视觉形象的分量一般会根据面积大小、色彩深浅来消减或增加;又因为生活给予人们潜意识的影响,因而动的比静的东西显眼,人比动物显眼,深色比浅色显眼,这也就是构图上讲的重。这种比较有时只能意会,难以绝对正确衡量。

9.4.2.2 重要元素的简洁版式

版式的编排结构要做到简明扼要。在实际设计过程中,可适当结合一些简练版面的手法,来加强对版面整体感的塑造。纯化是提炼版面表现力最基本的方法。通过对版式结构的纯化,能使版面传递主题的整个过程变得有条不紊。

示例:《辽沈晚报》"时事新闻"版 设计者将"PK"和"访谈"两个元素结合起来,做出一个以话筒图形为重要元素的简洁版式,紧紧地扣住了文章的主题和中心。布局追求一种"静中求动、动中求静"的效果。

9.4.2.3 制造动感

动态效果运用得并不是很多，且往往受到限制，一般应用在正在运动的物体上。在添加动态特效后，运动的物体看起来更有真实感。

示例：设计者把运动员图片安排在版面左侧，右侧留白，造成一种动感，仿佛运动员瞬间就会冲过去。

9.4.2.4 起与受

整个版面空间因为各种力的关系而产生动感，进而支配空间。产生动态的形状和接受这种动态的另一形状互相配合着，使空间变化更加生动。

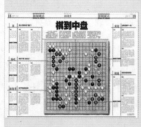

示例：《北京晚报》 设计者运用棋局的概念盘点全年经济态势，版面中心的棋盘与新闻事件结合，图文并茂。红色的线条巧妙地分割四周小标题，使得版面节奏更加跳跃。版面设计也和舞台设计一样，主角和配角的关系很清楚时，读者的心理会安定下来。明确表示主从的手法是很正统的构成方法，会让人产生安心感。

9.4.3 入与出

人要生存，就得保证有不间断的能量供给，要有氧气、水与食物的摄入。有输入必然有输出，学习知识吸收经验培养能力是入，待将来以己之长回报社会建设国家是出。园林设计师在建造假山庭园时很注意流水的出口，因为流水的出口是动感的出发点，整个庭园都会因它而被影响。对于版面设计，原理也一样。入点和出点会彼此呼应、协调，两者的距离愈大，效果愈显著，并且设计时可以充分利用好版面的两端。不过入点和出点要特别注重平衡，必须有适当的强弱变化才好。

示例：《苏州日报》 鲁迅说："牛吃进的是草，挤出的是奶"。如果有人甘愿作牛，在人类社会内部物质生活领域的能量交换中，出多入少，出优于入，贡献大于索取，可被视为有益社会有益民众的积极人生。该版以入与出为设计思路，从设计标题开始，一张笑脸，一个梦想，"心"的上部作为入，让它从中心一点点逐步放射开来，最终静止在整个版面上。有出口和落处，产生一定艺术效果，引起读者共鸣。

9.4.3.1 编排结构的简约性

在平面构成中，入点和出点具有两层含义，一是指视觉要素的简练感，二是指编排结构的简约性。也就是说，入点和出点即是简化物象的结构，从而增强该物象在视觉上的表现力。

示例：《钱江晚报》 该版面采用易引起读者关注而达到信息沟通目的的简洁的编排方式构成。恰当的空间运用在视觉流程的引导下突显了主题，具有很强的视觉效果。版面中的两张图片及中间的标题有利于读者理解版面的主题信息，同时还能加强读者对信息的记忆。

9.4.3.2 入出平衡

当两个物体形状上可能不相似，但在视觉上具有相同的力度时，在版面内可以形成一种和谐，就是入出平衡。

示例：《扬子晚报》 以一点为起点，向左右同时展开的形态，称为左右入出形。创造一种和谐的氛围，一个协调的空间，最简单的方法就是对光线和配饰品进行创造性规划，以形成完美的入出搭配。

9.4.4 统一与协调

如果过分强调对比关系、空间预留太多或加入了太多的造形要素，则容易使版面产生混乱。要解决这个问题，最好的方法是加入一些共同的造形要素，使版面产生共同的风格，具有整体统一和协调的感觉。统一与协调是形式美的总法则，是对立统一规律在版面构成上的应用。两者完美结合，是版面构成最根本的要求，也是艺术表现力的因素之一。协调是寻找版面各部分之间的差异、区别；统一是寻求它们之间的内在联系、共同点或共有特征。没有协调，则单调乏味和缺少生命力；没有统一，则版面会显得杂乱无章，缺乏和谐与秩序。

示例：《恩泽视窗》专版 "榜样的力量" 变化协调是一种智慧、想象力的表现。在强调种种因素的差异性方面，通常采用的是对比的手段，这样可造成视觉上的跳跃，同时也能强调个性。统一是一种手段，目的是达成整体和谐。最易使版面达到统一效果的方法是保持版面的构成要素少一些，而组合的形式却要丰富些。统一的手法可借助于均衡、调和、秩序等形式法则。

9.4.4.1 协调

变化协调是一种创造力的具象表现，主要通过强调物象间的差异性来使版面产生冲击力。变化法则大致可分为两种，一是整体变化，二是局部变化。

示例：《南湖晚报》要闻 "高考开考 宝贝加油" 整体变化是指采用对比的排列方式，通过使版式形成视觉上的跳跃感，来突出版面的个性化效果。

9.4.4.2 统一

统一可以理解为版式中图形与文字在内容上的逻辑关联，以及图形外貌与版式整体在风格上保持一致性。

示例：《姑苏晚报》品味 "意式蟹宴 苏式蟹宴" 根据版面主题的需要，设计者选择了与之相对应的文字与图形，通过表现形式与主题内容的高度统一，使版面准确地传达出相关信息。

9.4.4.3　变化与统一法则

形式美法则有很多种，例如渐变、均衡、突变、对比等，这些法则归纳起来，其实就是"变化统一"这四个字了。变化是指相异的各种要素组合在一起时形成一种明显的对比和差异的感觉。变化具有多样性和运动感的特征，而差异和变化通过相互关联、呼应、衬托达到整体关系的协调，使相互间的对立从属于有秩序的关系之中，从而形成了统一，具有同一性和秩序感。变化与统一的关系是相互对立又相互依存的统一体，缺一不可。

> 示例：《姑苏晚报》人文周刊"《徽州往事》为什么打动了观众"　在设计中既要追求版式的多变，又要防止各因素杂乱堆积，缺乏统一性。在追求秩序美感的统一风格时，也要防止因缺乏变化而引起的呆板单调。因此，在统一中求变化，在变化中求统一，并保持变化与统一的适度，才能使设计日臻完美。设计者可利用变化法则来丰富版式的结构，以打破单调的格局，同时通过统一法则来巩固版面的主题内容，从而使版式在形式与内容上达到面面俱到的效果。

9.4.5　调和

所谓调和，是指各种设计构成要素的多样性通过统一产生的协调状态。版式中良好的调和通常都存在于各要素之间，既有共性又有差异性。如果差异性超过共性，调和就可以和对比相互转化。调和也就是和谐，将各要素和谐安定地搭配在一起，版式设计把丰富的意蕴、信息借助于各种媒介传达给读者的同时，也要注重形式美法则的应用。

> 示例：《苏州日报》关注"五大'雷区'"　对比与调和是形式美法则中变化统一的最直接的体现。统一一旦变化就形成对比，要使诸多不同的形式统一起来，可以采取调和的手法。该版面设计中将形式美法则综合予以考虑的同时，对结构与黑灰有所侧重，给人以愉悦的美感。

9.4.5.1　对比与调和

对比与调和是版式设计中常见的形式法则，这两种法则在定义上是截然不同的。对比法则强调视觉冲击力，而调和法则则是以寻求和谐共生为主。为了创作出优秀的版式作品，应参照版面主题，同时结合设计对象的外形特征，来判定与选择合适的表现法则。

> 示例：《温州都市报》该版面设计在三个大圆形中放置了不同视角的图片，并将标题放在三个大圆形重合中心，形成差异性对比。该设计注重形式美感和文化意韵的表达，这决定着整个版面的视觉传达效果。在整个版面视觉效果上起到调和作用的底部大圆形内文字，使得版面整体更有层次，更富有变化。

9.4.5.2　对比是对差异性的强调

对比法则是指将版面中的视觉元素进行强弱对照，并通过对照结果来突出版式主题的一种表现形式。在版式设计中，对比较的目标对象是没有太多要求的，只要它们在形态或意义上具备明显的差异性，同时符合版面主题的需要即可。

> 示例：《重庆晚报》晚报要闻　该版面图形由点、线、面组成，导读内容为岁末消费，在视觉传达上具有直观性与针对性。设计上运用标题来表达主题思想，通过简单明了的图形语言来强调版面的重点信息，显示出主从关系和统一变化的效果。

9.4.5.3　色彩调和

色彩调和是配色美的一种形态，能使人产生愉悦、舒适感。色彩的调和是在各色的统一与变化中表现出来的。版式设计中，颜色不宜过多，否则将增加读者在一大堆色彩中解读、辨认信息的难度。如果色彩放在一起很突兀，可以采取调和的手法，同时加入版面上原有色的中间色，或者无彩色系以起到一定的缓和作用。也可以考虑采用更改面积大小的方法进行调整。

> 示例：《深圳晚报》该版面以看人山赏人海为主题，对版面中各视觉要素在空间关系上的协调性进行了调和。版面中的文字与图形以"捆绑"的形式进行组合排列，利用一一对应的编排结构打造出具有视觉平衡感的版式效果。为了达到色彩的调和，版面使用了同色系的蓝色作为背景颜色，即在版面上使用同一色系的色彩，仅在色彩的明度、纯度上作相应变化。

9.4.5.4　面积调和

在版式设计中，有一种方法是将版面内容与结构进行调和，简单来讲即要求编排形式与主题信息相统一。通过使用这种调和方式可强调编排结构的表现力，从而打造出具有针对性的版式效果。典型的有蒙德里安式编排，这种布局采用的是用一系列水平线和一系列垂直线、长方形、正方形进行分割，形成散而不乱、面积大小不等的构图。这样的分割布局会给人一种和谐美的感觉。

> 示例：《南方都市报》　当版面中的某些视觉元素无法突出时，可以采用调整其面积的方法来调和；放大或者缩小元素进行不断地重复，甚至可以结合平面构成的一些原理进行调和。比如做成发射状、渐变式等来强调主题。

9.4.6　质感

在日常生活中，也许很少听到有人谈及质感，但是在艺术上，质感却是很重要的形象要素，譬如张弛感、平滑感、湿润感、凸凹感等。质感不仅表现出情感，而且与这种情感融为一体。画面上的元素之间，可以采用改变质感的方式来加强对比，例如显示以大理石为背景或以蓝天为背景所产生的对比，前者给读者以冷静、坚实和拘束之感，后者给读者以活泼、空间和自由之感。版面设计初学者常会注意其色彩与图面的构成，其实质感才是决定作品风格的主要因素。虽然色彩或可引起物象的改变，可是，作为基础属性的质感，是与物象本质有着密切关系的，是不易变更的。外行人容易疏忽这一点，其实，这才是最重要的基础要素，也是对情感具有最强烈吸引力的影响因素。

示例：《潇湘晨报》"2010 文体成就榜" 黑白版面中，红色的"2010"尤为醒目，用素描的方式勾勒 2010 年文体成就榜中的人物，别出心裁，海报式的设计风格也令读者产生阅读欲望。

9.4.6.1 肌理的对比

即不同的肌理感觉，如粗细、光滑、纹理的凹凸感等的不同所产生的对比。

示例：《济南日报》 一扇打开的窗户，窗台上堆满金币，前国际足联主席阿维兰热和前巴西足协主席特谢拉两人躲在金币后神色各异，身后一片愁云惨雾，头上一只捏着美钞的手正在招摇，生动、形象地表现了阿维兰热受贿东窗事发一事。

9.4.6.2 物象的对比

通过对物象进行对比，可以确立版式的主次关系，同时达到强化版面主题信息的目的。在实际的设计过程中，通常用做比较因素的都与目标对象的外形特征有关，如物象的大小、粗细、长短和软硬等。为了使字体信息得到有效地传达，当字体和字体或字体和图案进行组合时，应根据版面内容和构图的要求，采用适当的组合方式。

示例：《扬子晚报》 版式创新是报纸的活力之源。字体愈粗，愈富有男性的气概。若代表时髦与女性，则通常以细字表现。如果细字分量增多，粗字就应该减少，这样的搭配看起来比较明快。

9.4.6.3 质感的对比

质感的对比虽然不会改变产品的形态，但由于丰富了产品的外观效果，具有较强的感染力，使人感到鲜明、生动、醒目、振奋、活跃，从而产生丰富的心理感受。

示例：《扬子晚报》 该版面中，设计者综合运用质感设计材料的组合形式，发挥材料在版面设计中的能动作用，在体察材料内在构造和美的基础上，选用恰当的材料，进行合理配置，达到质感和谐应用的目的。其特点是充分显露材料的材质美，借助于材料本身的质感来增加版面的艺术造型效果；创造性地使用材料则是要求版面的设计者能够突破材料运用的陈规，大胆使用新材料和新工艺，同时能对传统的材料赋予新的运用形式，创造新的艺术效果。

9.5 平衡法则

版面是否平衡对于平面设计是非常重要的。例如，一个介绍音乐的版面上，将一把小提琴斜放在版面的右边，看起来似乎要倒向左边，但在版面的左边，设计者安排了粗体的标题和文字，恰好起到了支撑作用，给人十分平稳的感觉。这就是版面平衡带来的艺术效果。达到平衡的一种做法是将版面在高度上分为三等分，图形的中轴落在下三分之一划分线上，这样可保持空间上的平衡。对称可以产生一种极为轻松的心理反应，它给一个"形"注入了平衡、匀称的特征。这也是一个好的"完形"最主要的特征。完形能使观看者身体两半的神经作用处于平衡状态，满足了眼动和注意活动对平衡的需要。从信息论的角度看，它为"形"灌入了冗余码，使之更加简化有序，从而大大有利于对它的知觉和理解。

示例：《钱江晚报》"义乌，再续传奇" 庄重、和谐的版面给人以有计划、稳定、可靠的感觉。这种版面结构对保守型读者很有吸引力，因为这种版面结构严格遵循"对称性"的美学原则。

9.5.1 对称与均衡

对称与均衡是一对完整的统一体，因此它们是可以存在于同一个版面中的。在版式设计中，可以将对称与均衡两种法则融合在一起，从而打造出极具庄严感的版式效果。与此同时，借助均衡法则的表现手法来打破对称法则的呆板，可以使版式效果变得更为丰富。假定在一个图形的中央设定一条垂直线，将图形分为相等的左右两个部分，其左右两个部分的图形完全相等，这就是对称图。

示例：《苏州日报》 两个同一形的并列和均齐，实际上就是最简单的对称形式。对称是同等同量的平衡。对称的形式有以中轴线为轴心的左右对称，以水平线为基准的上下对称和以对称点为源的放射对称，以对称面出发的反转形式等。其特点是稳定、庄严、整齐、秩序、安宁、沉静。

9.5.1.1 平衡并不是对称

以一点为起点，向左右同时展开的形态，称为左右对称形。应用对称的原理即可发展出漩涡形等复杂状态。我国的古典艺术大多是讲究对称原则的。对称的确使用户产生庄重威严感，但缺少活泼感。在版面设计上，一般是不认可对称原则的。现代造型艺术也朝着非对称方向发展。当然，在版面需要表达传统风格时，对称仍是较好的表现手段。

示例：《姑苏晚报》 完全对称，能使视觉效果稳定，产生庄重、沉静等审美体验，这是一种最原始的构成方式。该版面设计者应用平衡但不对称的处理方法，构建起别具一格、新颖独特、深受欢迎的报纸版面，提高报纸的吸引力和感染力，进而赢得读者。设计之美永无止境，完善取决于态度。

9.5.1.2 "平衡式"版面结构

对称式版面结构亦称"平衡式"版面结构。这种结构的版面,它的新闻标题、图片,均是左右两两对称的,即左边有个多大的标题、图片,右边相应位置也有同样大小的标题、图片。平衡能带来视觉及心理的满足,设计师要解决版面当中力场的平衡,前后衔接的平衡,平衡感也是设计师构图所需要的能力。平衡与不平衡是相对的,以是否能达到主题要求为标准。平衡分为对称平衡和不对称平衡,包括点、线、面、色、空间的平衡。

示例:《姑苏晚报》风尚·推荐 "时尚 元素" 就在中国的农历蛇年之际,大家赫然发现,"蛇元素"已成为今年时尚界流行元素的宠儿,设计师们各显本领,运用高超的技艺,为我们呈现出一场华丽动人的蛇年盛宴。精心打造的细节,显示出其独到的匠心。在中国传统文化中,因为生性神秘、颇具灵气、生命力顽强等特性,蛇被许多部族敬为图腾,享有显赫地位。在十二生肖中,生肖蛇也有着智慧、勇敢、亲切的形象,被视为吉祥之物。

9.5.1.3 对称是同行同量的形态

对称是同行同量的形态。如果用直线把版面空间分为相等的两部分,它们之间不仅质量相同,而且距离相等。中外很多古代建筑,教堂、庙宇、宫殿等,都以"对称"为美的基本要求。对称的构成能表达秩序、安静、稳定、庄重与威严等心理感觉,并能给人以美感。我们可以看到对称与均衡法则在这些建筑中都有着很好的运用,并得到了美的效果。

示例:《山东商报》 该版面中,用一件黑红双面的马甲为背景,左右分列两个收费项目的设立废止,"好消息"和"坏消息"的小标题也呼应了背景的红黑双色。大标题巧妙地化用赵本山的经典段子"马甲"的深层含义,极强地道出了民航收费换汤不换药的实质所在。

9.5.2 均衡的最大特点

均衡法则的特征在于,通过对版面中视觉要素的合理摆放,来保证版式在结构上的稳定性与平衡性。在进行视觉要素的布局时,应着重考虑如何模糊各视觉要素间的主次关系,通过这种方式使文字、色彩和图形等信息得到全面表现,以此构成均衡的版式效果。如果说"对称"是版面中能以物理尺度精细衡量的形式,"均衡"则不是表象的对称,它更多地体现在视觉心理的分析和理解上,是富于变化的平衡与和谐。

示例:《城市商报》要闻 "太湖大桥姊妹桥将开建" 均衡的最大特点是在支点的两侧造型元素不必相等或相同,它富有变化,形式自由。均衡可以看作是对称的变体,对称也可以看作是均衡的特例,均衡和对称都属于平衡的概念。均衡的造型方式,彻底打破了对称所产生的呆板之感,而具有活泼、跳跃、运动、丰富的造型意味。

9.5.2.1 均衡不等于对称

对称式的均衡常常会稳定有余而活泼不足,容易显得呆板。于变化中求均衡。这就类似"中国秤"的平衡方式,利用秤砣在调整力臂的情况下,实现这一平衡,为此,必然要寻求新平衡的具体方式,以实现内在联系的协调。

示例:《城市商报》第一视点 均衡作为一种艺术构成的形式,在其他艺术门类里广泛存在着。随着对称图形这个核心的不断变化运用,在不匀称中求平衡的构成中便产生了律动,在多样统一之中,这种律动演化组合成反复律,因而产生了节奏与韵律,因此,连续之美便产生了。连续之美体现出的是节奏与韵律的和谐组合。

9.5.2.2 反转对称

反转对称指虽同形、同量,但方向相反。典型的如太极图,这是由对称均衡的形态两相逆转,均衡互移产生的图形。这种对称对比强烈,有静中含动之势,富有张力。随着对称图形这个核心的不断变化运用,在不匀称中求平衡的构成中便产生了律动,在多样统一之中这种律动演化组合成反复律,因而产生了连续之美。

示例:《济南日报》 房子的笑脸、顶部的标志和中间紧握的手表明优酷与土豆的合并,将其戏称为"成婚"。在美化图文时,图片的对称效果使版面整体气氛活泼生动,幽默诙谐。

9.5.3 知觉平衡

感知来自心理力——视知觉为什么需要平衡:不平衡的艺术版面所要传达的含义变得十分不可理解,给人一种不知所云的感觉。从中可得到这样一种印象:这幅画看上去没有完成,好像是一副在创作过程中突然中断了的作品,因而须要进行进一步修改和加工。

这种情况下,艺术版面本身的静止性就变成了变化的障碍,它所谓的永恒性,也就让位于突然停止所造成的那种挫败感。每一知觉活动都是一种直觉判断。视觉判断出来的任何一种视觉特征,都是由事物在时间和空间中所处的环境和位置界定的。带有象征意义的不平衡之所以能够感人,仍然是由于它得到了那些互相平衡的因素的肯定的缘故。

示例:《城市早8点》要闻 "夏耕入画来" 在该版面中,以田埂姿态出现在版面上的形象,通过其他介体(人)来产生平衡感,各种力的相互作用(或关系)下,还在静止和运动之间建立起一种特殊的平衡。只有意识到如何运用平衡关系去解释内容,才能真正理解和领悟这些关系的艺术性。

9.5.3.1 版面设计的形式美

形式美的基础很重要的一个方面,就是建立在人类共有的生理和心理感觉上,人的感觉与经验往往是从生理与心理开始的。现代设计以人为中心,版面设计也不例外,要从人的因素考虑与人相关的一切活动。

示例:《姑苏晚报》小荷中学版"寻找"　如果将版面设计中的形式美理解为艺术效果,则它是一种形式显现出来的无深度的、浮华的格式,谈不上与读者产生心灵上的沟通。构成学的研究与运用为版面设计的深入探讨、人性化设计提供了理论依据,它是以美化版面为目的的意象艺术。把版面力移情到艺术美中来欣赏,会发现几乎涉及各个艺术门类。从版面中感知到的力感、力向、力态所汇聚变化的力度美,恰好使读者的知觉平衡得到满足。

9.5.3.2 给知觉造成一种强烈印象

版面设计通过情感的传递引起与读者的共鸣和心灵上的沟通,所以任何形式的运用都应注重与内容的统一,都应有助于设计思想的展开。在版面中,所谓"情感"是发生在人与版面形态之间的感应效果。形与形式格局的物理刺激在人的知觉中造成一种强烈印象时,就会唤起一系列的心理效应。

示例:《扬子晚报》　知觉平衡图将那些潜在的原则清晰地陈述出来,阐述了视觉所具有的倾向于最简洁结构的趋势。视觉图式细分的知觉的动力特性及其他各种适用于所有视觉现象的基本原则,是使读者能够更清楚地看到形状、颜色、空间和运动等要素,都作为一个统一的媒介呈现在艺术版面中。

9.5.4　重力与平衡

杂技演员在台上表演狮子滚球,总是通过脚的左右移动及手的摆动来调节平衡,这有助于我们理解版面中重力的平衡关系。影响版面中重力关系的还有:位于构图上方的物体,其重力要比位于构图下方的物体重力要大一些;位于右侧的物体要比位于左侧物体的重力要大一些。

示例:《城市商报》头版"完美飞天"　重力是产生平衡一个重要的因素,其原因是由其位置所决定的。在构图中,视觉中心部位所具有的重力要比远离主要视觉中心轴线位置所产生的重力小得多。

9.5.4.1 在构图中平衡中心

中心构图是将主体放置在版面中心进行构图,它的最大优点就在于主体突出、明确,而且版面容易取得左右平衡的效果。杠杆的原理告诉我们,在重力作用下要产生力的平衡效果,是越远离平衡中心重力越大。中国传统秤运用的就是这一原理,当把物体放置在秤盘上时,通过移动秤砣以便产生平衡。

示例:《城市商报》新蕾周刊　人们平常习惯于从左到右观看景物或阅读书籍。在此以中心构图法设计的版面中,运用了杠杆的原理将主题以最大力量突出,具有极强的视觉冲击力。当版面只有单一的主体而并无其他陪衬景物时,版面中心位置无疑是推出主题的最佳选择。

9.5.4.2 理解平衡感

走路踢到大石头时,身体会因失去平衡而跌倒,此时很自然地会迅速伸出一只手或脚,以便维持身体平衡。根据这种自然现象,如果我们改变一件好的原作品各部分的位置,再与原作品比较分析,就能很容易理解平衡感的构成原理。欣赏一件优秀的视觉艺术品中由各个部分的形象所构成的平衡状态是件令人愉快的事情,并且这种对平衡状态的关注与体验,能使我们更深刻地理解和感受作品所传达的意味。

示例:《扬子晚报》　漂亮,就是说有视觉美感,看起来均衡。在该版面构成设计上根据图形的形状、大小、轻重、色彩及材质分布来保持视觉平衡。这种审美体验只有当设计者能够非常敏锐地感受到各种视觉形态所显现的"知觉力"的前提下才能获得。

9.5.4.3　向心与扩散

在人们的情感中,总是会趋于意识事物的中心部分。虽然可能会满不在乎地看事物,可是在内心中,总是想探测其中心部分,好像只有如此才有安全感一般,这就构成了视觉的向心趋向。一般而言,向心型版式,是一般设计者喜欢采用的版式,看似温柔但容易流于平凡。离心型的排版,也可称为扩散型排版。具有现代感的编排常有扩散型版式的例子。

示例:《山东商报》　版面中是一幅向下悬挂的美国国旗,星条旗的红色条纹巧妙地形象化成一条条流淌的血液,渗入了本文的标题"麻烦制造者",不禁让读者联想到驻外美军为驻地国家与人民带来的种种麻烦。

9.5.5　重心

版面的中心点就是视觉的重心点。版面图像轮廓的变化、图形的聚散、色彩或明暗的分布都可对视觉重心产生影响。

示例:《苏州日报》　人的视觉安定与造形的形式美的关系比较复杂。人的视线接触物体或版面时,视线常常迅速由左上角移到左下角,再通过中心部分至右上角经右下角,然后回到以版面中心为重点的视圈停留下来,因此版面的中心点就是视觉的重心点。但版面图像轮廓的变化、图形的聚散、色彩或明暗的分布都可对视觉重心产生影响。因此,任何物体的重心位置都和视觉的安定有紧密的关系。

9.5.5.1 重心的对比

重心的对比即重心的稳定、不稳定、轻重感不同所产生的对比。重心的对比配列在一起，会使人感觉鲜明强烈而又具有统一感，使主体更加鲜明，版面更加活跃。对比与调和是相辅相成的。在版面构成中，一般事例版面宜采用调和方式，局部版面宜采用对比方式。

示例:《苏州日报》苏州发布·旅游"水乡情浓美食诱人" 该版面的中心点是底部的船。版面图像轮廓的变化、图形的聚散、色彩或明暗的分布都可对视觉中心产生影响。

9.5.5.2 重心的左右

人的视觉流向对从右上到左下这种方式较为自然。编排文字时，将右下角用来编排标题与插画，就会产生一种很自然的流向。如果把它逆转就会失去平衡而显得不自然。这种左右方向的平衡感，可能是和人们惯用右手有关系。

示例:《山东商报》 怀表搭配泛黄的背景色，无不透露着浓浓的怀旧风，有上世纪老上海的感觉，很好的为主题烘托了氛围。文字与怀表融为一体，整个版面看上去更为统一和谐。

9.5.6 方向与平衡

方向和重力一样，也能影响到版面的平衡。在构图中，任何物体，包括隐藏结构中的物体，都有各自的重力对周围物体产生的吸引。例如，一匹骏马在受到惊吓时，会腾空跃起，骏马上的骑手随之向后倾斜，这种倾斜就具有方向性。此时画面中靠马的重心、支撑点、重力、方向等因素构成平衡。

示例:《苏州日报》关注2013高考"今天高考画上句号" 当版面大照片中的领跑者向前冲，版面也受到了领跑者的影响，而具有向前的趋势。重心分别向内倾斜，从而引导读者的视线向版面的视觉中心聚集。该版面造型生动，有效地传达了主题思想。

9.5.6.1 视觉自然的流向

版面视觉流向是指阅读中的视线流动规律，它可以从三个层次来理解，即基于编排逻辑的视觉流向、基于视觉心理的视觉流向、基于个体阅读自由的视觉流向。设计师对第一个层次能完全控制，对第二个层次不能完全控制，对第三个层次则完全不能控制。设计师通过遵守基本编排逻辑和创造新的编排逻辑来引导视觉流向，使读者的自由阅读成为可能。

示例:时政稿件的图片往往很容易受到限制，而这个版面利用电筒和光束处理标题，使整个版面节奏明快，同时很好地切合了主题。

9.5.6.2 方向和重力相同与位置有关

方向和重力相同，与位置有关，对视觉平衡有一定的影响。这是因为重力可以吸引周围的物体，并对周围物体的方向产生影响。

示例:《城市商报》该版面通过编排设计，使读者按手指方向进行阅读，所配图片对视觉平衡产生一定的影响，从而达到传达本版主题的作用。

9.5.6.3 导线

依眼睛所视或物体所指的方向，使版面中产生的导引路线，称为导线。设计师在制作构图时，常利用导线使整体版面更引人注目。

示例:《钱江晚报》 在该版面中，设计者用导线吸引读者的目光，引导读者视线由标题阅读到内文，同时使整体版面更引人注目。导线是引发性的，具有激发力，能唤起人们普遍的视觉心理反应。

9.5.7 版面的视觉平衡

报纸版面设计的平衡是指版面的视觉形状、大小、色彩等要素，以某一点为中心作上下或左右不同形的构成，取得一种整体上力的和谐。此力成为组成版面平衡的一种有效手段。在研究平衡前，应该对力的现象、力的作用下形成的不同趋势进行分析。

示例:《城市商报》 由于视觉形体相互的作用而产生心理上的力，这种现象并非存在于客体之中，而是藏在版面之中，既看不见又摸不着，也就是心理上的平衡。懂得这一原理，有助于对版面平衡即构图的理解。

9.5.7.1 对称式版面结构

对称式版面结构亦称"平衡式"版面结构。这种结构的版面，其上的新闻标题、图片，均是左右两面对称，即左边有多大的标题、图片，右边相应位置也有同样大小的标题、图片。"对称式"版面结构是和谐与对称的。对称的形态，一般是会形成和谐的感觉，但和谐的感觉未必都是由和谐引起的。

示例:《钱江晚报》义乌，1989年 阿万 这一版面的主要特点:

1.图片上下对称，文字分栏左右对称，标题放分栏中央。

2.标题为多层式。第一层是主题，第二层以下是副题。副题一般有一至三层。旧式的平衡版面，重要新闻的副题可以多到八九层，占半栏地位。这是因为，标题既然以一栏为主，字号就不能太小；新闻的重要性用副题的多层来表示，新闻愈重要，其层次愈多。

3.新闻标题在版面的上端。选择标题字号时，在版面上部的较大，在版面下部的越来越小。

9.5.7.2 视觉美与秩序美

对称是同行同量的形态,如果用直线把版面空间分为相等的两部分,它们之间不仅质量相同,而且距离也相等。

> 示例:《新疆日报》视觉 秩序美是排版设计的灵魂,它是一种组织美的编排,能体现版面的科学性和条理性。由于版面是由文字、图形、线条等组成,这就尤其要求版面具有清晰明了的视觉秩序美。构成秩序美的原理有对称、均衡、比例、韵律、多样统一等。在秩序美中融入变异之构成,可使版面获得一种动的效果。

9.5.7.3 以对称表达秩序、安静和稳定感

日常生活中,常见的对称事物确实不少,例如佛像等。对称的构成能表达秩序、安静、稳定、庄重与威严等心理感觉,并能给人以美感。对称会显现出高格调、风格化的意象。

> 示例:《洛阳晚报》封面,利用人们要求均衡的心理,有意采用对称的平衡版式,从四平八稳的对称均衡中显现出一种古拙的庄重美。图案均为正面对称结构,庄严、静穆、神秘尽显画中。设计之美永无止境,完善取决于态度。

9.6 空间结构法则

版面编排离不开艺术表现。美的形式原理是规范形式美感的基本法则。它是通过重复与交错、节奏与韵律、对称与均衡、对比与调和、比例与适度、变异与秩序、虚实与留白、力场与网格、变化与统一等形式美构成法则来规划版面,把抽象美的观点及涵养诉诸于读者,并使人从中获得美的教育和感受。它们之间是相辅相成,互为因果的,既对立又统一地共存于一个版面之中。

> 示例:《北京晚报》 该版面主题为"造梦空间",版式上大胆运用了当时流行的电影《盗梦空间》的空间错位理念进行设计,将多个图片进行错位排布,使版面有了更丰富的纵深感和层次感。

9.6.1 "壁灯式"版面结构

"壁灯式"版面的主要优点是版面可以显著地突出最重要的新闻。如果精心将相关的新闻与图片配合编排在一起,便能构成新闻中心,可以有效地吸引读者的注意。

> 示例:《姑苏晚报》之所以出现示例的这种版面结构,一般认为与报摊卖报有关。因为报摊不能陈列整份报纸,只能一份压一份地露出报纸的一角。所以,报家为了吸引读者购买报纸,便纷纷将精彩的新闻置于右上角,使读者见后不能轻弃之。

9.6.1.1 "壁灯式"版面结构的魅力

"壁灯"式版面结构一般把新闻、图片集中安排在版面的右上角,构成当天新闻的焦点,而版面的其他三个角来安排小标题或"文"。从这三个角到右上角新闻标题,错落有致,逐步加大,给读者造成一种运动的感觉。精心将相关的新闻与图片配合编排在一起,能构成新闻中心,可以有效地吸引读者的注意。

> 示例:《山东商报》"改变孩子一生的3个小时" 整个版面上,版面设计者苦心经营的右上角已形成一个强势区,这个区域仿佛有一种无形的力量,将读者的视线牵引至此。经过这样的设计,版面就生动起来。

9.6.1.2 典型的"壁灯"式版面结构

"壁灯式"版面结构亦称为"突出右上角"式版面结构。其头条新闻与有关的重要新闻、图片集中地刊在版面的右上角。看起来整个版面就像挂有一盏壁灯的墙。

> 示例:《山东商报》 设计者把有关九种驾驶陋习扣分没商量的题头条和其他的新闻、图片都集中安排在版面的右上角,构成当天新闻的焦点。此版面将精彩的新闻置于右上角,使读者见后不能轻弃之,是典型的"壁灯"式版面结构。

9.6.1.3 "壁灯"式结构的弱点

壁灯式版面结构有一个弱点,就是由于重要新闻与图片被集中安排于右上角,版面其他部分的配合较难掌控,设计不好,便会造成头重脚轻的问题。而且从其他三个角逐渐引导读者的目光集中于右上角,这中间的渐次过渡也是个难题,稍有不慎,可能使版面脱节,反而削弱了版面的整体势力。

> 示例:《城市商报》该版面采用"壁灯式"版面结构,版面势强,中心明显,层次分明,版面背景视觉设计效果强烈、明了,主题突出。

9.6.2 虚实的对比

"虚"是指版面中的辅助元素,虚化的图形、文字或色彩,它们存在的意义在于衬托主体物;"实"是指版面中的主体元素,那些给人以真实感的视觉要素。在版式中,"虚"与"实"是相辅相成的,可以利用它们的这种关系来渲染版式氛围,从而突出版面的重点。版面中有实感的图形称之为实,空的部分是虚,虚的地方大多是底。

> 示例:《苏州日报》 通过对传统文化的认识,将现代元素和传统元素结合在一起,以现代人的审美需求来打造富有传统韵味的事物,体现中式设计中的虚实对比,均衡对称的手法。在版式设计中,可将次要的物体采用隐退法来使主体表现物更加明显;采用色彩的黑白灰的虚实关系、图和底的虚实关系来区分主次;采用渐变的形式,比如形的放大或者缩小,或者近实远虚的原理来增加版面的层次感。虚实关系会带给读者一种主题鲜明的印象,并易形成视觉焦点。

9.6.2.1 虚实与留白

虚实与留白在形式上有着一定的关联性。在版式设计中,空白的部分也可以被看作版式的虚空间,因此虚拟与留白两种形式法则也经常以共存的方式出现在同一个版面中。设计者通过将两者组合在一起,以表现出虚实并进的版面效果。中国传统美学上有"计白守黑"一说,就是指编排的内容是"黑",也就是实体,而斤斤计较的却是虚实中的"白",它也可以是细弱的文字、图形或色彩,这要根据内容而定。

示例:《扬子晚报》20周年报庆特刊 空白加底色的处理也就是版面的空间设计。空间处理得法也能引起人们视觉和情感上的认同,使人产生兴趣,留下深刻的印象,从而最大限度地达到视觉传播的目的。

9.6.2.2 留白量

空间是平面设计的重要构成要素之一,也是图形、色彩、文字等其他三种构成要素的承载体。对空间运用与把握能力的好与坏可直接影响到设计的质量和视觉传播效果。只有把版面背景安排得当,整个版面才能清晰悦目,有效地将版面的信息条理化、层次化。

示例:《长江商报》 该版面利用留白法则来打造空旷的背景版面,不仅为读者提供了舒适的浏览环境,同时还使版式整体显得格外大气。

9.6.2.3 留白是"虚"的特殊手法

留白是版面未放置任何图文的空间,它是"虚"的特殊表现手法。其形式、大小、比例,决定着版面的质量。留白给人的感觉是愉悦轻松,最大的作用是引人注意。在版面构成中,巧妙地留白,讲究空白之美,是为了更好地衬托主题,集中视线和制造版面的空间层次。

示例:《洛阳晚报》 该版面在苹果标识周围留白,是为深化主题服务的。版面构成中必须有虚有实,虚实呼应。在主要的构成要素周围留下一些空白,就能扩大和提高视觉效果,同时有利于视线流动,破除沉闷感。

9.6.2.4 留白是为烘托主题

从美学的意义上讲,留白与文字和图片具有同等重要的意义。没有空白就难以很好地表现文字和图片。在中国传统美学中有"形得之于形外"和"既白当黑,既黑当白"之说。版面中巧妙得当地留白,是为了更好地烘托主题,渲染气氛。

示例:《成都晚报》版面中未配置任何图文的空间。在阅读时,读者一般将兴趣投入到文字和图片上,至于空间的留白,却往往被忽略。版面留白量的多少,需根据所表现的具体内容和空间环境而定。譬如,报刊杂志一类信息量大的读物,空白少;而休闲抒情类的读物或广告,版面的留白率则高。

9.6.3 位置的对比

通过位置的不同或变化产生对比。例如在版面两侧放置某种物体,不但可以表示强调,同时也可产生对比。版面的上下左右和对角线上的四隅皆有力点存在,而在此力点处配置照片、大标题或标识记号等,便可显出隐藏的力量。因此在对立关系位置上,放置鲜明的造型要素,可显出对比关系,并使版面具有紧凑感。版面中形状的位置不同,如上下、左右、高低等不同位置会产生对比。对比句又称对照,把质或量反差很大的两个要素成功地配列在一起,可使人感觉鲜明强烈而又具有统一感,主体更加鲜明,作品更加活跃。

示例:《扬子晚报》 在版面两侧放置某种物体,不但可以强调,同时也可产生对比。版面的上下、左右和对角线的四隅皆有潜在性的力点,而在此力点处配置照片、大标题或标志、记号等,便可显出隐藏的力量。因此在潜在的对立关系位置,放置鲜明的造形要素,可显出对比关系,并产生具有紧凑感的版面。

9.6.3.1 追求版面结构的"平衡"

对比与平衡式版面结构的优点是版面可以做到层次分明,重要新闻稿可以在版面上突显出来。与对称式版面比较,这种版面更活泼,变化多姿。

示例:《钱江晚报》对比与平衡式版面结构组版有两条基本原则,一是追求版面结构的"平衡",二是巧妙运用"对比"。

9.6.3.2 对比与和谐

光有对比,没有章法,这样的版面是难以达到应有的效果的。这就要求版面布局整体的协调,使各个要素之内和之间,既对比鲜明,又相互和谐。如黑角线长短与栏目框长短的对应关系,淡灰底在何处运用,在何处用竖题等等,都应因和谐而用对比手法处理。和谐的效果是与设计者的审美情趣相关的。

示例:《姑苏晚报》娱乐非闻 "郭德纲央视春晚调侃周立波 反响平平" 对比与平衡式版面结构较对称式版面结构更灵活多变,有较多的长处,但它亦非十全十美。事实上它也有许多不足之处:①组版的难度大、要求高,编辑组版人员如果对各条新闻的价值估量失当,将产生明显的错误;②版面虽比对称式版面结构有弹性,但仍不能非常鲜明地突出重要新闻。

9.7 抽象法则

比例是指部分与部分,或部分与全体之间的数量关系。比例是构成设计中一切单位大小以及各单位间编排组合的重要因素。

示例:《温州都市报》70周年阅兵报纸"胜利·荣光" 标题排版对于版面来说是重中之重,因为标题本身就具有力量感,而且在版面中应用的标题都是非常浓缩的句子,言简意赅。在该版面设计中,标题、文字排版包括所有与文字本身、文字的位置及其中的图片有关的各种因素,所以对文字的排版并不仅仅是选择什么字体这么简单。比例编排组合是形的整体重要因素。

比例是形的整体与部分以及部分与部分之间数量的一种比率。比例又是一种用几何语言和数比词汇表现现代生活和现代科学技术的抽象艺术形式。成功的版面构成，首先取决于良好的比例。黄金比能求得最大限度的和谐，使版面被分割的不同部分产生相互联系。

示例：《合肥晚报》合肥记忆 55 周"春天的味道"　圣·奥古斯丁说："美是各部分的适当比例，再加一种悦目的颜色。"比例是物与物的相比，表明各种相对面间的相对度量关系。在美学中，最经典的比例分配莫过于"黄金分割"了。尺度是物与人（或其他易识别的不变要素）之间相比，不需涉及具体尺寸，完全凭感觉上的印象来把握。

9.7.1.1 版面的整体与局部

比例作为人们的一种审美尺度，很自然的与心理感觉联系在一起。与物如此，对人也是这样，所谓"中庸之道"即是"恰到好处"，而非简单的不偏不倚。人们的审美心理与自然规律相协调，所以几何形便是对这种规律的总结和对客观事物的抽象化归纳，这其中蕴含的各种美的法则都离不开一个中心法则——和谐，而由和谐律派生出来的是对称律等形式美法则。

示例：《温州商报》大阅兵，70 周年阅兵报纸特刊　该版面的整体与局部的大小关系，从艺术、设计的平面构成这个角度来审视，比例与适度，具有秩序、明朗的特性，予人一种清新、自然的新感觉。

9.7.1.2 和谐状态下的比例

恰当的比例有一种谐调的美感，是形式美法则的重要内容。版式表现是把不同的素材和版式编排组合在一起，这同时形成了不同的版式效果。各种素材的面积与体积大小的比例、数量多少的比例一定要符合尺度，给人以美的感受，如果比例失调，就破坏了美的秩序和规律，造成版式的失败。

示例：《深圳晚报》70 周年阅兵报纸"大国雄姿"　版式创新是报纸的活力之源。包豪斯强调"造型艺术的综合"观，提出"艺术与技术新的统一"的口号，旨在克服传统建筑、雕塑、绘画等的各自孤立状态，而重新使之成为整体。

抢夺"眼球"，是当下媒体"大战"的一项重要内容。作为平面媒体，不仅仅是文字和信息质量的竞争，同时更有表现形式的竞争。"靓化"的报纸版式能够有效提升读者对文字内容的阅读感受，增加报纸的美誉度和市场营销的竞争力。

示例：《辽沈晚报》　该版面融入艺术元素，用鲜红的旗帜，而不是新闻内容细节来表达新闻特征的主题。版式本身虽然没有具体内容，但它好似一只看不见的手，潜移默化地引导和主宰着读者的视线，从而传递版面的编排思想，体现报纸的品格、风范。版式是报纸的脸面，是报纸作为"产品"在采编之后、印刷之前的最后一道工序，历来为报人所重视。

9.7.2.1 用"对比"突出重点

"对比"是突出的最好方法。对于设计者而言，能灵活地运用"对比"的方法，就像一个战士多了一件得心应手的先进武器。采用"对比"的方法，可以突出重要新闻，按新闻价值恰如其分地表现各条新闻。

示例：《苏州日报》悠游世界"苏州乐园秋天更'出彩'"　简洁的配色和配色区域的合理分布是同样重要的。红色在版面左下部分，是此版面中最具敏感性的因素，在视觉上先于文字和图形给阅读者留下深刻的印象，而版面上面的绿色部分则给人以轻巧洁净的视觉感受。

9.7.2.2 色彩对比

色彩对比也就是色相对比，主要指色彩的冷暖对比。电视画面从色调上划分，可分为冷调和暖调两大类。红、橙、黄为暖调，青、蓝、紫为冷调，绿为中间调，不冷也不暖。色彩对比的规律是：在暖色调的环境中，冷色调的主体醒目；在冷调的环境中，暖调主体最突出。色彩对比除了冷暖对比之外，还有色别对比、明度对比、饱和度对比等。

示例：《苏州日报》中国银行"应对降息　合理规划家庭投资"　对比效果采取了以下手段：①不同字号、字体和形式的标题形成对比；②不同色彩（油墨浓淡、颜色深浅等）、不同尺寸的图片形成对比；③标题与图片形成对比。色彩基本无变化时，简单的对称也是美的，简洁大方。

9.7.2.3 营造版面强势

报纸的设计不同于艺术设计，它要服从和服务于内容的需要，可以说是戴着手铐脚镣跳舞的艺术，不能也不应随心所欲。报纸传媒的变迁与发展，总是与时代的发展紧紧相连。现代人特别是新生代人，更喜欢一种个性化的阅读方式。

示例：《苏州日报》关注　"小学长跑全面'萧条'"　报纸的"脸面"——版面编排发生了诸多变化。个性化阅读，正颠覆着传统的阅读审美情趣。"板块式""养眼式"等结构正成为当今报刊时尚的组版风格。

9.7.3 形态的意象

一般的编排形式，皆以四角型（角版）为标准形，其他的各种形式都属于变形。角版的四角皆呈直角，给人以规律、缺少表情的感觉，其他变形则呈现形形色色的表情。譬如成为锐角的三角形有锐利、鲜明感；近于圆形的形状有温和、柔弱之感。

示例：《春城晚报》 版面背景以仿古色为主色调，配有报道主体古村镇的图片，不仅给读者以历史感，更加深读者对古村镇的直观感受。文字介绍部分集中在矩形框中，工整且简洁。版面使用通版设计，表达更加连贯，整体感更强。

9.7.3.1 形态的调和

在版式中，如果形态之间对比很强烈，会导致读者视觉疲劳，这时可以适当添加主要形态的重复形或者类似形，以产生呼应关系，或者将形态重新布局，比如更改摆放位置，使形态更有秩序。也可以对形态的色调进行调整，达到主次分明的效果。

示例：《长江商报》 对比与调和在版式设计中互为因果关系。首先，通过物象间的对比使版面产生视觉冲突，从而吸引读者的视线。其次，通过排列与组合上的调和，寻求要素间的共存感，来避免读者因过度的刺激而产生视觉疲劳。如果过分强调对比关系，空间预留太多或加上太多造型要素，则容易使版面产生混乱。要调和这种现象，最好加上一些共通的造型要素，使版面产生共通的格调，有整体统一与调和的感觉。

9.7.3.2 特异构成

在性质普遍相同的背景下，个别性质不同的事物会立即显现出来。在设计中，构成秩序性是形式美规律的重要因素，若有少数与此不相一致的因素，便会形成对比。但在构成设计中，为达到预想的效果，还必须处理好版面上、下、左、右的空间安排，使画面整体上有较好的平衡关系，并丰满而有变化。有时也要体现版面的节奏感和韵律感，以及各形象分布的呼应关系。

示例：在版面设计中，特异构成应处理好异质形象在版面中分布的位置。例如这两张图中，异质形象的位置得到了很好的处理，版面整体上有较好的平衡关系，并丰满而有变化。

9.7.3.3 抽象法

抽象法，即对一些自然形态的图形，根据版面内容形式及生产工艺的需要，进行整理和高度概括，夸张其典型性格，从而提高装饰性，增强设计艺术效果。

示例：《新京报》健康周刊 该版面用抽象法的思维，去建构"营养礼品如何消受"这一主题。先把握主题的知识结构层次和整体框架，在脑内浮现一张图，形成整体架构，然后搞清楚部分与部分之间关系，形成整体认知结构；再进一步区分

营养知识的层次、方面和知识点，形成系统的营养知识结构；进而把握营养知识的重点，分清重点和细节部分，集中精力理解并掌握营养知识的重点和整体结构。

9.7.4 变异和秩序

对于视觉传达与设计，变异是规律的突破，是一种在整体效果中的局部突变。这一突变之异，往往就是整个版面最具动感、最引人关注的焦点，也是其含义延伸或转折的始端。

示例：《新疆日报》 该版面以线变异的形式表现主题，有位置的变异、规律的变异，共同构成特异效果。编排逻辑就是设计师预设的、有规律的、前后一贯的视觉元素出场规则。

9.7.4.1 有秩序的美

自然界中美的形式规律有两种：一种是有秩序的美，这是最多的也是主要的表现形式；另一种就是打破常规的美。世界上一切事物，都在不断地发展变化。变异是规律的突破，在相同形态或相似形态的重复排列中安排小的局部的变化，本质上也是对比的方法之一。

示例：《金华晚报》头版"今天'神十'飞天" 将有秩序的原理用于该版设计，使得设计更活跃、更丰富，形象则在整体中最具动感，最引人注目，易成为视觉焦点。设计师创造的编排逻辑对读者的视觉流向有重要引导作用。读者从中能感觉到版面信息是有人负责的，可以放心地阅读。

9.7.4.2 形象变异构成

在形象的重复构成上，特异是一种较为普遍的构成手法，凡变异处即是视觉的中心点。形象的变异也就是具象的变形，其造型更加概括、简练，特征更加鲜明突出，性格更加典型。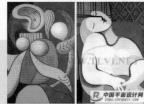

示例：形象变异构成是指对具象的变形。形象变异构成的方法就包括了抽象法。它是对一些自然形态的图形，根据版面内容、形式的需要，进行整理和高度概括，夸张其典型性格，从而提高其装饰性。例如这两张绘画作品，就经过艺术加工，将现实具象的事物进行抽象处理，使特征更加明显，更具有艺术效果。

9.7.4.3 变异是规律的突破

变异是规律的突破，是一种在整体效果中的局部突变。

示例：《合肥晚报》头版 本土·时政新闻 突变之异，往往就是整个版面最具动感、最引人关注的焦点，也是其含义延伸或转折的始端。变异的形式有规律的转移、规律的变异，可依据大小、方向、形状的不同来构成特异效果。

9.7.4.4 变形法

变形法指将自然形态进行扭曲、变形，从而引起人们产生乐趣。例如，剪纸艺术由于受加工工艺的约束，在形象上必须做某些概括；此外还有哈哈镜的效果等。

示例：采用形象变异的构成方法，使得原本普通的视觉形象有了新的表达方式。示例中的这两个版面具有很强的视觉震撼力，让人印象深刻。

9.7.4.5 秩序

在版式设计中，将版面中的视觉要素按照规定的方式进行排列，从而打造出具有完整性与秩序性的版式效果。

示例：《姑苏晚报》 该版面设计从红字标题"取消"，汽车图片到线条，指引设计视觉流向这一预设能被读者普遍理解的视觉元素顺序编排。简言之，就是遵守基本逻辑，创造新的编排逻辑，从而使读者获得阅读自由。这样来理解视觉流向，对于版面设计和评价是很有用处的。其规律化的排列形式还能使版面表现具有针对性。

9.7.5 形式美的六大原则

形式美是一种具有相对独立性的审美对象，它是指构成事物的物质材料的自然属性（色彩、形状、线条、声音等）及其组合规律（如整齐一律、节奏与韵律等）所呈现出来的审美特性。形式美的构成因素一般划分为两大部分：一部分是构成形式美的感性质料，一部分是构成形式美的感性质料之间的组合规律，或称构成规律、形式美法则。

形式美法则是人类在创造美的形式、美的过程中对美的形式规律的经验总结和抽象概括。主要包括：对称与平衡、对比与调和、节奏与韵律、变化与统一、虚实与留白、秩序与单纯，以最终获得版面的形式美。通过形式美与内容的统一，可完成传递报纸版面主题思想这一任务。

示例：《城市商报》 该公益广告版面应用美的形式秩序，匀称地安排各组成元素，同时也考虑到各元素的体积所占有的空间，因为美要依靠体积与安排来体现。美必须具有特定的感性形式，并且需要努力在客观事物中去发现它们。

9.7.5.1 对称与平衡

对称是形式美法则之一。对称是指事物（自然、社会及艺术作品）中相同或相似的形式要素之间，相称的组合关系所构成的绝对平衡。对称是平衡法则的特殊形式。例如，在人体的正中线上，人体左右两边的结构要素，如眼、鼻、耳、手、足、乳等，它们在视觉上是绝对平衡的，所以说人体是左右对称的。

示例：对称就是在版面中心点或者中心线的四周或者两边，出现相等、相同或者相似的版面内容。平衡是通过各种元素的摆放、组合，使版面通过人的眼睛在心理上感受到一种物理的平衡（比如空间、重心、力量等）。平衡与对称不同，对称是通过形式上的相等、相同与相似给人以严谨、庄重的感受，而平衡则是通过适当的组合使版面呈现"稳"的感受。

9.7.5.2 对比与调和

对比是强调两者之间的差异，突出各自的特点；调和是缩小这种差异，强调相互的内在联系，借助相互之间的共性以求得和谐。对比与调和是造型设计中最常用的手法，通过强调各种因素的差异，达到造型丰富、有层次变化的统一效果。

示例：《姑苏晚报》对比是差异性的强调，是将相同或相异的视觉元素作强弱对照编排所运用的形式手法，也是版面设计中取得强烈视觉效果最重要的手法。在该版式设计中，以心形（爱心）为元素体现爱心，以黑底强调各种因素的差异，达到造型的丰富，使同一版面中多种对比关系交融在一起。在对比关系中，对比越清晰鲜明，视觉效果就越强烈。

9.7.5.3 节奏与韵律

节奏与韵律来自于音乐概念，也是版面设计常用的形式。

示例：节奏是均匀的重复，是在不断重复中产生频率节奏的变化。如心脏的跳动、季节的更替等都可视为是一种节奏。节奏的重复使单纯的更单纯、统一的更统一。另外，节奏变化小的为弱节奏，例如舒缓的小夜曲，变化大的为强节奏，如激烈的摇滚乐。

9.7.5.4 变化与统一

变化与统一是形式美的基本法则之一，它们在版式中发挥着不同性质的作用。前者的特色在于通过改变编排结构，赋予版式生命力；后者的特色在于利用规整的排列组合，以避免版式整体显得杂乱无章。变化与统一是形式美的总法则，是对立统一规律在版面构成上的应用。两者完美地结合，是版面构成最根本的要求，也是艺术表现力的因素之一。

示例：《苏州日报》苏州调查"广场舞，十年红遍苏城" 在该版式设计中，人的队形排列是主导，强化了版面的整体感；变化是从属，突破了版面的单调、死板。局部变化是以版面的细节区域为编排对象，利用局部与整体间的差异性，使版式结构发生变化，同时带给读者深刻的视觉印象。

9.7.5.5 虚实与留白

留白是平面设计中的一种构成法则。它与图形、文字、色彩一样,是重要的版面构成要素,从属于整体布局的结构关系,指版面中没有放置任何图文的空间,其大小、形式、比例决定着整个版面的质量。

版面中的"虚",可以是空白,也可以是细弱的文字、图形或色彩,这要依具体版面而定。留白是版面"虚"处理中特殊的手法。

示例:《姑苏晚报》留白被独具匠心的设计者成功地运用后,其作用就像音乐中的休止符产生的"此时无声胜有声"的效果。它不仅能给读者以无尽的想象空间,引发联想和想象,还能创造出戏剧性的版面效果。它会帮助我们更好地实现信息传达的目的,为设计作品增添无穷魅力。为了强调主体,有意将其他部分削弱为虚,甚至以留白来衬托主体的实。所以,版面中的虚实关系为以虚衬实,实由虚托。留白带给人轻松感,最大的作用是引人注意。同时留白能强化重点,突出主题,满足视觉的生理需求,为读者创造轻松的阅读环境。

9.7.5.6 秩序与单纯

在版式设计中,秩序与单纯是一对概念相近的形式法则,它们的相同点在于,都是利用极具条理性的布局结构来阐明版面主题。

示例:《北京晚报》秩序与单纯也存在着差异性,如前者以版式结构的严谨感为排列原则,而后者讲究的是版面整体的视觉氛围。

9.7.6 节奏

节奏在视觉形象设计中表现为有一定的秩序性。同一要素按一定比例连续反复所产生的运动感,也称为律动,它的发展变化是循序渐进的,强调的是变化的过程。节奏是音乐中体现出来的韵律,用在设计中就是图形上体现出来的节奏变化,能使版面不至于死板、生硬,给人一种活泼生动的感觉。

示例:在日常生活中,除了音乐外,我们还能接触到许多有节奏感的事物,比如火车的声音、心跳的律动等,而版式的节奏法则也来源于这些细节。在版式设计中,将视觉要素进行规则化的排列,利用布局上的强弱变化,可使版面整体呈现出舒缓有致的节奏感。中国馆的设计改变了建筑常规的上小下大模式,并通过层次分明的榫结构展现自身的节奏和韵律,动感和力量感就被体现出来了。

9.7.6.1 节奏组合出优美的旋律美

音乐之所以能够打动人心,是因为它具有强烈的感染力,而形式法则中经常用的节奏与韵律也是来自于音乐的概念。在版式设计中,节奏是指有规律变化的排列方式,而韵律则是指均匀的版式结构。节奏和韵律在版面构成中的作用是:使形象在版面中有秩序、有条理、有变化,由此形成的韵律,更能突出版面的清晰的视觉流程。

示例:《姑苏晚报》版面设计是通过情感的传递引起与读者的共鸣和心灵上的沟通,所以任何形式的运用都应注重与内容的统一,都应有助于设计思想的展开。在版面中,所谓情感是发生在人与版面形态之间的感应效果,形与形式格局的物理刺激在人的知觉中造成一种强烈印象时就会唤起一系列的心理效应。形式美的基础,很重要的一个方面,就是建立在人类共有的生理和心理上。人的感觉与经验往往是从生理与心理开始的。现代设计以人为中心,版面设计也不例外,从人的因素考虑与人相关的一切活动。如果将版面设计中的形式理解为为效果而效果,它只能是一种形式显现出来的无深度、浮华的格式,谈不上与读者有心灵的沟通。

9.7.6.2 节奏版面的韵律美

节奏是规律性的重复。音乐靠节拍体现节奏,绘画通过线条、形状和色彩体现节奏。节奏往往呈现一种秩序美。韵律更多地呈现一种灵活的流动美。它变节奏的等距间隔为几何级数的变化间隔,赋予重复的音节或图形以强弱起伏、抑扬顿挫的规律变化,就会产生优美的律动感。节奏与韵律往往互相依存,互为因果。韵律在节奏基础上丰富,节奏是在韵律基础上的发展。

示例:《城市商报》花样经"万千宠爱 群镶婚戒"为使版面富于节奏感,体现韵律美,设计者调动一切可以调动的版面语言和手段,如字体、字号、色块、图片、线等,需要强调的稿件则浓墨重彩、浓眉大眼,位居次要的稿件则轻描淡写、素描淡彩。

9.7.6.3 讲究节奏使版面产生立体美

以视线的有序移动形成版面的节奏美。在版面设计中要学会通过色彩有规律的逐渐变化形成一种流动感,版面处理浓淡有致,张弛有度,跌宕起伏,节奏感强,给人以美的愉悦,则报纸就会达到最佳的宣传效果。

示例:节奏不仅可以通过空间位置和几何造型展现,材质的变化和重复也可以体现节奏和韵律,使人产生相应的联想。

9.7.6.4 节奏感就是强弱结合

在版式设计中,将视觉要素以渐变的方式进行排列,利用渐变构成在特定方向上的规律性变化,可使版面产生强烈的运动感,同时从心理与视觉上带给读者以节奏感。此外,还可以通过对渐变的舒缓程度、朝向等因素的调控,使版面展现出不同的视觉效果。所谓节奏感,就是强弱结合,相映成趣。《文心雕龙》有句话说:"五音比而成韶夏,五性发而成辞章",又说"善于文者,并总群势,奇正虽反,必兼解以俱通",意思是说强弱音结合才能成调,喜怒哀乐共有才能有好的文章,事物都是相辅相成的。

示例:《今日新昌》旅游节特刊"唐诗与新昌山水"形成节奏感首先要求有对比。图片与文字要形成对比,如果仅有照片,虽有对比,但不成节奏。方形结构的图片只有够多,才能形成节奏。当然节奏还要求多幅照片之间有呼应。此版面在左上角处以图片来突出,而较小的图片放在右下角,形成呼应,可谓设计者苦心经营的结果。

9.7.6.5 节奏和韵律

自然界中的许多事物或现象,往往由于有秩序地变化或有规律地重复出现而激起人们对美的感受,这种美通常称为韵律美。例如投石入水,激起一圈圈的波纹,就是一种富有韵律的现象。节奏是按照一定的条理、秩序,重复连续地排列形成的一种律动形式。它有等距离的连续,也有渐变、大小、长短、明暗、形状、高低等的排列所构成。

示例:《苏州日报》尚品生活 "看戛纳着装明星做今夏高街达人" 该版式中以人的图形放大与缩小组成的节奏与韵律,虽然都建立在以比例、疏密、重复和渐变为基础的规律形式上,但它们在表达上仍存在着本质区别。简单来讲就是,节奏是一种单调的重复,而韵律则是一种富有变化的重复。在节奏中注入美的因素和情感,就形成了韵律。韵律就好比音乐中的旋律,不但有节奏,更有情调,它能增强版面的感染力,开阔艺术的表现力。

9.7.7 韵律

单纯的单元组合重复易趋于单调,由有规律变化的形象或色群间以数比、等比处理排列,可使之产生音乐的旋律感,成为韵律。韵律是形式要素在节奏基础上的有秩序的变化,高低起伏,婉转悠扬,富于变化美与动态美。节奏是韵律的纯化,它充满了情感色彩,表现出一种韵味和情趣。只有节奏的重复而无韵律的变化,版面必然会单调乏味;单有韵律的变化而无节奏的重复,又会使版面显得松散而零乱。

示例:《恩泽视窗》"恩泽感谢 一路有您" 在该版面中,人物头像的重复排列成为相同形态的视觉要素,使版面产生韵律感。通过重复构成来强调版式的规律性,一方面使版面呈现出韵律感十足的艺术效果,另一方面则加强了版式对主题的塑造。版面艺术当中的协调与变化离不开节奏与韵律因素的相互渗透和统一。

9.7.7.1 起伏韵律

节奏的形式所产生的美感在平面设计作用中无疑处于流动状态,这种拥有时间特征的流动效应带有很强的起伏感。当一眼确定出一幅构成版面具有极强美感的时候,无论它采取的是何种法则,总离不开在起伏状态中巧妙安排的画面。从某种意义上说,版面具有的美感不能没有节奏的变换,虽然有时设计家不一定是将节奏的韵味放在强烈的起伏状态中加以突出的。

示例:该图片的创作手法虽然也是将某些组成部分作有规律的增减变化,形成韵律感,但是它与渐变的韵律有所不同。它是在体形处理中,更加强调某一因素的变化,使体形组合或细部处理高低错落,显得起伏生动。

9.7.7.2 交错韵律

两种以上的组合要素互相交织穿插,一隐一显,便形成交错韵律。简单的交错韵律由两种组合要素作纵横两向的交织、穿插构成;复杂的交错韵律则由三个或更多要素作多向交织、穿插构成。现代空间网架结构的构件往往具有复杂的交错韵律,运用各种造型因素,如体量的大小,空间的虚实,细部的疏密等作有规律的纵横交错、相互穿插处理,便能形成丰富的交错韵律感。

示例:在经过了追求"实用"、追求"艺术"以及追求"空间"等几个阶段之后,如何科学地、按规律构建现代版面,使版面得到均衡,是时代赋予设计师的神圣历史使命。版面的节奏与韵律之美需要设计师不断发现、鉴赏与领悟,并利用这些自然规律去指导他们的版面创作,使版面成为有机的整体,成为大自然的组成部分。

9.7.7.3 连续韵律

以一种或几种组合要素连续安排,各要素之间保持恒定的距离,可以连续地延长等,是连续韵律的主要特征。建筑装饰中的带形图案,墙面的开窗处理,均可运用这种韵律获得连续性和节奏感。

示例:《姑苏晚报》 大阅兵胜利日。在版式设计中,构图手法系强调运用一种或几种组成要素,在注重形式美感和文化意韵的表达的基础上,进行大对比、小调和,或者是大调和、小对比以连续和重复出现来产生韵律感。

9.7.7.4 渐变韵律

重复出现的组合要素在某一方面有规律地逐渐变化,例如加长或缩短,变宽或变窄,变密或变疏,变浓或变淡等,便形成渐变韵律。古代密檐式砖塔由下而上逐渐收拢,许多构件往往具有渐变韵律的特点。韵律指某基本形按一定格律中的间隔、连续交替、反复而产生的音乐诗歌般的旋律感、节奏感。

示例:《姑苏晚报》该版的特点是:先将底色以渐变方式处理,并将其组成要素(色调的冷暖浓淡、质感的粗细轻重等)作有规律的向中心减弱;对主题的标题做放大处理,以造成统一和谐的韵律感。形成的渐变韵律,使人感到既和谐统一又富于变化,突出主题。

9.7.7.5 韵律像音乐一样充满情趣

韵律不是简单的重复,而是比节奏要求更高的律动,就像音乐一样,充满情趣,好似重复之中有高音、低音的变化。

版面设计中的韵律是指其中的视觉要素(图形、文字、色彩)在组织上合乎某种规律时所给予受众的视觉和心理上的节奏感。

示例:静态版面的韵律感主要建立在比例、轻重、缓急、反复、渐变等为基础的形式规律之上。

韵律是通过节奏的变化产生的,如变化太多,失去秩序时,也就破坏了韵律的美。在构图中,任何形体的重心位置都和视觉的安定有紧密的关系。

9.7.7.6 韵律能满足人的精神需求

在版式设计中,将相同的图形元素以特定的方式进行摆放,利用图形在比例、配色或朝向上的不同,使版面在视觉上产生强烈的对比,同时带给读者以错落有致的韵律感。韵律是构成要素连续反复所造成的抑扬调子,具有感情的因素,能给人以情趣,满足人的精神享受。

示例：《姑苏晚报》环球点兵"哈尼梯田'申遗'成功" 在该版面中，设计者利用图形韵律的作用产生情趣，具有抒情意味。韵律增强设计版面的感情因素和感染力，引起共鸣，产生美感，并开阔艺术的表现力。所以设计者在节奏与韵律法则的运用中要注意相互的相辅相成。

9.7.8 和谐

和谐即协调，是事物在矛盾对立的诸多因素相互作用下实现的统一。人的和谐感觉是与自然的和谐规律相统一的，它是一个合理的、自然的运作规律。

示例：《钱江晚报》该版面设计是提取了自然和谐形成的要素，运用点、线、面组织成各种形式法则来实现设计意图的。因此和谐之美不仅是符合客观规律的，而且是可以运用它去创造我们心目中的美的。

9.7.8.1 对比与和谐

对比与和谐是版面设计中的重要因素，文章的大小、疏密，线条的曲直，图片的大小、深浅，这其中都存在着对比与和谐的问题。其中大小的对比是很重要的要素，它决定着形象的均衡。强调大小的对比，就会强化版面的节奏感；而减弱大小的对比，就会给人以均衡的感觉。曲线和直线的对比关系中，曲线比较自然柔软，会令人舒畅，而直线严肃、坚强富有硬度。只有曲直结合才能完美地展现版面设计的美感。

示例：《姑苏晚报》 在该版面设计中，对比穿插作用其间，它们之间有着紧密而不可分割的关系，构成了丰富的语言，表达着美设计者的意图和思想。和谐是在统一中求变化的结果，同时，和谐也是美的最高标准。版面设计中的和谐可以呈现为基调一致，包括在一个版面中的图片结构。

9.7.8.2 美学的内涵中心是和谐

美学的内涵中心是和谐，由此派生的对称律则是形式美法则的核心。艺术设计中平面构成的诸多法则，如重复与发射、条理与反复、对比与调和、节奏与韵律等，都离不开一个核心问题，即"对称律"。"对称"狭义上是指同形、同量、同结构的均衡形态，广义上则应理解为均衡的变化统一，和由此产生的连续、统觉等视觉形态和规律。

将垂直线和水平线作对比处理，可以使两者的性质更生动，不但使版面产生紧凑感，而且还能避免冷漠僵硬的情况产生。相互取长补短，可使版面更完美。

示例：《山东商报》该版面以一颗"￥"形状的大葱为主插图，象征着整个生产加工销售的利益链条。左侧的说明部分从葱根部往上依次排列，象征利益层级的逐步递进，十分巧妙。标题以及版面的整体色彩选用了绿白相间，色彩感鲜明，也符合"大葱"本身的颜色特征。

9.7.8.3 和谐状态的比例

和谐状态的比例，即"黄金律"，其比值为 1：1.618，也称"黄金分割"。这个比例虽然不是中国人总结出来的，但我们的祖先不论是在建筑方面或者其他的设计方面，均不自觉地体现出"黄金率"这个形式法则。

示例：《姑苏晚报》 该版面设计者以"黄金率"这种比例构成物体时，心理的节律是和谐的，心情是愉快的。因为他找到了两个事物之间恰到好处的距离。

9.7.8.4 和谐是统一与对比

从狭义上理解，和谐的平面设计是统一与对比两者之间不乏味单调或杂乱无章。广义上理解，是在判断两种以上的要素，或部分与部分的相互关系时，各部分给人们的感觉和意识是一种整体协调的关系。

示例：《贵州都市报》该版面为 2010 记忆年终专稿封面，用手绘肖像的方式，总结回忆 2010 一年中的新闻人物和事件。版式清晰简洁，使读者通过封面即可对特刊内容有所了解。

9.7.8.5 事物在和谐中生存

事物的形式多样统一，大到宇宙，小到原子，每一样事物都处于和谐统一之中。就像对立统一规律一样，有大的就有小的，有胖的就有瘦的，事物都是在和谐中共存。这规律用在设计中也符合美学规律。

示例：《新京报》该版面是娱乐专栏版面，文章内容是拜金女眼光的高低，已成为社会经济发展的一个重要指标。此设计将版式和插图巧妙地融合在一起，文字组成的心形和图中的心形相映成趣。

9.8 视觉整体法则

报纸的版面必须有审美效果，新闻信息才易为广大受众所接受和传播。在版面设计中，运用形式美的法则，是报纸产生审美效应的基本方法。设计者在版式设计、文图编排，色彩使用和空间布局上，应做到整齐有序，变幻而不杂乱。大的地方简洁大方，一目了然，小的地方精细到位，细微之处见功夫。

示例：《姑苏晚报》 该版面用色以中性色为主，整个版面色调一致，华而不乱。文章标题是版面语言中最活跃的一个元素，本身就具有很强的导读性。设计者运用美学规律，以现代科技手段，大胆创新，制作出庄重大方，活泼有动感，有反差的标题。图片是版式的重要组成部分，是最直接的视觉语言。在读图时代，图片对文字的诠释作用可以使抽象文章具象化，增强文章的可读性，提高阅读的有效性和趣味性。

9.8.1 简洁版面

在日常生活中，我们随时随地都在接触与版式相关的事物，这些事物可能是商品也可能是艺术品，无论是哪种属性的设计产物，都将成为我们阐述商家或作者的情感主题。为了使人们更易于理解该主题信息，在创作版式时应结合相应的形式法则，通过编排使版面呈现出简洁的视觉效果，同时使版面在强调主题的同时也不失美感。

示例：《扬子晚报》在该版面中设计者将各种构成因素结合起来，这不是简单地拼凑，而是将各元素有组织有条理地通过美的法则联系起来，铸造成一个新的完美统一的整体。组合语言是统一的，功能是多样的，形态是可变的，给人一种完整的美感。它使版面产生美的境界，如同音乐一样通过不同的音符、节奏组合出优美的旋律。

9.8.1.1 简化即是强化

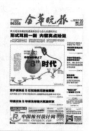

简洁的版式利用其直观性的表现能力，以一针见血的方式向读者阐明主题信息。在编排设计中，为了达到简化版式的目的，可以删除版面中多余的视觉要素（包括图形、色彩和文字等），或直接采用既具备多重含义又富有简约感的几何图形的组合。

示例：《金华晚报》 版面语言在传达信息方面起到桥梁和纽带作用。版面作为新闻的载体，它给稿件提供的不仅仅是空间，更重要的是它对稿件有所评价。正是这种对新闻稿件的评价，版面才不是消极反映内容，而是用自己独有的方式对稿件进行能动地反映。该版面设计者探索形式美法则，将一路上升的汽油价格用线串联起来，并标注了各上升点的时间，同时放大描绘了油滴，创造性思维在此构成中的表现一目了然。将稿件内容传达给读者，引导读者去思考、感染、启发读者是对设计者的要求。

9.8.1.2 编排结构上做"减法"设计

版面设计时，宜将版面中各种视觉要素（图形、文字和色彩）在编排结构上做"减法"设计，通过删减版面中与主题并无太大关联的视觉要素来达到简化版式的目的，从而使版面的视觉表现力得到大幅度提升，同时加强版式结构的整体性。读者阅读报纸获取信息，不仅是希望"速读"，还希望读得简单自在。现代报纸版面设计的基础应该是视觉生理学和视学心理学。

示例：《长江商报》 视觉生理学的版面设计，首先考虑的是版式、标题、图片这三者的安排要体现出协调性、整体性，一眼望去感觉是一件完整的艺术品，而不是一个大超市；其次要简洁、明快、轻巧。因此，报刊在实施"板块式"编排的同时，要使其图案化、艺术化，追求节奏上的韵律美，层次上的立体美，色彩上的和谐美，以赢得读者生理视觉上的愉悦和喜爱。

9.8.1.3 图形是视觉要素之一

图形是版式设计中最常见的视觉要素之一。在进行编排设计时，可以根据版面的主题需要，将具有象征性的图形元素组合在一起，以构成具有直观表现力的版式效果，同时保持版面结构的简洁性。艺术形式也体现了这一特点。重复、渐变和特异等都是变化统一在构成形式上的应用。没有变化就没有创新和发展；没有统一，就会杂乱无章，达不到纯熟的境界。整个艺术史就是不断突破旧的形式，创造新的形式，自我完善的循环发展过程。

示例：《姑苏晚报》该版面设计运用平面设计的美学理论对报纸进行整体规划，让其拥有独特的个性风格，这是版式设计需要达成的创作计划目的。即通过不断地探索实践，使设计拥有独特的个性风格，以得到读者的认可。报纸版式设计是一种审美活动、创意活动，是设计者运用科学、技术知识和美学修养，创造出的艺术作品，是设计者审美创造力的体现。

9.8.1.4 谐调美感

世界公认的黄金分割比 1：1.618 正是人眼的高宽视域之比。恰当的比例有一种谐调的美感，成为形式美法则的重要内容。各种素材的面积与体积大小的比例，数量多少的比例，一定要符合尺度，给人以美的感受。如果比例失调，就破坏了美的秩序和规律，造成作品的失败。

示例：《姑苏晚报》 版面是报纸的面孔。一个精美新颖的版面，先是以"貌"夺人，使读者赏心悦目，然后他们才会饶有兴味地阅读并接受内容。版面语言是连接内容与形式的重要桥梁，它的审美价值在于充分提示和展现新闻稿件的价值，增强宣传报道效果。

9.8.2 组合规律

在版式设计中，秩序是指有规律的排列方式，而单纯则是版面整体所呈现出来的一种简洁感。将秩序与单纯进行有机地组合，通过单纯的要素结构与井井有条的编排组织，能够加强版式的表现力，同时带给读者视觉上的冲击感。

示例：《钱江晚报》 设计者可通过筛选，将各组成元素完整、简明地遵循良好的秩序组合在一起，以使版面简洁且具有极强的表现力。此版面中，标题的编排结构简明，标题及图片以规律的形式展现。为了更好地展现秩序，标题强调了结构的单纯。排版越单纯，版面的整体性就越强，简明的结构和秩序可以更明确地指明版面内容的流向。

9.8.2.1 比例与尺度

比例是指图形与图形间数量的相互对比关系，体现的是各图形、要素间，部分与部分、部分与整体的数量比值或者倍数关系。最常用的是黄金分割比率。把黄金分割比例用数字表示就是 3：2，准确数字 1：0.618，这是人们在长期生活中总结出来的最美的分割比率。

示例：《姑苏晚报》该版面运用形式美比例以展示和表现事物对象的存在形式。无论是具象还是抽象形式，形式美比例法则都能给所表现的内容赋予美感。形式美和传播的信息内容是统一的，是为内容服务的，它可增强版面的感染力，使人们在欣赏版面的过程中享受美的信息，产生吸引人注意和欣赏目的的引导作用。

9.8.2.2 条理与反复

条理与反复原则是图案组织形式的主要原则，是构成秩序美的重要因素。有条理可使图案显示出整齐的形式美，这也是图案艺术所特有的一种美的形式。

示例：条理的变化，使图案产生多种多样的节奏和韵律，如单数的、双数的，等距的、不等距的，缓慢的、急促的，求心的、远心的等。二方和四方连续纹样就是条理与反复的最佳体现。

9.8.2.3 联想与意境

构图是创造性地发挥自己所表现对象的方法，它没有绝对的定式和规律。版面构图是版面设计过程中的重要手段，是将各种元素整合在理想位置的一种布局方法。版面构图可指导版面设计者如何安排版面，这样既可以获得最好的构图形式，又可以充分表现主题思想。爱因斯坦说"想象比认识更重要"。联想是思维的延伸，它由一种事物延伸到另外一种事物。版面构图是从自然景物中不断总结出来的一种版面设计形式和一般规律，它的客观存在使版式不断发展和变化着。

示例：《郴州新报》 该版面设计上采用了美学上的韵律、节奏、对比、和谐手法，突破形象思维的时空局限，不按原形态展现，而作为新的元素去运用。在美的形式法则中，解放思想，从意象变化分解中获取新概念，从而创造出有新意的版面。

9.8.2.4 动态与静态

动感与静感是相对的，它们来自于人们的视觉经验。变化的因素倾向于动态，统一的因素倾向于静态，它们不是实际意义上的运动与静止。

示例：《齐鲁晚报》该版面题图均衡的构图倾向于动感。以运动为主题的画面产生动感的方法有局部变异、倾斜、转曲、收束、形态的反复。表现流动跳跃的美感，使报纸版式个性化，增强版面的视觉冲击力，这是现代报纸版面设计的趋势和必然。

9.8.2.5 多样与统一

多样与统一是一切事物发展的普遍规律，也是图案变化的总则。多样与统一既相互对立又相互依存，舍去一方，另一方就不复存在。若只一味地追求变化，就会杂乱无章；片面强调统一，又会呆板单调而没有生气。只有将两者有机地结合在一起，才能真正体现自然界的规律。在设计的过程中，变化的因素越多，动感越强；统一的因素越多，静感越强。示例图在空间布局上做出了变化，边缘伸出的部分让整个形体突破了传统造型的束缚，呈现出变化。

示例：《姑苏晚报》 该版照片上半部主体是绿色的荷叶，这个以绿色为主色调的照片形成版面的视觉中心，而这种绿色则笼罩了上半版。下半版则为深蓝色，与上半部那"形而上的绿"相对照，通过色彩明与暗、浓与淡、深与浅的渐次变化，形成了在主色调统一下的节奏感。彩图在形成节奏感上具有举足轻重的作用，影响着版面的视觉中心的形成和整体节奏。设计时要充分发挥彩图的优势，形成版面的整体色调，再辅以其他色彩加以配合，形成流动跳跃的美感。

9.8.2.6 和谐与重心

和谐即协调，是事物在矛盾对立的诸多因素相互作用下实现的统一。人的和谐感觉是与自然的和谐规律相统一的，它是一种合理的、自然的运作规律。

示例：《苏州日报》该版面以在空白空间中插入简短的文字段落，利用周围干净的环境来突出该段文字，以构成版面的视觉重心，同时引起读者的注意。通过这种编排手法，能有效地加强文字信息的表现力。

9.8.2.7 解构与重构

解构就是把原结构解体，还原成每个局部的基本原始单位。重构就是把解体后的基本原始单位重新组合，构成一个全新的、不同于以前新物体结构。

示例：《姑苏晚报》该版面以神十／天宫 "为梦想起航"为主题，在版式设计中使用了解构与重构的方法，满足主题风格，使主题更一目了然。使用解构对比时，必须充分注意整体版面的和谐，避免大量使用高强度的对比，以免引起人们视觉和心理上的疲劳。重构在版面中会产生良好的空间和层次，使版面生动活泼。设计者设计时应善于寻求新的突破点，发现事物新的联系和组合方式来进行重组。

9.8.3 其他规律

一般而言，在设计过程中需要进行形象切割构成。步骤：①寻找适当的彩色图片；②切割；③组织排列；④进行版面构成。

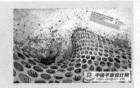

示例：在设计中，为了增强版面的变化，可在版面空间中进行适当地的切割。然后，将各割取部分配置以不同的色调，使版面色彩变化更丰富。

9.8.3.1 格位放大法

格位放大法，即在原图中打出等大的方格，再在画纸或布上打出同数量、等比放大的方格，就像两张画有经纬线而比例尺不同的地图。接下来就是小地图（原图）中的内容按坐标挪到大图中。

示例：《新京报》年度畅销书香榜 "图书产品的'票房价值'" 在设计中，将自然形态的图形，按其形象大小量取若干等大的正方形格位，而在变形的部位，也量取同等数量的格位，其格位按变形的需要，拉成长方形（左右拉长形象）、菱形（形象倾斜）、曲线形（扭曲状态）等不同形状，然后将原形按格位的布局移至变形部位。

9.8.3.2 Jump

在编排设计中，以合理地运用配色、编排等手段来区分版面中的主次关系，利用鲜明的视觉对比来突出主体物在空间中的存在感，从而创作出具有单纯表现力的版式结构。标题和本文大小的比率就称为 Jump 率。

示例：在版面设计上，必须根据内容来决定标题的大小。Jump 率越大，版面越活泼；Jump 率越小，版面格调越高。依照这种尺度来衡量，就很容易判断版面的效果。标题与本文字体大小决定后，还要考虑双方的比例关系，如何进一步来调整，也是相当大的学问。

第 10 章　新闻版式设计

　　新闻版式设计的目的,是将出版物以完美的形式进行展示和传播。随着信息技术的发展,新闻版式设计需要突破平面的范式,走向立体、多元、多维等基于数字时代的综合应用,从而设计出艺术、技术、商业价值兼备的好作品。为此,本章对新闻版式设计进行探讨。

10.1 了解新闻版式

新闻版式设计是新闻媒体通过文字、图片、色彩等符号向大众传递新闻信息的一种方式。版面必须要有一个极具吸引力的中心内容，为了制造这个有吸引力的中心，设计者可以根据需要改变文字的编排样式、字体样式、版面色彩等。

示例：《姑苏晚报》 版面中，以大字标题突出"39.5℃"，苏州发布今年首个高温红色预警。版式的编排与设计是新闻媒体各种内容编排布局的整体表现形式，是帮助和吸引读者阅读的有效手段。标题的作用一是使文章的主题更加吸引人，更加突出，二是使文章之间有明确的开始和终结标志。标题与留白之间形成的强烈对比，更是版面视觉停顿、休息、呼吸等的重要方法。加上标题位置不同的设计安排，字体的变化，便可以演绎出许多风格各异的效果，为版面争彩。

10.1.1 传播速度快，信息传递及时

对于大多数综合性日报或晚报来说，出版周期短，信息传递较为及时。有些报纸甚至一天要出早、中、晚等好几个版，报道新闻就更快了。

示例：《扬子晚报》 该版面为特刊版面，以大的图片形成很强的视觉冲击力，激发人的兴趣，吸引人的眼球，引起读者的注意。利用报纸，及时地将信息传播给消费者。

10.1.2 信息量大，说明性强

报纸作为综合性内容的媒介，以文字符号为主，图片为辅来传递信息，其容量较大。有内容成为主体，也就有内容作为陪衬，通过降低陪衬信息的注目度也可以提升中心内容的吸引力。

示例：《姑苏晚报》要闻·综合 "新党员传递红色'正能量'" 该版面以文字为主，说明性很强，可以对主题详尽地描述。对于一些关心度较高的信息来说，利用报纸的说明性来详细告知读者有关信息的内容。

10.1.3 易保存，可重复

由于报纸的特殊的材质及规格，相对于电视、广播等其他媒体，报纸具有较好的保存性，而且易折易放，携带十分方便。

示例：《苏州日报》 一些人在阅读报纸过程中还养成了剪报的习惯，根据自己所需分门别类地收集、剪裁信息。这样，无形中又强化了报纸信息的保存性及重复阅读率。

10.1.4 阅读主动性

把许多信息同时呈现在读者眼前，增加了读者的认知主动性。读者可以自由地选择阅读或放弃哪些部分；哪些地方先读，哪些地方后读；阅读一遍，还是阅读多遍；采用浏览、快速阅读，或详细阅读。

示例：《石家庄日报》 读者也可以决定自己的认知程度，如仅有一点印象即可，还是将信息记住，记牢；记住某些内容，还是记住全部内容。此外，读者还可以在必要时将所需要的内容记录下来。

10.1.5 权威性

消息准确可靠，是报纸获得信誉的重要条件。大多数报纸历史长久，且由党政机关部门主办，在群众中素有影响和威信。

示例：《苏州日报》要闻 "天地一课，点亮梦想" 符合主题内容的完美形式是直接表达设计意图最直接的艺术语言，形式的选择也影响着设计的整体形象。一个与内容相统一的形式不仅可以提升版面的悦目度，还可以使信息的传达更具生动性。在报纸上刊登的广告往往使消费者产生信任感。

10.1.6 高认知卷入

服务无止境，满意无终点。报纸信息多数以文字符号为主，要了解其内容，要求读者在阅读时集中精力，排除其他干扰。一般而言，除非广告信息与读者有密切的关系，否则读者在主观上是不会为阅读广告花费很多精力的。

示例：《苏州日报》读者的这种惰性心理往往会减少他们详细阅读文案的可能性。换句话说，读者对不太感兴趣的信息阅读程度一般是比较低的。不过当读者被吸引时，他们对不太感兴趣的内容也会比较全面、彻底地了解。

10.1.7 印刷难以完美表现，形式单一

报纸的印刷技术最近几年在高新科技的支持下，不断得到突破与完善。但到目前为止，报纸仍是印刷成本最低的媒体。受材质与技术的影响，报纸的印刷品质不如专业杂志、直邮广告、招贴海报等纸媒体。

示例：《重庆商报》 设计讲究的是"表里如一"，即内容与形式的高度统一，这就要求版式必须符合设计的主题思想内容，这是版式设计的基本前提，如果脱离内容，再完美的表现形式也是多余的，带来的只是一个空洞的平面图形，不能传达任何情感。同样，只求内容而忽略艺术的表现形式，则会让版面变得呆板，缺少活力与吸引力，进而降低设计的传达表现力。报纸以文字为主要传达元素，表现形式相对于电视的立体、其他印刷媒体的斑斓丰富，显然要单调得多。

10.2 新闻版式的艺术表现形式

新闻版式设计是新闻媒体通过文字、图片、色彩等符号向大众传递新闻信息的一种方式。版式的编排与设计是新闻媒体各种内容编排布局的整体表现形式，是帮助和吸引读者阅读的有效手段。

示例:《城市晚报》 版式设计包含装帧设计、报纸设计、包装设计、广告设计等众多领域。出版物的年代、风格、受众层次及兴趣、民族及地区等因素均需在进行版式设计时充分考虑，然后采用具象或抽象、严肃或活泼、厚重或轻松的图文，展现人、情、物、景、意、神、象，并用色彩、文字、图像等分割、组合版面，吸引读者，表现主题，启迪思维，展示创意，将商业、技术与艺术结合，连接作者与读者的思想，引导读者的阅读欣赏行为。

10.2.1 点线面等元素组合

报纸的版式设计，是设计者运用科学、技术知识和美学修养，创造一个能够满足读者精神与物质双重需要的阅读环境。报纸版式由文字、图片、色彩、字体、栏、行、线、报头、报花、报眉以及空白等要素构成，版式设计就是报纸版面构成的组织和结构。新闻版式设计的艺术表现形式是通过点、线、面等元素在版面空间中组合而成的。

示例:《大庆晚报》 大冬会开幕式主题版面，通过对版面空间进行分割，置入不同的元素，且对元素之间的关系在比例、位置、方向、轻重、浓淡等方面进行调整、协调，从而形成个性化、符号化、艺术化的版式作品，体现个性、时尚、意境与情感等多种内涵。

10.2.2 用色彩、图形、文字等分割

版式设计的区域，可采用颜色分割、图形分割、直线分割、文字分割等多种方法进行分割。同一系列的设计可在色彩、图形、文字等方面有所不同，但最终要构成和谐、有机的整体。

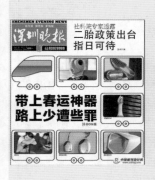

示例:《深圳晚报》 在版式设计中，各元素的组合可运用重复、变化、集合等方式，通过大小、明暗、曲直、动静、疏密、高低、旋转、移动、缩放等构成手段，形成预想的韵律、节奏、意境、氛围，以体现作品的主题、内容和风格，使传播效果最大化。此版面介绍的主题是能让春节期间少受些罪的春运六大神器:鸵鸟枕、防踩铆钉鞋、开道惨叫鸡、硬座宝、箱包防盗器、便携集尿袋。

10.2.3 色彩的运用表现着不同的编辑思路

虽然"美"的概念是非常抽象的，但是大多数人对于美的选择还是具有很大的相似性的，所以，在追求美的形式的视觉效果的同时，还有必要了解一些制造美的形式的方法，比如对称、对比、平衡、调和等;同时还要拓宽自己的眼界，学会吸收、利用优秀的设计版式;另外还要勇于打破常规，不断地寻求形式与内容的结合点，创造出更完美的版式。不同的版式设计和色彩运用表现着不同的编辑思路，也有助于形成不同的报纸风格。

示例:《姑苏晚报》头版 "春运首日 现场直击"一般来讲，严肃的党报与相对活泼的晚报、都市报的风格不同，与生活、消费、娱乐类报纸更不同，综合类的日报与周刊又不同。这种差异读者很容易从版式上看出来，从而形成了新闻版式设计中不同的艺术表现形式。

10.3 新闻版式设计的艺术技巧

文本和图形，要在有限版面中最优化地传达信息，影响受众。美学特征是其重要因素，即结构、色彩、光影、虚拟空间与想象空间等要素的编排指引，使小区域蕴藏深内涵，承载时代与社会倡导的主流意识与情绪。新闻版式设计注重艺术与技术的统一，强调创意、个性化并融合情感。时尚化版式设计正由平面向立体拓展，将形与意有机融合，综合运用，分类合并，为版式设计提供了新方向和新视角。

示例:《青年时报》晚间举行的熄灯一小时活动，光线不足，图片很难出彩。《青年时报》用海报形式呈现新闻内容。整体版面以大面积的深色为背景营造夜晚的感觉，以白色勾勒出一盏灯泡的形状，从而点亮了整个版面。但如果仅限于此，版式语言还是过于空洞，必须有一种元素能够唤起人们的希望。于是他们用参与活动的孩子们天真无邪的神态让人们感受到了下一代人对保护地球的延续与希望。最终整个头版以海报的形式呈现出来。

10.3.1 技巧与审美同时起作用

新闻版式设计的本意就是让技巧与审美同时起作用。一个成功的版式应该是指不同元素用一种适合观看的方式组合在一起。版式设计在组合版面语言符号的不同元素时，不能不考虑到围绕文字传播展开的主体性。在读图时代，版式设计力图让图片成为独立的话语载体，这已成为一种趋势。

示例:《华西都市报》 当天的新闻不够好，严格来说，没有一条适合做封面头条。该版面打破常规，另辟蹊径，充分发挥导读的集纳功能，通过时间线索，对四条国内热点新闻的追踪报道——"上海特大火灾 26 人获刑""故宫宋瓷损坏事件追责""温州动车事故签订赔偿协议""味千拉面老总身家缩水"进行整合，时钟元素突出了"火灾

260 天之后""微博爆料故宫事件 3 天之后""温州动车事故事发 10 天之后""味千拉面调查 10 天之后"等时间脉络,泛黄的牛皮纸寓意过往的事情还未结束。文字和视觉上的整合和设计使之成为封面的视觉中心,放大了聚合效应。

10.3.2 在有限区域内进行解构与重构

新闻版式设计过程可分为构思、构图、制作、修饰等阶段。具体设计过程是:图文素材采集;绘制多个版式方案草图;选择与内容相匹配的风格;进行电脑编排;装饰元素的修饰与设置;印刷、组装等。设计需要借助纸、笔、电脑等工具,构画草图并完善后,上机操作,将点、线、面、色彩在有限的设计区域内进行解构与重构,与文字、图像交融,达成大小适宜、疏密有致、静中有动、动中含静,视觉的、触感的、认知的、想象的、审美的多层次立体效果。

示例:《东方早报》 一个工程开工的消息上封面,即使是迪士尼,正常情况下仅就视觉呈现而言也是波澜不惊的。但《东方早报》的这个封面,做得有点令人惊艳。摄影记者的创意再加上手绘轮廓图,颇有韵味。

10.3.3 构造形神兼备的意境和语义

新闻版式设计作品还可以通过绚丽与朴素、喧闹与沉静、高亢与低调、轻与重、喜与悲、冷与热等的取舍比例,构造形神兼备的意境和语义,从而体现出版物的精髓。

示例:《东南早报》 从新闻表现力上讲,版面用漫画般的表达形式,将文章主题诠释得鲜活生动、准确到位。从版式美观上讲,该版面均衡整洁,留白恰到好处,用色不多却重点突出,有视觉冲击力。该版面无新闻图片,然而经过美术设计,却能较好地表现出文章的内涵。

10.3.4 新闻版式多维模式

新闻版式设计还包括:由静向动的发展;由平面向立体、多维模式发展;简繁之间的切换;角色与场景的交融;插图的巧妙布设,幻想与真实、虚与实的变换;夸张与变形的运用;传统与现代的对抗与契合;传媒的演变与社会时尚;多维、多模式、多时空呈现等。

示例:《合肥晚报》这个封面传达的新闻是当时引起很大震动的"合肥的姐被刺案",合肥市民牵挂着受害的姐的伤情,也牵挂着众多合肥的姐夜晚的行车安全。版面处理上,借助颜色情感,用整版的黑色体现对此类案件之愤慨。大标题用红色凸显其重磅,创意上采用了合肥出租车的轮廓图形,两边的车轮用了的姐在医院治疗的图片,既和车子的图形融为一体,又让读者直观地看到的姐的治疗情况,做到了视觉和信息的兼顾。文字的斜度正好与车子的构图相辅相成,使整个版面看起来既醒目又协调。

10.3.5 抓住图片本身的特点

设计是为大众服务的,具有很强的目的性,所以也就决定了版面上的任何元素都不会是多余的,而是设计传达所必需的。版面内容是设计的主要表现对象,设计者对版面的元素做的处理都是为使版面更加充分地表现内容。

示例:《合肥晚报》 该版设计着重抓住了图片本身的特点——元宵节,天鹅湖畔上空的明月与燃放的烟花在夜空中交相辉映。图片大标题置于版面右上角,导读整体放置于左下角,层次分明;明月、烟花和夜晚寂静的一排路灯,天与地完美地融合,文字与图片有机地组合,更好地表现了主题。

10.3.6 立体化解读新闻事件的技法

3D 技术在平面媒体上的应用,不能仅是一个服务于形式的手段,更应该成为全方位、立体化解读新闻事件的技法。

示例:《河北青年报》该版面报导的是关于斯里兰卡两架战机相撞的事件。通过 3D 制图,图片编辑还原了现场,增强了动感。版面元素环环相扣,让读者对事件过程由此一目了然。

10.4 新闻版式设计的艺术发展空间

随着我国传媒市场化竞争机制的形成和新媒体的兴起,面对日益高涨的大众对信息的需求,现代版式设计借助新科技、新材质,越来越趋于表现个性化的完美。在快读、悦读的时代,把信息概念化、简洁化、形象化,可迅速获取人心。

示例:《江淮晨报》 当头版的新闻事件没有好图片支撑时,封面多数情况下要采用漫画的形式来表达。此类漫画的选择,除了海报化封面所需要的美感外,还需要创作手法简洁、生动。该版面成功地运用视觉语言,解构当时热点,有诠释深度,亦有人文情怀。

10.4.1 读图时代的图片运用和色彩化

新闻版式设计趋势是现代社会发展的产物。对外开放带来了版式设计以文字标题全部横排的欧美风格;信息化社会形成了厚报及报纸头版的封面化;报刊的竞争形成了为吸引读者采用的标题超粗黑;读图时代形成了突出图片运用和报纸的色彩化;快节奏生活方式为方便读者迅速阅读文字的编排少栏化;多元社会形成了适应分众的分类编排;数字化社会形成了设计桌面系统不断翻新……

示例:《东莞时报》 在很多元素（如本地、国际等重大新闻题材）都缺乏的背景下,文字编辑与美术编辑共同制造了一个令人瞩目的概念——热血少年。一个绿色书包和一串值得尊敬的名字在版面上铺陈,热血少年的形象熠熠生辉。

10.4.2 求易求异的设计理念

版式简而富有意境,便形成了货架式的、简洁的版式结构。求异就是让读者在繁杂的、多向的,甚至是鱼龙混杂的信息中,尽可能自愿地获读有效的信息,图面形成了与众不同的、个性鲜明的版式风格。

示例:《都市快报》 就现代新闻版式设计本身而言,它的发展、创新也体现了与时代合拍的设计理念。版式设计求易、求异的设计理念思潮,是与当今读者相互交流的一种默契。求易就是尽可能地满足读者更快、更多、更方便地获读信息,获取有效信息,因而形成了货架式的、简洁的版式结构。

10.4.3 别出心裁的个性化追求

现代新闻版式设计要体现时代气息。例如,设计者在吸取欧美效果报纸版式设计的风格时,也要看到他们的发展和变化。如报纸的文字单元是以栏为基础编排的,等分栏被多数报纸看成是版式编排不可逾越的规则。

示例:《三晋都市报》 随着电脑于设计中的应用以及新的桌面系统的运用,破栏、错栏的编排为报纸版式更富有表现力的变化带来了新空间。有时还可以看到一种另类报刊设计,大胆采用非报非刊、折页合版的版式设计模块,也是别出心裁的个性化追求。

10.4.4 视觉是一种新文本

在深入分析并把握设计的内涵后,选择一种能够深入反映这种设计内涵和设计心态的形式,可在体现形式的审美脉络并吸引眼球的同时,从形式上体现出设计的内涵。通过视觉的审美体验能让人最直接也最直观地感受到设计者的设计意图,使信息传达的方式变得多样化;同时也让版面变得更加丰厚,不再是单一的文字传播。换言之,就是一切围绕这个内容进行的设置都是必要的,当然对于形式的选择也不例外,它也必须围绕这个主题。

示例:《东莞时报》 视觉是一种新文本,《东莞时报》的这个版面以公告形式突出事件的张力。一个大大的"门"字鲜明有力,以德云社语录铺底,以通知的文字为版面主体,不仅说清了事件本身,还传递了较为新鲜锐利的报纸感觉。

10.4.5 全景式的图片展示

版面的空白穿插于版面各元素之间,使各个元素能够融入一个大的环境之中去。通过对版面空白的分割,可使版面形成大与小、多与少的对比,同时,空白自身的虚无感与版面其他元素形成虚实、黑白的对比,也使版面富有节奏,饱含韵律,让版面在整体结构上更加生动与完整。

示例:《重庆时报》全景式的图片展示。设计师很好地利用了天空的留白,将图片平铺展示。这种展示方式增强了版面的空间感,给读者以身临其境的感觉,同时,也将版面细节展示了出来。

10.5 版面的强势处理

要闻版是报纸第一顺位与读者见面的版面,是表达价值判断的第一阵地。现代报纸十分注重对要闻版的处理,以期通过编辑的组合将重大稿件形成强势,将其中心内容传达到受众并起到良好的宣传和阅读效果。

示例:《山东商报》 审度此次刑事诉讼法的"大修",最大的亮点就在于凸显人的尊严。而在众多的新闻点中,不再强求"大义灭亲",最引人关注。于是,在版式设计上,他们将"灭"中"人"之外的笔画墨迹变淡,似要隐去,放大"人"字,灵动之间,以示司法对人性价值的理性回归。

10.5.1 确立版面视觉中心

视觉中心即具有突出特征、能够左右读者对报纸版面认识的核心元素。"视觉中心"越明显,越强势,越有利于实现报纸整体的传播效果。显然,报纸的不同版面或同一版面的不同区域,对读者的吸引力是不同的。各版的强势情况总的来说是:右边的版面要优于左边的版面,如第三版优于第二版。理由是读者看完第一版翻页的时候,第二版是翻动的,而第三版则是相对静止的,读者视线总是先落在相对静止的第三版,然后才转向第二版。因此,国外习惯于把转版的文章放在第二版、第四版等强势较弱的版面。

示例:《东方卫报》 一个醒目的大标题"问一下求解释"涵盖所有导读文本,大大的问号,更大胆地跨越报头而下,给读者强烈的视觉冲击感。这个版面采用了对传统头版版式彻底颠覆的手法,把当天头版上要呈现的五条新闻导读,统一采取用疑问主打标题的文本形式,并用一个大大的问号和手持话筒做主图,吸引读者阅读,达到了设计为内容服务的目的。

10.5.1.1 设计版面的主题

设计主题是一个版面的精髓所在，一般位于版面的重点视觉区域，是设计者花费大量精力去经营的地方。一个明确的主题，通过合理的摆放，可使版面在保持形式的悦目性的同时还能具有一条清晰的脉络，让信息主次分明，结构井然有序，以达到传达效果的最佳化，最大限度地提升版面吸引力，增进阅读者对版面信息的理解。

示例:《姑苏晚报》头版 "中国首艘航母入列" 在同一版面上，人的视觉中心常常位于版面自下而上 5/8 的区域。一个版面不宜有两个或多个视觉中心，这是因为从眼球的生理构造看，只能产生一个视焦，人的视线不可能同时停留在两处以上的地方。

10.5.1.2 以对比突出主次关系

突出版面主次关系最常见的一个方法就是对比，对比不仅能够活跃版面的气氛，提升读者的阅读兴趣，同时也可以让版面产生丰富的层次关系，使主题更加鲜明、突出。

示例:《南方都市报》封面 "神十"飞天是当天发生的重要新闻，是读者关心的社会热点问题。此主题配合背景、评论、链接、数据等等，形成一个稿群，撑起一个版面，使主题立体、饱满、生动、大方，从而引起读者的注意。

10.5.1.3 设计的定位

设计都会有一个独特的定位，有一个特定的目标对象群体，而版面的信息又是多个层次的，这些信息在功能上、形式数量上存在很大差异，所以在设计时就需要根据具体的需求处理好版面在形式和功能上的主次关系，让版面的亮点鲜明到位。视觉中心确立以后，最为关键的是要与整个版面协调。视觉中心若是"泰山压顶"，势必会使整个版面头重脚轻；视觉中心若是过于偏倚，则使版面重心不稳；而若是一整块沉在底部，又会使版面显得呆板滞重，缺乏灵动。

示例:《姑苏晚报》头版 "首金" 版面的视觉中心最好是位于版面的中部偏上位置，但在实际操作过程中，视觉中心也会不断发生变化，这就使得如何让整个版面有着和谐之美变得十分重要。

10.5.1.4 确定中心内容

一个设计的中心主题是由设计者的设计意图与传达的接受对象决定的。在任何情况下，版面的信息元素都不会具有同等价值，而是有一定的差别，所以设计者就有必要通过对中心内容的分析，选用与普通信息不一样的形式进行编排，进而突出中心主题。

示例:《城市商报》 这里所说的不一样的形式是通过在元素位置、大小等方面进行变化而形成的。主题"青春飞扬"中，使用对比的色彩和指代明确的人物形象，将设计的意图充分而直接地传达出来，让人通过对图片的阅读就能够了解这个版面讲的是关于秦淮河畔，梧桐树下，明城墙边，青年人特有的朝气将处处流淌；石头名城，毓秀钟灵，博爱之都，将充分感受到心潮澎湃的友好情谊和青春活力。在"卓越、友情、尊重"的奥林匹克价值观指引下，全世界将一起见证青春梦、中国梦和世界梦，美好人生和美好世界的人类梦想此刻在中华大地交融、激荡，源远流长，青春之歌在南京奏响，青春气息向全世界飘扬。表达直接、明了。

10.5.2 同类拆分整合

这里的同类合并指的是将版面相关联的信息组织起来，根据其在版面上所起到的作用进行等级划分，再将这些分好组的信息进行合理有序地整合，通过对编排形式、字体样式、排放位置等关系的处理，使它们成为一个联系紧密的组合。重要稿件需要完整地表达其内容。重要稿件如果字数不多，编辑常选择将其在同一版面内走完。对于字数多的稿件，就需要编辑提炼亮点，增加可读性。

示例:《现代快报》 该版封面导读"'神十'飞天"，从大量素材信息中筛选提炼最重要信息，通过丢弃没有价值的信息，组成了版面的主要信息，接着再在这些信息中寻找、划分出最主要的内容，再经过设计有效地编排，将其呈现在人们眼前。要点明晰，版面活泼。

10.5.2.1 控制版面信息级别的数量

在对版面信息进行分级时要控制好版面信息级别的数量，不宜分太多的层级，层次太多容易造成版面的混乱。应该以保持轻松的阅读氛围为设计的首要前提，避免因版面的层次不明造成视觉上的不明确感，进而破坏阅读的节奏，影响设计的传达效果。还有一些新闻含量充足的稿件也可拿来拆分，这是为了让其中的新闻点能够充分亮相，而不至于让读者被大块的文字"闷"住而忽略其中的各个要点，同时也便于阅读。

示例:《姑苏晚报》头版 "'苏力'登陆" 将新闻稿件拆出"背景新闻""相关链接"等，既无损于整个稿件的完整性，又能够使整个稿件显得层次丰富、立体可读。

10.5.2.2 配合图表传情达意

图表作为一种常用的版面元素，常常能够在版面上起到让人眼前一亮的效果。一张色彩丰富、构图别致的图片或者清晰明了而又内涵丰富的图表，不仅能装点版面，更对稿件的"传情达意"起到点睛作用。

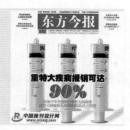

示例:《东方今报》超大红色数字突出强调了重特大疾病的报销比例,引人注目。三个并排的注射器上标有"医疗费"的字样,图片与内容完美契合。

10.5.2.3 照片能传情,制图能达意

照片能传情,制图能达意,当两者合二为一的时候,更能为版面起到"点睛"作用。

示例:《鲁中晨报》要闻"好书好影视陪你过暑假" 标题的运用在版面上形成了强势。然而,更引人注意的是其中的照片和图表的运用。右上角的照片,自由写意,填补了标题的空白;左上角的示意图,使主旨清晰明了。

10.5.2.4 巧用转版制"盛宴"

在寸土寸金的要闻版,常遇到稿件太多无法完整排布的难题,转版在所难免。碰到这种情况,编辑往往会采用这样一些手法:稿件在要闻版开头,接转其他版面;题在要闻版,文在其他版面;要闻版登摘要,全文登其他版面。

示例:《方正印务报》 转版对于稿件的整体性会产生损害,继而对稿件感染力产生消极影响。在不可避免的条件下,如何使转版吸引读者,使整个稿件不至于被分割成不相关的版面上的不相关的内容? 添以照片,对于字数多的稿件,编辑提炼亮点,增加可读性是可行的办法。其中包括从肌理入手,拆分稿件,使其层次分明,适于阅读,或者从配料入手,提要等,使要点明晰,版面活泼。

10.5.2.5 普通转版的形式

普通转版的形式是在要闻版排放一部分稿件,并在末尾打上"下转第 X 版"的提示即可。这种转版无法让读者对转版内容产生好奇和阅读兴趣。

示例:《鲁中晨报》要闻 "全城行动抗百年一遇暴雨" 如果读者对已读内容并无触动的话,很少会根据提示去阅读剩下的部分,因此常常会放弃转版部分的内容,尤其长篇通讯更是如此。因此,《鲁中晨报》尝试使用转版导读的形式,使转版内容的小标题在要闻版面出现。

10.5.2.6 重要的稿件要层次鲜明

有些重要的稿件,层次鲜明,每一段中都包含着新闻点。对于这类稿件,编辑常会为其文采和说理所折服,不愿意将其埋没在转版之中。事实上,报纸的内容和版面的形式是不可分割的矛盾统一体,报纸内容是矛盾的主导方面,它对版面形式起支配和制约作用。

示例:《扬子晚报》今日一版 "今天 17:38 神十飞天" 版式设计一般都只有一个中心,版面所有的元素都为这一个设计主题服务,这样就会形成一个中心明确的整体布局,让版面具有很强的整体感。 版面形式适合内容并为内容服务。该版设计者利用照片分割提示,很好地将稿件内容表达出来,为版面增添光彩。

10.5.2.7 在形式与内容间比较和衡量

对要闻版面的强势处理,关键在于形式与内容间的比较和衡量。版面形式必须为内容服务,而表现完美的版面能极大地增强内容的感染力。版面语言无外乎图表、字体、线条、色彩等,但组合起来可以变幻无穷。要闻版面的强势处理,是设计者出于对稿件的把握,用版面语言进行解读和表现的过程。

示例:《东方早报》该版面是从整个地震报道中选出来的具有代表性的版面,概括了地震时期《东方早报》版式的整体风格。

10.6 重大新闻的版面编排

重大新闻,顾名思义,就是指那些具有相当的重要性,影响大,或其他具备很大新闻价值的新闻。比如伊拉克战争爆发、世界杯、中国男足首次出线、中国申奥成功、奥运会、美国9·11事件、港澳回归等。

示例:《现代快报》 该版面设计特点主要表现为在视觉上引人注目,展现个性化设计。在汶川地震哀悼日,于第一时间积极行动,全面、公开、透明地进行了连续式报道,并在报道时效、题材选择、报道方式等方面取得了一系列突破。

10.6.1 突发性重大新闻

重大新闻又可以细分为两类:突发性重大新闻和非突发性重大新闻。突发性重大新闻,包括大自然灾害、大战争、大爆炸、大惨案等,例如哥伦比亚号航天飞机失事、戴安娜之死、美国9·11事件、尼泊尔王室惨案等。

示例:《辽沈晚报》 关于美国一枪手袭击学区董事会的新闻版。手枪造型的版面一目了然地突出了新闻"枪击案"的主旨,将原本泛泛的新闻报道瞬间活性化。

10.6.1.1 视觉脉络合理的空间分布

视觉心理学所关注的是使视觉元素合理定位、合理走向、合理分布,使版面有明确的视觉焦点、清晰的视觉脉络及合理的空间分布,形成一个有秩序的版面。

示例:《重庆时报》 国哀日,版面不会再有突破。这个平实的头版以一张半降的国旗为背景,在悲伤的空气中飘扬却依然坚挺。小孩的坚强与支持,是国人未来的希望,仅此就够了。

10.6.1.2 突出的视觉焦点

在报纸版面设计领域,视觉焦点有一个专门的术语,即"视觉震撼中心",简称 CVI,它是能最先、最强烈吸引读者目光的版面局部。报纸常用"四最"的编排手法来制造 CVI,即把某一版上最大的照片、最大字号的标题,配到一篇最长的新闻稿上,放在版面的最佳位置。

示例:《浙江日报》 反映浙江人民沉痛哀悼汶川大地震遇难同胞的头版新闻。版式设计富有庄重感,黑色版底给人以极强的视觉冲击力,图片的穿插以及字体颜色的变化主要体现在报名和各条新闻标题字体颜色的变化;空白恰到好处地安排在图片四周;标题采用白色字体,从而使整个版面分外庄重而突出。

10.6.1.3 突发自然灾害

一般而言,每个版上只有一个视觉震撼中心,任何出现在同一版上的另一 CVI 都是噪音,它们之间会彼此干扰,造成读者视觉上的困惑。CVI 的摆放位置同样也要根据视觉心理学。根据视觉心理学的研究,人的视线对于版面的视觉诉求力大体是上部比下部强,左半部比右半部强。由于报纸现在普遍采用横通的窄报头,所以,报纸经常把视觉震撼中心放在报头下的上半版中心位置。

示例:《重庆时报》2008 年 5 月 19 日 14:28 分,如果你曾经站在国旗低垂、汽笛长鸣的街头、窗前、办公室以及容你站下的中国版图的任何地方为汶川遇难的同胞志哀,你没有理由做不好这个专题!这天,没有文字,只是一个个安静的画面。北京、灾区、重庆,国内、国际,整个策划报道小组祈望的是,用这些静默的场景再次触摸到读者深处的痛与整个民族的悲。这天,没有设计,只有情感。

10.6.1.4 清晰的视觉脉络

人们在完整地接收平面元素信息时,视线会形成一个习惯性的流动顺序:视点先落入视觉焦点,后随各元素间的强弱变化而作有序流动,最后完成对全部元素信息的吸收。报纸版面设计多运用视觉张力来营造视觉流程。"张力"一词在视觉心理学上用来表示物像形式之矛盾差异对比所产生的对抗振奋感和精神刺激力。差异越大,视觉张力也就越强。

示例:《东莞时报》 伊春空难中每个逝去的生命铭记在头版上。这一幕斑驳的墙镌刻着名字,有一种沉痛。遇难者的名字是数字,是丰碑,是版面的主体,充分体现了报纸的立场。尤其是标题上,把广东一遇难的普通人的名字,放在国家部委高官名字之前,更让人动容。

10.6.1.5 用视觉张力来营造视线的流动

当在版面上增加一张照片时,竞争的局面便造成了,而视线的流动自然也不可避免。如果两张图片重量相等,那么视觉元素的对比就不够明显,这样的版面设计使视线流动产生不确定性,明显不符合视觉心理学的原理。而在重量不等的图片之间,张力的存在使读者的视线能按明晰的脉路流动:目光先投至大图片,然后流动至较小的图片。

示例:《京华时报》 该版面采用了传统的设计形式,通过放大第一现场的图片来突出新闻主题;小图片放在版面下部,有效地向读者传递有效信息,突破版面限制,在照片邻近的版面上发挥影响。

10.6.2 非突发性重大新闻

在新闻事件中,有一部分是属于非突发性新闻的采访,就是在事前已得知事件发生的时间、地点、内容及采访对象的新闻事件。如可预期的政治、经济、文体、人物、会议以及日常生活等各个方面的内容。这类新闻的采访有它自己的特点,因为在事前可以制订计划,确定采访对象,查阅背景资料,所以记者有较充分的准备时间。正因为这个原因,使得许多记者重视突发新闻,轻视非突发事件采访,这是当前新闻界一个亟待解决的问题。以下笔者根据自己多年的采访、图片编辑实践,就非突发性新闻的采访谈几点体会。

示例:《北京青年报》 版面设计最终展现在人们面前的是一个最终线路结果,很少会有人去关心这个结果是如何得到的,他们只在乎这个设计能够带来什么样的感受。这种感受是从版面的整体观感得到的,所以在设计时要学会从整体上去构建一个和谐并且合理的版面框架。

10.6.2.1 时政新闻求"灵活"

在对重大时政新闻的采访拍摄中,记者拍到的大部分是重要活动现场的全景,领导人会见参会代表等,这种活动的内容一般都是规范的、规律的。在这类新闻事件的采访中,除了规定动作的拍摄,能拍出具有闪光点、画面灵活、自然生动的新闻图片也是很重要的。在具体的新闻拍摄中,表现人物活动的细节是关键的一环。另外,有些生动场面的图片往往比单纯的剪彩开幕图片更有信息含量,更能吸引受众。

示例:《大河报》 2011 年 8 月 27 日 A02 版刊发的图片:8 月 26 日,在"2011 年河南省承接产业和技术转移合作交流洽谈会"开幕式过后,河南省领导开始巡视各个展馆,众媒体记者都想尽量往前冲,生怕遗漏了重要新闻。走到开封市展台时,突然发生意外,一名扛着摄像机的记者后退时突然摔倒,当所有人都还没反应过来时,省委书记卢展工疾步上前,弯腰扶起记者,并着急地连声询问:"小伙子,有没有事儿?"这个瞬间稍纵即逝,大河报摄影记者白周峰及时按动快门捕捉到了这个精彩瞬间,记录下了这感人的一幕,也为这次的新闻报道增添了一抹亮色。

10.6.2.2 人物拍摄贵"自然"

摄影记者在对新闻人物进行专访之前，一般都会提前预约时间，这就使被采访对象有了思想准备。在规定场景下往往会碰到被拍摄对象情绪拘谨、动作僵硬的难题，拍出的图片难免出现摆拍痕迹，感觉不真实不自然，让读者看了不舒服，给人"假"的感觉。在这种情况下，就需要摄影记者做足拍摄前的准备工作，尽可能多地和采访对象交谈沟通，进而使其逐渐放松，进入自然状态。此时再进行拍摄，就能拍出轻松自然，动作变化丰富而生动的人物。

示例：《方正印务报》 采访拍摄过程中记者和被采访对象进行了和谐自然的沟通，调动了人物的交流兴致，使被采访对象忘记了有人在"现场"给拍照。这样拍出的画面人物表情轻松自然，肢体语言丰富生动，可取得较好的视觉效果。

10.6.2.3 文体新闻抓"瞬间"

文体新闻有些是文艺表演和体育比赛的动感场景，许多精彩的瞬间都是十分感人的，如果仅仅按常规拍摄场景和规定动作，拍出的新闻图片就难免流俗。这就需要摄影记者有敏锐的观察力和快速的反应能力，在关键时刻抓住精彩一瞬，凝固事件的决定性瞬间，反映出事件的本质。

示例：《姑苏晚报》热力桑巴 运动员在奔跑中，长镜头大光圈的运用虚化了背景，从而更突出了主体。在纷乱环境中的一个小小细节，自然地反映出不同国籍、不同种族运动员之间竞技与友谊对立统一的内涵，这可以说是一个精彩的瞬间！

10.6.2.4 日常新闻重"意味"

日常生活中也有许多具有新闻价值的事件，虽然没有突发事件那么震撼人心，但常常有许多感人的、唯美的、幽默的场景，也能给读者留下深刻的印象和艺术享受。

示例：《城市商报》2014 年巴西世界杯特刊"喜悦，一起分享" 对日常新闻的采访要注重发现其中的趣味性、艺术性和美感。对非突发性新闻的采访，也需要记者多动心思，多加探究，掌握其中的规律和技巧，这样，才能拍出有视觉冲击力、有意味、有美感的好作品。

10.6.3 重大新闻版面的重要意义

重大新闻无疑具有相当大的新闻价值，有时还同时具备相当大的宣传价值，因此，对受众，对新闻媒体都是非常有吸引力的。重大新闻有别于一般新闻，自然不能以常规手法处理和加工。就版面设计而言，理所当然应该设计超常规的版面。当重大新闻发生时，新闻媒体要有为重大新闻设计特别版面的意识。

示例：该版面设计运用对比与和谐的法则，使图文的编排活泼而不失为统一的整体。对比是将相同或相异的视觉元素作强弱对照编排运用的形式手法。版面中的图形和文字在形与形、形与背景中均存在大与小、黑与白、主与次、动与静、疏与密、虚与实、刚与柔、粗与细、多与寡、鲜明与灰暗等对比因素，归纳这些对比因素，有面积、形状、质感、方向、色调这几方面的对比关系。它们彼此渗透、相互并存，在各版面设计中交融。

10.6.3.1 精美的版面能吸引读者关注

从传播者角度看，重大新闻发生时，也就是他们表现自己实力、扩大自己影响力、树立权威与主流地位的绝佳时机。对报纸来说，精美的版面设计是一种吸引读者关注、在竞争中取胜的"重型磁铁石"。

示例：《新京报》 再没有比它更震撼的新闻照片了。摄影记者在泥石流的追迫下边逃命边扭头拍下了这个画面。卡帕说，"拍得不够好是因为你离得不够近"。好的新闻照片，必须让读者身临其境，与画中人同频呼吸，感受他的紧张他的仓皇……毫无疑问，这样的新闻照片，编辑必须穷极所有，令其在版面上得到最大化的呈现。新闻摄影和视觉传播发展到今天，最直接的现场照片仍然是新闻人孜孜以求的目标。

10.6.4 重大新闻版面的设计要领

重大新闻发生时，设计出别致的版面无疑是必不可少的。那么，如何设计呢？总的来说，从传播者角度看，最主要的目标是吸引读者的注意，使之产生阅读的欲望；从受众角度看，重大新闻的版面设计应当方便阅读，利于搜索。

示例：《东方早报》 该报是大地震发生后最早赶到地震现场的中国媒体之一，也是最早从地震灾区现场发回报道的中国媒体之一。早报在地震发生的第一天就安排了 13 个版面的报道量，这在当天的中国报纸中是非常罕见的。《纽约时报》报道了早报记者在地震灾区的突出表现，并称"中国新闻媒体《东方早报》对地震的迅速介入，表明了中国政府对这次大地震新闻开放态度。"

10.6.4.1 树立精品理念、特色理念

重大新闻发生时,设计出别致的版面无疑是必不可少的。那么,如何设计呢? 总的来说,从传播者角度看,最主要的目标是吸引读者的注意,使之产生阅读的欲望;从受众角度看,重大新闻的版面设计应当方便阅读,利于搜索。

示例: 重大新闻绝对不是经常发生的,机不可失。报纸必须把版面做成精品,做出特色,否则不但错过发展良机,而且可能因此在读者心目中形象大损, 在激烈的媒体竞争中失去竞争力。

10.6.4.2 树立特事特办理念

重大新闻的版面,应该有别于一般新闻的版面设计,应该特事特办,超越常规,打破常规,给予特别待遇和安排。如,固定版面或版位,采用特大字号,特大图片,出号外等。总体而言,是浓墨重彩,多图片,多版面,重点打造;就单个版面而言,主题尽可能单一、集中,图片少而精彩,多图片则以一个为主,标题也要尽可能简短些。

示例:大多数情况下,如果事先有充分的准备,会收集到非常丰富的新闻资料。读者此时也是希望了解到尽可能多的最新情况。如果不对这些内容分门别类的话, 读者的阅读会很不方便,设计的版面也会显得零乱。因此,分类和归类就成为必需动作。

10.6.4.3 注重前期策划

凡事预则立,在独家新闻难得的今天,媒体成功的关键往往在于精心策划。特别版面的出台,绝不是可以在短时间内就做好的。有些环节、内容必须提前做好,例如号外的申请(号外要获省级新闻出版管理部门批准),VI 模块的设计等。

示例:《三湘都市报》 以"十次海试"为依据对航母编队进行大猜想,用立体俯视图对"辽宁舰"加以展示,四周则是对其设计数据及装备的介绍。版面大气,直观易读。

10.6.4.4 一定要做好头版

对于一张现代报纸而言,头版已经离不开"导读"这颗红辣椒,且经常是"无辣不欢",即使严肃庄重如人民日报也抗拒不了导读"麻辣味道"的吸引。究其原因,是因为报纸的眼光、趣味和情怀一定程度上通过导读来体现,导读成为报纸价值立场、格调取向的展示平台。报业竞争真正比拼的就是头版。头版要具有足够的吸引力,必须突出新闻图片,加大报纸头版的视觉冲击力。做好了头版,就等于成功了一半。

示例:《东方今报》封面 "中纪委新团队" 头版是报纸的旗帜,头版是报纸的重心,是读者最重视、最关心的版面。具有自己的特点与个性,也就是说报纸要具有个性化的特征,一张报纸之所以区别于其他报, 正在于通过版面体现出来的这种判断,也是报纸风格的基础。

10.7 新闻"1+6"

在都市报竞争的激烈与浮躁中,谁能找到不一样的新闻,做出不一样的版面,办出与众不同的报纸,谁就能在同质化竞争中独领风骚。独家新闻是报纸获得持续竞争力的关键,追求独家新闻也一直是新闻从业者追求的报道境界。

示例:《辽沈晚报》 "新闻+落地" "新闻+观点""新闻+制图""新闻+策划""新闻+整合""新闻+勤奋"这非常"1+6"的方式将同质新闻处理成独家新闻,作一番初步探讨。

10.7.1 新闻+落地

及时性是好新闻的重要要求,特别反映在对国际重大事件的报道上。基于"先入为主"的惯性思考方式,在一定程度上,谁能在报道的及时性上领先一步,谁就掌握了对某一事件的先行话语权。对国内国际重大新闻的本地化,即"落地"是让新闻差异化的常用手段。

示例:《鲁中晨报》要闻"雨中营生" 距离读者最近的新闻才具有传播效果,只有被传播的东西才有生命力。《鲁中晨报》作为区域性的报纸,要想与其他大报,尤其是网络竞争,必须坚持差别化竞争,而最大的差别化就是本地化。

10.7.1.1 抓好落地新闻

"落地新闻"这个说法,是近几年互联网普及以后才出现的。在信息传播尚不发达的时期,大家的新闻来源少,信息相对闭塞,也无所谓"落地"。今天,互联网早已走进了千家万户,互联网信息传播的快速高效,是报纸难以企及的。因此,在新闻时效性上,报纸与网络相比明显处于劣势。

示例:《鲁中晨报》要闻 在受到互联网络时效性威胁的情况下,抓好落地新闻,显得尤其重要,也是纸媒体提高新闻报道质量、在同质化竞争中确立优势的重要手段之一。如何将互联网信息传播快速的特点为我所用,各家报社都有各自的做法。

10.7.2 新闻+观点

报纸是新闻纸,也是观点纸——它卖的不单单是新闻,还有观点。

示例:《鲁中晨报》 即时的新闻糅合、即时的评论会让一些枯燥的新闻变得有深度、变得更可读,从而达到独家新闻的效果。

10.7.3 新闻+制图

进入读图时代后,在电视和互联网的夹击中,纸媒体开始倡导"视觉革命",在眼球争夺战中运用生动的图形来介绍、阐释新闻。在这种情况下,一种新的编辑报道模式悄然出现,这就是信息图表,它成为除了照片和文字之外,另一个阐释新闻的重要手段。

示例:《东方今报》头版 "闯黄灯 郑州暂未处罚" 图表的作用是把照片无法做到而以文字描述又显得烦琐的东西体现出来,直观、易懂,更适合速度时代的要求。图表新闻作为一种新的报道形式日益活跃在新闻报道中。2006年4月起,《鲁中晨报》在省内媒体中率先把信息图表大量运用到版面中,给人以耳目一新的感受。

10.7.3.1 将新闻点嵌入形成一个图表

图表应该是美编的工作,但实际上图表更多的应该是版面编辑的工作,因为版面编辑才知道自己版面要发什么,怎么发。

示例:《都市快报》快房快报 "新'国五条'出试卷 杭州楼市怎么答?" 因为没有合适的新闻照片,而新闻相对重要,需要特殊包装,同时考虑同城媒体也会重视,这就需要在如何做出特色下一番功夫。晨报将照片组合起来,并将新闻点也嵌入其中,形成一个图表,很直观地报道了这一事件。

10.7.3.2 版面的处理绝对是亮点

2008年6月28日,北京奥运会主场馆"鸟巢"编织完成,当天其他新闻相对较弱,晨报决定重点包装这个新闻事件,几经易版,都觉得不能够把新闻做大、做出特色。大约晚上10点左右,通联信箱收到外埠媒体发来的一张图表,全方位对鸟巢进行了介绍。经过一个小范围的会议讨论,晨报决定采用这张图表,为保证图表清晰,甚至对图表头进行了改动。尽管第二天不少内部同事对此处理持保留意见,但在新闻平淡的当天,这个版面的处理绝对是一个亮点。

示例:《贵州都市报》"渐渐老去的王储们" 这个版面的"沙特前王储苏尔坦"和"查尔斯王子"图片采用了纯手绘的方式。手绘漫画画得非常细腻、生动,能够吸引读者的注意力,同时也增加了版面的趣味性。漫画配以文字,使整个版面感觉清爽,能够吸引读者眼球。

10.7.4 新闻+策划

新闻策划是对已经发生、正在发生或即将发生的新闻,进行报道规划,以期更全面、更精确、更深入地把握好新闻,使新闻的效应尽可能扩大。这里的新闻策划更多的是讲编辑策划,多针对国际重大新闻。由于报道是编辑内部策划,其他媒体根本不会出现此类报道,而这种报道又具有独家性,推出的时间相对灵活,因此可以在版面相对充裕而新闻相对平淡的时候推出,有利于在当天形成特有的新闻看点。

示例:《钱江晚报》 整合记者在酒泉一线发回的报道,版式设计人员打造出"寻路太空"的封面版。这期封面的海报化设计,是顺应内容需要,并与后面七个版的设计风格无缝对接,体现了整组报道的一致性和完整性。

10.7.5 新闻+整合

面对大事件,重点处理是不可避免的。在这种情况下,充分利用现有的新闻资源,对纷繁复杂的新闻资源进行整合处理,将各家都有的新闻做出自己的特色,也是避免同质化竞争的重要手段之一。

示例:《鲁中晨报》新闻 "历史不能忘却" "七七事变"的历史昭示我们,落后就要挨打是一条颠扑不破的真理。日本在侵略中国的历史问题上不仅没有诚恳地向中国道歉,取得中国的谅解,而且还幻想否定、美化侵略历史。近年来,中日关系正常发展更是受到了严重的干扰。日本右翼肆意发动"钓鱼岛国有化"活动,演出了一幕幕"购岛"丑剧。日本政府妄图否定第二次世界大战反法西斯战争的胜利成果,窃取中国的钓鱼岛主权。以史为鉴,开辟未来,是中国的底线,是中国的原则,也应该是中国的智慧。

警钟长鸣,勿忘国耻。在构筑普遍安全的世界中,在实现"中国梦"的征途上,敲一敲"七七事变"的警钟,对日本来说是耳提面命,对中国来说毫无疑义是一声声催人奋进的战鼓。

10.7.5.1 新闻整合不仅是对同一事件进行横向的综合

新闻整合不仅是对同一事件进行横向的综合,更要进行纵向,甚至跳跃性整合。

示例:《鲁中晨报》要闻 "星夜驰援" 雅安大地震发生后,每天新华社、网络上的相关新闻铺天盖地,这对编辑的新闻整合能力是一个考验。为了及时、准确地将这些新闻尽可能多地奉献给读者,在同质化竞争中与外地媒体一拼高下,大地震发生后的一段时间里,该报编辑在每天的编前会前,都要根据当天的新华社稿、网络稿以及媒体通联稿的情况,对地震新闻进行梳理整合,按照每天的版面规划,确定每个版面的主题,并根据新闻的重要性和可读性进行整合,确保了抗震报道的优质完成。在这一场大的新闻战役中,编辑人员对新闻的整合能力也得到了锻炼和提高。

10.7.5.2 在雷同的新闻中寻找吸引读者的亮点

中国载人航天工程新闻发言人武平6月10日在新闻发布会上宣布,经任务总指挥部研究决定,定于11日17:38在酒泉卫星发射中心发射神舟十号载人飞船。飞行乘组由男航天员聂海胜、张晓光和山东籍女航天员王亚平组成,聂海胜担任指令长。当天下午,神十航天员乘组在记者见面会上首度亮相。神舟十号将开创中国载人航天应用性飞行的先河。意义:首开应用性飞行先河目的是考核载人天地往返运输;时间为神十在轨飞行15天。

示例:《鲁中晨报》头版 "对接天宫 此吻最香浓 授课苍穹 神女出山东" 在神十报道中,晨报将全报社的力量动员起来,记者和编辑大量整合神十报道,从一堆雷同的新闻中寻找吸引读者的亮点。《鲁中晨报》的神十报道正因为有了这些鲜活、独家的"改写稿件",在国内媒体中报出了自己的特色和水准。

当在新闻源上没有任何优势的时候,"勤能补拙"。

示例:《姑苏晚报》"外籍达人圆梦'魅力舞台'" 勤奋一定会造就独家的报道,当然这一条更需要记者和编辑的默契配合。

10.7.6.1 运用和创新报道手法

在今天的报业市场上,面对新闻同质化竞争,独家新闻已经不仅仅意味着抢到新闻事件的第一时间和第一落点,还意味着用独特的观念、独特的视角、独特的处理方法来报道新闻。当然,将同质新闻做成独家新闻是一个细致、系统的工作,采编人员要时刻心怀创新理念,根据新闻的具体情况,运用和创新报道手法,才能做出别具特色的新闻来。

示例:《鲁中晨报》要闻 "神十启程,天宫静待故人来" 这是神舟飞船的第10次发射,距离航天员杨利伟乘坐神舟五号飞船首飞太空恰好10年。其间,共有10名中国航天员进入太空。

短短10年间,中国航天不断取得新突破,成为世界上第三个独立掌握载人航天技术、独立开展空间实验、独立进行出舱活动的国家。"'十'在中国具有特殊的意义。"中国载人航天工程总设计师周建平说,"我们有信心期待神十任务'十全十美'!"

10.7.6.2 报人的价值

报人的价值,很重要的一点就是能使做出新闻内容的影响力。这种影响力不只体现在选取的题材和专业技巧对受众产生的关注度和吸引力,还体现在其公信力和权威性。有些报人也许不会一辈子在报业,但只要还在报业岗位就应尽职尽责。新闻理想、激情和专业追求积累的价值终身受用,报人不仅能从自己的作品在多平台传播浮现出来的价值中产生成就感,而且也有可能在新闻实践磨炼形成的潜在价值中点燃创业激情。

示例:《深圳晚报》里约奥运开幕式创意导演费尔南德·梅内斯此前向媒体透露,考虑到国家境况,开幕式预算仅5590万美元,不足伦敦奥运会的1/12。但智慧的巴西人却化拮据为简约,以"绿色环保、拯救地球"作为主题,将亚马逊雨林搬上舞台;设置"运动员森林"环节;用大屏幕画面形象解说海平面上升、冰盖融化、二氧化碳排放过高对地球的危害;演出中使用比较环保的材料;主火炬的火焰也比往届小了很多,将这场号称史上最节约的开幕式演绎得相当"走心"。

后　记

　　经过有关各方的艰苦努力，这本《品创意·版式视觉设计灵感分享》终于正式与读者见面了，这是件令人高兴的事。

　　编写这本书，是在实践基础上所作的学术性研究。由于我一直从事报刊印刷工作，2010 年，我创办了中国报刊设计网，其中的重要任务，是推介有创意的版面并进行分析研究。在长期积累的基础上，这本书的编写工作进入了计划。在编写过程中，得到了浙江省企业报协会常务副会长刘和平先生的支持与指导，在此深表感谢。经过大约三年的时间，本书第一稿的编写工作基本完成。当时我们做了一个现在想起来有点不知天高地厚的决定，呈请中国人民大学新闻学院教授、博士生导师蔡雯老师作序。蔡雯教授审读书稿后，她欣然为本书作序。她既给予了积极的肯定与赞扬，同时又指导修正了不足之处。2014 年 11 月，我将序发给清华大学出版社的责任编辑，我们共同研读，既备受鼓舞又倍感责任，一致认为，对照蔡教授的序文，本书尚有提升的空间，一定要争取把书做成精品。没想到，这让作者与编辑多花了一千多个日日夜夜。如今，书稿已最终审定，但对我们内心而言，最难忘的是国内顶尖学者高超的学术水平、平易近人的态度、严谨细致的学风，特别是提携后辈的专心。在此，谨向蔡雯教授致以崇高的敬意！

　　中国报业杂志社社长兼总编辑、中国报业协会副秘书长胡线勤先生，对我们所从事的工作和本书的出版，都给予了高度重视和支持，并撰文力荐，故有了本书的又一序文。在此，向胡线勤先生深情致谢！

　　感谢姚志敏、张治文六年多来为本书所做的大量文字修改工作，让我对编辑的负责和担当，有了切身的感受。在此，与你们分享共同的成果！

　　本书由我主持和设计，主撰稿并修改了全书。本书的编撰过程中，金家森、乔建平、楼毅、方昌传、庄千慧、萧正清、赵家园、陈跃超、张杰生、沈志强、朱继亮、段元林、袁黎雅、杨银燕、戎莎、祝海燕、王丽蕾、邱风建、李任婷、虞婧资等为本书提出了许多宝贵的意见和建议，给予了极大支持，在此一并致谢！

　　本书能够顺利编写完成，还得益于浙江方正传媒技术研究院等同行和无私提供素材的苏州日报报业集团及其他报社相关人员的大力配合与协助。尤其是苏州日报报业集团为本书提供了大量珍贵的第一手资料。在此，我们对所有关心和支持报业事业的各位专家、同仁和社会各界人士，表示衷心的感谢并致以崇高的敬意！

　　由于水平有限，尽管做了很多努力，书中仍难免存有疏漏之处，尚祈读者与专家教正。

庄跃辉

2017 年 9 月 16 日